Erich-Norbert Detroy | Christine Behle | Renate vom Hofe

Handbuch
Vertriebsmanagement

Erich-Norbert Detroy | Christine Behle | Renate vom Hofe

Handbuch
Vertriebsmanagement

- Vertriebsstrategie, Distribution und Kundenmanagement
- Mitarbeitersuche, Motivation und Förderung
- Profitsteigerung, Effizienzerhöhung und Controlling

Bibliografische Information der Deutschen Nationalbibliothek
Die Deutsche Nationalbibliothek verzeichnet diese Publikation in der Deutschen National-
bibliografie.
Detaillierte bibliografische Daten sind im Internet über http://dnb.d-nb.de abrufbar.

Für Fragen und Anregungen:
detroy@mi-wirtschaftsbuch.de
behle@mi-wirtschaftsbuch.de
vomHofe@mi-wirtschaftsbuch.de

1. Auflage 2007

© 2010 by mi-Wirtschaftsbuch, FinanzBuch Verlag GmbH, München
Nymphenburger Straße 86
D-80636 München
Tel.: 089_651285_0
Fax: 089_652096

Lektorat: Stephanie Walter, München
Umschlaggestaltung: Jarzina Kommunikations-Design, Holzkirchen
Satz: TypoGrafik S. Kampczyk, Mering
Druck: GGP Media GmbH, Pößneck
Printed in Germany

ISBN 978-3-636-03082-5

Weitere Infos zum Thema:
www.mi-wirtschaftsbuch.de
Gerne übersenden wir Ihnen unser aktuelles Verlagsprogramm.

Inhalt

Vorwort

Die Märkte – und damit das mögliche Markt-Potenzial – sind heute greifbarer, näher und umfangreicher geworden. Gleichzeitig tummeln sich die Anbieter überall und die Konkurrenz ist sich gegenseitig dicht auf den Fersen. Trotz Verbesserung der konjunkturellen Lage bleibt das Geld nach wie vor knapp. Effizienz und Effektivität stehen deshalb weiterhin im Vertrieb ganz oben auf der Prioritätenliste.

Die modernen Formen der Kommunikation via Internet (E-Mail, Intranet, SMS et cetera) machen den Wirtschaftskreislauf äußerst schnell und vor allem die Beteiligten extrem informiert. Völlige Transparenz (ich nenne nur Informationsmedien wie Google oder Wikipedia) und die darin mögliche Aktions- und Reaktionsgeschwindigkeit lassen Einkaufen und Verkaufen zum wahren Abenteuer werden.

Die Herausforderungen sind enorm. Und jetzt zeigt sich klar: Wer nur im »Me-too« unterwegs ist, geht unter. Wir brauchen nicht nur die wettbewerbsstarken Produkt-, Sortiments- und System-Leistungen, sondern mehr denn je sind intelligente Vertriebssysteme gefragt.

Was heute zählt, sind nicht nur die Unternehmens-USPs und die Produkt-USPs, sondern im Wesentlichen die Vertriebs-USPs. Der Vertriebs- und der Verkaufleiter müssen sich permanent fragen:

Haben wir die richtigen, professionellen und energischen Verkäufer und Führungskräfte (Gebietsverkaufsleiter, Key-Account-Manager)?

Sind wir in den Märkten richtig aufgestellt, richtig vertreten, richtig positioniert?

Ist das eigene Vertriebssystem dem Wettbewerb überlegen: schneller, perfekter, verlässlicher?

Ist der Verkaufsprozess in sich »systemisch« und klar steuerbar?

Gibt es im Verkaufsprozess eine in sich geschlossene Kennzahlen-Kette?

Kann jeder Verkäufer in der »Kette« sich selbst sowie systematisch seine Benchmark-Position erkennen?

Werden Verkäufer (inklusive GVL, KAM) systematisch und kontinuierlich in ihren Leistungselementen durch Training weitergebildet?

Hat der Vertrieb innerhalb des Unternehmens eine starke Stellung (Macht)?

Arbeiten Geschäftsleitung, Marketing/Produktentwicklung/Werbung und Vertrieb/Verkauf Hand in Hand?

Wird der Egodrive der Mannschaft auch emotional ständig gefördert?

Greifen die möglichen Maßnahmen der Mitarbeiterförderung immer richtig?

Tun wir alles dazu, um sämtliche Potenziale zur Profitsteigerung und Leistungsverbesserung auszuschöpfen?

Dieses Handbuch für den Vertriebs- und Verkaufsleiter gibt Ihnen einen systematischen Überblick über die Instrumente, über die die Vertriebsführung verfügen sollte. Es zeigt die wichtigsten Aspekte eines auf Effizienz und Profitabilität ausgerichteten Vertriebsmanagements als sofort umsetzbare Hilfen auf. Praktiker sollen durch dieses Buch einen nützlichen Ideennachschub zur Verbesserung und Erleichterung ihrer Arbeit erhalten. Vertriebsleiter, die neu in dieser Position sind, erhalten einen Überblick über die Zusammenhänge und die Funktionsweisen im Vertriebsmanagement.

Meinen beiden Co-Autorinnen, Christine Behle und Renate vom Hofe, danke ich für ihre umfassende Unterstützung bei der Grundlagenarbeit wie auch bei der schriftstellerischen Finesse von Herzen. Ohne sie wäre dieses Werk nicht entstanden.

Ihnen wünsche ich viel Erfolg, nutzen Sie dieses Werk als Ihren permanenten Begleiter bei der großen Herausforderung der Vertriebsoptimierung.

Ihr

Erich-Norbert Detroy

Hinweis: In dem vorliegenden Buch wurde der Einfachheit halber nur die männliche Form der Ansprache gewählt. Gemeint sind jedoch immer sowohl weibliche wie männliche Vertriebsführungskräfte und ebenso Verkäufer wie auch Verkäuferinnen.

Survival-Checkliste

Nur durch eine systematische Ausschöpfung aller Potenziale zur Profitsteigerung und Leistungsverbesserung kann der Vertrieb die großen Herausforderungen bewältigen, denen er sich heute gegenübersieht: dem enormen Kosten- und Wettbewerbsdruck auf der einen Seite und der Forderung nach höheren Margen andererseits.

Erschließen *Sie* konsequent alle Chancen im Vertrieb? Prüfen Sie dies anhand der folgenden Checkliste, in der existenzielle Fragen zur professionellen Vertriebsstrategie zusammengefasst sind.

Survival-Checkliste	Ja	Nein
Chancen im eigenen Angebot		
1. Bieten Sie Ihren Kunden einen Nutzen beziehungsweise Mehrwert, den Ihr Wettbewerb nicht bieten kann? (Was ist in Ihrem Angebot und Vertrieb einmalig, einzigartig, also mit Attraktivität für den Kunden verbunden, was mit Überlegenheit? Wo liegen Ihre besonderen Kernkompetenzen?)	❑	❑
2. Haben Sie Aktivitäten in Planung oder bereits durchgeführt, die Ihr Angebot unverwechselbar machen gegenüber den Produkten, Preisen, Service- und Kommunikationsmaßnahmen der Wettbewerber?	❑	❑
3. Haben Sie ein klares, unverwechselbares Alleinstellungsmerkmal positioniert und kommunizieren Sie dieses systematisch im Markt?	❑	❑
4. Haben Sie gezielt Aktivitäten entwickelt, um sich als Partner und Problemlöser Ihrer Kunden zu profilieren? (Denken Sie hier besonders auch an Leistungen, mit denen Sie Ihren Kunden helfen, sowohl beruflich wie auch persönlich noch erfolgreicher zu werden.)	❑	❑
Chancen bei den Kunden		
5. Können Sie durch Spezialisierung auf die Bedürfnisse beziehungsweise Engpässe von bestimmten Zielgruppen einen sichtbaren Mehrnutzen bieten? (Bei welchen Zielgruppen und mit welchen Angeboten?)	❑	❑

6. Haben Sie ein professionelles System zur Bewertung und Qualifizierung Ihrer Kunden?	❑	❑
7. Verfügen Sie über ein Maßnahmenpaket, um den Customer Value (also den Wert eines Kunden für das Unternehmen) und damit den Company Value und den Shareholder Value zu erhöhen und langfristig sichern?	❑	❑
8. Sind Sie darauf vorbereitet, Chancen, Risiken und Herausforderungen für Ihr Unternehmen frühzeitig zu erkennen, die sich durch bestimmte Entwicklungen und Veränderungen in der Gesellschaft, bei Ihren Kunden, bei Ihren Wettbewerbern und in Ihrer Umwelt ergeben? (Und wissen Sie, mit welchen Maßnahmen Sie perfekt reagieren beziehungsweise die Veränderungen schon in Ihren Aktivitäten antizipieren?)	❑	❑
Chancen durch professionelle Vertriebsmaßnahmen		
9. Haben Sie systematisch ermittelt, welches Wissen und welche Fähigkeiten Ihre Mitarbeiter im Verkauf noch erwerben müssen, damit sie von Ihren Kunden als hilfreiche Experten angesehen werden?	❑	❑
10. Schöpfen Sie mit neuen zusätzlichen Verkaufs- und Vertriebskanälen Ihre Kundenpotenziale voll aus?	❑	❑
11. Verfügen Sie über eine Strategie und darauf abgestimmte Aktivitäten, um systematisch die Absatzmärkte von morgen aufzubauen, eine zukunftssichere Marktposition zu erlangen und Ihre eigene Konjunktur zu machen?	❑	❑
12. Stehen Ihnen die nötigen Ressourcen zur Verfügung, um Erfolg versprechende Strategien und Innovationen schnellstmöglich umzusetzen?	❑	❑

Wenn Sie alle Fragen mit »Ja« beantworten können, nutzen Sie bereits viele Vertriebschancen. In diesem Buch finden Sie noch weiterführende Tipps dazu. Sie erhalten Anregungen unter anderem zu folgenden Themen:

- gezielte Gewinnsteigerung durch Konzentration auf ertragsstarke Kunden,
- mehr Kunden und mehr Umsatz durch die Erschließung alternativer Absatzwege,
- Mehrwert für den Kunden durch professionell geschulte Mitarbeiter,
- systematische Erschließung von Zusatzgeschäften durch Cross-Selling,
- individuellere Kundenbetreuung durch eine marktorientierte Vertriebsorganisation,

- Vermeidung harter Preiskämpfe durch wettbewerbsüberlegene Produkte und Leistungen,
- motivierende Führung der Vertriebsmannschaft,
- Optimierung der Vertriebsprozesse.

Wenn Sie in obiger Checkliste mehrfach mit »Nein« geantwortet haben, lohnt es sich, die folgenden Seiten genauer zu studieren und sich Schritt für Schritt die entsprechenden Kapitel vorzunehmen, um möglichst alle Ideen für mehr Erträge zu prüfen.

Mit Strategie auf Erfolgskurs

1.1 Vertrieb – ein wichtiger Wettbewerbsfaktor

Der Vertrieb ist neben der Produktentwicklung, der Produktion und der Finanzierung einer der Kernprozesse im Unternehmen. Zugleich ist er derjenige Bereich, der die Umsätze generiert und damit die Basis schafft zur Deckung der Kosten und zur Erzielung von Gewinnen. Bei der hohen Bedeutung, die dem Vertrieb zukommt, überraschte es in der Vergangenheit immer wieder, dass auf die Effizienz und Organisation des Vertriebs vielfach weit weniger geachtet wurde als zum Beispiel auf die Erstellung des Produktionsprozesses.

Viele Unternehmen, speziell im Mittelstand, sahen – und sehen zum Teil noch heute – ihre Kernfähigkeiten im Bereich der Produktion und im Prozess der Leistungserbringung. Der Umsatz kommt »irgendwie« und mit mehr oder weniger großer Vertriebsanstrengung. Es herrscht(e) die Ansicht vor, dass sich ein gutes Produkt »von alleine« verkauft. Als die Umsätze zurückgingen, konzentrierten sich viele Unternehmen auf Kostensenkungs-, Lean-Management- oder Business-Reengineering-Prozesse. Man war bemüht, Gewinne durch Kostensenkungen und straffere Prozesse zu erzielen, allerdings zunächst nicht im Vertrieb. Dieser wurde häufig als Blackbox angesehen und die Abläufe wurden nicht hinterfragt. Doch die Chancen, durch Prozessoptimierung die Margen zu erhöhen, stießen an ihre Grenzen. In dieser Situation erkannten viele Unternehmen, dass im Vertrieb noch erhebliche Möglichkeiten zur Effizienzerhöhung und Leistungsverbesserung steckten. Deshalb richtete sich – spätestens seit den neunziger Jahren – die besondere Aufmerksamkeit auf den Vertrieb. Dabei war es nicht nur das Ziel, dort schlummernde Rationalisierungschancen auszuschöpfen. Zukunftsorientierte Unternehmen erkannten auch, dass ein leistungsstarker Vertrieb ein wichtiger Wettbewerbsfaktor ist.

Steigerung der Schlagkraft im Vertrieb

Eine Verbesserung der Effizienz und Effektivität im Vertrieb hat heute bei vielen Unternehmen hohe Priorität. Das zeigt auch eine Untersuchung der Unternehmensberatung Capgemini, wonach bei 92 Prozent der befragten Unternehmen diese Aufgaben ganz oben auf der Agenda stehen. Ob groß oder klein, im Geschäft mit Verbrauchern tätig oder B2B-Zulieferer – die Unternehmen arbeiten intensiv an der weiteren Steigerung ihrer Leistungsfähigkeit.

Dass eine *Effizienzsteigerung* im Vertrieb trotz aller bereits durchgeführten Kostensenkungsmaßnahmen nach wie vor nötig ist, belegen Verkaufsstudien, die eine markante Verschwendung von Zeit und Kosten im Vertrieb aufdecken. Hier einige Untersuchungsergebnisse:

30 bis 50 Prozent der Gesamtkosten werden durch den Absatz verursacht
Im Schnitt macht die aktuelle Verkaufszeit nur 11 Prozent der Arbeitszeit aus (die Verkäufer sehen das optimistischer und meinen 22 Prozent)
49 Prozent der Arbeitszeit werden für Administration und Problemlösung benötigt
Bei 69 Prozent der Vertriebsmitarbeiter besteht ein erheblicher Trainingsbedarf
Nur ein Viertel der Unternehmen erstellt systematisch Kundenpotenzial-Analysen
Weniger als 20 Prozent nutzen ein CRM-System für ihre Vertriebsarbeit

Quellen: Studie »Sales Excellence in Industriebetrieben 2005«; »Internationale Vertriebseffizienzstudie 2006«

Wirkungsvolle Maßnahmen zur Effizienzsteigerung sind beispielsweise eine Optimierung der Prozesse für einzelne Arbeitsabläufe, eine Implementierung moderner Informationstechnologien im Vertrieb und eine Optimierung der Verkäuferzahl.

Das Ziel der *Effektivitätserhöhung* im Vertrieb ist heute mit enormen Herausforderungen verbunden. Globalisierung, neue Marktteilnehmer, ausgeprägter Verdrängungswettbewerb, gesättigte Märkte (insbesondere beim Erstbedarf), hohe Produktqualität (ausgereifte Produkte), kurze Produktlebenszyklen, harte Preiskämpfe und sich stetig verändernde Märkte und Kundenwünsche verlangen von den Unternehmen große Flexibilität sowie die Entwicklung und zügige Umsetzung neuer Vertriebsstrategien. Nur wer just-in-time, also zur richtigen Zeit, am richtigen Ort, in der richtigen Qualität und Quantität, mit der richtigen Kommunikation und Dienstleistung die richtige Kundschaft erreicht, verschafft sich einen Vorsprung gegenüber seinen Wettbewerbern. So logisch diese Feststellung klingt, so komplex und kostenintensiv sind die dafür nötigen Marketing- und Vertriebsentscheidungen – und sie verlangen vom Vertrieb höchste Professionalität.

Das Gebot der Stunde heißt Professionalisierung

Im Rahmen der veränderten Umfeldbedingungen kann der Vertrieb den Unternehmen einen entscheidenden Wettbewerbsvorsprung verschaffen. Er ist es, der das Ohr am Kunden hat und frühzeitig Veränderungen im Markt und bei den Kunden erkennen kann. Er ist es, der es einem Unternehmen ermöglicht, sich positiv gegenüber dem Wettbewerb abzuheben – denn dieses Ziel lässt sich heute durch Produktvorteile nicht mehr nachhaltig erreichen. Zu stark ist die Konkurrenz, zu schnell wird jeder Produktvorteil vom Wettbewerb übernommen. Bei zunehmender funktionaler Vergleichbarkeit der Produkte fragen die Kunden immer häufiger nach dem Mehrwert, den sie beim Kauf eines Produkts erhalten. In dieser Situation ist die Bedeutung des Verkaufs wieder stark gestiegen. Die Verkäufer selbst werden immer mehr zum Wettbewerbsfaktor. Sie sehen sich einem äußerst anspruchsvollen Aufgabengebiet gegenüber, denn Produkte, Serviceleistungen, Prozesse, Preissysteme und Richtlinien müssen vom Vertrieb an die Kunden angepasst werden. Entsprechend geht die Entwicklung der klassischen Verkäufer hin zu service- und kundenorientierten Verkaufs- und Produktberatern, deren Erfolg nach dem Grad der Kundenzufriedenheit, der Kundentreue und der Weiterempfehlungsquote gemessen wird.

An der Schnittstelle zum Kunden müssen die Verkäufer heute über vielfältiges Know-how verfügen. Sie brauchen sowohl ein umfassendes technisches und Produkt-Know-how wie auch ein breites Wissen über die Branche ihrer Kunden, über die Kundenunternehmen, über die Kunden ihrer Kunden wie auch über ihre Ansprechpartner. Nur dann können sie den hohen Anforderungen der Kundschaft an die Beratungsqualität im Vertrieb gerecht werden. Denn der Kunde von heute ist technologisch aufgerüstet, hat eine größere Markttransparenz als früher, kann im Internet Preise vergleichen, sich per Handy Produktinformationen zukommen lassen und sich in Internet-Communities mit Expertenwissen versorgen. Hat er dann noch Fragen an einen Anbieter, erwartet er unverzüglich Antworten, ohne von einem Mitarbeiter zum nächsten weitergeleitet zu werden. Entsprechend ist die Qualifizierung der Mitarbeiter durch professionelles Training heute ein wichtiger Faktor für den Vertriebserfolg – ebenso wie eine Versorgung der Mitarbeiter mit qualifizierten Informationen, die in Echtzeit abrufbar sind.

Praxisbeispiel

Die Bedeutung des Außendienstes bei der Würth-Gruppe beschreibt Prof. Dr. h. c. Reinhold Würth zum Thema »Verkaufstechnik und Verkaufsmarketing« wie folgt: »Der Außendienst ist bei Würth ein Synonym für den Verkauf und das Fundament des Fortschritts. Wenn der Außendienst läuft, dann lösen sich alle anderen Probleme in der Administration und in der Warendistribution mit einer gewissen Zwangsläufigkeit. Warum? Weil der Verkauf der optimale Druckfaktor ist, nach innen und außen. Nach innen steigert ein gut funktionierender Verkauf die Effizienz und die Qualität aller betrieblichen Abläufe. Nach außen setzt er den Wettbewerb unter Druck, indem er größere Mengen zu besseren Preisen absetzt als die Konkurrenz. Das Zusammenspiel von Außendienst und Markt funktioniert allerdings nur dann, wenn die Unternehmensleitung für Reiseverkäufer und Kunden ein Ambiente schafft, in dem sich beide Seiten wohlfühlen, sich entfalten können und lange beieinander bleiben. Ist dieses Ambiente vorhanden, das zeigen unsere fünfzigjährigen Erfahrungen mit großer Eindeutigkeit, ist auch der Erfolg des Unternehmens dauerhaft gesichert.«

Konsequente Kundenorientierung – mehr als ein Lippenbekenntnis

Während früher der Fokus des Vertriebs vor allem auf dem Angebot, der Präsentation und dem Verkauf der Produkte lag, stellt ein modernes Vertriebsmanagement den Kunden ins Zentrum. Eine konsequente Kundenorientierung ist heute für den Erfolg unabdingbar, denn nur diejenigen Unternehmen, die frühzeitig die Veränderungen des Marktes erfassen, neue Kundenbedürfnisse erkennen und die richtigen Aktionen durchführen, schaffen sich die Chance auf eine führende Position im Markt. Modernes Vertriebsmanagement berücksichtigt deshalb nicht nur die Kundenwünsche, sondern stimmt konsequent die Vertriebsstrategie sowie alle Vertriebsmaßnahmen auf die Vorstellungen, Erwartungen und Anforderungen des Kunden ab. Es arbeitet nicht nur kundenorientiert, sondern kunden*zentriert* – wobei Kundenzentrierung bereits bei den Visionen, den Strategien und dem Angebot anfängt und seine Beschränkung erst dort findet, wo die Grenze des wirtschaftlich Tragbaren erreicht ist. In einem Beitrag zum Thema »Der beziehungsfähige Vertrieb« zeigt Renate Müller (www.atunis.de), was einen kundenzentrierten Vertrieb ausmacht:

1. Präsenz beim Kunden	Sich mit dem Kunden und seinen Aufgabenstellungen auseinandersetzen, verstehen, welchen Bedarf der Kunde heute und morgen tatsächlich haben wird
2. Kompetenz und Überzeugungskraft	Wissen, wovon man spricht; verantwortlich mit dem Kunden umgehen und von der eigenen Leistung überzeugt sein
3. Beziehungsfähigkeit	Den Kunden als handelnden Menschen verstehen, seine Werte, Interessen, Erwartungen und Bedürfnisse erkennen und den Kundennutzen fokussieren
4. Kooperationsfähigkeit	Extern zu Kunden wie auch intern hin zu den anderen Abteilungen als konstruktiver und ergebnisorientierter Gesprächspartner bei der Entwicklung von Lösungen für den Kunden aktiv tätig sein

Mancher Leser wird denken: Das machen wir doch alles bereits. Doch prüfen Sie einmal: Sind in Ihrem Unternehmen die Produkte und Leistungen aus der Anbieter- oder der Kundensicht beschrieben? Ist der Kundennutzen transparent? Wird in Ihrem Haus zwischen dem Vertrieb und den anderen Abteilungen ein konstruktives Miteinander gelebt? Überwiegen bei Ihren Verkäufern die Primäraufgaben des Vertriebs wie die Neukundenakquise und der Ausbau bei Bestandskunden? Verfügen Ihre Vertriebsmitarbeiter über die nötige Zeit, um am tatsächlichen Unternehmenserfolg zu arbeiten? Werden die Kunden wirklich als wertvollster Faktor zur Existenzsicherung des Unternehmens angesehen? Sind die Kunden-Informationssysteme wirklich effektiv und liefern die Daten, die für weitere Geschäfte die Basis bilden?

Alles über den Kunden wissen

Die Erfolgsbasis des Vertriebs ist eine exzellente Markt- und Kundenkenntnis. Wie möchte der Kunde kaufen? Wie oft, wie viel und wann bestellt er? Welche Ansprüche hat er an die Lieferpünktlichkeit, an Serviceleistungen und Unterhaltsdienste? Wie wird sein Kaufverhalten morgen sein? Ein qualifizierter Vertrieb weiß alles über den Kunden. Die dafür benötigten Informationen liefert ihm ein professionelles Informationsmanagement. Dieses muss aussagekräftige und stets aktuelle Informationen auf Abruf bereit haben über den Kunden, seine Erwartungen, das Angebot und die Lieferung der gewünschten Lösungen sowie seine Zufriedenheit. Außerdem muss es Informationen in hoher Qualität über den Markt und relevante Unternehmenszusammenhänge zur Verfügung stellen.

Dabei gilt: Kundenzufriedenheit – besser noch: Kundenbegeisterung – ist nicht Aufgabe einer einzelnen Abteilung. Informationsinseln im Unternehmen müssen aufgelöst und alle Kundeninformationen in einer zentralen Lösung integriert werden. Jeder Mitarbeiter braucht unmittelbaren Zugriff auf vergangene Aktivitäten und zukünftige Aufgaben bei einem Kunden sowie auf dessen spezifische Besonderheiten. Der Vertrieb muss beispielsweise Zugriff auf Lager- und Auftragsdaten haben, um Auskunft über die Lieferfähigkeit und den Auftragsstatus geben zu können. Denn Termintreue ist von essenzieller Bedeutung für die Kundenbindung. Das Marketing muss wissen, was Kunden in der Vergangenheit gekauft haben, bevor es versucht, sie für neue Produkte oder Cross-Selling-Angebote zu interessieren. Ein Servicemitarbeiter muss wissen, ob der Kunde einen Servicevertrag bezahlt hat und ob benötigte Ersatzteile verfügbar sind, bevor er mit der Bearbeitung von Serviceanfragen anfängt. Direkter Zugriff auf Finanzinformationen ermöglicht die Überwachung der Kundenrentabilität, um Marketing- und Vertriebsressourcen gezielt auszurichten. Erst wenn alle Abteilungen Zugriff auf wertvolles Detailwissen über die Kunden haben, ist eine persönliche und maßgeschneiderte Kommunikation mit jedem einzelnen Kunden möglich sowie eine schnelle Reaktion auf Kundenanforderungen.

Wegweiser für den Erfolg: die strategische Planung

Eine erfolgreiche Unternehmenszukunft geschieht nicht von selbst. Sie muss vielmehr konzipiert, geplant, gestaltet und gelebt werden. Eine weitere Säule für einen erfolgreichen Vertrieb ist deshalb – neben einer konsequenten Kundenorientierung – die Arbeit auf der Basis strategischer Planung. Um professionell tätig werden zu können, braucht der Vertrieb eine Strategie, klare Ziele und eine fundierte Planung.

Die Vertriebsstrategie ist der Ausgangspunkt für eine effektive Vertriebssteuerung. In ihrem Rahmen werden Grundsatzentscheidungen getroffen, die die prinzipielle Richtung des eingeschlagenen Weges bestimmen. Dazu zählt eine eindeutige Definition der gewünschten Positionierung am Markt mit Festlegung der Zielkundensegmente und der Value Proposition als Leistungsversprechen an den Kunden. Auf dieser Basis ist ein Vertriebskonzept zu entwickeln, das die Quantifizierung der Kundensegmente, die Herausbildung klarer, in der Markbearbeitung voneinander abgegrenzter Geschäftssysteme sowie die bedarfsorientierte Gestaltung des Leistungsangebots umfasst. Die medialen Vertriebsformen und der gezielte Einsatz moderner Technologien werden dabei in das Konzept integriert.

1.2 Merkmale einer exzellenten Vertriebsstrategie

Mit der Bestimmung der Vertriebsstrategie leiten Sie die Erfolge von morgen ein. Mit ihr legen Sie die Grundlage für Profitabilität, finanzielle Stabilität und Umsatzwachstum. Die Vertriebsstrategie hilft Ihnen, Ihre größten Chancen am Markt zu erkennen und diese auch zu nutzen. Nach seiner altgriechischen Herkunft heißt das Wort »Strategie«: »Art und Weise, das Heer ins Feld zu führen; Kunst oder Geschicklichkeit«. In der Marktwirtschaft ist damit das Denken in Wettbewerbsvorteilen gemeint. Mit welcher Art von Vorteil setzt man sich einem Wettbewerber gegenüber an die Spitze, um die Kundschaft zu erobern?

In einem Beitrag zum Thema »Merkmale einer exzellenten Vertriebsstrategie« zeigt Prof. Christian Gündling, was eine gute Vertriebsstrategie ausmacht:

1. Eindeutige Definition der gewünschten Positionierung am Markt
2. Fokussierung auf bestimmte Teilmärkte/Themen/Anwendungen
3. Konzentration auf bestimmte Zielkundensegmente
4. Vertrieb als Prozess
5. Lösungsverkauf
6. Einfachheit
7. Aktive Marktbearbeitung.

Auf diese Themen wird nachfolgend näher eingegangen.

Klare Definition der angestrebten Positionierung am Markt

Eine klare Positionierung erleichtert dem Kunden den Kaufentscheid sowie die eigene Profilierung gegenüber dem Wettbewerb. Klar profilierte Marken signalisieren Qualität, erzeugen Vertrauen und senken das Kaufrisiko. Neue Produkte lassen sich auf der Basis einer klar positionierten Marke besser und schneller vermarkten. Der Einfluss der Verkaufsmannschaft auf die Positionierung ist gewaltig. Schließlich sind es die Verkäufer, die das eigene Haus täglich nach außen vertreten und damit dessen Image maßgeblich prägen. Wird nicht auf eine klare Positionierung geachtet, ist die Qualität der Kommunikation mit den Kunden sehr unterschiedlich – eventuell mit nachteiligen Folgen.

Die wesentlichen Fragen in der Konzeptphase einer Positionierung lauten: Welche Bedürfnisse beziehungsweise Wünsche hat die Zielgruppe heute und in der Zukunft? Wie positionieren sich Wettbewerbsunternehmen derzeit und wie werden sie sich aufgrund möglicher Veränderungen der Angebots- und Nachfragestruktur künftig verhalten? Wie möchte sich Ihr Unternehmen in der Zukunft sehen? Welche Positionierung passt zur Markenidentität?

Eine gute Positionierung erfüllt folgende Voraussetzungen:

Merkmale	Trifft bei uns zu:
Sie besitzt einen gewissen visionären Anspruch, ist herausfordernd und zugleich realisierbar und inspiriert Kunden wie Mitarbeiter gleichermaßen.	
Sie ist abgestimmt auf die Unternehmensstrategie. Macht diese zum Beispiel die Vorgabe, dass ein Produkt ein langfristiger Umsatzträger sein soll, ist es eher problematisch, das Produkt sehr trendorientiert zu positionieren.	
Sie hat eine fokussierte, klare und verständliche Botschaft.	
Sie setzt auf den relevanten Kundenbedürfnissen auf.	
Sie fügt dem ursprünglichen Nutzen des Produkts einen spezifischen Markennutzen hinzu. Zum Beispiel verkauft der Autobauer Porsche vor allem einen Mythos und das Fahrzeug kommt – überspitzt ausgedrückt – gewissermaßen dazu.	
Sie hat eine klare USP (Unique Selling Proposition). Ein starkes Produkt erfordert eine klare Aussage, welchen Nutzen der Kunde durch das Produkt bekommt. Dieser Nutzen muss einmalig und glaubwürdig sein und sich klar vom Wettbewerb abheben.	
Sie ist dem Kunden glaubwürdig zu vermitteln. (Sogenannter »Reason-Why«: Zum Beispiel wird ein Kunde die Positionierung eines Getränks als »natürlicher Drink« dann akzeptieren, wenn dafür nur gesunde, natürliche Inhaltsstoffe verwendet werden.)	
Sie muss mit den zur Verfügung stehenden Mitteln (beispielsweise Werbung und Produktgestaltung) im Markt durchsetzbar sein.	
Sie muss auch über einen längeren Zeitraum interessant sein und dementsprechend mit einer bestimmten Kontinuität verfolgt werden können.	

Quelle: Feige, S./Hofstetter, S./Koob, C.: »Markenpositionierung: Ein Guide für KMU«, nachzulesen unter http://www.zehnvier.ch

Eine geschickte Positionierung basiert auf einem guten Verständnis der Kunden und ihrer Kaufmotive und Wünsche – und zwar nicht nur der artikulierten Wünsche, sondern besonders der latent vorhandenen, die den Kunden noch gar nicht ausdrücklich bewusst sind. Unter anderem dadurch unterscheidet sich eine aktive von einer passiven Positionierungsstrategie. Der passiv-klassische Positionierungsansatz *re*agiert auf den Markt, also auf die bereits auf dem Markt befindlichen Produkte und Dienstleistungen. Artikulierte Kundenwünsche werden berücksichtigt. Dagegen ist der aktive Positionierungsansatz dynamisch aufgrund von Leistungsinnovationen. Latent vorhandene Kundenwünsche werden analysiert und Problemlösungsideen entwickelt. Dabei besteht das Ziel darin, dem Kunden eine für ihn bis dato unbekannte neue Leistung in einzigartiger Weise anzubieten. Latente Kundenbedürfnisse lassen sich beispielsweise durch sorgfältige Beobachtung der Kunden, der Entwicklung ihrer Branchen und Tätigkeiten sowie eine geschickte Befragung der Kunden im Rahmen von Kundenbesuchen, Fokusgruppen oder regelmäßigen Kundeninterviews herausfinden.

Wichtig für die Positionierung ist außerdem die Frage, wie Ihr Produkt beziehungsweise das Unternehmen von den Kunden wahrgenommen wird. Welche Stärken und Schwächen sehen sie, welche emotionalen Faktoren verbinden sie mit Ihrem Produkt? Außer der diesbezüglichen Einschätzung durch die Verkaufsmitarbeiter müssen hierzu systematisch Feedbacks von den Kunden eingeholt werden, am besten mithilfe neutraler Experten.

Hilfsmittel bei der Erarbeitung der gewünschten Positionierung

Ein gutes Hilfsinstrument, um die Wahrnehmung der eigenen Marke durch die Kunden zu analysieren, ist der »Markenstern« (vgl. Abbildung 1).

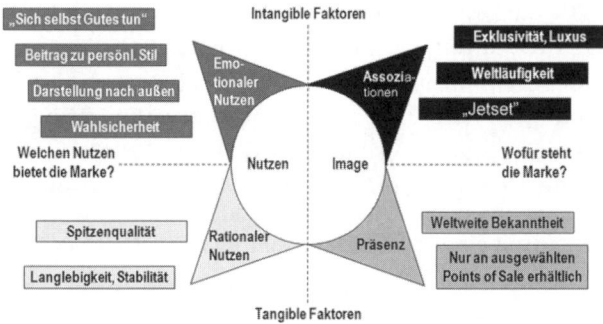

Abbildung 1: Markenstern (Quelle: Beitrag »Im Dreisprung zur Steigerung des Markenwerts«, St. Gallen 2002, www.htp-sg.ch)

Der Markenstern ermöglicht eine Untersuchung der Wahrnehmung des eigenen Produkts bei den Kunden differenziert nach Nutzen- und Imageaspekten. Bei Betrachtung des *Nutzens* geht es um die Frage, was die eigene Marke in den Augen der Kunden bietet. Dabei wird der Nutzen nach rationalen und emotionalen Aspekten unterschieden. Unter dem *rationalen* Gesichtspunkt kann der Nutzen zum Beispiel eine bestimmte Funktion sein (wie eine besondere Haltbarkeit oder Ergiebigkeit), ein Prozess oder auch eine Beziehung. Ein *emotionaler* Nutzen kann zum Beispiel darin bestehen, dass der Kunde in einer Gruppe Gleichgesinnter einen besonderen Expertenstatus genießt, es kann sich um Exklusivität oder Abenteuer handeln (Außenwirkung) oder dass sich der Kunde bei der Nutzung des Produkts besonders wohlfühlt (Innenwirkung). Steht dagegen das *Image* im Mittelpunkt der Analyse, so ist eine Unterscheidung zwischen reinen Assoziationen mit der Marke einerseits und der greifbaren Präsenz der Marke im Markt andererseits möglich. Die *Assoziationen* durch die Kunden können sich beispielsweise auf die Entwicklung der Marke im Zeitablauf, auf ihre Persönlichkeit, auf ihre Geschichte oder ihren Ruf beziehen. Die wahrgenommene tatsächliche *Präsenz* der Marke kann auf ihre Bekanntheit oder die Corporate Identity beziehungsweise das Corporate Design zurückzuführen sein.

Maßstab für die erfolgreiche Umsetzung eines Positionierungskonzepts ist die subjektive Wahrnehmung der Kunden/Abnehmer. Viele Anbieter denken zu stark in Produkteigenschaften. Doch die Kunden kaufen keine Produkteigenschaften, sondern subjektive Produktnutzen. Der bekannte Motivationsforscher Ernest Dichter hat dies dem Leiter einer Schuhfabrik, der seine Umsätze steigern wollte, einmal so erklärt: »Sie können Frauen keine Schuhe verkaufen. Sie müssen Ihnen schöne Füße verkaufen. Kunden kaufen nicht Ihr Produkt als solches, sondern gute Gefühle und Problemlösungen – das heißt Nutzen!«

Hinweis: Je geringer die sachlichen Qualitätsunterschiede zwischen den angebotenen Produkten werden, desto mehr wird das Erlebnisprofil eines Angebots zum Ansatzpunkt für die Präferenzen der Kunden. Der emotionale Nutzen tritt also in den Vordergrund. Bei hochwertigen Gütern kann dies bedeuten, dass dem Wunsch des Kunden nach neuen Eindrücken und Erlebnissen (etwa bei luxuriösen Reisen) entsprochen wird.

Wenn Sie herausgefunden haben, wofür Ihr Produkt oder die Marke heute steht, dann gilt es im nächsten Schritt, die zukünftige Positionierung zu erarbeiten. Ein nützliches Hilfsinstrument ist hierbei das Positionierungskreuz.

Das Positionierungskreuz

Anhand des Positionierungskreuzes (vgl. Abbildung 2) wird definiert, hinsichtlich welcher Dimensionen sich die eigene Marke vom Wettbewerb abhebt. Bei der Arbeit mit dem Positionierungskreuz ist als Erstes zu bestimmen, welches die Achsendimensionen des Kreuzes sein sollen. Dabei ist einerseits zu klären, welche Dimensionen für den Kunden *kaufentscheidend* sind, und andererseits, welche Dimensionen für die eigene Marke die größte Bedeutung hinsichtlich einer *Abgrenzung gegenüber der Konkurrenz* haben oder welche das höchste Potenzial beinhalten, um sich künftig positiv vom Wettbewerb abzuheben. Die beiden Achsen müssen also für den Kaufentscheidungsprozess des Kunden relevant sein und andererseits die eigene Marke positiv von der Konkurrenz abheben.

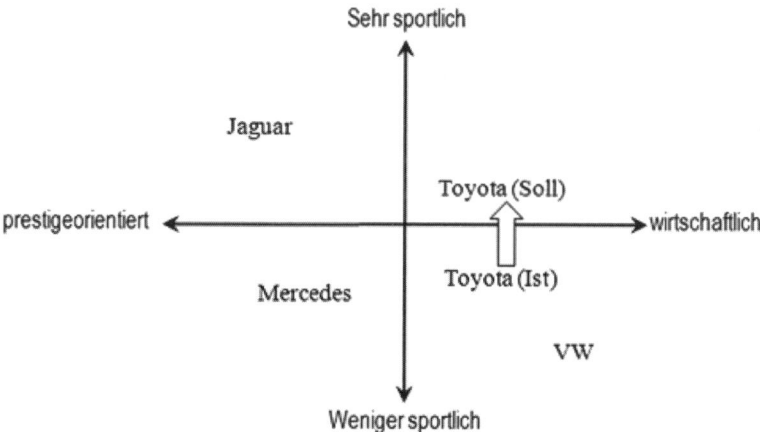

Abbildung 2: Positionierungskreuz (Quelle: »Grundkurs Marketingkommunikation und Public Relations«, KV Zürich Business School)

Die Entscheidung für zwei Dimensionen zwingt zur Fokussierung – eine wichtige Voraussetzung für eine erfolgreiche Dimensionierung, wie bereits an früherer Stelle aufgeführt. Zur Beachtung: Beschreiben Sie mit dem Positionierungskreuz nicht nur die derzeitige Situation, sondern richten Sie einen realistischen Blick in die Zukunft. Führen Sie dazu eine getrennte Ist- und Soll-Betrachtung durch. Zweckmäßig ist es außerdem, nicht nur die eigene Marke, sondern auch die Konkurrenz im Positionierungskreuz darzustellen.

Beim Positionierungskreuz werden oft verschiedene Betrachtungsweisen aufgezeichnet. Um die Idealpositionierung zu finden, reicht ein einziges Positionierungskreuz in der Regel nicht.

Das Positionierungsstatement

Das Positionierungsstatement ist zumeist eine Ableitung aus dem Positionierungskreuz und stellt in einem Satz die Positionierung einer Marke dar:

	Beispiel Auto
Für (Zielgruppe)	*Für* besserverdienende Männer und Frauen ab 35 Jahren
Ist (Produkt bzw. Dienstleistung)	*ist* der neue Jaguar X-Type
Das/Welche (Versprechen)	*das* ideale, sportliche Fahrzeug, um sich selbst zu verwirklichen, ohne den eigenen Luxus zeigen zu müssen,
Weil (Reason-Why – Begründung)	*weil* • Jaguar für Luxus und Qualität steht • Understatement wichtig ist • Jaguar sportliche Autos baut • sich nicht alle Personen einen Jaguar leisten können (Diese Übersicht zeigt, dass nicht ein einziger Kaufgrund genannt wird. Bei Existenz mehrerer Marken mit ähnlichem Nutzenversprechen muss das Marketing einen möglichst breiten, mehrere Nutzen belegenden und nicht leicht imitierbaren »Reason Why«, also einen überlegenen Leistungsbeweis für den zentralen Kaufgrund finden.)

Quelle: Klee, K.: »Grundkurs Marketingkommunikation und Public Relations, Werbung«, Zürich Business School, Beitrag im Internet nachlesbar unter www.abc-marketingpraxis.ch

Auf der Basis der Analyseergebnisse wird die Positionierungsarbeit meist in Workshops durchgeführt.

Zur Beachtung: Sehen Sie bei den Überlegungen zu Ihrer Vertriebsstrategie nicht nur auf Ihre Konkurrenten. Ansonsten besteht die Gefahr, dass sich die Strategien, Produkte und Preise immer mehr angleichen und dass Sie blind werden gegenüber den Möglichkeiten radikaler, neuer Geschäftsideen und den Strategien nicht-traditioneller Konkurrenten. Suchen Sie in völlig anderen Branchen nach Ideen und Anregungen für neue Leistungsangebote. Sprechen Sie Ihre Zielgruppen mit darauf zugeschnittenen Verkaufsmethoden an.

Strategien für das künftige Vorgehen

Es gibt die unterschiedlichsten Möglichkeiten, wie Sie künftig strategisch vorgehen können. Die nachfolgenden Übersichten über die verschiedenen strategischen Vorgehensweisen sollen Ihnen als Diskussionsgrundlage bei der Frage helfen, wie Sie Ihren ausgewählten Kundengruppen Ihr Produkt präsentieren und verkaufen wollen.

Grundsätzlich werden folgende Strategien unterschieden:

1. *Konkurrenzorientierte Strategien*: Kostenführerschaft, Differenzierung, Fokussierung, Outpacing
2. *Kundenorientierte Strategien*: Marktfeldstrategien, Marktstimulierungsstrategien, Marktparzellierungsstrategien, Marktarealstrategien
3. *Netzwerke als unternehmensübergreifende Strategien*: Strategische Allianzen und strategische Netzwerke

Konkurrenzorientierte Strategien

	Kostenführerschaft	**Differenzierung**	**Fokussierung**
Ziel	Kostenvorsprung erzielen; größter und effizientester Anbieter im gewählten strategischen Geschäftsfeld werden (der Marktanteil ist das dominierende Ziel)	Führender Anbieter im gewählten strategischen Geschäftsfeld werden; Produkte und Dienstleistungen sollen gegenüber den Konkurrenzangeboten einen einzigartigen Leistungsvorteil (USP) haben	Gewinn bringende Marktnische bzw. Spezialisierungsbereich bearbeiten

Voraus-setzun-gen	Hoher Marktanteil; Aufbau großer Produktionsanlagen; strenge Ausgabenkontrolle	Kontinuierliche Selbstanalyse und Konkurrenzbeobachtung; gute Marketingfähigkeiten; Qualitätsorientierung der Zielgruppe; starke Innovationsorientierung des Anbieters	Entscheidung, ob Marktnische als Qualitätsführer oder als Kostenführer bearbeitet werden soll
Merk-male	Aggressiver Preiswettbewerb; geringe Präferenzen der Kunden für Produkte; Sortimentseinschränkungen; häufig in Verbindung mit einer Preis-Mengen-Strategie; Gefahr, dass Kundenwünsche vernachlässigt werden	Ausweitung des preispolitischen Spielraums; klassische Markenartikelstrategie; hohe Qualität; konstanter Preis; Ubiquität; positives Markenimage	Strategische Marktsegmentierung; individuelle Angebote; großes Know-how
Maß-nahmen	Markteintrittsbarrieren aufbauen; Kontrolle des Vertriebssystems; Verschlankung der Geschäftsprozesse; Kostenkontrolle	Sicherstellung der Produkt- und Dienstleistungsqualität; intensive Marktforschung über Kundenbedürfnisse; absichern, dass der Nutzen des eigenen Angebots höher ist als der Nutzen der Konkurrenz	Gezielte Innovationspolitik; strategische Kooperationen; Investitionen in Humankapital und Flexibilisierung

Die *Outpacing-Strategie* verknüpft die Strategietypen Kostenführerschaft und Differenzierung je nach Wettbewerbsphase. Zum Beispiel verfolgt ein »Innovator« zunächst eine Differenzierungsstrategie in der Absicht, einen hohen Produktstandard am Markt zu etablieren. Dann erfolgt ein Wechsel zur Kostenführerschaft (wobei die Kosten mithilfe von Prozess- und Produktstandards vermindert werden). Ein Beispiel ist hier die Firma Sony. Sie kam mit dem Produkt »Walkman« als Innovator auf den Markt mit der Strategie, den Produktnutzen bei gleichbleibend hohen Preisen zu erhöhen (zum Beispiel durch weitere Qualitätsverbesserung und Verkleinerung des Produkts). Als die Zahl der Me-too-Anbieter immer größer wurde und das Potenzial durchgreifender Innovationen ausgeschöpft war, senkte Sony unter Beibehaltung kurzer Modellwechselzyklen drastisch die Preise.

Die Zunahme der Zahl der Anbieter auf einem Markt oder die Abschöpfung eines attraktiven, preisbewussteren Kundensegments kann ein Unternehmen dazu veranlassen, eine Preissenkung durchzuführen. Zum Beispiel war es für die Firma Daimler möglich, mit relativ geringem Risiko für die imageträchtige Marke Mercedes die Markteinführung des Smart zu wagen.

Ein Preisverfall sollte nicht die Qualität kompromittieren. Bei hochpreisigen Premiumgütern besteht bei einem Wechsel zur Kostenführerschaft immer die Gefahr eines Imageverlusts. Hier kann die Durchführung einer zweiten oder dritten Markenstrategie Abhilfe schaffen. Umgekehrt kann die Strategie eines »Nachfolgers« darin bestehen, dass er zuerst die Kostenführerstrategie verfolgt und dann durch systematische Innovationen eine Differenzierung vornimmt, um gestiegene Kundenbedürfnisse zu befriedigen und/oder neue Kundengruppen zu gewinnen.

Voraussetzungen für eine erfolgreiche Outpacing-Strategie sind unter anderem: eine genaue Kenntnis der Branche und ihrer Entwicklungen, eine konsequente Ausrichtung auf die jeweils gewählte strategische Variante sowie die Reinvestition des Cashflows, der aufgrund des jeweils erzielten Wettbewerbsvorteils erlangt wurde.

Kundenorientierte Strategien

Marktfeldstrategien

Marktfeldstrategien legen fest, mit welchen Produkten das Unternehmen auf welchen Märkten tätig sein will. Eine Übersicht hierzu bietet die Vierfeldermatrix nach Ansoff.

Märkte Produkte	Bestehende Märkte	Neue Märkte
Vorhandene Produkte	**Marktdurchdringungsstrategie** **Ziel:** Vergrößerung des Marktanteils und -volumens auf den bisherigen Absatzmärkten **Voraussetzungen:** der Markt ist noch nicht vollkommen gesättigt; die Produktverwendungen können	**Marktentwicklungsstrategie** **Ziel:** Wachstum durch das Angebot bestehender Produkte auf neuen geografischen oder zielgruppenbezogenen Märkten; Wecken neuer Bedürfnisse für die bestehenden Produkte **Mögliche Anlässe:** hoher eigener Marktanteil; Erweiterung des Marktanteils bedingt hohe Kosten;

	gesteigert werden; Marktanteile können leicht von der Konkurrenz gewonnen werden **Maßnahmen:** mehr Verkäufe bei vorhandenen Kunden (zum Beispiel durch Beschleunigung des Ersatzbedarfs, größere Verkaufs- und Verpackungseinheiten, Erhöhung des Distributionsgrades oder die Erschließung neuer Verwendungsmöglichkeiten); Abwerbung von Kunden der Konkurrenz; Gewinnung von bisherigen Nichtverwendern (beispielsweise durch Verbesserung der Erhältlichkeit des Produkts, Werbung, Intensivierung der Verkaufsförderung, Verbesserung des Designs; besseres Distributionsnetz); Verhinderung des Kundenabgangs (zum Beispiel durch Verbesserung des Kundendienstes)	bestehende ungenutzte Kapazitätsreserven; Chance, neue Vertriebskanäle zu nutzen, die nicht teuer, aber verlässlich sind **Bedingungen:** Erfolgsrezepte können leicht in anderen Markt übertragen werden; Vorhandensein neuer und ungesättigter Märkte; starke Globalisierungstrends in der Branche **Maßnahmen:** Eindringen in Zusatzmärkte, die sich aufgrund neuer Anwendungsbereiche oder Einsatzfelder der Produkte auftun; Erschließung neuer Teilmärkte durch Variationen der bestehenden Produkte; Eroberung neuer geografischer Märkte (diese Strategie erfordert Zeit und ist oft teuer)
Neue Produkte	**Produktentwicklungsstrategie** **Ziel:** das Wachstum durch Innovation sichern und erweitern (dazu werden derzeitige Produkte durch neue Produkte ersetzt, die jedoch auf den bisher genutzten Märkten vertrieben werden). Es gibt drei Arten: a) echte Innovationen; b) quasi-neue Produkte = Produkte, die sich bereits bestehenden Produkten anschließen;	**Diversifikation** **Ziel:** Erschließung neuer, zukünftiger Erfolgspotenziale, indem neue Produkte auf neue Märkte gebracht werden; mögliche weitere Ziele: Risikosenkung, da durch neue Geschäftsfelder die Abhängigkeit von bestehenden Strukturen reduziert wird; Stärkung der eigenen Position gegenüber der Konkurrenz; bessere Erfüllung der Kundenbedürfnisse **Formen:** a) horizontale Diversifikation: Angebot neuer Produkte auf dem Markt, die mit bisherigen Produkten artverwandt sind;

c) Me-too-Produkte = nachgeahmte Produkte (der Unterschied zu den anderen Produkten liegt hier im Preis oder im Design) **Voraussetzungen:** Die bisherigen Produkte haben das Ende ihres Lebenszyklus erreicht, oder der Markt ist gesättigt und es wird schwierig, durch Differenzierung einen Aufpreis zu erzielen, oder ein schneller Wandel veranlasst das Unternehmen, Produktneuheiten zu entwickeln	b) vertikale Diversifikation: Erweiterung des Leistungsprogramms durch Erzeugnisse, die den bereits angebotenen Produkten vor- oder nachgelagert sind; c) laterale (konglomerate) Diversifikation: Angebot neuer Produkte auf dem Markt, bei denen kein sachlicher Zusammenhang mit dem bisherigen Leistungsprogramm besteht; d) konzentrische Diversifikation: Entwicklung neuer Produkte für neue Märkte, basierend auf vorhandenen Kompetenzen; Bedingung: die Fähigkeit des eigenen Hauses bzgl. der neuen Produkt-/ Marktentwicklung muss vorhandene Konkurrenz bedrängen können

Marktstimulierungsstrategien

Im Rahmen der Marktstimulierungsstrategien erfolgt eine Bestimmung der Art und Weise der Marktbeeinflussung beziehungsweise Imagebildung. Dabei gibt es zwei Formen:

1. *Die Präferenzstrategie.* Bei Verfolgung dieser Strategie werden alle absatzpolitischen Maßnahmen darauf ausgerichtet, den wahrgenommenen Nutzen des Produkts beim Kunden zu erhöhen. Bei einer reinen Präferenzstrategie sind Preis und Qualität hoch. Grundfragen sind hier: Wie bilden sich Präferenzen? Wie können sie erkannt werden? Wie können Präferenzen genutzt werden? Wie können Präferenzen beeinflusst werden?

2. *Die Preis-Mengen-Strategie.* Hier erfolgt eine einseitige Ausrichtung auf einen niedrigen Preis bei einer durchschnittlichen beziehungsweise zufrieden stellenden Produktqualität. Voraussetzungen sind: 1. die eigene Größe (es muss sich um ein Großunternehmen handeln), 2. muss ein nicht imitierbarer Kostenvorteil vorhanden sein. Diese Strategie wird zum Erfolg führen, wenn der Preis der wichtigste Kaufgrund ist und ein großes Marktsegment besteht.

	Präferenzstrategie	Preis-Mengen-Strategie
Ziel	Schaffung von Präferenzen beim Kunden, um einen hohen Preisspielraum durchzusetzen	Preiswertester Anbieter sein
Zielgruppe	Markenkäufer	Preiskäufer
Produktqualität	Hohe Qualität, aufwendige Verpackung, hoher Service	Durchschnittliche Qualität, geringer Verpackungsaufwand
Kommunikation	Aufbau des Markenimage durch hohe Werbeausgaben	Geringe Werbeausgaben
Preispolitik	Relativ hoher Preis	Niedriger Preis
Distribution	Fachgeschäfte	Discounter
Vorteile	Zufriedene Kunden; positive Weiterempfehlungen; höhere Preise als der Durchschnitt möglich; geringere Preissensitivität der Kunden; Zusatzkäufe; positives Produkt-/Firmenimage	Konsequente Ansprache von Preiskäufern; Konzentration auf kostensenkende Maßnahmen; geeignet für die schnelle und flächendeckende Erschließung neuer Märkte: hält mögliche Konkurrenten ab
Nachteile	Hohe Marketing-Kosten; langfristige Investitionen in die Marke/das Image nötig; Kunden müssen die Qualität als besonders gut wahrnehmen; Qualitätsprobleme wirken sich sehr negativ auf das Image aus	Gefahr von ruinösem Preiswettbewerb; nur sinnvoll bei großen Absatzmengen; zahlungskräftige Markenkäufer werden vernachlässigt; kein Spielraum für umfassendes Marketing; Abgrenzung vom Wettbewerb schwierig

Marktparzellierungsstrategien

Bei den Marktparzellierungsstrategien geht es um die Frage, welche Zielgruppe Sie mit Ihrem Produkt erreichen wollen. Hier werden prinzipiell zwei Arten unterschieden, die sowohl vom Produkt als auch vom Markt abhängig sind:

1. *Die Massenmarktstrategie.* Diese Strategie bietet sich an, wenn das Produkt Eigenschaften aufweist, die von einem Großteil der Bevölkerung als notwendig empfunden werden.

2. *Die Marktsegmentierungsstrategie.* Wenn Ihr Produkt auf die Bedürfnisse von speziellen Abnehmergruppen ausgerichtet ist, eignet sich eine Feingliederung der Märkte mittels einer Marktsegmentstrategie.

Die Marktsegmentierung bedeutet die Aufteilung des Marktes in möglichst homogene Teilmärkte, die sich von anderen Teilmärkten deutlich unterscheiden. Sie hat den Zweck, für eine bessere Erfassung der Zielgruppe und einen gezielten Einsatz der Marketinginstrumente zu sorgen, da die Käufer eines Teilmarktes homogener in Bezug auf ihre Wünsche und die Bedürfnisbefriedigung sind als diejenigen des Gesamtmarktes.

Grundüberlegungen der Marktparzellierungsstrategien sind:

1. *Die Marktabdeckung.* Welcher Teil des relevanten Marktes soll abgedeckt werden? Der Gesamtmarkt oder bestimmte Teilmärkte?

2. *Die Marktbearbeitung.* Wie soll der Markt bearbeitet werden? Gleich über alle Marktsegmente (undifferenziert) oder unterschiedlich pro Segment (differenziert)?

Bei der *Marktsegmentierung mit totaler Marktabdeckung* werden alle Segmente des Gesamtmarktes bearbeitet. Jede identifizierte Kundengruppe ist mit einem Marketing-Mix optimal anzusprechen. Diese Strategie ist besonders für Großunternehmen geeignet. Merkmale sind höhere Erträge bei heterogenen Märkten sowie hohe Kosten für Investitionen, Produktion und Marketing et cetera. Bei der *Marktsegmentierung mit partieller Marktabdeckung* werden nur eines oder wenige Marktsegmente bearbeitet. Die Unternehmen können sich auf die ausgewählten Segmente konzentrieren, in Marktnischen tätig werden und sehen sich geringeren Kosten für die Informationsbeschaffung und Marktbearbeitung gegenüber. Diese Strategie ist besonders für kleinere Unternehmen geeignet. (Näheres zum Thema Marktsegmentierung lesen Sie im Abschnitt »Konzentration auf lukrative Zielgruppen« weiter unten in diesem Kapitel.)

Marktarealstrategien

Wo soll verkauft werden? Im Rahmen der Marktarealstrategien erfolgt die Bestimmung der geografischen Absatzmärkte beziehungsweise deren räumlicher Ausdehnung. Mit der Festlegung der Markträume wird auch der Einsatz weiterer Marktinstrumente determiniert, wie Vertriebsorganisation, Vertriebswegewahl, Werbung oder Kundendienst.

Es gibt nationale bzw. teilnationale Strategien sowie übernationale Strategien. *Nationale* beziehungsweise *teilnationale Strategien* haben folgende Vorteile: Es ist eine gute Marktübersicht vorhanden; es gibt keine Sprachbarrieren; es bestehen relativ einheitliche rechtliche Regelungen; es gibt keine Zölle; die Lieferwege sind relativ kurz. Als Nachteile sind dagegen zu nennen: begrenztes Absatzgebiet; häufig gesättigte Märkte; intensive Konkurrenz; kein Ausgleich konjunktureller Schwankungen. Der *Export* ist der erste Schritt zu einer übernationalen Strategie. Die Produktion der Güter erfolgt im Heimatland, der Verkauf ins Ausland. Häufig wird der Export ohne strategisches Konzept abgewickelt.

Bei den *multinationalen Strategien* wird die Orientierung am Heimatland aufgegeben und durch eine umfassende Orientierung am Gastland ersetzt. In der Regel geschieht ein Teil der Produktion im Ausland. Es erfolgt eine internationale Arbeitsteilung. Häufig werden im Ausland autonome Niederlassungen gegründet. Länderspezifische Maßnahmen sind erforderlich und das sozio-kulturelle Umfeld hat eine besonders große Bedeutung. Die multinationalen Strategien haben unter anderem folgende Vorteile: Es werden neue Absatzgebiete erschlossen; länderspezifische Produktionsvorteile können genutzt und konjunkturelle Schwankungen ausgeglichen werden; es erfolgt eine Fixkostendegression und das Marketing-Management erhält neue Impulse. Den Vorteilen stehen einige gewichtige Nachteile gegenüber: sprachliche Barrieren, hohe Transportwege-Zölle sowie hohe Investitionen. Die kulturellen Unterschiede erfordern eine Anpassung des Marketing-Mix und in den Gastländern sind rechtliche Besonderheiten zu beachten.

Netzwerke als unternehmensübergreifende Strategien

Um Synergien zu nutzen und Kosten zu sparen, gehen Unternehmen heute verstärkt Kooperationen mit anderen Herstellern oder Dienstleistern ein. Dies gibt ihnen unter anderem die Chance, ihre gemeinsame Position in schwierigen Märkten zu stärken oder auf Markt- und Technologieveränderungen schnell zu reagieren. Außerdem können sie gemeinsam neue Kunden gewinnen, zusätzliche Aufträge akquirieren, neue Märkte erschließen und an Großaufträge kommen, die früher den Großunternehmen vorbehalten waren. Einige Beispiele für Kooperationen zeigt folgende Übersicht (Näheres zum Thema »Kooperationen« lesen Sie in Teil 7 im Kapitel 7.6).

Interessen-gemeinschaft, Strategische Allianz	Hier verbinden zwei oder mehrere Unternehmen ihre individuellen Stärken, um so ein gemeinsam verfolgtes Ziel zu erreichen. Die Partner bleiben auch nach dem Zusammenschluss grundsätzlich selbstständig. Durch Konsolidierung der individuellen Stärken können strategisch relevante Wettbewerbsvorteile gegenüber Konkurrenten gesichert und in den einzelnen Geschäftsfeldern ausgebaut werden. Die Partner arbeiten in den einzelnen Geschäftsfeldern zusammen, zum Beispiel in der Forschung oder im Vertrieb. In Bezug auf das gemeinsame Ziel müssen sie ihre Geschäftsfelder entsprechend koordinieren und untereinander abstimmen. Tendenziell sind Kooperationen dieser Art kurz- bis mittelfristig angelegt.
Joint Venture	Das Joint Venture ist eine institutionalisierte Form der Strategischen Allianz. Es stellt eine »neue« Unternehmung mit eigener Rechtspersönlichkeit dar und wird von mindestens zwei Joint-Venture-Partnern getragen und/oder aktiv geführt. Joint Ventures werden oft gegründet, um in neuen, vor allem in ausländischen Märkten Fuß zu fassen; der Zweck eines Joint Ventures ist es, einer Strategischen Allianz eine stärkere Bindungswirkung zu verleihen; diese Kooperationsform ist gut geeignet in Ländern mit schwierigen politischen, wirtschaftlichen oder rechtlichen Gegebenheiten; um Unternehmensaktivitäten dahin auszudehnen, kann ein Joint Venture mit einem dort etablierten inländischen Partner gegründet werden
Franchising	Hier erhalten unabhängige Unternehmen die Lizenz für ein vollständiges, auf den Vertrieb von Waren und Dienstleistungen ausgerichtetes Geschäftssystem
Wertschöp-fungsnetz-werke	Dabei handelt es sich um Kooperationsprozesse mit anderen Unternehmen, Kunden oder Lieferanten, mit dem Ziel, für den Kunden durch das Angebot von Lösungen einen höheren Nutzen zu erzielen (Beispiele: Leistungsintegration, Prozessintegration)

Gute Preise und Verdienste durch eine geschickte Positionierung

Vor allem im Konsumgüterbereich polarisieren sich heute die Märkte immer mehr. Geld verdient wird oft nur noch im Bereich eines hohen »Value-to-the-Customer« einerseits oder besondere Preisgünstigkeit andererseits. Dagegen ist es im mittleren Marktsegment, im Bereich des »grauen Durchschnitts«, eng geworden. Es tummeln sich zahlreiche Konkurrenten, der Kunde entscheidet meist nach dem Preis und nimmt kaum mehr Qualitätsunterschiede wahr. Studien zeigen, dass der Marktanteil der Billigprodukte sowie derjenige der Premium-Produkte deutlich wächst, während das mittlere Marktsegment zurückgeht. Haben Sie also den Mut, eine klare Position einzunehmen und nicht für jeden ein bisschen anzubieten. Analysieren Sie Ihr Angebot gründlich und prüfen Sie genau, wo und wofür Sie stehen und wohin Sie künftig gehen wollen.

Wenn der Nutzen Ihres Angebots für den Kunden in *besonders niedrigen Preisen* besteht, müssen Sie Ihre gesamte Strategie (Produktion, Markt und Kultur) auf höchste Effizienz trimmen und Ihre Kunden hervorragend kennen. Ein Beispiel für herausragenden Erfolg in diesem Bereich ist eine Discountbäckerei mit Selbstbedienung, die inzwischen schon zahlreiche Filialen eröffnet hat. Hier bekommt der Kunde keine Beratung und keine Bedienung, dafür jedoch ständig frisch gebackene Ware. Und der Erfolg spricht für sich.

Die Erfolgreichen mit der Präferenzstrategie, die ihren Kunden einen *überlegenen Mehrwert* bieten wollen, zeichnen sich vor allem durch drei Stärken aus: Innovation, tiefes Kundenverständnis und eine starke Marke. Entsprechend gibt es im Vergleich zur billigen Discountbäckerei auch Premiumbäckereien, die Vollwertprodukte zu einem Vielfachen des normalen Preises anbieten und den Einkauf zum Erlebnis machen – mit Öko- und Wellnessprodukten, Spezialangeboten für Allergiker et cetera. Das alles kostet natürlich, aber das Besondere wird vom Kunden auch bezahlt.

In ihrem Buch »Different Thinking« stellen Anja Förster und Peter Kreuz eine Fülle von Firmen vor, die es geschafft haben, aus der grauen Mitte auszubrechen. Hier zwei Beispiele:

Mit der Strategie »Demokratisierung des Luxus« hat der Eishersteller Häagen-Dazs erfolgreich sein Eis als Premiummarke auf einem Massenmarkt etabliert. Und dazu verfügt er über ein geschicktes Vertriebskonzept: Das Eis wird zwar auch in ausgesuchten Supermärkten angeboten, vor allem aber wird es über Hauszustelldienste und in Tankstellenshops direkt an den Kunden gebracht. Durch das eingeschränkte Sortiment besteht hier ein wesentlich geringerer Wettbewerb. Ein weiterer Vertriebskanal sind Häagen-Dazs-Cafès, die von Franchisenehmern geführt werden und deren Zahl in den nächsten Jahren stark ansteigen soll. Häagen-Dazs ist äußerst erfolgreich mit seiner Strategie.

Besonders chancenträchtig ist auch die Strategie, den angestrebten Zielgruppen etwas Einmaliges zu bieten. Bringen Sie Innovationen auf den Markt, mit denen Sie aus der grauen Mitte heraustreten und sogar Ihre Wettbewerber überraschen – sei es in Form eines neuen besonderen Produkts oder eines außergewöhnlichen Service. Ein Beispiel ist die Bruno Banani Underwear aus Chemnitz. Mit dem Slogan »Nicht für jeden« bringt Bruno Banani monatlich eine neue Unterhose mit limitierter Auflage in die Fachgeschäfte. Der Wäschemarke ist es gelungen, einen regelrechten Kult aufzubauen. Das Beispiel von Bruno Banani zeigt auch, wie erfolgsträchtig eine Positionierung jenseits der Masse ist. Das Unternehmen konnte eine Marktlücke erobern, in der die Kunden für den von ihnen wahrgenommenen, mit dem Produkt verbundenen Nutzen durchaus bereit sind, einen höheren Preis zu bezahlen.

Das Beispiel von Bruno Banani und anderer erfolgreicher Firmen zeigt: Preise werden nicht vom Kunden diktiert, sondern strategisch positioniert und können vom Unternehmen selbst gestaltet werden. Voraussetzung dafür ist, dass die Produkte und Leistungen ein klares Profil aufweisen und sich von der Konkurrenz abheben. Außerdem müssen die Preiskonzepte vom Kundennutzen ausgehen. (Näheres hierzu lesen Sie in Teil 8 im Kapitel 8.2).

Eine sehr interessante Möglichkeit, um sich dem harten Preiswettbewerb zu entziehen und eine führende Stellung im Markt zu erlangen, finden Sie im folgenden Abschnitt vorgestellt: die Konzentration auf ein Engpassproblem des Kunden.

Fokussierung auf bestimmte Teilmärkte/Themen/Anwendungen

Ein großes Problem zahlreicher Unternehmen ist heute die Verzettelung. Neue Produkte werden in neuen Geschäftsfeldern entwickelt, die nicht mehr zum Kerngeschäft gehören, und später wird der Bereich einfach ausgegliedert. Unterliegen *Sie* nicht der Versuchung, auf allen Hochzeiten zu tanzen. Konzentrieren Sie sich vielmehr auf einen oder einige Kernbereiche, in denen Sie besonders gut bzw. in denen Sie ein Kundenproblem besser lösen können als Ihre Wettbewerber. Lassen Sie den Rest möglichst von Lieferanten, Partnern oder Ihren Kunden durchführen! Aus der Konzentration folgt die Spezialisierung auf eine unverwechselbare Problemlösung der Bedürfnisse einer ganz bestimmten Zielgruppe. In diesem Zusammenhang hat die engpasskonzentrierte Strategie (EKS) von Wolfgang Mewes in der Praxis große Aufmerksamkeit gefunden.

Die engpasskonzentrierte Strategie

Nach der engpasskonzentrierten Strategie sollen sich Unternehmen entsprechend ihren Ressourcen spezialisieren, um in einer Marktnische ihren Erfolg zu holen. Die EKS umfasst vier Prinzipien: 1. Konzentration der Kräfte auf Stärkenpotenziale und Abbau von Verzettelung. 2. Orientierung der Kräfte auf eine eng umrissene Zielgruppe. 3. In die Lücke (Marktnische) gehen. 4. Sich in die Tiefe der Problemlösung entwickeln und Marktführerschaft anstreben. Die engpasskonzentrierte Strategie baut auf folgenden Entwicklungsphasen auf:

	Anmerkungen
1. Phase: Analyse des Ist-Zustands und Ermittlung von Stärken als Kernkompetenzen (auch im Konkurrenzvergleich). Worin sind Sie wirklich gut?	
2. Phase: Herauskristallisierung des Geschäftsfeldes, das den größten Erfolg verspricht. Worin sind die größten Chancen und womit kann Ihr Unternehmen den größten Nutzen bewirken?	
3. Phase: Ermittlung der Zielgruppe, die den größten Erfolg verspricht. Wer kann Ihre Leistung(en) am besten brauchen? Und wer passt zu Ihnen als Kunde?	
4. Phase: Ermittlung des größten Engpasses der Zielgruppe und Lösung dieses Engpasses. Welches Problem können Sie in dieser Kundengruppe lösen?	
5. Phase: Innovieren – basierend auf dem Bestreben, weitere Lösungen für die Probleme der Kundengruppe zu schaffen. Nach dem Lösen eines Engpasses entstehen beim Kunden (besser: in der Kundengruppe) neue bzw. andere Probleme. Diese gilt es ebenfalls zu lösen und vor allem frühzeitig zu erkennen – und dies mit dem Kunden zusammen (Vertrauensverhältnis erarbeiten durch Nutzendenken)	
6. Phase: Eingehen von Kooperationen, bedingt durch die notwendige Konzentration auf die Kernkompetenzen (hierbei handelt es sich stets um synergetische Kooperationen)	
7. Phase: Ausrichten des Unternehmens auf das konstante Grundbedürfnis der Zielgruppe (hier wird ein soziales Grundbedürfnis für die Zielgruppe dauerhaft gelöst, was einer reinen Verfahrens- oder Produktspezialisierung entgegen steht)	

Fallbeispiel

Ein Beispiel für ein Unternehmen, das mit der engpasskonzentrierten Strategie sehr erfolgreich wurde, ist Kieser Training. Dabei ging es um das Problem, dass immer mehr Menschen unter Rückenproblemen leiden. Die engpasskonzentrierte Spezialisierung auf wirksame Gegenmaßnahmen machte Kieser zum Branchenführer.

Vor Jahren erkannte Werner Kieser, dass die Fitness-Branche ihren ursprünglichen Zweck – die Kräftigung des Menschen – aus den Augen verloren hatte. Deshalb ließ er in seinem Fitness-Studio in der Schweiz alle Attribute eines typischen Sportstudios wie Sauna, Solarium oder Getränketheke systematisch entfernen und durch eine spartanische Trainingsatmosphäre sowie neue Trainingsmethoden und -geräte ersetzen. »Kieser Training bedeutet Steigerung der körperlichen Leistungsfähigkeit. Dies ist nur durch aktive Betätigung zu erreichen. »Vergnügungseinrichtungen« wie Sauna, Whirlpool, Solarium bieten »Ausweichmöglichkeiten« und erwecken den Eindruck, Alternativen zum Training zu sein, was völlig falsch ist«, so Werner Kieser im »Strategie Journal 6/99«. »Ich förderte, was dem Trainingsfortschritt diente, und eliminierte, was ihn behinderte.« Mit dieser Neuausrichtung begann eine beispiellose Erfolgsstory. 2004 waren Franchise-Unternehmen von Kieser in sechs Ländern präsent, 2005 wurde der Masterfranchisevertrag für Australien und Neuseeland unterzeichnet, 2006 ein Masterfranchisevertrag, der eine Expansion in acht europäische Länder regelt.

Werner Kieser ist ein Visionär. Seine Strategie war es nicht, vordergründig »reich« zu werden. Vielmehr wollte er ein Problem lösen, ein brennendes Problem für die betroffenen Menschen. Im Gegenteil: Um seine Vision zu verwirklichen, war er bereit, auch Verluste in Kauf zu nehmen. Mit seiner Problemlösung befriedigte er gleichzeitig das soziale Grundbedürfnis nach Gesundheit und Wohlbefinden in allen Lebensabschnitten und eine damit verbundene natürliche Einstellung zum Körper. Hier zeigt sich, wie sich die engpasskonzentrierte Strategie von der klassischen Betriebswirtschaftslehre unterscheidet: Natürlich war es für Kieser interessant, Geld zu verdienen. Doch dieses Geld sollte aufgrund des Nutzens fließen, der ein brennendes Problem der Zielgruppe löst. Hierin besteht ein wesentliches Merkmal der engpasskonzentrierten Strategie: Erst wird der Nutzen für die Umwelt verbessert, dann fließt das Geld automatisch – als Folge des immateriellen Impulses.

Hinweis: Die engpasskonzentrierte Strategie hat schon über 10.000 Unternehmen mit mehr als 70.000 Anwendern zu durchschlagenden Erfolgen verholfen. Und Prof. Hermann Simon stellte in seiner berühmten Studie »Hidden Champions« fest, dass die enormen Marktanteile der heimlichen Weltmarktführer des Mittelstands erstaunlich oft mithilfe der EKS-Methode erzielt wurden.

Welchen Mehrwert bieten Sie Ihren Kunden?

Kernkompetenz bedeutet keine bestimmte einzelne Fähigkeit oder einzelne Technologie, sondern ein Bündel von Fähigkeiten und Technologien, das einen überdurchschnittlichen Beitrag zu dem vom Kunden wahrgenommenen Wert leistet. Prüfen Sie hierzu: Worin sind Sie wirklich gut? Wo sind Sie besser als Ihre Konkurrenten und haben einen Wettbewerbsvorsprung, den Ihnen keiner leicht wegnehmen kann?

Die Abgrenzung des eigenen Angebots gegenüber dem Wettbewerb ist eine echte Herausforderung. Beachten Sie bei der Analyse Ihres Mehrwerts einige wichtige Punkte:

1. Der Kunde muss einen Bedarf oder ein geschäftliches Problem haben, für das er eine Lösung sucht – sonst ist ein Mehrwert für ihn uninteressant. Zu oft vermuten Verkäufer Chancen bei Kunden, die gar keinen Kaufbedarf haben.
2. Wert ist – einfach gesagt – der Unterschied zwischen den wahrgenommenen Vorteilen und den Folgen, die die Auswahl einer Lösung bewirkt. Vor diesem Hintergrund gilt es, eine breit angelegte Übersicht der Vorteile und Konsequenzen zu entwickeln. Den Fokus nur auf die Produktmerkmale/-vorteile zu legen, bringt nichts.
3. Jeder Kunde hat andere Bedürfnisse und Wünsche, die sich auch im Zeitablauf verändern. Effektive Mehrwert-Angebote sind a) auf die spezifischen Bedürfnisse jedes Kunden zugeschnitten (DEN Mehrwert gibt es nicht!) und werden b) immer wieder aktualisiert.
4. Der größte Wert liegt häufig außerhalb Ihres Produkts. Er kann beispielsweise in den Beziehungen des Kunden mit Ihrem Verkaufsteam bestehen, in der Einfachheit, mit Ihnen Geschäfte zu machen, im Ruf der Firma, im Service et cetera. Denken Sie über den »Produkt-Rand« hinaus, wenn Sie den Mehrwert für den individuellen Kunden entwickeln.
5. Der Kunde muss den Eindruck haben, dass Ihr Mehrwert höher ist als der jeder anderen Alternative, die er erwägt – sei es die von Wettbewerbern oder auch die Möglichkeit, dass er gar nichts tut. Es liegt in Ihrer Verantwortung, Ihre Lösung so von der Konkurrenz abzugrenzen, dass der angebotene Wert höher ist. Folgende Fragen bringen Sie hier weiter: Was ist das Besondere an Ihrem Produkt/Ihrer Dienstleistung oder Ihrem Unternehmen? Warum soll ein Kunde ausgerechnet bei Ihnen kaufen? Wer ist wirklich Ihre Zielgruppe? Mit wem könnten Sie kooperieren, um Ihr Produkt einmalig zu machen? Welche immateriellen Werte hat Ihr Unternehmen oder Produkt?

Auch die folgenden Fragen, die mit einer für den einzelnen Kunden interessanten Antwort zu versehen sind, helfen Ihnen bei der Mehrwertdefinition:

Wie helfen Sie Ihrem Kunden,	Antwort
... seine Einnahmen zu vermehren?	
... seine Kosten zu senken?	
... seine Profitabilität/Produktivität zu steigern?	
... besser die Wünsche seiner Kunden zu erfüllen?	
... seine Zykluszeiten/Geschwindigkeit zu verbessern?	
... die Zufriedenheit bzw. das Wachstum seiner Kunden zu mehren?	
...seine Qualität zu verbessern?	
... die Zufriedenheit seiner Mitarbeiter zu vergrößern?	

Hinweis: Viele weitere Informationen und Anregungen zum Thema »Mehrwert« lesen Sie in Teil 8 im Kapitel 8.2 »Rendite steigern durch höhere Preise«.

Konzentration auf lukrative Zielgruppen

Besonders gewinnträchtig ist die Strategie, sich auf ausgewählte lukrative Zielgruppen zu konzentrieren. Untersuchungen zeigen, dass sich allein durch Fokussierung auf ertragsstarke Produkte oder Kunden – je nach spezifischer Ausgangslage eines Unternehmens – mit gleichen Ressourcen Verbesserungen um 5 bis 20 Prozent erzielen lassen!

Wer ist für Ihr Unternehmen, strategisch beziehungsweise finanziell gesehen, besonders attraktiv? Bei der Kundenselektion geht es vor allem darum, aus dem gesamten Kundenpotenzial diejenigen Kunden auszuwählen, bei denen der Produktnutzen und die Kundenbedürfnisse möglichst kongruent sind.

Eine bewährte Methode der Kundenbewertung, die zugleich monetäre wie auch nicht-monetäre Kriterien berücksichtigt und ebenso zukünftige Aspekte mit einbezieht, ist das TEV-Bewertungsschema. Es unterstützt Sie dabei, sowohl aussichtsreiche Ist-Kunden wie auch interessante Neukunden herauszufinden. Mit einem solchen Schema, in das Sie Ihre individuellen Bewertungskriterien eintragen, können Sie überprüfen, welche Kunden:

1. Top-Kunden sind – solche Kunden, für die Sie zukünftig mehr Zeit investieren sollten (Betreuung bzw. Suche nach neuen Kunden),
2. Entwicklungsfähige Kunden sind, die nicht so viel, aber zumindest einen gezielteren Zeitaufwand benötigen,
3. Verzichtbare Kunden sind Kunden, die Sie nicht intensiv bearbeiten müssen.

Zur Bestimmung dieser drei Kategorien sind einerseits *monetäre* Kriterien zu betrachten, wie beispielsweise Umsatz, Deckungsbeitrag et cetera, und andererseits auch *qualitative* Kriterien, wie zum Beispiel eine beim Kunden vorhandene Entwicklungsabteilung, die weniger Bearbeitungsaufwand in Ihrer Firma erfordert, das Referenzpotenzial oder der gute Name des Kunden, aus dem sich ein Imagegewinn für Ihr Unternehmen ergibt.

Tragen Sie in folgender Übersicht sowohl Kriterien ein, die Ihnen eine Bewertung der Gegenwart (bei Ist-Kunden) ermöglichen, als auch Kriterien, anhand derer Sie die (erwartete) Entwicklung eines Kunden in der Zukunft beurteilen können. Kreuzen Sie an, ob das jeweilige Kriterium sehr stark (6) oder nur ungenügend (1) zutrifft oder eine mittlere Beurteilung erhält.

Addieren Sie die jeweils mit einem Kreuzchen markierte Punktezahl spaltenweise. So erkennen Sie den Typ Ihres Kunden nach seiner jeweiligen Einschätzung. Wenn Sie die Kreuzchen durch eine Linie miteinander verbinden, erhalten Sie zugleich einen grafischen Eindruck von der Wertigkeit eines Kunden.

TEV-Bewertungsschema zur Ermittlung der Zielkunden						
Kriterien **(H = hoch, M = mittel,** **N = niedrig)**	**T = Top**		**E = Entwicklungs-** **fähig**		**V = Verzicht**	
	6	5	4	3	2	1
Kompatibilität Ihres Angebots mit den Kaufkriterien des Kunden	H	H	M	M	N	N
Derzeitiger Umsatz mit dem Kunden	H	H	M	M	N	N
Zu erwartender Umsatz bei dem Kunden:						
Im ersten Jahr der Geschäftsbeziehung	H	H	M	M	N	N

In den Folgejahren	H	H	M	M	N	N
Höhe des Deckungsbeitrags I	H	H	M	M	N	N
Künftige Deckungsbeitrags-Intensität (EuroProzent)	H	H	M	M	N	N
Rabattforderungen	H	H	M	M	N	N
Steigerungsfähigkeit Ihres Anteils am Gesamtbedarf des Kunden	H	H	M	M	N	N
Zahl der bereits vorhandenen Lieferanten beim Kunden (Auftragschance)	H	H	M	M	N	N
Zu erwartender finanzieller Aufwand für die Betreuung des Kunden	H	H	M	M	N	N
Zu erwartender zeitlicher Aufwand für die Betreuung des Kunden	H	H	M	M	N	N
Marktentwicklung des Kunden:						
In der Vergangenheit	H	H	M	M	N	N
Zukünftig	H	H	M	M	N	N
Künftige Sortimentsbreite des Kunden	H	H	M	M	N	N
Bonität	H	H	M	M	N	N
Zu erwartende Kooperationsbereitschaft	H	H	M	M	N	N
Marktposition des Kunden	H	H	M	M	N	N
Mitarbeiterqualifikation beim Kunden	H	H	M	M	N	N
Strategische Bedeutung des Kunden in der Zukunft	H	H	M	M	N	N
Bekanntheit Ihres Hauses beim Kunden	H	H	M	M	N	N
Bedeutung des Kunden als Multiplikator und Meinungsführer in seiner Branche	H	H	M	M	N	N
Geschätzte Kundenlebensdauer	H	H	M	M	N	N

Die Kundenbearbeitung wird effizient, indem Sie sie konsequent an der Bedeutung Ihrer Kunden ausrichten. Hier einige Gedankenanstöße, weitere Maßnahmen finden Sie in Teil 8 näher beschrieben.

Strategie	Maßnahmen
Bei A-Kunden: Spitzenposition ausbauen	Durchverkauf verstärken Leistungen ausweiten Distribution verstärken Exklusivsortiment forcieren Professionelles Key-Account-Management sicherstellen
Bei B-Kunden: das Geschäft entwickeln	Außendienst-Einsatz verstärken Verkaufsförderung intensivieren Cross-Selling durchführen Web-Services offerieren
Bei C-Kunden: kostengünstige Geschäftsmitnahme	Kunden telefonisch betreuen Zusatzverkäufe durchführen Das Basisgeschäft verstärken Die Marktdurchdringung verbessern
Bei D-Kunden: die Distribution sichern	Kunden durch den Innendienst betreuen lassen Sonderangebote machen Bevorratungskäufe anregen

Interessante Kunden in neuen Märkten finden

In vielen Unternehmen zielt die Strategie eher darauf ab, den vorhandenen Kunden einen Mehrwert zu bieten, als völlig neue Zielgruppen zu erschließen. Doch clevere Unternehmen operieren nicht nur im Stammmarkt, sondern weichen bewusst auch auf andere Wettbewerbsfelder aus. Entwickeln Sie dazu Leistungsangebote, die in Ihrer Branche bislang unüblich sind, und erobern Sie völlig neue lukrative Kundensegmente.

Meist werden Sie nicht den Gesamtmarkt ansprechen, sondern gewisse Segmente daraus – mit dem Ziel, eine möglichst hohe Übereinstimmung zwischen dem eigenen Angebot und den Erwartungen einer bestimmten Kundengruppe zu erreichen und so die Kundenbeziehungen profitabler zu machen. Dabei sind verschiedene Fragen zu klären: Können generell Marktsegmente unterschieden werden? Sind klare produktspezifische Unterschiede bei den Marktsegmenten möglich? Kann der Gesamtmarkt in möglichst homogene Teilmärkte aufgegliedert werden? Gibt es klare Unterschiede hinsichtlich der Kundenbedürfnisse, der Kaufkriterien, des

Verhaltens der Kunden et cetera? Gibt es Marktsegmente mit unterschiedlicher Entwicklung bezüglich Marktvolumen und -potenzial? Wie ist die Qualität und Quantität der vorhandenen Informationsbasis hinsichtlich der Teilmärkte? Wie groß ist der Aufwand für die Informationsbeschaffung? Ist es sinnvoll, die unterschiedlichen Marktsegmente mit verschiedenen Arten des Marketing-Mix zu bearbeiten? Wie sieht die Möglichkeit der Schwerpunktbildung aus: ein einzelnes Marktsegment oder mehrere Marktsegmente? Ein Teilmarkt, mehrere Teilmärkte? Welche Kombinationsmöglichkeiten bestehen von Teilmärkten und Marktsegmenten?

Verschiedene mögliche Kriterien für die Marktsegmentierung sind in der folgenden Checkliste zusammengefasst:

Checkliste: Kriterien für die Marktsegmentierung			
Kriterien	**Für uns geeignet**	**Kriterien**	**Für uns geeignet**
Beobachtbares Konsumverhalten		**Psychografische Kriterien**	
Preisverhalten	❏	Allgemeine Persönlichkeitsmerkmale	❏
• Preisklasse	❏	Aktivitäten, Interessen	❏
• Kauf von Sonderangeboten	❏	Meinungen, soziale Orientierungen	❏
• Mediennutzung	❏	Wagnis- bzw. Risikofreudigkeit	❏
• Art und Zahl der Medien	❏	Produktspezifische Kriterien	❏
• Nutzungsinteresse	❏	Wahrnehmungen	❏
• Einkaufsstättenwahl	❏	Motive, Einstellungen	❏
• Geschäftsstättentreue	❏	Präferenzen, Kaufabsichten	❏
• Wechsel der Einkaufsstätte	❏	**Sozio-ökonomische Kriterien**	
Produktwahl	❏	Soziale Schicht	❏

• Markenwahl	❑	Einkommen, Beruf, Schulbildung	❑
• Kaufvolumen	❑	Familienlebenszyklus	❑
Geografische Kriterien	❑	Geschlecht	❑
• Wohnortgröße	❑	Alter	❑
• Region	❑	Familienstand	❑
• Stadt oder Land	❑	Haushaltsgröße	❑

Wichtig ist, dass die Segmentdefinitionen zwei zentrale Informationen enthalten. Zum einen muss klar sein, aufgrund welcher Variablen ein Kunde einem bestimmten Segment zugeordnet wird. Zum anderen muss daraus ableitbar sein, mit welcher Strategie und welchen konkreten Maßnahmen er effizient anzusprechen beziehungsweise zu betreuen ist.

Ein weiteres wesentliches Erfolgskriterium besteht darin, bei der Bestimmung der Kundensegmente nicht eindimensional vorzugehen und die Kundengruppen zum Beispiel nur nach sozioökonomischen Kriterien wie Geschlecht, Alter oder Einkommen zu definieren. Es gibt nicht *den* Geschmack der 25- bis 30-Jährigen oder *den* Lebensstil der Einkommensbezieher von 2.000 bis 3.000 Euro. Das Manko konventioneller, eindimensionaler Marktsegmentationen beschreibt der Marketing-Experte Ralph Ohnemus (in einem Interview der »absatzwirtschaft« mit dem Titel »Falsche Ansätze führen zu wirkungslosen Kampagnen«) anschaulich anhand eines Beispiels, das allein auf soziodemografischen Merkmalen beruht: »Unser Kunde ist demnach 1948 geboren, aufgewachsen in Großbritannien, verheiratet, hat zwei Kinder, ist beruflich erfolgreich, vermögend und berühmt, er mag Hunde und liebt die Alpen. Diese Beschreibung trifft auf Prinz Charles zu. Aber wissen Sie, auf wen noch? Zum Beispiel auf Ozzi Osbourne. Wir müssen nicht lange darüber nachdenken, dass diese beiden außer ihren sozio-demografischen Merkmalen nur wenige Gemeinsamkeiten haben und vor allem kaum ein ähnliches Konsumverhalten aufweisen.«

Zielgruppen müssen heute nach den unterschiedlichsten Kriterien zusammengefasst werden. Es sind homogene Gruppen von Menschen zu bilden, die außer nach sozio-ökonomischen Kriterien zum Beispiel auch nach psychologischen Kriterien definiert werden und sich in ihrem Lebensstil, ihren Lebensauffassungen und damit auch in ihren Ansprüchen an Produkte und Dienstleistungen ähneln. Die Segmentierung, beispielsweise vorgenommen durch die Marktforschung, erfolgt dann auf der Basis genau jener Einstellungen, Motive und Ansprüche, die das Kundenverhalten in dem für das Unternehmen relevanten Markt tatsächlich bestimmen.

Als eine vielversprechende Methode, um Zielgruppen besser zu definieren, stellen Anja Förster und Peter Kreuz in ihrem Buch »Marketing-Trends« das sogenannte Szenen-Marketing vor. Dieses beschreiben die Autoren so: »Szenen können als relativ homogene Gruppen mit gleicher Wertorientierung und gewissen Insider-Erkennungsmerkmalen definiert werden, zum Beispiel Kleidung (Hosen mit Schritt unterm Knie), Musikgeschmack (Wildecker Herzbuben) oder die gemeinsame Sprache (»immer schön cremig bleiben«). Wichtig: Man muss die Kultur, die Kommunikationscodes und die jeweiligen Präferenzen der Szene verstehen, um die Szene mit Glaubwürdigkeit erreichen zu können. Der dafür nötige hohe Aufwand und das Problem der Glaubwürdigkeit bedingen, dass Szenenmarketing nur dann dauerhaft funktioniert, wenn Unternehmen und Szene zumindest ein Stück weit miteinander verschmelzen und sich gegenseitig beeinflussen.«

Wenn Sie zum Beispiel Senioren ansprechen, haben Sie die Wahl. Richten Sie Ihr Angebot auf die »Asketen« aus, die ihre Freizeit ganz auf die körperliche Fitness ausrichten, oder wenden Sie sich an die »Macher«, die bis zuletzt voll im Berufsleben aktiv sind und sich auch als Rentner nicht zurücklehnen, sondern anderen helfend zur Seite stehen? Unterschiedlicher können die Bedürfnisse und damit auch die Konsumwünsche nicht sein. Unternehmen, die sich auf bestimmte Szenen und damit Zielgruppen konzentrieren, können ihre Marktchancen deutlich verbessern.

In einer Gesellschaft mit einem Überangebot an Produkten ist es wichtig, ganz bestimmte Segmente auszuwählen, das Produkt in allen Details exakt auf diese Gruppe abzustimmen und den Nutzen treffsicher mit den Worten der Zielgruppe auszudrücken. Dabei ist auch darauf zu achten, dass Kunden häufig mehrere Nutzen gleichzeitig wollen, zum Beispiel eine Zahncreme, die vor Karies, Parodontose und Zahnstein gleichzeitig schützt. Wer sich nur auf einzelne Nutzen beschränkt, zum Beispiel Kariesschutz, segmentiert zu kleinteilig.

> Wichtig für Ihren Erfolg in einem neuen Markt ist es zunächst einmal, dass Sie diesen und die Verbraucher wirklich verstehen und deren Bedürfnisse ideal erfüllen. Sammeln Sie deshalb so viele Informationen wie nur irgend möglich zum potenziellen Käuferkreis. Aus diesem profunden Wissen erwächst die Vertriebsstrategie und schließlich die professionelle Gestaltung der vertrieblichen Maßnahmen zur Erreichung der angestrebten Kundengruppen.

Vertrieb als Prozess

Die Kräfte des Marktes zwingen die Unternehmen heute zu einer ganzheitlichen Betrachtung aller Vorgänge, die die Kundenbeziehungen berühren. Erforderlich sind eine ausgeprägte Kundenorientierung auf allen Ebenen, die Überwindung von Abteilungs- und Funktionsegoismus, die Anordnung aller Vorgänge zu Prozessen, nicht zu Abteilungsfunktionen, sowie eine laufende Optimierung der kundenbezogenen Prozesse. Dazu müssen diese anhand von Kennzahlen messbar gemacht werden, denn nur Prozesse, die messbar sind, können auch optimiert werden. Zugleich ist das Augenmerk gezielt auf die Aktivitäten und Prozesse mit Wertschöpfung zu legen, da nur diese die Kundenbeziehung fördern, während Aktivitäten ohne Wertschöpfung eliminiert werden müssen.

In modernen Unternehmen sind die meisten Geschäftsprozesse bereits sorgfältig geplant. Die Abläufe werden Schritt für Schritt eingehalten und die Effizienz der Prozesse kann mit dem Ziel weiterer Verbesserungen gemessen werden. Ein einheitlicher Vertriebsprozess ist dagegen selten vorzufinden. Häufig konzentrieren sich die Vertriebsplanungen auf die Frage, wie viel Umsatz erreicht werden muss, damit das Unternehmen wirtschaftlich arbeitet. Und gibt es strukturierte Vertriebsprozesse – wenn auch oft nur im Ansatz –, dann werden sie von den Verkäufern häufig nur nachlässig umgesetzt.

Um künftig wettbewerbsfähig zu sein, müssen auch im Vertrieb die Prozesse optimiert, rationalisiert und standardisiert werden. Die Praxis zeigt, dass sich durch die Einführung moderner Vertriebsprozesse die Effektivität bei der Erzeugung von Nachfrage und Umsatz klar erhöht, die Verkaufszyklen kürzer und bessere Ergebnisse erzielt werden. Zugleich steigt durch eine effizientere Aufteilung der Arbeit deutlich die Produktivität der Mitarbeiter.

Moderne Prozesse in der Kundengewinnung beinhalten alle für den Vertrieb relevanten Komponenten von der Wahrnehmung Ihres Unternehmens im Markt bis hin zur Messung der erzielten Ergebnisse durch die angebotenen Produkte. Und sie müssen replizierbar sein. Sie gestatten es außerdem, die Verkaufsprognosen der Mitarbeiter zu präzisieren. Zu häufig basieren diese auf subjektiven Annahmen der Verkäufer. Dagegen lässt sich eine zuverlässigere Messung des Fortschritts im Verkaufszyklus über das Feedback der Kunden erreichen. Wenn sich zum Beispiel der Verkäufer mit dem Kunden in einem Gespräch auf künftige Schritte im Verkaufsvorgang einigt, kann dies der Kunde durch E-Mail-Nachricht bestätigen. So können Sie beurteilen, wie Ihr Mitarbeiter im Verkaufszyklus vorangeschritten ist.

Ein prozessorientierter Vertrieb hat auch einen großen Einfluss darauf, wie (potenzielle) Kunden Ihr Unternehmen wahrnehmen. Um dieses gezielt am Markt zu positionieren, werden meist zahlreiche Maßnahmen durchgeführt. Doch wer hat den meisten Kontakt zu Kunden und Interessenten? Die Mitarbeiter des Vertriebs. Sie prägen maßgeblich das Bild Ihres Hauses in der Öffentlichkeit. Erfolgreiche Vertriebsprozesse unterstützen die Mitarbeiter bei der Schärfung des gewünschten Bildes. Die Art, wie die Verkäufer mit den Kunden kommunizieren, wird gesteuert – ein ganz wesentlicher Faktor für den Verkaufserfolg. Denn bei austauschbaren Produkten entscheidet meist die Qualität der Verkäufer darüber, wo der Kunde kauft. Deswegen versuchen auch heute immer mehr Unternehmen, auf die Qualität der Kundengespräche ihrer Verkäufer Einfluss zu nehmen.

Ein Beispiel hierfür ist das neue Versicherungsvertragsrecht (VVG), das am 1. Januar 2008 in Kraft treten soll. Es zielt ab auf mehr Kundenschutz und Transparenz bei Versicherungen, mehr finanzielle Solidität und Haftung der Vermittler. Danach müssen sich künftig alle Vermittler bei der Industrie- und Handelskammer registrieren lassen, halbwegs qualifiziert sein, besser beraten und für Falschmeldung haften. Eine solche lässt sich dank der neuen Protokollpflicht von den Kunden besser nachweisen. Denn der Vermittler muss künftig jeden seiner Beratungsschritte, egal zu welchem Problem oder zu welcher Police, dokumentieren und in Kopie dem Kunden aushändigen.

Lösungsverkauf

Im Informationszeitalter kann ein Anbieter sich einen wesentlichen Wettbewerbsvorteil verschaffen, wenn er dem Kunden so viele zusammenhängende Teilprobleme wie möglich im Rahmen der Lösung eines Kundenproblems abnimmt. Dabei zeigt die Definition des Begriffs »Lösungen« (solutions) als »integrierte Leistungsbündel aus Sachgütern und Dienstleistungen, deren Wert für den Kunden durch die Integration den Wert der Teilleistungen übersteigt«, dass allein die Kombination von Dienstleistungen mit Produkten noch keinen Lösungsanbieter ausmacht. Vielmehr schafft der Grad der Integration den Mehrwert (zur Definition siehe den Beitrag »Was sind Lösungen eigentlich?« unter www.fit2solve.de).

Ausgangspunkt des Konzepts Lösungsverkauf ist der Kundenprozess, also der Prozess, den ein Kunde bei seiner Problemlösung durchläuft. Ein Kundenprozess umfasst alle Aktivitäten, die ein Kunde in einem oder mehreren Geschäftsprozessen ausführt und in denen er Marktleistungen beanspruchen kann. Ein Anbieter sollte anstreben, einen aus Sicht des

Kunden abgeschlossenen Teilprozess möglichst komplett aus einer Hand zu bedienen. Beispielsweise lässt sich ein Anbieter für den Kundenprozess »Mobilität« vorstellen, der neben dem Autokauf auch Wartungs- und Serviceleistungen für Fahrzeuge offeriert sowie die Reiseplanung mit Übernachtungstipps, Streckenbeschreibungen und Leistungen für den Notfall unterstützt.

Wenn Sie dem Kunden statt eines Produkts eine Lösung für seine Probleme anbieten, wird das angebotene Produkt zum Teil der Lösung. Als Lösungsanbieter müssen Ihre Verkäufer deshalb umfassend informiert sein über die Leistungsbreite Ihrer Firma und ihre Potenziale im Hinblick auf Zeit, Menge und Qualität. Nachfolgend einige Merkmale, die den Unterschied zwischen Lösungs- und Produktverkauf deutlich machen.

Lösungsverkauf	Produktverkauf
Ermittlung des generellen Bedarfs	Ermittlung des direkten aktuellen Bedarfs
Lösung der erkannten Engpässe	Lösung des »Geräte«-Engpasses
Argumentation in Kundennutzen	Argumentation in Produktvorteilen
Eignungsbeweise der vorgeschlagenen Lösungen	Produktdemonstrationen mit vielen Details
Organisation umfassender Lösungen (über verschiedene Zeiträume)	Lieferung der neuesten Technik
Gesamtbetreuung steht im Vordergrund	Preis steht meist schnell im Mittelpunkt
Konkreter Nutzen bestimmt den Preis der Lösung	Bestimmte Produkteigenschaften bestimmen den Preis

Lösungsverkauf bietet Ihnen Vorteile, die sich in barer Münzen auszahlen: Er ermöglicht es Ihnen, das Geschäftspotenzial bei einem Kunden voll auszuschöpfen. Er gestattet Ihnen höhere Margen. Er erschwert den direkten Konkurrenzvergleich. Die Kundenbindung wird durch die gemeinsame Entwicklung einer Lösung deutlich intensiver und Anschluss- sowie Ersatzteilaufträge sind so gut wie sicher. Mit geschicktem Lösungsverkauf setzen Sie eine Erfolgsspirale in Gang, die von der Heinrich Management Consulting (www.heinrichmc.de) wie folgt beschrieben wird:

1. Sie konzentrieren sich ausschließlich auf die geschäftsrelevanten »Schmerzen« des Kunden. Wichtig für den Erfolg des Lösungsverkaufs ist, dass Sie herausfinden, was dem Kunden wirklich Kopfzerbrechen bereitet, wo er ein brennendes Problem hat. Denn nur dann drängt es ihn zu einer Lösung und dann ist er auch bereit, dafür zu investieren.

2. Im Verkaufszyklus entsteht für den Kunden eine Vision für eine attraktivere Zukunft.
3. Die angebotene Lösung versteht er als wichtige Verbesserung der Wertschöpfung seines Unternehmens.
4. Sie werden vom Kunden als langfristiger, wertvoller Partner und nicht als austauschbarer Produktlieferant bewertet.
5. Der Kunde sucht aktiv Ihren Rat zur Lösung konkreter Probleme in seinem Geschäftsumfeld.

Bei der Erzeugung des Mehrwerts durch Lösungen wird in der Literatur oft unterteilt in a) die Leistungsintegration, b) die Prozessintegration und c) die Individualisierung von Leistungen nach Kundenbedarf. Häufig fungiert beim Angebot von Lösungen ein Anbieter als Leistungsintegrator. Denn er produziert die benötigten Lösungen in den seltensten Fällen alle selbst, sondern arbeitet mit einem Netzwerk von Anbietern zusammen. Um im obigen Beispiel der »Mobilität« zu bleiben, muss der Anbieter beispielsweise definierte Kooperationsprozesse mit den Notfallleitzentralen, angeschlossenen Werkstätten und Autovermietungen haben. In den Kooperationsprozessen muss auch der Informationsaustausch zwischen den Partnern geregelt werden, so dass eine effektive Zusammenarbeit möglich ist. Der besondere Vorteil für den Kunden liegt darin, dass der Leistungsintegrator dem Kunden durch seine Spezialisierung auf einen oder wenige Kundenprozesse ein tiefgehendes Prozessverständnis anbieten kann. Außerdem offeriert er ihm einen weiteren wesentlichen Vorteil: Der Kunde muss bei der Lösung seines speziellen Problems nur eine einzige Geschäftsbeziehung unterhalten – was ihm die Bearbeitung seines Problems wesentlich vereinfacht.

Ein Beispiel für erfolgreichen Lösungsverkauf ist die Firma HUECK, Viersen. Sie stellt Bleche her, mit denen Strukturen/Design in Pressspanplatten geprägt werden. Heute verkauft die Firma Lösungen: Besserer Verkauf der Möbel, der Fußböden-Laminate und der Wanddekorplatten der Kunden. HUECK macht seine Kunden erfolgreicher.

Einfachheit

»Nicht wenn man eine Sache verbessern kann, wird sie gut, sondern wenn man nichts mehr weglassen kann!« Mit diesem Grundsatz hat schon manche technische Innovation den Durchbruch erzielt. Einfachheit gilt auch als wesentlicher Umsetzungsfaktor einer Strategie. Sie hat im Rahmen der Vertriebsstrategie zwei Dimensionen: 1. Erfolgreiche Unternehmen sind in wenigen Belangen besser als andere Unternehmen, dafür aber umso deutlicher. 2. Erfolgreiche Unternehmen gestalten die Prozesse so angenehm und einfach wie möglich für die Kunden.

Beispiel: Unter dem Motto »In der Einfachheit liegt die höchste Vollendung« beschränkt sich die »Teekampagne« auf den Verkauf einer einzigen Teesorte. Das Unternehmen: »Unsere Prinzipien ermöglichen es uns, Darjeeling der höchsten Qualität zu einem extrem günstigen Preis anzubieten. Die Spezialisierung auf eine einzige Sorte, der Einkauf großer Mengen direkt in Indien und der Verkauf nur in Großpackungen führen zu massiven Einsparungen, die wir in einem hervorragenden Preis-Leistungs-Verhältnis an unsere Kunden weitergeben. Die Teekampagne bietet »Luxus durch Einfachheit«

Auf das Prinzip Einfachheit setzt auch die Firma Lidl, ein erfolgreich expandierendes Lebensmittel-Filialunternehmen, und beschreibt ihre Strategie so: »Unser Grundprinzip und der Schlüssel unseres Erfolges ist die Einfachheit. Daran orientiert sich unser gesamtes Handeln. Wir haben uns zum Ziel gesetzt, unseren Kunden die Artikel des täglichen Bedarfs stets in bester Qualität zum günstigsten Preis anzubieten.« So konsequent einfach wie die Inneneinrichtung der Geschäfte sind die Werbebotschaften und der logistische Aufbau der selbstständigen Geschäftseinheiten, die sich um regionale Zentrallager gruppieren.

Einfachheit ist im indirekten Vertriebsgeschäft, bei dem die Vertriebsstrategie des Anbieters über mehrere Ebenen kommuniziert werden muss, ein wesentlicher Erfolgsfaktor. Es ist wichtig, dass der Distributor Ihre Strategie langfristig nachvollziehen kann und kurzfristig Erfolgserlebnisse hat. Dies gelingt umso besser, je einfacher Ihre Strategie ist. Zu beachten ist dabei, dass ein Distributor oder Wiederverkäufer letztlich seine eigene Strategie in den Vordergrund stellt. Aufgrund der räumlichen Distanz zu einem Distributionspartner, insbesondere im internationalen Geschäft, stellt sich auch die Problematik der Kommunikation von Anpassungen in Ihrer Strategie. Daher ist es wichtig, sich zu langfristigen Geschäftszielen nur allgemein zu äußern und sich nicht auf konkrete Details festzulegen, gleichzeitig aber diese globalen Ziele jederzeit konsistent zu verfolgen. Bei den kurzfristigen Geschäftszielen ist die Frage der Einfachheit noch wichtiger, gilt es doch, mit konkreten Produktkenntnissen und -preisen die Geschäfte unmittelbar zum Abschluss zu bringen. Dem Distributionspartner muss die Unternehmenszielsetzung – ob horizontal oder vertikal – inhaltlich absolut klar kommuniziert werden, und seine diesbezügliche Ausrichtung muss permanent kontrolliert werden.

Aktive Marktbearbeitung

Wer heute die Führung im Markt übernehmen will, muss Schnelligkeit, Flexibilität und Engagement kombinieren mit der Fähigkeit, jederzeit Produkte in Topqualität zu marktgerechten Preisen bieten zu können.

Viele Unternehmen mussten in den letzten Jahren erkennen, dass ein alleiniges Warten auf den Kunden nicht den gewünschten Erfolg bringt. Vielmehr muss die Strategie lauten, aktiv auf die Zielgruppen zuzugehen und diesen Angebote zu unterbreiten, mit denen sie ihren (bisher unbekannten) Bedarf befriedigen können. Wichtige Fragestellungen lauten in diesem Zusammenhang: Wie können latent schlummernde Verkaufschancen erfasst und genützt werden? Wie können konsequent die vorhandenen technischen Möglichkeiten ausgenutzt werden? Wie können die Verkäufer auf Gespräche mit Kunden, die diese veranlassen, so systematisch vorbereitet werden, dass sie aus der Passivität in Aktivität kommen?

Ein wesentliches Ziel der aktiven Marktbearbeitung lautet, aus möglichen Einmalgeschäften dauerhafte, ertragreiche Kundenbeziehungen zu machen sowie neue Kunden zu gewinnen. Eine wichtige Strategie besteht hierbei darin, sich aus den gewählten Zielgruppen gezielt Anfragen und Aufträge zu erarbeiten. Mögliche Maßnahmen sind zum Beispiel: a) die Aktivierung des Kunden, zu bestimmten Tagen ins Geschäft zu kommen, weil ihm hier ein besonders attraktives Angebot offeriert wird (»Mittwoch ist Aldi-Tag«) oder b) die systematische Ausnutzung von Cross-Selling-Chancen während eines Gesprächs mit anrufenden Kunden oder im Verlauf eines Besuchs beim Kunden. Näheres hierzu lesen Sie in Teil 8 »Ausschöpfung aller Marktchancen«.

> Grundsätzlich gilt: Je besser der Kenntnisstand über Kunden, Nichtkunden und Wettbewerber ist, desto erfolgreicher ist die Marktbearbeitung. Planen Sie deshalb gezielt Schulungsmaßnahmen für Ihre Mitarbeiter ein.

1.3 Schritt für Schritt zum Vertriebskonzept

Das Vertriebskonzept umfasst alle Punkte, die in der Planungs- sowie in der vertrieblichen Umsetzungsphase beachtet werden müssen. Seine Entwicklung gliedert sich in unterschiedliche Stufen, die aufeinander aufbauen: 1. Analyse der Unternehmenssituation, des Marktes und der Umweltbedingungen; 2. Definition von Vertriebszielen; 3. Entwicklung von Vertriebsstrategien; 4. Erarbeiten von Vertriebsplänen; 5. Planung des Vertriebsbudgets; 6. Bestimmung von Kontrollmaßnahmen. Die folgende Übersicht stellt die Elemente eines Vertriebskonzeptes ausführlicher dar:

Übersicht: Elemente eines Vertriebskonzeptes	Anmerkungen
1. Situationsanalyse	
a) Interne Analyse (Stärken- und Schwächenanalyse)	
• Analyse der Unternehmensziele	
• Potenzialanalyse der eigenen Firma	
b) Externe Analyse (Chancen- und Risikenanalyse)	
• Marktanalyse/Kundenanalyse	
• Wettbewerbsanalyse	
• Umfeldanalyse	
• Trendanalyse	
2. Festlegung von Vertriebszielen	
3. Entwicklung der Vertriebsstrategie	
Kundenselektion	
Produktselektion	
Art der Marktbearbeitung/Kundenansprache	
Feldgröße	
4. Erarbeiten von Vertriebsplänen	
Ressourcen planen	
Organisation planen	
Gestaltung von Logistiksystemen	
5. Errechnung des Vertriebsbudgets	
6. Planung von Kontrollmaßnahmen	

Das Konzept macht deutlich, dass am Anfang die Information steht. Ohne Informationen über die vorhandenen Stärken und Schwächen sowie die externen Gegebenheiten auf dem Markt und in der Umwelt lassen sich strategische Entscheidungen nur schwer treffen. Stehen ihrerseits die Vertriebsstrategien fest, so bestimmen Sie im nächsten Planungsschritt (operative Planung), welche Vertriebsinstrumente Sie zur Umsetzung Ihrer Strategien einsetzen wollen.

1. Schritt des Vertriebskonzepts: Situationsanalyse

Die Situationsanalyse ist eine wichtige Grundlage zur Entwicklung eines effektiven Vertriebskonzeptes. Mit ihr erfassen Sie die wichtigsten Einflussfaktoren der Unternehmenssituation auf die Erstellung der Vertriebsstrategie. Im Rahmen dieser Informationssammlung führen Sie eine Stärken- und Schwächenanalyse durch. Welche Erfolge konnten Sie in der Vergangenheit aufweisen? Wo zeigen sich Anhaltspunkte für künftige Erfolge? Welche Misserfolge hatten Sie? Worauf waren diese zurückzuführen? Wo besteht dringender Handlungsbedarf? Zur Beantwortung dieser Fragen machen Sie eine Ist-Analyse, die sowohl intern wie auch extern erfolgt. Die interne Analyse umfasst eine Analyse der Unternehmensziele sowie eine Analyse der eigenen Firma.

Interne Analyse: Stärken und Schwächen

Analyse der Unternehmensziele

Vertriebsziele und -strategien müssen auf die übergeordneten Unternehmensziele abgestimmt sein. Diese sind die Richtschnur für Ihr Handeln. Der erste Schritt für die Vertriebsplanung besteht deshalb darin, dass Sie überprüfen, welche übergeordneten Unternehmensziele bei Ihnen vorliegen.

Wenn Ihr Unternehmen beispielsweise ein starkes Marktwachstum anstrebt, muss eine Strategie gewählt werden, die entweder mit dem bestehenden Leistungsspektrum Umsatzsteigerungen in den vorhandenen Marktsegmenten erzielt oder mit dem bestehenden Leistungsspektrum neue Märkte erschließt oder mit neuen Produkten in die vorhandenen Marktsegmente eindringt oder mit neuen Produkten neue Märkte erobern hilft. Wenn Ihr Unternehmen sich aufgrund der Marktgegebenheiten gegenüber starken Wettbewerbern behaupten muss, so sind strategische Ansätze zu wählen, die eindeutige Vorteile gegenüber anderen Marktteilnehmern zur Folge haben. Bespiele wären hier die Konzentration auf Marktnischen, kundennahe Veränderungen der Produkteigenschaften oder Preisflexibilität durch Kostenführerschaft, wobei Einsparpotenziale in der Herstellung ausgenützt werden. Die folgende Übersicht zeigt einige Beispiele, wie sich unterschiedliche Vertriebsziele in Abhängigkeit von den vorgegebenen Unternehmenszielen ergeben.

Unternehmensziele	Vertriebsziele
Erlangung einer hohen Machtposition (zum Beispiel durch hohe Marktanteile)	**Ökonomisch-orientierte Ziele (quantitative Ziele)**
	Steigerung des Absatzes
	Vergrößerung von Deckungsbeiträgen
	Durchsetzung hoher Preisniveaus
	Verminderung der Vertriebs- und Logistikkosten
Optimale Verbraucherversorgung	**Versorgungsorientierte Vertriebsziele (quantitativ)**
	Erhaltung bzw. Steigerung des Distributionsgrades
	Beeinflussung der Bevorratungshaltung des Handels
	Verringerung der Lieferzeiten
	Verbesserung der Lieferbereitschaft und Lieferzuverlässigkeit
Erlangung eines hohen Ansehens in der Öffentlichkeit	**Psychologisch orientierte Ziele (qualitative Ziele)**
	Gutes Vertriebsimage
	Hohe Qualität der Beratung
	Erhöhung der Kooperationsbereitschaft des Handels

Die übergeordneten Unternehmensziele sind zwar im Allgemeinen längerfristig angelegt. Doch da die Unternehmen auf gesellschaftspolitische und wirtschaftliche Veränderungen reagieren müssen, müssen entsprechend die Unternehmensziele diesem Wandel angepasst werden. Deshalb ist es wichtig, sie immer wieder auf Aktualität und Richtigkeit zu überprüfen. Abbildung 3 verdeutlicht die hierarchische Abhängigkeit der Ziele.

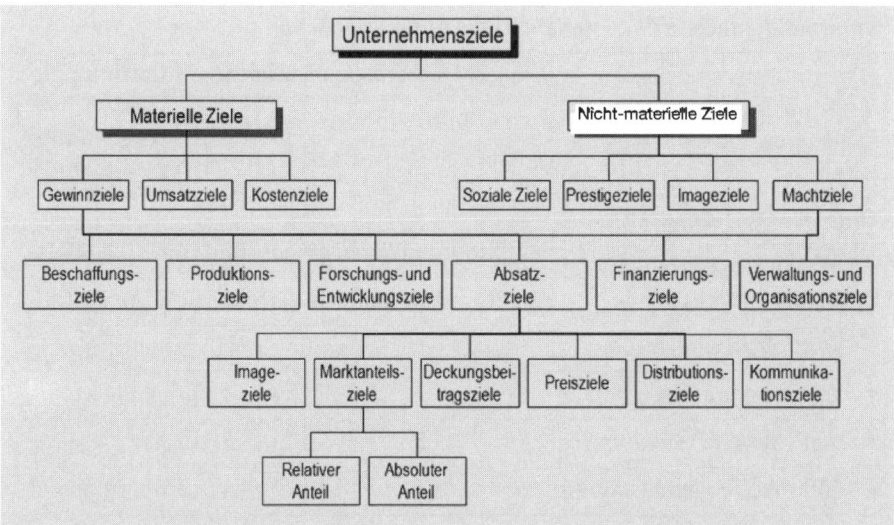

Abbildung 3: Zielhierarchie (Quelle: Vorlesung: Grundlagen des Marketing, von Dr. Sabine Quarg, FH Dortmund)

Die Abbildung zeigt, dass es in Unternehmen eine Rangordnung von Zielen gibt und dass die Ziele sowohl materiell wie immateriell sein können. Die Rangordnung beinhaltet die Unterscheidung von Ober-, Zwischen- und Unterzielen. Als Oberziel wird die höchste Zielsetzung eines Unternehmens angesehen. Es lässt sich nur über Zwischenstufen erreichen, das heißt, aus dem Oberziel werden Unterziele (Subziele) abgeleitet, die das Kriterium der Operationalisierung erfüllen müssen (Näheres hierzu siehe im Abschnitt »Basisanforderungen für konkrete Zielvorgaben« weiter unten). So wird das Messen von Erfolg und Leistung möglich. Der Entscheidungsprozess im Unternehmen wird dabei so gesteuert, dass die Realisierung der Unterziele nie unabhängig vom Oberziel stattfindet. Zugleich ist es sehr wichtig, dass die Ziele nicht in Konkurrenz zueinander stehen.

Potenzialanalyse der eigenen Firma

Um Ihre Chancen im Vertrieb voll auszuschöpfen, müssen Sie Ihre Potenziale kennen. Was macht Ihre derzeitigen Stärken aus? Was Ihre Schwächen? Bei der Beantwortung dieser Fragen hilft die Arbeit mit der folgenden Checkliste. Bitte ergänzen beziehungsweise überarbeiten Sie sie mit den für Ihre spezielle Situation relevanten Kriterien. Am besten, Sie erstellen bezogen auf Ihr Unternehmen und Ihre Branche eine individuelle Checkliste.

Checkliste: Analyse der eigenen Stärken und Schwächen

	Schwächen			Stärken			Handlungs-bedarf (bis wann zu erledigen?)
	-3	-2	-1	+1	+2	+3	
Organisation/Prozesse							
• Derzeitige Vertriebsorganisation	❑	❑	❑	❑	❑	❑	
• Erfolg mit der derzeitigen Vertriebsorganisation	❑	❑	❑	❑	❑	❑	
• Vertriebsführung	❑	❑	❑	❑	❑	❑	
• Motivation der Mitarbeiter	❑	❑	❑	❑	❑	❑	
• Entlohnung der Mitarbeiter	❑	❑	❑	❑	❑	❑	
• Verkaufsmethode	❑	❑	❑	❑	❑	❑	
• Verkaufsqualität	❑	❑	❑	❑	❑	❑	
• Qualität der Vertriebswege	❑	❑	❑	❑	❑	❑	
• Marktabdeckung	❑	❑	❑	❑	❑	❑	
• Orientierung der Prozesse/Produkte/Dienstleistungen konsequent am Markt	❑	❑	❑	❑	❑	❑	
• Distributionsdichte	❑	❑	❑	❑	❑	❑	
• Auftragsabwicklung (vom Auftragseingang bis zur Abrechnung)	❑	❑	❑	❑	❑	❑	
• ...	❑	❑	❑	❑	❑	❑	
Produkte (einzeln analysieren)							
• Nutzen für den Kunden	❑	❑	❑	❑	❑	❑	
• Qualität	❑	❑	❑	❑	❑	❑	
• Funktionsumfang	❑	❑	❑	❑	❑	❑	
• Verpackung	❑	❑	❑	❑	❑	❑	
• Design	❑	❑	❑	❑	❑	❑	
• Handhabbarkeit	❑	❑	❑	❑	❑	❑	
• Ausfallsicherheit	❑	❑	❑	❑	❑	❑	
• Image	❑	❑	❑	❑	❑	❑	

• Distributionsfähigkeit	❑	❑	❑	❑	❑	❑	
• Kombinierbarkeit mit anderen Produkten	❑	❑	❑	❑	❑	❑	
• Sortiment	❑	❑	❑	❑	❑	❑	
• ...	❑	❑	❑	❑	❑	❑	
Serviceleistung							
• Beratung	❑	❑	❑	❑	❑	❑	
• Planung	❑	❑	❑	❑	❑	❑	
• Bestellservice	❑	❑	❑	❑	❑	❑	
• Schulung	❑	❑	❑	❑	❑	❑	
• Lösungen für den Kunden	❑	❑	❑	❑	❑	❑	
• Wartung	❑	❑	❑	❑	❑	❑	
• Reparaturen	❑	❑	❑	❑	❑	❑	
• Ersatzteile	❑	❑	❑	❑	❑	❑	
• Entsorgung	❑	❑	❑	❑	❑	❑	
Preisgestaltung							
• Stabilität	❑	❑	❑	❑	❑	❑	
• Steigerungsfähigkeit	❑	❑	❑	❑	❑	❑	
• Niveau am Markt	❑	❑	❑	❑	❑	❑	
• Preispolitik	❑	❑	❑	❑	❑	❑	
• Liefer- und Zahlungsbedingungen	❑	❑	❑	❑	❑	❑	
Kommunikation							
• Werbung	❑	❑	❑	❑	❑	❑	
• PR	❑	❑	❑	❑	❑	❑	
• Verkaufsförderung	❑	❑	❑	❑	❑	❑	
• Salesfolder	❑	❑	❑	❑	❑	❑	
• Verkaufshandbücher	❑	❑	❑	❑	❑	❑	
• Verkaufswettbewerbe	❑	❑	❑	❑	❑	❑	
• Zugaben	❑	❑	❑	❑	❑	❑	
• Auftritt im Internet	❑	❑	❑	❑	❑	❑	

• **Image**						
• der Produkte	❏	❏	❏	❏	❏	❏
• der Außendienstmitarbeiter	❏	❏	❏	❏	❏	❏
• der Mitarbeiter im Unternehmen	❏	❏	❏	❏	❏	❏
• des Unternehmens im Allgemeinen	❏	❏	❏	❏	❏	❏

Stärken-/Schwächen-Analyse im Wettbewerbsvergleich

Wirklich aussagekräftig ist eine Stärken-/Schwächen-Analyse im Vergleich zu ausgewählten Wettbewerbern oder sogar zum Branchenführer. Die Gegenüberstellung zeigt nicht nur die eigenen Stärken und Schwächen, sondern auch die des Konkurrenten. Die Ergebnisse können in einem Schaubild festgehalten werden, wie unten skizziert. Die Kriterien für die Überprüfung sind je nach Branche und Interessensgebiet auszuwählen, beispielsweise werden spezielle Produktkriterien zur Überprüfung herangezogen, wenn gezielt ein Vergleich zwischen den eigenen Produkten und denjenigen der Konkurrenz durchgeführt werden soll. Das Wettbewerbsprofil verdeutlicht die wirkliche Position der eigenen Organisation und gibt Hinweise auf vorzunehmende Änderungen oder Verbesserungen. Allerdings ist es oft nicht ganz einfach, geeignete Informationen über die Konkurrenz herauszufinden.

Checkliste: Vergleich mit dem Wettbewerb											
Kriterien zur Überprüfung	**Auswertung einer Marktbefragung: Das eigene Unternehmen ist im Vergleich zum Wettbewerber...**										
	Schlechter			**In etwa gleich**			**Besser**				
	-5	-4	-3	-2	-1	0	+1	+2	+3	+4	+5
• Marktposition	❏	❏	❏	❏	❏	❏	❏	❏	❏	❏	❏
• Image als Hersteller	❏	❏	❏	❏	❏	❏	❏	❏	❏	❏	❏
• Produktleistung	❏	❏	❏	❏	❏	❏	❏	❏	❏	❏	❏
• Produktqualität	❏	❏	❏	❏	❏	❏	❏	❏	❏	❏	❏
• Serviceleistungen	❏	❏	❏	❏	❏	❏	❏	❏	❏	❏	❏
• Preis-Leistungs-Verhältnis	❏	❏	❏	❏	❏	❏	❏	❏	❏	❏	❏

• Aufwand für Verkaufsförderung	❑	❑	❑	❑	❑	❑	❑	❑	❑	❑	❑
• Werbung	❑	❑	❑	❑	❑	❑	❑	❑	❑	❑	❑
• PR	❑	❑	❑	❑	❑	❑	❑	❑	❑	❑	❑
• Internet-Auftritt	❑	❑	❑	❑	❑	❑	❑	❑	❑	❑	❑
• Verkäuferische Präsenz	❑	❑	❑	❑	❑	❑	❑	❑	❑	❑	❑
• Qualität der Verkäufer	❑	❑	❑	❑	❑	❑	❑	❑	❑	❑	❑
• Lieferfähigkeit	❑	❑	❑	❑	❑	❑	❑	❑	❑	❑	❑
• Zuverlässigkeit der Organisation	❑	❑	❑	❑	❑	❑	❑	❑	❑	❑	❑
• F & E-Potenzial	❑	❑	❑	❑	❑	❑	❑	❑	❑	❑	❑
• Flexibilität	❑	❑	❑	❑	❑	❑	❑	❑	❑	❑	❑
• Logistischer Organisationsgrad	❑	❑	❑	❑	❑	❑	❑	❑	❑	❑	❑

Externe Analyse: Chancen und Risiken

Mit einer Chancen-/Risiken-Analyse erfassen Sie die externen Marktbedingungen und -entwicklungen. Sie überprüfen anhand einer Markt-, einer Konkurrenz- sowie einer Umfeld- und Trendanalyse positive und negative Tatbestände und Erwartungen im Markt und im Umfeld, die sich auf Ihre Strategieentwicklung auswirken. Welche künftigen Chancen sehen Sie? Welche Risiken erwarten Sie?

Marktanalyse

Mit einer Marktanalyse checken Sie alle interessierenden Sachverhalte, die Ihre derzeitigen und möglichen Marktpartner betreffen, also Kunden, Absatzmittler, Lieferanten und sonstige Marktpartner.

Checkliste: Analyse von Markt und Kunden	
Kriterien	**Anmerkungen**
Allgemeine Marktdaten	
Marktvolumen	
Marktanteil	

Marktpotenzial	
Marktkapazität	
Marktsättigung	
Kunden	
Kundenstruktur	
• Wer sind heute Ihre Kunden und Interessenten? Sind es zum Beispiel Endverbraucher, Groß-/Einzelhändler oder weiterverarbeitende Betriebe?	
• Welche Kundengruppen bzw. -segmente gibt es?	
• Wodurch unterscheiden sich diese?	
• Wie entwickeln sich die einzelnen Kundengruppen?	
• Werden Ihre derzeitigen Kunden auch Ihre künftigen sein?	
Kundenmotive und Kaufverhalten	
• Was erwarten die Kunden (die einzelnen Kundengruppen) heute?	
• Welche Erwartungen werden sie in der Zukunft haben?	
• Welche primären Schlüsselleistungen will der Markt?	
• Welche sekundären Nebenleistungen sichern den Erfolg?	
• Welche Kaufhemmnisse gibt es?	
• Welche Ziele verfolgen die Kunden?	
• Welches sind Hauptkonkurrenzprodukte aus Sicht der Kunden?	
• Wie rechtfertigen Sie das Vertrauen der Kunden a) heute und b) in der Zukunft?	
Unerfüllte Kundenwünsche	
• Wie ist die Zufriedenheit mit den derzeitigen Produkten?	
• Gibt es unerfüllte Wünsche?	
• Wenn ja, welche?	
• Was traut Ihnen der Markt zu?	
• Lassen sich die Kundenbedürfnisse segmentieren und Gruppen herausarbeiten, die unterschiedlich anzusprechen sind?	
Hemmfaktoren	

• Warum kaufen potenzielle Kunden nicht bzw. nicht Ihre Produkte?	
Welches sind Ihre künftigen Zielgruppen?	
Welche Leistungen werden Sie den Zielgruppen anbieten?	

Checkliste: Analyse der Marktpartner	
Kriterien	**Anmerkungen**
Absatzmittler	
• Wie gut eignen sich Ihre Produkte/Dienstleistungen für das Angebot beziehungsweise die Zielgruppe des Absatzmittlers?	
• Wie bewerten Sie das Know-how des Absatzmittlers, um Ihre Produkte gut zu vermarkten?	
• Wie gut stimmt das Image des Absatzmittlers mit dem Image Ihres Hauses überein?	
• Wie bewerten Sie die Übereinstimmung der Geschäftsphilosophie zwischen dem Absatzmittler und Ihrem Haus?	
• Wie sind die Verkaufszahlen Ihres Produkts durch den Absatzmittler?	
• Wie professionell erfolgt die Marktbearbeitung durch den Absatzmittler?	
• Wie beurteilen Sie die Angemessenheit des Sortiments?	
• Wie ist der Grad der Marktabdeckung?	
• Wie bewerten Sie die Qualität der Infrastruktur des Absatzmittlers?	
• Wie hoch ist die Qualität des Managements?	
• Wie hoch sind die geforderten Rabatte, Boni und Werbekostenzuschüsse?	
• Welche Finanzhilfen werden gefordert?	
• Welche Serviceleistungen?	
• Welche Exklusivitätsrechte?	
• Welche Flexibilität wird beansprucht?	
• …	

Lieferanten	
• Wie ist die Größe und Struktur der Lieferanten?	
• Wie zuverlässig erfolgt die Bereitstellung der erforderlichen Produkt- und Leistungsfähigkeit?	
• Wie gut ist die Mengentreue?	
• Wie beurteilen Sie die Liefertreue?	
• Wie groß ist die Flexibilität, um schnell und innovativ auf Marktveränderungen reagieren zu können?	
• Wie sind die Transportkosten und -flexibilität?	
• Wie ist die Lage bei den Preisen?	
• Wie sieht es aus mit den Zahlungs- und Lieferbedingungen?	
• Welche Probleme treten bei der Beschaffung auf?	
• Wie ist die Qualität der Serviceleistungen?	
• Welche persönlichen Eindrücke haben Sie?	
• Wie kreditwürdig ist der Lieferant?	
• ...	

Wettbewerbsanalyse

Im Rahmen der Wettbewerbsanalyse sammeln Sie alle Daten über Mitbewerber, die für Ihre strategischen Entscheidungen wichtig sein können. Prüfen Sie in diesem Zusammenhang, in welchen Bereichen es eine Konkurrenzsituation gibt, wie das aktuelle und das zu erwartende Angebot der Konkurrenz in der Zukunft aussehen wird und wie Ihre Schlüsselfaktoren im Vergleich zur Konkurrenz positioniert sind.

Checkliste: Betrachtung der Konkurrenz	
Checkfragen	Anmerkungen
• Wer sind die jeweiligen Konkurrenten?	
• In welchen Geschäftsbereichen sind die Konkurrenten tätig? (Funktionen, Segmente, Technologien ...)	
• Wie groß ist die Anzahl der Konkurrenten in den jeweiligen Bereichen?	
• Welchen Marktanteil haben Ihre Hauptkonkurrenten?	

• Wie erfolgreich sind die Konkurrenten? (Gewinn, Cashflow, Wachstum)	
• Wie sieht das aktuelle Angebot Ihrer Konkurrenten aus?	
• Welche Stärken und Schwächen haben Ihre Hauptkonkurrenten hinsichtlich:	
• Produkt?	
• Qualität?	
• Service?	
• Werbung?	
• Image?	
• Wie beurteilen Sie bei Ihrer Konkurrenz:	
• Die Preise?	
• Die Rabatte?	
• Die Zahlungsbedingungen?	
• Die Lieferbedingungen?	
• Welche Strategien verfolgen die Konkurrenten?	
• Was sagen die Kenner Ihrer Konkurrenten (Geschäftspartner, Kunden, Nachbarn) über diese?	
• Welche Leistungen werden Ihre Konkurrenten in der Zukunft anbieten?	

Umfeldanalyse

Mit einer Umfeldanalyse untersuchen Sie verschiedene, für Ihr Unternehmen relevante Entwicklungen in dessen Umfeld. Dazu zählen ökonomische, sozio-kulturelle, ökologische, technische und politisch-rechtliche Faktoren. Bitte ergänzen Sie die Checkliste um weitere, für Ihr Unternehmen relevante Punkte.

Checkliste: Prüfung des Umfelds			
Kriterien	**Beurteilung**	**Kriterien**	**Beurteilung**
Ökonomische Faktoren		**Technologische Faktoren**	
• Wirtschaftslage		• Neue Produkttechnologien	

• Kaufkraft		• Neue Fertigungstech-nologien	
• Inflation		• Substitute	
• Arbeitsmarkt		• Neue Verfahren	
Gesetzliche/staatliche Rahmenbedingungen		• Neue Werkstoffe	
• Steuerrecht		**Sozio-kulturelle Faktoren**	
• Umweltrecht		• Wertewandel	
• Wettbewerbsrecht		• Demographie	
• Vergabepraxis bei öf-fentlichen Aufträgen		• Freizeitverhalten	
• Sozialgesetzgebung		**Ökologische Faktoren**	
• Import-/Exportbe-schränkungen		• Rationelle Nutzung von Rohstoffen	
• Technische Vorschrif-ten/Normen		• Abfallentsorgung und -vermeidung	
• Gewerkschaften		• Rationelle Energie-nutzung	
• Bürokratie		• Luftreinhaltung	

Trendanalyse

Neben der Erfassung der Ist-Situation sind fundierte Prognosen über die Zukunft wichtige Bestandteile einer Planung. Analysieren Sie vor allem folgende Trends:

Checkliste: Beobachtung von Trends	
Prüfpunkte	**Anmerkungen**
• Entwicklungen beim Kundenverhalten (Bewusstsein, Ge-wohnheiten, Ansprüche, Motive et cetera)	
• Marktentwicklungen (laut Vorjahren und Prognosen in Mengen und Wert)	
• Trends in Ihrer Branche	
• Technologische Entwicklungen (hinsichtlich Produkte und Verfahren)	

• Ökologische Entwicklungen (zum Beispiel umweltfreundliche Materialien, Maßnahmen zur Energie-Einsparung und Luftreinhaltung)	
• Rechtliche Entwicklungen	
• Politische Entwicklungen	
• Wertewandel (soziale, ethische, religiöse, persönliche, betriebswirtschaftliche Wertvorstellungen der Menschen heute und morgen)	
• Entwicklungen beim Verhalten der Konkurrenz (bzgl. Strategien des Marketing-Mix, der Vertriebspolitik, Kooperationen, Konzernaktionen, Polarisierungen, Internet-Auftritt etc.)	

Informationsquellen für die Situationsanalyse

Eine wichtige Quelle für die Situationsanalyse ist Ihr Rechnungswesen. Hier gewinnen Sie relevante Informationen durch Auswertung von Umsatz-, Absatz- und Kundenstatistiken, durch Erfolgsanalysen (zum Beispiel Deckungsbeitragsrechnungen für bestimmte Produkte, Regionen oder Absatzwege) oder auch durch interne Erfahrungswerte über den Erfolg beziehungsweise Misserfolg bestimmter Marketingaktivitäten. Eine zweite wichtige Informationsquelle ist die Marktforschung, zum Beispiel in Form von Branchenstatistiken, Expertenprognosen, Berichte des eigenen Außendienstes, Internet, Befragungen, Beobachtung oder Paneldaten.

Informationen über Lieferanten finden Sie in den einschlägigen Nachschlagewerken (zum Beispiel im Internet unter www.wlw.de, www.firmendatenbank.de oder www.europages.com), in Zeitschriften oder auf Messen. Als Informationsquellen für die Konkurrenzanalyse geeignet sind beispielsweise IHKs, HWKs, Verbände, Datenbanken, Branchenbücher oder Fachzeitschriften. Sie können sich auch Angebote der Konkurrenz schicken lassen, deren Auftritt im Internet analysieren oder Testkäufe durchführen.

Auch für die Trendanalyse gibt es verschiedene Möglichkeiten: zum Beispiel regelmäßige Gespräche mit Kunden; Fachpublikationen Ihrer Branche; Zeitungen, Zeitschriften und Journale; spezialisierte Internetdienste; Treffen Ihres Fachverbandes; Studien und Umfragen (beispielsweise von Marktforschungsinstituten und Trendforschern) oder der Erfahrungsaustausch mit Geschäftsleuten außerhalb Ihrer Branche.

Tipp: Setzen Sie sich einmal im Monat mit Kollegen und Mitarbeitern zusammen und tauschen Sie sich über Ihre Eindrücke aus. Schätzen Sie die Marktlage und die zukünftige Marktentwicklung ein und ziehen Sie daraus Ihre Schlüsse.

Im Internet finden Sie Informationen über Trends zum Beispiel bei folgenden Instituten:

Institut	Internet-Adresse
BAT Freizeit-Forschungsinstitut	www.bat.de
• Trendbüro – Beratungsunternehmen für gesellschaftlichen Wandel	www.trendbuero.de
• Institut für Zukunftsstudien und Technologiebewertung (IZT)	www.izt.de
• Sekretariat für Zukunftsforschung (SFZ)	www.sfz.de
• Verein Deutscher Ingenieure (VDI)	www.vdi.de
• z-Punkt büro für zukunftsgestaltung	www.z-punkt.de
• Fraunhofer-Institut für Systemtechnik und Innovation (FhG-ISI)	www.isi.fhg.de
• Zukunftsinstitut des Trendforschers Matthias Horx	www.zukunftsinstitut.de
• CAP – Forschungsgruppe Zukunftsfragen	www.cap.uni-muenchen.de

Durchführung einer SWOT-Analyse

Aus der Kombination der Stärken-/Schwächen-Analyse und der Chancen-/Gefahren-Analyse können im Rahmen der SWOT-Analyse die Strategien für das künftige Vorgehen abgeleitet werden. Mit ihr können Sie eigene Stärken und Schwächen wie auch externe Chancen und Gefahren herauskristallisieren, die die Aktionsfelder des Unternehmens betreffen und die bei der Strategieentwicklung berücksichtigt werden müssen (**SWOT** = **S**trengths – Stärken, **W**eaknesses – Schwächen, **O**pportunities – Chancen, **T**hreats – Gefahren).

Vorgehen: 1. Tragen Sie die in der Situationsanalyse ermittelten Stärken und Schwächen, Chancen und Gefahren in die folgende Übersicht ein. Eine Hilfestellung finden Sie in der Checkliste »Fragenkatalog für die SWOT-Analyse«.

Übersicht: Suche nach Stärken und Schwächen, Chancen und Gefahren

Zur Überprüfung des Marketing-Mix nach der SWOT-Methode, speziell
❑ Organisation ❑ Produkte ❑ Service ❑ Preise
❑ Kommunikation ❑ Image ❑ Märkte ❑ Kunden
❑ Marktpartner ❑ Konkurrenten ❑ Umfeld ❑ Trends

Strengths/ Stärken	**W**eaknesses/ Schwächen	**O**pportunities/ Chancen	**T**hreats/ Gefahren

Schlussfolgerungen/Ziele

Maßnahmen

Checkliste: Fragenkatalog für die SWOT-Analyse

Prüffragen	Anmerkungen
Strengths (Stärken) – Interne Faktoren	
Was lief gut in der Vergangenheit?	
Auf welche Ursachen sind Erfolge in der Vergangenheit zurückzuführen?	
Worauf sind wir stolz?	
Was gab uns Energie?	
Worin bestehen die Chancen des eigenen Unternehmens in der Zukunft?	
Welche Synergiepotenziale gibt es, die mit neuen Strategien besser genutzt werden können?	
Weaknesses (Schwächen) – Interne Faktoren	
Welche Schwachpunkte im Unternehmen sind zu verzeichnen?	
Wie können diese künftig vermieden werden?	

Was war schwierig?	
Welche Produkte sind besonders umsatzschwach?	
Wo sind Barrieren?	
Was fehlt uns?	
Opportunities (Chancen) – externe Faktoren	
Welche Möglichkeiten bieten sich an bzw. stehen offen?	
Welche Zukunftschancen sehen wir?	
Was können wir ausbauen?	
Welche konkreten Verbesserungsmöglichkeiten haben wir?	
Was könnten wir in unserem Umfeld nutzen?	
Welche Trends sollten verfolgt werden?	
Threats (Gefahren) – externe Faktoren	
Wo lauern künftig Gefahren?	
Welche Schwierigkeiten gibt es, die durch die gesamtwirtschaftliche Situation oder bestimmte Markttrends hervorgerufen werden?	
Welche Aktivitäten sind bei den Wettbewerbern zu verzeichnen?	
Welche Schwierigkeiten kommen auf uns zu?	
Was sind mögliche Risiken?	
Ist die Stellung des Unternehmens durch Technologieentwicklungen bedroht?	
Ändern sich Vorschriften bezüglich Produkte, Serviceleistungen, Mitarbeiter etc.?	

Wenn Sie die Stärken und Schwächen sowie die Chancen und Risiken analysiert haben, geht es im nächsten Schritt darum, den Nutzen aus den Stärken und Chancen zu maximieren und die Verluste aus Schwächen und Bedrohungen zu minimieren. Dabei stehen folgende Fragen im Zentrum:

	Stärken	**Mängel (Schwächen)**
Chancen	Wie können die Stärken eingesetzt werden, um die Chancen zu nutzen?	Wie kann an den Schwächen gearbeitet werden, um die Chancen zu nutzen?
Gefahren	Wie können die Stärken eingesetzt werden, um die Gefahren zu meistern?	Wie kann an den Schwächen gearbeitet werden, um die Gefahren zu meistern?

Nehmen Sie dazu gezielt eine Untersuchung anhand folgender Kombinationen vor (siehe hierfür auch die sich anschließende TOWS-Matrix):

SO Stärken-/Chancen-Kombination: Welche Stärken passen zu welchen Chancen? Wie können Stärken so zum Einsatz kommen, dass sich die Realisierungsmöglichkeit von Chancen erhöht?

ST Stärken-/Gefahren-Kombination: Mit welchen Stärken kann welchen Bedrohungen begegnet werden? Wie kann auf welche Stärken zugegriffen werden, um den Eintritt bestimmter Bedrohungen abzuwenden?

WO Schwächen-/Chancen-Kombination: Wo können sich aus Schwächen Chancen entwickeln? Wie können aus Schwächen Stärken gemacht werden?

WT Schwächen-/Gefahren-Kombination: Wo sind die eigenen Schwachstellen? Wie kann ein Schutz vor Schäden sichergestellt werden?

Auf der Grundlage dieser Kombinationen sind nun passende Strategien zu entwickeln und aufeinander abzustimmen. Die Basisstrategien werden anschließend in die sogenannte TOWS-Matrix eingetragen:

		Interne Analyse	
		Strengths – Stärken	Weaknesses – Schwächen
Externe Analyse	Opportunities – Chancen	S-O-Strategien: Verfolgen von neuen Möglichkeiten, die gut zu den eigenen Stärken passen	W-O-Strategien: Schwächen beseitigen, um neue Möglichkeiten zu nutzen
	Threats – Bedrohungen	S-T-Strategien: Stärken nutzen, um Bedrohungen abzuwenden	W-T-Strategien: Verteidigungen entwickeln, um bestehende Schwächen nicht zum Ziel von Bedrohungen werden zu lassen

2. Schritt des Vertriebskonzepts: Festlegung von Vertriebszielen

Ein wichtiges Element der Vertriebskonzeption sind Ziele. Diese geben der Planung die Denkrichtung vor; ohne Zielsetzung ist keine rationale Planung möglich. Ziele zeigen auf, wo es kurz-, mittel- und langfristig hingehen soll.

Basisanforderungen für konkrete Zielvorgaben

Wie bereits erwähnt, sind die Vertriebsziele aus den übergeordneten Unternehmenszielen beziehungsweise aus den Marketingzielen (wie Gewinn, Rentabilität, Marktanteil, Kundenbindung, Bekanntheitsgrad et cetera) abzuleiten. Dabei gilt: Gewinn, Bekanntheitsgrad oder Marktanteil sind noch kein konkretes Ziel. Ein solches Ziel basiert vielmehr auf folgenden Kriterien: 1. Operationalität, 2. Abstimmung mit anderen Zielen, 3. Ordnung der Ziele und 4. Erreichbarkeit. Was heißt das?

Operationalität bedeutet, die Ziele so zu formulieren, dass konkrete Aktionen und die Kontrolle des Erfolgs möglich sind. Hier zwei Beispiele:

Übergeordnetes Ziel	Vertriebsziel
Marktführerschaft (zum Beispiel: »Wir wollen in zwei Jahren Marktführer sein«)	• Ziel 1: 10 % Umsatzwachstum mit unseren Stromprodukten für Privatkunden • Ziel 2: 15 % Mengenwachstum mit Gas für Industriekunden
Kundenbindung (zum Beispiel durch Cross-Selling, Steigerung der Neukundenakquisition, Steigerung der Kundenzufriedenheit)	• Neugeschäftsquote +11 % • Cross-Selling-Quote + 10 % • Bearbeitungszeit von Beschwerden max. drei Tage

Bei der Zielformulierung wird die Operationalisierung noch weiter gefasst und erfolgt deshalb nach bestimmten Kriterien:

1. Inhalt: Was?	Was soll genau erreicht werden?	Beispiel: Erhöhung des Marktanteils
2. Ausmaß: Wie viel?	In welchem Umfang soll das Ziel erreicht werden?	5 %
3. Zielgruppe: Bei wem?	Wer soll genau angesprochen werden?	Geschäftskunden
4. Zielgebiet: Wo?	In welchem Gebiet soll das Ziel verfolgt werden?	Süddeutschland
5. Zeitraum: Bis wann?	Bis wann soll das Ziel erreicht werden?	Bis zum Ende des Geschäftsjahres ...

Die Vertriebsziele können *quantitativ* oder *qualitativ* festgelegt werden. Quantitativ sind Ziele wie Umsatz, Absatz, Deckungsbeiträge oder Gewinn. Beispiele für qualitative Ziele sind ein bestimmtes Firmenimage, eine bestimmte Kontakt- und Dienstleistungsqualität, Kundenzufriedenheit et cetera. Nachfolgend einige Beispiele für Zielformulierungen, entweder bezogen auf ein quantitatives Ziel oder auf ein qualitatives Ziel.

WAS	WIE VIEL	WANN	WO
Quantitative Ziele			
Umsatzsteigerung	Um 20 % gegenüber dem Vorjahr auf 500.000 Euro Steigerung auf 1.500 Euro im Schnitt pro Auftrag	Im laufenden Jahr	Süddeutschland
Kostensenkung	Um 10 % im Bereich ... Niedriger als 5 % vom Umsatz	Im kommenden Geschäftsjahr	Deutschland und Österreich
Außendienst-besuche	Anzahl pro Tag Anzahl pro Kunde	Kommendes Geschäftsjahr	Verkaufsgebiete Nord und Süd
Optimierung der Tourenplanung	Senkung der km-Leistung um 6 % Zeitgewinn eine halbe Stunde pro Tag	Bis 1. September	Gesamtes Verkaufsgebiet
Qualitative Ziele			
Imageverbesserung	90 % unserer Zielgruppe nehmen uns als innovativen Hersteller und möglichen Geschäftspartner wahr	Überprüfung im Oktober	Verkaufsgebiet Norddeutschland
Erhöhung der Kundenzufriedenheit	75 % der Kunden statt bisher 50 % sollen uns als zuverlässigen Lieferanten einstufen	Bis zum Jahresende	Gesamtes Verkaufsgebiet

Das Ziel Umsatzsteigerung könnte beispielsweise so formuliert werden: »Im kommenden Jahr wollen wir in Deutschland eine Umsatzsteigerung gegenüber dem Vorjahr von 20 Prozent auf 500.000 Euro erreichen.« Oder das Ziel Image: »Unser Ziel ist, dass wir per Oktober des laufenden Jahres bei unserer Zielgruppe in der Schweiz als sympathisches, innovatives und kundenorientiertes Unternehmen wahrgenommen werden und dass uns diese als möglichen Geschäftspartner ansehen.«

Eine *Abstimmung* der Ziele ist wichtig, weil manche Ziele sich gegenseitig unterstützen (zum Beispiel höherer Umsatz, höherer Gewinn), während andere in Konkurrenz zueinander treten (wie höherer Marktanteil und höherer Preis). Hier ist es wichtig, den richtigen Mix zu finden.

Der Faktor *Ordnung der Ziele* beinhaltet die Anforderung, dass bei Vorhandensein mehrerer Ziele eine Rangordnung erkennbar sein muss. Dazu ist eine Unterscheidung zwischen Ober- und Unterzielen sowie zwischen Haupt- und Nebenzielen notwendig. Bei der Frage Ober-/ Unterziele geht es darum, zu klären, welches Ziel als erstes erreicht werden muss, damit die anderen ebenfalls erreicht werden können. Dem Thema Haupt-/Nebenziele liegen folgende Fragen Zugrunde: »Was ist für uns wichtiger?« und »Was wollen wir zuerst erreichen?«

Der letzte Faktor ist die *Erreichbarkeit* der Ziele. Eine Zielvorgabe muss realistisch sein, das heißt, das jeweilige Ziel muss mit einem normalen Arbeitsaufwand erreichbar sein. So ist natürlich das Ziel »Weltmarktführer werden« nicht realisierbar, wenn die Konkurrenz übermächtig ist und keine Chance besteht, sie zu überrunden.

Neben diesen Basisanforderungen für eine konkrete Zielvorgabe gibt es noch weitere Bedingungen, die Ziele erfüllen müssen. Hier eine Gesamtübersicht:

Ziele müssen ...
... klar, abgegrenzt und messbar sein (d. h. überprüfbar durch Zahlen, Daten und Fakten)
... anspruchsvoll, aber zugleich erreichbar sein
... planbar sein, also einen festen zeitlichen Bezug – wie Fristen oder Termine – aufweisen
... mit verfügbaren oder beschaffbaren Mitteln erreichbar sein
... nachvollziehbar und überprüfbar sein

| ... vollständig aufgezeigt und von den Mitarbeitern akzeptiert werden |
| ... die Mitarbeiter zu eigenen Leistungen motivieren |
| ... den Mitarbeitern einen zeitlichen und organisatorischen Spielraum ermöglichen |

Der Prozess der Zielfindung

Bei der Suche nach der richtigen Zielvorgabe für die Mitarbeiter ist ein systematisches Vorgehen gemäß den folgenden Prozessstufen empfehlenswert:

1. Zielsuche	Was wollen Sie erreichen? (In Abstimmung mit dem Unternehmens-/Marketingziel)
2. Operationalisierung der gefundenen Ziele	Wie soll Ihr Ziel konkret aussehen?
3. Zielanalyse und Zielordnung	Welches sind Ihre Oberziele, welches Ihre Unterziele? Worauf kommt es Ihnen besonders an (Hauptziele)? Welches sind Ihre Nebenziele?
4. Klärung der Realisierbarkeit eines Ziels	Liegt dieses Ziel im Bereich des Möglichen?
5. Zielentscheidung	Welche Alternative soll gewählt werden?
6. Durchsetzung der Ziele	Voraussetzungen: 1. Information der für die Zielerreichung Verantwortlichen über die Teilziele; 2. Identifikation der Betroffenen mit den Zielen, damit Motivation zur Zielerreichung vorhanden ist; 3. persönliche Qualifikation und organisatorische Ausstattung mit Ressourcen und Kompetenzen müssen vorhanden sein
7. Zielüberprüfung und Zielrevision	Ursachen für eventuelle Soll-Ist-Abweichung sind beispielsweise: veränderte Planprämissen, veränderte Unternehmens- und Umweltbedingungen, Fehler bei den Vorgaben (wie nicht messbare Ziele, zu hoch oder zu niedrig angesetzte Ziele, zu komplizierte oder zu schöne Ziele), Nichtbeachtung wichtiger Ziele et cetera

3. Schritt des Vertriebskonzepts: Entwicklung der Vertriebsstrategie

Im Rahmen der strategischen Planung geht es um die Überlegung, was Sie längerfristig (in einem Zeitraum von drei bis zehn Jahren) erreichen wollen. Dabei ist zu analysieren, was der Markt von einem Unternehmen wie dem Ihren erwartet, welches Ihre derzeitigen und zukünftigen Erfolgsfaktoren (strategische Schlüsselfaktoren und Geschäftsfelder) sind und was sich daraus machen lässt. Zu erwägen ist außerdem, wie Sie Ihre Ressourcen und Fähigkeiten optimal ausnutzen und wie Hindernisse beseitigt werden können.

Mit der Vertriebsstrategie legen Sie fest, welche Zielgruppen (WEN) Sie mit welchen Produkten (WAS) über welche Vertriebswege (WIE) in welchen geografischen Märkten (WO) ansprechen wollen. Bei der Erstellung der Vertriebsstrategie ist eine ganze Reihe von Fragen zu beantworten, unter anderem die folgenden:

In welchen Märkten wollen Sie künftig tätig sein? Welche Marktsegmente sollen bearbeitet werden? Welche Kunden (oder Kundengruppen) wollen Sie künftig ansprechen? Welche Leistungen (Produkte oder Dienstleistungen) sollen den Kunden in welcher Priorität angeboten werden? Welcher konkrete Nutzen soll den Kunden geboten werden? Über welche Wettbewerbsvorteile unterscheidet sich das künftige Angebot gegenüber der Konkurrenz? Streben Sie eine Kostenführerschaft an oder eine Differenzierung über die angebotene Leistung? In welchem Bereich wollen Sie konkurrieren? Steht ein bestimmtes Segment (zum Beispiel eine bestimmte Kundengruppe, eine Produktgruppe oder eine abgegrenzte Region) im Vordergrund? Wie werden Sie sich gegenüber dem Wettbewerb verhalten? Passt sich Ihr Unternehmen den Gepflogenheiten an oder geht es neue Wege? Wie wird der Unterschied gegenüber der Konkurrenz kommuniziert? Wie soll die Preispolitik gestaltet werden? Welche Distributionskanäle sollen genutzt werden?

Kundenselektion: Entscheidung für einen bestimmten Markt

Im Rahmen der Kundenselektion geht es um die Entscheidung für einen bestimmten Markt oder ein bestimmtes Marktsegment. Die Entscheidung hängt zum einen ab von den Möglichkeiten des Unternehmens, die ausgewählten Marktbereiche überhaupt bearbeiten zu können, also von den eigenen Fähigkeiten und Stärken, die im Rahmen der Situationsanalyse bereits ermittelt wurden. Zum anderen müssen die angestrebten Marktsegmente genügend groß sein, damit auch ausreichende Deckungsbeiträge erzielt werden können.

Bei der Überlegung, in welchen Märkten Sie künftig tätig sein wollen beziehungsweise welche Marktsegmente bearbeitet werden sollen, unterstützt Sie folgende Checkliste. In dieser sind Kriterien zur Beurteilung der Attraktivität eines neuen Marktes zusammengefasst. Weitere Informationen zum Thema »Kundensegmentierung« lesen Sie im Kapitel 1.2 »Merkmale einer exzellenten Vertriebsstrategie«.

Checkliste: Kriterien für die Marktwahl			
Kriterien	Teilmarkt/ Marktsegment A	Teilmarkt/ Marktsegment B	Teilmarkt/ Marktsegment C
	Beurteilung: Note ...	Beurteilung: Note ...	Beurteilung: Note ...
Marktattraktivität (externer Faktor)			
• Marktvolumen			
• Marktwachstum			
• Marktgröße			
• Marktpotenzial			
• Marktsättigung			
• Anzahl Wettbewerber			
• Eintrittsbarrieren in den Markt			
• Konjunkturanfälligkeit des Marktes			
• Substitutionsgefahr des Marktes			
• Rentabilität des Marktes			
• Erzielbare Preise/Margen			
• Investitionsbedarf			
• Kundentreue			
• Profilierungsmöglichkeiten			
• ...			

Eigene Fähigkeiten zur erfolgreichen Marktbearbeitung			
• Produktsortiment			
• Unternehmensorganisation			
• Verkaufsstrategie			
• Serviceleistungen			
• Preisgestaltung			
• Kompetenz der Mitarbeiter			
• Distribution			
• Lieferbereitschaft			
• Produktionskapazitäten			
• Vorhandene eigene Geschäftsbeziehungen zu Absatzpartnern und Produktnutzern			
• Eigener Bekanntheitsgrad			
• ...			

Fallbeispiel

Das nachfolgende Fallbeispiel eines Fahrradherstellers soll zur Veranschaulichung dienen, wie die Entscheidung für einen bestimmten Markt beziehungsweise ein bestimmtes Marktsegment abgeleitet werden kann. Als wichtigste Kriterien zur Beurteilung der zur Auswahl stehenden Segmente und Teilmärkte sollen im Beispiel folgende Kriterien herangezogen werden: 1. Marktvolumen und -potenzial, 2. die Wettbewerbssituation in den Segmenten/Teilmärkten, 3. Trends im Markt, 4. die Höhe der erzielbaren Preise und Gewinne, 5. die Kosten des Markteintritts beziehungsweise der Marktbearbeitung, 6. die eigenen Fähigkeiten für eine Erfolg versprechende Marktbearbeitung sowie 7. die eigenen Profilierungsmöglichkeiten.

	Zielgruppe 1: Freizeitfahrer	Zielgruppe 2: sportliche Radfahrer	Zielgruppe 3: Profis im Radsport
Marktvolumen	850.000 Stück	260.000 Stück	140.000 Stück
	Wert: 630 Mio. Euro	Wert: 468 Mio. Euro	Wert: 730 Mio. Euro
Marktpotenzial	Groß	Mittel	Klein
Marktentwicklung	Gleich bleibend	Zunehmend	Zunehmend
Zahl der Wettbewerber	16 (viele Konkurrenten)	10	4 (wenige Konkurrenten)
Preisniveau	Niedrig bis mittel	Hoch	Sehr hoch
Gewinnspanne	Niedrig	Hoch	Hoch
Kosten für die Marktbearbeitung	Hoch (Massenmarkt)	Mittel bis hoch	Sehr hoch
Eigene Fähigkeiten für die Marktbearbeitung	Niedrig bis mittel	Sehr gut	Gut
Profilierungsmöglichkeit	Mittel	Sehr gut	Mittel bis gut

Entscheidung: Künftig sollen folgende Segmente mit der angegebenen Priorität bearbeitet werden: 1. Priorität – sportliche Radfahrer, 2. Priorität – Profis. Grund: In diesen Segmenten ist eine positive Marktentwicklung zu verzeichnen; es lassen sich gute Preise und Gewinne erzielen und das eigene Haus verfügt über gute Fähigkeiten für die Marktbearbeitung.

Im nächsten Schritt erfolgt die Entscheidung für bestimmte Teilmärkte:

	Teilmarkt A: Kinderräder	Teilmarkt B: Stadträder	Teilmarkt C: Mountainbikes	Teilmarkt D: Rennräder	Teilmarkt E: Profiräder
Marktvolumen in Stück	150.000	700.000	180.000	80.000	140.000
Marktvolumen in Euro	116 Mio.	514 Mio.	350 Mio.	118 Mio.	730 Mio.
Preisniveau	Niedrig	Mittel	Hoch	Mittel	Sehr hoch
Gewinnspanne	Niedrig	Niedrig	Mittel	Mittel	Hoch

Eigene Fähigkeiten zur Marktbearbeitung	Niedrig	Mittel	Gut	Gut	Gut
Profilierungsmöglichkeit	Niedrig	Mittel	Gut	Gut	Gut

Die Entscheidung fällt zugunsten der Teilmärkte C, D und E. Oberste Priorität erhalten die Mountainbikes, zweite Priorität die Profiräder. Grund: In diesen Teilmärkten verfügt das eigene Haus über gute Fähigkeiten zur Marktbearbeitung und hat außerdem ein gutes Image in Bezug auf Qualität und Design der eigenen Produkte. (Fortsetzung des Fallbeispiels auf der übernächsten Seite.)

Produktselektion: Welche Produkte sollen angeboten werden?

Eine der Basisfragen im Rahmen der Strategieentwicklung lautet: Welches Produkt-/Leistungsangebot aus Ihrem Gesamtsortiment wollen Sie Ihren ausgewählten zukünftigen Kunden offerieren?

Ihre Entscheidung hinsichtlich der Produktselektion wird von verschiedenen Kriterien abhängen. Dazu zählen: die Produktionskosten; die Vertriebs- und Distributionskosten; die Kosten für den Markteintritt und -erhalt; die Distributions- und Logistikkosten; der Verkaufspreis; die Attraktivität des Produkts; die Marktentwicklung und das Marktpotenzial; das Kundenverhalten und Kundentrends; das Absatz-, Umsatz- und Ertragspotenzial.

Bei der Zuordnung des eigenen Angebots auf einen Kunden hilft die folgende Checkliste.

Checkliste: Produktauswahl für einen Kunden				
Bedürfnisse dieses Kunden:				
Listen Sie in dieser Spalte die Produkte auf, die die Kundenbedürfnisse am besten erfüllen	Umsatz im Jahr ...	Potenzial	Ziel für das Jahr ...	Geplante Verkaufs- und Servicemaßnahmen
Produkt(gruppe) A (besonderer Nutzen für diesen Kunden, z. B. besondere Technologie)				
Produkt(gruppe) B (besonderer Nutzen)				

Produkt(gruppe) C (besonderer Nutzen)				
...				
Summe				
Entwicklungsmaßnahmen		Termin	Bemerkung/WV	

Hinweis zum Thema Produktselektion: Ein Produkt hat für den Kunden einen höheren Mehrwert, wenn es für ihn nicht nur ein Produkt ist, sondern effektiv zur Lösung eines Problems beiträgt. Beim Lösungsverkauf werden Produkte und Dienstleistungen zu einer innovativen, auf die Zielgruppe zugeschnittenen Problemlösung verknüpft. Anbieter von Leistungssystemen schnüren für ihre Kunden aus Einzelteilen ein transparentes Paket, das auf »Leistungsballast« verzichtet. Diese Reduzierung auf das Wesentliche steigert den Kundengewinn und ist besonders für Käufer von Investitionsgütern ein wichtiger Anreiz, die mit einer kaum mehr zu überblickenden Anzahl möglicher Nebenleistungen von A wie Absatzgarantie bis Z wie Zweitstudien zu kämpfen haben. Näheres zum Thema Lösungs- beziehungsweise Systemverkauf lesen Sie in Teil 8 »Ausschöpfung aller Marktchancen«.

Art der Marktbearbeitung/Kundenansprache

Wenn Zielgruppe und Produkt bestimmt sind, kann im nächsten Schritt festgelegt werden, *wie* Sie Ihre (potenziellen) Kunden künftig erreichen wollen. Bei der Bestimmung der strategischen Grundausrichtung der Vermarktung der Angebote stehen verschiedene Strategiealternativen zur Auswahl (siehe hierzu auch weiter oben die Beschreibung im Abschnitt »Klare Definition der angestrebten Positionierung am Markt«, im Kapitel 1.2 »Merkmale einer exzellenten Vertriebsstrategie«).

1. *Konkurrenzorientierte Strategien:* 1. Kostenführerschaft, 2. Differenzierung durch einen besonderen Leistungsvorteil und 3. Fokussierung auf eine gewinnbringende Marktnische.
2. *Kundenorientierte Strategien:* 1. Marktdurchdringungsstrategie (insbesondere mehr Verkäufe an vorhandene Kunden), 2. Marktentwicklungsstrategie (Verkauf des bestehenden Produkts auf neuen geografischen oder zielgruppenbezogenen Märkten), 3. Produktentwicklungsstrategie (Verkauf von Innovationen auf den bisherigen Märkten), 4. Diversifikation (Verkauf neuer Produkte auf neuen Märkten).

Fortsetzung des Fallbeispiels Fahrradhersteller

Im Beispiel des Fahrradherstellers werden folgende Strategien in Erwägung gezogen:

Als konkurrenzorientierte Strategie kommt die *Differenzierungsstrategie* über einen besonderen Leistungsvorteil (USP = Unique Selling Proposition) in Frage – aus folgendem Grund: 1. Der Markt ist entwickelt und zeigt bereits leichte Sättigungsmerkmale. Durch den USP sowie die eigene starke Position im Bereich Sportgeräte mit hoher Qualität kann sich das eigene Unternehmen einen Vorsprung gegenüber der Konkurrenz sichern.

Außerdem empfiehlt sich eine *Marktentwicklungsstrategie*: Der xy-Markt wird durch eine Marktausweitung ausgebaut. Grund: Das Bedürfnis für xy ist bei den potenziellen Kunden bereits vorhanden und von der Konkurrenz noch nicht erschlossen. Es stehen genügend finanzielle Mittel und Distributionskanäle für diese Strategie zur Verfügung.

In Frage kommt auch eine *Produktentwicklungsstrategie*. Begründung: Durch sein Know-how im Bereich … kann das Unternehmen den Markt xy entwickeln. Es sind genügend liquide Mittel vorhanden, um die Kundengewohnheiten durch eine langfristige Kommunikationskampagne in Richtung … zu ändern. So kann die Nachfrage deutlich gesteigert werden.

Positionierung des Angebots und Bestimmung von Grobzielen

- Ziel der Positionierung ist die Erzeugung eines unverwechselbaren Leistungs-Image bei der angestrebten Zielgruppe, das – im positiven Sinn – stärker ist als das Image der Konkurrenz und zugleich beim Kunden eine größtmögliche Akzeptanz für das eigene Angebot erreicht. Bei der *Marktentwicklungsstrategie* soll vor allem die Positionierung des Angebots beim Kunden herausgearbeitet werden. Bei der *Produktentwicklungsstrategie* und den *konkurrenzorientierten Strategien* sind insbesondere die anzugreifenden Positionierungen der Konkurrenz herauszukristallisieren und in Vorteile für die eigenen Kunden zu transformieren. Dazu wird der bereits definierte USP genutzt, also der einzigartige Leistungsvorteil, aufgrund dessen der Kunde positiv reagiert.
- Es wird zwischen einer Grob- und einer Feinpositionierung unterschieden. Bei Ersterer geht es darum, das eigene Angebot gegenüber der Konkurrenz zu bestimmen und deutlich hervorzuheben. Zugleich sollen im angestrebten Teilmarkt die wichtigsten Leistungsschwerpunkte

gegenüber der Konkurrenz herausgearbeitet werden, die eine Austauschbarkeit des eigenen Angebots verhindern sollen. Dabei hilft das in Kapitel 1.2 beschriebene *Positionierungskreuz*. In der Feinpositionierung sollen die Positionierungsinhalte gegenüber den Kunden dargestellt werden. Bei Verwendung des in Kapitel 1.2 beschriebenen *Positionierungsstatements* würde dies in etwa so aussehen:

	Beispiel: Fahrrad (Mountainbike)
Für (Zielgruppe)	*Für* sportliche, ambitionierte Downhill-Fahrer
Ist (Produkt bzw. Dienstleistung)	*ist* das innovative XA-Bike
Das/Welche (Versprechen)	*das* ideale Mountainbike, um selbst mit den größten Herausforderungen fertig zu werden
Weil (Reason Why – Begründung)	*weil* • es mit der neuesten FU-Technologie ausgestattet ist, • nur in eigenen Werkstätten von Spezialisten mit größter Sorgfalt angefertigt wird • größte Sicherheit bietet • für absolute Top-Qualität steht

Auch die Grobziele werden in diesem Schritt festgelegt. Nachfolgend ein Beispiel der Bestimmung der wirtschaftlichen Ziele des Fahrradherstellers.

Quantitative Ziele	1. Jahr nach Einführung	2. Jahr nach Einführung	3. Jahr nach Einführung
Marktanteil (in verkauften Stückzahlen)	12 %	16 %	18 %
Marktanteil (wertmäßig)	14 %	18 %	20 %
Absatz	2.000 Stück	3.000 Stück	5.000 Stück
Umsatz	4 Mio.	6 Mio.	9 Mio.
Deckungsbeitrag	13 %	15 %	15 %

Überlegungen zum Vertriebssystem

Ein wichtiger Bestandteil der Vertriebsplanung ist die Wahl der geeigneten Vertriebswege. Hier verschenken viele Unternehmen noch Potenziale.

A und O der Vertriebswegegestaltung ist eine sorgfältige Planung. Dabei muss der potenzielle Kunde mit seinem Kaufverhalten im Mittelpunkt stehen. Um die angestrebten Ziele zu erreichen, gilt es, möglichst dort präsent zu sein, wo der Kunde die höchste Kaufbereitschaft verspürt. Wichtig ist außerdem, dass die gewählten Vertriebswege sich nicht gegenseitig behindern. Bei der Erstellung eines kundenorientierten Vertriebssystems hilft Ihnen ein Vorgehen gemäß der folgenden Checkliste.

Checkliste: Erarbeitung eines kundenorientierten Vertriebssystems	Anmerkungen
Wer sind die Kunden, die Sie beliefern wollen?	
Wollen Sie die Beziehungen mit Ihren derzeitigen Kunden ausdehnen?	
Wollen Sie neue Kunden ansprechen?	
Wie segmentieren Sie Ihre Zielgruppen?	
Wie charakterisieren Sie jedes Segment?	
Welche Kunden bzw. Märkte bedienen Sie mit Ihren Produkten und Dienstleistungen? (Bedenken Sie, dass Kunden in ähnlichen Segmenten, aber verschiedener geografischer Lage ganz unterschiedliche Verhaltensweisen aufweisen können – sind beispielsweise französische Kunden mit chinesischen oder amerikanischen Kunden gleichzusetzen?)	
Welche Ziele verfolgen Sie in jedem Segment?	
Wie kaufen Ihre Kunden(-segmente) Lösungen wie die von Ihnen angebotenen?	
Was gehört zu ihrem Kaufprozess?	
Welche Stufen durchläuft der Kunde, wenn er seine Anforderungen und Spezifikationen definiert und eine Lösung entwickelt, auswählt und implementiert?	
Ist hier eine enge und häufige Zusammenarbeit erforderlich?	
Ist seine Kaufentscheidung komplex, sind viele Personen involviert?	
Erfordert der Kaufprozess des Kunden einen engen Kontakt mit Ihrer Produktionsabteilung?	

Sind ergänzende Serviceleistungen oder Produkte nötig, um eine vollständige Lösung liefern zu können?	
Wo kaufen die Kunden solche Lösungen?	
Wie kaufen sie die Lösungen? Direkt, über den Außendienst? Bei Wiederverkäufern, über das Internet, über Katalog, Handel oder Beziehungen in der Supply Chain?	
Welche Erwartungen haben sie an die Lösungsverkäufer?	
Welcher Grad an Service und Unterstützung ist wichtig im Kauf- und Umsetzungsprozess?	
Wie steigern die Lösungsanbieter den Mehrwert der Angebote von den Zulieferern? (Sie sind Teil der Wertkette und müssen Mehrwert bieten, keine zusätzlichen Kosten.)	
Welches Profil haben die Lösungsanbieter?	
Welche Charakteristika kennzeichnen sie?	
Wie sind sie organisiert, um ihre Kunden zu unterstützen?	
Welche Programme und Fähigkeiten benötigen sie?	
Welche Beziehungen haben sie zu ihren Herstellern?	
Was erwarten die Lösungsanbieter von ihren Zulieferern?	
Worin besteht der Mehrwert für die Partner im Vertriebskanal?	
Wie können sie dazu motiviert werden, dass sie Ihre Produkte gerne und gegenüber allen anderen Produkten bevorzugt weiterverkaufen?	
Wie stimmen Sie Ihre Produkte und Dienstleistungen optimal auf die Vertriebskanäle ab, die die jeweiligen Kunden am effektivsten erreichen?	
Welche Produkte und Dienstleistungen werden Sie an welche Kunden über welchen Kanal verkaufen?	
Welche kanalspezifischen Maßnahmen müssen Sie ergreifen, um die Vertriebskanäle zu unterstützen?	
Welches Marketingprogramm werden Sie spezifisch für die Kunden(-Segmente) und Kanäle einsetzen, um den Absatz im angestrebten Gebiet zu fördern?	
Welche Prozesse sind in dem jeweiligen Segment/Vertriebs- kanal erforderlich?	

Eine Auseinandersetzung mit den in der Checkliste angesprochenen Themen in der genannten Reihenfolge wird Ihnen helfen, die richtigen Vertriebswege zu finden. Insgesamt ist ein Vertriebswege-Mix zu gestalten, der innovative Lösungen schafft und dem Kunden einen nennenswerten Mehrwert bietet. (Näheres zu den verschiedenen Arten von Vertriebswegen lesen Sie in Teil 7, im Kapitel 7.5.)

Feldgröße: Bestimmung des geografischen Zielgebiets

Zum Schluss wird noch die Feldgröße, das heißt das geografische Zielgebiet festgelegt. Der Begriff »Feldgröße« beschreibt den zu bearbeitenden Markt, ausgedrückt in der geografischen Ausweitung und/oder in der Anzahl der Kunden in diesem Markt.

Der mögliche Strategieansatz kann beispielsweise lauten:»Wir konzentrieren uns auf das Verkaufsgebiet Süddeutschland, insbesondere auf die Städte mit einer hohen Dichte an potenziellen Kunden aus unserer Zielgruppe.«

Wird die Feldgröße in der Anzahl der Kunden ausgedrückt, kann ihre Berechnung beispielsweise wie folgt durchgeführt werden:

Kunden-klasse	Anzahl aller möglichen Kunden	Zielumsatz	Durchschnittlicher Jahresumsatz in Euro	Feldgröße
A	100	60 Mio.	600.000	100
B	600	35 Mio.	100.000	350
C	2.000	10 Mio.	40.000	250

Damit sind die wichtigsten Strategieansätze entwickelt. Jetzt geht es an die Detailplanung und die Realisation.

4. Schritt des Vertriebskonzepts: Erarbeiten von Vertriebsplänen

Wie setzen Sie Ihre strategischen Zielsetzungen in operationale Ziele und Maßnahmen um? Wie können Sie den Ablauf der einzelnen Maßnahmen zeitlich und nach Kapazität optimal planen und kontrollieren? Welchen »Raum« geben Sie dem Vertrieb zeitlich, organisatorisch und finanziell (Vertriebsorganisation, Zeitmanagement, Finanzierung)? Über welche Vertriebswege vertreiben Sie Ihr Produkt am besten (Distributionspolitik)? Wie sollen die Vertriebsprozesse strukturiert werden? Wie soll die

Planung der Vertriebskapazitäten aussehen? Was hat oberste Priorität? Womit wollen Sie beginnen?

In Form der operativen Planung sind die Voraussetzungen für eine erfolgreiche Umsetzung der Strategien zu schaffen. Zur operativen Planung zählen einerseits die Ressourcenplanung und andererseits die Planung der Infrastruktur. In der folgenden Übersicht sind Beispiele für die verschiedenen Pläne aufgelistet, wobei je nach Unternehmen andere Schwerpunkte gesetzt werden oder weitere Pläne zum Einsatz kommen können.

Checkliste: Übersicht über die detaillierten Pläne			
Formen von Plänen	**Bereits erledigt**	**Formen von Plänen**	**Bereits erledigt**
I. Planung der Ressourcen (primäre Vertriebsplanung)		**II. Planung der Infrastruktur (sekundäre Vertriebsplanung)**	
Umsatzplanung	❏	**Organisationsplanung**	❏
Nach Produkten	❏	Aufbauorganisation	❏
Nach Produktgruppen	❏	• Organigramm	❏
Nach einzelnen Kunden	❏	• Stellenbeschreibung	❏
Nach Kundengruppen	❏	• Anforderungsprofil	❏
Nach Kundenklassen	❏	• Funktionendiagramme etc.	❏
Nach Regionen	❏	Ablauforganisation	❏
Nach Außendienstbezirken	❏	• Arbeitsanweisungen	❏
Nach Zeiteinheiten (z. B. Monat, Quartal oder Jahr)	❏	• Verkaufsstufenpläne	❏
Nach Organisationsbereichen	❏	• Verfahren und Methoden	❏
Nach Vertriebswegen	❏	• Ablaufdiagramme	❏
Einsatzplanung	❏	• Flussdiagramme	❏
Gestaltung von Vertriebssystemen	❏	• Arbeitsabläufe	❏

Einsatz von Verkaufs-organen	❑	• Prozessabläufe etc.	❑
Gestaltung von Logistiksystemen	❑	**Personalplanung**	❑
Streuplanung	❑	Stellenbeschreibungen	❑
• Operationsgebiete	❑	Anforderungsprofil	❑
• Verkaufsbezirke	❑	Auswahl der Mitarbeiter	❑
• Verkaufsregionen	❑	Aus- und Weiterbildung	❑
Zeitplanung	❑	• Intern	❑
Kontaktplanung	❑	• Extern	❑
Routen- und Tourenplanung	❑	Motivationssysteme	❑
Verkaufsstufenplanung	❑	Entlohnungssysteme	❑

Planung der Ressourcen
Zunächst werden Detailpläne für die Bearbeitung der Märkte erstellt. Im ersten Schritt werden hierzu die Vertriebsziele, die für den ganzen Bereich gelten, auf Produkte, Verkäufer, Regionen, Kundengruppen oder Zeiträume heruntergebrochen. Wie der Prozess der Zielvereinbarung mit den Mitarbeitern systematisch ablaufen kann, zeigt folgende Übersicht.

Übersicht: Phasenmodell der Zielvereinbarung		
Phase	**Was passiert?**	**Wie wird es gemacht?**
Phase 1	Strategische Vorgaben der Geschäfts-führung und Marketingziele werden in konkrete Vertriebsziele heruntergebro-chen	Gruppenarbeit mit Kreativitätstechniken
Phase 2	Aus den Verkaufszielen werden Einzel-ziele für die Vertriebsbereiche, Produkt- oder Zielgruppen abgeleitet	Gruppenarbeit, Diskussion
Phase 3	Die Einzelziele werden in Handlungspläne konkretisiert	Gespräch, Brainstorming, Problemlösungstechniken

Phase 4	• Vereinbaren individueller Ziele mit den einzelnen Verkäufern, Abschluss einer »Zielvereinbarung«	Zielvereinbarungsgespräch Verkaufsleiter – Verkäufer
	• Verkaufsziele (in Zahlen oder Kennziffern)	
	• Auf die interne Zusammenarbeit bezogene Ziele (also Zuständigkeiten bzw. Zuordnungen von bestimmten Aufgaben zu einzelnen Personen oder Teams)	
	• Individuelle Qualifizierungsziele	

Das Ziel besteht unter anderem darin, festzulegen, welcher Mitarbeiter mit welchen Produkten in welchem Gebiet und in welchem Zeitraum welche Umsatzziele erreichen muss, damit die übergeordneten Bereichsziele erreicht werden können. Hierfür wird eine detaillierte Umsatzplanung vorgenommen.

Umsatzplanung

Die Umsatzplanung basiert auf den quantitativen Bereichszielen. Zum Beispiel werden der Umsatz, die Kosten oder der Gewinn geplant je Artikel oder Artikelgruppe; je Verkäufer oder Verkäufergruppe; je Kunde oder Kundengruppe; je Bezirk oder Land; je Vertriebsbereich; je Vertriebssegment; je Woche oder Monat und je Jahr.

Beispiel Umsatzplanung nach Kunden				
Zielgruppe	Umsatz im laufenden Geschäftsjahr	Vermutliches Umsatzpotenzial	Ziel für das nächste Geschäftsjahr	Ergebnis: Nächstes Geschäftsjahr
Industrie-kunden				
A-Kunden				
B-Kunden				
...				
Handwerks-kunden				

A-Kunden				
B-Kunden				
...				
Neukunden				

Beispiel Umsatzplanung nach Produkten

	Jahr 1					Jahr 2				
	Umsatz	Absatz	DB 1	Zahl der Kunden	Durchschnittlicher Umsatz pro Kunde	Umsatz	Absatz	DB 1	Zahl der Kunden	Durchschnittlicher Umsatz pro Kunde
Produkt 1	160.000	800	40 %	15	10.666					
Produkt 2	240.000	400	35 %	14	17.142					
Produkt 3	400.000	1.200	37,5 %	29	27.808					
Summe										
Veränderung zum Vorjahr										

Die Umsatzplanung erfolgt in folgenden Schritten:

Maßnahmen	Erledigt?
1. Ergebnisziele (Umsatz, Deckungsbeitrag) für die definierten Zielkundensegmente festlegen	❑
2. Zu verwirklichenden Umsatz/Absatz mit den vorhandenen Kunden bestimmen	❑
3. Zu erzielendes Volumen mit neuen Kunden quantifizieren	❑
4. Verkaufsziele für die einzelnen Kunden (Umsatz, DB bei Kunde ...) bestimmen	❑
5. Konkrete Produkt-Verkaufsziele (Art und Volumen) für die bestehenden Kunden quantifizieren	❑

6. Für die Neukunden konkrete Produkt-Verkaufsziele nach Art und Volumen festlegen	❑
7. Vereinbarung konkreter Ergebnisziele mit jedem Verkäufer, und zwar spezifiziert nach Kunden- und Produktgruppen	❑
8. Formulierung kundenspezifischer Verkaufsziele durch jeden Verkäufer (zum Beispiel: bei Kunde ... xy-Euro Umsatz mit Produkt A)	❑
9. Durchführung eines periodischen Soll-Ist-Vergleichs	❑

Gestaltung von Vertriebssystemen

Die Gestaltung von Vertriebssystemen umfasst drei Schwerpunkte: Selektion der Vertriebssysteme, Gewinnung und Führung der selektierten Absatzmittler sowie die Vereinbarung der vertraglichen Beziehungen mit den Absatzmittlern.

Bei der *Selektion der Vertriebssysteme* geht es um eine grundlegende Entscheidung: die Bestimmung der vertikalen und horizontalen Absatzkanalstruktur.

Die Festlegung der vertikalen Absatzkanalstruktur umfasst zum einen die Festlegung der Zahl der Absatzstufen. Hier ist grundsätzlich zwischen direktem und indirektem Vertrieb zu unterscheiden, wobei als weitere Alternative Franchising als Mischform hinzukommt.

Direktvertrieb ist der Absatz von Produkten direkt vom Hersteller an den Endabnehmer ohne die Zwischenschaltung von betriebsfremden Absatzorganen. Der indirekte Vertrieb erfolgt dagegen über rechtlich selbstständige Händler. Es wird unterschieden zwischen einstufigem und zweistufigem indirektem Vertrieb. Beim einstufigen indirekten Vertrieb erfolgt der Absatz vom Hersteller über Absatzmittler (zum Beispiel Handelsvertreter) zum Endabnehmer. Beim mehrstufigen indirekten Vertrieb geht der Weg vom Hersteller über Absatzmittler (beispielsweise Großhändler), dann über weitere Absatzmittler (beispielsweise Einzelhändler) zum Endabnehmer.

Die Entscheidung über die zu wählende Vertriebsform hängt von den verschiedensten Kriterien ab: von der Erklärungsbedürftigkeit des Produkts, von der Lager- und Transportfähigkeit der Leistung, von den Zielen, die Sie sich als Anbieter gesetzt haben, von den Präferenzen der Kunden, von den Strategien der Konkurrenz und von den realen Vertriebskosten je gewonnenem Kunden. Dabei müssen alle Kosten erfasst werden, nicht nur Provisionen oder Einkaufsrabatte, sondern auch Rückläufe, Kommissionen, Werbematerialien, Aufwand für Schulungen und vertriebliche Betreuung Diese Vollkostenbetrachtung ergibt über die verschiedenen Vertriebskanäle hinweg häufig interessante und unerwartete Ergebnisse (Näheres hierzu, auch zur Kostenkalkulation, lesen Sie in Teil 7»Mehr herausholen aus den Vertriebskanälen«).

Der Direktverkauf wird begünstigt bei einer bereits vorhandenen, schlagkräftigen Außendienstorganisation; bei Leistungen mit hoher (technischer) Erklärungsbedürftigkeit; bei hohen Preisen, die mit erheblichen Kosten der Lagerhaltung im Handel verbunden sind; bei transportempfindlichen beziehungsweise transportintensiven Gütern; bei der Nutzungsmöglichkeit neuer Medien (Teleshopping, Internet). Insbesondere vor dem Hintergrund neuer Informations- und Kommunikationstechnologien nimmt die Bedeutung des Direktvertriebs zu.

Werden die Erfahrungen mit Direktvertrieb und indirektem Vertrieb in regelmäßigen Abständen erfasst und ausgewertet, können Trends frühzeitig erkannt werden. Bislang ungenutzte Vertriebskanäle sollten zunächst in begrenztem Umfang geprüft und Tests zur Bestätigung durchgeführt werden. Die Erweiterung der Vertriebskanäle setzt in der Regel eine Reihe von Maßnahmen voraus, beispielsweise Marketingmaßnahmen zur Unterstützung der Vertriebsaktivitäten. Für die Erschließung neuer Vertriebskanäle ist die Erstellung einer Projekt- und Zeitplanung hilfreich, in der die Vorbereitungsarbeiten, die Festlegung der Zuständigkeiten, eine Auswahl von Partnern und die Anforderungen an die Testphase sowie die anschließende Auswertung festgelegt werden.

Die *horizontale Absatzkanalstruktur* betrifft die konkrete Auswahl der Absatzmittler innerhalb der einzuschaltenden Absatzstufen (zum Beispiel wird die Vorteilhaftigkeitsentscheidung zwischen Handelsvertretern und Reisenden als ein klassisches Entscheidungsproblem in der Distributionspolitik dargestellt; siehe hierzu den Abschnitt »Einsatz von Verkaufsorganen« im gleichen Teil). Noch genauer wird die horizontale Absatzkanalstruktur durch die Begriffe Breite und Tiefe spezifiziert. Unter *Tiefe* versteht man dabei die Art der Absatzmittler je Stufe (Betriebsform und Betriebstyp). Welche Betriebstypen werden beliefert (zum Beispiel: Fachgeschäfte, Discounter et cetera)? Unter *Breite* ist die Zahl der Absatzmittler je Stufe gemeint: Soll eine intensive, eine selektive oder eine exklusive Distribution erfolgen? Diese Frage hängt unter anderem ab von der Art der Produkte und der bestehenden Vertriebs- und Marketingstrategie.

Bei der *intensiven Distribution* (Universalvertrieb) wird eine Vielzahl von Absatzmittlern eingesetzt, weil der Hersteller eine Überallerhältlichkeit seines Produkts anstrebt. Diese Art der Distribution findet sich oft bei Convenience Goods, wo die Bequemlichkeit der Beschaffung entscheidend für den Markterfolg ist.

Bei der *exklusiven Distribution* erfolgt eine Beschränkung auf wenige ausgewählte, qualitativ hochwertige Absatzmittler, die zum Beispiel hinsichtlich Beratungsqualität, Lage und Image den eigenen Ansprüchen gerecht werden. Ein Beispiel hierfür sind Vertragshändler. Vorteile dieser Distributionsform: a) Hat der Händler einen exklusiven Gebietsanspruch, dann erwartet der Hersteller aggressive Verkaufsanstrengungen, eine direkte Kontrolle der Preise und Serviceleistungen; b) Exklusivvertrieb hebt das Image; Probleme: a) Einhaltung des Gebietsschutzes; b) Exklusivvertrieb ist nur möglich, wenn die Anzahl interessierter Händler größer ist als die vom Hersteller gewünschte Zahl

Die *selektive Distribution* ist eine Zwischenform zwischen den beiden genannten Formen. Hier wird auf eine etwas größere Anzahl an Distributoren gesetzt als bei der exklusiven Distribution. Es werden solche Absatzmittler akzeptiert, die festgelegten Kriterien entsprechen, beispielsweise Qualität von Beratung und Service, Preispolitik, Geschäftsgröße und -lage oder Kooperationsbereitschaft. Vorteile für den Hersteller: a) autarke Auswahl umsatzstarker, finanzkräftiger Handelspartner; b) Einfluss auf die Leistungserstellung gegenüber Endkunden; c) Steigerung des Umsatzes pro Einkaufsstätte durch Selektion umsatzstarker Handelspartner; d) Möglichkeit des Ausschlusses von Trittbrettfahrern im Handel; Probleme: a) Geringe Kontrollmöglichkeit des Weiterverkaufs der Produkte bei einstufigem Selektivvertrieb und der Einhaltung der Selektionskriterien bei mehrstufigem Selektivvertrieb; b) hohe Kosten für die Handelsunterstützung.

Während die Vertriebspraxis in der Vergangenheit zur Konzentration auf einen *Einkanalvertrieb* tendierte, entwickeln Unternehmen mit der zunehmenden Akzeptanz des stationären Internets als Absatzweg multiple Distributionsstrategien. Darunter wird die zeitliche Nutzung mehrerer Absatzkanäle wie Handel, Internet und Außendienst verstanden. Ein Beispiel für den *Mehrkanalvertrieb* sind Fluggesellschaften, die neben eigenen Verkaufsbüros auch eigene Online-Shops, selbstständige Reisebüros und Makler nutzen.

Gewinnung und Führung der selektierten Absatzmittler

Wie können die selektierten Absatzmittler gewonnen werden und mit welchen Mitteln können sie anschließend dauerhaft zu einem den Zielen des Herstellers konformen Verhalten veranlasst werden? Bei diesem Thema steht die Frage im Zentrum, ob eine *Push-* oder eine *Pull-Strategie* gegenüber dem Handel gewählt werden soll. Dazu wird unterschieden, ob der Schwerpunkt des Marketings auf die Vertriebswege oder auf die Käufer gerichtet wird.

Ziel einer *Pull-Strategie* (endabnehmerbezogen) ist die Erzeugung einer aktiven Nachfrage durch potenzielle Kunden bei den Absatzmittlern nach dem Produkt. Dabei richtet der Anbieter den überwiegenden Teil seiner Marketingaktivitäten auf die Kaufinteressenten oder Käufer (Endverbraucher oder Einkäufer von Vorleistungen, je nach vorliegendem Markttyp), um diese zu veranlassen, genau sein Produkt zu kaufen. Wenn diese Strategie funktioniert, verlangen die Kaufinteressenten das angebotene Produkt und bestehen darauf. Der Handel bestellt beim Großhandel, der Großhandel beim Hersteller. Kann der Hersteller eine starke Position aufbauen, bleibt den Vertriebskanälen nichts anderes übrig, als dieses Produkt für die Nachfrager zu beschaffen. Bei der Pull-Strategie wird das Produkt von den Nachfragern sozusagen durch die Vertriebskanäle »gezogen« (pull).

Dagegen ist eine *Push-Strategie* eine absatzmittlerbezogene Strategie. Hier geht es um den Einsatz von Anreizen gegenüber dem Absatzmittler zur Förderung der Bereitschaft zur Aufnahme der eigenen Produkte. Bei der Push-Strategie wird das Produkt durch die Vertriebskanäle gewissermaßen durchgedrückt. Der Hersteller richtet intensive Maßnahmen zur Absatzförderung an den Großhandel, dieser an den Einzelhandel und dieser an den Endkunden. Entsprechende Marketingaktionen des Herstellers sind beispielsweise Messen, Displays et cetera. Zu den Marketingaktionen des Handels zählen unter anderem Werbung, Verkaufsgespräche oder Sonderaktionen. Der Hersteller der Produkte bemüht sich, mit einem aktiven Außendienst und Sondermaßnahmen den Großhandel vom Produkt zu überzeugen. Die Konditionen für den Großhandel sind so vorteilhaft, dass der Weiterverkauf des Produkts an den Einzelhandel beim Großhandel oberste Priorität hat. Für den Einzelhandel wiederum bestehen erstklassige Konditionen und Rahmenbedingungen, so dass dieser dem Produkt einen bevorzugten Rang einräumen wird. Für eine Stimulierung der Absatzmittler stehen verschiedene Möglichkeiten zur Verfügung, zum Beispiel: Gewährung einer hohen Handelsspanne; Rabatte; Boni; Werbekostenzuschüsse; Finanzhilfen (beispielsweise für den

Umbau des Ladenlokals); Serviceleistungen, Beratung oder die Vergabe von Exklusivvertriebsrechten.

Push oder Pull? Einige kleinere Hersteller hochspezialisierter Industrie-güter beschränken sich auf eine Push-Strategie. Die großen Markenher-steller setzen meist auf beide Strategien. Sie werben intensiv in den Medien, damit ihre Produkte im Handel nachgefragt werden (Pull-Strategie). Sie betreiben einen Außendienst, der die Handelspartner hervorragend betreut und die Unternehmen als gute Partner des Handels erscheinen lässt (Push). Sie führen Sonderaktionen durch, geben Sonder-rabatte et cetera, so dass auch für die Vertriebskanäle noch mehr Anlass besteht, den Verkauf ihrer Produkte zu forcieren (Push). In den letzten Jahren hat sich im Bereich der Konsumgüter-Anbieter eine Verschiebung von den Pull-Strategien zu den Push-Komponenten gezeigt. Ein Grund dafür ist, dass die Werbung in den Massenmedien immer teurer wurde und dass einige Unternehmen aufgrund rezessionsbedingter Absatzeinbrüche Anfang der neunziger Jahre ihre Marketingaufwendungen zurücknehmen mussten. Auch wurde die Wirkung stark verdichteter Kampagnen von den Werbetreibenden in diesem Zusammenhang angezweifelt. Viele Unter-nehmen sind dazu übergegangen, ihr Marketing nach Produktgruppen und Regionen zu segmentieren. Dies hat zu einem Rückgang national ausgelegter Kampagnen und zu einer Zunahme gezielter Marktförderung in Zusammenarbeit mit eingeführten Händlerbetrieben vor Ort geführt.

Experten empfehlen als Lösung eine Mischung aus beiden Strategien. Eine konsistente Werbung einerseits, um langfristig Bekanntheit und Verbraucherpräferenz der Marke zu sichern. Gemeinsame Sonderaktio-nen mit dem Handel andererseits, um das Engagement des Handels, aber auch eine erhöhte Bekanntheit des Produkts über Preisausschreiben, Spiele et cetera zu erreichen. Mit diesen beiden Komponenten bestehen gute Aussichten, zufriedene Kunden zu gewinnen und zu halten.

Vereinbarung der vertraglichen Beziehungen zu den Absatzmittlern

Ziel der vertraglichen Bindung der Absatzmittler ist die langfristige Sicherstellung der eigenen Marketing- und Vertriebsstrategie im Absatz-kanal. Die folgende Übersicht stellt Formen vertraglicher Bindungen vor.

Formen vertraglicher Beziehungen zu den Absatzmittlern	
Vertriebs-bindungs-systeme	Ziel ist die Sicherung des Selektivvertriebs; es werden ausge-wählte Absatzmittler in den Vertriebsweg aufgenommen, die bestimmte Anforderungen und Auflagen erfüllen; Vereinbarun-gen über räumliche Begrenzungen des Absatzgebiets werden getroffen; der Vertrieb wird auf bestimmte Abnehmergruppen beschränkt; bestimmte Leistungsmerkmale (wie Beratung oder Service) sollen sichergestellt werden
Alleinver-triebs-systeme	Diese dienen der Sicherung des Exklusivvertriebs (Gebiets-schutz); es besteht ein regionales Ausschließlichkeitsrecht; im Gegenzug verpflichtet sich der Absatzmittler zu einer umfassen-den Sortimentslistung und Lagerhaltung sowie Abstimmung der Verkaufsförderungsmaßnahmen
Vertrags-händler-systeme	Hier ist die vertragliche Bindung zwischen Herstellern und Absatzmittlern noch enger; Vertragshändler sind rechtlich selbstständige Händler, die sich in der Regel langfristig dazu verpflichten, ausschließlich Produkte des Herstellers anzubie-ten und keine Konkurrenzprodukte aufzunehmen (üblich bei-spielsweise in der Automobilindustrie und Gastronomie); der Hersteller gewährt im Allgemeinen ein Alleinvertriebsrecht für ein bestimmtes Gebiet; zu beachten ist die Neuregelung der Gruppenfreistellungsverordnung (GVO), wonach durch die neuen Vertriebsregeln für die Automobilbranche die strikte Markenbindung der Autohändler weggefallen ist
Franchise-systeme	Engste vertragliche Bindung zwischen Hersteller und Handel; Beispiele sind das Produktfranchising (Vergabe von Produktli-zenzen an ausländische Hersteller) oder das Betriebsfranchi-sing (zum Beispiel OBI, McDonald's, Mister Minit, Benetton); Näheres zum Franchising lesen Sie in Teil 7.

Hinweis: Viele Informationen zum Vertragsvertrieb finden Sie im Beitrag »Vertikales Marketing« von Prof. Dr. Uwe Specht, nachzulesen im Internet unter www.wiso.uni-koeln.de

Einsatz von Verkaufsorganen

Hier geht es um die Entscheidung, ob und wenn ja mit welcher Art von Absatzorganen ein Unternehmen im Rahmen seiner Vertriebsaktivitäten zusammenarbeiten will. Nachfolgend einige Möglichkeiten:

- *Betriebseigene Absatzorgane* (gehören dem Unternehmen an): Ge-schäftsleitung, Niederlassungen, Reisende, Online-Verkauf
- *Absatzhelfer* (vermitteln Aufträge, erwerben kein Eigentum an der Ware): Handelsvertreter, Kommissionäre, Makler

- *Betriebsgebundene Absatzorgane* (rechtlich selbstständig, aber wirtschaftlich an den Hersteller gebunden): Vertragshändler, Franchising
- *Betriebsfremde Absatzorgane* (erwerben Eigentum an der Ware): Großhandel, Einzelhandel

Eine wichtige Frage in diesem Zusammenhang ist, ob auf einen eigenen Außendienst oder auf Handelsvertreter als Verkaufsorgane gesetzt werden soll. Hierzu als Entscheidungshilfe eine Gegenüberstellung.

Übersicht: Vergleich eigener Außendienst und Handelsvertreter		
Kriterium	**Reisende**	**Handelsvertreter**
Vertragliche Bindung	§§ 59 ff. HGB, unselbstständig, stark weisungsgebunden	§§ 84 ff. HGB, selbstständig, nicht weisungsgebunden
Vergütung	Festes Grundgehalt und Erfolgskomponente	Rein erfolgsabhängige Provision
Sozialversicherungsbeiträge	Werden i. d. R. hälftig zwischen Arbeitgeber und Reisendem aufgeteilt	Trägt der Handelsvertreter alleine
Zusätzliche Kosten	Tagesgeld, Kommunikationskosten, Büro- und Übernachtung, Kfz-Kosten	Kosten ergeben sich evtl. aus dem Vertrag, zum Beispiel ein garantiertes Einkommen
Charakter der Kosten	Zum größten Teil fix	Fast nur variabel
Einkommensteuer	Arbeitgeber muss Lohnsteuer einbehalten und abführen	Führt der Handelsvertreter selbst an das Finanzamt ab
Urlaub	Anspruch auf bezahlten Erholungsurlaub	Kein Urlaubsanspruch
Krankheit	Lohnfortzahlung durch Arbeitgeber	Kein Entgeltanspruch
Bearbeitung der Kunden	Hauptsächlich nach Vorgabe	Nach eigener Entscheidung in Abstimmung mit dem Verkaufskonzept

Fachkenntnisse	Spezifische Produkt-kenntnisse	Kenntnisse sind weniger spezifisch, da verschiedene Produkte und Unternehmen betreut werden
Art der Arbeitserledigung	Weitgehend orientiert am Unternehmen	Unternehmens- und einkommensorientiert
Motivation	Fixum und fester Arbeitsplatz können eine eingeschränkte Leistungsbereitschaft bewirken	Hohe Motivation durch leistungsabhängige Vergütung
Steuerung	Die strategische Stoßrichtung ist wegen strikter Weisungsgebundenheit gut durchsetzbar	Nur eingeschränkte Steuerungsmöglichkeit
Kündigung	Ausreichender Grund erforderlich	Grundlos möglich
Abfindung	Bei berechtigter Kündigung keine Abfindung	Ausgleichsanspruch
Fluktuation	Hoch, da der Beruf oft nur ein Karrieresprungbrett darstellt	Niedrig, da ein großes Interesse an langfristiger Bindung besteht

Fasst man die Unterschiede zusammen, so ergibt sich als Faustformel, dass der Handelsvertreter während seiner Tätigkeit kostengünstiger ist als ein angestellter Reisender, die Beendigung eines Handelsvertretervertrags aber ungleich teurer ist als die Kündigung eines Arbeitnehmers. Aus der Tabelle sind auch die Gefahren ersichtlich, die sich aus einer fehlerhaften rechtlichen Einordnung des Außendienstlers ergeben können. Angenommen, ein Unternehmer hat seine Außendienstmitarbeiter über Jahre als Handelsvertreter behandelt und weder Lohnsteuer noch Sozialversicherungsbeiträge abgeführt. Nun stellt sich in einem Prozess mit einem der Außendienstmitarbeiter heraus, dass die Einordnung als Handelsvertreter unrichtig war. Der Unternehmer muss unter Umständen nicht nur die Lohnsteuer und Sozialversicherungsbeiträge für mehrere Jahre nachzahlen, sondern sich eventuell auch einem Strafverfahren wegen des Verdachts der Hinterziehung von Steuern und Sozialversicherungsbeiträgen stellen. Eine Haftstrafe kann drohen.

Planung der Infrastruktur

Die Planung der Infrastruktur umfasst die Organisationsplanung mit der Aufbau- und Ablauforganisation, die Personalplanung, die Planung des Budgets und der Kontrollmaßnahmen. Dabei geht es darum, die genannten Bereiche planerisch so anzupassen, dass die vorgegebenen Ziele erreicht und die darauf basierenden Strategieansätze erfolgreich umgesetzt werden können.

Organisationsplanung

Die Einführung neuer Strategien kann es mit sich bringen, dass eine Anpassung der Infrastruktur erforderlich ist. Bei der Beurteilung Ihrer derzeitigen Vertriebsorganisation hilft die folgende Checkliste.

Kriterien	Besteht Veränderungsbedarf?	
	Ja	Nein
Effektivität		
• Entspricht die Organisation den Aufgaben und Zielsetzungen beziehungsweise den Markt- und Kundenanforderungen?	❑	❑
• Treten organisatorische Engpässe auf?	❑	❑
Effizienz		
• Ermöglicht die Organisation eine effiziente Kundenbearbeitung und Auftragsabwicklung?	❑	❑
• Werden die Arbeiten ohne größere zeitliche Verzögerungen ausgeführt?	❑	❑
• Werden Doppelarbeiten vermieden?	❑	❑
• Wie ist das Kosten-/Ertrags-Verhältnis zu beurteilen?	❑	❑
• Kann der Koordinationsaufwand (Meetings et cetera) in Grenzen gehalten werden?	❑	❑
Arbeitszufriedenheit/Motivation		
• Fördern die Organisationsstruktur, die Ablauforganisation und das Entlohnungssystem die Motivation der Mitarbeiter?	❑	❑
• Sind Kompetenzen, Verantwortlichkeiten und Aufgaben klar geregelt?	❑	❑

• Besteht ein die Motivation förderndes Qualifikationssystem?	❏	❏
Informationsweitergabe		
• Ist der Informationsfluss gewährleistet?	❏	❏
• Gibt es ein von Verkaufsinnendienst und -außendienst geführtes Informationssystem, welches hinsichtlich des Stands bei den einzelnen Kunden immer aktuell ist?	❏	❏
Flexibilität		
• Ist die Organisationsstruktur flexibel genug, um auf Marktveränderungen zu reagieren?	❏	❏
• Sind die Mitarbeiter flexibel genug, um auf Marktveränderungen zu reagieren?	❏	❏
Aus- und Weiterbildung		
• Sind Aus- und Weiterbildungsmaßnahmen erforderlich?	❏	❏
• Werden regelmäßig Verkaufsschulungen durchgeführt?	❏	❏
Mitarbeiter		
• Sind Wahl und Selektion des Personals richtig?	❏	❏
• Müssen einzelne Positionen neu besetzt werden?	❏	❏

Anpassung der Aufbau- und Ablauforganisation

Zeigt sich Bedarf für Veränderungen, ist zu klären, wie die Aufbauorganisation (das Organigramm Ihrer Vertriebsorganisation) sowie die Ablauforganisation (die innerbetrieblichen Abläufe) geplant werden müssen, damit die Strategien erfolgreich umgesetzt werden können.

Im Rahmen der *Aufbauorganisation* werden die dauerhaften Beziehungsstrukturen und der organisatorische Rahmen des Unternehmens festgelegt. Hierzu zählen Organigramme, Stellenbeschreibungen, Anforderungsprofile, Stellvertretungsregelungen, Funktionen-Diagramme, die Projektorganisation et cetera.

Die *Ablauforganisation* bestimmt die flexible, auf die jeweiligen Bedürfnisse angepasste Gestaltung der Ablaufprozesse nach Arbeitsinhalt, -raum und -zuordnung. Hierzu zählen Ablaufpläne und -diagramme, Arbeitsanweisungen und -verfahren, Problemlösungs- und Vorgehensmethoden, Flussdiagramme/Flow Charts, Netzpläne, Marketing-, Verkaufs- und Werbepläne et cetera.

Organigramme

Anhand eines Organigramms geben Sie Ihrer Vertriebsorganisation eine Struktur. Dazu werden üblicherweise mit Kästchen, Kreisen, Pfeilen und Linien die Zusammenhänge zwischen den einzelnen Einheiten, wie Abteilungen oder Mitarbeiter, aufgezeigt. Anhand der Verbindungen wird damit meist dargestellt, wer für wen und was verantwortlich ist, wer wessen Vorgesetzter oder Untergebener ist oder wie die Kommunikationswege verlaufen. Ein Organigramm ist die Grundlage, wenn über Veränderungen nachgedacht wird.

Die meisten Unternehmen geben an, ihre Kunden in den Mittelpunkt zu stellen. Dann sollten sich diese eigentlich auch im Organigramm wiederfinden. Ein Organigramm, bei dem der Kunde – je nach grafischer Gestaltung – an zentraler Stelle oder im Mittelpunkt steht, kann ein wichtiges Hilfsmittel zur kundenorientierten Ausgestaltung des Unternehmens sein. Die Leitfrage ist dann für jeden Mitarbeiter und jede Abteilung, welchen Nutzen er oder sie dem Kunden bietet. Zugleich bietet ein solches Organigramm einen wichtigen Schutz gegen die überbordende Ausbildung von Stabs- und Managementstellen.

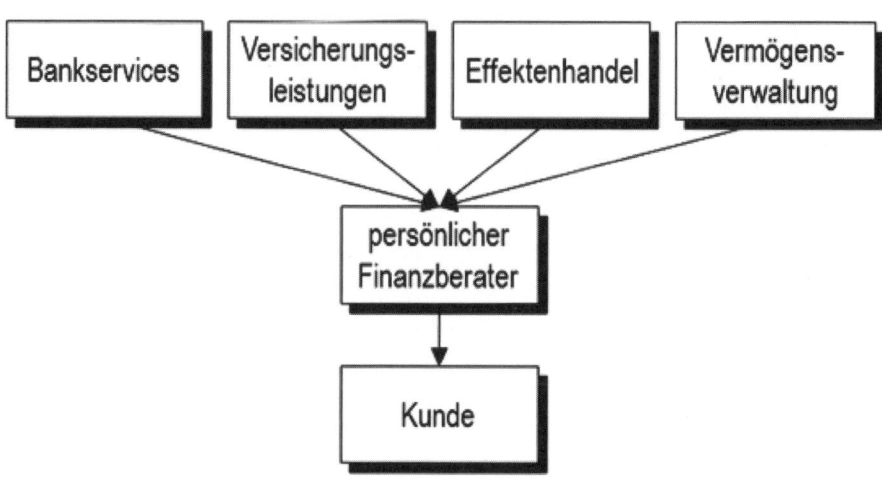

Abbildung 4: Kundenbezogenes Organigramm

Die starren Strukturen von Organigrammen verschwinden in immer mehr Unternehmen. Aus den herkömmlichen Organigrammen werden Ablaufdiagramme und Fließbilder. Pfeile beschreiben die wichtigsten Kernprozesse und die dabei beteiligten Einheiten. Sie weisen immer zum Kunden, auf den alle Maßnahmen im Unternehmen letztlich ausgerichtet sind.

Personalplanung

Gezielt alle Potenziale im Vertrieb auszuschöpfen, ist heute eine der zentralen Herausforderungen für das Vertriebsmanagement. Entsprechend kommt der Planung des Personals eine herausragende Bedeutung zu, denn die Verfügbarkeit von qualifizierten und motivierten Mitarbeitern stellt einen wesentlichen Erfolgsfaktor für die Unternehmenszukunft dar. Zum einen geht es deshalb um eine geschickte Personalbedarfsplanung, zum anderen sind für die vorhandenen und zusätzlich benötigten Mitarbeiter die Entlohnungs- und Motivationssysteme, die Schulungspläne und die Aus- und Weiterbildung zu planen.

Zahlreiche Unternehmen leiden heute unter einer hohen Fluktuation des Verkaufspersonals. Das ist teuer, denn zum einen müssen ersatzweise Mitarbeiter gefunden und eingearbeitet werden und andererseits wird die aufgebaute Kundenbeziehung empfindlich gestört. Außerdem ergeben sich durch den Weggang des Vorgängers in der Regel Umsatzeinbußen. Erfahrungsgemäß sind Organisationen mit vielen neuen Mitarbeitern weniger produktiv. Eine wichtige Aufgabe besteht deshalb darin, die herausragenden Verkäufer auf jeden Fall zu halten und die Verkaufsmannschaft selektiv durch gute neue Leute zu ergänzen. Hierzu finden Sie vertiefende Informationen in Teil 3 »Mitarbeitersuche und -auswahl«. Nicht nur bei Produkteinführungen sollte der Vertrieb gründlich informiert sein. Das Wissen des Verkaufsteams muss über die gesamte Produktpalette hinweg immer wieder aktualisiert werden. Denn das Marktumfeld, die Kundenerwartungen und die Rahmenbedingungen im eigenen Unternehmen ändern sich laufend und immer schneller. Systematische Fortbildungsmaßnahmen stellen sicher, dass alle (!) Vertriebsmitarbeiter auf dem aktuellen Stand sind. Neben den klassischen Vertriebsschulungen zählen vor allem ein regelmäßiger vertriebsinterner Erfahrungsaustausch und Workshops mit anderen Abteilungen wie Marketing, Forschung und Entwicklung, Logistik, Produktion und Marktforschung zu den wirkungsvollsten Maßnahmen. Näheres zum Thema Weiterbildung der Mitarbeiter lesen Sie in Teil 6 »Maßnahmen zur Produktivitätssteigerung«.

Planung der Verkaufshilfen

Wie unterstützt das Unternehmen die Vertriebsmitarbeiter beim Verkauf? Wie werden zum Beispiel Präsentationshilfen wie Folien, Charts, Prospekte, Werbegeschenke oder Produktmuster optimal eingesetzt? Welche anderen Marketing- und Werbemaßnahmen (Anzeigenkampagnen, Messeaktionen, Einführungsangebote, Pressearbeit) können dem Verkauf weiterhelfen? Die nachfolgende Checkliste bietet eine Übersicht möglicher Verkaufshilfen.

Checkliste: Verkaufshilfen			
Unterlagen und Beweismittel	**vorhanden**	**Notizen**	**vorhanden**
Amortisationspläne	❏	Auftragskopien	❏
Muster	❏	Testberichte	❏
Modelle	❏	Fallbeispiele	❏
Checklisten	❏	Notebook	❏
Computersimulationen	❏	PDA	❏
Argumentationskataloge	❏	Handy	❏
Kosten-Nutzen-Vergleiche	❏	Verkaufsprospekte	❏
Finanzierungsunterlagen/ -vergleiche	❏	Persönliche Kundendaten	❏
Vorteilslisten	❏	Block und Schreibsachen	❏
Referenzen zufriedener Kunden	❏	Visitenkarten	❏
Marktanteile	❏	Preislisten	❏
Wirtschaftlichkeitsberechnungen	❏	Angebotsunterlagen	❏
Gutachten	❏	Werbegeschenke	❏
Umsatzzahlen	❏	Werbematerial (Poster, Displays)	❏
Deckungsbeitragsrechnungen	❏	Vorführvideo	❏
Offizielle Statistiken	❏	Beamer	❏
Untersuchungsberichte	❏	Flipchart	❏
Neutrale Wettbewerbsvergleiche	❏	Präsentation (Folien oder Powerpoint, CD-ROM)	❏
Analysen	❏	Neuigkeiten für den Kunden (Presseberichte et cetera)	❏
Forschungsergebnisse	❏	Zeitungsberichte über das Produkt	❏
Zeichnungen	❏	...	❏

5. Schritt des Vertriebskonzepts: Budgetplanung

Das Vertriebsbudget soll verschiedene Funktionen erfüllen: Zum einen sollen damit die Vertriebsmaßnahmen gesteuert werden, zum anderen soll ermittelt werden, welche Kosten für welche Kunden und Maßnahmen einzuplanen sind. Außerdem dient das Vertriebsbudget auch der Kontrolle, worauf Soll-/Ist-Abweichungen zurückzuführen sind. Die Ermittlung des Vertriebsbudgets kann sich an verschiedenen Faktoren orientieren: beispielsweise am Umsatz, an den verfügbaren Finanzmitteln oder am Wettbewerb.

Budgetberechnung als Prozentsatz vom geplanten Umsatz

Im Rahmen der Vertriebsplanung sind die Werte einer Bezugsgröße für den Planungszeitraum festgelegt (wie Umsatz, Gewinn, Deckungsbeitrag et cetera.). Die Budgethöhe wird durch einen Prozentsatz dieser Bezugsgröße ermittelt, der sich an einem branchenüblichen Prozentsatz ausrichtet oder auch an den Werten vergangener Jahre.

Der Vorteil dieser Berechnungsform besteht in der einfachen Handhabung. Dem steht als Nachteil gegenüber, dass hierbei nicht der Ursache/Wirkungs-Zusammenhang zwischen dem Vertriebsbudget und der Bezugsgröße berücksichtigt wird, da der Vertrieb ja die Bezugsgröße beeinflussen soll und nicht umgekehrt eine Folge davon ist.

Budgetberechnung als Residualgröße der Gewinnplanung

Hierbei wird schrittweise wie folgt vorgegangen:

Schritt 1: Berechnung des Umsatzvolumens für den betrachteten Planungszeitraum

Geschätzte Absatzmenge für den Gesamtmarkt × geschätzter eigener Marktanteil
= geschätztes Absatzvolumen
x geschätzter Abgabepreis des Unternehmens
= geschätztes Umsatzvolumen

Schritt 2: Schätzung des zu erwartenden Gewinns für den Planungszeitraum

Geschätztes Umsatzvolumen
./. geschätzte variable Kosten
= geschätzter Gesamtdeckungsbeitrag
./. geschätzte fixe Kosten
= geschätzter Gewinn
./. Gewinnanteil, der nicht für Vertriebszwecke verwendet werden soll
= im Planungszeitraum zur Verfügung stehendes Vertriebsbudget

Der Vorteil dieses Verfahrens liegt in der einfachen Berechnung. Andererseits ist es nicht im Sinne marktorientierter Unternehmensführung, die Mittel für den Vertrieb als Residualgröße anzusehen, denn hierbei finden Ursache-/Wirkungs-Zusammenhänge keine Beachtung; außerdem ist das Verfahren aufgrund vieler Schätzungen sehr subjektiv.

Budgetberechnung durch Orientierung an der Konkurrenz

Im einfachsten Fall wird bei dieser Vorgehensweise das eigene Budget in der Höhe des Budgets der wichtigsten Wettbewerber angesetzt. Zusätzlich kann eine Gewichtung (zum Beispiel gemäß des Verhältnisses von eigenem Marktanteil zum Marktanteil der Konkurrenz) einbezogen werden.

Marktanteil A = Umsatzvolumen A ÷ Marktvolumen
Umsatzvolumen A ÷ Marktvolumen = Vertriebsbudget A ÷ Vertriebskosten Branche
Vertriebsbudget A = (Vertriebskosten Branche × Umsatzvolumen A) ÷ Marktvolumen
Vertriebsbudget A = (Marktanteil A × Vertriebsbudget B) ÷ Marktanteil B

Nachteil dieser Berechnungsform ist einerseits der fehlende Zeitbezug, andererseits bleibt der Ursache-/Wirkungs-Zusammenhang unberücksichtigt. Außerdem besteht das Problem der Datenbeschaffung; in der Mehrzahl der Fälle kann kein direkter Vergleich mit der Konkurrenz angestellt werden.

Budgetberechnung als Ziel-Maßnahmen-Kalkulation

Bei dieser Berechnungsform werden im ersten Schritt die Vertriebsziele festgelegt, die durch das zu bestimmende Budget erreicht werden sollen. Dieser vorgegebene Rahmen gestattet eine Einschätzung des nötigen Aufwands für die geplanten Aktionen, beispielsweise für die Mitarbeiter, für Spesen, Werbegeschenke, Messen et cetera.

Anschließend wird überlegt, welche Maßnahmen zur Erreichung der Ziele erforderlich sind. Die Summe der Kosten dieser Maßnahmen wird als Budget festgelegt. Wichtig ist, dass das Budget klar strukturiert wird. Die einzelnen Budgetposten müssen den Kunden, Produkten und Leistungen mit dem geplanten Zeitrahmen sorgfältig zugeordnet werden, damit sich in späteren Kontrollabschnitten der Erfolg oder Misserfolg bestimmter Vertriebsaktivitäten genau nachvollziehen lässt.

Das erste Gesamtbudget muss die vollständige Zeitdauer der jeweiligen Vertriebsaktion umfassen. Es wird in »absolut wichtige« und »eher wünschenswerte« Budgetpositionen unterteilt. So kann eine Rückfallposition erarbeitet werden, falls der Fehlschlag einer Aktion – beispielsweise aufgrund falscher Zielgruppenwahl – eine Neuorientierung erfordert.

Auf der Basis des geplanten Budgets werden die erforderlichen Mittel angefordert. Dabei muss geklärt werden, ob die gewünschten Ressourcen überhaupt vorhanden sind und die benötigte Infrastruktur auch tatsächlich verfügbar ist. Anhand der Budgetplanung lässt sich schnell klären, ob die Kapazität der eigenen Vertriebsmannschaft prinzipiell für die geplanten Maßnahmen ausreicht oder Fremdpersonal benötigt wird. In diesem Fall muss die entsprechende Budgetposition noch einmal überprüft werden. Außerdem ist zu klären, ob die Ressourcen auch geeignet sind (ist beispielsweise das Vertriebspersonal für die Aufgaben ausreichend qualifiziert und motiviert? Besteht gegebenenfalls noch Trainingsbedarf – ist also ein eigener Budgetposten dafür einzuplanen?). Im Rahmen der Ressourcenplanung ist ebenso sicherzustellen, dass genügend Arbeitsmittel für die Aktion vorhanden sind, eine schnelle Lieferfähigkeit gesichert ist und zugesagte Termine gehalten werden können. Dem Management obliegt es, die Verfügbarkeit der Mittel über den geplanten Zeitraum zu überprüfen. Es hat außerdem zu klären, ob die Mittelanforderung plausibel ist und ob der Aufwand für die geplanten Maßnahmen in einem vernünftigen Verhältnis zum möglichen Ertrag steht.

Um jederzeit die Liquidität unter Kontrolle zu haben, ist eine genaue Planung erforderlich, wie viele Mittel zu welchem Zeitpunkt für welche Aktionen benötigt werden. Es ist auch auf Zahlungsziele zu achten, falls Dritte hinzugezogen werden. Den geplanten Ausgaben werden die erfahrungsgemäß eingehenden Zahlungen gegenübergestellt, so dass die Liquidität stets sichergestellt ist.

Wichtig ist eine ständige Budgetkontrolle. Nur so können schnell Gegenmaßnahmen ergriffen werden, wenn eine Aktion einmal schiefläuft. Dazu ist ein permanenter Soll-/Ist-Vergleich durchzuführen, wobei vor allem der Auftragseingang und die Ausgaben zu überprüfen sind.

Als Vorteil einer Budgetberechnung als Ziel-Maßnahmen-Kalkulation ist die einfache Durchführung zu nennen. Außerdem ist der Zielbezug im Sinne eines Ursache-Wirkungs-Zusammenhangs gegeben.

Beispiel für die Ermittlung eines Verkaufsbudgets

Die folgende Übersicht für die Ermittlung eines Verkaufsbudgets zeigt, wie die erwarteten Umsatz- bzw. Ertragszahlen sowie die entstehenden Kosten für ein Budget gegenübergestellt werden. So können Aufwand und Ertrag verglichen und das Projekt aus ökonomischer Sicht bewertet werden.

Übersicht: Vertriebsbudget	Anmerkungen
1. Budgetierter Umsatz	
– Einstandskosten	
Total Erträge (Bruttomarge/DB 1)	
2. Vertriebskosten (variabel)	
– Kommunikationskosten (gemäß Werbebudget)	
– Spesen	
– Aus- und Weiterbildung, Training	
– Arbeits-/Hilfsmittel	
3. Personalkosten (fix + variabel)	
– Mieten	
– ID/AD/VL	
– Sozialleistungen	
4. Betriebskosten (variabel)	
– Telefon/Porto	
– Fahrzeuge	
– Kapitalzinsen	

5. Reserven (ca. 10% des Budgets)	
Total der Aufwendungen	
6. Summen Aufwendungen/Erträge	
7. Betriebsergebnis	

Quelle: Portmann, C.: »Verkaufsplanung für Marketingplaner, Verkaufskoordinatoren und Verkaufsleiter«, MBSZ, Zürich

Die Kosten für die Vertriebsabteilung sind natürlich in der Praxis viel umfassender als in der Übersicht dargestellt. Dazu zählen unter anderem: fixe Personalkosten der Vertriebsabteilung inklusive Sozialleistungen; variable Personalkosten für den Außen- wie auch für den Innendienst; Prämien, Provisionen, Bonus-System; Fahr-, Verpflegungs-, Telefon- und Übernachtungsspesen; Büro- und Verwaltungsaufwand für Vertrieb, Vertriebsorganisation, Infrastruktur, Aktionen, Messen, Spezialrabatte und Verkaufshilfen; Verkaufsschulung

6. Schritt: Planung der Kontrollmaßnahmen

Die Kontrolle umfasst das regelmäßige Überprüfen von Soll-/Ist-Abweichungen. Dadurch lassen sich die Weichen zur Erreichung der langfristigen Vertriebs- und Unternehmensziele stellen sowie drohende Fehlentwicklungen rechtzeitig korrigieren. Bei der Planung der Kontrollmaßnahmen ist festzulegen, welches Objekt mit welchem Verfahren zu überprüfen ist, wer jeweils verantwortlich ist und wann die betreffende Kontrollmaßnahme erfolgen soll. Die folgende Übersicht zeigt, wie die Kontrollobjekte, -instrumente, Verantwortlichkeiten und Termine erfasst werden können. Dabei ist es wichtig, dass die Kontrollziele den quantitativen und qualitativen Zielen des Vertriebskonzeptes entsprechen. Je detaillierter die Ziele aufgeschlüsselt sind, desto einfacher ist die Überprüfung.

Übersicht: Systematische Kontrolle				
Kontrollziel (was)	Kontrollinstrument (wie)	Zuständigkeit (wer)	Termin (wann)	Anmerkunge/Maßnahmen
Ökonomisch orientierte (quantitative) Kennzahlen				
Umsatz/Absatz	Ist-/Soll-Vergleich der Statistik	VL	Wöchentlich	Regelmäßiger Vergleich der Statistiken
Deckungsbeitragsziele	Statistik	VL	Monatlich	
Neukundengewinnungsziele	Statistik	VL	Quartalsweise	
Besuchskontaktziele	Statistik	VL	Nach Bedarf	
Telefonkontaktziele	Telefonierstatistik/Mithören bei Telefonaten	IDL VL	Je nach Aktion	
Psychologisch orientierte (qualitative) Kennzahlen				
Image	Kundenumfrage	Spez. Agentur	Monat 9	Befragung durch Agentur
Qualitätsziele bei der Gesprächsführung des AD	Reisebegleitung	VL	Minimum: 4 × pro Jahr pro AD	

1.4 Strategieumsetzung ohne Kreativitätsverlust

Ein Beitrag von Thorsten Kück

Jeder Vertriebsleiter wird im Verlauf seiner Tätigkeit mit wechselnden Anforderungen konfrontiert. Globalisierung, Konjunkturschwankung, Internationalisierung, Restrukturierung, Konsolidierung, Rationalisierung, Fusion sind nur einige Begriffe, die notwendigerweise eine erhebliche Korrektur der Unternehmensstrategie zur Folge haben. Der Manager im Vertrieb wird für alle Veränderungsprozesse ein passendes Konzept erarbeiten. Aber der Faktor Mensch findet oft genug zu wenig Beachtung.

Unternehmen haben das Ziel, ihre Mitarbeiter lange an sich zu binden. Schließlich stellen sie ein wichtiges Kapital dar und gerade gute Mitarbeiter mit Außenwirkung sollen langfristig das Unternehmen vertreten. Wird die Strategie geändert oder ein mittelfristiges Ziel neu definiert, laufen Manager zur Hochform auf und begeistern mit überwältigenden Präsentationen und betriebswirtschaftlich gesicherten Lösungsansätzen.

Wer stellt die Frage, wie es den Mitarbeitern erklärt wird, die für die operative Umsetzung verantwortlich sind? Und wann wird überlegt, ob die neue Leitlinie eine Entwicklung aus der bisherigen ist oder eine völlige Umkehr bedeutet? Technisch und logisch mag alles nachvollziehbar sein. Die Umsetzer sind jedoch oft gefordert, ihre Einstellung gänzlich zu ändern, teilweise sogar Drehungen um 180 Grad zu vollführen. Aber Wendehälse will auch niemand in seinem Bereich haben. Wie kann es also gehen?

Es gibt auch hierzu keinen allein gültigen Lösungsansatz. Werden jedoch einige Grundregeln beachtet, können Sie als Vertriebsleiter sicherstellen, dass Ihre Organisation mit dieser und auch mit zukünftigen Veränderungen zurechtkommen wird.

An erster Stelle steht die Unternehmensstrategie, die es zu verfolgen gilt. Einzelkonzepte sind in sich schlüssig und plausibel. Bevor nun jeder losrennt, die neuen Erkenntnisse verkündet und die operative Ebene auf die Reise schickt, muss eine Schleife eingezogen werden.

Frage 1: Welche Art von Kurswechsel verlange ich von meinen Mitarbeitern?

Wie befremdlich wirkt es auf jeden von uns selbst, wenn zum Beispiel unser langjähriger, vertrauter Versicherungsvertreter, dem wir unsere so wichtige Altersvorsorge oder Absicherung für den Krankheitsfall anvertraut haben, zu uns kommt und die Vorzüge einer ganz anderen Gesellschaft erklärt. Aus seinem persönlichen wirtschaftlichen Interesse hat er den Arbeitgeber gewechselt. Die Situation ist bekannt und findet vordergründig auch oft genug Verständnis. Langfristig gesehen hegt der Kunde aber Zweifel an der Glaubwürdigkeit seines Beraters. Vor allem entstehen auch Zweifel an der eigenen Entscheidung. Habe ich mich täuschen lassen? Ist mir nicht die Wahrheit erzählt worden? Spielten persönliche Intcressen des Beraters eine größere Rolle als das Interesse, das beste Produkt zu verkaufen?

Diese Situation lässt sich unverändert übertragen auf das Mitarbeitergefühl bei einem anstehenden Kurswechsel. Der Mitarbeiter ist Kunde. Der Vertriebsleiter oder die Geschäftsleitung der Lieferant.

Der Vertriebsleiter verlangt von seinem guten Mitarbeiter, dass er sich mit dem Unternehmen identifiziert und das den Kunden spüren lässt. Das geht nur, wenn die Entscheidungen verstanden werden. Aber nicht nur rational. Viel wichtiger ist, dass das Gefühl eine positive Rückmeldung gibt. Diese Gefühlsebene wird nicht durch sachlich korrekte Entscheidungen angesprochen. Die Gefühlsebene reagiert nur dann positiv, wenn das Gehirn spontan erkennt, dass die neue Situation vertretbar und mit der eigenen Persönlichkeit vereinbar ist. Nahezu jeder Mensch braucht Sicherheiten und Konstanten in seinem Leben. Dazu zählen auch Vertriebs- und Verkaufsmitarbeiter. Ein guter Vertriebsmitarbeiter ist risikofreudig und liebt die Herausforderung. Sonst wäre er nicht im Vertrieb tätig. Stabile Ankerpunkte und Orientierungshilfen sind aber genauso wichtig. Das limbische System unseres Gehirns steuert unser Unterbewusstsein und somit die Wohlfühlzone. Stehen rationale Entscheidungen an, die das programmierte Gleichgewicht durcheinander bringen, wird der positive Bereich verlassen und innerer Widerstand aufgebaut. Diese Reibungsverluste gilt es zu vermeiden. Um zu erkennen, ob wir uns mit unserer Entscheidung in diesem positiven Bereich befinden, ist eine Prüfung notwendig.

Frage 2: Wie waren die letzten und vorletzten Aussagen zu diesem Thema und wie ist die neue Aussage?

Erkennen wir in der Entwicklung der Aussagen eine Stringenz, ist die Chance auf Akzeptanz groß? Sind die Aussagen widersprüchlich, verlassen wir den positiven Bereich der Gefühlsebene und appellieren an den so genannten Verstand?

Ein alltägliches Beispiel ist der heute übliche, schnelle Wechsel zwischen Kostensparprogrammen und Chancen der Marktanteilsvergrößerung. Gestern noch galt die Ansage des Vertriebsleiters, nur noch ertragreiche Kunden zu akquirieren; kostenintensive Kundenveranstaltungen, die bisher das Image des Unternehmens mit geprägt hatten, seien zu vermeiden. Die geliebten Kundeneinzellösungen passten nicht mehr zur Plattformstrategie und waren ohnehin nicht kostendeckend. Mit viel Geschick hat der Verkäufer seinen Kunden von dieser Philosophie überzeugt. Wahrscheinlich hat der Kunde es verstanden, weil er Parallelen zu seinem eigenen Geschäft sieht.

Die Voraussetzungen ändern sich, der Markt zeigt einen Aufwärtstrend. Die große Chance für Wachstum steht vor der Tür und alle Mittel werden gebraucht, um überdurchschnittlich an diesem Wachstum teilzuhaben. Die neue Ansage lautet: *Macht den Markt, lasst euch etwas Besonderes einfallen!*

In dieser Situation ist es die Führungsaufgabe des Vertriebsleiters, die angewandten Mittel so auszuwählen, dass sie nicht im Gegensatz zur Vergangenheit stehen. Der Vertriebsleiter muss prüfen, ob das Vorgehen stringent ist. Sprunghaftigkeit ist zu vermeiden. Es ist äußerst einfach und hilfreich, die zu einem Sachverhalt getroffenen Entscheidungen der letzten Jahre zusammenzutragen und sich vor Augen zu führen.

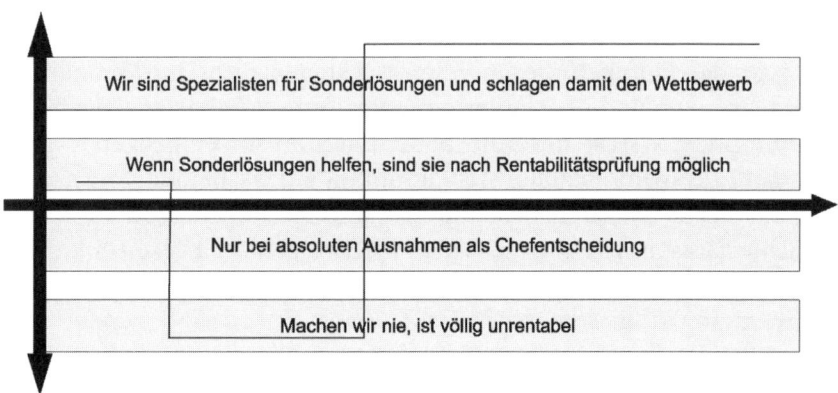

Abbildung 5: Entscheidungssprünge am Beispiel kundenspezifische Sonderlösungen

Die Veränderung der Unternehmenseinstellung, hier dargestellt an dem Beispiel der Sonderlösung, ist nicht glaubwürdig zu verarbeiten. Ein Sprung über mehr als zwei Ebenen gerät schnell in den Bereich der Unglaubwürdigkeit. Die möglichen Ausprägungen einer Entscheidung sind im Unternehmen bekannt.

Eine Visualisierung in Ebenen von vermeintlich »Sehr gut« bis »Ganz schlecht« lässt den Bewegungsrahmen erkennen. Es ist selbstverständlich möglich, sich im Lauf der Entwicklung in der gesamten Bandbreite von »Sehr gut« bis »Ganz schlecht« zu bewegen. Entscheidend sind dabei die Geschwindigkeit des Spurwechsels und die Anzahl der Spuren, die überwunden werden. Vollzieht sich die Anpassung in kleinen beherrschbaren Schritten, hat der Mensch die Möglichkeit, das neue Tempo mitzugehen und längerfristig durchzuhalten. Aus dem neuen Niveau heraus besteht im nächsten Schritt wieder eine Möglichkeit zur Veränderung, ohne einen radikalen Kurswechsel durchführen zu müssen.

Je nach Anzahl ist ein Wechsel über mehrere Ebenen möglich. Gibt es zu einer Thematik vielleicht 20 relevante Ebenen, dann muss versucht werden, diese in vier Hauptebenen zu kategorisieren. Innerhalb dieser vier Hauptebenen darf nur in die nächste Ebene gewechselt werden. Dadurch werden unverständliche Sprünge vermieden.

Frage 3: Was ist, wenn doch ein radikaler Kurswechsel durchgeführt werden muss?

Die wirtschaftliche Situation erzwingt zuweilen den radikalen Strategiewechsel. Ist das Unternehmen ohne sofortige, einschneidende Maßnahmen in der Existenz gefährdet, muss gehandelt werden. Häufig stehen Vertriebsleiter vor dieser Situation. Sie müssen ihren Mitarbeitern erklären, dass es nicht mehr so ist, wie es einmal war. In der Regel werden Freiheiten eingeschränkt, ein System von Checklisten und neue Bewertungskriterien für die Rentabilität eines Geschäfts erarbeitet. Die Rentabilität des Geschäfts ist für den Verkäufer sein Kunde. Es ist möglich, dass ein ewig treuer Kunde durch das neue Raster fällt und jetzt als nicht mehr rentabel gilt. Wie kann der Mitarbeiter das zunächst selbst verstehen und dann noch seinem Kunden erklären? In einer solchen Situation hat niemand etwas falsch gemacht. Aber er wird dennoch bestraft durch Aussortierung.

Die Organisation muss dieses Tal durchschreiten, ohne die Kreativität und Schlagkraft zu verlieren. Das gilt selbstverständlich für alle Bereiche des Unternehmens. Hervorzuheben sind Vertrieb und Verkauf. Der Motor des Unternehmens muss weiterhin mit hoher Drehzahl laufen. Es ist nicht möglich, einen spritzigen Benzinmotor für einen gewissen Zeitraum mit Diesel zu versorgen, nur weil Diesel weniger kostet. Der Vertrieb muss weiter in seiner Kernkompetenz tätig sein dürfen. Das ist der Verkauf. Bei allen notwendigen Selektionsmaßnahmen, die der Verkäufer in seinem Gebiet durchführen muss, benötigt er den Antrieb in der eigentlichen Arbeit – des Verkaufens. Kunden gewinnen, Kunden behalten und Kunden zufrieden stellen sind die Hauptaufgaben, die ein Verkäufer auch in schweren Zeiten als oberste Priorität auf seiner Liste haben sollte.

Die große Kunst des verantwortlichen Vertriebsleiters liegt darin, weiter den Fokus auf die oben beschriebenen Hauptaufgaben zu legen. Die einschneidenden Maßnahmen müssen sorgfältig ausgewählt werden und in einem Gesamtpaket untergebracht sein. Die Vision, der Schnellste, Beste, Größte im Markt zu sein, darf nie unterdrückt werden. Wenn der Vertriebsleiter diese Regeln beachtet und seinen Maßnahmenplan umsichtig und langfristig ausrichtet, wird er die Motivation seiner Mitarbeiter erhalten. Durch einen fein ausgearbeiteten Plan ist es sogar möglich, die Motivation zu steigern und die vorübergehende Einschränkung als Chance für eine Atempause zu sehen.

Das Beispiel der Kundenselektion eignet sich gut, um die Vorgehensweise zu beschreiben. Das Controlling hat festgestellt, dass einige vermeintlich gute Kunden – oft die mit hohem Umsatz und Ansehen in der

Branche – nicht rentabel sind. Bei der Bewertung sind zusätzlich zu den bisherigen Kennzahlen Berechnungen des Betreuungsaufwands, der Kosten für Sonderartikel, Incentives und Marketingaktionen sowie Umsatzsteigerungsprognosen herangezogen worden. Der Vertrieb wird aufgefordert, ein Konzept zu entwickeln, wie man sich von diesen Kunden mittelfristig trennen kann, um die frei werdenden Ressourcen besser einsetzen zu können. Die Lösung ist theoretisch ganz einfach. Dem Kunden wird mitgeteilt, dass er kein gutes Geschäft mehr bringt, Sonderleistungen werden separat berechnet – er wird schon von selbst gehen. Dass dabei ein langfristig erarbeitetes Kapital aufgegeben wird, wird durch die oberflächliche Betrachtung oft nicht gesehen.

Noch entscheidender ist, was im Kopf des Mitarbeiters vorgeht. Ihm wird mitgeteilt, dass er Fehler gemacht hat. Es entsteht der Eindruck, er habe seine Schaffenskraft falsch eingesetzt, obwohl doch Kundenbindung und Kundentreue vorher einmal eine so wichtige Rolle gespielt haben. Es ist kein Wunder, wenn er die Welt nicht mehr versteht. Jetzt soll dieser Kunde dem Wettbewerb überlassen werden? Der Vertrieb wird in seiner Kreativität gelähmt.

Kunden zu halten ist immer leichter, als neue Kunden zu gewinnen oder verloren gegangene Kunden zurückzugewinnen. Die angesprochene Auswertung des Controllings zeigt Defizite in der Rentabilität des Kunden auf. Sie sagt aber nichts über notwendige Investitionen in die Neukundengewinnung aus. Wie viele Neukunden müssen geworben werden, um einen möglichen Verlust eines alten Kunden auszugleichen? Diese Frage kann kaum beantwortet werden. Es ist zwar möglich, unrentablen Umsatz gegen rentablen zu ersetzen oder Kostenpositionen zu streichen, aber die Realität lässt sich nur unzureichend abbilden.

Der Imageverlust des Unternehmens und besonders des Mitarbeiters, der im direkten Kundenkontakt steht, kann nicht in Zahlen ausgedrückt werden. Der Verkäufer stellt sich dem Kunden gegenüber nicht mehr als der langjährige Partner dar. Hat er es nicht mehr nötig? Mit diesem Image wird er gleichzeitig gefordert, neue Märkte zu erschließen. Dieses Image entspricht auch nicht seinem Selbstverständnis. Seine Leistung wird deutlich schlechter sein als zuvor.

Der gute Vertriebsleiter versteht es, das Risiko in einer solchen Situation in eine Chance umzuwandeln. Die Forderung, etwas nicht mehr zu machen, wird umgewandelt in eine Strategie, es anders zu machen. Ein ausgefeilter Maßnahmenkatalog entsteht.

Zunächst sind einschränkende Maßnahmen erforderlich, die auch so dem Mitarbeiter und dem Kunden kommuniziert werden müssen. Gut begründet, werden beide ein Verständnis dafür aufbringen. Im gleichen

Atemzug müssen positive Meldungen folgen. Die ursprüngliche Vision bleibt Bestandteil der Zusammenarbeit. Es wird umgehend besprochen, wie das Zwischentief überwunden wird und welche positiven Aspekte sich daraus ergeben.

In unserem Beispiel könnte es bedeuten, dass Sonderartikel zukünftig mindestens kostendeckend berechnet werden. Gleichzeitig verpflichten sich beiden Seiten zu einer gemeinsamen Untersuchung, wie der Aufwand für eben diese Sonderartikel reduziert werden kann. Sei es durch den Einsatz von Standardkomponenten, die bisher nicht beachtet worden sind, oder auch durch Investitionen in neue Artikel, die eine realistische Payback-Zeit aufweisen können. Eventuell ergeben sich daraus Synergien für andere Kunden und Märkte. Bei positiver Entwicklung kann der Kunde auf Standardartikel zurückgreifen und erhält sogar eine höhere Verfügbarkeit. Die Zusammenarbeit wird auf ein neues, noch festeres Fundament gestellt.

Entsteht diese Art der Vorgehensweise, ist zum einen der Kostenseite genüge getan, zum anderen hat der Mitarbeiter seine erfolgreiche Vorgehensweise nicht verändern müssen. Er ist weiterhin der Partner des Kunden. Er holt aus einer problematischen Situation einen Gewinn für beide Seiten heraus. Sein Ansehen wird sich steigern, seine Motivation ebenso. Er hat neue, positive Ziele.

Der Vertriebsleiter hat bei einer solchen Vorgehensweise wesentlich mehr zu berücksichtigen als üblich. Er wird sein Konzept schlüssiger denn je ausarbeiten müssen, da unkonventionelle Wege beschritten werden sollen. Hervorzuheben ist aber, dass er die Kreativität und Motivation seiner Abteilung in keinem Moment einschränken muss. Im Gegenteil, er fordert sich und seine Mitarbeiter auf, Gutes weiter zu tun und Besseres hinzuzufügen. Ist es gelungen, diesen stets positiv orientierten Weg zu gehen, wird sich daraus selbst in schwierigen Situationen eine stetig wachsende und lernende Organisation bilden. Eine Organisation, die es beherrscht, Rückschläge als Chance zu bewerten. Die Loyalität der Mitarbeiter gegenüber dem Unternehmen wird sich ebenso steigern wie die der Kunden.

Wird so vorgegangen, dann ist jede Strategieanpassung eine positive Herausforderung. Es geht immer nach vorn zu einer besseren Lösung. Einschneidende Maßnahmen können nur ein sicherer Schritt zurück sein, um planmäßig zwei Schritte nach vorn zu tun. Nicht der Weg ist das Ziel, sondern das höhere Ziel wird sofort angepeilt.

Ein Team, das diese Arbeitsweise gewohnt ist und sich zu eigen gemacht hat, wird immer mit höchster Kraft an der Verwirklichung arbeiten. Jede Maßnahme bekommt einen positiven Aspekt. Die ständige

Herausforderung nach dem Besseren bleibt bestehen. Es ist nicht gefragt, die Meinung zu ändern oder gar die Vorzeichen zu vertauschen.

Um auf das Beispiel zurückzukommen: Ein Unternehmen, das sich immer durch Kreativität ausgezeichnet hat, behält diesen Kurs bei. Hat diese Kreativität wirklich die vertretbare Kostenschwelle überschritten, wird die Organisation gefordert, noch klüger zu arbeiten als vorher. Es wird ein Konzept erstellt, um gleiche oder sogar bessere Leistungen wirtschaftlich sinnvoll anbieten zu können. Sonderlösungen für Kunden soll es weiter geben. Denn das war in der Vergangenheit ein USP des Lieferanten und ein schlagkräftiges Argument des Verkäufers. Trotz aller notwendigen Sparmaßnahmen wird dieser USP möglichst sogar noch ausgebaut und auf ein höheres Niveau gebracht. Dieses Niveau gilt es zu beherrschen. Beherrschbar ist es nur durch ständig geforderte und positiv beeinflusste Mitarbeiter und Verkäufer.

Der Jojo-Effekt muss vermieden werden: der schnelle Wechsel zwischen ganz oben und ganz unten. Jeder, der einmal mit einem Jojo gespielt hat, weiß, dass mit der Häufigkeit des Richtungswechsels auch die Gefahr des Strauchelns steigt. Und immer bleibt dann der Jojo in der unteren Position leblos hängen, nie ganz oben.

Thorsten Kück ist Trainer und Berater mit den Schwerpunkten Vertriebsstrategie, Konzepterstellung und Internationalisierung. Näheres unter www.detroy-consultants.de.

Anhang zu Teil I

Stellenbeschreibungen – Muster

Stellenbeschreibungen machen die verschiedenen Anforderungen an eine Position allgemein sichtbar. Darüber hinaus legen sie die Rechte und Pflichten des einzelnen Stelleninhabers fest. Mindestinhalte einer Stellenbeschreibung sind:

Name der Position	Anmerkungen
Wer ist der Vorgesetzte?	
Was sind die Verantwortlichkeiten?	
Was sind die einzelnen Aufgaben?	
Welche fachlichen Kenntnisse/Fähigkeiten braucht man für diese Position?	
Welche persönlichen Eigenschaften/Fähigkeiten?	

Gerade im Vertriebsbereich sind die Aufgaben je nach Unternehmensorganisation häufig sehr unterschiedlich umrissen. Wenn die Inhalte nicht standardisiert werden können, so empfiehlt es sich, den Aufbau zu schematisieren. Die nachfolgenden Muster dienen als Anregung, wie beispielsweise die Position eines Account-Managers oder die eines Regionalen Key-Account-Managers im Rahmen einer Stellenbeschreibung definiert werden kann.

Position: (Senior) Account Manager
Berichtet an: Niederlassungsleiter/Vertriebsleiter
Sitz: Regionales Vertriebsbüro (Augsburg, Dortmund, Frankfurt, Leipzig)
Eintritt:
Hauptverantwortung:
Generierung von Neugeschäft durch Akquisition von neuen Kunden
Account Management ausgewählter Kunden/Großkunden mit dem Ziel der Umsatzentwicklung
Vertriebliche Projektverantwortung und -steuerung
Lösungsvertrieb von prozessgesteuerten Anwendungen
Qualifikation von Leads
Fortschreibung des unternehmensweiten Vertriebsinformationssystems

Reporting (insbesondere regelmäßiges Erstellen von qualifizierten Prospektlisten)
Erstellung von Angeboten und Lösungskonzepten
Repräsentation des Unternehmens
Fähigkeiten und Erfahrungen
Mindestens drei Jahre Verkaufserfahrung innerhalb einer vergleichbaren Branche
Abschlussstärke
Verhandlungsgeschick und Kommunikationsfähigkeit auf allen Ebenen
Fähigkeit und Erfahrung im Account Management bzw. in der Entwicklung von Accounts
Projekterfahrung
Erfahrung im Lösungsvertrieb
Fortgeschrittene PC-Anwenderkenntnisse
Technische Affinität
Englischkenntnisse
Soziale Kompetenzen
Extrovertiert und kontaktfreudig
Begeisterungsfähig, dynamisch
Selbstvertrauen und Entschlossenheit
Hohes Verkaufs- und Geschäftsbewusstsein
Aufmerksamkeit auch im Detail
Fähigkeit, Prioritäten zu setzen
Fähigkeit, auch unter Druck gut zu arbeiten

Stellenbeschreibung: Regionaler Key-Account-Manager	
Stellenbezeichnung:	*Regionaler Key-Account-Manager*
Stelleninhaber:	*Herr/Frau …*
Berichtet an:	*Nationalen Key-Account-Manager*
Stelleninhaber vertritt:	*Kundenbezogen geregelt*
Stelleninhaber wird vertreten durch:	*Kundenbezogen geregelt*
Stellenziel	
Sicherstellung der aus der Vertriebskonzeption abgeleiteten Listungs-, Distributions-, Umsatz- und Ertragsziele bei den betreuten Kunden	

Entscheidungsbereich	
Entscheidet über:	
• Die Zeiteinteilung im Rahmen der Arbeits- und Besuchsplanung	
• Die Gewährung von Konditionen im Rahmen der jeweils gültigen Richtlinien (Konditionenkonzept)	
• Mitteleinsatz zur Kundenförderung im Rahmen der Budgets (Muster, Werbekostenzuschuss, Bewirtung)	

Beratungsbereich	
Berät bei:	
• der Entwicklung von Sortimentsmaßnahmen die Bereiche Marketing und Trademarketing hinsichtlich Preis, nationaler Verkaufsförderungsmaßnahmen, neuer Artikel, Trends, Wettbewerb	
• der Erstellung der Vertriebsstrategie	
• der Budgetplanung	
• allen Fragen der Kundenveränderung und deren Folgewirkungen auf die Feldorganisation	
• Abläufen und Aufgaben im Rahmen der Kundenbetreuung, die Auswirkungen auf die Arbeit des Vertriebsinnendienstes sowie auf Logistik und Produktion haben	

Kommunikationsbereich	
Intern:	Extern:
• Geschäftsführung	• Nationale Handelszentralen
• Einkauf	• Regionale Handelszentralen
• Marketing/Trademarketing	• Firmengruppen
• Logistik	• Definierte Direktkunden
• Vertriebsinnendienst	
• Key-Account-Manager	
• Gebietsverkaufsleiter	
• Feldmanager	
• Bezirksleiter/Agenturen	

Durchführungsbereich	
• Planung von Umsatz/Absatz, Distributions- und Ertragszielen nach Kundenanalyse	
• Erstellen von individuellen Kundenplänen im Betreuungsbereich	
• Vorbereitung und Ausarbeitung von Angeboten und Gesprächsabläufen	
• Durchführung von Kundenbesuchen nach wirtschaftlichen Gesichtspunkten	
• Gewinnung von Neukunden	
• Konditionen- und WKZ-Planungen	
• Auswertung und Nachbearbeitung der Kundenbetreuung (Analyse der erzielten Ergebnisse, Ableitung von Maßnahmen)	
• Erstellen von Kundenbesuchsberichten	
• Marktbeobachtungen, Storechecks für den Produktbereich (Handel und Mitbewerberverhalten)	

- Sicherstellung einer reibungslosen Kommunikation zu allen relevanten Stellen über Besuchsplanung, Ergebnisse, Aktionen, Berichtswesen
- Umsetzung von Verkaufsförderungs- und Marketingmaßnahmen
- Teilnahme an Meetings, die den Arbeitsbereich betreffen
- Zusammenarbeit mit Feldbereich nach gegenseitiger Abstimmung

Beurteilungskriterien

- Erfüllung der vereinbarten Ziele: Volumen, Umsatz, Distribution, Ertrag, Aktivitäten laut Kundenplänen
- Einhaltung des Kostenbudgets
- Qualität der Anpassung bei notwendigen korrigierenden Maßnahmen bezüglich der Kundenplanungen und Veränderungen im Unternehmen
- Qualität der Kommunikation innerhalb der Organisation und der Kooperation mit der Feldorganisation und allen anderen relevanten Stellen
- Qualität der Kommunikation mit den Kunden

- Datum/Unterschrift Stelleninhaber:
- Datum/Unterschrift Vorgesetzter:
- Datum/Unterschrift nächsthöherer Vorgesetzter:

Tipp: Vorlagen für Stellenbeschreibungen im Vertrieb gibt es im Internet beispielsweise unter www.berufszentrum.de/stellenbeschreibung.html oder unter www.b2bbb.de/vorlagen/?idt=1287. Außerdem finden Sie in Teil 3 dieses Handbuchs das Muster einer Stellenbeschreibung für Verkäufer.

Elemente eines Anforderungsprofils

Im Gegensatz zur Stellenbeschreibung, die die Tätigkeit in den jeweiligen Aufgabenbereichen aufzählt, also das WAS festlegt, hält das Anforderungsprofil das WIE fest. Es dokumentiert die Ausführungsweise und beschreibt den Standard, der bei korrekter Arbeitsausführung erreicht wird. Das Anforderungsprofil legt auch die Ziele fest, die in der Aufgabenstellung vereinbart worden sind. Nachfolgend finden Sie hierzu eine Musterformulierung. Zu beachten ist, dass solche bis in die Einzelheiten gehenden Beschreibungen nicht so abgefasst werden dürfen, dass Flexibilität, Verantwortungsbereitschaft und Eigendynamik des Stelleninhabers eingeschränkt werden. Dies gilt besonders in Bereichen, in denen es auf Teamarbeit ankommt.

Beispiel Anforderungsprofil			
Ziel	**Verantwortungsbereich**	**Durchführung (Beschreibung der Einzelmaßnahmen und Inhalte, die bei korrekter Aufgabendurchführung einzuhalten sind)**	**Zeit/Termine**
Sicherstellung der Umsatz- und Ertragsziele im betreuten Kundenbereich	Planung (Umsatzziele, Kundenbudget)	Festlegung Gesamtumsatzziel	Jährlich
		• Potenzialanalyse (Vorjahr + Steigerung), Aufteilung auf Produktkategorien, Unterteilung auf Normal- und Aktionsgeschäft	Jährlich
		• Fixierung des Planergebnisses für das eigene Unternehmen	Jährlich
		• Erstellung Rohertragsrechnung für den Kunden, Erstellung Kostenbudget pro Kunde und Kundengruppe	Jährlich
		• Ist/Soll-Analyse, Prognose, Einleitung von Maßnahmen bei Abweichung	Quartalsweise permanent
	Listung/ Distribution	• Potenzialanalyse/Statusermittlung Vertriebsschiene, Outlet	jährlich, zum Jahresgespräch
		• Analyse: Platzierungsmöglichkeit, Sortiment/Konkurrenzvergleich, Vertriebsstrategie des Kunden	1 × jährlich (nach Bedarf)
		• Strategie zur Potenzialnutzung erstellen	Jährlich
	Konditionenplanung	• Planung Mitteleinsatz (Ergebnisprognose Firma/ Kunde) • Festlegung der Leistungs-Gegenleistungskonzepte (Bereitstellung der notwendigen Mittel)	Jährlich

Volumenbewegung durch Aktivitäten	Aktionsgeschäft Angebotserstellung	• Analyse der Aktionsartikel • Erstellung eines schriftlichen Angebots • Mengenvorschlag • Termine Aktions-Konditionen-Zeitraum • Aktionsmittel	Je nach Absprache und Möglichkeit
		• Lieferweg zentral/dezentral • Werbeunterstützung (zum Beispiel Verkostung)	
		Ertragsprognose	Nach Bedarf
	Aktionsdurchführung	• Erstellung der Aktionsmeldung • Durchführungsanweisung zur Umsetzung der Aktivitäten an die Feldorganisation • Kopie an alle relevanten Stellen je nach Aktion	Je nach Aktion (Mindestverlauf vier Wochen)
	Aktionskontrolle	Analyse der erreichten Ergebnisse • Ergebnisrückmeldung Feldorganisation/Großaktion • Auswertung Soll-/Ist-Vergleich • Storechecks • Kontrolle der eingesetzten Werbemaßnahmen • Aktionsbewertung durch Feldorganisation • Präsentation der Ergebnisse beim Kunden und bei der Feldorganisation	Laufend nach Abschluss der Aktion
Sicherstellung einer intensiven Kundenbindung	Regelmäßige Betreuung	• Festlegung der Besuchshäufigkeit (Kriterien: Größe, Struktur, Aktivitätsmöglichkeiten) • Koordination der Betreuung auf allen Ebenen • Aufbau regelmäßiger Kontakte zu allen relevanten Abteilungen des Kunden, Category Management • Besuchsplanung nach wirtschaftlichen Gesichtspunkten • Aktivitäten zur Verbesserung der Beziehungsebene	Laufende Überprüfung

Sicherstellung neuer Absatzkanäle	Neukundengewinnung	Analyse der Gesamtkundenstruktur • Dokumentation der Struktur des Kunden • Dokumentation der Entscheider, Mitbewerber, Vertriebsschienen	1 × jährlich mit Strategieplan
		• Analyse möglicher Betreuungsansätze in Absprache mit dem Feldmanagement	
		• Planfestlegung (siehe Vorgehensweise Kundenplanung und Listung/Distribution), Dokumentation der Strategie im Kundenplan	Nach Erfordernis
Sicherstellen einer effizienten Gesprächsführung	Gesprächsvorbereitung, Durchführung	Status erheben (Daten anfordern) • Gesprächsziel festlegen • Agenda erstellen • Entwicklung der Präsentationsunterlagen nach Zielsetzung • Erstellung Aktionsvorschlag/ Angebote	Nach Bedarf
		• Jahresgespräche • Aufbau nach Standard • Kundenbezogener Sonderteil	
		Umsetzung der erarbeiteten Inhalte im Kundengespräch	
Sicherstellen einer aussagekräftigen Berichterstattung	Berichterstattung	• Erstellung eines Kundenbesuchsberichts • Formblatt nach jedem Kundenbesuch • Verteilungsveranlassung durch Sachbearbeiter	Unmittelbar nach Kundenbesuchen
		• Aktionsmeldung • Standardformular unmittelbar nach Absprache, Verteilung durch Sachbearbeiter	Nach Bedarf
		• Konditionenfestlegung • Anlage bei allen Änderungen zum Besuchsbericht • Generell zum Jahresgespräch • Wochenplan	Donnerstag der Vorwoche

	Kunden-gelder	• WKZ-Verwaltung über Formblatt • Freigabe der Zahlung nach Prüfung durch Controlling in Absprache mit nationalem Key-Account-Management	Nach Bedarf
	Kunden-gelder	• Leistungsgelder • Gleicher Vorgang wie WKZ-Verwaltung • Bonus • Gleicher Vorgang wie WKZ-Verwaltung • Logistikvergütung • Gleicher Vorgang wie WKZ-Verwaltung, bei Abweichung Klärung durch nationales Key-Account-Management • Reporting über alle Vorgänge	Nach festgelegten Kundenterminen Monatlich Regelmäßig
	Kunden-unterlagen	• Kundenmappe • Umsatz-Report • Jahresvereinbarung • Besuchsberichte • Kundenstammblatt • WKZ-Abrechnungsstand • Listungsstand • Preisspiegel • Platzierungsstatus	
Zielkontrolle Kunde	Allgemeine Administration, Reportwesen	• Monatliche Umsatzfortschreibung • Entwicklung zum Vorjahr/Ist im laufenden Jahr (Zusammenfassung gesamt und je Kunde) • Budgetstatus • Darstellung Mitteleinsatz pro Kunde zur Zielsetzung • Umsatzfortschreibung nach Produktgruppen • Umsatzfortschreibung nach Vertriebsbereichen • Reisekostenabrechnung	Monatlich Monatlich Monatlich Monatlich

Sicherstellen einer ständigen Transparenz der Marktsituation	Marktbeobachtung	• Auswertung der Informationen aus dem Feldbereich • Mitbewerber – Produktkategorie – Handelssituation • Auswertung von Infos aus dem eigenen Betreuungsbereich • Pressemitteilungen/Infodienste • Marktzahlenauswertung • Storechecks und Zusammenarbeit Gespräche mit allen relevanten Stellen	Laufend
Sicherstellen einer reibungslosen Kommunikation zu anderen Vertriebsstellen	Teilnahme an Meetings	• Key-Account-Management • Meeting von Key-Account-Management, Gebietsverkaufsleiter und Feldorganisation • Strategie-Meeting • Gebietsmeetings der Feldorganisation • Teilnahme nach Absprache und Bedarf	Monatlich Monatlich jährlich/ nach Bedarf
Sicherstellen von Werbeaktivitäten im Kundenbereich	Verkaufsförderungs- und Marketingaktivitäten	• Steuerung der Aktivitäten nach Kundenpriorität • Absprache und Steuerung von kundenbezogenen Maßnahmen • Entwicklung von kundenbezogenen Vkf-Strategien in Zusammenarbeit mit dem Marketing	Nach Bedarf Nach Bedarf Nach Bedarf

Basis für mehr Produktivität:
die richtige Vertriebsorganisation

Durch eine effiziente Vertriebsorganisation soll erreicht werden, dass die Ziele des Unternehmens hinsichtlich Umsatz, Gewinn, Absatz, Distribution und Deckungsbeiträgen auch realisiert werden. Unter anderem ist dabei zu klären, ob betriebseigene oder fremde Verkaufsorgane zum Einsatz kommen, aber auch, wie der Außendienst organisiert und gesteuert werden soll.

2.1 Aufgabenverteilung innerhalb der Vertriebsabteilung

Je nach Größe und Branche gibt es in Unternehmen eine Reihe unterschiedlicher Funktionen und Positionen im Vertrieb, zum Beispiel: Vertriebsleiter, Key-Account-Manager, Category-Manager, Vertriebsassistenten, Channel-Manager, Merchandiser, Vorstand Vertrieb, Telefonverkäufer, Verkaufsleiter, Innendienstleiter, Gebietsverkaufsleiter, Vertreter, Bezirksleiter, Außen- und Innendienstmitarbeiter.

Aufgaben des Vertriebsleiters

Aus den hohen Marktanforderungen und der zentralen Rolle des Vertriebs im Wertschöpfungsprozess ergeben sich die generellen Ziele und Aufgaben des Vertriebsleiters: Er muss unter Nutzung aller Vertriebskanäle durch einen effektiven und zugleich effizienten Einsatz aller geeigneten Vertriebsmöglichkeiten den Absatz sicherstellen. Er muss Deckungsbeiträge erwirtschaften, die die Existenz sichern, und entsprechende Zuwachsraten hinsichtlich Markt und Branche erzielen. Der Vertriebsleiter muss den Vertrieb mit klaren Zielvereinbarungen steuern und dabei das Einverständnis der Mitarbeiter einholen.

Der Vertriebsleiter ist zuständig für die Entwicklung von Zielen, Strategien und Konzepten auf der Grundlage der Unternehmensziele. Ebenso muss er auf deren Basis geeignete Vertriebsaktivitäten zusammenstellen. Ihm obliegen Planung und Steuerung, die Erarbeitung von Verkaufsaktionen, die Planung von öffentlichkeitswirksamen Auftritten, die Repräsentation des Unternehmens und (prospektives) Controlling mit Verbesserungskonzepten. Er ist verantwortlich für die Vertretung des Vertriebs in der Unternehmenshierarchie und kann auch selbst verkäuferisch tätig sein, insbesondere bei der Gewinnung und Betreuung von Großkunden. Ein wesentlicher Schwerpunkt seines Aufgabenspektrums ist die Führung der Führungskräfte im Verkauf (VL, GVL, RVL, Teamleiter, KAM), die wiederum alle verkaufenden Mitarbeiter (Außendienst, Innendienst, Serviceabteilung, Callcenter et cetera) führen. Dazu zählt auch die Durchführung der Zielvereinbarungsgespräche, der Auswahl und Einstellung geeigneter Mitarbeiter, der Aus- und Weiterbildung sowie der Motivation. Der Vorgesetzte ist Coach seiner Mitarbeiter, er begleitet und unterstützt sie auf dem Weg zur Zielerreichung.

Vor dem Hintergrund der hohen Anforderungen, denen sich der Vertriebsleiter heute gegenübersieht, hat die Fachgruppe Verkauf innerhalb des Berufsverbands der Verkaufsförderer und Trainer e.V. (BDVT) jetzt mit dem Berufsbild »Vertriebs- und Verkaufsleiter BDVT« eine Orientierungshilfe für alle geschaffen, die sich als Experte, Führungskraft oder Personalverantwortlicher mit dem Vertrieb beschäftigen. Die Tätigkeitsfelder eines Vertriebsleiters sowie weitere Angaben finden Sie unter www.bdvt.de/download/Berufsbild_Verkaufs-_und_Vertriebsleiter.pdf beschrieben.

Aufgaben des Verkaufsleiters

In der Praxis werden die Berufsbezeichnungen Vertriebs- und Verkaufsleiter häufig synonym verstanden und angewandt. Es gibt jedoch auch zahlreiche Unternehmen, in denen beide Aufgabenbereiche getrennt sind und der Verkaufsleiter dem Vertriebsleiter unterstellt ist. Nach der traditionellen Aufgabenbeschreibung ist der Verkaufsleiter speziell verantwortlich für die nationale oder regionale Verkaufsorganisation. Er führt die Gebietsverkaufsleiter (GVL) oder – in Abhängigkeit von der Größe der Verkaufsorganisation – die Außendienstorganisation, gegebenenfalls auch das Key-Account-Management. Er ist verantwortlich dafür, dass die Absatz-, Umsatz- und Ertragsziele erreicht werden und die Verkaufsstrategie erfolgreich in der täglichen Praxis umgesetzt wird. Auch die eigenverantwortliche Betreuung von Großkunden kann zu seinem Aufgabenspektrum zählen.

Tätigkeiten des Innendienstleiters

Ihm obliegt die Führung der Mitarbeiter des Innendienstes: Kundenbetreuer, Telefonverkäufer, Vertriebsassistenten, CRM-Verantwortliche, Außendienstbetreuer und sonstige Sachbearbeiter. Der Innendienstleiter ist einerseits verantwortlich für die optimale Betreuung der Kunden hinsichtlich Auftragsabwicklung, telefonischer Betreuung, Erledigung von Anfragen, Beschwerdemanagement et cetera. Andererseits fallen auch die reibungslose Unterstützung des Außendienstes sowie die Auswertung von Ergebnissen der Außendienstarbeit in seinen Verantwortungsbereich. Unter seiner Leitung erfolgen auch die Einrichtung und Pflege der Datenbanken sowie die professionelle Durchführung von Veranstaltungen.

Der Außendienst als Beziehungsmanager

Im Business-to-Business-Bereich wird der Vertrieb auch künftig durch Partnerschaften geprägt sein und persönliche Beziehungen werden noch mehr als heute eine herausragende Rolle spielen. Sicher ist, dass sich das Aufgabenprofil für Verkaufsmitarbeiter verändert. Wo früher Information, Transaktion und Koordination im Vordergrund standen, werden diese Aufgaben durch E-Commerce abgelöst, ergänzt oder sogar verbessert. Anbieter, die dabei ausschließlich auf anonyme elektronische Verkaufssysteme setzen, werden wohl vermehrt kurzfristige Gelegenheitskunden generieren, nicht aber langfristige persönliche Beziehungen.

Die Mittel des E-Commerce sind als ergänzende und notwendige Verkaufsinstrumente einzusetzen. Doch die Schnittstelle aller Verkaufssysteme ist und bleibt der Mensch. Aus diesem Grund wird der direkte Wettbewerb vor Ort eine neue Dimension erhalten. Der Verkaufsberater der Zukunft wird sich zum exzellenten Beziehungsmanager mit entsprechenden Kompetenzen entwickeln müssen. Seine Aufgabe wird zudem darin bestehen, die Klaviatur und das Timing der persönlichen und elektronischen Verkaufsinstrumente zu beherrschen sowie die nötigen Fach- und Entscheidungskompetenzen gezielt einzusetzen.

Kundengewinnung und vor allem -bindung ist und bleibt in erster Linie eine persönliche Angelegenheit und die im Vergleich zum elektronischen Verkauf vermeintlich höheren Kosten des persönlichen Verkaufs werden durch dessen Wirksamkeit mehr als relativiert. Es lohnt sich deshalb, der Beziehungskompetenz der eigenen Verkaufsorganisation wachsende Aufmerksamkeit zu schenken und dort weiterhin Prioritäten zu setzen. Beim elektronischen Instrumenten-Mix gilt es, aktuell zu bleiben und ihn zur Unterstützung der restlichen Verkaufsmaßnahmen im Rahmen einer integrierten Kommunikation gezielt zu nutzen.

Aufgaben des Innendienstes

Im Innendienst geht der Trend klar von der »klassischen« Organisationsform mit ihrer Inbound-Funktion hin zum Inbound-Outbound-Innendienst. Untersuchungen zeigen, dass in vielen Unternehmen immer noch die reine Auftragsabwicklung beim Innendienst dominiert. Für eine Mehrzahl der Unternehmen zählen auch die Kundenbetreuung und Produktinformation zu den vorrangigen Innendienstaufgaben. Rund die Hälfte der Unternehmen siedelt auch originäre Buchhaltungsaufgaben wie Faktura oder Debitorenmanagement bei ihrem Vertriebsinnendienst an. Doch die Fixierung auf die Administration lähmt viele Vertriebsorganisationen und hindert sie daran, dem Bedürfnis des Kunden nach flexibler und schneller Betreuung nachzukommen. Wie Sie Ihren Innendienst wesentlich effektiver machen, indem Sie ihm verstärkt aktive Verkaufsaufgaben übertragen, lesen Sie in Teil 5, im Kapitel 5.2 »Erhöhung der aktiven Verkaufszeit«.

Kurzbeschreibung weiterer Vertriebsfunktionen

In der folgenden Übersicht sind die Aufgaben weiterer Funktionen im Vertrieb aufgeführt.

Funktion	Aufgaben
Gebietsverkaufsleiter	Erste Station beim Aufstieg in Führungsetagen im Verkauf. Reichte es früher für die Stelle des Gebietsverkaufsleiters noch aus, ein charismatischer Top-Verkäufer zu sein, ist heute fundiertes Know-how in den Bereichen Führungspsychologie und Mitarbeitermotivation sowie umfassendes betriebswirtschaftliches Methodenwissen in Bezug auf die Vertriebssteuerung gefragt. Der Gebietsverkaufsleiter nimmt selbst verkäuferische Tätigkeiten wahr, ist aber auch für die ihm unterstellten Verkäufer verantwortlich. Zu seinen Aufgaben zählen die Auswahl und Führung seiner Mitarbeiter, die Identifikation und Erschließung neuer Märkte und die Entwicklung effektiver Strategien für das Kundenmanagement
Leiter Sales Service	Aufgaben sind unter anderem: Führung der Abteilung Service, Optimierung der Serviceprozesse unter dem Aspekt der Kundenzufriedenheit, Koordination von Ausbildung und Produktschulung im Servicebereich
Key-Account-Manager	Er ist zuständig für die spezifischen Interessen und Belange eines Kundensegments oder einzelner, strategisch wichtiger Kunden; er stellt die Schnittstelle dieses Kunden zum Unternehmen dar
Category-Manager	Der Begriff Warengruppenmanagement oder Category Management bezeichnet die Strukturierung einer Geschäftsstätte im stationären Einzelhandel nach dem Prinzip der Warengruppen, wobei diese anhand von Markforschungsanalysen von Hersteller und Handel erstellt werden; die Aufgaben des Category Managers umfassen die Warengruppenoptimierung zur Steigerung des »Warengruppengewinns«, die Regaloptimierung, die Bestandsführung, Promotions und Warenkorbanalysen

Merchandiser	Merchandiser sind Spezialisten im Inszenieren einer Marke; sie kümmern sich darum, dass die Firmenphilosophie eines Herstellers in Dekoration, Beschilderung und Warenpräsentation in den Kaufhäusern umgesetzt wird; außerdem analysieren sie die Produkte nach Best- und Badsellern und tragen damit zur Qualitätsverbesserung bei; Visual Merchandiser sind zuständig für die markenkonforme Gestaltung von Verkaufsräumen
Channel-Manager	Die Aufgaben von »Absatzkanalstrategen« bestehen unter anderem in der Entwicklung von Absatzkanalstrategien, der Analyse von Absatzkanälen und der Vermarktung kundenspezifischer Kanalpläne
Vertriebs-assistent	Aufgaben sind unter anderem die Angebotsbearbeitung und -kalkulation, Preis- und Produktinformation für Kunden/Außendienst, elektronische Kundenberatung, Auftragsabwicklung, Bonitätsprüfung, Mahnwesen
Telefonverkäufer	Ersatz von Außendienstbesuchen bei Kleinkunden; Information der Kunden über Aktionen; Ankündigung von Neuprodukten, Einholen von Aufträgen, Steigerung der Kundenkontaktfrequenz et cetera
Verkaufsförderer	Zu den Aufgaben zählen die Durchführung von Verkaufsförderungsaktionen (Promotions) wie beispielsweise Sampling, Degustation, Events, Beratung; Zielgruppen sind primär der Handel sowie die Endverbraucher; häufig externe, selbstständige Organisation
Vertriebs-controller	Er führt unter anderem folgende Aufgaben durch: Analyse und Kommentierung der Planungen und Ergebnisse des Vertriebs; Lieferung von Informationen über Markt- und Ergebnisentwicklungen, Analyse vertrieblicher Schwachstellen, Durchführung von Wirtschaftlichkeitsberechnungen und Soll-/Ist-Vergleichen

2.2 Aufbau der Vertriebsstruktur

Beim Aufbau der Vertriebsstruktur gibt es verschiedene Ansätze, die sich je nach Größe des Unternehmens, der Art der Produkte und der Definition der Zielmärkte unterscheiden. Die Entscheidung ist sehr komplex, ob die Vertriebsorganisation nach Funktionen, Regionen, Produkten, Branchen, Prozessen oder Kunden auszurichten oder eine Mischstruktur zu bevorzugen ist. Für jede Organisationsform sind positive und negative Beispiele am Markt nachzuweisen, jede hat ihre Vor- und Nachteile.

Funktionale Organisation

Bei dieser Form der Vertriebsorganisation erfolgt eine Zuordnung der Außendienstmitarbeiter beziehungsweise der Vertriebsteams zu bestimmten Funktionen (wie Neukundengewinnung, Kundenrückgewinnung oder Altkundenbetreuung). Dadurch lässt sich eine strenge Arbeitsteilung realisieren.

Vorteile: Spezialisierung mit der damit verbundenen Effizienzsteigerung; Berücksichtigung der speziellen Fähigkeiten der einzelnen Außendienstmitarbeiter, niedrige Komplexität.

Nachteile: Verstärkter »Ressortegoismus«; mangelnde Fähigkeit, auf Marktveränderungen flexibel zu reagieren; wenig Spielraum für Kreativität und Innovationsorientiertheit; hohe Kosten durch eine Verdoppelung der Verkaufsanstrengungen; Gefahr, dass bestimmte Funktionen bevorzugt werden, beispielsweise dass Spitzenverkäufer nur für die Neukundengewinnung eingesetzt werden; Frustration bei den Kunden, wenn sie zu »Altkunden« werden und nicht mehr von dem ihnen bekannten Verkäufer betreut werden; mögliche Rivalitäten bei den Mitarbeitern verschiedener Funktionen.

Trotz aller Nachteile ist diese Organisationsform nicht gänzlich ungeeignet. Sie bietet sich vor allem für Unternehmen mit einem schwach diversifizierten Produktionsprogramm an, da hier die Vorteile einer Spezialisierung stärker zum Tragen kommen. Durch die Vermeidung von Konkurrenzgefahr durch eigene Produktlinien wird zudem eine einheitliche Markenpolitik unterstützt. Andererseits wird produkt-, kunden- und gebietsorientierten Gesichtspunkten nur ungenügend Rechnung getragen, da Funktionen im Vordergrund stehen und nicht Objekte.

Spartenorganisation

In der Praxis häufig anzutreffen ist die Spartenorganisation, auch Geschäftsbereichs- oder divisionale Organisation genannt. Kriterien für die Spartenbildung sind Bereiche wie beispielsweise verschiedene Produktgruppen, regionale Absatzbereiche oder Kundengruppen. Bei der Spartenorganisation entstehen Strategische Geschäftseinheiten (Business Units).

Bei der Organisation nach *Produktsparten* werden dezentrale Verantwortungsbereiche (Sparten) mit jeweils einem Spartenleiter gebildet. Dieser ist für alle Funktionen der Sparte von der Entwicklung bis zum Verkauf zuständig. Bei dieser Organisation entstehen Unternehmen im Unternehmen, das heißt alle nötigen Funktionen sind in jeder Sparte vorhanden. Eventuell kann es sinnvoll sein, gemeinsame Funktionen, die für alle gleichartig sind – wie Personal und Verwaltung – außerhalb der Sparten zu zentralisieren. Das trifft auch für den Verkauf zu, wenn zum Beispiel ein einheitlicher Marktauftritt gewünscht wird.

Eine *Kundenspartenorganisation* ist geeignet, wenn homogene Produkte für unterschiedliche Abnehmer mit unterschiedlichen Bedürfnissen produziert werden. Hier sind Produktion und Materialwirtschaft zentralisiert, da es sich um einheitliche Produkte handelt. Bei einer *Regionalspartenorganisation* werden homogene Produkte entsprechend den regionalen Bedürfnissen verkauft und beworben.

Die Spartenorganisation orientiert sich am Einliniensystem. Aufgrund der mehr oder weniger eigenständigen Arbeit der einzelnen Sparten entsteht eine Tendenz zur Dezentralisierung.

Vorteile: Sparten sind flexibler und erreichen eine größere Marktnähe als funktionale Organisationen. Der Koordinationsaufwand in der Unternehmensspitze nimmt ab. Durch eine höhere Verantwortung steigt die Motivation der Mitarbeiter. Zugleich identifizieren sie sich mehr mit ihrem Unternehmen oder Bereich. Außerdem können Erfolge und Misserfolge besser zugeordnet werden.

Nachteile: Informations-, Know-how- und Erfahrungsaustausch kommen zu kurz. Mögliche Synergien werden zu wenig genutzt, da einzelne Produkte gewissermaßen in einem Unternehmen im Unternehmen gefertigt werden. Es besteht ein höherer Bedarf an Führungskräften. Die Verselbstständigung der einzelnen Sparten kann zu einer Vernachlässigung der übergeordneten Unternehmensziele führen.

Fallbeispiel

Um das Leistungsspektrum und die Services weiter zu verbessern und das Wachstum zu steigern, ergänzt ein Großhandelsunternehmen für Lebensmittel mit einer zusätzlichen Spartenorganisation die bisherige einstufige Linienstruktur und strafft zugleich die Führungsstrukturen in Einkauf und Vertrieb. Die neuen Sparten Logistiksysteme und Regionalkundenvertrieb werden als Geschäftsbereiche zentral geführt und verantworten die fachliche Führung der Mitarbeiter vor Ort in den Profit-Centern. Die disziplinarische Führung und klare Profit-Verantwortung bleiben in den Linienstrukturen. Die Fachleute sollen Spezialisten-Know-how auf kurzen Informationswegen an die richtige Stelle im Unternehmen bringen. So sollen nicht nur Information und Kompetenz gebündelt werden, sondern es soll auch den Führungskräften in den Profit-Centern der Rücken freigehalten werden für die Geschäftsentwicklung in ihren Regionen.

Der Vertrieb als Profit-Center

Wenn einzelne Sparten Gewinne erwirtschaften sollen, dann spricht man von einem Profit-Center-System. Die Profit-Center fungieren wie selbstständige »Unternehmen im Unternehmen«. Typische Profit-Center im Vertrieb sind: der einzelne Außendienstmitarbeiter (Reisende wie auch Handelsvertreter), die Gebietsverkaufsleitung, der Innendienstmitarbeiter oder das Innendienstteam, das Produktmanagement, die Filiale/ Niederlassung, der Telefonverkauf, der Produktmanager oder die leitenden Mitarbeiter im Vertrieb.

Der tragende Gedanke eines Profit-Center-Konzepts ist die Absicht, zunächst eine größere Transparenz der Ertragslage des Unternehmens zu schaffen. Nach dieser Erkenntnis sollen dann die ertragreichen Produkte, Kunden, Verkaufsgebiete und so weiter gefördert, die weniger ertragreichen dagegen entsprechend mit kostengünstigeren Alternativen betreut werden. Folgender Gedanke schließt sich dem an: Wenn ein hoher Unternehmensgewinn erreicht werden soll, so müssen möglichst alle Mitarbeiter im Innen- und Außendienst in dieses gewinnorientierte System einbezogen werden. Jeder Mitarbeiter im Vertrieb sollte eine klare Vorstellung besitzen, welchen Beitrag er zum Ertrag des Unternehmens leisten muss. Ein Beispiel für die Profit-Center-Organisation nach Reisegebieten lesen Sie in Teil 3, im Kapitel 3.5.

Vorteile: Ergebnisverantwortung und damit Kostenbewusstsein bei den Verantwortlichen; höhere Motivation bei den Mitarbeitern durch größere Autonomie; Schaffung kleiner und schlagkräftiger Einheiten; Mitarbeiter können am Erfolg beteiligt werden; struktureller Anstoß für strategisches Denken, exaktere Leistungsbeurteilung.

Nachteile: Konflikt zwischen Ergebnisverantwortung und Entscheidungskompetenz; potenzielle Differenz zwischen Profit-Center- und Unternehmenszielen; Verrechnungspreise als neues Konfliktpotenzial; Bereichsegoismus; höherer Koordinierungsbedarf.

Gebietsorientierte Organisation

Diese Form ist in der Praxis häufig anzutreffen, was auf ihre relativ einfach realisierbare Struktur zurückzuführen ist. Im Wesentlichen baut sie sich nach dem Prinzip auf, dass jeder Außendienstmitarbeiter die gesamte Produktpalette des Herstellers in einem bestimmten Absatzgebiet vertritt. Entsprechend werden den Außendienstmitarbeitern die verschiedenen Regionen zugeordnet. Der für ein Gebiet zuständige Mitarbeiter oder das Vertriebsteam ist verantwortlich für alle Kunden, alle Produkte und alle

Funktionen in diesem Gebiet. Kriterien für die Gebietsplanung sind unter anderem: a) Die Arbeitsbelastung und das erreichbare Umsatzpotenzial sind für jeden Verkäufer ausreichend groß und ausgewogen; b) die Einteilung der Gebiete ist administrativ leicht zu bewältigen; c) das Verkaufspotenzial eines Gebietes lässt sich gut abschätzen; d) der Reiseaufwand kann niedrig gehalten werden.

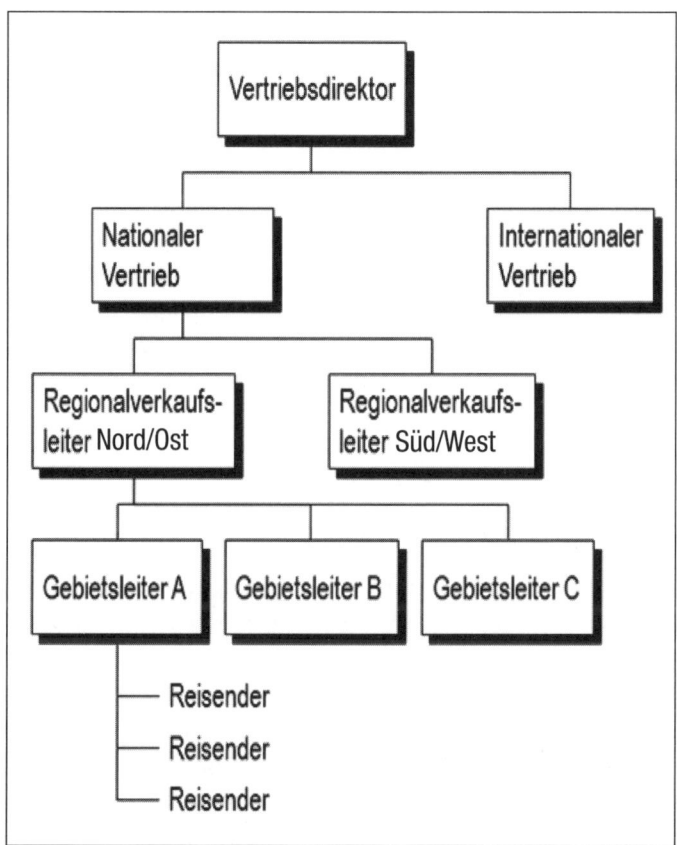

Abbildung 6: Die gebietsorientierte Organisation

Vorteile: relativ niedrige Kosten des Außendienstes; mäßiger Koordinationsaufwand; geringe Reisezeiten bei begrenzten Regionen; intensive, überschneidungsfreie Bearbeitung des Marktes; verhältnismäßig leichte Kombinierbarkeit mit anderen Organisationsformen; der Außendienstmitarbeiter wird für die Kunden zu einem vertrauten Ansprechpartner; regionale Abgrenzung der Marketingaktivitäten möglich; Schulung des Außendienstes im Hinblick auf regionale Besonderheiten; Motivationseffekt durch eindeutige Aufgaben- und Ergebnisverantwortung des Außendienstes; wirksame Kontrollmöglichkeit durch das Management; gutes Cross-Selling: Der Kunde erhält alle Leistungen aus einer Hand.

Nachteile: hohe Anforderungen an die Außendienstmitarbeiter, da sie die Allokation der Verkaufsanstrengungen auf Kunden, Produkte und Verkaufsfunktionen selbst vornehmen; erschwerte Durchsetzung einer an übergeordneten Zielen orientierten, einheitlichen Vertriebspolitik; nur geringe Innovationskraft; die Monopolstellung der Außendienstmitarbeiter in ihrem Gebiet kann zu Bequemlichkeit führen; »Visagenmüdigkeit« durch die Gewöhnung des Kunden an einen Außendienstmitarbeiter; der Mitarbeiter findet aufgrund seiner Mentalität nicht zu allen Kunden Zugang; Abstimmungsprobleme bei Kunden mit mehreren Standorten in verschiedenen Bezirken; Überforderung des Außendienstes, da er bei ausschließlich regionaler Steuerung die unterschiedlichsten Zielgruppen mit den unterschiedlichsten Anforderungen betreuen muss.

Da ein Außendienstmitarbeiter oft eine zu breite Produktpalette zu betreuen hat, ist es häufig zweckmäßig, die gebietsorientierte mit der produktorientierten Vertriebsorganisation zu kombinieren: Ein Außendienstmitarbeiter hat dann in seinem Absatzgebiet nur eine bestimmte Produktgruppe zu vertreten.

Produktorientierte Organisation

In Unternehmen, die eine Vielzahl von Produkten und Marken vertreiben, ist es zweckmäßig, die Außendienstmitarbeiter bestimmten Produkten beziehungsweise Produktlinien zuzuordnen. Der jeweils zuständige Außendienstmitarbeiter oder das Vertriebsteam ist verantwortlich für bestimmte Produkte bei allen Kunden, allen Gebieten und allen Funktionen. Diese Form der Vertriebsorganisation ist vorteilhaft bei der Spezialisierung bei heterogenen Leistungsprogrammen sowie bei besonders beratungsintensiven Produkten und Dienstleistungen (Beispiel: Medizintechnik oder Pharma), wo der Außendienstmitarbeiter über sehr gute Produktkenntnisse verfügen muss.

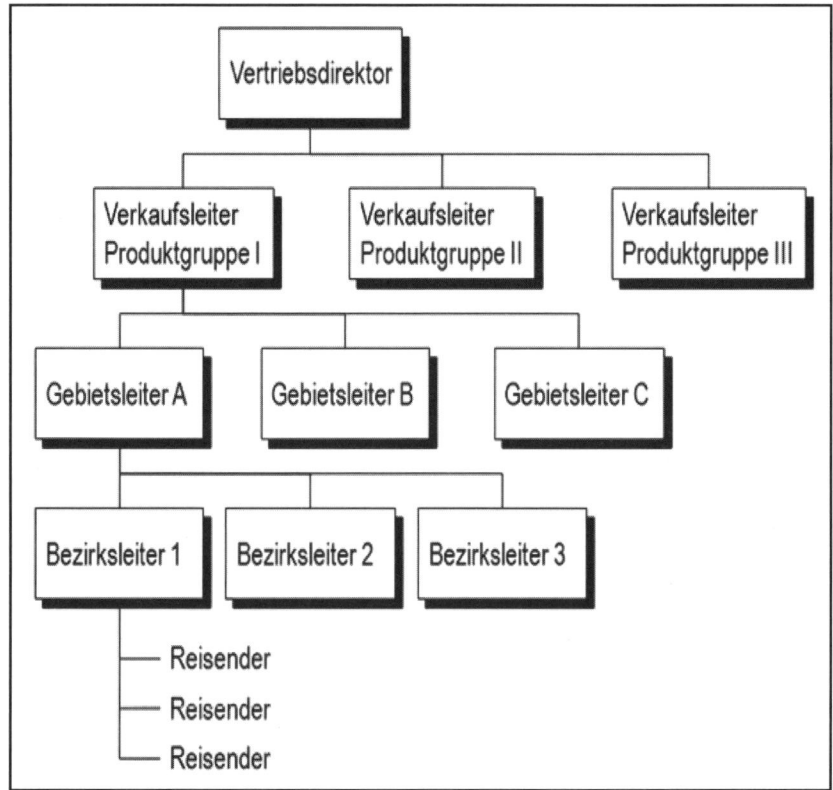

Abbildung 7:Die produktorientierte Organisation

Vorteile: hohe Effizienz des Verkaufs durch die Spezialisierung der Mitarbeiter; gute Kommunikations- und Informationsbedingungen zwischen allen Unternehmensfunktionen innerhalb einer Sparte (Verkauf, Produktion); gute Voraussetzung, um produktspezifische Verkaufsmethoden und -techniken anzuwenden; Ausbildung der Außendienstmitarbeiter nur für einen Teil des Leistungsprogramms notwendig; Expertenstatus der Verkäufer bewirkt bei diesen eine hohe Motivation; gute Möglichkeit, die Verkaufsaktivitäten gezielt auf die einzelnen Produktgruppen auszurichten.

Nachteile: hoher Vertriebsaufwand, da ein Kunde beispielsweise von mehreren Außendienstmitarbeitern für verschiedene Produkte aufgesucht werden kann; Komplexitätssteigerung im Vergleich zur gebiets-orientierten Organisation; hohe Kosten aufgrund einer großen Zahl von Außendienstmitarbeitern und langen Reisestrecken; Irritationen bei den Kunden aufgrund der parallelen Betreuung durch mehrere Außendienstmitarbeiter; hoher Bedarf an qualifizierten Außendienstmitarbeitern; großer Koordinationsaufwand bei der Führung der Außendienstmitarbeiter und der Wahrnehmung produktgruppenübergreifender, zentraler Verkaufsaktivitäten.

Gut bewährt haben sich in der Praxis Matrix-Organisationen, also eine Mischstruktur, die die Vorteile von reinem Produktverkauf und einer kundenorientierten Organisation verbindet.

Kundengruppe Produkte	Verkaufsdivision Kundengruppe 1	Verkaufsdivision Kundengruppe 2	Verkaufsdivision Kundengruppe 3
Verkaufsdivision Produktgruppe A	AD	AD	AD
Verkaufsdivision Produktgruppe B	AD	AD	AD
Verkaufsdivision Produktgruppe C	AD	AD	AD

Mehrdimensionale Organisationen sind üblich bei Unternehmen mit einem breiten Programm und einem heterogenen Kundenstamm. Als Probleme können auftreten: Rollenkonflikte der Außendienstmitarbeiter bei mehrfacher Unterstellung unter mehrere Vertriebsmanager; interne Konkurrenz; steigende Transaktionskosten aufgrund mehrerer Lieferant-/Kunden-Schnittstellen.

Kundenorientierte Organisation

Bei dieser Organisation erfolgt eine Zuordnung der Außendienstmitarbeiter zu den Kunden. Der zuständige Außendienstmitarbeiter oder das Vertriebsteam ist verantwortlich für alle Produkte und Funktionen bei den ihm zugeordneten Kunden.

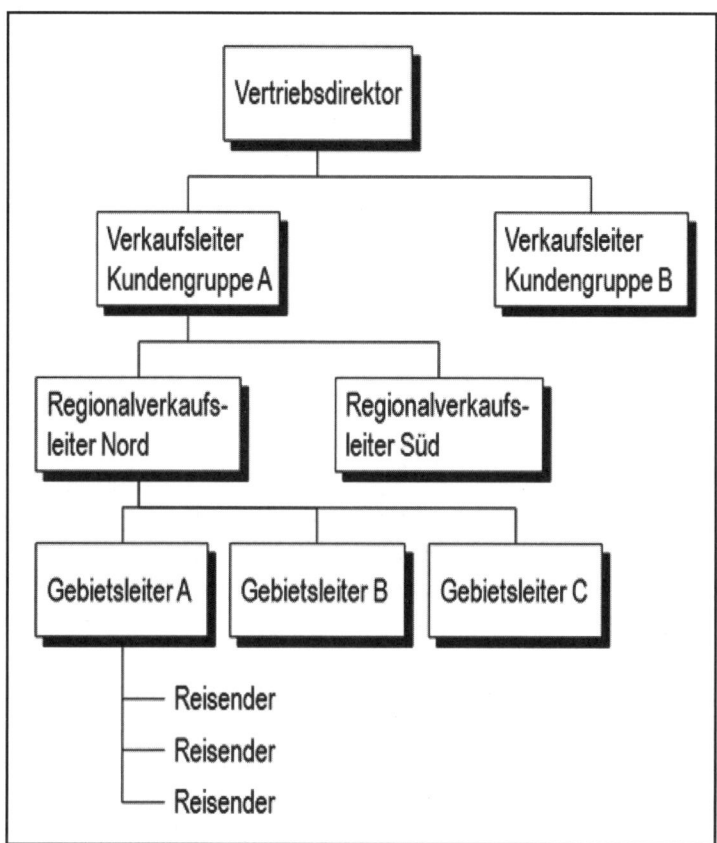

Abbildung 8: Die kundenorientierte Organisation

Mit einer kundenorientierten Organisation wird primär das Ziel verfolgt, sich stärker den Kundeninteressen anzupassen, indem der Außendienst die Produkte des Herstellers nur an bestimmte Kundensegmente verkauft. Diese Form ist gut geeignet für Unternehmen, die kundenspezifische Produkte mit vielen Kundenanpassungen vertreiben.

Vorteile: Vertrautheit mit den spezifischen Bedürfnissen des Kunden; gezielte Bearbeitung einzelner Kunden/-gruppen durch kunden (-gruppen-)spezifische Marketingaktivitäten und Verkaufsmethoden; schnelle und flexible Reaktionen auf Marktveränderungen und Nachfragetrends möglich; das »Ohr am Kunden« kann zu wertvollen Anregungen bei Produktverbesserungen und Neuproduktideen führen; Unterstützung des Cross-Selling; der Außendienstmitarbeiter wird für die Kunden zu einem vertrauten Ansprechpartner.

Nachteile: hohe Kosten durch eine Duplizierung von Verkaufsanstrengungen: mehrere Außendienstmitarbeiter betreuen dasselbe Gebiet beziehungsweise verkaufen dieselben Produkte; hoher Koordinierungsaufwand bei der Führung der Außendienstmitarbeiter und der Wahrnehmung kunden(-gruppen-)spezifischer, zentraler Verkaufsaktivitäten; Voraussetzung ist eine tragfähige Marktsegmentierung, die oft nur schwer zu realisieren ist.

Eine andere Möglichkeit der Vertriebsorganisation besteht darin, keine überdimensionalen hierarchischen Vertriebsstrukturen entstehen zu lassen beziehungsweise diese abzubauen, indem dem regionalen Verkaufsmanagement kundenspezifische schlanke Verkaufsteams direkt unterstellt werden. Betroffen ist hiervon vor allem die Gebietsleiterebene. Es wird damit eine Mischform aus gebiets- und kundenorientierter Vertriebsorganisation realisiert.

Ein Patentrezept für die richtige Organisationsform gibt es nicht. Während in klassischen Vertriebsorganisationen die gebietsorientierte Organisationsform vorherrscht, haben in den letzten Jahren Spezialisierungen nach Kunden- und Leistungsgruppen zunehmend an Bedeutung gewonnen. Allgemein lässt sich sagen, dass die Vertriebsorganisation den Kundenerwartungen entsprechen muss, das heißt das Unternehmen muss seine Kompetenz beim Kunden nachweisen. In der Vielzahl der Fälle gelingt dies, indem eine Problemlösung und weniger ein Produkt verkauft wird. Entsprechend werden auch die Strukturen, die dies vermitteln, zu einem schnellen Markterfolg verhelfen.

2.3 Organisationsalternativen des Kundenmanagements

Außendienst und Innendienst als Team

Eine ergebnisverantwortliche Verknüpfung von Innen- und Außendienst ist in der Praxis weit verbreitet. Sie trägt die Chance in sich, die Kundenbearbeitungskosten um 15 bis 25 Prozent zu senken und zugleich die Umsätze und Deckungsbeiträge um mindestens zehn Prozent zu steigern. Voraussetzung ist jedoch eine Restrukturierung der Innen- und Außendienstorganisation.

Organisatorische Alternativen der Teambildung von Innen- und Außendienst

Das organisatorische Grundprinzip der folgenden Alternativen bleibt stets das Gleiche: Es wird ein kompetentes Team aus Innen- und Außendienstmitarbeitern geschaffen, das gemeinsam für das Ergebnis verantwortlich ist. Die Unternehmensgröße, ausgedrückt durch Umsatzhöhe, Anzahl der Kunden und der Außendienstmitarbeiter, verlangt natürlich nach einer spezifischen organisatorischen Lösung, die sich in zwei Basisformen darstellen lässt (siehe Abbildung 9).

Bei der Organisationsalternative I führt der Verkaufs-/Vertriebsleiter mehrere Verkaufsteams. Jedes Team besteht aus einem Innendienstmitarbeiter und einem oder mehreren Außendienstmitarbeitern. Durch diese Organisationsform sind größtmögliche Kundennähe, dezentrale Ergebnisverantwortlichkeiten der Mitarbeiter und eine flache Hierarchie verwirklicht. Über diese Organisationsstruktur kann ein Verkaufs- bzw. Vertriebsleiter bis zu 20 Mitarbeiter im Innen- und Außendienst, das sind in der Regel bis zu sechs Teams, führen. Ist die Mitarbeiterzahl höher, ist auch eine Struktur denkbar, die statt einem nationalen Vertriebsleiter drei oder vier direkt an die Geschäftsleitung berichtende Regionalleiter mit jeweils sechs Teams bzw. 20 Vertriebsmitarbeitern vorsieht.

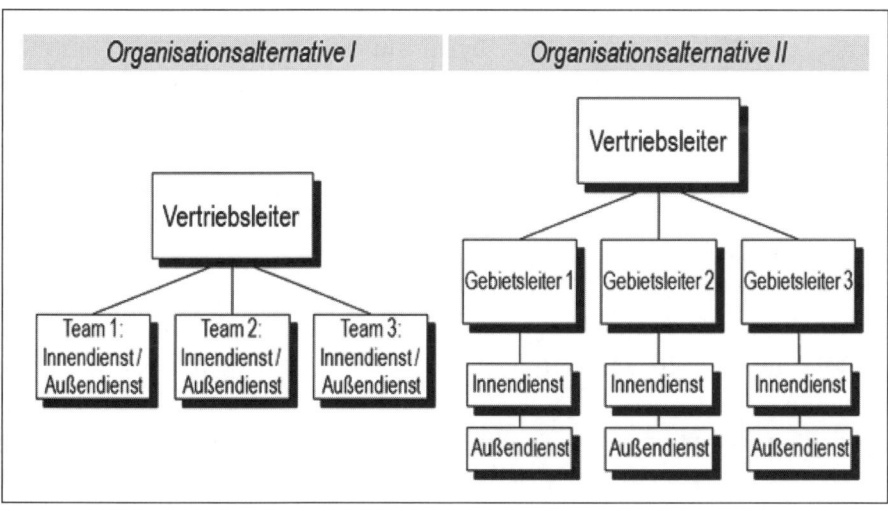

Abbildung 9: Organisationsalternativen

Die Organisationsalternative II empfiehlt sich ab 60 Mitarbeitern in der Vertriebsorganisation. Ein Gebietsverkaufsleiter verantwortet sowohl den Einsatz der Verkäufer im Innendienst als auch der Außendienstmitarbeiter. Alle Gebietsverkaufsleiter berichten an den nationalen Verkaufsleiter.

Die beiden Organisationsalternativen unterscheiden sich eigentlich nur durch die Anzahl der Mitarbeiter im mittleren Management (Gebietsverkaufsleiter), die wiederum von der jeweiligen Außendienstkapazität abhängt. Beiden Modellen ist gemeinsam, dass der Verkäufer im Innendienst nicht mehr einer separaten Innendienstleitung untersteht. Regional- oder Gebietsverkaufsleiter zeichnen sich verantwortlich für das Team aus Innen- und Außendienst. Sofern eine Koordination aller Innendienstaktivitäten erforderlich ist, kann zusätzlich ein Innendienstkoordinator eingeschaltet werden, ohne dass dem regional verantwortlichen Team Verantwortung beziehungsweise Kompetenzen entzogen werden.

In Großunternehmen, in denen eine homogene »Masse« von Auftragsabwicklungsaufgaben vorzunehmen ist, kann es jedoch sinnvoll sein, nach wie vor noch zusätzlich einen rein administrativ ausgerichteten, auftragsabwickelnden Innendienst zu führen.

Die Frage, ob der Verkäufer im Innendienst dezentral/regional oder in der Zentrale angesiedelt sein soll, kann recht einfach beantwortet werden: Wo Kundennähe das System der »Niederlassung« erfordert, ist auch der Verkäufer im Innendienst dezentral zu steuern. So ist zum Beispiel bei einem Vertrieb über Fachhandwerker der verschiedenen Gewerbeeinrichtungen nach wie vor eine Niederlassung inklusive dezentralem Abhollager sinnvoll. In den meisten Fällen ist jedoch die *zentrale Ansiedlung* der Verkäufer im Innendienst zu empfehlen. So haben sie einen wesentlich schnelleren und wirksameren Zugriff auf die Mitarbeiter der Fach- und Serviceabteilungen, wenn diese zur Lösung von Kundenproblemen eingeschaltet werden müssen, als ihre dezentral organisierten Kollegen.

Die Größe der Teams

Die Frage nach der richtigen Organisation ist natürlich auch von der Größe der Teams abhängig: Wie viele Außendienstmitarbeiter kann ein Verkäufer im Innendienst betreuen?

Die Teamgröße ist an folgenden Kriterien zu bemessen: Wie viele Kunden und welche Art von Kunden sind vom Außendienst zu besuchen? Wie viele Besuche – insbesondere bei Investitionskunden – kann ein einzelner Außendienstmitarbeiter mit welchem Zeitbedarf pro Besuch realisieren? Wie viele Mindest-Kontaktbesuche muss ein Außendienstmitarbeiter in seinen A- und B-Kundenkreis investieren? Wie viele der neu definierten Besuche kann ein einzelner Außendienstmitarbeiter pro Jahr tätigen? Welche neuen Außendienstgebietsgrößen resultieren daraus? Wie viele passiven und aktiven Kundenkontakte soll ein Verkäufer im Innendienst zukünftig realisieren? Wie hoch ist der zeitliche Betreuungsaufwand als Konsequenz der Kundentelefonate? Wie viele Besuche soll auch der Verkäufer im Innendienst in dem von ihm betreuten Kundenkreis machen, um ein Optimum an Kundenkenntnis und -kommunikation zu gewährleisten?

Es hat sich in der Praxis immer wieder gezeigt, dass man die vorstehenden Fragen im ersten Schritt nur annäherungsweise beantworten kann. Als Orientierungsgröße lässt sich festhalten, dass ein Innendienstverkäufer überfordert wird, wenn er mehr als vier Außendienstbezirke verkaufsaktiv mitverantworten und betreuen soll. Grundsätzlich ist ein Unternehmen gut beraten, die organisatorische Umsetzung des Team-Selling-Konzepts in einem Gebiet zunächst einmal zu testen. Nur dann können firmenspezifisch die jeweiligen Teamgrößen, das heißt die quantitative Zuordnung der Außendienstmitarbeiter zu einem Innendienstverkäufer, festgelegt werden.

Kundenbetreuungsteams

Bei der Bildung von Kundenbetreuungsteams besteht das Ziel darin, die Stellung des Verkäufers als Einzelkämpfer zu beenden und dem Kunden das gesamte Produktspektrum zu offerieren. Unterschieden wird beispielsweise zwischen Key-Account-Management-Teams (zuständig für eine kleine Zahl sehr wichtiger Kunden) und breit aufgestellten Kundenbetreuungsteams, permanenten und projektbezogenen Teams oder funktionsübergreifenden und projektbezogenen Kundenbetreuungsteams.

Ein solches Verkaufsteam ist ein Mittler zwischen Kunde und Unternehmen. Dabei verwischen die Grenzen der jeweiligen Bereiche. Gegenüber dem Kunden ist das Team die Sammel- und Koordinationsstelle für jede Kommunikation. Nach innen wirkt es teils als »Kunde«, indem es von zentralen Fachabteilungen Dienstleistungen und Zuarbeit abfordert, teils als Fachabteilung, indem es zum Beispiel bei Planungen mitwirkt. Der Teamleiter wird zum »Gleichen unter Gleichen« eines oder mehrerer Verkaufsteams.

Abbildung 10 zeigt beispielhaft ein Verkaufsteam, das sich zusammensetzt aus dem Verkäufer im Außendienst, dem Verkäufer im Innendienst und gegebenenfalls dem Kundendienst mit Verkaufsaufgaben.

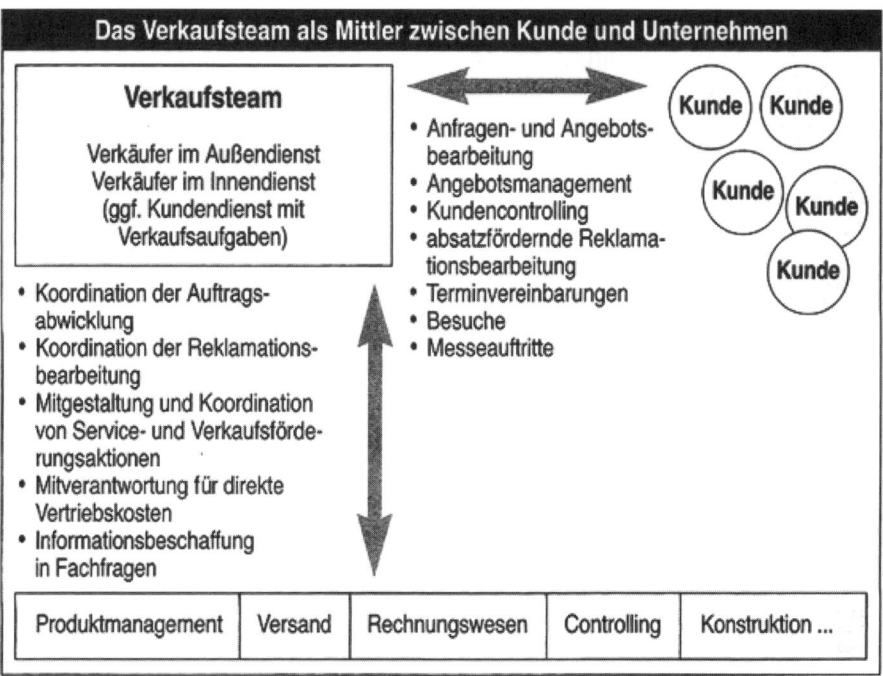

Das Verkaufsteam als Mittler zwischen Kunde und Unternehmen

Verkaufsteam

Verkäufer im Außendienst
Verkäufer im Innendienst
(ggf. Kundendienst mit
Verkaufsaufgaben)

- Koordination der Auftragsabwicklung
- Koordination der Reklamations-
  bearbeitung
- Mitgestaltung und Koordination
  von Service- und Verkaufsförderungsaktionen
- Mitverantwortung für direkte
  Vertriebskosten
- Informationsbeschaffung
  in Fachfragen

- Anfragen- und Angebots-
  bearbeitung
- Angebotsmanagement
- Kundencontrolling
- absatzfördernde Reklama-
  tionsbearbeitung
- Terminvereinbarungen
- Besuche
- Messeauftritte

Kunde Kunde Kunde Kunde Kunde

| Produktmanagement | Versand | Rechnungswesen | Controlling | Konstruktion ... |

Abbildung 10: Verkaufsteam

Ein funktionierendes Verkaufsteam ist mehr als eine organisatorische Zusammenführung einzelner Stellen. In einem wirklichen Team muss jeder die Abhängigkeit vom anderen erkennen, akzeptieren und seinen Anteil zum Erfolg beitragen. Der Aufbau funktionierender Verkaufsteams verlangt die Beachtung einer Vielzahl von organisatorischen, persönlichen und sozialen Aspekten. Hier die wichtigsten:

Alle Funktionen und Aufgaben, die zur umfassenden Bearbeitung einer Kundengruppe erforderlich sind, werden in einem Team zusammengefasst. Das Verkaufsteam trägt gemeinsam die Marktverantwortung und organisiert sich in der Aufgabenerledigung entsprechend. Dem Verkaufsteam sind klare Leistungsziele vorgegeben, wobei diese in der Gruppe leichter zu erreichen sein müssen als mit »Einzelkämpfern«. Die Teammitglieder ergänzen sich in ihren Fähigkeiten und sind so ausgewählt, dass sie auch menschlich harmonieren. Sie müssen bereit sein, sich für das Team einzusetzen und ihre jeweiligen eigenen Interessen zurückzustellen.

Gegenüber dem Kunden wirkt der Teamverkäufer als Koordinator: Er ist die Schnittstelle zum Kunden und bündelt die Anstrengungen der eigenen Kollegen entsprechend. Abbildung 11 veranschaulicht an einem Beispiel diese Funktion. Der Kunde ruft beim zuständigen Verkaufsteam an und äußert einige Fragen zum aktuellen Auftrag. Der Anruf wird von einem der Teammitglieder entgegengenommen. Im Beispiel ist es ein

Verkäufer, der meistens Angebote erstellt (Innendiensttätigkeit). Er informiert den Außendienstkollegen, der den Kunden normalerweise betreut, den Servicetechniker, der die Installation durchführen wird, und klärt die Kundenfragen bei den internen Fachabteilungen Buchhaltung und Lager. Zum Schluss informiert er den Kunden und seine Kollegen über das Ergebnis seiner Arbeit.

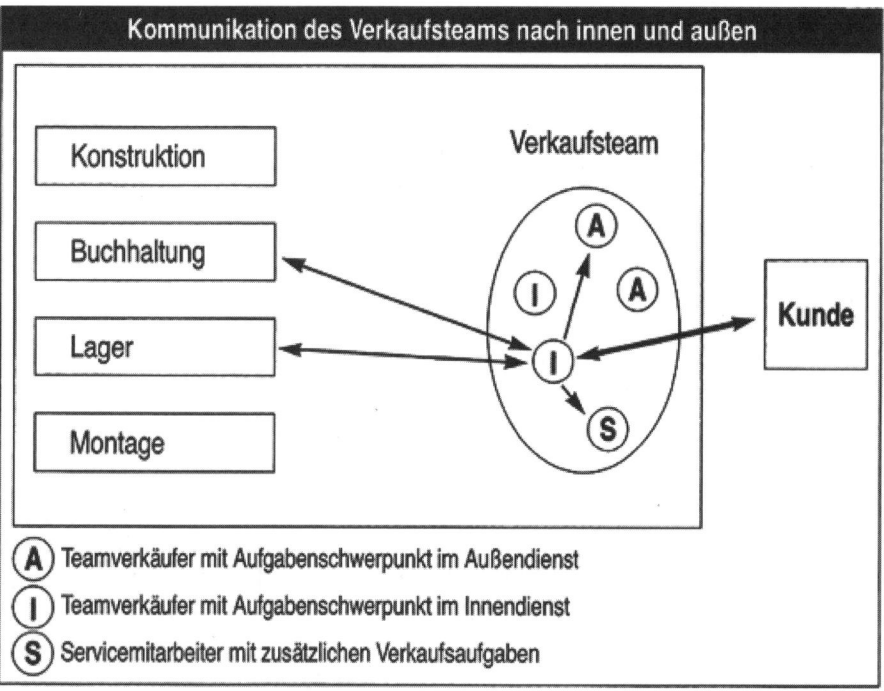

Abbildung 11: Teamkommunikation

Vorteile dieser Arbeitsweise: Der Kunde braucht sich nicht um Zuständigkeiten im Hause des Lieferanten zu kümmern. Jedes Mitglied »seines« Verkaufsteams ist für ihn ansprechbar. Außerdem verringern sich innerhalb des Verkaufs die Informationsverluste und Bearbeitungszeiten dadurch, dass die Anfrage sofort bearbeitet und nicht erst über mehrere Zwischenstufen bis zum »zuständigen« Verkäufer weitergereicht wird. Durch die enge Kommunikation im Team verbreitet sich mit der Zeit die Wissensbasis der Mitglieder automatisch. Der Einblick in verschiedene Teilaufgaben vertieft sich. Damit wächst das Verständnis für Zusammenhänge und für Sachzwänge, denen die Kollegen unterliegen. Personelle und zeitliche Engpässe werden entschärft, weil jeder in der Lage ist, ein breiteres Aufgabenspektrum zu übernehmen. Dies führt auch zu einer geballten Konzentration am Markt. Während der Wettbewerb immer nur einige wenige Interessenten aktiv angehen kann, ist es mit dem Teammodell ohne Weiteres möglich, sehr viele Neukunden gleichzeitig zu akquirieren, da ja mehrere Verkäufer zur Verfügung stehen. Zugleich löst sich auch das Problem, während einer aggressiven Akquisitionsphase Bestandskunden zu verlieren, da diese dann weiterhin von einem anderen Teammitglied betreut werden.

Nachteile: Dass Teamarbeit auch mit Problemen verbunden ist, dürfte jedem klar sein. Wer Teams nur zusammenstellt, ohne dafür zu sorgen, dass sie einen klaren Arbeitsauftrag und eine dezidierte Zielvorgabe bekommen, wird keinen Erfolg haben. Problematisch sind in der Praxis auch der hohe Abstimmungsaufwand, der Trend zu Kompromissbereitschaft oder eventuell fehlende Kompetenz bei der Umsetzung von Vertriebsstrategien. Dennoch überwiegen in der Praxis die positiven Erfahrungen mit Vertriebsteams die negativen.

Projektbezogene Verkaufsteams

Neben permanenten Kundenbetreuungsteams gibt es als projektbezogene Form Selling-Center aus verschiedenen Abteilungen im Anbieterunternehmen. Sie werden zusammengestellt, damit der Verkäufer den Buying-Centern auf der Kundenseite nicht allein gegenübersteht. In immer mehr Unternehmen befassen sich heute in solchen Buying-Centern ganze Expertenstäbe mit Beschaffungsentscheidungen. Daran beteiligt sind beispielsweise der zuständige Projekt-Manager, der technische Direktor, Vertreter der Entwicklungsabteilung und des Einsatzbereiches für das Produkt, Mitarbeiter aus der Qualitätskontrolle, dem Finanzbereich et cetera. Im Selling-Center erhält der Verkäufer intensive Unterstützung von Kollegen aus den Abteilungen Vertrieb, Forschung und Entwicklung, Produktion, Kundendienst, Finanzen, Technik und so weiter. Abbildung 12 zeigt, welche Beziehungen zwischen einem Buying- und einem Selling-Center bestehen.

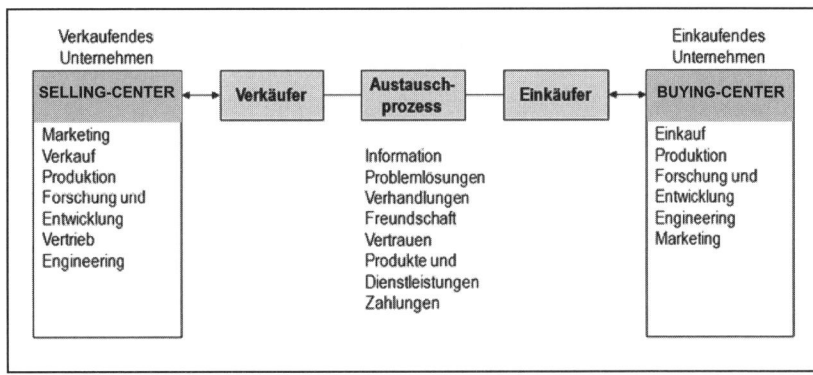

Abbildung 12: Beziehungen zwischen einem Buying Center und einem Selling Center

Verkäufer und Einkäufer nehmen auf beiden Seiten die jeweilige Schlüsselrolle ein und werden von den anderen Abteilungen unterstützt. Die Mitglieder dieser Abteilungen sind sowohl intern wie auch extern – also bei Gesprächen, Verhandlungen und Geschäftsabschlüssen zwischen beiden Unternehmen – beteiligt. Die Zusammensetzung beider Teams ist nicht festgeschrieben und wird sich je nach bearbeitetem Kunden oder angebotenem Produkt ändern. Nun wird nicht für jeden Kunden und jedes Produkt gleich ein ganzes Team von Experten erforderlich sein. Speziell im Routinegeschäft würde dies den Geschäftsabschluss unnötig verteuern und verzögern. Man unterscheidet deshalb drei Schwierigkeitsgrade der Verkaufsarbeit: 1. das absolute Neugeschäft, 2. das Geschäft mit überarbeiteten Produkten, 3. das Routinegeschäft. Wie diese drei Verkaufsaufgaben bewältigt werden können, zeigt die folgende Übersicht:

Bildung des Selling-Centers nach Schwierigkeitsgraden			
Schwierigkeitsgrad Kennzeichen	Absolutes Neugeschäft	Geschäft mit überarbeiteten Produkten	Routinegeschäft
Mitglieder des Selling-Centers	Alle Abteilungen	Begrenzte Zahl von Abteilungen	Verkaufsabteilung
Austauschbeziehung zwischen Kunden und Lieferanten	Intensiv	Moderat	Schwach
Unsicherheit des Geschäfts	Hoch	Niedrig	Niedrig
Erforderliche Zusammenarbeit	Intensive Beratungen im Selling-Center, laufende Zusammenkünfte	Beteiligung verschiedener Abteilungen von Fall zu Fall	Verkäufer nimmt andere Abteilungen nur im Ausnahmefall in Anspruch
Entscheidungsträger	Selling-Center	Andere Abteilungen werden gehört, Verkauf entscheidet	Verkaufsabteilung
Koordination und Kontrolle	Selling-Center	Informelle Zusammenkünfte	Verkaufsabteilung

Als absolutes Neugeschäft lässt sich beispielsweise der Eintritt in neue Märkte oder Segmente oder die Einführung einer neuen Produktlinie bezeichnen, die sich sowohl technisch als auch wirtschaftlich völlig vom bisherigen Programm unterscheidet. Alle Abteilungen sind hier am Selling-Center beteiligt, um auf Fragen und Probleme des Kunden einzugehen. In der Regel werden die jeweiligen Spezialisten im Kunden- und Lieferantenunternehmen direkte Kontakte pflegen. Beim Verkaufsleiter müssen alle Informationen aus dem Selling-Center zusammenlaufen, er hat die Verhandlungen zu koordinieren und zu leiten.

Bei Geschäften mit überarbeiteten Produkten, die also in einem sehr engen Zusammenhang mit dem bisherigen Leistungsspektrum stehen, übernimmt die Verkaufsleitung von Anfang an die führende Rolle. Der Verkäufer lässt sich von Fall zu Fall von den anderen Abteilungen begleiten, führt aber die Verhandlungen mit dem Kunden im Normalfall allein. Das Routinegeschäft bewältigt die Verkaufsabteilung nach festgeschriebenen Regeln (Besuchspläne, Verkaufsunterlagen, Verhandlungsstrategien et cetera). Auch auf der Kundenseite wird es hier keinen besonderen, über die Fähigkeiten des Verkäufers hinausreichenden Informations- und Beratungsbedarf geben.

Aus diesen Überlegungen lassen sich drei Forderungen ableiten:

1. Überprüfen Sie Ihr Account-Management (Kundengruppenmanagement) auf die ausreichende organisatorische Verankerung des Selling-Centers. Häufig haben die Account Manager nicht die Kompetenz, Experten aus anderen internen Abteilungen zu ihrer Unterstützung heranzuziehen. Legen Sie dabei auch fest, wer welche Bereiche koordiniert und wer in welchem Umfang an Entscheidungen beteiligt ist. Gerade in Zeiten der immer stärkeren Konzentration in der Wirtschaft und der damit verbundenen Macht der Einkäufer ist es unverzichtbar, die Account Manager mit entsprechenden Kompetenzen auszustatten.
2. Wenn Spezialisten aus »verkaufsfernen« Abteilungen im Selling-Center mitarbeiten sollen, müssen sie sich einem Verkaufstraining unterziehen. Dabei sollte der Fokus weniger auf Verkaufs- und Abschlusstechniken als vielmehr auf Kommunikationstechniken liegen.
3. Damit Ihr Selling-Center das Neugeschäft bewältigen kann, sind intensive Austauschbeziehungen mit den Ansprechpartnern auf der Kundenseite sowie auch regelmäßige Beratungen der Teilnehmer des Selling Centers erforderlich. Es gilt, Erfahrungen aus der Arbeit mit dem Kunden auszutauschen und alle Beteiligten stets auf dem neuesten Wissensstand zu halten.

Key-Account-Organisation

Das Key-Account-Management (KAM) ist die konsequente Fortführung der kundensegmentierten Vertriebsorganisation. Allerdings bilden hier weniger Motive und Bedürfnisse der Kunden geeignete Segmentierungsvariablen. Vielmehr wird die Vertriebsorganisation primär nach der Wichtigkeit und der Größe der Kunden aufgebaut. Die organisatorische Einbindung des Key-Account-Managements stellt eine spezielle Organisationsform zur Betreuung von Schlüsselkunden dar. Ziele eines speziellen Key-Account-Managements sind unter anderem: Angebotsindividualisierung, der Aufbau intensiver Geschäftsbeziehungen, erhöhte Kundennähe und Effizienzsteigerung der Transaktionstätigkeiten.

Die entscheidenden Gründe für die Einrichtung eines Key-Account-Managements sind: a) die starke Konzentration im Handel und die damit verbundene Nachfragemacht, b) die Verschiebung in der Bedeutung von Kunden durch Umsatzkonzentration (20 Prozent der Kunden bringen 80 Prozent der Umsätze) und c) die Verlagerung der Entscheidungskompetenzen aus Filialen und Niederlassungen stark wachsender Kunden in deren Zentralen. Damit trägt die Einrichtung eines Key-Account-Managements dem Prinzip »Structure follows Strategy« in entscheidendem Maße Rechnung: der kundenorientierten Vertriebsstrategie folgt aufbauorganisatorisch die Einrichtung eines Key-Account-Managements. Dieses durchbricht das konventionelle Prinzip der Regionalgliederung des Verkaufs, indem es eine spezielle kundenorientierte Struktur verfolgt.

Ein eigenes Key-Account-Management ist nur sinnvoll bei Kunden mit hohen Ressourcenbeiträgen. Basis des KAM ist eine Berechnung des individuellen Kundenwertes. Für die organisatorische Gestaltung des Key-Account-Managements stehen zahlreiche Möglichkeiten zur Verfügung. Die folgenden Fragen helfen bei der Suche nach der geeigneten Organisationsform:

Checkliste: Prüffragen vor Einrichtung eines Key-Account-Managements
Wie sind die Schlüsselkunden organisiert?
Welche Bedürfnisse und Nutzen müssen beim Schlüsselkunden befriedigt werden?
Welche Organisationsform bietet sich dafür an?
Welche Veränderungen sind in den Schlüsselkundenmärkten zu erwarten?
Wie muss darauf reagiert werden?

Wie kann ohne viel Bürokratie schnell und flexibel auf die Wünsche der Schlüsselkunden reagiert werden?
Wie hat sich die eigene Organisation in den letzten Jahren verändert und was bedeutet das für die eigene Organisation?
Welche Widerstände sind von wem zu erwarten? Warum?
Wie weit ist das Management bereit, Verantwortung an das Key-Account-Team zu delegieren?
Ist es vorstellbar, das KAM als Profit-Center mit Profit-/Loss-Verantwortung zu gestalten?
Welche Schlüsselkunden sollen künftig durch das Key-Account-Management bearbeitet werden?
Wie viele Schlüsselkunden können zu Beginn vorgesehen werden und in welchen Schritten ist ein Ausbau geplant?
Ist das Unternehmen bereit, den Key-Account-Manager als Beziehungsmanager und Analysten zu akzeptieren?
Welche Bedeutung hat das eigene Unternehmen? Und welche Marktposition?
Welche Bedeutung haben die vorgesehenen Schlüsselkunden? Wie viele dieser Schlüsselkunden gibt es am Markt?
Wie hoch ist der Anteil des geplanten Key-Account-Ergebnisses am eigenen Gesamtergebnis und welche Einkaufsmacht durch Schlüsselkunden resultiert daraus?
Gibt es eine starke Konzentration auf ein bestimmtes Produkt- und Dienstleistungsportfolio oder wollen Sie Möglichkeiten für Cross Selling ausschöpfen?

Basierend auf der Beantwortung der obigen Fragen kann die Entscheidung für ein funktionales oder ein institutionelles Key-Account-Management getroffen werden. Bei Ersterem wird die KAM-Funktion von Mitarbeitern im Unternehmen mit übernommen, im traditionellen Fall durch die regionalen oder nationalen Verkaufsleiter oder durch den Geschäftsführer selbst. Typische Situationen für ein funktionales Key-Account-Management sind zum Beispiel: 1. kleineres Unternehmen ohne Geld für einen Key-Account-Manager; 2. mittelständische Abnehmerstruktur, es gibt keine Schlüsselkunden; 3. die Strukturen der Schlüsselkunden sind nicht zu komplex; 4. die Entscheidungsträger im Kundenunternehmen wünschen einen direkten Kontakt zum Entscheidungsträger des Lieferanten; 5. es ist kein ausgeprägtes Spezialistenwissen notwendig; 6. es handelt sich um eine Zwischenstufe bei der Einführung von Key-Account-Management.

Als mögliche Nachteile bei einem funktionalen Key-Account-Management können sich ergeben: Vernachlässigung anderer Unternehmensaufgaben; möglicherweise fehlende Qualifikation; Zeitmangel zur sorgfältigen Erfüllung der Key-Account-Anforderungen; die Kosten der Führungskraft zur Erfüllung dieser Aufgabe sind zu hoch; es kann ein Interessenkonflikt auftreten zwischen der Feldorganisation und dem KAM.

Beim institutionellen Key-Account-Management, auch Spezialistenprinzip genannt, ist das KAM ein eigenständiger Organisationsbereich im Unternehmen. Dafür können unter anderem folgende Gründe zum Tragen kommen: die komplexe Struktur des Schlüsselkunden erfordert eine dauerhafte Pflege; es ist Spezialwissen gefragt; das Geschäft von morgen (Analyse, Marktforschung et cetera) steht im Vordergrund; die Betreuung der Schlüsselkunden erfordert eine besondere Kompetenz.

Nachteile dieser Form: die Feldorganisation als vermeintlicher Verlierer arbeitet eventuell gegen das KAM; es mangelt an Unterstützung durch die Unternehmensorganisation bei fehlender Identifikation mit dem KAM; das KAM ist nur ein verlängerter Arm der Feldorganisation; die Schlüsselkunden sehen keine Vorteile oder haben kein Interesse.

Für welche Form man sich entscheidet, hängt wesentlich mit der Firmenpolitik zusammen: intern mit der Gestaltung des KAM – Hierarchie, Kompetenz, Verantwortungsübertragung; extern mit der Bereitschaft, eine Ausrichtung auf die Schlüsselkunden zuzulassen.

Für die Ansiedlung der Schlüsselkundenbetreuung im Unternehmen bieten sich unterschiedliche Organisationsformen an:

1. **Stabsorganisation.** Wird das KAM in Stabsfunktion praktiziert, so ist es in der Regel der Vertriebsleitung direkt zugeordnet und besitzt damit keine eigenen Entscheidungskompetenzen. Seine Aufgaben beschränken sich dann im Wesentlichen auf Informations- und Koordinationsfunktionen sowie die Entscheidungsunterstützung der Vertriebsleitung. Nachteilig ist hier die oft mangelnde Anbindung an den Vertrieb. In wirtschaftlich schwierigen Zeiten ist das KAM oft vom Abbau bedroht.

2. **Matrixorganisation.** Diese Form ist bevorzugt in der Konsumgüterindustrie und im Handel anzutreffen. Der Key-Account-Manager hat eine schwierige Position. Außerdem besteht ein erheblicher Kommunikationsbedarf innerhalb der Organisation, woraus sich ein hoher Zeit- und Energieaufwand ergibt. Mögliche Lösung: Installation eines Selling-Centers; aus kundennahen Bereichen werden Teilnehmer für das Selling-Center ausgewählt. Teams können nach Produkt-, Organisati-

ons- oder Kundenthemen gebildet werden. Die Aufgabe des Key-Account-Managers besteht dann unter anderem darin, die Markenstrategie des Produktmanagements, die Absatzkanalstrategie und die regional ausgerichtete Vertriebsstrategie zu verknüpfen.

3. **Linienorganisation.** Diese Form wird heute von vielen Unternehmen bevorzugt, vor allem von Dienstleistern und der Investitionsgüterindustrie. Der Key-Account-Manager ist für den gesamten Bereich zuständig. In der Vergangenheit war eine Anbindung an das Marketing üblich. Heute untersteht der Key-Account-Manager aufgrund der Wichtigkeit verstärkt der Geschäftsleitung. Der Manager hat meist keine direkte Personalverantwortung, es sei denn, das KAM ist organisatorisch ein eigener Bereich. Er muss seine Ideen in der eigenen Organisation verkaufen und das Team für seine Ideen begeistern.

Früher wurde die Vertriebsorganisationsform meistens von der Innenansicht eines Unternehmens dominiert. Wichtig waren: die eigene Unternehmensstrategie; eine austarierte Machtbalance im Unternehmen; Personen, die mit dem Organigramm verankert waren; vertragsrechtliche sowie Entlohnungsfragen. Im Key-Account-Management spielen diese Punkte eine untergeordnete Rolle. Das KAM ist für die Zusammenarbeit und die Ergebnisse mit dem Key-Account verantwortlich. Die Vernetzung der Key-Account-Interessen mit den eigenen Zielen steht deshalb im Vordergrund. Die Außen- und die Innenansicht bestimmen gleichermaßen die Organisationsform. Wichtig ist, dass a) die Organisationsform des Key-Accounts mit der eigenen Organisationsform in den wesentlichen Punkten kompatibel ist; b) die Ausrichtung der Eigenorganisation auf die Schlüsselkunden gewährleistet ist; c) die Erreichung gemeinsamer Ziele von Schlüsselkunden und eigenem Unternehmen durch die Organisationsform unterstützt wird.

Fallbeispiel

Bei einer großen Formulardruckerei umfasste vor einer Neustrukturierung des Vertriebs die Abwicklung eines kompletten Auftrages von der Abgabe des ersten Angebots bis zur Rechnungsstellung nicht weniger als 47 Schritte. Dies führte dazu, dass dem Unternehmen viele Aufträge verloren gingen, weil die Angebote die Kunden nicht rechtzeitig erreichten. Jede (!) Rechnung wurde durchschnittlich viermal erstellt, bevor sie der Kunde als richtig anerkannte. Dies wiederum hatte zur Folge, dass die mittlere Dauer zwischen Fakturierung und Zahlung bei 52 Tagen lag und der Cashflow dadurch stark beeinträchtigt wurde. Die Verkaufsphilosophie bei der Druckerei war traditionell umsatzorientiert, der Außendienst geografisch gegliedert. Jeder Außendienstmitarbeiter betreute ein geschütztes Gebiet, in dem er eine gewisse Umsatzvorgabe zu erfüllen hatte. Die Außendienstbeurteilung, -entlohnung und -förderung wurde ausschließlich an der Erfüllung dieser Quoten festgemacht. Besonders erfolgreiche Verkäufer betreuten zusätzlich auch Großkunden. Im Zuge der Neustrukturierung schuf man nun eine völlig neue Außendienstorganisation. Das Unternehmen arbeitet heute mit drei verschiedenen Typen von Außendienstmitarbeitern: 1. dem Gebietsverkäufer, der die B- und C-Kunden innerhalb eines festen Verkaufsbezirks betreut; 2. dem Branchenspezialisten – beispielsweise dem »Gesundheitsberater«, der sich gebietsübergreifend um eine bestimmte wichtige Kundengruppe wie Ärzte und Krankenhäuser kümmert –, sowie 3. dem Corporate-Enterprise-Manager (CE), einem national oder international operierender Key-Account-Manager. Dieser trifft weitreichende Entscheidungen und legt mit der Geschäftsleitung die Marketingstrategien fest. Reformiert wurde auch das Entlohnungssystem für den Außendienst von »Fixum plus Umsatzprovision« in »Fixum plus Bonus«. Der Bonus hängt ab von der individuellen Leistung eines Verkäufers und vor allem von der Zufriedenheit seiner Kunden.

Viele Unternehmen sind bereits ähnliche Schritte gegangen. Der Unterschied gegenüber anderen Unternehmen liegt bei dieser Druckerei jedoch in der Art, wie der Außendienst nach der Umorganisation motiviert wird. Die Verkäufer werden weniger für ihren aktuellen Umsatz mit einem Kunden, sondern vielmehr für die Entwicklung einer langfristigen Beziehung zu diesem Kunden honoriert. Dies beinhaltet auch das »Mitwachsen« mit diesem Kunden: Erreicht ein Entwicklungskunde das Niveau eines nationalen oder globalen Key-Account, so wird er nicht etwa an den zuständigen Corporate-Enterprise-Manager abgegeben. Vielmehr wird derjenige Verkäufer, der den Kunden in diese Position geführt hat, zum CE ernannt! Er wird damit für »seinen Kunden« persönlich verantwortlich und erhält vor allem die Kompetenzen, die ihm eine optimale Betreuung ermöglichen.

Die Ergebnisse der Umstrukturierung können sich sehen lassen: Der gesamte Prozess von der Anfrage bis zur Fakturierung wurde von 47 auf 14 Teilschritte zurückgeführt. Eine Anfrage wird jetzt statt in zwei Wochen in einem Tag beantwortet. Ziel ist eine Zeitspanne von 30 Minuten zwischen Anfrage und Angebot. Die Zahlungen der (sehr viel zufriedeneren) Kunden gehen jetzt anstatt nach 52 Tagen schon nach fünf Tagen ein.

Prozessorientierte Vertriebsorganisation

Auch bei der prozessorientierten Vertriebsorganisation steht der Kunde mit seinen Bedürfnissen und Wünschen im Vordergrund. Dabei wird ein Prozess als eine Kette zusammenhängender Tätigkeiten zur Erstellung eines Produkts oder einer Dienstleistung verstanden, durch die die Kundenbedürfnisse befriedigt werden beziehungsweise ein Kundenwert geschaffen wird. Beispiel: Ein Kunde erteilt einem Textilunternehmen den Auftrag, eine spezielle Firmenkleidung in der Farbe des Unternehmens herzustellen. Bei einer funktionalen Betrachtung würde der Auftrag mehrere Funktionen durchlaufen: Entwicklung und Design, Beschaffung des nötigen Stoffes, Herstellung und Verkauf der Kleidung. Bei einer Betrachtung des Auftrags unter dem Prozessgesichtspunkt würde es einen Auftrag geben »Entwicklung und Herstellung von Firmenkleidung in den vom Kunden gewünschten Firmenfarben«. Dabei würden die Kundenwünsche von Anfang bis Ende der Auftragsabwicklung im Mittelpunkt stehen und die genannten Funktionen Entwicklung/Design, Beschaffung, Herstellung und Verkauf integriert werden. In Abbildung 13 ist die prozessorientierte Aufbauorganisation als Übersicht dargestellt.

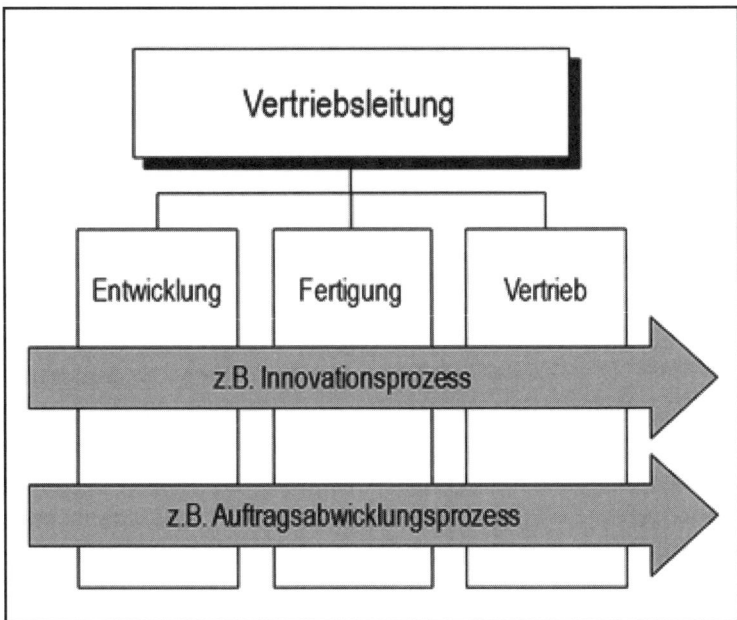

Abbildung 13: Prozessorganisation

Die Abbildung zeigt zwei definierte Prozesse, einen »Innovationsprozess« und einen »Auftragsabwicklungsprozess«. Bei diesen Prozessen sind die verschiedenen Funktionen integriert und werden jeweils durch eine Organisationseinheit (eine für den Prozess »Innovationen« und eine für den Prozess »Auftragsabwicklung«) funktionsübergreifend durchgeführt. Basis für die Bildung dieser Organisationseinheiten ist die Abgrenzung der zugrunde liegenden Prozesse im Unternehmen. Dabei machen die Prozesse nicht an Abteilungsgrenzen halt. Sie können auch über die Unternehmensgrenzen hinausgehen und Geschäftspartner, Lieferanten und den Markt verbinden.

Es wird zwischen Kern- und Unterstützungsprozessen unterschieden. Bei Kernprozessen handelt es sich um für den Kunden wertschöpfende Prozesse. Ein Beispiel dafür ist der Innovationsprozess mit dem Ziel, ein Produkt zu entwickeln, das für den Kunden Nutzen schafft. Unterstützungsprozesse sind solche Prozesse, die zur Unterstützung des Kernprozesses erforderlich sind, zum Beispiel der Prozess »Einstellung von Mitarbeitern«. Die Unterscheidung in Kern- und Unterstützungsprozesse erfolgt je nach Branche und Unternehmen verschieden. Die Kern- beziehungsweise Unterstützungsprozesse werden in weitere Teilprozesse zerlegt. Nachfolgend ein Beispiel für den Kernprozess »Auftragsabwicklung in Industriebetrieben«.

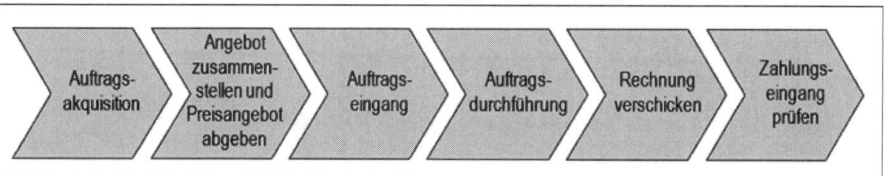

Die Prozesse/Teilprozesse werden auf einzelne Personen oder Teams zur ganzheitlichen, eigenverantwortlichen Durchführung übertragen – die sogenannten Prozess-Eigner oder Prozess-Teams. Dabei entstehen Module – organisatorische Einheiten, die die Aufgabe haben, sämtliche für die Durchführung eines (Teil-)Prozesses erforderlichen Aktivitäten durchzuführen. Außer aus einem einzigen Mitarbeiter oder einem Team kann ein Modul auch aus einer Abteilung oder einem Geschäftsbereich bestehen. Die Module sollten genau so groß sein, wie es für die Abwicklung eines Prozesses/Teilprozesses nötig ist.

Voraussetzung für das Funktionieren einer prozessorientierten Organisation sind Informations- und Kommunikationssysteme, die den gesamten Prozess elektronisch unterstützen und aufeinander abstimmen (zum Beispiel zentralisierte Datenbanken und ERP-Systeme, auf die alle Personen Zugriff haben, oder Groupware-Systeme). Zusätzlich können durch die Einbindung in ein einziges Informationssystem externe Bereiche, wie zum

Beispiel Fachhändler, Geschäftspartner und auch die Kunden selbst einbezogen werden.

Das Prinzip der Modulbildung ist nicht neu. Neu ist, dass es sich durch Informations- und Kommunikationstechnik einfacher und in mehr Bereichen realisieren lässt. Denn die Bildung zusammengehörender Aufgaben fordert den Zugriff auf sämtliche Informationen sowie eine stärkere Kommunikation unter den Modulmitarbeitern.

Vorteile der Prozessorientierung: Intensive Ausrichtung auf die Kundenwünsche während der gesamten Durchführung des Prozesses; Vermeidung von Rückfragen und Abstimmungsproblemen zwischen den Abteilungen; Vermeidung langer Durchlaufzeiten, die besonders dann auftreten, wenn Arbeiten von der Funktionsabteilung zur nächsten Abteilung weitergereicht werden, dort nicht unmittelbar weiterbearbeitet werden oder Rückfragen erforderlich sind. Dies lässt sich vermeiden, wenn der komplette Vorgang durch eine Organisationseinheit abgewickelt wird, innerhalb derer ein intensiver Informationsaustausch stattfindet. Ein weiterer Vorteil ist die hohe Konzentration auf die Abwicklung des Prozesses mit der Folge erhöhter Effizienz und Qualität der Abwicklung sowie einer höheren Motivation der Mitarbeiter, da eine umfassende, vielfältige Aufgabe zu erledigen ist.

Nachteile: Spezialisierungsvorteile können nicht genutzt werden; es besteht das Risiko, dass bestimmte Tätigkeiten mehrfach durchgeführt werden, wenn keine übergreifenden Funktionen mehr existieren – es können vermeidbare Doppelarbeiten auftreten; Probleme sind außerdem eine geringe Koordination zwischen den Modulen, Unteilbarkeiten und die Auflösung gewünschter Zusammenhänge.

Aufgrund der genannten Nachteile ist eine reine Prozessorientierung nicht immer sinnvoll. Zu überprüfen ist zum Beispiel eine Kombination aus Prozess- und Funktionenspezialisierung in Abhängigkeit von den zugrunde liegenden Rahmenbedingungen. Die neuen informations- und kommunikationstechnischen Entwicklungen erlauben Mischformen, die die Vorteile der Kundennähe und eine effiziente Abwicklung prozessorientierter Organisationsformen mit den Vorteilen der Spezialisierung funktionsorientierter Organisationsformen verknüpfen. Im Einzelfall ist also immer zu prüfen, ob eine prozessorientierte Organisation Sinn macht.

Fallbeispiel

Um den verschärften Wettbewerb erfolgreich zu bestehen, hat ein Bauzulieferer seine Vertriebs- und Logistikprozesse völlig umstrukturiert und spart durch die eingeleiteten Maßnahmen jährlich über eine Million Euro ein (Näheres siehe »Logistik inside«, 10/2004). Der Markt verlangt von den Produkten des Unternehmens eine hohe Verfügbarkeit, kurze Lieferzeiten und eine schnelle Realisierbarkeit von Sonderanfertigungen. Eine wichtige Basis für die Wettbewerbsfähigkeit bilden die Prozesse in den Bereichen Vertrieb und Logistik. Vor der Restrukturierung waren die Vertriebs-, Lager- und Distributionsprozesse zu umständlich und teuer, die Verkaufsgebiete waren nicht klar definiert, die Kundenstruktur war nachteilig (zu viele Kunden mit zu geringen Umsätzen beziehungsweise zu niedrigen Umsatzpotenzialen) und die Lagerkosten waren zu hoch.

Im Rahmen der erfolgreichen Neustrukturierung erfolgte der Übergang von einer produktorientierten zu einer marktorientierten Unternehmenssteuerung. Eine sehr wichtige Maßnahme war die Einführung einer prozessorientierten Aufbauorganisation mit zentralem Auftragszentrum sowie effizienten Soll-Prozessen und Dispositionsregeln nach Bevorratungsarten. Die Aufbauorganisation umfasst die Bereiche Vertrieb, Auslieferung zum Kunden und Aftersales mit klaren Verantwortlichkeiten und Strukturen in Vertrieb und Service. Die Prozessverantwortung in Bezug auf die Zeit-, Preis- und Qualitätskontrolle trägt der Vertrieb. Beim Kundenservice wurde das Prinzip »One face to the customer« umgesetzt. Die Aufteilung des Kundenservice erfolgte nach Vertriebsgebieten. Die Bestandsverantwortung liegt heute allein beim Vertriebsleiter. Niederlassungen wurden geschlossen und ein Zentrallager eingeführt. Außerdem wurde ein integriertes System für das Enterprise Resource Planning (ERP) eingeführt. Weitere Maßnahmen waren eine Reduzierung des Artikelbestands um rund 40 Prozent mit verbesserten Losgrößen in der Produktion als Folge sowie eine Kundenbereinigung um rund 30 Prozent.

2.4 Einordnung des Vertriebsbereichs im Unternehmen

Hinsichtlich der Frage, wie der Vertriebsbereich im Unternehmen einzuordnen ist, gibt es unterschiedliche Varianten:

Der Vertriebsbereich steht selbstständig neben der Marketingabteilung

Häufig arbeiten Vertrieb und Marketing hierarchisch gleichberechtigt nebeneinander. Allerdings können mit dieser Organisationsform einige gravierende Nachteile verbunden sein, zum Beispiel Konkurrenzdenken, eingeschränkter Informationsaustausch oder keine einheitliche Kundenansprache und -betreuung. Dass dadurch enorme Potenziale verloren gehen, zeigt eine österreichische Studie (vorgestellt im »Praxishandbuch Produktmanagement«, 2005). Hier wurde der Frage nachgegangen, wie viele durch Direktwerbemaßnahmen generierten Kundenkontakte ungenutzt versiegen, da die zuständigen Vertriebsmitarbeiter sie unvollständig oder zu spät bearbeiten. Nach der Studie erhalten 22 Prozent der Interessenten die Informationen, die sie aufgrund von Anzeigen angefordert haben, im Schnitt erst nach drei Wochen. Und nur bei acht Prozent der Kaufinteressenten findet eine telefonische Nachfassaktion durch einen Vertriebsmitarbeiter statt! Die Folge: Eine gute Werbung verpufft, weil niemand da ist, der ein Produkt auch »an den Mann« bringt.

Nachfolgend einige Tipps und Erkenntnisse, wie sich die Zusammenarbeit zwischen Marketing und Vertrieb verbessern lässt. Sie basieren auf einer umfassenden empirischen Studie zu diesem Thema, die von Professor Ch. Homburg, O. Jensen und M. Klarmann an der Universität Mannheim durchgeführt wurde (die Studie ist erhältlich unter http://imu.bwl.uni-mannheim.de/Shop/AP/?paket=PA08).

1. Eine perfekte Harmonie zwischen Marketing und Vertrieb ist nicht erforderlich. Pflegen Sie stattdessen eine Kultur des produktiven inhaltlichen Konflikts. Wichtig ist, dass Konflikte auf einer inhaltlich-sachlichen Ebene bleiben und nicht ins Persönliche abdriften. »Produktive Konflikte« können durchaus die Qualität von Entscheidungen verbessern. Ein gutes Beispiel dafür ist das Preismanagement. Hier kann ein gesundes Konfliktmaß zwischen Marketing und Vertrieb vor zu starker Nachgiebigkeit an der Preisfront schützen.
2. Die Rollen von Marketing und Vertrieb sollten so angelegt sein, dass das Marketing das Geschäft unter produktbezogenen, der Vertrieb unter kundenbezogenen Gesichtspunkten optimiert. Die Studien zeigen, dass in den erfolgreichsten Unternehmen die Entscheidungen aus einem produktiven Konflikt zwischen produktbezogener Optimierung und kundenbezogener Optimierung resultieren.
3. Sowohl Marketing wie auch Vertrieb müssen sich durch eine starke Marktorientierung auszeichnen (keine Dominanz von produkt- und technikorientiertem Denken). Wenn Marketing und Vertrieb stark marktorientiert ausgerichtet sind, orientieren sich die Mitarbeiter an einem gemeinsamen Ziel (dem Kunden) beziehungsweise sie haben einen gemeinsamen Gegner (den Wettbewerber). Untersuchungen

belegen immer wieder, dass eine solche Außenorientierung Konflikte im Unternehmen entspannen kann.

4. Ein gleicher Wissensstand bei Marketing und Vertrieb im Hinblick auf Produkte und Märkte erleichtert das Finden optimaler Lösungen. Durch einen gleichen Wissensstand verhindern Sie einerseits Überlegenheitsgefühle bei derjenigen Abteilung, die in einem Bereich einen deutlichen Wissensvorsprung hat, und beschleunigen andererseits die Entscheidungsprozesse.

5. Sowohl im Marketing wie im Vertrieb sind Mitarbeiter mit ausgeprägten sozialen Fähigkeiten einzusetzen (gute Kommunikationsfähigkeit, Empathie, Extrovertiertheit). Im Vertrieb sind soziale Fähigkeiten selbstverständlich, da sie im Kundenkontakt von herausragender Bedeutung sind. Bei Marketingleuten kann es jedoch vorkommen, dass geringe soziale Fähigkeiten zugunsten ausgeprägter analytischer Fähigkeiten in Kauf genommen werden.

6. Mitarbeiter in Marketing und Vertrieb müssen jeweils »die andere Seite des Zauns« kennen (zum Beispiel durch funktionsübergreifende Karrierepfade und Job-Rotation-Maßnahmen). Das ist eine der Basisbedingungen dafür, dass sich beide Seiten über die Interessenlage der jeweils anderen Seite im Klaren sind.

7. Eine gute mündliche Kommunikation zwischen den Bereichen ist das A und O für den Erfolg. E-Mails und Memos dürfen die mündliche Kommunikation nicht verdrängen. Wo viel miteinander gesprochen wird, sei es per Telefon oder in Meetings, klappt die Zusammenarbeit wesentlich besser.

8. Marketing und Vertrieb müssen die jeweils andere Seite mit bedarfsorientierten Informationen versorgen (Informationen als Bringschuld). Um die Informationsnutzung sicherzustellen, sollte neben einer regelmäßigen Überprüfung systematischer Auswertungen auch die Zahl der ausgewerteten Kennzahlen auf eine kleine, aussagekräftige Anzahl reduziert werden, die von den Mitarbeitern beider Bereiche definiert werden.

9. Die Macht zwischen Marketing und Vertrieb sollte in etwa gleichverteilt sein. Achten Sie darauf, dass Marketing und Vertrieb »auf Augenhöhe« miteinander reden.

10. Wichtig sind klare Abstimmungsprozesse und Verantwortlichkeiten. Darauf kommt es auch besonders in der internationalen Zusammenarbeit des Marketings mit allen lokalen Vertriebsorganisationen an.

11. Bereichsübergreifende Teams bringen beide Bereiche schneller ans Ziel. Auch wenn heute in vielen Unternehmen der Einsatz von Teams umstritten ist, so zeigen die Untersuchungen doch, dass in erfolgrei-

chen Unternehmen in bereichsübergreifenden Teams wirkungsvoll gearbeitet wird. Stellen Sie den Erfolg von Teamarbeit durch die nötigen Projektmanagement-Fähigkeiten und entsprechende Unterstützung sicher.

12. Planung miteinander, nicht gegeneinander. Professionell abgestimmte Marketing- und Vertriebsbereiche erstellen ihre Pläne explizit gemeinsam.

13. Marketing und Vertrieb sollten an gemeinsamen Zielen gemessen werden, die auch bei der Vergütung beachtet werden. Bei den professionell abgestimmten Marketing- und Vertriebsbereichen hängt vor allem der variable Anteil der Vergütung von dem Erreichen bereichsübergreifender Ziele ab.

14. Integration der IT-Systeme beider Bereiche. Wichtig ist einerseits, dass eine gezielte Weiterleitung wichtiger Informationen möglich ist und andererseits, dass die IT-Systeme eine Informationsaufbereitung gestatten, die dem jeweils anderen Bereich eine gezielte Nutzung der Informationen ermöglicht. Überbrücken Sie elektronische Schnittstellen durch Middleware. Bewirken Sie eine Freischaltung der Intranets von Marketing und Vertrieb füreinander, ermöglichen Sie einen Zugriff der Mitarbeiter beider Bereiche auf dieselben IT-Sichten. Beteiligen Sie Mitarbeiter beider Bereiche an der Entwicklung standardisierter Reports.

Erfolgreiche Zusammenarbeit zwischen Marketing und Vertrieb ist das Ergebnis langjähriger Kleinarbeit. Es lohnt sich deshalb nicht, auf eine Gesamtlösung zu warten, beispielsweise auf ein neues IT-System. Vielmehr gilt es, in kleinen Schritten einen Erfolgsfaktor nach dem anderen einzuführen und umzusetzen.

Fallbeispiel

Aufgrund von Wettbewerbsdruck und nicht mehr schlagkräftigen eigenen Strukturen sollten die Bereiche Marketing und Vertrieb bei einem Unternehmen aus der Chemiebranche neu strukturiert werden. Eine integrierte Projektgruppe aus Mitarbeitern von Marketing und Vertrieb wurde für das Projekt ausgewählt und sollte ein integriertes Gesamtkonzept der künftigen Markt- und Kundenbearbeitung erstellen.

Zwecks Analyse der Ausgangssituation wurden Schlüsselpersonen interviewt und Mini-Workshops mit Mitarbeitern durchgeführt. Sowohl Mitarbeiter wie auch Führungskräfte wurden frühzeitig in den Veränderungsprozess einbezogen, um Bewusstsein und Akzeptanz für die Notwendigkeit der Veränderung zu schaffen und die Datenbasis zu verbessern.

Ergebnisse der Neustrukturierung: Die Marktsegmentierung wurde nach neuen Gesichtspunkten durchgeführt, Kunden und Kundengruppen wurden neu definiert und jeweils spezielle Bearbeitungsmodelle vorgesehen. Die Aufgabenverteilung zwischen Marketing und Vertrieb wurde ganz neu gestaltet. In beiden Bereichen wurden die Prozesse neu definiert, die Aufgabenorganisation verändert und die Verantwortlichkeiten neu festgelegt. Es wurden Teamstrukturen gebildet mit jeweils speziellen Aufgaben- und Kompetenzmodellen. Die Auftragsbearbeitung wurde deutlich beschleunigt.

Der Vertriebsbereich ist in den Marketingbereich eingeordnet

Wenn Marketing und Vertrieb nicht getrennt werden, wirkt sich dies sehr positiv auf die Effizienz des Vertriebs aus. Es spricht einiges dafür, den Vertrieb als Teilbereich des Marketings zu sehen: Wenn beispielsweise in einem Marketingbereich Entscheidungen für eine kundengerichtete Werbung getroffen werden, sollte eine enge Koordination mit dem Vertrieb stattfinden, der ja die Kunden aus persönlichen Verkaufsgesprächen am besten kennt. Oder wer ist für die Preisentscheidungen zuständig? Ein Marketingbereich, der Produkte konzipiert – oder ein Vertriebsbereich, der Produkte verkaufen soll? Wenn Marketing und Vertrieb unter einer gemeinsamen Leitung zusammengefasst sind, können Entscheidungen über den Vertrieb von Produkten eng verbunden mit den anderen Teilbereichen des Marketing-Mix getroffen werden. Zum Beispiel sind Produkt- und Distributionspolitik eng miteinander verzahnt. Der Vertrieb sollte Informationen über den Bedarf der Kunden nach neuen Produkten weitergeben, während Vertriebsentscheidungen oft von spezifischen Merkmalen der Produkte abhängen.

Die Einordnung des Vertriebsbereichs in den Marketingbereich kommt auch dem modernen Ansatz des integrierten Marketings entgehen. Dieser besagt, dass die marktorientierte Sichtweise auf alle betriebswirtschaftlichen Teilbereiche des Unternehmens zu übertragen ist – mit dem Ziel, den Einsatz aller Marketinginstrumente unter Berücksichtigung bestehender Zielinterdependenzen im Unternehmen aufeinander abzustimmen. Ausgangspunkt eines integrierten Marketings bildet ein geschlossenes und aufeinander abgestimmtes Marketingkonzept. Integriertes Marketing verknüpft beispielsweise Disziplinen wie Direktmarketing oder Öffentlichkeitsarbeit und setzt Kommunikationsziele, Abverkaufsziele und zum Beispiel auch unternehmenspolitische Ziele zueinander in Beziehung.

Kommunikationskanäle sind im integrierten Marketing nicht vereinzelte Gassen, sondern miteinander kommunizierende Röhren. Über die verschiedenen Kanäle wird ein einheitliches Erscheinungsbild vermittelt, das sich langfristig in den Köpfen einprägt. Dazu werden die Kanäle vernetzt und aufeinander aufgebaut. Dies ist einfacher gesagt als getan. Welche Auswirkungen hat es zum Beispiel, wenn in bestimmen Feldern eine Aktion gestartet wird?

Integriertes Marketing steuert das Gesamtverhalten nach einer Auswertung aller betriebswirtschaftlich relevanten Impulse. Dazu ist die Sicht der Kunden, der Zulieferer, der Mitarbeiter, Geldgeber und Förderer und der Öffentlichkeit wichtig. Im integrierten Marketing erfolgt daher eine Auswertung über alle organisatorischen Teilgebiete. Voraussetzung für den Erfolg ist, dass alle beteiligten Abteilungen richtig kooperieren.

Ein Musterbeispiel integrierter Kommunikation ist das Thema Web-Collaboration. Internet und Telefon werden kombiniert, um effizienter kommunizieren zu können. Die 1 & 1 Internet AG beispielsweise setzt ein Web-Collaboration-Tool zum Kundensupport ein. So muss ein Kunde nicht lange erklären, welches Problem er hat. Stattdessen kann der Service-Mitarbeiter den Kundenbildschirm direkt einsehen, um Einstellungen zu überprüfen und Bedienungsfehler schnell zu erkennen.

Hinweis: Viele Praxisbeispiele für integriertes Marketing finden Sie in dem Sonderdruck »Leitfaden integriertes Marketing« von Dr. Thorsten Schwarz, im Internet kostenlos abrufbar unter www.absolit.de/PDF/Sonderdruck-Integriertes-Marketing.pdf.

Zentraler oder dezentraler Vertrieb?

Bei der Suche nach dem effizientesten Weg zum Kunden ist die Frage »zentraler oder dezentraler Vertrieb?« ein Dauerdiskussionsthema. In den achtziger Jahren war die Dezentralisierung *das* Schlagwort in der Unternehmensorganisation. Vor allem in Großunternehmen war ein Trend zur Strukturänderung, vor allem zur Dezentralisierung, festzustellen. Ausschlaggebend hierfür waren unter anderem das Streben nach Standortoptimierungen, der Wunsch nach größerer Flexibilität oder die Besinnung auf Kernkompetenzen. Es zeigt sich jedoch, dass die Prozesse zwar in den einzelnen Bereichen optimiert werden konnten, das Gesamtoptimum für das Unternehmen damit jedoch nicht zu erzielen war. Dezentral verteilte Prozesse erschwerten die Steuerung des Gesamtunternehmens erheblich. Hinzu kam, dass die Einführung integrierter Systeme zu Beginn der neunziger Jahre einheitliche Prozesse erforderte.

Aus einer reinen Kostenbetrachtung heraus gibt es keinen vernünftigen Grund, seinen Vertrieb oder die Vertriebsabwicklung dezentral zu gestalten. Das bestätigen auch Untersuchungen, die zeigen, dass selbst ein effizient arbeitender dezentraler Vertrieb einen erheblichen Anteil an den Vertriebskosten hat. Dennoch erweisen sich dezentrale, das heißt kundennahe Organisationen langfristig überlegen, da ein Kunde in fast allen Fällen eine Betreuung vor Ort und einen dadurch gegebenen personifizierten Kontakt schätzt und auch honoriert. Ein Vertriebsleiter drückt das Problem so aus: »Wir wollen so viel dezentrale Organisation wie möglich, sehen aber die Notwendigkeit bestimmter zentraler Funktionen.« Eventuell ist dies ein Kompromiss, um beide Seiten im Dienste des Kunden zu vereinen.

Dezentralisierungstendenz	Zentralisierungstendenz
• Divergierende Kundenbedürfnisse • »Mass Customization« (individualisierte Massenfertigung) • Zunehmende Prozess- und Kundenspezifität	• Economics of Scale (also Kostendegression bei steigender Kapazitätsauslastung und/oder ansteigenden Kapazitätsgrößen) • Economics of Scope (wenn also verschiedene Leistungen von einem Unternehmen allein kostengünstiger erbracht werden können als von verschiedenen Unternehmen) • Zunehmende funktionale und Infrastrukturspezifität

Ein möglicher Lösungsansatz: Kombination aus Internet und Distributionsnetzwerken

Das Internet ist die ideale Zentrale für Dezentralisierung. Dezentral deshalb, weil jeder Nutzer darauf zugreifen kann, wo und wann er es möchte. Zugleich ist das Internet zentral, weil Internetkanäle virtuell sind und im Unternehmen zentral zusammenkommen. Das Internet ersetzt jedoch nicht die persönlichen Beziehungen, sondern ergänzt diese. Deshalb empfehlen Experten als Strategieansatz die Verknüpfung des Internets mit dem Einsatz von Verkaufskräften, die auf der Basis eines CRM-Systems die Kontakte und Beziehungen zu den Kunden anbahnen, aufbauen und pflegen. Die Abwicklung und laufende Information der Kunden erfolgt dann anschließend über das Internet. Der besondere Vorteil: Wird die Strategie richtig umgesetzt, erhält der Kunde das Gefühl, privilegiert zu sein. Er wird dadurch sowohl in seiner Bindungsmotivation besonders gestärkt als auch in seiner Bereitschaft, Weiterempfehlungen zu geben. Entscheidend für den Erfolg ist, dass Internet und Distributionsnetzwerk sich gegenseitig ergänzen und unterstützen. Dafür ist eine interdisziplinäre Vertriebsstrategie erforderlich, die auf zwei Säulen setzt: E-Business und Live-Business.

2.5   Outsourcing des Vertriebs

Eine Möglichkeit, um bei den Problemen der Dezentralisierung Abhilfe zu schaffen, ist Outsourcing – die Vergabe bestimmter Funktionen an externe Dienstleister. Ziel: Mehr Effizienz und Qualität durch Konzentration des Unternehmens auf die Kernprozesse, zugleich aber Nutzung von Skaleneffekten und bessere Leistung durch Spezialisierung.

Wann ist eine Vertriebsauslagerung in Erwägung zu ziehen? Hier eine typische Situation, in der Outsourcing eine interessante Alternative sein kann: Die oberen Führungsebenen verringern die Kapazitäten im Vertrieb – mit der Folge, dass B- und C-Kunden die hohen Besuchskosten kaum rechtfertigen. Damit kann jedoch eine lukrative Geschäftschance verloren gehen, denn einige der B- und C-Kunden könnten sich bei aktiver Bearbeitung zu lukrativen A-Kunden entwickeln. Es lohnt sich also die Überlegung, ob nicht die Betreuung der B- und C-Kunden an einen externen Vertriebsdienstleister auszulagern ist. Dies würde einige wesentliche Vorteile mit sich bringen:

- Der eigene Außendienst kann sich auf klar abgegrenzte A- und B-Kundensegmente konzentrieren und so die Potenzialausschöpfung in diesem Segment verbessern.
- Zugleich kann die Umsatzausschöpfung bei den B- und C-Kunden deutlich gesteigert werden.
- Die ausgelagerte Vertriebseinheit kann über Zielvereinbarungen gesteuert werden. Sie kann mit der Unternehmensorganisation des Auftraggebers eng kooperieren und zum Beispiel ausgebaute B-Kunden an den Außendienst übergeben.
- Die Auftraggeber können über Best-Practice-Sharing an einer optimierten Vertriebssystematik sowie an den Erfolgsrezepten aus anderen Branchen teilhaben.
- Der ausgelagerte Vertrieb kann – im Gegensatz zu Handelsvertretungen – exklusiv für einen Auftraggeber arbeiten; es gibt keinen Gebiets-, Kunden oder Projektschutz.

Die Überlegung, den Vertrieb auszulagern, ist nicht neu. Viele Branchen arbeiten schon lange mit Handelsvertreterorganisationen zusammen. Vergleichsweise neu ist es in Deutschland dagegen, den Vertrieb als virtuellen Teil der eigenen Organisation auszulagern.

Grundsätzlich ist eine Auslagerung des Vertriebs in fast jeder Branche möglich. Bedingung ist, dass es sich um ein Standardprodukt- oder Systemgeschäft mit Standardware handelt. Außerdem sollte es in der betreffenden Branche eine hohe Anzahl von Kunden beziehungsweise Points-of-Sales geben. Dies gilt auch für erklärungsbedürftige Produkte, sowohl im Direktgeschäft wie auch im mehrstufigen Vertrieb. Eine Vertriebsauslagerung ist gut geeignet, wenn zum Beispiel ein Unternehmen wachsen will, wenn ein neues Produkt am Markt eingeführt oder eine neue Region erschlossen werden soll oder wenn die Neukundengewinnung angekurbelt werden soll und dafür keine eigene adäquate Vertriebsmannschaft zur Verfügung steht. Außerdem können durch eine Vertriebsauslagerung fehlende interne Ressourcen ersetzt und die Umsetzungsgeschwindigkeit und Flexibilität erhöht werden.

Vorbereitung und Durchführung einer Auslagerung

Der Spezialist für Vertriebs-Outsourcing, Walter Kapp (www.suxxeed.de), empfiehlt, bei einer Vertriebsauslagerung systematisch nach folgenden Stufen vorzugehen:

Stufe 1: Analyse der gesamten Wertschöpfungskette im Vertrieb und Ermittlung der vorhandenen Möglichkeiten zur Wertsteigerung. Klären Sie hierzu die folgenden Fragen: Ist die heutige Aufteilung der Verkaufsgebiete noch gerechtfertigt? – Wie lange dauert ein typischer Verkaufsprozess von der Identifikation der potenziellen Kunden bis zum Abschluss? – Nach welchen Kriterien werden rechtzeitig profitable Kunden von unrentablen getrennt? – Wird der jeweilige Kundenwert ermittelt und die Einteilung der Kundengruppen darauf ausgerichtet? Welche Einsparpotenziale sind erkennbar?

Stufe 2: Entwicklung eines geeigneten Vertriebsmodells, das die ermittelten Wertschöpfungstreiber aus der ersten Stufe bewertet und diese mit Zielgrößen versieht. So lässt sich eine Kosten-Nutzen-Rechnung erstellen, die als Entscheidungsgrundlage für die Implementierung dient. Üblicherweise erfolgt der Return-on-Investment zwischen sechs und zehn Monaten.

Stufe 3: Durchführung der Umsetzungsphase auf der Basis einer intensiven Abstimmungsphase, wobei alle Prozesse beachtet werden. So wird sichergestellt, dass der ausgelagerte Teil zu einem verlängerten Arm des eigenen Vertriebs wird und als virtueller Teil der eigenen Unternehmensorganisation tätig werden kann. Den Tätigkeiten ist eine optimierte Kosten-Nutzen-Berechnung zugrunde zu legen. Beispielsweise können die B- und C-Kunden hauptsächlich über das Telefon betreut werden. Die Kosten für diesen virtuellen Kundenbesuch machen nur zirka ein Zwanzigstel des Außendienst-Besuches aus. Zusätzlich können Roadshows, Direktmarketing und gelegentliche Außenbesuche unter Beachtung der Kostenoptimierung zum Einsatz kommen.

Natürlich bietet sich in diesem Zusammenhang der Gedanke an, die Betreuung der B- und C-Kunden nicht nach außen zu verlagern, sondern dem Innendienst zu übertragen. Die Praxis zeigt jedoch, dass viele Innendienstmitarbeiter aufgrund anderer Tätigkeiten nicht die dafür nötige Zeit haben oder dass ihnen das nötige Geschick fehlt.

Über eine Vertriebsauslagerung lassen sich – branchenbedingt – zirka 200 bis 300 Kunden pro Vertriebsmitarbeiter aktiv betreuen. Dabei geht es um den Aufbau einer intensiven und persönlichen Kundenbetreuung, nicht um das einfache Abtelefonieren von Adressen.

Anforderungen an ein erfolgreiches Outsourcing

Wichtig ist die Sicherstellung einer intensiven und möglichst unbeschränkten Kommunikation zwischen den Vertragspartnern – und zwar in technischer, fachlicher und sozialer Hinsicht. Außerdem sind eine exakte gemeinsame Zielformulierung, eine eindeutige Vertragsgestaltung und die Entwicklung geeigneter, von allen Beteiligten akzeptierten Mess-, Steuerungs- und Kontrollsysteme vorzunehmen. Sehr wichtig ist auch die Wahl eines geeigneten Vertriebsdienstleisters. Nachfolgend dazu einige Auswahlkriterien:

Checkliste: Kriterien für die Auswahl eines Vertriebsdienstleisters
Über welche Erfahrung verfügt der potenzielle Partner in der Vermarktung erklärungsbedürftiger Dienstleistungen?
Welche Referenzen liegen vor?
Werden die Verkäufer des potenziellen Partners mit nachvollziehbaren Methoden geschult?
Erarbeitet er eine nachvollziehbare »Selling-Story«, die auf das jeweilige Projekt Bezug nimmt?
Hat er ein eigenes webbasiertes CRM-System, das eine Kontrolle des Vertriebsfortschritts ermöglicht und auf das der Kunde zugreifen kann?
Ist im Vertrag ein Handelsvertreter-Status weitgehend ausgeschlossen?

Kann der potenzielle Partner auf der Basis einer eigenen Datenbank eine kostenlose Marktpotenzialanalyse zur Verfügung stellen?
Werden die Verkäufer über die gesamte Projektlaufzeit kontrolliert und gecoacht?
Arbeiten die Verkäufer des potenziellen Partners nur auf Provisionsbasis? (Achtung, verzweifelte Verkäufer sind keine guten Verkäufer)
Werden die Verkäufer wirklich nur für einen Kunden tätig?
Ist ein Rücktritt möglich, wenn die vorgestellten Verkäufer den Vorstellungen des Auftraggebers nicht entsprechen?
Ist die Kündigungsfrist (sechs Wochen ohne Angabe von Gründen) im Vertrag klar geregelt?

Vorteile von Outsourcing: höhere Umsätze, kurzfristige Kostensenkung, schlanke Verwaltung, geringere Kapitalbindung, Beschleunigung der Prozesse, Erzielung von Steuerersparnissen, Senkung des Haftungsrisikos, Privilegien für Kleinunternehmen können beansprucht und bestehende Tarifgefälle ausgenutzt werden.

Nachteile: Da der externe Dienstleister bei einigen Ihrer Kunden das »Ohr am Markt« hat, kann es vorkommen, dass dem eigenen Unternehmen wichtige Informationen von den Kunden beziehungsweise dem Markt entgehen (Know-how-Verlust). Deshalb empfiehlt es sich, zum Beispiel für die Marktforschung und die Produkt- und Preisgestaltung systematisch Informationen vom externen Dienstleister zu beschaffen. Manche Unternehmen scheuen auch die Abhängigkeit von Dritten im Umgang mit sensiblen Finanz-, Kunden- oder Personaldaten. Ein weiterer Faktor sind die hohen Wechselkosten. Da ein wichtiger Teil des eigenen Know-hows das Unternehmen verlässt, ist ein »Insourcing«, also das Rückgängigmachen des Outsourcing, nur mit großem Aufwand möglich. Außerdem entstehen hohe Kosten bei der Anpassung der Prozessabläufe, weil Schnittstellen installiert und Prozesse vereinheitlicht werden müssen.

Generell ist eine klare Tendenz zu erkennen: Je näher am Kunden und je interaktiver mit dem Kunden, desto eher muss die Leistungserstellung inhouse erfolgen. Zu den Funktionen, die Unternehmen häufig nicht outsourcen wollen, zählt insbesondere das Key-Account-Management, denn der Kontakt zu Top-Kunden muss so eng wie möglich bleiben. Auch vor einem vollständigen Outsourcing des Außendienstes schrecken viele Unternehmen zurück.

Fallbeispiel

Bei einem großen Getränkehersteller erfordern das wachsende Produktportfolio, die zunehmende Internationalisierung auf der Kundenseite sowie auch die regionale Bedeutung der Gastronomie eine effiziente, kundennahe Organisation und somit eine Neuausrichtung. Nach Integration einer neuen Getränkemarke wird die Vertriebsorganisation neu strukturiert.

Ziel: Maximale Effizienz und bestmöglicher Kundenservice; noch schnellere und flexiblere Reaktion auf kurzfristige/saisonbedingte Anforderungen des Marktes; klare Erfolgskontrolle

Wichtigste Maßnahmen: Neustrukturierung des Außendiensts; ein Team aus eigenen erfahrenen Mitarbeitern sowie spezialisierten, externen Agenturen ist jetzt für den Vertrieb aller Marken zuständig. 40 Agenturmitarbeiter sind nur für den Getränkehersteller tätig. Mit einer streng nach Nielsen-Gebieten organisierten Mannschaft werden die mehreren tausend Outlets regelmäßig betreut. Zudem werden die Bereiche Systemgastronomie, Franchise und Getränkefachgroßhandel neu strukturiert und in den Bereich Sales Operations integriert. Im Organisationsbereich Franchise sollen eine stärkere Einbindung der Abfüller, eine straffe Anbindung an die internationalen Account-Teams sowie eine eigene Mannschaft für den Getränkefachgroßhandel für den Ausbau des Produktportfolios in der Gastronomie sorgen.

2.6   Auslagerung intern: Shared Services Center

Um den Problemen des Outsourcings zu begegnen, sind in den letzten Jahren sogenannte Shared Services Center (SSC) eine beliebte Einrichtung geworden. Auf den ersten Blick stellen SSC eine Form der Zentralisierung dar. Denn Aufgaben, Funktionen oder Tätigkeiten, die bislang in gleicher oder ähnlicher Form an mehreren Stellen im Unternehmen durchgeführt wurden, werden nun an einer (manchmal auch mehreren) zentralen Stelle, dem Shared Services Center, zusammengefasst, um durch Skaleneffekte effizienter und kostengünstiger zu arbeiten. SSC sind rechtlich und wirtschaftlich selbstständig, werden überregional an optimalen Standorten errichtet und übernehmen überwiegend Unterstützungsfunktionen.

Ziel der Einführung von Shared-Services-Centers ist es, mehrere Organisationseinheiten zu unterstützen und den Ressourceneinsatz zu optimieren. Lufthansa, Bayer, BASF und MAN sind nur einige Beispiele von bekannten Unternehmen, die verschiedene Querschnittsfunktionen in SSC separiert haben. Dabei lässt sich die Implementierung einer solchen Organisationsform nicht nur in Großunternehmen durchführen. Auch für mittlere und kleinere Unternehmen besteht darin eine Möglichkeit, zum Erhalt beziehungsweise zur nachhaltigen Erhöhung der Wettbewerbsfähigkeit beizutragen.

Meistens handelt es sich bei den Aufgaben eines Shared-Services-Centers um indirekte, dienstleistende Funktionen für die eigentlichen Kernbereiche des Unternehmens. Diese teilen sich dann die Inanspruchnahme und die Kosten für ein solches SSC, das ihnen gegenüber wie ein Dienstleister am Markt auftritt. Auf den zweiten Blick ist die Einrichtung von SSC aber auch ein Element der Dezentralisierung. Die Geschäftseinheiten können gerade durch Shared Services Center dezentral effektiver und effizienter arbeiten. Zugleich soll das SSC eng mit den Geschäftseinheiten zusammenarbeiten.

Zwischen den Unternehmenseinheiten und den SSC werden sogenannte Service Level Agreements vereinbart, die Leistungsgegenstand und -umfang sowie Verantwortlichkeiten bestimmen. Qualität und Geschwindigkeit der Leistungserbringung werden mithilfe aussagefähiger Kennzahlen (Key Performance Indicators, KPIs) festgelegt und überwacht. Zugleich werden wie bei einem externen Partner Entgelte in Form von Verrechnungspreisen vereinbart. Die Überwachung der Leistung des SSC erfolgt durch dessen (unternehmensinterne) Kunden und durch die Unternehmensleitung. Bei der Planung eines Shared-Services-Centers sind einige wichtige Fragen zu beachten:

1. Welche Aufgaben beziehungsweise Funktionen lassen sich in einem Shared-Services-Center zusammenfassen? (Sind bündelungsfähige Aufgaben bzw. Mehrfachaufgaben vorhanden?) 2. Welche Kosten verursacht die Leistungserbringung in einem SSC? 3. Welche Kosteneinsparungen lassen sich realisieren? 4. Welche Volumenvorteile und/oder Leistungsvorteile ergeben sich? 5. Welche Leistungen und welche Service-Qualitäten müssen vom SSC erbracht werden? 6. Wie werden die Vorteile der Kosteneinsparungen und der Leistungen in der Praxis verwirklicht? 7. Wie werden die Mitarbeiter auf ihre neuen Aufgaben vorbereitet? 8. Welche Machtfaktoren sind zu beachten? (Durchsetzbarkeit von SSC, Mitarbeitervertreter et cetera).

»Geeignet für die Abwicklung durch ein SSC sind grundsätzlich alle Prozesse, die auch ein externer Dienstleister übernehmen könnte«, so Jochen Pampel, Partner im Bereich Advisory bei KPMG (www.kpmg.com). Das sind typischerweise unterstützende Tätigkeiten, die nicht zur Kerntätigkeit des Unternehmens gehören und die in hohem Maße standardisierbar sind. Dazu zählen insbesondere Aufgaben aus Verwaltung, Einkauf, Kundendienst, Finanz- und Personalwesen, IT, Marketing und Vertrieb sowie zahlreiche Backoffice-Funktionen. Pampel: »Sobald sich die neuen Abläufe standardisiert haben, realisieren wir Ersparnisse von 20 bis 35 Prozent.« Damit das Konzept Shared-Services-Center zum Erfolg führt, sind einige wichtige Herausforderungen zu beachten (vgl. hierzu: Dr. Martin Lippert, Shared-Services-Center – Herausforderungen und Chancen, nachzulesen unter www.cio.de):

1. Klare Zielformulierung für das SSC	Soll es sich um ein Cost- oder ein Profit-Center handeln? Im ersten Fall werden die Produkte zu ihren reinen Kosten weitergegeben. Ein Profit-Center dagegen gibt die Produkte mit Gewinnaufschlag weiter und spricht zusätzlich den Drittmarkt an. Ein noch wichtigerer Erfolgsfaktor als bei einem Cost-Center ist hier die Standardisierung der angebotenen Leistungen. Ein Profit-Center lohnt sich nur, wenn der adressierbare Markt eine ausreichende Größe hat.
2. Mikropolitik	Wichtige Erfolgsfaktoren eines SSC sind: a) richtige Einschätzung der Interessen aller Beteiligten; b) klare Definition der Verantwortung und der Prozesse sowohl innerhalb des SSC wie auch in der Zusammenarbeit mit den Fachbereichen Tipp: Suchen Sie einen Sponsor aus einer möglichst hohen Unternehmensebene, der die Entscheidung mitträgt und bei der Durchsetzung hilft
3. Organisation	Das SSC muss eine Dienstleistungsorganisation aufbauen, die die Kundenanforderungen genau kennt und daraus ein bedarfsgerechtes Leistungsangebot erstellt; die Fachbereiche als Auftraggeber müssen ein professionelles Anforderungs-Management einrichten, das ihren Bedarf genau beschreibt Tipp: Auf beiden Seiten sollten »Brückenköpfe« mit neuen Rollen eingerichtet werden, die das Demand-Supply-Management ausführen Wichtig ist außerdem eine gute Vorbereitung der Mitarbeiter auf ihre neuen Rollen: Die Center-Mitarbeiter benötigen eine starke Kundenorientierung, die Fachbereiche müssen sich auf das Management von Dienstleistern konzentrieren und nicht auf die eigene Durchführung der Leistung

4. Gestaltung der Produkte und Services	Nötig sind ein sauberer Aufbau der Produkte sowie eine marktgerechte Angebots- und Preisgestaltung; es hat sich bewährt, Produkte und Serviceleistungen in ihre Leistungsbestandteile zu zerlegen und zu neuen, marktüblichen Produkten zusammenzufügen, deren Preise mit ausgewählten Referenzgruppen verglichen werden Tipp: Bieten Sie, wann immer es möglich ist, standardisierte Komponenten an
5. Kontrolle	Es werden Kennzahlen benötigt, die den Erfolg eines SSC messbar machen (u. a. auch, um den eigenen Mehrwert im Vergleich zu Outsourcing-Alternativen zu verdeutlichen); eine geeignete Kennzahl ist zum Beispiel die anhand einer Befragung ermittelte Projektzufriedenheit bei der Fachabteilung; die Kennzahlen müssen außerdem unterschiedliche Perspektiven abbilden, beispielsweise Stückkosten genauso wie Gesamtkosten

Vorteile von SSC: Spezialisierung (die Standardisierung von Prozessen sichert den Erfahrungsaustausch aufgrund einer höheren Spezialisierung); Transparenz (durch die Standardisierung von Prozessen größere Transparenz bei der Leistungserbringung); Kundenorientierung (Angebot eines marktgerechten Service an die meist internen Kunden, um wettbewerbsfähig gegenüber den Mitbewerbern zu bleiben); Kosteneinsparungen (durch Abbau von Personal, Neuorganisation von Aufgaben, Standortverlagerung); mehr Flexibilität; Kompetenzbündelung; die Servicequalität dezentraler Geschäftsbereiche kann gesteigert werden; Konzentration der Geschäftseinheiten auf ihr Kerngeschäft; dank erzielbarer Skaleneffekte und einer stärkeren Kundenorientierung kann dem Kundenwunsch nach höherer Leistungsqualität bei reduzierten Kosten Rechnung getragen werden; Aufbau von zentralem Know-how im eigenen Unternehmen.

Nachteile: höherer Abstimmungsbedarf; Widerstände (Machtfrage); gegebenenfalls Doppel- und Mehrfacharbeit; Distanz vom Geschäft.

Der Innendienst als »interner Outsourcer«

Um dem Kundenbedürfnis nach flexibler und schneller Betreuung Rechnung zu tragen, empfiehlt Helga Schuler in ihrem Beitrag »Der neue Innendienst«, in »salesBusiness, Heft 11, November 2006«, die Innendienstabteilung als eine prozess-, kunden- und performanceorientierte Geschäftseinheit aufzubauen. Sie plädiert für eine neue Rollenverteilung zwischen Außen- und Innendienst: Der Vertrieb bzw. der Außendienst ist Auftraggeber, der Innendienst ist Auftragnehmer. Der Außendienst übernimmt die gesamte Verantwortung für den jeweiligen Kunden und den entsprechenden Verkaufsprozess. Das heißt, dass er auch die Teilprozesse festlegt, die vom Innendienst ausgeführt werden und dass er diese nach außen verantwortet. Der Innendienst verkauft seine Dienstleistung im Verkaufsprozess wie ein »interner Outsourcer«.

Wichtig für ein effektives Arbeiten des Innendienstes sind quantitative und qualitative Zielvorgaben in den Innendienstabteilungen (auch außerhalb des Callcenters) – die heute noch kaum realisiert werden. Auch der Innendienst sollte durch schlanke Prozesse gekennzeichnet sein und der Ressourceneinsatz entsprechend vorgegebener Servicelevel geplant und gesteuert werden. Außerdem sollte die Performance des Innendienstes gemessen werden. Die Performance ist ein Maß der Zielerreichung, indem sie das Verhältnis von tatsächlichem Output zu einem festgelegten (Standard-)Output bezogen auf die Einsatzmenge darstellt. Dabei beinhaltet Performance eine Bewertung des Ergebnisses und des Einsatzes mit Zielen, Standards oder Referenzen.

Helga Schuler vertritt folgende Thesen für eine künftige Organisationsgestaltung: Neue Business-Einheiten machen ihr Know-how zum Kerngeschäft und bieten dieses ihren internen Kunden an: a) Vertriebseinheiten, die über Telemarketing- und Direktmarketing-Know-how verfügen und Aktivitäten in der Bestandskundenbetreuung und der Neukundengewinnung ausüben, vertreiben direkt und/oder übernehmen im Auftrag des Außendienstes Teilprozesse; b) Shared-Services-Center beliefern unterschiedliche Organisationseinheiten mit Dienstleistungen, wobei es sich vor allem um Steuerungs-, Support- und Administrationstätigkeiten handelt; c) in Kompetenzzentren kümmern sich zentrale Expertenteams um unternehmensweit besonders wichtige Themen, wie etwa das Beschwerdemanagement; d) ein weiterer Bereich sind die Callcenter/Communication Center, die aus heutiger Sicht Vorläufer für eine prozess-, performance-, vertriebs- und kundenorientierte Geschäfteinheit im Innendienst sind.

Fallbeispiel

Bei einer Auto-Leasing-Firma wurde die rein regional gegliederte Struktur des klassischen Direktvertriebs den veränderten Ansprüchen der Großkunden und den Anforderungen des Vertriebs an kleine Firmenkunden nicht mehr gerecht. Es bestand die Gefahr, dass die wichtigen Key-Accounts nicht mehr angemessen betreut wurden. Der Vertrieb war Teil einer Profit-Organisation, in der jede Abteilung es vor allem im Sinn hatte, ihre Kosten zu optimieren. Anforderungen des Marktes und der Kunden im Unternehmen umzusetzen war für den Vertrieb mit enormen Schwierigkeiten verbunden. Im Rahmen einer Umstrukturierung wurden verschiedene Strategien für drei neue Kundensegmente »Key-Accounts«, »Firmenkunden« sowie »Geschäfts- und Privatkunden« entwickelt. In den beiden erstgenannten Bereichen hat der Außendienst den Lead über die gesamten Verkaufsprozesse. Der dritte Bereich wurde dem Innendienst als eigenständiger Vertriebsweg übertragen. Die Konsequenz: Während der Außendienst früher in der Gebietsverantwortung für alle Kundensegmente zuständig war, kommen die Ressourcen nun konzentriert zum Einsatz.

Die Profit-Center-Organisation wurde aufgelöst. Nur noch der Außendienst wird heute als Profit-Center geführt. Der Innendienst ist ein professioneller Dienstleister mit Vertriebskompetenz geworden, versteht sich auch konsequent als solcher und stellt ein eigenes Dienstleistungsportfolio auf. Der Außendienst ist Auftraggeber, der Innendienst Auftragnehmer und die Zusammenarbeit ist in einem Dienstleistungsvertrag geregelt. Es bestehen eindeutige Dokumentationspflichten und festgelegte Servicelevels, die erfüllt werden müssen.

Das Ergebnis: Der Außendienst erhöhte nach der Umstrukturierung seinen Vertragsbestand um 10 Prozent, die durchschnittliche Vertragsbetreuung pro Innendienstmitarbeiter nahm um 15 Prozent zu. Das Neugeschäft lag deutlich über der Planung.

2.7 Ablauforganisation im Vertrieb

Eine klare Strukturierung der Abläufe im Vertrieb und Leitlinien für deren Umsetzung sind die Voraussetzung dafür, dass der Vertriebserfolg nicht dem Zufall überlassen wird. Erfolgreiche Vorgehensweisen müssen analysiert und multiplizierbar gemacht werden, während erfolglose Methoden künftig zu vermeiden sind. Durch eine prozessorientierte Betrachtung der Abläufe im Vertrieb lässt sich eine systematische Steuerung erreichen. Durch Standardisierung werden die Abläufe transparent, so dass die Steuerung auch wirksam eingreifen kann.

Regelung der Vertriebsprozesse

Wie die anderen Geschäftsprozesse auch, legt ein moderner Vertriebsprozess fest, was wie zu tun ist. Vergleicht man ihn mit einem Produktionsprozess, so stellt sich bei einer Prozessbetrachtung die Frage nach den Inputfaktoren, der Wirkungsweise und den angestrebten Vertriebszielen.

Wie viel muss man von welchem Inputfaktor hineingeben, um welches Ergebnis zu erzielen? Und wie steuert man im Verlauf das Erreichen von Zwischenzielen, um rechtzeitig gegensteuern zu können?

Prinzipdarstellung der Zerlegung von Prozessen in einzelne messbare Schritte

Grundsätzlich umfasst eine Prozessoptimierung drei Schritte. Zunächst werden die bestehenden Abläufe (Ist-Prozesse) analysiert. Dann werden Verbesserungen besprochen und daraus die Änderungen gefolgert, die in »zukünftigen Abläufen« (Soll-Prozessen) berücksichtigt werden sollen. Anschließend werden die Maßnahmen vereinbart, um den Soll-Zustand zu erreichen.

Ein *Vertriebsprozess* beschreibt die Vorgänge von der Generierung beziehungsweise dem Eingang einer Anfrage bis zum erfolgreichen Auftrag. Dieser Prozess ist vielschichtig und vor allem langwierig und wird deshalb in einzelne Arbeitsschritte aufgegliedert. Jeder Arbeitsschritt besteht aus einer *Verkaufsaktivität* – zum Beispiel der telefonischen Terminvereinbarung –, einer *Erfolgskennziffer*, dem *Ergebnis* sowie dem nötigen *Zeitbedarf*.

Als Beispiele für *Verkaufsaktivitäten* können genannt werden: Erstkontakt und Neukundenakquise (Vorgehen bei der Terminvereinbarung), Vorbereitung und Durchführung der Kundenbesuche, Dokumentation der Gespräche, Bestimmung der weiteren Vorgehensweise (zum Beispiel die Auflistung der noch zu besorgenden Informationen über einen Kunden) sowie die Angebotserstellung. Außerdem ist zu bestimmen, nach welcher Zeit und in welcher Form das Nachfassen durchgeführt werden soll und welche Regeln und Spielräume für die Verhandlungen mit den Kunden gelten sollen. Nach einem erfolgreichen Abschluss folgen Auftragseingang und -bearbeitung, Auslieferung und/oder Übergabe an den Kunden, Nachbetreuung und After-Sales-Service.

Jede Phase stellt selbst einen eigenen Vertriebsprozess (zum Teil wiederum mit Unterprozessen) dar, wobei die Prozesse miteinander verzahnt sind, aber sich auch deutlich voneinander unterscheiden. So weist zum Beispiel der Prozess der Neukundengewinnung ganz andere Merkmale auf als die Bestandskundenpflege und könnte wie folgt beschrieben werden: Ein Unternehmen stellt in einem Mailing dem Kunden ein neues Produkt vor. Dem Kunden stehen nun zwei Alternativen zur Auswahl: a) Er verwendet die Antwortkarte und bestellt ein Muster; b) er reagiert nicht. In diesem Fall wird ihm nach sieben Tagen automatisch ein Nachfassmailing geschickt. Antwortet der Kunde nun wiederum nicht, so fällt er automatisch in den Topf der Nichtreagierer. Die Reagierer bekommen ihr gewünschtes Muster zugeschickt. Zehn Tage später wird telefonisch nachgefasst und es wird ein Angebot unterbreitet. Auf jeder Stufe lassen sich Erfolgskennziffern in Abhängigkeit von der Reaktion des Kunden bilden. Zum Beispiel werden in der ersten Stufe des Mailings vielleicht drei Prozent reagieren. Die Erfolgskennziffer gibt somit Auskunft über die Produktivität des betrachteten Arbeitsschrittes. In dieser Form kann jede Verkaufsaktivität dargestellt werden.

Die *Erfolgskennziffer* gibt an, wie viele Kontakte mit positivem Ergebnis abgeschlossen wurden. Kennziffern bestehen immer aus einem Wertepaar, nämlich Soll und Ist. Soll entspricht einer Zielvorgabe, Ist dem tatsächlich erreichten Wert. Hier ein Beispiel:

Kriterium	Messdatum	Ergebnis
Erfolgs-kennziffer	Soll: aus der vorangehenden Telefonaktion müssen acht Prozent aller Kunden in der folgenden Verkaufsaktivität noch enthalten sein	Ist: Sieben Prozent sind noch in der Pipeline
Ergebnis	Kunden haben einem Besuchstermin zugestimmt	./.
Zeitbedarf	Soll: innerhalb von sechs Wochen nach Beginn der Telefonaktion	Ist: Die Telefonaktion hat sieben Wochen gedauert

Vorgehen bei der Gestaltung von Vertriebsprozessen

Thorsten Faltings, Geschäftsführer von UpSell (www.upsell.de) beschreibt folgende vier Module als Motoren eines modernen Vertriebsprozesses:

1. Einführung *standardisierter Zwischenziele* (Meilensteine). Diese geben die Abläufe im Verkaufszyklus vor und bestimmen, was bis wann getan werden muss. Durch die Meilensteine bekommen Sie einen objektiven Maßstab an die Hand, um beurteilen zu können, ob der Ressourceneinsatz für den jeweiligen Kunden beziehungsweise die betreffende Phase des Vertriebszyklus gerechtfertigt ist. Wichtig ist eine sorgfältige Definition der Zwischenziele; sie müssen sowohl hinsichtlich des Timings wie auch hinsichtlich der Komplexität und Umsetzbarkeit zu den jeweiligen Bedingungen des Verkaufsprozesses passen.
   Wie legen Sie die richtigen Meilensteine fest? Der Weg zu dem passenden Prozess fängt damit an, dass Sie Ihre aktuellen Verkaufsaktivitäten definieren und dokumentieren, und dass diese verständlich und für alle Beteiligten nachvollziehbar sind. Ein erprobter Weg:

Analysieren Sie die in der Vergangenheit erfolgreich durchgeführten, aber auch die ergebnislosen Verkaufsaktivitäten. Wo sind übereinstimmende Umstände und Verhaltensmuster zu erkennen? Dieses Verfahren hilft Ihnen, Erfolg versprechende Zwischenziele zu identifizieren, die als Meilensteine dienen können. Wichtig ist, dass die Meilensteine stets überprüfbar sind.

2. Festlegung *einheitlicher Vorgehensweisen mittels Standardisierung.* Betrachten Sie den Ansatz der Standardisierung positiv. Es geht nicht darum, starre Verhaltensvorgaben zu machen, sondern darum, Nachvollziehbarkeit und Vergleichbarkeit zu erwirken, wie die vorgegebenen Meilensteine von den Mitarbeitern erreicht werden sollen. Hierzu sind verschiedene Regeln und Standards einzuführen. Dazu zählen in jeder Phase des Kaufzyklus die Art der Kundenansprache, die Positionierung des Produkts sowie die Ermittlung wichtiger Entscheidungsträger beim Kunden. Durch die Vorgabe von Standards können Sie sicherstellen, dass die Ergebnisse nicht wie üblich auf (unsicheren) Annahmen der Mitarbeiter oder zu spät überprüfbaren Daten, wie zum Beispiel nicht abgeschlossenen Verträgen, beruhen.

3. Bestimmung *überprüfbarer Ergebnisse.* Nur Messdaten ermöglichen eine objektive Beurteilung, ob die Meilensteine erreicht wurden. Daher gehören die oben bereits erwähnten Erfolgskennziffern in ebenso nachvollziehbarer standardisierter Form zum absoluten Mussrepertoire Erfolg versprechender Geschäftsprozesse. Sie sind der eigentliche Antrieb für die Vertriebsmannschaft und für den Verkaufsleiter das Mittel der Wahl, um den Prozess im Fluss zu halten. Sie geben ihm jederzeitige Transparenz über die Erfolgsquote und die nötige Sicherheit, die gesetzten langfristigen Ziele auch verlässlich erreichen zu können.

4. Bereitstellung von *Hilfsmitteln* für die Mitarbeiter. Geeignete Hilfsmittel sind das Schmiermittel für die Motivation der Mitarbeiter und steigern die Qualität der Kundengewinnung. Durch Automatisierung im Verkaufsprozess entlasten Sie die Mitarbeiter von einigen lästigen Routineaufgaben. Beispiele für solche Hilfsmittel sind Dokumente zur Positionierung der Angebote in Abhängigkeit von den jeweiligen Gesprächspartnern, Gesprächsleitfäden zur Erreichung der Meilensteine oder Vorlagen, um die Zwischenschritte zu dokumentieren. Ein bedeutendes Hilfsmittel sind auch CRM-Systeme, die den kompletten Verkaufszyklus begleiten. Hier können alle Kundendaten und Kontaktinformationen zentral gespeichert werden. Außerdem liefern sie Auswertungen zur Effizienz und Effektivität der angelegten Maßnahmen weitgehend auf Knopfdruck. Mit einem CRM-System können

Effizienz und Effektivität der Vertriebsprozesse deutlich gesteigert werden.

Durch die Aufgliederung des Vertriebsprozesses können Sie also für jeden einzelnen Arbeitsschritt Ziele definieren. Anhand der Erfolgskennziffern messen Sie in jeder Arbeitsstufe die Erfolgsquote und damit indirekt die Produktivität. Der wesentliche Vorteil gegenüber einer Messung des Gesamtergebnisses am Ende des Vertriebsprozesses (zum Beispiel 15 Prozent mehr Umsatz im nächsten Jahr) besteht darin, dass Sie über konkrete Handlungsanweisungen verfügen, wie das Gesamtergebnis erreicht werden soll, dass Sie eine deutlich höhere Beeinflussbarkeit der Zielerreichung haben und innerhalb kürzerer Abständen wissen, ob Ihre Mitarbeiter noch auf dem richtigen Weg sind. Wenn Sie entsprechende Erfolgskennziffern vorliegen haben, können Sie dem Verkäufer genaue Vorgaben machen, wie er die jeweiligen Ziele erreichen soll. Soll die Umsatzsteigerung beispielsweise künftig weiter über die teure Neukundenakquise erfolgen oder über Bestandskundenakquise? (Wie genau: Über Cross-Selling? Oder über eine Erhöhung der Verwendungshäufigkeit? Oder über eine Erhöhung des Lieferanteils?)

Hinweis: Ein praktisches Beispiel für die Prozessoptimierung finden Sie anhand der Auftragsabwicklung in Teil 5, Abschnitt 5.4, ausführlich dargestellt.

Exkurs Verkaufszyklus – Kaufzyklus

In diesem Buch wurde bereits mehrfach auf die Notwendigkeit hingewiesen, den Kunden in den Mittelpunkt aller Planungen und Aktivitäten zu stellen. Um sich mit dem Prozessgedanken auch aus der Kundensicht besser vertraut zu machen, ist die Verkaufszyklus- beziehungsweise Kaufzyklusanalyse ein nützliches Hilfsmittel.

Der Verkaufszyklus Ihrer Verkäufer muss sich am Kaufzyklus Ihrer Kunden ausrichten. Ihre Verkäufer müssen sich darauf einstellen, dass die Kunden bestimmte Verhaltensmuster und Entscheidungsabläufe haben, die den Verkäufern im Verlauf eines Verkaufszyklus Aktionen abverlangen, um am Ende zum Abschluss zu kommen.

Deshalb ist es wichtig, dass Ihre Verkäufer ihren Verkaufszyklus beschreiben und analysieren. Dabei ist zu bedenken, dass dieser von Kunde zu Kunde beziehungsweise von Entscheider zu Entscheider, von

Branche zu Branche und vor allem natürlich von Produkt zu Produkt verschieden ist.

> Tipp: Um die Dinge aus der Kundenperspektive zu sehen, empfiehlt es sich, dass die Verkäufer den Zyklus nicht aus der Sicht des verkaufenden Unternehmens (also nicht als *Verkaufs*zyklus) beschreiben, sondern aus der Sicht des Kunden, des Käufers, also als *Kauf*zyklus. Das macht die Sache etwas schwieriger, etwas abstrakter; hilft aber besser, sich den Vorstellungs- und Verhaltenswelten des Kunden zu nähern.

Ein weitgehend allgemein gültiger Kaufzyklus aus Sicht des Kunden sieht wie folgt aus:

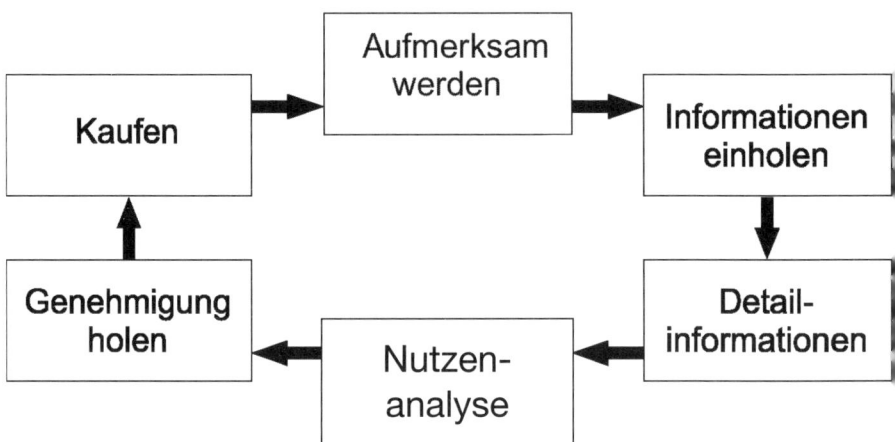

Je präziser Ihre Verkäufer auf dieser Basis des Kaufzyklus ihren Verkaufszyklus beschreiben können, desto besser werden sie die Verkaufszyklusplanung durchführen und später umsetzen können. Ihre Aufgabe besteht darin, genau zu analysieren und festzuhalten, wie der Kaufzyklus bei ihren eigenen Kunden abläuft und wie sie dann entsprechend ihren Verkaufszyklus gestalten müssen. Ziel der ganzen Arbeit ist es letztendlich, den Kunden so schnell und so effizient wie möglich durch den Zyklus zu bringen und ihn damit zum Käufer zu machen.

Nach der Zyklusanalyse geht es im nächsten Schritt darum, zu untersuchen, wie lange die einzelnen Phasen dauern. Dazu sollten die Verkäufer zunächst mit einfachen Annahmen anfangen und die Phasen wie folgt festhalten (Zahlen sind Beispielswerte):

Phase	Dauer (in Wochen)
Aufmerksam werden: Kunde sieht Bedarf in Bezug auf Ihr Produkt	6
Kunde holt Informationen ein	3
Kunde holt detaillierte Informationen ein	4
Kunde führt Nutzen- und Return-on-Investment-Analysen durch	7
Kunde führt internen Entscheidungs- und Genehmigungsprozess durch	3
Kunde verhandelt und kauft	2

In diesem Beispielfall kommt es 25 Wochen, nachdem der Kunde zum ersten Mal auf »Ihr neues Produkt aufmerksam wurde« zum Abschluss. Dieser Beispielfall wird auch für alle nachfolgenden Berechnungen und Schlussfolgerungen verwendet. Bitten passen Sie diese Berechnungen an Ihre eigene spezifische Situation an.

Als Nächstes gilt es zu quantifizieren, wie viele Kunden sich in jeder Zyklusphase befinden. Hintergrund dieser Berechnung ist, dass Kunden auf dem Weg vom Interessenten bis zum Käufer natürlich abspringen. Auch hier beginnen Ihre Verkäufer mit einfachen Annahmen aus ihrer Erfahrung. Wie bei der Ermittlung der Dauer der einzelnen Phasen müssen sie auch hierzu mehrere »Durchläufe« machen, bis die Zahlen realistisch erscheinen. Zu beachten ist auch, dass sich die Zahlen ändern, je nachdem wie erfolgreich die Verkäufer in ihren Verkaufsgesprächen sind, wie erfolgreich Ihre Marketingabteilung arbeitet et cetera.

Nachfolgend soll von einem Beispiel ausgegangen werden, das für eine Region, ein Produkt oder ein Kundensegment gelten kann:

Anzahl	Phase	Dauer (Wochen)
3200	Aufmerksam werden	6
280	Kunde holt Informationen ein	3
100	Kunde holt detaillierte Informationen ein	4
40	Kunde führt Nutzenanalysen durch	7
22	Kunde führt Genehmigungsprozess durch	3
12	Kunde verhandelt und kauft	2

Von 3.200 potenziellen Interessenten werden also 12 zu Käufern

Im nächsten Schritt wird ein durchschnittlicher Auftragswert in die Berechnung eingefügt. Nehmen wir als Beispiel 10.000 Euro an. Dann erzielen Ihre Verkäufer mit den oben genannten 3.200 potenziellen Interessenten nach 25 Wochen einen Umsatz von 120.000 Euro. Aus diesem Modell lässt sich nun eine Reihe von Schlussfolgerungen ziehen:

- Wenn Ihre Verkäufer innerhalb eines Jahres 500.000 Euro Umsatz erzielen wollen, brauchen sie dazu 13.334 potenzielle Kaufinteressenten (Achtung: Es muss immer aufgerundet werden). Sollten die Interessenten zu Wiederkäufern werden, brauchen sie nur die Hälfte, müssen dann aber nach einem halben Jahr mit dem Verkaufszyklus erneut beginnen, um den Umsatz für das Geschäftsjahr noch zu realisieren.
- Die Verkäufer müssen mit Ihrer Marketingabteilung besprechen, wie Ihre Firma zu zusätzlichen 3.467 Kaufinteressenten kommt (die Hälfte von 13.334 minus 3.200), unter der beispielhaften Annahme, dass sie bereits 3.200 Kaufinteressenten haben und alle Kunden in der zweiten Jahreshälfte wieder kaufen (Anmerkung: Dieses Beispiel kommt aus dem Business-to-Consumer-Bereich).

Zur Beachtung: Für unterschiedliche Kundensegmente, zumindest für Neukunden und Bestandskunden, möglicherweise auch für A-, B- und C-Kunden sind separate Berechnungen aufzustellen.

Einige Schlussfolgerungen und Maßnahmen

Es ist wichtig, die Zahlen regelmäßig zu überprüfen, am besten monatlich. Daraus lässt sich schlussfolgern, welche Maßnahmen die Verkäufer noch ergreifen müssen, um ihr vorgegebenes Umsatzziel zu erreichen. Beispiel September: Ihre Verkäufer haben noch 14 Wochen Verkaufszyklus vor sich (4+7+3+2) und sollten 100 Kunden in der Pipeline haben, die alle detaillierte Informationen angefordert haben. Daraus können sie 120.000 Euro Umsatz erwarten. Angenommen, sie haben aber 170.000 Euro geplant, dann fehlen ihnen für 50.000 Euro Kunden. Es ergibt sich vor selbst, dass die Verkäufer dazu spezifische Maßnahmen ergreifen müssen.
Eine Werbekampagne nützt jetzt nichts mehr, weil neue Interessenten im Durchschnitt erst nach 25 Wochen einen Abschluss bringen. Sinnvoller ist es zum Beispiel, mit dem Innendienst eine telefonische Nachfassaktion bei Kunden zu machen, die bereits detaillierte Informationen angefordert haben, und ihnen dabei zu helfen, konkrete Nutzenanalysen durchzuführen. (Das heißt natürlich nicht, dass im September Werbekampagnen

wenig sinnvoll sind. Man braucht sie für das nächste Jahr. Aber sie wirken sich nicht mehr für den Umsatz des laufenden Geschäftsjahrs aus.)

Ziel könnte es sein, dass Ihre Verkäufer von den erwarteten 40 Kunden in der Phase »Nutzenanalyse« fünf mehr zum Abschluss bringen. Dies bedingt, dass sie 32 ([12+5]/12x22) statt 22 in den »Genehmigungsprozess« bringen, oder von 22 im Genehmigungsprozess 17 zum Abschluss führen, oder besser noch ein Mix von Aktionen in beiden Phasen. Eine Beschleunigung des Prozesses würde Ihren Verkäufern nichts mehr bringen, weil sie den Umsatz ohnehin »nur bis zum Jahresende« einfahren wollen. Sie sollten sich deshalb eher darauf konzentrieren, mehr Kunden zum Abschluss zu bringen.

Was können Sie zusätzlich tun, um den Verkaufszyklus zu beschleunigen – mit anderen Worten: Wie führen Ihre Verkäufer ihre Kunden im Kaufzyklus schneller von Entscheidung zu Entscheidung? Hierzu einige Denkanstöße:

Welche Entscheidungen sind seitens des Kunden in den einzelnen Kaufphasen zu treffen und wie können die Verkäufer dabei behilflich sein?	
Wie können die Verkäufer die Kunden dahin bringen, dass sie Aktionen mit Hinblick auf den Kaufabschluss vollziehen (zum Beispiel ein Angebot anfordern oder eine interne Genehmigungsbesprechung durchführen)?	
Welche Informationen können die Verkäufer den Kunden liefern, die diese als Entscheidungshilfe verwenden können?	
Welche anderen verkäuferischen Maßnahmen können in jeder einzelnen Phase des Kaufzyklus des Kunden die Dauer der jeweiligen Phase verkürzen?	
Wer beeinflusst die Kaufentscheidungen im Kundenunternehmen?	
Wodurch werden die Kaufentscheidungen beeinflusst? (Dies ist meistens von Produktsegment zu Produktsegment unterschiedlich. Es gilt herauszuarbeiten, welche Unterschiede hier für die Planung des jeweiligen Verkaufszyklus bestehen und dann entsprechend zu agieren.)	
Wie können die Verkäufer die unterschiedlichen Kontaktpersonen »erreichen«? (Hiermit ist nicht die Vereinbarung von Gesprächsterminen gemeint, sondern wie die Verkäufer die Kaufbeeinflusser gezielt in Ihrem Sinne beeinflussen können.)	
An welchen Informationen ist die jeweilige Kontaktperson in erster Linie interessiert (technische oder betriebswirtschaftliche)?	

Vor jedem Kontakt mit einem Kunden(unternehmen) müssen sich die Verkäufer ganz präzise klar machen, was der Kunde in der jeweiligen Phase des Kaufprozesses »für sie tun soll« (um die Kaufentscheidung herbeizuführen!) Um das sicherzustellen, müssen die Verkäufer die jeweilige Kontaktpersonen auf der Kundenseite mit relevanten und nützlichen Informationen sowie zunehmend mit entsprechenden Entscheidungshilfen versorgen. Es macht beispielsweise keinen Sinn, zu Beginn des Kaufzyklus eine detaillierte Kosten-/Nutzen-Analyse vorzulegen, so lange Ihre Verkäufer vielleicht nicht einmal genau wissen, wo Ihren Kunden der Schuh drückt. Dabei ist darauf zu achten, dass die Informationen zunehmend präziser werden und auch immer mehr Details der Fähigkeiten Ihrer Firma herausstellen.

Damit das Ziel, den Kaufzyklus der Kunden zu beschleunigen, auch tatsächlich realisiert werden kann, müssen folgende Punkte sichergestellt sein: Die Argumentation der Verkäufer erfolgt im Sinne des Kunden. Ihre Verkäufer sprechen die Sprache des Kunden. Die Argumente sind in sich schlüssig und vollständig und ebenso sind sie schlüssig im Hinblick auf das Gesamtkonzept Ihrer Firma. Die Argumentation ist glaubwürdig, hebt sich deutlich vom Wettbewerb ab und betont die Vorteile Ihrer Produkte und Dienstleistungen. Und – ganz entscheidend: Die Argumente sind für den Kunden wirklich wichtig.

Um den Verkaufszyklus zu beschleunigen, empfiehlt es sich außerdem, zu prüfen, wo die Marketingaktivitäten Ihrer Firma ansetzen und für Ihre Verkäufer unterstützend wirksam werden können. Auch hierzu ein paar Anregungen:

Stellen Sie sicher, dass Ihre Verkäufer über alle Marketing-Aktionen Ihrer Firma informiert sind, diese ihrem jeweiligen Verkaufszyklus zuordnen und sich zu jeder Phase Maßnahmen und Folgeaktionen überlegen (Beispiel: Ihr Marketing plant einen Messeauftritt. Ihre Verkäufer laden ihre Kunden gezielt dorthin ein oder schicken ihnen anlässlich der Messe die neuesten Angebote; bei den Kunden, die sie auf der Messe angetroffen haben, fassen sie gezielt nach.) Stimmen Sie außerdem Ihre eigenen Aktionen zur Verkaufsförderung (beispielsweise E-Mail-Aktionen) mit dem Marketingbereich ab und liefern Sie diesem Adressen (auch E-Mail-Adressen), an die er zu bestimmten Zeitpunkten Produktinformationen schicken soll.

Die Wirksamkeit der Verkaufsmaßnahmen verstärkt sich enorm, wenn die Kaufprozesse der Kunden und die eigenen Verkaufsprozesse aufeinander abgestimmt werden. Das zeigt eine umfassende Untersuchung des Beratungsunternehmens Excellenc (www.excellenc.com) bei mehreren hundert Verkäufern und Vertriebsleitern: In jeder Phase, in der ein Verkäufer nicht in Übereinstimmung ist mit dem Kaufprozess des Kunden, sinkt die Wahrscheinlichkeit, ein Geschäft erfolgreich abzuschließen, um 10 bis 15 Prozent.

2.8 Neustrukturierungen erfolgreich durchführen

Starke Wettbewerber, veränderte Kundenwünsche, eine Umstellung der Informations- oder Produktionstechnologie, Wechsel bei den Führungskräften – es gibt viele Gründe für eine Neustrukturierung. Derartige Veränderungsprozesse verlangen von allen Mitarbeitern viel an zusätzlicher Energie ab. Deshalb sollten Veränderungen immer möglichst effizient und mit der größtmöglichen Aussicht auf Erfolg durchgeführt werden. Dabei hilft das Vorgehen anhand bestimmter Stufen, die jeden Veränderungsprozess kennzeichnen. Die wichtigsten Stufen finden Sie nachfolgend vorgestellt:.

Der Ablauf von Veränderungsprozessen

Stufe 1: Das Problem erkennen. Im Rahmen einer Situationsanalyse geht es darum, Anzeichen für Veränderungen, zum Beispiel im Markt oder innerhalb des Hauses, aufzudecken und bewusst zu machen. Klären Sie folgende Fragen:

Welche konkreten Anzeichen/Hinweise auf ein Problem bzw. die Notwendigkeit einer Veränderung gibt es? (Zum Beispiel Marktverschiebungen oder unbefriedigende Zahlen)
Welches sind die betroffenen Organisationseinheiten?
Wer sind die betroffenen Mitarbeiter?
Was wurde schon zur Lösung getan? Mit welchem Erfolg?

Befragen Sie auch gezielt Ihre Mitarbeiter:

Fragen im Hinblick auf die Arbeit
Welche Probleme hatten Sie in letzter Zeit im Zusammenhang mit Ihrer Tätigkeit im Vertrieb?
Wie wirken sich diese Probleme auf Sie aus?
Wie beurteilen Sie, was vorgeht?
Womit sind Sie zufrieden, womit unzufrieden?
Wie schätzen Sie die Erfolgschancen auf diesem Gebiet ein?
Fragen im Hinblick auf die Kunden
Welche Kenntnisse haben Sie darüber, was die Kunden in Ihrem Verkaufsgebiet wirklich bewegt? Worüber sind sie eventuell besorgt? Was genau erhoffen sie sich von Ihnen?
Können Sie beurteilen, ob Ihr Haus die Kundenbedürfnisse besser oder schlechter erfüllt als die Konkurrenz?
Wie ist Ihr Image? Was sagt man über Sie?
Fragen im Hinblick auf die Wirtschaftlichkeit
Kennen Sie die finanziellen, personellen und räumlichen Ressourcen, die Ihnen zur Verfügung stehen?
Wissen Sie, wann beziehungsweise wo Sie Verbesserungsvorschläge bekannt geben können?
Besprechen Sie regelmäßig Verbesserungspotenziale in Ihren Organisationseinheiten?
Kennen Sie die Visionen, Leitbilder (Werte), Ziele und Strategien, die von der Geschäftsführung verfolgt werden?

Lassen Sie einen Strukturausschuss bis zu einem festen Termin ein Neustrukturierungskonzept vorlegen. In der nachfolgenden Umsetzungsphase sollten Sie nur die Mitarbeiter einbeziehen, die später auch im Vertrieb tätig sein werden.

Stufe 2: Das Problem präzise definieren. Die Lösung eines Problems erfolgt in zwei Schritten: 1. Das Problem sorgfältig definieren (Genauigkeit ist hier sehr wichtig) und 2. entscheiden, wie das Problem zu lösen ist.

Stufe 3: Veränderungen akzeptieren. Zuerst ist zu prüfen, ob Problembewusstsein vorhanden ist. Anschließend ist die nötige Unterstützung für das Vorhaben zu aktivieren. Klären Sie dazu folgende Fragen:

Ist den Entscheidungsträgern und den betroffenen Mitarbeitern das Problem schon ausreichend bewusst?
Sind sich die leitenden Kräfte einig über die Problemdefinition und das zu erreichende Ziel?
Sind die Leitungskräfte bereit, den Veränderungsprozess engagiert voranzutreiben und den Mitarbeitern zu helfen?
Mit welchen Aktivitäten kann das nötige Problembewusstsein verstärkt werden?
Welche Schlüsselpersonen sind zu gewinnen? Wie?
Welche Organisationsbereiche sind einzubeziehen?
Wer muss beteiligt, wer informiert werden?
Wie lassen sich die Betroffenen zu am Projekt Beteiligten machen?

Stufe 4: Ziele definieren. Ziele sollen spezifisch, messbar, erreichbar, realistisch und zeitlich gegliedert sein und schriftlich festgehalten werden. Bei der Definition Ihres Ziels für den Veränderungsprozess helfen folgende Fragen:

Welche genauen Veränderungsziele für den Vertrieb sollen bis wann durch wen und/oder was erreicht werden?
Müssen die Veränderungsziele auf übergeordnete Unternehmensziele abgestimmt werden?
Ermöglicht es die Organisationsstruktur Ihres Hauses, dass Sie Ihr Ziel erreichen können?
Ist abgesichert, dass die Ziele von allen verstanden werden?
Welche Hindernisse können wo und wann im Veränderungsprozess auftreten? Wie kann ihnen vorgebeugt werden?

Stufe 5: Ist eine interne oder externe Beratung nötig? Ist im Hinblick auf die Komplexität beziehungsweise Brisanz des nötigen Veränderungsprozesses ein externer Berater nötig? Wenn nicht, wer kann gegebenenfalls intern den Prozess begleiten?

Stufe 6: Verantwortlichkeiten bestimmen. Wer soll für die Organisation des Veränderungsprozesses verantwortlich sein? Eine einzelne Person? Eine extra zusammengestellte Projektgruppe? Diese hat unter anderem folgende Aufgaben: Klärung, welche Organisationseinheiten von dem Prozess der Neustrukturierung betroffen sind und welche Kompetenzen/ Fähigkeiten noch gebraucht werden; Information der wesentlichen Entscheidungsträger; Erstellung eines schriftlichen Konzepts mit Zielbeschreibung und geplantem personellem/finanziellem/zeitlichem Aufwand; klaren Auftrag durch die Entscheider an die Projektgruppe sicherstellen; Verantwortung für die Umsetzung und Auswertung der Maßnahmen.

Stufe 7: Planung des Prozessablaufs. Eine systematische Prozessplanung ist eine wesentliche Voraussetzung für den Erfolg. Wichtige Punkte hierbei sind:

Wie heißt das Gesamtziel?
Welche Schritte sind festzulegen?
Welche Anweisungen sind nötig, damit die Mitarbeiter ausreichend Know-how zur Ausführung jedes Schrittes haben?
Woran können Ergebnisse gemessen werden?
Wie kann die Durchführung jedes Schrittes kontrolliert werden und wer ist dafür zuständig?
Auf wen und wie wird sich die Planung auswirken?
Wie können sich die Beteiligten gegenseitig unterstützen?
Was kann eventuell schief gehen? Was ist dann zu tun?

Ein Aktionsplan könnte beispielsweise wie folgt aussehen:

Wer?	Macht was?	Mit wem?	Wann/bis wann?	Wo?	Kosten

Stufe 8: Zeitpunkt für den Start. Wann ist der günstigste Startzeitpunkt? In welcher Form soll er publik gemacht werden (allen Mitarbeitern, der Öffentlichkeit et cetera)? Welche Gesamtzeit wird der Prozess beanspruchen? Wann soll das Ende sein?

Stufe 9: Unterstützende Maßnahmen

Welche den Prozess unterstützenden Maßnahmen sind zu planen und umzusetzen? (Zum Beispiel Beratung der Projektgruppe)
Wie kann eine fortlaufende Rückkopplung der Projektfortschritte sichergestellt werden?
Wer muss wen auf dem aktuellen Stand halten?
Wer muss wen über Teilerfolge beziehungsweise den Gesamterfolg informieren?

Stufe 10: Erfolgsmessung. Wie beziehungsweise woran soll der Erfolg des Prozesses gemessen werden?

Fallbeispiel: Reiseveranstalter

Ein großer Reiseveranstalter kündigt im Rahmen einer geplanten Neustrukturierung der Vertriebs- und Produktionsstruktur den Abbau von bis zu 400 Arbeitsplätzen an. Seine Ziele: weitere Erhöhung der Wettbewerbsfähigkeit in Deutschland sowie Kostensenkung.

Wichtigste Maßnahme: Verschmelzung der Veranstalter- und Vertriebsaktivitäten zu einer schlagkräftigen Vermarktungseinheit. Geplant ist eine zentrale Organisation für alle Volumenmarken und den Vertrieb. Planung, Organisation und Steuerung der Vermarktung sollen markenübergreifend unter einer einheitlichen Führung stehen. Im Rahmen des neuen »One-Company-Modells« soll die Produktion zentralisiert werden, ohne die vorhandenen Marken aufzugeben. Bislang hatten die einzelnen Marken ihr Geschäft getrennt betrieben. Jetzt werden Planung, Produktion und Vermarktung zusammengefasst. Dadurch sollen Synergien genutzt, schnellere Reaktionen auf Marktveränderungen ermöglicht und der Markt noch gezielter bedient werden.

Fallbeispiel: Maschinenbauer

»Wir beobachten Sie schon seit längerer Zeit, weil Sie mit der Matrix-Organisation einen Weg beschreiten, den wir auch gehen möchten.« So und ähnlich äußerten sich die Kunden, denen ein mittelständischer Maschinenbauer seine neue Organisationsform präsentiert hatte. Jetzt halten fünf Business Units – anstelle der früheren Profit-Center – den direkten Kontakt zum Kunden. Seit geraumer Zeit sah sich der Maschinenbauer zunehmend den gestiegenen Anforderungen der Kunden in Bezug auf Dienstleistung und Engineering gegenüber. Gerade bei den anspruchsvollen Produkten werden individuelle Lösungen erwartet, die bis zur Inbetriebnahme vom Zulieferer geplant und installiert werden. Bald erkannte das Unternehmen die Notwendigkeit und das sich daraus ergebende Potenzial, sich mit einer auf den Kunden ausgerichteten Organisationsstruktur als Problemlöser in der Branche zu positionieren. Vor der Umstrukturierung oblagen die Neukundengewinnung und die Auftragsabwicklung einer Profit-Center-Organisation. Die Profit-Center handelten strikt produktbezogen. Gleich vier widmeten sich dem größten Umsatzbereich, während weitere auf angrenzenden Gebieten tätig waren. Da viele Kunden jedoch Produkte aus mehreren Profit-Centers bezogen und damit die für eine Profit-Center-Organisation wichtige Prämisse – die deutliche Abgrenzung der Zielgruppe – nicht gegeben war, überwogen letztendlich die Nachteile dieser Organisationsform. Beispielsweise wurden Geschäftsmöglichkeiten durch Cross-Selling-Potenziale oder Substitutionstrends von den Profit-Centern zu wenig aufgegriffen. Dagegen stand der Verkauf von »eigenen« Programmen im Fokus und nicht eine produktneutrale und somit bestmögliche Lösung für den Kunden. Außerdem war es aufgrund des Splittens der Aufträge schwierig, interessante Schlüsselkunden zu identifizieren.

Mit der neuen Organisationsform sollten vor allem drei Ziele erfüllt werden: 1. Der Kunde sollte das gesamte Leistungsspektrum aus einer Hand beziehen können; es sollte nur noch einen klar definierten Ansprechpartner für ihn geben (one face to the customer); 2. um die Kundenbedürfnisse besser zu befriedigen, sollte die Kompetenz in den relevanten Gebieten stärker gefördert werden; 3. es sollten verschiedene Vertriebskanäle aufgebaut und auf die jeweiligen Kundenbedürfnisse und das Kaufverhalten der Kunden zugeschnitten werden.

Maßnahmen: Als Erstes erfolgte eine Analyse der Kundenstruktur. Gewählt wurde ein Segmentierungsansatz nach dem Anwendungsbereich der nachgefragten Leistung. Um innerhalb der Marktsegmente eine effiziente Vertriebsstruktur sicherzustellen, wurde für jedes Segment eine international handelnde Business Unit als organisatorische Einheit gewählt. Im Gegensatz zu den bisherigen Profit-Centern arbeiten die Mitarbeiter jetzt kunden- und lösungsorientiert, nicht mehr produktorientiert.

Konfliktmanagement bei der Neu- und Umorganisation

In der Praxis hat es sich gezeigt, dass notwendige Veränderungen im Vertrieb – wie beispielsweise die Anpassung der Organisationsstruktur an die aktuellen Marktanforderungen – für die meisten Vertriebsorganisationen nicht die größte Herausforderung ist, sondern vielmehr deren Umsetzung durch die Mitarbeiter. Veränderungen provozieren Verunsicherung bei den Mitarbeitern. Vor allem folgende Faktoren führen zu starkem Widerstand: radikale und durchgreifende Veränderungen; unerwartete und plötzliche Veränderungen; Veränderungen mit potenziell negativen Konsequenzen für die Beteiligten sowie Veränderungen, bei denen das Ziel unklar ist. Der Widerstand der Mitarbeiter hat sich häufig als Hauptgrund für das Scheitern von Change-Management-Projekten herausgestellt. Achten Sie deshalb bei einem anstehenden Veränderungsprozess besonders auf folgende Punkte:

1. Informieren Sie Ihre Mitarbeiter rechtzeitig. 2. Erklären Sie die Notwendigkeit für eine Veränderung. 3. Beziehen Sie die Betroffenen mit ein. 4. Gehen Sie fair mit etwaigen Verlierern um. 5. Qualifizieren Sie betroffene Mitarbeiter für neue Aufgaben. 6. Leben Sie Veränderungsbereitschaft vor. 7. Feiern Sie Erfolg auf dem Weg.

Untersuchungen der Universität Linz hinsichtlich des »idealen Kommunikationsmix« bei Veränderungsprojekten brachten zusammengefasst folgende Ergebnisse: 1. Die Mitarbeiter wollen kurz und knapp über das Wesentliche von anstehenden Veränderungen informiert werden und sie haben konkrete Vorstellungen davon, über welche Kanäle dies ablaufen sollte. 2. Wichtig ist, dass der Vorgesetzte die notwendigen Veränderungen spezifisch auf die vorhandenen Rollen und Verantwortlichkeiten der Mitarbeiter konkretisiert und den individuellen Beitrag seiner Vertriebsmitarbeiter in der jeweiligen Initiative deutlich macht. 3. Oft wollen Vertriebsmitarbeiter in der Konzeptphase oder bei der Implementierung nicht mit konkreten Aufgaben beteiligt werden (»da gibt es andere, die das besser können«). Je nach Höhe des kalkulierten Nutzens und dem individuellen Wirkungsgrad wird ein Vertriebsmitarbeiter entsprechend seiner Wahrnehmung und Bewertung des Veränderungsprojektes das Projekt aktiv oder passiv unterstützen oder ebenso dagegen arbeiten, sich neutral verhalten oder das Unternehmen beziehungsweise den Bereich verlassen. Erfahrene Vertriebsmanager meinen, dass sich die Belegschaft bei jeder Veränderung schnell in drei Gruppen aufteilt: 1. Die Begeisterten und Mitmacher (zirka 20 Prozent), 2. die Zauderer (zirka 60 Prozent) sowie 3. die Neinsager (zirka 20 Prozent). Es ist deshalb sehr wichtig, dass Veränderungen von den Vertriebsleitern richtig gemanagt werden.

Effizientes Gebietsmanagement

Ein professionelles Gebietsmanagement ist für die Unternehmenszukunft von immenser Bedeutung. Beispielsweise können Sie durch geschickte Gebietsplanung den Reisezeitanteil Ihrer Außendienstmitarbeiter reduzieren, gleichzeitig lohnende Kunden aufweisen und neue Kunden generieren. Und Sie können sich bisher ungenutzte Potenziale in den Gebieten durch systematisches Vorgehen zunutze machen.

3.1   Geschickte Gebietsplanung

Die Verkaufsgebietseinteilung beschäftigt sich mit dem Problem, wie kleinste geografische Einheiten (kurz: KGE, manchmal auch Basisbezirke genannt) nach räumlichen Kriterien zu Verkaufsgebieten zusammengefasst und dann üblicherweise jeweils einem Außendienstmitarbeiter exklusiv zugeordnet werden können. Weil auf diese Weise die Einsatzmöglichkeiten der einzelnen Außendienstmitarbeiter festgelegt werden, zählt die Einteilung der Verkaufsgebiete zu den wichtigsten Aufgaben des Vertriebsmanagements.

Die Erstellung einer Verkaufsgebietsplanung erfolgt in fünf methodischen Schritten:

Analyse des Status quo (möglicherweise mit externem Berater, Zeitfenster: eine bis zwei Wochen)	
1. Kunden-analyse	Wie sind die Kunden verteilt (Kundenportfolio)? • Nach Branchen? • Räumlich? • Nach Produkten? Et cetera Mit welchen Kunden erzielt das Unternehmen 40, 60 oder 80 Prozent des Umsatzes? Wo »liegen« für Sie wichtige und wo weniger wichtige Kunden? Wo befinden sich potenzielle Kunden? Welche Kunden werden von welchem Außendienstmitarbeiter betreut?
2. Marktanalyse	Wie lassen sich Potenziale für das Unternehmen ermitteln? Wie sind die Umsatzpotenziale verteilt? Können Sie die Absatzpotenziale regional festmachen? Wo sind Ihre Marktanteile niedrig? Wo sind Ihre Marktanteile hoch? Gibt es regionale Unterschiede in der Marktabdeckung? Wo sind »weiße Flecken«? Wer sind Ihre potenziellen Konkurrenten?

3. Gebiets- analyse	Wie sehen die aktuellen Kunden-Verkäufer-Beziehungen und die daraus resultierenden Gebietsstrukturen aus? Welcher Außendienstmitarbeiter betreut welche und wie viele Kunden? Wo werden innerhalb der Verkaufsgebiete 50 oder 75 Prozent des Umsatzes erzielt? (regionale ABC-Analysen) Wie gut erschließen die Verkäufer ihre Gebiete? Sind die Kunden innerhalb der Verkaufsgebiete gut erreichbar?

2. Zieldefinition durch die Geschäftsführung (Zeitfenster: zwei bis drei Wochen)

Wo liegt der Handlungsbedarf?

Planung nach Kundenpotenzial

Gebietserweiterung oder -reduzierung?

Kundenpotenzial: Besuchshäufigkeit, Umsatz, Deckungsbeitrag

Regionale und/oder überregionale Ausdehnung?

Präzise Datenrecherchen

3. Planerische Implementierung mit externem Berater (Zeitfenster: eine Woche)

Wahl des Planungsansatzes bzw. -gebiets: produkt- oder kundenbezogen?

Planungsverfahren auswählen: Potenzial-, Arbeitslast- oder logistisches Verfahren?

Risiken: Naturale, infrastrukturelle Barrieren (Gebirge, Flüsse) und soziale Barrieren (Kultur, Saisonalität, Wohn- und Standorte der ADM und der Filialen) reduzieren die Planungsfreiheit.

4. Feinabstimmung durch Geschäftsführung, Regionalleiter mit den ADM (Zeitfenster: zwei bis acht Wochen)

Sind die Ziele konkret praxistauglich?

Sind die neuen Verkaufsgebiete wirklich realistische Absatzmärkte?

Risiken: Stichwort »die Macht der Gewohnheit« auf Seiten der Außendienstmitarbeiter, Umstellungsprobleme und mangelnde Akzeptanzbereitschaft: »Es bleibt alles, wie es ist.«

5. Endgültige Implementierung unter Einschaltung des Außendienstes und der Personalleitung (Zeitfenster: sechs bis zwölf Wochen)

Vertragsgestaltung: Neue Provisionen und Verträge müssen vereinbart werden

Kundeninformation

Erfolgscontrolling

Risiken: Unter Umständen Verschlechterung der Konditionen mit Handelsvertretern

Für die Optimierung der Gebiete ist der Einsatz »Geografischer Informationssysteme« (GIS) heute ein wertvolles Hilfsmittel geworden. Während früher Stecknadeln auf den Landkarten Standorte, Zielgruppen und Zielgebiete symbolisierten, genügt dieses Verfahren heute längst nicht mehr. Zu viele Kunden, zu viele Stecknadeln – zu wenig Aussagen. Geo-Informationssysteme visualisieren alle Vertriebs- und Marktdaten in Landkarten. Sie bringen unternehmenseigene sowie demografische Daten, Wirtschafts- und Marktpotenzial-Daten mithilfe digitaler Landkarten auf den Punkt.

Ganz gleich, ob es um den Eintritt in einen neuen Markt, die Erweiterung des Filialnetzes, die Optimierung von Vertriebsgebieten oder die regionale Anpassung von Sortiment und Preis geht, Geomarketing wird für immer mehr Unternehmen zum entscheidenden Erfolgsfaktor. Will beispielsweise eine Textileinzelhandelskette expandieren und weitere Modemärkte eröffnen, stellt sich die Frage nach den idealen Standorten. Voraussetzung für deren Bewertung sind Gebiets-, Markt-, Wettbewerbs- und Potenzialanalysen. Und dann der konkrete regionale Bezug: Wie verlaufen die Kundenströme? Fließen sie über Hauptverkehrsadern, nutzen sie Nahverkehrsanbindungen? Liegt ein Standort in einer begünstigten zentralen Lage? Wie ist der Einzugsbereich strukturiert? Wie verteilen sich dort vorhandene oder potenzielle Kunden, welches Verhältnis stellen sie zur Bevölkerung dar und wie hoch ist ihre Kaufkraft? Welchen tatsächlichen Bedarf an den vom Unternehmen angebotenen Produkten hat das erkennbare Kundenpotenzial in der Region?

Alle diese Fragen lassen sich mit einem Geo-Informationssystem beantworten. Auf Knopfdruck können Markt-, Vertriebs- oder Werbegebiete, Standorte und Filialen beurteilt werden. Durch das Verfahren lassen sich auch unbekannte und damit potenzielle Märkte analysieren und die Standorte von »idealen Kunden« herauskristallisieren. Ebenfalls hilfreich ist Geomarketing dann, wenn die Leistung der Vertriebsmitarbeiter verglichen werden soll (siehe hierzu den Beitrag »Die Verkaufsgebiete besser ausschöpfen durch eine potenzialorientierte Gebietsplanung« in Kapitel 3.4).

3.2   Berechnung der Verkäuferzahl in Abhängigkeit vom Kundenwert

Vor allem mittelständische Unternehmen folgen gerade bei der Dimensionierung des Flächenvertriebs noch zu häufig schlichten Mengenrezepten: Gibt es mehr Kunden, müssen auch mehr Außendienstmitarbeiter her. So bleibt die Profitabilität dem Zufall überlassen und über die Festschreibung bestehender Mengenverhältnisse werden ineffiziente Prozesse zementiert. Nach einer Studie der Zeitschrift »absatzwirtschaft« und Droege & Comp. steht die Anzahl der Kunden als Parameter zur Dimensionierung des Flächenvertriebs an erster Stelle, gefolgt von der Arbeitslast der Mitarbeiter. Nur ein Drittel der befragten Unternehmen nannte bei dieser Studie Deckungsbeiträge oder Produktivitätskennzahlen, und nur sechs Prozent orientierten sich am Kunden- oder Flächenpotenzial. Nachfolgend wird dargestellt, wie sich die notwendige Kapazität an Außendienstmitarbeitern ermitteln lässt, wenn ein unterschiedlicher Besuchsrhythmus bei den einzelnen Kundengruppen berücksichtigt wird. Zunächst jedoch einige Vorüberlegungen.

Ermittlung der Kontaktqualität

Soll die Kundenansprache über den Außendienst erfolgen, so ist zu klären, wie lange ein Kontakt dauern soll, welchen Inhalt die Kontakte haben und welche Verkaufshilfen genutzt werden sollen.

Kunden-gruppe	Kontaktform	Durch-schnittli-che Be-suchszeit	Inhalt des Kontakts	Verkaufs-hilfen	Zuständig
A-Kunden	Persönlicher Besuch	1,0 Std.	Vorstellung neuer Produkte, Vertiefung der Kundenbeziehung (z. B. durch Einladung zu einer VIP-Veranstaltung)	DVD Muster	VL
B-Kunden	Persönlicher Besuch	1,0 Std.	Vorstellung neuer Produkte, Klärung zusätzlicher Bedürfnisse	Zeigebuch Muster	AD
C-Kunden	Persönlicher Besuch	0,75 Std.	Vorstellung neuer Produkte, Sofortgeschäft	Zeigebuch Muster	AD

D-Kunden	Anruf durch den Innendienst	0,25 Std.	Vorstellung neuer Produkte, Verkauf von Sonderangeboten oder Restposten	Gesprächs-leitfaden	ID
Neu-kunden	Persönlicher Besuch	1,0 Std.	Vorstellung der Leistungen des eigenen Unternehmens, Klärung der Bedürfnisse	DVD Muster	AD

AD = Außendienstmitarbeiter, ID = Innendienstmitarbeiter, VL = Verkaufsleiter

Ermittlung der Kontaktquantität

Die Anzahl der benötigten Mitarbeiter im Außendienst ist abhängig davon, wie häufig die verschiedenen Kundengruppen/-klassen kontaktiert werden sollen. Bei der Ermittlung dieser nötigen Kontaktquantität hilft eine Beantwortung der folgenden Fragen: Sind es Groß- oder Kleinkunden? Sind es entwicklungsfähige Kunden? Wie viele Kontakte sind sinnvoll und nötig? Wie viel Erklärung ist erforderlich? Wie ist der Informationsstand der Kunden? Sind es Erst-, Einzel- oder regelmäßige Abschlüsse? Was ist in der Branche üblich? Welche Rahmenbedingungen sind zu beachten (zum Beispiel das vorgegebene Budget)?

In der folgenden Übersicht ist die Errechnung der nötigen Kontaktquantität für eine Kundenbetreuung über den Außendienst für ein Jahr anhand von Beispielzahlen dargestellt.

Checkliste: Notwendige Besuchskapazität pro Jahr				
Kundengruppen	Kontaktfrequenz bzw. -häufigkeit	Durchschnittliche Besuchszeit	Besuchsstunden pro Jahr bei effektiv 10 Monaten bzw. 40 Wochen pro Jahr	Anzahl Besuche pro Jahr
100 A-Kunden (Ist) 10 Neu-/Wettbewerbskunden (Ziel)	1× mtl. 6 Wo.	1,0 Std. 0,75 Std.	1.000 Stunden 50 Stunden	1.000 B. 65 B.
300 B-Kunden (Ist) 30 Neu-/Wettbewerbskunden (Ziel)	6 Wo. 2 Mo.	1,0 Std. 0,75 Std.	2.000 Stunden 115 Stunden	2.000 B. 150 B.

400 C-Kunden (Ist) 20 Neu-/Wettbewerbs-kunden (Ziel)	3 Mo. 4 Mo.	0,75 Std. 0,5 Std.	1.000 Stunden 25 Stunden	1.335 B. 50 B.
200 D-Kunden (Ist) --- Neu-/Wettbewerbs-kunden	1 × p. a. *)	0,5 Std. ---	100 Stunden ---	200 B. ---
Gesamt: 1.000 Kunden (Ist) 60 Neu-/Wettbewerbs-kunden (Ziel)	Notwendige jährliche Besuchskapazität: 4.290 Stunden			4.800 Besuche

*) Betreuung telefonisch bzw. durch den Innendienst bzw. mittels Veranstaltungen/Hausmessen

Die in der Übersicht genannte Kontaktfrequenz gibt an, in welchen zeitlichen Abständen die Kontakte – nach Klassen aufgeteilt – während eines definierten Zeitraums persönlich besucht oder anderweitig (zum Beispiel telefonisch oder schriftlich) kontaktiert werden.

Aufgrund der bis hierhin definierten Verkaufssubvariablen kann nun die Anzahl der nötigen Mitarbeiter im Verkauf ermittelt werden. Die Formel für die Berechnung der benötigten Anzahl der Mitarbeiter im Außendienst lautet:

$$\text{Nötige Anzahl Mitarbeitende im Außendienst} =$$

$$\frac{\text{Gesamte notwendige jährliche Besuchskapazität in Stunden}}{\text{Verkaufsaktive Tage pro Jahr} \times \text{durchschnittliche effektive Besuchsstunden pro Tag und Verkäufer}}$$

Wie stellt sich die jährliche effektive Besuchskapazität je Verkäufer dar?

Mögliche Besuchstage pro Jahr	
Tage pro Jahr	365
– Wochenendtage	– 104
– Feiertage	– 9 (Mittelwert)
– Urlaubstage	– 30
– Fehl-/Kranktage	– 10
– Bürotage	– 15
– Aus- und Weiterbildung	– 8
– Messe/Schulungen/Meetings	– 9
= verkaufsaktive Tage pro Jahr (T)	180

Mit welcher effektiven Besuchszeit je Verkäufer pro Tag können Sie kalkulieren? Hier ein Beispiel dazu, das natürlich je nach den individuellen Gegebenheiten wesentlich anders aussehen kann:

Tageseinteilung in Stunden	
Gesamtarbeitszeit	10,0 Std.
– Reisezeit	3,5 Std.
– Parkplatzsuche	0,5 Std.
– Wartezeit beim Kunden	1,0 Std.
– Administrative Zeit, Serviceaufgaben, Bestandskontrolle	2,5 Std.
– Plauderei, Small Talk	1,25 Std.
= Aktive Verkaufszeit (AVZ)	1,25 Std.

Die effektive Verkaufszeit beim Kunden beträgt also in diesem Beispiel nur 1,25 Stunden pro Tag – ein in der Praxis durchaus nicht ungewöhnlicher Wert.

Wie lässt sich aus obigen Berechnungen die theoretisch notwendige Anzahl der Verkäufer errechnen?

1. Mögliche effektive Besuchsstunden je Verkäufer pro Jahr

180 effektive Besuchstage p. a. mal 1,25 effektive Besuchsstunden/Tag = 225 effektive Besuchsstunden jährlich je Verkäufer

2. Theoretisch notwendige Anzahl Verkäufer/Gebiete

4.290 Stunden notwendige Besuchskapazität p. a. geteilt durch 225 Besuchsstunden je Verkäufer p. a. = 19 bis 20 Verkäufer

Hinweis: Die nötige Anzahl der Mitarbeiter kann auch berechnet werden durch die Division der gesamt notwendigen Anzahl an Kunden*kontakten* durch die verkaufsaktiven Tage pro Jahr mal die durchschnittliche *Anzahl an Besuchen* pro Tag.

Berücksichtigung eines unterschiedlichen Besuchsrhythmus der einzelnen Kundengruppen

Sie werden zu Recht sagen, dass obige Berechnung der nötigen Verkäuferzahl meistens zu stark vereinfacht ist. Die Formel muss deshalb noch verfeinert werden, zum Beispiel durch Beachtung eines unterschiedlichen Besuchsrhythmus der einzelnen Kundengruppen. Hierzu ein weiteres Beispiel:

Basisdaten		Zahl/ Menge/ Stunden (Beispiel)	Erforderliche Besuchshäufigkeit		Eigene Angaben
1. Anzahl der kaufenden Kunden	(KK)	1.200			
Davon A-Kunden	(AK)	200	12 × pro Jahr	(AB)	
Davon B-Kunden	(BK)	400	6 × pro Jahr	(BB)	
Davon C-Kunden	(CK)	600	3 × pro Jahr	(CB)	
… usw.					
2. Anzahl der potenziellen Kunden (Neukunden, Wettbewerbskunden)	(PK)	300			
Davon wichtige PK	(WPK)	200	5 × pro Jahr	(WB)	
Davon unwichtige PK	(UPK)	100	2 × pro Jahr	(UB)	
3. Effektive Besuchstage pro Jahr (Berechnung siehe oben)	(T)	180			
4. Aktive Verkaufszeit je Verkäufer (neues, angenommenes Beispiel)	(AVZ)	5 Std.			
5. Durchschnittliche Dauer eines Kundenbesuchs Daraus ergeben sich …		1 Std.			
6. Mögliche Kundenbesuche pro Tag (für Verkaufs-/ Beratungsgespräche)	(Bes./ Tg)	5			

Die Formel lautet nun:

$$\frac{(AK \times AB) + (BK \times BB) + (CK \times CB) + (WPK \times WB) + (UPK \times UB)}{(T \times Bes/Tg)}$$

Beispiel aus den Basiszahlen des obigen Rechenbeispiels (1.200 kaufende Kunden und 300 potenzielle Kunden):

$$\frac{(200 \times 12) + (400 \times 6) + (600 \times 3) + (200 \times 5) + (100 \times 2)}{(180 \times 5)} = 8{,}6 \text{ Verkäufer}$$

Wichtig: Mit einer gezielt differenzierten Besuchsfrequenz kann wirtschaftlicher gearbeitet werden als wenn nur mit einer durchschnittlichen Besuchshäufigkeit für alle Kunden gerechnet würde (beispielsweise würde sich im obigen Beispiel bei einer Gesamtzahl von 1.500 Kunden und einer durchschnittlichen Besuchshäufigkeit von 5,6 Besuchen eine notwendige Verkäuferzahl von 8.400 ÷ 900 = 9,3 Verkäufer ergeben).

Nachfolgend noch einmal die Formel für Ihre eigene Rechnung. Nennen Sie Ihre Basisdaten und rechnen Sie einmal aus, ob Ihre Verkaufsorganisation quantitativ richtig besetzt ist.

$$\frac{(AK \times AB) + (BK \times BB) + (CK \times CB) + (WPK \times WB) + (UPK \times UB)}{(T \times Bes/Tg)}$$

3.3 Wie viele Kunden können sinnvoll bearbeitet werden?

Wie groß muss ein Verkaufsbezirk sein, das heißt, wie viele Kunden können sinnvoll bearbeitet werden? Um diese Frage zu beantworten, müssen außer den Kundenpotenzialen noch zwei wichtige Faktoren bekannt sein: a) Wie oft müssen die Kunden pro Jahr besucht werden? und b) wie viele Besuche kann ein Verkäufer pro Tag erledigen? Diese Zahl kann zum Beispiel abhängig sein von: Fahrzeiten (Gebietsgröße, Wege, Verkehrssituationen), von Administrationszeiten (Angebotsbearbeitung, Korrespondenz, Koordinationsaufwand et cetera), also von der effektiv verbleibenden Besuchszeit pro Tag und der durchschnittlich notwendigen Besuchsdauer je Kundenbesuch (siehe hierzu die obigen Beispiele). Die Formel zur Ermittlung der Zahl der Kunden je Gebiet lautet:

$$\underline{\text{Besuche pro Tag x Besuchstage pro Jahr}}$$
$$\text{Zahl der notwendigen Besuche pro Jahr je Kunde}$$

$$= \text{Zahl der Kunden je Gebiet}$$

Hierzu ein Beispiel:

Beispiel: Berechnung der Kundenzahl je Bezirk	
Dünn besiedeltes Gebiet	**Dicht besiedeltes Gebiet**
220 km Reiseweg pro Tag	120 km Reiseweg pro Tag
5 Besuche pro Tag	8 Besuche pro Tag
180 Arbeitstage pro Jahr	180 Arbeitstage pro Jahr
Besuchshäufigkeit 8 pro Jahr und Kunde	Besuchshäufigkeit 8 pro Jahr und Kunde
5 × 180 ÷ 8 = 113 Kunden	**8 × 180 ÷ 8 = 180 Kunden**

Also hat ein Verkäufer in einem Ballungsraum im obigen Fall 67 Kunden mehr zu bearbeiten als sein Kollege auf dem Land.

Natürlich muss und kann die obige Formel noch differenziert werden. Die Differenzierung kann zum Beispiel nach folgenden Kriterien erfolgen: 1. Unterschiedliche Besuchsfrequenzen bei Groß-, Mittel- und Kleinkunden sowie potenziellen Kunden; 2. regional unterschiedliche Wettbewerbsstärken und Wettbewerbsaktivitäten (rechnerisch über Bonus-/Malusfaktoren einfließen lassen, zum Beispiel bedeutet: Faktor 1,0 = durchschnittlicher Wettbewerber, Faktor 0,8 = Wettbewerber hat in dieser Region Vorteile, Faktor 1,1 = Wettbewerber sind in dieser Region schwach; 3. infrastrukturelle Gegebenheiten im Verkaufsgebiet (ebenfalls über Bonus-/Malusfaktoren regeln); 4. Berücksichtigung eventuell vorhandener Marktdaten je Bezirk (ebenfalls über Bonus-/Malusfaktoren regeln); 5. Berücksichtigung zukünftiger Ziele und Entwicklungen – zum Beispiel: Firmenzielsetzung, Verkaufsziele, eigenes Image beim Kunden, Kundenakzeptanz, Wettbewerberverhalten, Kundentrends et cetera. Hierzu zwei Berechnungsbeispiele.

1. Durchschnittliche Besuchshäufigkeit pro Kunde pro Jahr bei differenziertem Besuchsrhythmus: Angenommen, Sie haben für Kundenbesuche folgende grundsätzliche Struktur zum Ziel: 20% A-Kunden + 50% B-Kunden + 20% C-Kunden + 10% Neukunden und pro Kunde pro Jahr folgende differenzierte Besuchsfrequenz: 12 Besuche (A), 8 Besuche (B),

4 Besuche (C), 6 Besuche (N). Dann erhalten Sie eine durchschnittliche Besuchshäufigkeit pro Kunde pro Jahr von

12 Besuche (A) $\times$ 20 % + 8 Besuche (B) $\times$ 50 % + 4 Besuche (C) $\times$ 20 % + 6 Besuche (N) $\times$ 10 % = 2,4 + 4,0 + 0,8 + 0,6 = 7,8 Besuche/Kunde durchschnittlich pro Jahr.

Diese Zahl können Sie dann im vorangegangenen Beispiel zur Verfeinerung einsetzen: $8 \times 180 \div 7,8 = 185$ Kunden

2. Berücksichtigung zukünftiger Ziele und Entwicklungen: Machen Sie sich Gedanken darüber, wohin es *morgen* geht, wie die Marschrichtung für die einzelnen Kriterien der nachfolgenden Checkliste aussehen wird. Tragen Sie in die Tabelle jeweils Faktoren für die Zukunft ein. 1,0 würde bedeuten, dass sich nichts ändert; 1,2 hieße eine erforderliche Steigerung der Aktivität um 20 Prozent. 0,9 gibt Befehl für vermindertes Marschtempo um 10 Prozent. Zur besseren Verständlichkeit dient folgende Checkliste, bitte stellen Sie jedoch anschließend Ihre eigenen Kriterien auf.

Checkliste: Beachtung zukünftiger Ziele und Entwicklungen bei der Gebietsplanung			
Kriterien für zukünftige Ziele und Entwicklungen	Faktoren für morgen	Eigene Kriterien	Eigene Faktoren für morgen
Firmenzielsetzung			
• Bessere Umsatzrendite	1,2		
• Sicherheit	1,0		
Verkaufszielsetzungen			
• Sicherung der Marktanteile	1,0		
• Höhere Preise	1,0		
• Kostengünstige Bearbeitung des Marktes	0,9		
Produkterneuerungen			
• Einführung einer neuen Produktlinie	1,7		
• Streichen einiger alter Artikel	0,8		
Wettbewerbsverhalten			
• Neue aggressive Firmen aus Ostasien	1,5		

• Bisheriger Wettbewerb	1,0		
Kundenakzeptanz			
• Bekanntheit für Qualität	1,0		
Summe der Faktoren ÷ Anzahl Kriterien = durchschnittlicher Bonus/ Malus	1,11		

Abschließend sollte nicht vergessen werden, dass trotz aller Berechnung auch das Einbeziehen nicht messbarer Einflüsse (zum Beispiel Verkäuferniveau und -begabung) zu zusätzlichen Erkenntnissen führen muss. Verwenden Sie bei Ihren Planungen und Entscheidungen den errechneten Bonus/Malus zum Beispiel wie folgt: 0,9 = notwendige Aktivitäten können um 10 Prozent reduziert werden, das heißt, die errechnete Anzahl Kunden je Bezirk kann um 10 Prozent erhöht werden; 1,0 = keine Änderung der errechneten Anzahl Kunden je Bezirk; 1,2 = notwendige Aktivitäten müssen um 20 Prozent gesteigert werden, das heißt, die errechnete Anzahl Kunden je Bezirk sollte für eine sinnvolle Bearbeitung um 20 Prozent reduziert werden, oder die Besuchshäufigkeiten müssen selektiv reduziert werden, wenn die geplanten Aktivitäten dies erlauben, oder es sind andere Entlastungen notwendig.

3.4   Potenzialorientierte Gebietsplanung

Auch in eigentlich umsatzstarken Verkaufsgebieten verbergen sich oft noch ungenutzte Potenziale, die es auszuschöpfen gilt. Mit einer potenzialorientierten Vertriebsplanung holen Sie wesentlich mehr aus Ihren Vertriebsgebieten heraus. Darauf verweist A. Wetzel in einem Beitrag zum Thema »Verkaufsgebiete voll ausschöpfen«, in: *salesBusiness*, Heft 3, 2003. Die Praxis zeigt, dass sich damit 20 Prozent Mehrvolumen bei deutlich unterproportionalen Mehrkosten erzielen lassen.

Viele Firmen berechnen die Sollvorgaben für ihre Vertriebsgebiete aufgrund von Erfahrung und subjektiver Einschätzung. Häufig gilt dann das umsatzstärkste Gebiet als das beste. Doch dieser Ansatz hat sich oft als falsch erwiesen. Erfolgreich ist nur, wer weiß, wo wie viel Potenzial steckt, und dieses auch ausschöpft. Nehmen Sie deshalb Ihre Vertriebsplanung und die Zielvereinbarungen auf Basis produktspezifischer Kennzahlen vor, die sich an den tatsächlichen Marktpotenzialen orientieren. Eine solche Planung umfasst folgende Schritte, wobei der Aufwand gemessen am Nutzen gering ist:

1. Ermittlung der tatsächlichen Marktpotenziale. Vor der potenzialorientierten Vertriebsplanung steht die Analyse mittels spezieller Software. Doch es ist nicht nötig, diese zu erwerben. Sie können auch einen Geomarketing-Anbieter beauftragen, der für Sie die detaillierten Daten aus der Kaufkraftforschung bearbeitet. Spezialisten für die Aufbereitung von Geomarketing-Daten verfügen über objektive Markt- und Potenzialdaten, zugeschnitten auf Ihre Produkte und Vertriebsgebiete. Solche Daten informieren Sie über die mögliche und tatsächliche Ausschöpfung Ihrer Vertriebsgebiete. Dies ist auf allen räumlichen Ebenen wie ADM-Gebieten bis hin zu Gemeinden, Postleitzahlen und bis hinunter auf Straßenebene machbar.

Für ein Versicherungsunternehmen sind beispielsweise die einzelnen Ausgaben für spezielle Produkte und Dienstleistungen – Sparverträge, Hypothekenrückzahlungen et cetera – interessant. Dann wird eine Verknüpfung mit weiteren Merkmalen wie Altersstruktur oder regional unterschiedlichem Konsumverhalten durchgeführt. Am Schluss stehen die Potenziale für bestimmte Versicherungssparten auf allen räumlichen Ebenen.

2. Vergleich des jeweiligen Potenzials mit dem Ist-Volumen. Es ist möglich, dass das Ist-Volumen, das Potenzial und die tatsächliche Marktausschöpfung deutlich unterschiedlich sind. Entscheidend bei der Einschätzung der Vertriebsleistung in den Regionen ist nicht das Ist-Volumen insgesamt, sondern dessen Relation zum Potenzial. Die Relation errechnen Sie mit dem Marktanteilskoeffizienten (MAKO), der den Grad der tatsächlichen Ausschöpfung eines Gebiets in Zahlen angibt.

$$MAKO = \frac{\text{Ist-Volumen in Prozent der BRD}}{\text{Potenzial in Prozent der BRD}}$$

Gegenüber dem Marktanteil hat der Marktanteilskoeffizient den Vorteil, dass er sich immer auf 1 bezieht, also auf die durchschnittliche Leistung des Gesamtvertriebs in der Bundesrepublik Deutschland. Wenn Sie beispielsweise Bayern als umsatzstärkstes Verkaufsgebiet bewertet haben, dieses aber nur einen Marktanteilskoeffizienten von 0,62 aufweist, liegt die Ausschöpfung immerhin 38 Prozent unter dem Bundesdurchschnitt.

3. Lokalisierung von »weißen Flecken«. Die Leistung der einzelnen Außendienstmitarbeiter (ADM) kann mit einer Karte nachvollzogen werden, die mit Kreissymbolen den Grad der Marktausschöpfung verdeutlicht. Dabei sind die Daten bis auf die Ebene Postleitzahlen herunter zu brechen, wobei sich eine sehr unterschiedliche Ausschöpfung ergeben kann. Die Ergebnisse sind die Basis für die zu erarbeitenden realistischen Zielvorgaben.

4. Clustering des Vertriebsgebietes. Werden Außendienstmitarbeiter mit solchen Analysen konfrontiert, so reden sie sich oft mit den »dort ganz anderen« Verhältnissen heraus. Dem können Sie Vergleichstabellen entgegen halten, die mit einem Gebiets-Clustering gewonnen werden. Dabei werden Gruppen von ADM-Gebieten mit ähnlichen Rahmenbedingungen gebildet, diese in Tabellen aufgelistet und bezüglich ihrer Potenzialausschöpfung verglichen. So kann für jede Gebietseinheit in Bezug auf die Umsatzchancen eine Benchmarkgröße gefunden werden, die im eigenen Unternehmen in einem vergleichbaren Gebiet nachweislich bereits erreicht wurde.

5. Erfolgs-/Misserfolgsfaktoren. Der Vergleich von erfolgreichen mit nicht erfolgreichen Gebieten lässt meist wichtige Analysen zu, zum Beispiel: Sind starke beziehungsweise schwache Gebiete durch bestimmte gemeinsame Merkmale gekennzeichnet? Lassen sich daraus gegebenenfalls nötige Akquisitionsstrategien ableiten? Was können »schwache« von »starken« Verkäufern lernen? Dazu empfiehlt sich die Durchführung von »Best-Practice-Seminaren«, in denen die schwächeren Verkäufer von den stärkeren lernen können, wie man unter den entsprechenden Rahmenbedingungen die besten Ergebnisse erzielt.

6. Realistische Zielvorgaben. Für eine Veränderung der bisherigen Zielvorgaben ist es wichtig, dass Sie Schritt für Schritt neben dem Ist-Umsatz des Vorjahres auch die mögliche Potenzialausschöpfung in die Planung mit einbeziehen. Das gilt selbstverständlich auch für die Provisionsregelungen Ihrer Vertriebsabteilung. Die bisher überdurchschnittlich bewerteten Gebiete bekommen einen niedrigeren Ausschöpfungsquotienten als bisher und für die schwächeren Gebiete entsteht ein stärkerer Anreiz zur Umsatzerhöhung. So erschließen Sie sukzessive das ganze Potenzial durch eine beständige Leistungserhöhung Ihrer Mitarbeiter. Erfahrungen aus der Praxis bei Anwendung dieser Methode zeigen, dass die Steigerung gegenüber dem Vorjahr umso höher ausfiel, je geringer die Potenzialausschöpfung vorher war.

7. Am richtigen Ort mit den Veränderungen beginnen. An der zu erarbeitenden geografischen Karte werden die schlecht, mittel und gut ausgeschöpften Gebiete schnell sichtbar. Gebrauchen Sie diese grafische Darstellung Ihrer Potenzialausschöpfung als Prioritätenliste, die Sie Schritt für Schritt abarbeiten.

3.5 Verkaufsgebiete als Profit-Center

Wenn bewirkt werden soll, dass sich die Verkäufer zukünftig mehr auf die ertragreichen Produkte und Kunden konzentrieren, Preise besser durchsetzen und mit den eigenen Kosten sparsamer umgehen, dann ist der Profit-Center-Ansatz die richtige Lösung.

In der betrieblichen Praxis bezahlen noch immer viele Unternehmen ihre Verkäufer nach der Umsatzprovision. Die Zahl derer, die deckungsbeitragsorientiert entlohnen, wächst jedoch, da viele Unternehmen erkannt haben, dass der Umsatz als alleiniges Motivationsinstrument keine Zukunft mehr hat. Arbeitet ein Verkäufer auf Basis der Umsatzprovision, dann ist es nur zu verständlich, dass für ihn der erzielte Umsatz im Vordergrund steht und nicht die Rentabilität der Aufträge. Wenn jedoch die Rentabilität, der Deckungsbeitrag, herangezogen wird, ändert sich auch die Zielgröße des Verkäufers. Unternehmensziele, welche die Gewinnerhaltung und -steigerung anstreben, werden durch die Umsatzprovision sträflich vernachlässigt. Ersetzt man diese durch eine Deckungsbeitragsvergütung, sind Unternehmens- und Verkäuferziele synchronisiert.

Profit-Center geben Auskunft darüber, welche Unternehmensfelder (Reisegebiete, Filialen, Gesamtvertrieb, Unternehmensabteilungen et cetera) mehr oder weniger Ertrag abwerfen. Diese Informationen ersetzen die meist nur vage Ahnung über gewonnene oder verlorene Erträge in den einzelnen Geschäftsbereichen.

Die folgende Übersicht zeigt drei typische Profit-Center von drei Außendienstmitarbeitern. Diese betreuen jeweils das Gebiet »Nord«, »Mitte« und »Süd«. Nun werden stufenweise die Deckungsbeiträge I und II für jedes einzelne Gebiet ermittelt.

Profit-Center-Abrechnungen für drei Außendienstmitarbeiter nach Absatzgebieten				
Bezeichnung	Gesamt (TEuro)	Gebiet Nord	Gebiet Mitte	Gebiet Süd
Brutto-Umsatz ./. Rabatte, Skonti, Boni und sonstige Erlösschmälerungen	30.000 3.000	6.000 200	15.000 2.500	9.000 300
= Netto-Umsatz ./. Wareneinsatz und variable Kosten	27.000 16.200	5.800 3.400	12.500 7.500	8.700 5.300

= **Deckungsbeitrag I**	10.800	2.400	5.000	3.400
in %	40	41,4	40,0	39,1
./. direkte Fixkosten der Gebiete	1.000	100	700	200
= **Deckungsbeitrag II**	9.800	2.300	4.300	3.200
Gebietsergebnis in %	36,3	39,7	34,4	36,8
./. Unternehmens-Fixkosten	6.500	-	-	-
Betriebsergebnis	3.300			

Die Übersicht zeigt, dass zunächst der Brutto-Umsatz um sämtliche Erlösschmälerungen, die dem Kunden seitens des Verkaufs eingeräumt wurden, bereinigt wird. Hierzu zählen nicht nur die Rabatte, Skonti und Boni, sondern natürlich auch alle weiteren Konditionen, wie zum Beispiel Naturalrabatte, Werbekostenzuschüsse et cetera. Es ist wichtig, die Erlösschmälerungen in die Betrachtung einzubeziehen, da sich diese sehr nachhaltig auf den Ertrag des Unternehmens auswirken. Vom Nettoumsatz werden nun die eigentlichen Kosten der Produkte abgezogen, die der einzelne Verkäufer verkauft hat: Wareneinsatz und variable Herstellkosten sowie variable Vertriebskosten des Artikels.

Der Deckungsbeitrag I (DB I) stellt damit den Überschuss des Netto-Umsatzes über die »nackten« Produktkosten dar. Im DB I drückt sich natürlich bereits die Leistung des Mitarbeiters aus, da dieser Deckungsbeitrag von folgenden Kriterien beeinflusst wird: 1. absolute Umsatzhöhe, 2. Preis- und Konditionengefüge, 3. Produkt-Mix, den der Verkäufer im Betrachtungszeitraum verkauft hat, 4. Kunden-Mix.

Lässt der Produkt-Mix erkennen, dass es der Außendienstmitarbeiter verstanden hat, die ertragreichen Produkte und Leistungen stärker auszubauen? Oder hat er seine Umsätze vor allem mit ertragsschwachen Produkten und Leistungen vollzogen? Und zeigt analog der Kunden-Mix, inwieweit es der Verkäufer verstanden hat, die ertragreichen Kunden stärker auszubauen als die ertragsschwachen? Das Beispiel in obiger Übersicht verdeutlicht, dass das Gebiet Mitte absolut gesehen das deckungsbeitragsstärkste Gebiet ist, da es einen DB I von fünf Millionen Euro abliefert. Dagegen scheint das Gebiet Nord mit einem DB I von knapp 2,5 Millionen Euro das schwächste der drei Gebiete zu sein.

Die Prozentzahlen unter dem DB I zeigen aber, dass die Umsätze im Gebiet Nord ertragreicher strukturiert sind: Das Gebiet Nord erzielt einen prozentualen DB I von 41,4 Prozent, während das Gebiet Mitte nur einen DB I von 40,0 Prozent erwirtschaftete. Der DB I von Gebiet Süd liegt sogar nur bei 39,1 Prozent. Allein dieser Sachverhalt verlangt natürlich eine genaue Analyse. Zunächst könnte man zu der Annahme neigen, dass das Gebiet Mitte besser ausgeschöpft wird, so dass sich zwangsläufig auch Umsätze zu niedrigeren Preisen und schlechteren Konditionen ergeben. Dies muss aber nicht sein. Es wäre auch denkbar, dass es sich bei dem Gebiet Mitte um ein ausgesprochen potenzialstarkes Gebiet handelt und die Gebiete Nord und Süd potenzialschwächer sind. In diesem Fall müsste geprüft werden, ob der Außendienstmitarbeiter Mitte über eine Verbesserung seiner Preise und Konditionen, seines Produkt-Mix oder seines Kunden-Mix seinen prozentualen Deckungsbeitrag auf das Niveau des Gebietes Nord steigern kann. Dies würde dem Unternehmen einen Mehr-Ertrag in Höhe von 175.000 Euro bescheren. Auf jeden Fall wird deutlich, dass das Gebiet Süd ertragsmäßig recht »angeschlagen« ist: Es wird nicht nur ein unterdurchschnittlicher Deckungsbeitrag im Vergleich zum Gesamtunternehmen (40 Prozent) erreicht, sondern das Gebiet stellt sich als das ertragsschwächste von allen Außendienstgebieten dar. Auch hier ist zu hinterfragen, ob und inwieweit durch eine Verbesserung der Preise und Konditionen beziehungsweise des Produkt- und des Kunden-Mix eine Anhebung des Deckungsbeitrags erreicht werden kann.

Das Gebietsergebnis

Nun endet die Betrachtung aber keineswegs beim DB I, denn jeder Profit-Center-Chef ist natürlich auch verantwortlich für die Kosten, die er persönlich verursacht hat. Im Verkaufsgebiet können dies sein: die Personalkosten des Verkäufers (inklusive Personalfolgekosten); sämtliche Kfz-Kosten; Reisespesen; Telefonkosten et cetera; Bewirtungen und Präsente für Kunden; Kosten für die Verkaufsförderung; Kosten für regionale Messen und Hausausstellungen bei Kunden; gebietsspezifische Werbekosten; anteilige Kosten für Unterstützung durch andere Abteilungen (zum Beispiel Einsatz technischer Berater et cetera). Es ist wichtig, dem Außendienstmitarbeiter nur die Kosten ins Profit-Center einzustellen, die er *selbst auch zu verantworten* hat. Alle anderen Kosten dürfen nicht berücksichtigt werden. Bei der Beantwortung der Frage, welche Kostenarten dem Außendienstmitarbeiter definitiv zuzurechnen sind, muss nicht akribischer vorgegangen werden als notwendig. Würde man zum Beispiel befürchten, dass durch Ansetzen der Kosten für Werbematerial dieses nicht mehr angemessen an die Kunden verteilt werden würde, so wäre es ratsamer, diese Kostenart unberücksichtigt zu lassen.

Andererseits können aber auch Kosten berücksichtigt werden, die der Außendienstmitarbeiter nicht unmittelbar, sondern nur *mittelbar* beeinflussen kann, wie Zinsen für Außenstände seiner Kunden oder auch im

Extremfall Forderungsverluste, die sich in seinem Kundenkreis ereignen. Schließlich besteht die Aufgabe des Verkäufers nicht nur darin, Produkte und Leistungen zu verkaufen, sondern er muss auch die *Bonität des Kunden* angemessen berücksichtigen.

Nach Kürzung des DB I um die Kosten der Gebiete (direkt zurechenbare Fixkosten) ergibt sich der DB II der Gebiete oder das so genannte *Gebietsergebnis*. Dieses zeigt letztlich, welchen Beitrag jeder Verkäufer zum *Gesamtertrag* des Unternehmens geleistet hat. Bei der Entlohnung nach Deckungsbeiträgen geht man nun davon aus, dass die Verkäufer ihr variables, leistungsorientiertes Einkommen nicht mehr vom Umsatz erhalten, sondern vom erzielten DB II der einzelnen Gebiete. Dies soll bewirken, dass die Verkäufer in das Ertragsdenken des Unternehmens einbezogen werden und nicht mehr nur in der Größenordnung von Umsätzen denken.

Analog hierzu lassen sich Profit-Center der Innendienstverkäufer (Telefonverkäufer, Kundenbearbeiter et cetera) aufbauen, wobei deren spezifische Kosten angesetzt werden.

Wie kann der einzelne Verkäufer höhere Deckungsbeiträge erwirtschaften?

Im Wesentlichen hat er folgende fünf Möglichkeiten:

1. Umsatzsteigerung. Zunächst kann der Verkäufer seinen Deckungsbeitrag natürlich dadurch erhöhen, dass er seinen Umsatz erhöht, möglichst aber mit renditefähigen Artikeln und bei renditefähigen Kunden.

2. Preisdurchsetzung und Konditionensteuerung. Bei einer Entlohnung nach Deckungsbeiträgen zahlt sich die Standhaftigkeit bei der Preisverteidigung besonders aus. Die Argumentation des Verkäufers zugunsten angemessener Preise und Konditionen und die Entschlossenheit bei der Durchsetzung von Preiserhöhungen schlagen sich unmittelbar auf die Deckungsbeiträge und damit auf sein Einkommen nieder.

3. Verbesserung des Produkt-Mix. Durch die Forcierung der rentablen Artikel im Verkauf kann eine Verbesserung des Produkt-Mix erreicht werden. Damit steigt automatisch der Deckungsbeitrag im Verkaufsgebiet. In den meisten Unternehmen ist eine Verteilung der Produkte in den Ertragskategorien wie folgt üblich: Die ertragreichen Produkte (A) nehmen einen relativ kleinen Umsatzanteil ein. Die durchschnittlich ertragreichen Produkte (B) haben bereits einen größeren Umsatzanteil. Die ertragsarmen Produkte (C) nehmen dagegen den höchsten Umsatzanteil ein. Die Arbeit mit Profit-Centern und die ertragsorientierte Vergütung bewirken, dass auf die A- und B-Produkte künftig mehr Wert gelegt wird.

Sie werden in den Verkaufsgesprächen besonders herausgestellt. Ziel sollte es sein, die C-Produkte auf dem Umsatzniveau zu halten, auf dem sie sich bisher befanden, und das weitere Wachstum des Unternehmens mit A- und B-Produkten anzustreben.

4. Verbesserung des Kunden-Mix. Ähnlich wie bei der Verbesserung des Produkt-Mix bringt auch die Verlagerung von Umsätzen auf ertragreichere Kunden (A- und B-Kunden) eine Verbesserung der Deckungsbeiträge.

5. Kostensenkung. Durch Senkung der direkten Fixkosten im Verkaufsgebiet (beim Innendienstmitarbeiter im Innendienstbereich) verbessert sich ebenfalls unmittelbar der DB II. Der Verkäufer erreicht dieses Ziel durch eine sinnvollere Reiseplanung oder indem er mehr auf die Zahlungsmoral der Kunden achtet.

Welche Informationen brauchen Ihre Verkäufer?

Der Verkäufer als »Chef« seines eigenen Profit-Centers hat eine größere Verantwortung als bisher: Er ist nun nicht mehr alleine für den Umsatz verantwortlich, sondern auch für den Ertrag, der von diesem Umsatz übrig bleibt. Mitarbeiter, die nach Deckungsbeiträgen vergütet werden, haben erfahrungsgemäß ein großes Interesse daran, diese Deckungsbeiträge positiv zu entwickeln. Dies wird ihnen nur gelingen, wenn sie über entsprechende Informationen verfügen, die ihnen Ansatzpunkte für eine Verbesserung der Deckungsbeiträge zeigen. Welche Informationen sollen aber nun die Mitarbeiter erhalten?

1. Mitteilung über A-, B-, C-Produkte. Der Mitarbeiter muss wissen, welche Produkte in die Gruppe A, B oder C fallen.

2. Hitliste der Produkte. Dem Mitarbeiter sollte eine EDV-Liste zur Verfügung gestellt werden, die alle seine verkauften Produkte (oder in verdichteter Form: Produktgruppen) in der Reihenfolge abfallender absoluter DB I auflistet. So kann der Mitarbeiter erkennen, welche Produkte ihm den höchsten Deckungsbeitrag und welche ihm nur einen relativ kleinen Deckungsbeitrag eingebracht haben.

3. Hitliste nach Kunden. Ebenso sollte der Verkäufer über die EDV Zugriff auf eine Liste haben, in der seine Kunden in der Reihenfolge abfallender absoluter DB I aufgelistet werden. Der Verkäufer erkennt so, mit welchen Kunden er unerwartet viel Deckungsbeitrag erwirtschaftet hat. Diese Kunden kann er künftig in seinem Verkaufsgespräch noch forcieren und ausbauen. Andererseits kann er Kunden vernachlässigen, die ihn nur Zeit gekostet, aber kaum Deckungsbeiträge eingebracht haben. Diese Liste ist besonders wichtig, um den richtigen Kunden-Mix durch den Verkäufer zu gewährleisten.

4. Profit-Center-Abrechnung. Natürlich muss der Mitarbeiter monatlich seine Profit-Center-Abrechnung erhalten.

5. Das Profit-Center des Verkäufers nach Produktgruppen. Eine Übersicht wie die folgende zeigt dem Mitarbeiter, wie die Ertragsstruktur seiner Produktgruppen/Leistungen aussieht (sein Produkt-Mix). Hier werden seine persönlichen Profit-Center-Zahlen differenziert nach einzelnen Produktgruppen dargelegt.

Die Übersicht lässt erkennen, dass der Verkäufer seinen größten Umsatz mit der Produktgruppe 2 erzielt, die ihm aber den schlechtesten prozentualen DB I einbringt (29,9 Prozent). Seinen niedrigsten Umsatz tätigt er mit Produktgruppe 1, die jedoch den höchsten prozentualen Deckungsbeitrag erbringt (39,8 Prozent). Ein Ungleichgewicht in der Produktstruktur ist deutlich erkennbar. Offensichtlich hat der Verkäufer die ertragsschwächeren Produkte stärker forciert als die ertragreichen. Ein Blick auf die »Steuerungszahlen« am unteren Ende der Abbildung zeigt, dass die Produktstruktur/Leistungsstruktur des betrachteten Mitarbeiters atypisch ist im Vergleich zu seinen Kollegen: Der Mitarbeiter tätigt beispielsweise mit der ertragreichen Produktgruppe 1 nur 25 Prozent seines gesamten Umsatzes, während seine Kollegen damit 60 Prozent ihres Umsatzes abwickeln. Dagegen erwirtschaftet der Mitarbeiter mit der ertragsschwachen Produktgruppe 2 40 Prozent seines Umsatzes, während seine Kollegen hier nur bei 10 Prozent liegen. Natürlich kann diese Abweichung auch gebietsbedingt sein. Andererseits wäre es aber auch möglich, dass der Mitarbeiter aus mangelnder Kenntnis des wirtschaftlichen Sachverhalts die falschen Produkte forciert und so Ertrag verschenkt hat.

Die nächsten Steuerungszahlen (DB I) verdeutlichen, welche prozentualen Deckungsbeiträge der Mitarbeiter pro Produktbereich/Leistungsbereich erwirtschaftet im Vergleich mit den prozentualen Deckungsbeiträgen des gesamten Unternehmens. Man erkennt, dass der betrachtete Mitarbeiter in der Produktgruppe 1 leicht unterdurchschnittlich arbeitet, bei den Produktgruppen 2 und 3 aber deutlich über dem Durchschnitt des Unternehmens liegt.

Übersicht: Das Profit-Center des Verkäufers nach Produktgruppen				
	Gesamt	Produkt-gruppe 1	Produkt-gruppe 2	Produkt-gruppe 3
	Tausend Euro	Tausend Euro	Tausend Euro	Tausend Euro
Brutto-Umsatz ./. Rabatte, Boni etc.	11.600 2.340	2.900 590	4.640 930	4.060 820

= Netto-Umsatz ./. Warenein- satz Variable Kosten	9.260 6.200	2.310 1.390	3.710 2.600	3.240 2.210
= DB I In % ./. direkte Fixkosten des ADM	3.060 33,0 190	920 39,8	1.110 29,9	1.030 31,8
= DB II In %	2.870 31,0			
Steuerungs- zahlen Umsatzanteil des Verkäufers	100,0 %	25,0 %	40,0 %	35,0 %
Umsatzanteil Unternehmen	100,0 %	60,0 %	10,0 %	30,0 %
DB I des Mitar- beiters	33,0 %	39,8 %	29,9 %	31,8 %
DB I Unterneh- men	31,0 %	40,0 %	7,0 %	21,0 %

6. Das Profit-Center des Verkäufers nach Kundengruppen. Um den Kunden-Mix zu optimieren, muss der Verkäufer über die Ertragsstruktur seiner Kundengruppen beziehungsweise Branchen Bescheid wissen. Die folgende Übersicht zeigt, wie sich dieser Einblick in die Kundengruppenstruktur darstellen kann.

Auch hier wird dem einzelnen Verkäufer gezeigt, auf welche Kundengruppen sich seine Umsätze zu welchen Anteilen verteilen, ob diese Verteilung dem Unternehmensdurchschnitt entspricht und ob seine persönliche Kundengruppenstruktur ertragreicher (beziehungsweise ertragsärmer) ist als die seiner Kollegen. Dazu wird wieder dargestellt, welchen prozentualen Deckungsbeitrag der betrachtete Verkäufer pro Kundengruppe erwirtschaftet und wie sich dazu die Durchschnittswerte des Unternehmens verhalten. Aus dem Vergleich kann der Mitarbeiter erkennen, wo er Ansatzpunkte findet, um seine Deckungsbeiträge zu verbessern.

Das Profit-Center des Verkäufers nach Kundengruppen					
	Gesamt	Kunden-gruppe 1	Kunden-gruppe 2	Kunden-gruppe 3	Kunden-gruppe 4
	Tausend Euro	Tausend Euro	Tausend Euro	Tausend Euro	Tausend Euro
Brutto-Umsatz	11.600	6.960	3.480	580	580
./. Rabatte, Boni etc.	2.340	1.400	700	120	120
= Netto-Umsatz	9.260	5.560	2.780	460	460
./. Warenein-satz Variable Kosten	6.200	3.530	1.920	360	390
= DB I In % ./. direkte Fix-kosten ADM	3.060 33,0 190	2.030 36,5	860 30,9	100 21,7	70 15,2
= DB II In %	2.870 31,0				
Steuerungs-zahlen Umsatzanteil Verkäufer	100,0 %	60,0 %	30,0 %	5,0 %	5,0 %
Umsatzanteil Unternehmen	100,0 %	55,0 %	10,0 %	5,0 %	30,0 %
DB I des Mit-arbeiters	33,0 %	36,5 %	30,9 %	21,7 %	15,2 %
DB I Unter-nehmen	31,0 %	35,5 %	28,7 %	22,0 %	24,0 %

7. Einzelkundenabrechnung. Monatlich sollte der Verkäufer eine Abrechnung pro Einzelkunde erhalten, die klar aussagt, welche Deckungsbeiträge er im abgelaufenen Monat mit den einzelnen Kunden erwirtschaftet hat.

8. Planung und Soll-/Ist-Vergleich. Natürlich lädt das Profit-Center im Verkauf dazu ein, bisherige Umsatzplanungen zukünftig zu Deckungsbeitragsplanungen auszubauen. Hier soll also der Mitarbeiter »sein« Profit-Center zukünftig nicht nur umsatzorientiert, sondern deckungsbeitragsorientiert planen. Ziel ist ein bestimmter DB II, den er in der Planungsperiode zu erwirtschaften hat. Dies stellt zweifellos eine anspruchsvollere Planungsarbeit dar als eine reine Umsatzplanung. Neben der Umsatzquantität muss jetzt auch die Umsatzqualität geplant werden, die sich beispielsweise aus dem Produkt-Mix und aus dem Kunden-Mix ergibt. Ferner müssen die eigenverursachten Kosten in der Planung berücksichtigt werden, um den DB II zu errechnen.

Die Vergütungsinstrumente

Wie können die Mitarbeiter deckungsbeitragsorientiert vergütet werden? Ein Unternehmen kann unter vielen Vergütungsinstrumenten wählen (siehe hierzu auch den Abschnitt 5.6 in Teil 5). Dabei berücksichtigen gute Systeme erfahrungsgemäß immer die spezifischen Eigenheiten des Unternehmens.

Die Provision vom Deckungsbeitrag

Gegenstand einer ertragsorientierten Vergütung ist bei diesem System die Provision auf den DB II des Profit-Centers. Diese errechnet sich vom ersten Euro Deckungsbeitrag an, den der betreffende Mitarbeiter in seinem Profit-Center erwirtschaftet. Über einen festen Provisionssatz erhält der Mitarbeiter sein variables Einkommen.

Bei diesem System handelt es sich um das einfachste Vergütungsmodell, das auf Deckungsbeitragsbasis aufbaut. Das Problem liegt hierbei darin, dass der nennenswerte Teil des variablen Einkommens aufgrund einer vergangenheitsorientierten Basisleistung erzielt wird: Im Profit-Center wurden bereits in der Vergangenheit Deckungsbeiträge aufgebaut, die zum heutigen Niveau der Deckungsbeiträge geführt haben. Der eigentliche »Leistungskorridor« des Mitarbeiters schwankt erfahrungsgemäß um sein derzeitiges Leistungsniveau. Er wird in aller Regel seinen bisherigen Leistungsstand im kommenden Jahr nicht verdoppeln oder halbieren, höchstens in extremen Ausnahmefällen.

Dieser »engere Leistungskorridor« des Mitarbeiters wird bei der Deckungsbeitragsprovision relativ wenig bedacht, da die Provision ja auch auf die gesamten Deckungsbeiträge gewährt wird, die außerhalb dieses Leistungskorridors liegen. Dies führt zu einem relativ flachen Einkommenskurvenverlauf, wobei sich die Vergütung gerade innerhalb des Leistungskorridors des Mitarbeiters wenig »spannend« gestaltet. Andererseits besteht bei nachhaltigem Wachstum des Unternehmens über einen langen Zeitraum (zum Beispiel Jahrzehnt) hinweg die Gefahr, dass die lineare Provision »explodiert« und zu Einkommen führt, die das Einkommensgefüge im Unternehmen sprengen.

Zielprämien

Neben der reinen Provision auf Basis des Deckungsbeitrags halten Zielprämien wachsenden Einzug in ertragsorientierte Vergütungssysteme. Dabei werden Ziel-Deckungsbeiträge für die Mitarbeiter für eine bestimmte Zeitperiode (Quartal, Halbjahr oder Jahr) vereinbart, welche die Mitarbeiter erreichen sollen. Diese Ziele müssen in Anbetracht der konjunkturellen Lage und der Reserven vereinbart werden, die im jeweiligen Verkaufsbereich noch zu mobilisieren sind. Erreicht der Mitarbeiter im vereinbarten Zeitraum das Deckungsbeitragsziel, so erhält er zusätzlich zu seiner Provision oder anstelle der Provision die ausgesetzte Zielprämie.

Der Mitarbeiter erhält bei einer Zielerfüllung von 100 Prozent eine bestimmte Prämie. Die Prämie ist aber nicht allein auf diese Zielerreichung ausgelegt, sondern der Mitarbeiter erhält auch dann schon einen Teil der Prämie, wenn er beispielsweise nur eine Leistung von 90 Prozent erbringt. Die Prämie kann sich noch mal steigern, wenn der Mitarbeiter eine Leistung von über 100 Prozent erbringt. Die Prämie steigt allerdings nur bis zu einem Zielerfüllungsgrad von 120 Prozent und bleibt dann auf diesem Niveau stehen. In diesem Zusammenhang spricht man von »Spreizung der Prämie«. Die zahlenmäßige Darstellung könnte beispielsweise folgendermaßen aussehen:

Ziel: DB-II-Steigerung um 5% = Gesamt-DB II in Höhe von 1,5 Mio. Euro = 100% Zielerreichung							
Zielerreichung	90 %	95 %	100 %	105 %	110 %	115 %	120 %
Prämie in Euro	2.000	3.000	5.000	6.500	8.000	9.000	10.000

Solche Prämiensysteme müssen natürlich nicht nur auf den Deckungsbeitrag des Profit-Centers ausgelegt werden, sondern auch andere Zielgrößen können mit Prämien belegt werden. So lässt sich dieses System genauso auf Umsätze anwenden, auf Neukunden-Gewinnungsziele, auf Gebietsausschöpfungsziele, auf Ziele zur Forcierung bestimmter Produkte oder Kunden et cetera. Die Vorteile eines Prämiensystems sind:

1. Zielprämien vermeiden »Sattheits-Erscheinungen« beim Verkäufer. Der typisch satte Verkäufer wird durch eine Zielprämie in nennenswerter Höhe wieder mobilisiert. Vor allem, wenn ein spürbarer Teil des Einkommens von der Erreichung eines bestimmten Zieles abhängig gemacht wird, kann sich der Mitarbeiter »Sattheit« (beispielsweise in Form von lascher Gebietsbearbeitung) nicht mehr erlauben.

2. Reisegebiete sind von ihrem Verkaufspotenzial unterschiedlich strukturiert (zum Beispiel unterschiedliche Gebietsgröße oder Kaufkraft). Der Verkäufer, der nur Provision erhält, verdient viel, wenn er zufällig in einem Gebiet mit großem Marktpotenzial arbeitet, und umgekehrt. Über Zielprämien lassen sich derartige Unterschiede im Einkommen besser ausgleichen. Die Zielprämie belohnt den fleißigen Verkäufer und weniger den, der zufällig ein großes Verkaufsgebiet hat.

3. Mit Hilfe von Zielprämien ist es möglich, den Einkommensaufbau stärker in die Progression hineinwachsen zu lassen. Wenn zusätzliche Deckungsbeitrags-Steigerungen als schwierig erachtet werden, reicht eventuell die Provision als alleiniges Vergütungsinstrument nicht mehr aus.

4. Provisionen werden üblicherweise für alle Deckungsbeiträge gezahlt, auch für solche, für die der Verkäufer unmittelbar nichts unternommen hat. Prämien dagegen kann der Mitarbeiter nur erreichen, wenn er eine Spitzenleistung erzielt. Hierfür ist der volle persönliche Einsatz notwendig. Insofern motivieren Zielprämien zur Erreichung der Leistungsspitze.

Prämiensysteme können sowohl in Ergänzung als auch anstelle einer Deckungsbeitrags-Provision installiert werden. Im letzteren Falle würde sich das leistungsorientierte, variable Einkommen des Mitarbeiters ausschließlich aus Zielprämien ergeben. Allerdings wäre es dann sinnvoll, Zielprämien für verschiedene Ziele auszunutzen. Werden Zielprämien für unterschiedliche Ziele gezahlt, kann auf diesem Weg eine sehr *differenzierte Steuerung des Verkäufers* bewirkt werden: Um sein Einkommen zu maximieren, muss er jetzt auf unterschiedliche Aspekte achten, die alle für das Unternehmen eine große Bedeutung besitzen, wie beispielsweise Deckungsbeitrag, Umsatz, Neukunden, Auftragsstruktur et cetera.

Zielübernahmeprämien

Als Prämienvereinbarung ist in der Regel die so genannte *Budgeterfüllungsprämie* üblich. Hier einigt sich der Mitarbeiter mit seinem Vorgesetzten auf ein bestimmtes Ziel – zum Beispiel Steigerung des DB II um fünf Prozent. Für die Erreichung dieses Zieles wird eine Prämie ausgesetzt. So wäre es beispielsweise denkbar, dass der Verkäufer bei Erreichung dieses Ziels eine Prämie in Höhe von 3.000 Euro erhält. Diese Prämie kann nach unterschiedlichen Zielerfüllungsgraden »gespreizt« werden, wie dies weiter oben bereits dargestellt wurde.

Ein abweichendes Konzept stellt die *Zielübernahmeprämie* dar, die verstärkt Eingang in Vergütungsmodelle findet. Den Mitarbeitern würden in diesem Fall bei der Budgetplanung beispielsweise fünf alternative

Deckungsbeitragsziele angeboten, die sukzessive anspruchsvoller werden. Mit jedem Ziel ist eine Prämie verbunden, wobei die Höhe der Prämien exponentiell steigt:

	Ziel: DB-Steigerung um	Prämie
1.	+ 3 %	2.000,-
2.	+ 5 %	5.000,-
3.	+ 7 %	8.000,-
4.	+9 %	12.000,-
5.	+ 11 %	17.000,-

Der Mitarbeiter kann nun selbst entscheiden, welches Ziel er akzeptiert. Er ist dann aber auch verpflichtet, dieses Ziel zu erreichen, um in den Genuss der Prämie zu gelangen. Entscheidet er sich beispielsweise für das anspruchsvollste Ziel (Nr. 5) und erreicht – nur das Ziel Nr. 4, so kann keine Prämie ausgezahlt werden. Entscheidet er sich für das Ziel Nr. 3 und erreicht dann aber doch das Ziel Nr. 4, so erfolgt nur eine Auszahlung der Prämie, die mit dem Ziel Nr. 3 verbunden ist. Auf den ersten Blick wirkt das Konzept der Zielübernahme etwas hart. Jedoch lassen sich die Vorteile dieses Systems nicht übersehen:

1. Zeitersparnis. Ausgedehnte Zielverhandlungen müssen nicht mehr stattfinden, sondern der Verkäufer erhält ein Zielangebot, wobei er sich das Ziel aussuchen kann, welches er für realistisch hält.

2. Wechselseitige Manipulationen entfallen. Im System der klassischen Zielvereinbarung besteht die Gefahr, dass der Mitarbeiter bei der Zielvereinbarung manipuliert: Er hat verständlicherweise ein großes Interesse, die Zielformulierung so niedrig wie möglich anzusetzen. Umso leichter kann er dann das vereinbarte Ziel übertreffen und kommt dadurch in den Genuss eines exponentiell steigenden variablen Einkommens.

Oftmals wissen die Vorgesetzten um diese Problematik und steigen in die Verhandlungen mit entsprechend überhöhten Zielformulierungen ein, um im Rahmen eines Kompromisses das von vornherein »gewünschte« Ziel beim Mitarbeiter durchsetzen zu können. Manipulation führt also zur Gegenmanipulation.

3. Stimmigkeit der Unternehmensplanung. Bei dem System der Zielübernahmeprämie kann davon ausgegangen werden, dass die Verkäufer das Ziel übernehmen, welches sie für realistisch beziehungsweise realisierbar halten. Dies wirkt sich natürlich auch positiv auf die gesamte Unternehmensplanung aus: Erfahrungsgemäß wird auch sie realistischer als bei der klassischen Zielvereinbarung auf dem Verhandlungsweg.

4. Anspruchsvolle Ziele. Der Verkäufer wird durch die steigenden Prämienbeiträge dazu angehalten, sich ein anspruchsvolles Ziel zu wählen. Wählt er ein zu bescheidenes Ziel (auf der sicheren Seite), so schneidet er sich ins eigene Fleisch. Erfahrungsgemäß kommen mit dem System der Zielübernahmeprämie recht anspruchsvolle Zielübernahmen zustande.

5. Identifikation mit dem eigenen Ziel. Mehr als bei der klassischen Zielvereinbarung auf dem Verhandlungsweg identifiziert sich der Mitarbeiter bei dem System der Zielübernahmeprämie mit seinem Ziel. Es handelt sich dabei um »sein« Ziel; es wurde ihm nicht von seinem Vorgesetzten aufgezwungen, sondern er hat es sich selbst ausgesucht. Entsprechend hat er auch die Motivation, dieses Ziel zu realisieren.

Ein genereller Nachteil von Zielprämien liegt darin, dass sie *nicht unmittelbar nach dem erlebten Erfolg* des Mitarbeiters ausgezahlt werden. Dies ist insbesondere bei der Vereinbarung von Jahresprämien für Jahresziele der Fall. Heute werden jedoch immer häufiger Halbjahresziele oder Quartalsziele vereinbart, um Erfolg beziehungsweise Misserfolg und Vergütung in einen unmittelbaren Erlebniszusammenhang zu bringen.

Diese Vorgehensweise bietet einen weiteren Vorteil: Durch kurzfristigere Planungsperioden kann die Planung/Zielvereinbarung exakter gestaltet werden, da kürzere Perioden besser vorhersehbar sind als lange Planungsperioden.

Natürlich muss in jedem Fall bei Zielprämien mit Abschlagszahlungen gearbeitet werden, um dem Mitarbeiter ein gleichmäßiges Einkommen zu gewährleisten. Diese Abschlagszahlungen können pauschal erfolgen oder sich an der tatsächlichen (beispielsweise monatlichen) Leistung des Mitarbeiters orientieren (zum Beispiel auf der Basis eines monatlichen Soll-/Ist-Vergleichs).

Die Sockelprovision

Bei dem Konzept der Sockelprovision geht man ebenso wie bei der Zielprämie davon aus, dass nicht der gesamte Deckungsbeitrag des Verkäufers verprovisioniert wird, sondern nur der Teil, der vom Mitarbeiter aktiv eingebracht wurde. Auch hier erfolgt also eine Konzentration auf den eigentlichen »Leistungskorridor« des Mitarbeiters. Dabei wird unterstellt, dass aufgrund der Marktposition des Unternehmens ein Deckungsbeitrags-Sockel »automatisch« zustande kommt und dieser Sockel nicht vergütet werden muss. Die Mitarbeiterleistung setzt gewissermaßen ab diesem Sockel ein. Erst die danach erfolgte Leistung soll vergütet werden.

Abbildung 14 zeigt, dass die Deckungsbeitragsleistung des Vorjahres gleich 100 Prozent gesetzt wird. Man hat nun die Alternative, anstelle einer beispielsweise zweiprozentigen DB-Provision, die von Beginn an gezahlt wird, eine vierprozentige Provision zu bezahlen, die erst ab der Hälfte des alten Deckungsbeitrages zustande kommt. Der Sockel wurde also bewusst gleich 50 Prozent gesetzt. Bei einer doppelt so hohen Provision (vier Prozent statt zwei Prozent) erreicht der Mitarbeiter bei gleichem Deckungsbeitrag wie im Vorjahr das gleiche Provisionseinkommen (10.000 Euro).

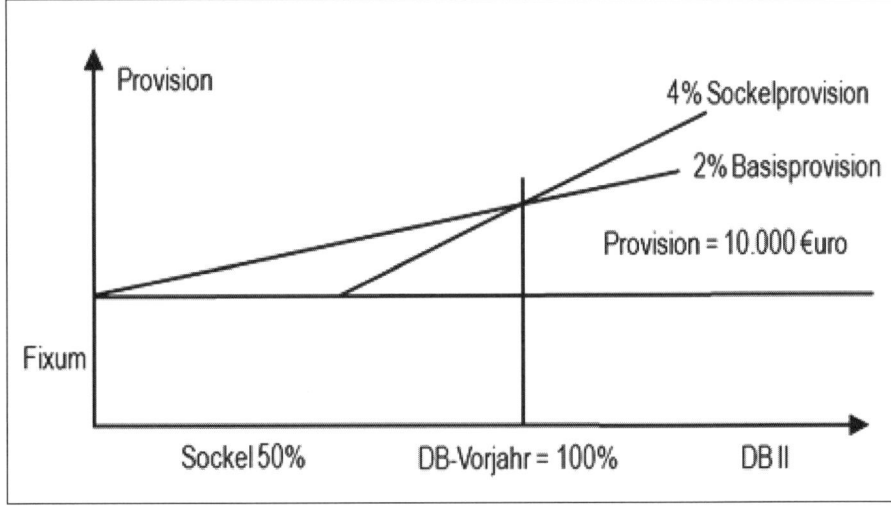

Abbildung 14: Sockelprovision

Mehrleistungen werden hier besonders belohnt: Die Kurve der Sockelprovision hat einen erheblich steileren Anstieg. Mehrleistungen über den DB des Vorjahrs hinaus werden wesentlich stärker belohnt als mit der bisherigen Provision in Höhe von zwei Prozent. Bei einem Sockel in Höhe von 50 Prozent bedeutet dies, dass die Belohnung des zusätzlichen Deckungsbeitrages, der den Deckungsbeitrag des Vorjahres übertrifft, doppelt so hoch ist wie bei einer Provision, die bereits auf den ersten Euro Deckungsbeitrag gezahlt wird.

Natürlich »wandert« der Sockel mit der jeweiligen Leistung des Mitarbeiters mit. Verbessert der Mitarbeiter beispielsweise von Jahr zu Jahr seine DB-Leistung, so wandert der Sockel, der zum Beispiel immer bei 50 Prozent der Vorjahresleistung liegt, auf der DB-II-Achse nach rechts. Bei Verschlechterungen der DB-Leistung des Mitarbeiters würde der Sockel entsprechend nach links wandern.

Eine Planung der Ziele findet hier nicht statt, was einerseits eine Arbeitserleichterung ist, andererseits aber auch einen gewissen Nachteil darstellt: Das Einkommen des Mitarbeiters ist teilweise abhängig von Zufälligkeiten des Marktes, wie beispielsweise konjunktureller Entwicklung et cetera, die bei der Zielprämie entsprechend berücksichtigt werden. Allerdings ist dieses System sehr einfach handhabbar und bedarf keiner aufwendigen Zielgespräche beziehungsweise Planungen.

Weitere Vergütungsansätze

Die Darstellung der Vergütungsinstrumente ließe sich nahezu beliebig fortsetzen, wobei es darauf ankommt, diejenige Vergütungslösung herauszuarbeiten, die der *Eigenart des eigenen Unternehmens* am meisten entspricht. Erst dann kann ein Vergütungssystem als »gut« bezeichnet werden, wenn es die Motivation der Mitarbeiter in genau die Richtung lenkt, die das Unternehmen verfolgt.

Vielfach werden heute auch Vergütungssysteme eingesetzt, die sich an der *Potenzialausschöpfung* der Gebiete orientieren. Bei diesen Vergütungsinstrumenten wird nicht nur der absolute Deckungsbeitrag vergütet, den der Verkäufer erbracht hat, sondern ein Faktor ist auch der Grad der Ausschöpfung des Gebietspotenzials. Dadurch wird sichergestellt, dass sowohl die dominante Marketinggröße des Marktanteils berücksichtigt wird als auch die betriebswirtschaftliche Größe der Ertragssicherung.

Natürlich lassen sich auch verschiedene Vergütungsinstrumente zu einem Vergütungssystem kombinieren. Oft werden für unterschiedliche Mitarbeiter (Verkaufsleiter, Außendienstmitarbeiter) in ein und demselben Unternehmen unterschiedliche Vergütungsinstrumente angewandt, obwohl alle eingesetzten Vergütungsinstrumente am Deckungsbeitrag orientiert sind.

Darüber hinaus wird es immer üblicher, auch die Innendienstmitarbeiter in ein leistungs- und ertragsorientiertes Vergütungskonzept einzubinden. Erst dadurch kann sichergestellt werden, dass die Deckungsbeiträge nachhaltig verbessert werden. Nicht selten kommen dabei Teamlösungen zum Einsatz, indem beispielsweise alle Innendienstmitarbeiter zu einem Leistungsteam zusammengefasst und entsprechend vergütet werden. Auch Tandemlösungen (ein Innendienstmitarbeiter und ein Außendienstmitarbeiter) sind möglich, sofern eine entsprechende Vertriebsstruktur vorliegt (siehe zum Thema Vergütung auch Teil 5, Kapitel 5.6 »Leistungssteigerung durch materielle Motivation«).

4

Profiverkäufer suchen, auswählen und integrieren

Topverkäufer sind bei der Vielzahl der austauschbaren Produkte, dem ewigen Preispoker und dem zunehmenden Wettbewerbsdruck die Haupt-Garanten für mehr Profit und Gewinn. Stimmen Produkt, Preis und Leistung im Vergleich zum Wettbewerb, ist es oftmals das hochqualifizierte Vertriebsteam, das dem Kunden noch Mehrwerte bieten kann und den Wettbewerbsvorsprung sichern hilft. Umso wichtiger ist es, schon bei der Suche nach neuen Mitarbeitern und bei deren Auswahl sich nicht mit Durchschnittsverkäufern zufrieden zu geben, sondern nach Spitzenkräften Ausschau zu halten. Mit ihnen lassen sich Gewinne steigern und zugleich teure Fehlbesetzungen vermeiden. Was ist bei der Personalpolitik im Vertrieb zu beachten? Was zeichnet die Spitzenverkäufer aus, wie und wo sind sie zu finden und was ist bei ihrer Auswahl zu beachten? Antworten auf diese Fragen finden Sie in diesem Teil.

4.1 Personalpolitik der Zukunft

Die Personalpolitik der Zukunft richtet sich demnach ganz auf die Gewinnung von Profis und einen schnellen Abschied von den Durchschnittsverkäufern. Leider gibt es Topverkäufer nicht wie Sand am Meer und die wenigen Profis sind oftmals schon vergeben. Manche Unternehmen tun sich sogar schwer, überhaupt eine ausreichende Zahl von Verkäufern zu finden. So scheint die Wahrscheinlichkeit, nur Topverkäufer in seinem Verkaufsteam zu haben, sehr gering. Das mag sein. Nur: Wer sich immer mit dem zufrieden gibt, was er hat, wird auch künftig auf mögliche Gewinne verzichten müssen. Wie sieht es in Ihrem Unternehmen aus? Sind Ihre Verkäufer top oder verschenken Sie Gewinnpotenziale, weil Sie sich mit Durchschnittsverkäufern begnügen?

Eine konsequente und beständige Suche nach den Profis bleibt unabdingbar, koste es, was es wolle. Halten die Spitzenverkäufer das, was sie versprechen, ist das Geld dann meist auch gut investiert. Sie zu gewinnen ist allerdings nicht immer eine Frage des Geldes, häufig reizen größere Verantwortungsbereiche oder interessante Herausforderungen die Tops mehr als eine Gehaltssteigerung. Wo die Profis knapp sind, ist zu überlegen, ob nicht Zeit, Energie und Geld in die Qualifizierung von Anfangsverkäufern oder Verkäufern mit Potenzial aus den eigenen Reihen gesteckt werden sollte. Ein Unternehmen, das seine auf diese Weise hochqualifizierten Vertriebsmitarbeiter gut bezahlt, schätzt, fördert und motiviert, wird die »selbstentwickelten« Profis auch nicht so leicht an den Markt verlieren. Denn wer rundum zufrieden und loyal ist, wird nicht ohne große Anreize – egal welcher Art – seine Stelle wechseln.

Auch der bekannte Vertriebsexperte und Buchautor Jürgen Koinecke fordert in seinem Buch »In harten Zeiten den Verkauf leiten« (Redline Wirtschaft) eine Personalpolitik, die eine klare Wettbewerbsüberlegenheit anvisiert und realisiert. Er ist der Meinung, dass eine auf die Zukunft ausgerichtete Personalpolitik den Vertriebserfolg langfristig sichern kann und erläutert das in einem Interview.

Absage an den »Me-too-Vertrieb«. Ein Interview mit Vertriebsexperte Jürgen Koinecke.

Herr Koinecke, welche Personalpolitik sollten Vertriebsmanager praktizieren?

Jürgen Koinecke: Für die Zukunft können Sie keine Vertriebsmitarbeiter brauchen, die »ein bisschen gut, aber nicht ganz schlecht« sind. Diese in der Praxis allerorten anzutreffende »Middle-of-the-Road«-Toleranz ist Gift: Wenn von 40 Mitarbeitern zehn nicht »Spitze« sind, ist Ihre Umsatzrendite spürbar beeinträchtigt. Im Me-too-Verdrängungswettbewerb kann ich nicht auch noch mit einem Me-too-Vertrieb operieren.

Wie lässt sich das in der Praxis realisieren?

Heute gelten für Vertriebsmitarbeiter ganz andere Anforderungsprofile als noch vor wenigen Jahren. Diese gilt es umzusetzen. Außerdem: Betreiben Sie keine »Middle-of-the- Road«-Einkommenspolitik. Jährliche Markterhebungen zu den Einkommensstrukturen sollten Sie nicht zur Aussage verleiten: »Prima, wir liegen genau in der Bandbreite der Untersuchungsergebnisse!« Dann liegen Sie nämlich ganz genau völlig falsch: Ihr Anspruch an Qualität und Erfolge Ihrer Mitarbeiter rechtfertigt es, dass Sie bei Ihren guten Leuten 30 bis 50 Prozent »über dem Marktwert liegen«!

Wie viele Top-Profis braucht eine Firma?

Im Hinblick auf die immer wieder analysierten Vertriebs-Strukturen ist es ein Drama, wenn zwischen 35 Prozent und 65 Prozent aller Besuche in den Kundenkreis investiert werden, der gerade noch zu 20 Prozent zum Umsatz beiträgt. Wer glaubt, das träfe für seine Praxis nicht zu, der mache bitte diese Analyse. Die Folge ist, dass wir – zumindest in der Tendenz – weniger Vertriebsmitarbeiter benötigen. ODER (konstruktiver!): Wir können die vorhandene Kapazität für intensivere, kundenspezifische Beratungsleistung erfolgreich nutzen.

Mit welchen Verkäufern Sie in die Zukunft gehen können, hat Jürgen Koinecke in der nachfolgenden Checkliste zusammengefasst. Prüfen Sie die Qualität Ihrer vorhandenen Vertriebsmannschaft im Hinblick auf diese Anforderungen und entscheiden Sie dann selbst, ob Ihr Team wirklich ein dem Wettbewerb überlegenes Team ist.

Checkliste: Mit welchen Vertriebsmitarbeitern Sie in die Zukunft gehen können		
Anforderungen	**Priorität** **1–3**	**Erfüllungs-** **grad** **0–100 %**
Kenntnisse und Erfahrungen/Fachkompetenz		
1. Kundenkenntnisse • Kenntnis der Ist- und der potenziellen Kunden in seinem Verantwortungsbereich (weitestgehend persönlich) • Beherrschung der Kunden-Portfolio-Analytik • Kenntnis der Kundenpotenziale aus Sicht des Umsatzes und des Deckungsbeitrages • Kenntnis der Kundenbedürfnisse. Hier insbesondere: der Kundenvermarktungspolitik, der Kundenzielsetzungen/-strategien, der Kundenablauforganisation, der Entscheider und Mitentscheider, der Entscheidungsprozesse • Kenntnis der Stärken und Schwächen des eigenen Angebots aus Kundensicht im Wettbewerbsvergleich • Kenntnis der Kunden-Entscheidungsmerkmale		
2. Produkt- und anwendungstechnische Kenntnisse • Eigene Produkte/Systeme • Wettbewerberprodukte/-Systeme • Lösung anwendungstechnischer Aufgaben • Ggf.: Gesetze/Verordnungen • Kenntnis der firmeneigenen Variationsmöglichkeiten im Bereich der Produkte/Systeme inkl. ihrer Anwendungstechnik • Zusammenarbeit mit der Logistik		
3. Allgemeines Fachwissen • Kenntnis der Kalkulation des eigenen Unternehmens inkl. Differenzierung zwischen Voll- und Teilkostenkalkulation = Basis einer wirkungsvollen Angebotspolitik • Kenntnis der Kundenkalkulation im produktrelevanten Bereich • Kenntnis der Profit-Center-Kalkulation sowie der Beeinflussbarkeit ihrer Komponenten • EDV-Kenntnisse		

• (Branchenspezifisch:) Kenntnis der Instrumente des Vertriebsmarketings aus Unternehmens- und insbesondere aus Kundensicht • Anwendung der Vertriebsinformationssysteme • Beherrschung der Techniken der Planung und Organisation • Zeitmanagement • Kenntnis von Problemlösungstechniken • Marktkenntnisse (eigenes Unternehmen/Mitbewerber regional/national/international)		
Persönlichkeit/Befähigungen		
• Hochgradig zielorientiert und eigeninitiativ eingestellt • Hohes Engagement bei der Kundenberatung • Kontinuierliche Bereitschaft, Schwierigkeiten aufzugreifen und einer Lösung zuzuführen • Intensive Verfolgung der selbstinitiierten Weiter-Qualifizierung in allen erforderlichen Kern- und Randgebieten • Ausgeprägte Kommunikationsbereitschaft und -befähigung firmenintern und gegenüber dem Kunden • Anreicherung der Teamarbeit und des Teamerfolges • Durch Kenntnisse und Erfahrungen fundiertes Selbstbewusstsein in der Verfolgung quantitativer und qualitativer Zielsetzungen intern sowie kundenbezogen • Verhandlungsbefähigung auf allen Entscheiderebenen des Kunden • Engagiert im Aufbau des Beziehungsmanagements • Beurteilungs- und Entscheidungskompetenz • Risiko- und chancenbewusstes Denken und Handeln • Ein hohes Maß an Selbstverantwortlichkeit und Selbststeuerung • Bereitschaft/Befähigung zum Selbstmanagement innerhalb einer Profit-Center-Organisation • Bereitschaft zu einer hochgradig erfolgsabhängigen Vergütungspolitik		

Quelle: Koinecke, J./Koinecke, S.: »In harten Zeiten den Verkauf leiten«, Redline Wirtschaft

4.2 Fehlbesetzungen im Vertrieb sind teuer

Fehlbesetzungen kosten ein Unternehmen 50 bis 75 Prozent des Jahresgehalts bei Fachkräften und 75 bis 100 Prozent bei Führungskräften. Das haben Untersuchungen bei deutschen und österreichischen Unternehmen ergeben. Wer jedoch häufig seine Verkäufer wechselt, weil sie nicht die in sie gesetzten Erwartungen erfüllen, zahlt meist noch mehr. Dann schmerzen nicht nur Personalkosten, sondern auch Kunden- und Umsatzverluste.

Anhand folgender Checkliste können Sie errechnen, was mögliche Fehlgriffe Ihr Unternehmen kosten würden:

Checkliste: Fehlbesetzungskosten im Verkaufsbereich	
Ausgabenposten	**Euro**
Einstellungskosten	
Kosten für Stellenanzeigen (Print, Online etc.)	
Honorar Personalberater, Headhunter	
Einstellungsnebenkosten (Telefon, Porto, Fahrt- und sonstige Sachkosten)	
Ausgaben für Auswahlinstrumente wie Assessment-Center	
Personalkosten des Managers (Zeitaufwand für Auswahl, Erst- und Folgegespräche; anteiliges Jahresbruttogehalt des Managers)	
Einarbeitungs- und Trainingskosten	
Personalkosten des Managers	
Personalkosten des neuen Mitarbeiters (anzusetzen ist jeweils das anteilige Jahresbruttogehalt bzgl. Zeitaufwand/ Anzahl der Trainings- oder Einarbeitungswochen)	
Externe Schulungskosten	
Gehalt und Lohnnebenkosten	
Jährliches Bruttogehalt des neuen Mitarbeiters	
Jährliche Lohnnebenkosten (grob geschätzt 30 Prozent des Grundgehaltes; bezogen auf die Anzahl der Anstellungs-Monate)	

Geschätzte verlorene Umsätze (anhand von Vergleichszahlen anderer Verkäufer oder dem Vorgänger)	
Geschätzte nicht erreichte Umsätze durch den neuen Mitarbeiter (im Vergleich zum bisher durchschnittlich erreichten Umsatz mit Kunden in dem Gebiet)	
Möglicher Umsatzverlust durch schlecht betreute Kunden	
Umsatzverlust durch verlorene Kunden	
Umsatzpotenzial neuer Kunden, die nicht gewonnen wurden/geschätzter Umsatzverlust	
Umsatzverlust durch die zeitweise nicht besetzte Stelle	
Möglicher Imageschaden	
Summe der Fehlbesetzungskosten	

Das Ergebnis zeigt einmal mehr, wie wichtig es ist, häufige Wechsel möglichst zu vermeiden. Überlegen Sie sich deshalb bereits vor der Verkäufersuche genau, welche Verkäufer die richtigen für das Unternehmen sind.

Flopverkäufer verschenken Umsätze

Eine Umsatzverlustrechnung kann darüber hinaus auch noch verdeutlichen, dass Sie als Vertriebsmanager bei erkannten Fehlbesetzungen möglichst schnell handeln müssen, wollen Sie nicht noch mehr Geld verschenken.

Rechenbeispiel: Angenommen, ein neuer Vertriebsmitarbeiter ist seit zehn Monaten in Ihrem Unternehmen beschäftigt und betreut eine bestimmte Anzahl von Kunden. Diese Kunden machten vor seiner Zeit im Schnitt einen Monatsumsatz von 5.000 Euro und sind durchschnittlich seit vier Jahren Stammkunden. Sie wissen aufgrund von Beschwerden der Kunden, dass die Betreuung nicht optimal läuft und haben deshalb bereits zwei Kunden verloren. Die Umsatzvorgaben für sein Gebiet hat der Verkäufer nur geringfügig unterschritten. Sie entscheiden sich dennoch, dem neuen Außendienstmitarbeiter wieder zu kündigen, da er die Erwartungen im Neukundengeschäft bei Weitem nicht erfüllt. Bisher hat er insgesamt 60.000 Euro Umsatz getätigt, während Ihre Topverkäufer in einem ähnlich strukturierten Gebiet im Schnitt pro Monat 15.000 Euro akquirieren.

Die Neubesetzung der Stelle dauert zwei Monate, in denen die Kunden nur sporadisch von den Kollegen mitbetreut werden. Zum Glück gibt es keine weiteren Kundenverluste. Das hätte allerdings auch anders ausgehen können, denn die Konkurrenz schläft nicht. Insgesamt sind also zwölf Monate bei der Umsatzbetrachtung heranzuziehen.

Fazit nach zwölf Monaten

Geschätzter Kundenverlust:	120.000 Euro
(bei angenommener Kundenlebensdauer von nur noch einem Jahr; zwei verlorene Kunden je 5.000 Euro Monatsumsatz × 12 Monate)	
Entgangener Neukundenumsatz: (15.000 Euro × 12 Monate abzgl. 60.000 Euro)	120.000 Euro
Umsatzverlust der Fehlbesetzung:	240.000 Euro

Durchschnittsverkäufer verhindern Gewinne

Von Flopverkäufern, bei denen schnell und sehr deutlich zu Tage tritt, dass sie ihr Soll nicht erreichen, trennt man sich bald wieder – auch wenn die Kosten schmerzen. Aber nur wenige Vertriebsmanager ergreifen diese Maßnahme, wenn es sich um durchschnittliche Verkäufer handelt. Diese tun gerade ausreichend viel, um nicht negativ aufzufallen, und verdienen für ihre Verhältnisse genug, um sich nicht bei einem anderen Unternehmen bewerben zu müssen. Mit diesen Verkäufern werden meist unbemerkt große Gewinnpotenziale verschenkt.

Rechenbeispiel: Angenommen, Sie haben einen durchschnittlichen Verkäufer, der bereits fünf Jahre lang in Ihrem Betrieb ist. Sie wollen nun seine Leistungen mit denen anderer Verkäufer Ihres Unternehmens vergleichen. Dabei stellt sich heraus, dass einer Ihrer Spitzenverkäufer mit ähnlich strukturiertem Verkaufsgebiet und entsprechender Kundenstruktur das festgelegte Jahres-Umsatzsoll regelmäßig um 20 Prozent überschreitet, der durchschnittliche Verkäufer es erreicht und Ihr unproduktivster Verkäufer es um zehn Prozent unterschreitet. Für den Zeitraum von fünf Jahren ergäbe sich dann folgende Rechnung:

Beispielrechnung: Fazit nach fünf Jahren		
	Jahresumsatz	Fünfjahres-Umsatz
Topverkäufer	300.000 Euro	1.500.000 Euro
Durchschnittsverkäufer	250.000 Euro	1.250.000 Euro
Flopverkäufer	225.000 Euro	1.125.000 Euro
Gemessen am Fünfjahres-Umsatz des Topverkäufers verschenken Sie durch die Beschäftigung des Durchschnitts- und Flopverkäufers insgesamt 625.000 Euro Umsatz.		

Mit welchen Maßnahmen im Personalbereich können Sie Ihre Gewinne künftig steigern? Grundsätzlich haben Sie zwei Möglichkeiten: Sie trennen sich möglichst schnell und behutsam von unproduktiven Verkäufern und suchen nach den Besten und/oder Sie qualifizieren Verkäufer mit Potenzial zu Topleuten. Beides kostet eine Menge Geld, das aber gut investiert ist, wenn Gewinnsteigerungen winken. Mitarbeitersuche, -auswahl und -integrierung ist Thema dieses Teils, zur Förderung und Motivation von Mitarbeitern lesen Sie mehr in Teil 5.

Einstellungsfehler vermeiden

Trotz größter Sorgfalt lassen sich Fehler bei Neueinstellungen nicht völlig vermeiden. Doch sie lassen sich reduzieren und zwar nach einem ganz einfachen System: Lernen Sie aus Fehlern der Vergangenheit.

Analysieren Sie Ihre früheren Entscheidungen. Füllen Sie dazu die nachfolgende Checkliste aus. Sie zeigt Ihnen, nach welchen Kriterien Sie Ihre Wahl bei der Einstellung von Mitarbeitern getroffen haben. So können Sie die Faktoren herausfinden, die Ihren Entscheidungsprozess unterstützt oder behindert haben. Geben Sie sich nicht mit einer oberflächlichen Analyse zufrieden. Durch das Erkennen Ihrer Schwächen und Stärken vermeiden Sie künftig die Wiederholung der begangenen Fehler.

Checkliste: Analyse von Personalentscheidungen in der Vergangenheit	
Name des eingestellten Mitarbeiters: _____	**Dauer des Arbeitsverhältnisses:** **Von** _____ **bis** _____
Bei der Einstellung des Mitarbeiters erwarten Sie, dass seine Leistung wie folgt sein würde:	Herausragend ❑
	Gut ❑
	Durchschnittlich ❑
	Unterdurchschnittlich ❑

Die Leistung dieses Mitarbeiters ist/war:	Herausragend	❏
	Gut	❏
	Durchschnittlich	❏
	Unterdurchschnittlich	❏
Führen Sie die Hauptgründe für die Einstellung dieses Mitarbeiters auf und beschreiben Sie, was der Mitarbeiter getan hat, um Ihre Entscheidung zu rechtfertigen. Legen Sie Ihren Antworten die Erfahrungen zugrunde, die Sie nach der Einstellung des Betreffenden gemacht haben.	Grund:	
	Rechtfertigung:	
Führen Sie Punkte auf, die Sie während des Auswahlverfahrens kritisch gesehen haben und vermerken Sie, ob und wie der eingestellte Mitarbeiter diese Befürchtungen aus der Welt schaffen konnte. Legen Sie Ihren Antworten einzig Ihre damaligen Bedenken zugrunde, die Sie nach der Einstellung des Mitarbeiters hatten.	Befürchtungen:	
	Verhalten des Mitarbeiters:	
Warum hat dieser Mitarbeiter das Unternehmen verlassen oder nicht die gewünschte Leistung gezeigt? (Nur ausfüllen, wenn der Mitarbeiter gekündigt hat oder gekündigt wurde.)		
Warum war dieser Mitarbeiter erfolgreich? (Nur ausfüllen, wenn der Mitarbeiter noch in Ihrem Unternehmen beschäftigt ist.)		
Wie hätten Sie schon im Einstellungsgespräch herausfinden können, was Sie nach der Einstellung über den Mitarbeiter erfahren haben? Führung Sie zum Beispiel Fragen auf, die Sie hätten stellen können, Verhalten, auf das Sie hätten achten sollen, Zeugnisse, die Sie hätten überprüfen müssen.		
Was haben Sie aus dieser Personalentscheidung gelernt und wie können Ihnen diese Erfahrungen künftig helfen?		

4.3   Was Spitzenverkäufer auszeichnet

Um die besten Verkäufer zu finden, muss erst einmal geklärt werden, was sie auszeichnet. Was sind ihre Erfolgsfaktoren, welche Anforderungen erfüllen sie besser als ihre Kollegen? Aus der Verkaufsliteratur und aus Forschungsergebnissen lassen sich dazu die folgenden Merkmale ableiten.

Mentale Stärke: Topverkäufer lieben ihren Beruf, sind grundsätzlich optimistisch gestimmt und erfolgsorientiert. Schwierigkeiten oder Probleme sehen sie als Herausforderungen und Chancen.

Strategische Stärke: Topverkäufer arbeiten diszipliniert, zielstrebig und effizient. Ihre Kundenkontakte bereiten sie sehr systematisch vor und beweisen Ausdauer und Hartnäckigkeit bei Erfolg versprechenden Kontakten.

Die Anbieterin des Sales-Excellence-Programms »Verkaufen wie die Besten«, Dr. Irene Glöckner-Holme, sieht auch in den *Arbeitsprioritäten* eine wichtige Ursache für Erfolg und Nichterfolg. Die folgende Übersicht zeigt, was Topverkäufer hierin von Flopverkäufern unterscheidet.

Arbeitsprioritäten bei Verkäufern	
Topverkäufer	**Flopverkäufer**
Verkaufen aktiv und gezielt Rendite-Produkte, wie zum Beispiel hoch-profitable Systemlösungen, Produkt-neuheiten, Zubehör, Cross-Selling-Angebote.	Bleiben passiv bei der Vermarktung von Rendite-Produkten (»der Kunde verlangt nicht danach!«), »verteilen« dafür gerne Sonderangebote ohne Profit.
Verbringen überdurchschnittlich viel Zeit mit der Neukundengewinnung, scheuen auch nicht vor Kaltakquise zurück und nehmen eine strengere Kundenselektion, die sich am Potenzial orientiert, vor.	Verbringen überdurchschnittlich viel Zeit mit der Betreuung von Bestands- und wenig lukrativen Kleinkunden (»good old friends«) und betreiben wenig Neukundenakquise.
Opfern möglichst wenig Zeit für »lästige« Büro- und Verwaltungsarbei-ten, sondern nutzen die Zeit lieber für Gespräche mit Kunden.	Verbringen relativ viel Zeit im Büro und fertigen akribisch Akten und Protokolle an, statt die Zeit zum Verkaufen zu nutzen.

Quelle: www.Vertriebs-Experts.de, Beratungsbrief

Taktische Stärke: Die Fähigkeit, Abschlüsse zu erzielen, ist vor allem die Folge von Ausdauer, Selbstdisziplin und hoher Überzeugungskraft. Gerade Topverkäufer sind sehr abschluss- und verhandlungsstark. Sie lassen sich auch nicht durch Fehlschläge entmutigen, weil sie ein unerschütterliches Vertrauen in sich selbst und in ihr Produkt haben. Sie akzeptieren, dass eine Verdoppelung der Abschlüsse oft erst durch die doppelte Anzahl an Fehlschlägen erlangt wird.

Zusätzlich zu diesen Stärken hat eine Studie der Gallup Management Consulting Group, die über einen Zeitraum von 22 Jahren Spitzenverkäufer beobachtet hat, noch ein weiteres Schlüsseltalent der besonders Erfolgreichen identifiziert: die Fähigkeit, sich in die Lage der Kunden zu versetzen und sich in sie einzufühlen.

Menschliche Stärke (Empathie): Offensive Verkäufer können in bestimmten Märkten schnelle Erfolge verbuchen. Im Allgemeinen überwiegt aber die Notwendigkeit, eine tragfähige Kundenbeziehung aufzubauen und zu pflegen. Das erfordert immer wieder den Blick »durch die Brille des Kunden« und ein tiefes Verständnis für seine Probleme. Die Geduld dafür bringt ein Verkäufer nur auf, wenn er den Kunden wirklich akzeptiert. Topverkäufer können das.

Warum manche Verkäufer Erfolge haben, andere aber nicht, wollte auch die Zeitschrift »manager magazin« wissen und hat beim Unternehmensberater Claus Reutter eine empirische Studie in Auftrag gegeben. Verglichen wurden die Arbeitsweisen von Spitzenleuten und Schlusslichtern im Vertrieb von Finanzprodukten. Gefunden wurden acht wichtige Merkmale, die Topleute von Durchschnittsverkäufern unterscheiden.

Topverkäufer ...	Flopverkäufer ...
machen die Probleme, Bedürfnisse und Wünsche des Kunden zu den eigenen – der Kunde fühlt sich gut betreut;	haben zu wenig Ausstrahlung; sie finden keinen emotionalen Zugang zu ihren Kunden;
spüren, wann der Kunde reif für den Abschluss ist, und zögern diesen Zeitpunkt nicht zu lange hinaus;	lavieren und bringen immer mehr Argumente für das Produkt ins Spiel aus Angst, die Frage nach dem Abschluss zu stellen;
kennen den Markt ihrer Kunden gut und nutzen dieses Wissen, um bessere Angebote zu machen als die Konkurrenz;	interessieren sich für den Markt des Kunden nur am Rande, stattdessen sind sie Experten für die eigenen Produkte;
verbringen überdurchschnittlich viel Zeit mit der Suche nach neuen Kunden;	verhalten sich generell zu passiv, warten, bis ihre Kunden anrufen;
hören dem Kunden zunächst zu und reden erst dann, wenn es darauf ankommt: bei der Verhandlung des Vertrags;	bombardieren ihre Kunden mit allen möglichen Informationen zum Produkt;

zeigen dem Kunden Grenzen, üben auch mal Druck aus und holen damit das Maximum an Ertrag aus dem Geschäft heraus;	geben dem Kunden zu schnell nach, machen Zugeständnisse und bieten keine Zusatzprodukte an aus Angst, den Auftrag zu verlieren;
opfern so wenig Zeit wie möglich, um lästige Büroarbeit für Organisation und Verwaltung zu erledigen; sie nutzen die Zeit lieber für Gespräche mit Kunden;	ordnen akribisch Akten, Termine, Informationen – und vergeuden damit Zeit, die sie dem Verkaufen widmen könnten;
überzeugen durch ihren Auftritt. Der Kunde kauft bei ihnen nicht in erster Linie wegen der tollen Produkte, sondern weil ihn die Person des Verkäufers besonders beeindruckt.	verstecken ihre schwache Persönlichkeit hinter der distanzlosen Begeisterung für die eigenen Produkte.

Quelle: www.reutter-group.de, www.manager-magazin.de

Den Voraussetzungen für überdurchschnittliche Verkaufsleistungen ging auch Alexandra Beschenar im Rahmen ihrer Diplomarbeit »Die Bedeutung ausgewählter Persönlichkeitsvariablen für den Verkaufserfolg« (ESB, European School of Business, Prof. Dr. Marco Schmäh) nach. Dazu interviewte sie eine Reihe von Spitzenverkäufern und fasste die Ergebnisse in der nachfolgenden »Verkäuferpyramide« zusammen.

Abbildung 15: Verkäuferpyramide

Die Basis für Spitzenleistungen bilden demnach die intrinsischen (= von innen her kommenden) Persönlichkeitsfaktoren Fleiß, Disziplin, Optimismus, Gewinnstreben, Eigenmotivation, Selbstwertgefühl, Kontaktfreudigkeit, Einfühlungsvermögen, Begeisterungsfähigkeit und Identifikation mit der Tätigkeit. Erst diese Eigenschaften und Fähigkeiten kombiniert mit der erforderlichen Fachkompetenz sowie einer positiven Einstellung zu Unternehmen und Produkt befähigen Verkäufer zu überdurchschnittlichen Leistungen. Während erforderliche Fachkenntnisse, Kommunikationsfähigkeit und Zeitmanagement verbesserungsfähig und erlernbar sind, sollten Verkäufer die genannten Persönlichkeitsmerkmale dagegen bereits mitbringen und diese sollten schon bei der Auswahl der Verkäufer in geeigneten Tests oder Interviews geprüft werden.

4.4 Topverkäufer finden

In Deutschland ist der Bedarf an Vertriebskräften nach wie vor groß. Allein in den elektronischen Stellenbörsen werden Monat für Monat Tausende von Verkäufern gesucht. Damit Sie den Wettbewerb um die Besten gewinnen – die sich in der Regel nicht bewerben, sondern umworben werden wollen –, müssen Sie deshalb oft ungewöhnliche Wege gehen und natürlich entsprechende Gehälter zahlen.

Immerwährende Suche

Verkäufersuche sollte für Sie ein Dauerthema sein und nicht nur im Brisanzfall eine überschnelle Reaktion erfordern, die dann oft zu Fehleinstellungen führt. Halten Sie daher dauernd Ausschau nach Topverkäufern:

- Besuchen Sie beispielsweise vertrieblich orientierte Weiterbildungskurse oder Fortbildungsseminare. Dort finden Sie Verkäufer, die motiviert sind und dazulernen wollen. Beobachten Sie die Teilnehmer ganz genau. Wie reden sie über ihr Unternehmen, ihr Produkt, das sie verkaufen? Welche Diskussionsbeiträge bringen sie in die Runde ein? Wirken sie sympathisch? Würde einer davon in Ihr Vertriebsteam passen? Heute oder später? Sprechen Sie Ihren Favoriten an und laden Sie ihn zu einem Kennenlern-Gespräch in Ihre Firma ein.
- Das Gleiche gilt für Messen. Egal, ob Sie als Aussteller oder Besucher dort sind, besuchen Sie die Messestände mit dem Hintergedanken, gute Verkäufer zu finden. Achten Sie darauf, wie Sie angesprochen werden. Welcher Verkäufer überzeugt Sie am leichtesten von seinem Produkt,

seiner Firma? Vielleicht ist dies der Topverkäufer, den Sie gewinnen könnten.

- Nutzen Sie Geschäftsreisen für die Suche nach geeigneten Kandidaten. Im lockeren gemeinsamen Erfahrungsaustausch können Sie vorfühlen, ob Ihr Gesprächspartner die nächste Neueinstellung sein könnte.
- Fragen Sie Ihre Mitarbeiter und Kollegen nach Empfehlungen aus dem Freundes- und Bekanntenkreis. Auch Empfehlungen von Kunden oder Ihren Lieferanten könnten hilfreich sein. Am besten legen Sie sich eine Übersicht an, in der vermerkt ist, welche Kontakte, Verbindungen, Empfehlungen und Personen Ihnen behilflich sein könnten, gute Mitarbeiter zu finden, wann und wie Sie diese kontaktieren und welche Fragen Sie ihnen stellen wollen.
- Denken Sie auch immer an frühere Bewerber, die das Rennen um eine ausgeschriebene Stelle zum damaligen Zeitpunkt nur knapp verloren haben. Ihre Kontaktdaten sollten griffbereit in Ihrer Nähe sein.
- Könnte für eine Neubesetzung auch ein Verkäufer aus dem eigenen Innendienst in Frage kommen? Der Vorteil wäre: Sie kennen die betreffende Person bereits sehr gut. Andererseits kann sich ein Mitarbeiter, der schon zu lange im Innendienst ist, oft nur noch schwer umstellen. Trotzdem: Beobachten Sie den eigenen Innendienst regelmäßig und beurteilen Sie, ob der eine oder andere Innendienst-Verkäufer für den Außendienst in Frage kommen könnte. Mögliche Kandidaten können Sie ohne großes Risiko auch testweise in den Außendienst entsenden.

Tipp:

Bei der Abwerbung von Wettbewerbsverkäufern ist Vorsicht geboten. Aus mehreren Gründen:

- Abgeworbene Verkäufer sind später eventuell schwer zu führen.
- Die Kunden wandern nicht immer – wie häufig gemeint – mit dem Verkäufer mit.
- Sein Engagement in der früheren Firma könnte ihn beim neuen Arbeitgeber in einen Gewissenskonflikt bringen.
- Bei unverändertem Bezirk könnten seine Kunden das Vertrauen in ihn verlieren.
- Bei zu großen Versprechungen (Gehalt, Position) kann der Kollegenkreis – besonders die anderen Verkäufer – negativ beeinflusst werden.

Achten Sie daher darauf, wenn Sie einen ehemaligen Wettbewerbsverkäufer einstellen, dass er die gleiche Einarbeitung durchläuft, als ob er von einem branchenfremden Unternehmen käme, und übergeben Sie ihm einen neuen Bezirk.

Auch wenn Sie derzeit keine Stelle zu besetzen haben, ist es empfehlenswert, schon jetzt einige Vorgespräche mit »heißen« Kandidaten zu führen. Legen Sie sich im Laufe der Zeit einen potenziellen Kandidatenpool an, auf den Sie im Falle einer Schnellbesetzung zurückgreifen können. Tragen Sie darin auch Personen ein, die sich ohne Aufforderung beworben haben und aufgrund ihrer Unterlagen, Erfahrungen und Fähigkeiten für eine Position in Ihrem Unternehmen in Frage kämen. Ergänzen Sie Ihre Sammlung fortlaufend.

Aus der Praxis

Wie gewinnen Unternehmen die Topverkäufer, die sie brauchen? Dazu Hans Berndl, Geschäftsführer der Firma Optovision, eines Unternehmens für Brillenglastechnik, Langen b. Frankfurt (www.optovision.de).

Topverkäufer gewinnen. Ein Interview mit Hans Berndl, Optovision.

Herr Berndl, gibt es zurzeit ausreichend Topverkäufer auf dem Bewerbermarkt?

Hans Berndl: Es gibt sicherlich viele Topverkäufer, jedoch sind sie nicht unbedingt für den Stellenmarkt verfügbar. Oft ist es eher ein zufälliges Zusammentreffen verschiedener Ereignisse, wenn ein Topverkäufer wechselwillig und eine Vakanz im Unternehmen verfügbar ist. Außerdem bereiten notwendige Wohnortwechsel und ein Branchenwechsel für viele Personen eine teils unüberwindbare Hürde. Ein weiteres Hindernis stellt die teils sehr hohe Entlohnung der Vertriebsleute dar. Ein Abwerben ist kaum bezahlbar.

Was muss Topverkäufern geboten werden, um sie zu gewinnen?

Je nach Position sind vor allem die Entlohnung und auch die Gebietszuordnung von eminenter Wichtigkeit. Eine sichere Perspektive hinsichtlich des Arbeitsplatzes sowie das zu verkaufende Produkt tragen ebenfalls dazu bei. Ich halte es außerdem für wichtig, als Arbeitgeber dadurch attraktiv zu sein, dass eine durchgängige, dem Mitarbeiter verständliche Unternehmensstrategie besteht und ein offenes, konstruktives Arbeitsklima gelebt wird.

Können durch Weiterbildung aus Durchschnittsverkäufern Topverkäufer werden?

Ich bin davon überzeugt, dass durch gezielte Schulung der Topverkäufer formbar ist, vorausgesetzt der Wille und das notwendige Potenzial sind vorhanden. Geeignete Tools zur kontinuierlichen Überprüfung des erreichten Leistungsstatus sind hier genauso wichtig wie eine permanente Schulung hinsichtlich des Käufermarktes.

Auf welchem Wege rekrutieren Sie neue Außendienstmitarbeiter?

Wir gehen verschiedene Wege, um alle von uns gewünschten Zielpersonen anzusprechen. Neben den gängigen Stellenportalen im Internet nutzen wir überregionale Tageszeitungen sowie die Direktansprache über Personalberatungsunternehmen.

Worauf legen Sie bei der Auswahl der Verkäufer ganz besonderen Wert?

Beim Außendienst sehen wir eine branchenbezogene fachliche Qualifikation als Basisvoraussetzung an und stellen Eigenschaften wie unternehmerisches Denken, selbstständige und zielorientierte Arbeitsweise sowie perfektes Auftreten beim Kunden in den Vordergrund. Bei Leitungsfunktionen, ob im In- oder Ausland, präferieren wir Bewerber, die bereits bei der Unternehmensstrategie entscheidend mitgewirkt haben, Marketingorientierung mitbringen und natürlich ein ausgeprägtes Führungsverhalten besitzen. Den Umgang mit MS-Office-Produkten und CRM-Systemen setzen wir für beide Zielgruppen voraus.

Kann der Verkauf über Internet eine sinnvolle Ergänzung oder gar ein teilweiser Ersatz für den persönlichen Verkauf sein?

Unser Unternehmen bietet bisher keine Produkte übers Internet an. Wir planen jedoch, diesen Schritt in nächster Zeit zu gehen. Dies macht nur Sinn für die einfacheren und nicht erklärungsbedürftigen Produkte unseres umfangreichen Portfolios. Da es sich bei unserer Produktpalette um zum Teil sehr komplexe Ausführungen handelt, sehe ich nicht wirklich die Möglichkeit, den persönlichen Verkauf hier ersetzen zu können.

Im Gegenteil, der Berater vor Ort, die zum Teil langjährige Beziehung des Kundenbetreuers zum Kunden, ist bei unseren kleinen und mittleren Kunden extrem wichtig, um im Geschäft zu bleiben. Die Großkunden legen weniger Wert auf persönliche Betreuung. Ein Tender, ein Zuschlag und von Zeit zu Zeit ein Update der Produkte sind hier wichtiger, macht uns aber auch austauschbarer. Bestellt wird hier dann sowieso über kundenindividuelle IT-Anbindungen.

Anzeigen vorbereiten

Brauchen Sie dringend einen neuen Mitarbeiter und steht aus Ihrem Kandidatenpool keine Person zur Verfügung, dann bleibt oft nur der klassische Rekrutierungsweg über Printanzeigen und/oder das Stellenangebot in den gängigen Online-Jobbörsen. Oder Sie schalten für die Suche nach den Besten einen Personalberater ein.

Egal welches Medium Sie wählen, Ihre Anzeige sollte die Antwort auf folgende Fragen geben:

- Wer sind wir?
- Was oder wen suchen wir?
- Was fordern wir?
- Was bieten wir?
- Was sind die weiteren Schritte?

Überlegen Sie sich genau, welche Zielgruppe Sie mit der Anzeige ansprechen wollen: Wollen Sie gleich die Besten haben? Bewerber, die ihrer Qualifikation nach genau den Anforderungen – formale Ausbildung, Branchenkenntnisse, Verkaufserfahrung – des Unternehmens entsprechen? Verkaufstalente und echte Verkäuferpersönlichkeiten, die Sie nach kurzer Einarbeitungszeit bereits einsetzen können? In diesem Fall sind die Kosten für die Startphase eher gering, das Anfangsgehalt ist aber entsprechend hoch.

Oder: Suchen Sie viel versprechende Juniorverkäufer, die Sie selbst qualifizieren wollen? In diesem Fall sind die Anfangsinvestitionen (Schulung, längere Anlaufzeit) hoch, dafür ist das Anfangsgehalt geringer als bei Topverkäufern.

Sollten Sie die Verkäufersuche einem Personalberater übergeben, dann bedeutet diese Entscheidung in erster Linie Zeitersparnis. Ihnen bleibt ein Großteil des Such- und Auswahlprozesses erspart. Und meist können Sie sich auch auf das Urteilsvermögen dieser Spezialisten verlassen. Beachten Sie bei der Zusammenarbeit:

- Mit der Annonce sollte sich nicht in erster Linie der Personalberater, sondern Ihre Firma profilieren.
- Wenn keine besonderen Gründe dagegen sprechen, dann bestehen Sie darauf, dass in der Anzeige Ihr Firmenlogo größer als das des Beraters erscheint. Arbeitssuchende bewerben sich nicht gern bei ungenannten Firmen.
- Bei der Auswahl des Personalberaters sollte seine Fähigkeit, die angebotene Stelle »verkaufen« zu können, ausschlaggebend sein und nicht die Honorarhöhe.
- Der Personalberater sollte die Erstgespräche alleine führen.

Vorbereitung einer Stellenanzeige

Entwerfen Sie Verkäuferanzeigen schon lange bevor eine neue Stelle zu besetzen ist. So vermeiden Sie Schnellschüsse, die oft daneben gehen können und unnötiges Geld kosten. Außerdem lohnt es sich, in einer ruhigen Minute den Erfolg von früheren Anzeigentexten anhand der folgenden Fragen zu prüfen:

- Wie viele Bewerber haben sich im Schnitt auf Ihre Anzeigen gemeldet?
- Wie war die Qualität der Kandidaten?
- Welches Medium hat die meisten Bewerbungen gebracht?
- Wie war das Preis-/Leistungsverhältnis? Gibt es etwas, das Sie in der neuen Anzeige besser machen können?

Mithilfe der folgenden Checkliste können Sie Ihre Stellenanzeige gut vorbereiten.

Checkliste: Vorbereitung einer Verkäufer-Stellenanzeige			
Aktion	**Checkfragen**	**Antworten**	**Erledigt**
Einstellungsziele definieren	Wie viele Positionen müssen besetzt werden?		❑
	Wie sieht der zeitliche Rahmen aus?		❑
	Welche Kriterien sollen die Bewerber erfüllen?		❑
	Welche Trainingsmöglichkeiten können Sie anbieten?		❑
	Welche Karrierechancen sind möglich?		❑
	Welches Gehalt können Sie bezahlen?		❑
Position des neuen Mitarbeiters festlegen	Welche Aufgaben soll er erfüllen?		❑
	Mit welchen Nachteilen muss er rechnen (zum Beispiel häufiges Unterwegssein, Abendtätigkeit)?		❑
	Welchen Kundenstamm wird er übernehmen?		❑

	Aus welchen Branchen?		❑
Vorteile der Position auflisten	Was macht die Stelle attraktiv?		❑
	Welche Vorteile können Sie bieten?		❑
	Was mögen Ihre Verkäufer an ihrem Job?		❑
Anforderungen bestimmen	Welche Kenntnisse und Fähigkeiten soll der neue Mitarbeiter haben?		❑
	Welche Bildungsabschlüsse und/oder Zusatzqualifikationen sind notwendig oder erwünscht?		❑
	Welche persönlichen Kompetenzen (Soft Skills wie Teamfähigkeit, Kommunikationsfähigkeit, Empathie) soll er mitbringen?		❑
	Welche physischen und psychischen Anforderungen sind notwendig?		❑
	Welche Berufs- und Praxiserfahrungen sind von Vorteil?		❑

Anzeigentext entwickeln

Zwar ist die Anzeige nach wie vor ein beliebtes – weil bequemes – Medium für die Verkäufersuche. Doch ist sie nicht immer das erfolgreichste, denn sie muss sich in einem Meer von Inseraten behaupten können. Das erfordert die Einhaltung einiger wichtiger Regeln, unter anderem bei der Entwicklung des Anzeigentextes. Dabei sollten Sie besonders diese folgenden Punkte beachten:

- Stellen Sie das Unternehmen vor. Untersuchungen haben gezeigt, dass Verkäufer nicht nur Informationen über ihre Aufgabe wünschen. Sie sind auch an Fakten über das Unternehmen interessiert. Dazu gehören sowohl Informationen zum Image des Unternehmens als auch zur Führungskultur.

- Beschreiben Sie die angebotene Position klar und deutlich: Funktion und Aufgaben, Gebiet und Kundenstamm, Kollegenkreis und Arbeitsumfeld. Topverkäufer wollen auch wissen, welche Verantwortung und Entscheidungsspielräume übernommen werden können, ob es Weiterentwicklungsmöglichkeiten gibt, ob Aufstiegsmöglichkeiten vorhanden sind und welche finanziellen Anreize geboten werden.
- Arbeiten Sie die Hauptaussage des Stellenangebots heraus, indem Sie möglichst viele Vorteile betonen.
- Führen Sie die gewünschten Erfahrungen und die Anforderungen an den potenziellen Verkäufer auf. Je klarer Sie dies ausdrücken, desto weniger Antworten von unqualifizierten Bewerbern erhalten Sie.
- Erwähnen Sie auch die negativen Seiten des Jobs (Abendtätigkeit, viele Geschäftsreisen). Auf diese Weise sieben Sie Kandidaten aus, die unter bestimmten Bedingungen nicht arbeiten wollen. Formulieren Sie die Nachteile aber so, dass sie nicht zu negativ klingen.
- Legen Sie die von Ihnen gewünschte Kontaktaufnahme fest. Dabei können Sie folgende Möglichkeiten in Betracht ziehen: Anruf zur Vereinbarung eines Gesprächstermins, Zusendung eines Lebenslaufs, Zusendung einer Kurzbewerbung – per E-Mail, per Post, beide Möglichkeiten.
- Bitten Sie die Bewerber, ihren Gehaltswunsch anzugeben. Dadurch können Sie leicht und sehr schnell die möglicherweise überqualifizierten Bewerber aussortieren.
- Rufen Sie die Interessenten zur Aktion auf: Verkäufer werden oft am ehesten motiviert, auf eine Anzeige zu reagieren, wenn sie Aufforderungscharakter hat. Beispiel: »Wenn Sie zu den Besten gehören, schicken Sie uns Ihren Lebenslauf.«

Müssen Sie die Stelle möglichst schnell besetzen, dann geben Sie die Telefonnummer an und fordern Sie die Bewerber auf, Sie anzurufen. Damit erreichen Sie auch die Kandidaten, die gerade erst über mögliche Bewerbungen nachdenken und daher noch keine Bewerbungsunterlagen zusammengestellt haben. Richten Sie eventuell einen »Sofort-Anrufen-Service« für Bewerber ein und machen Sie sich selbst auch am Samstag erreichbar.

Wenn Sie Ihre Firma nicht nennen möchten oder können, dann schalten Sie am besten einen Personalberater oder eine andere vertrauenswürdige Kontaktperson ein. Chiffreanzeigen wirken meistens dubios.

Idealprofil des Verkäufers

Bevor Sie die ersten Vorstellungsgespräche führen, sollten Sie ein Idealprofil von Ihrem Wunschkandidaten entworfen haben. Dazu müssen Sie zunächst sein genaues Aufgabengebiet beschreiben. Liegt sein Schwerpunkt beispielsweise in der Akquisition von neuen Kunden? Muss er viele Kundenpräsentationen durchführen? Soll er vorhandenes Kundenpotenzial ausschöpfen? Soll er Kundenprobleme analysieren und Lösungsvorschläge unterbreiten?

Aus dem Aufgabengebiet können Sie dann die genauen Stellenanforderungen ableiten und das Idealprofil festlegen. Dieses kann Ihnen später als Leitfaden für die Bewerbergespräche dienen. Nehmen Sie sich deshalb ausreichend Zeit für die Erarbeitung des Profils. Es ist die Hauptvoraussetzung, um den geeigneten Kandidaten zu finden und zu halten. Stimmt das Profil nicht, kommt es meist nach kurzer Zeit wieder zu einer Trennung.

Berücksichtigen Sie in dem Idealprofil des neuen Verkäufers die Bereiche Kenntnisse, Fähigkeiten und persönliche Eigenschaften wie im folgenden Beispiel.

Beispielprofil: Verkauf geschäftlicher Dienstleistungen

Die Hauptaufgaben des Verkäufers für das Beispielunternehmen sind:

- Dienstleistungen an neue Kunden verkaufen
- Vorhandene Kundenbeziehungen pflegen
- Kundenbeziehungen retten, da die Konkurrenz sehr stark ist

Daraus ließe sich folgendes Beispiel eines Idealprofils entwickeln:

Idealprofil eines Verkäufers	
Stellenanforderungen	Beschreibung
Kenntnisse	**Der Verkäufer ...**
Umgang mit Key-Account-Kunden	kennt die notwendigen Schritte zur Entwicklung von Strategien für Key-Accounts
Wissen um die Konkurrenzsituation	kennt die Merkmale, Anwendungen und Unterschiede der Konkurrenz-Dienstleistungen

Fähigkeiten	Der Verkäufer ...
Kommunikationsge-schick	kann erfolgreiche Präsentationen vor Einzelpersonen und Gruppen durchführen
Entwicklung neuer Geschäftsbeziehungen	kann Geschäftssteigerung über mindestens drei Jahre durch eigenständige Akquisition nachweisen
Organisationsgeschick	kann eine große Kundenbasis (mindestens 50 Kunden) in einem ziemlich großen geografischen Gebiet effektiv betreuen
Geschicktes Auftreten am Telefon ...	hat erfolgreich Verkäufe per Telefon getätigt
Eigenschaften	**Der Verkäufer ...**
Selbstvertrauen	kann mit Geschäftsleitung und technischem Stab ver-handeln; hat Erfolg bei Verhandlungen mit verschiede-nen Unternehmenshierarchien bewiesen
Emotional objektiv	kann Kritik, Beschwerden und Ablehnung akzeptieren, ohne seine persönliche Effektivität zu verlieren; kann Verantwortung übernehmen, selbst wenn er Fehler oder Missstände nicht selbst verschuldet hat
Motiviert, Menschen zu helfen	ist imstande, langfristige Geschäftsbeziehungen (drei bis fünf Jahre) zu entwickeln und aufrechtzuerhalten
Optimistisch ...	behält bei Stress-Situationen eine positive Einstellung

Im Idealprofil werden, wie auch das Beispiel zeigt, die Jobanforderungen auf das Aufgabengebiet abgestimmt und in der rechten Spalte genauer beschrieben. Sie können so viele Stellenausprägungen festlegen, wie Sie wollen oder benötigen. Beschränken Sie sich jedoch auf die wichtigsten, sonst machen Sie sich die Auswahl unnötig schwer.

Vorauswahl treffen

Aufgrund Ihrer Anzeige werden Sie eine Menge Bewerbungsunterlagen erhalten, aus denen Sie nun die aussichtsreichen Kandidaten herausfiltern müssen. Konzentrieren Sie sich dabei ganz besonders auf die verkäuferi-schen Aspekte.

Bewerberunterlagen analysieren

Nur ein einheitliches System der Darstellung aller eingegangenen Bewerbungen ermöglicht objektive Maßstäbe für deren Beurteilung. Dann lässt sich eher verhindern, dass allzu schöne Bewerbungsunterlagen Ihr subjektiv-positives Empfinden lenken ... zum falschen Verkäufer. Oder dass der Verkäufer, der sich telefonisch beworben hat, keine Chance hat, obwohl er vielleicht der Beste wäre.

Um zu einem einheitlichen System zu gelangen, können Sie sich bei der Analyse der Bewerberunterlagen an folgenden vier Punkten orientieren:

1. Übereinstimmung der Bewerbung mit Ihrem Anforderungsprofil (Idealprofil). Um die Bewerbungsunterlagen objektiv beurteilen zu können, ist das klar definierte Anforderungsprofil (Idealprofil) die erste Voraussetzung. Nur so können Sie bei der Auswahl prüfen, wer von den Bewerbern die wichtigsten Anforderungen für die zu besetzende Stelle erfüllt, und Ihre Entscheidung am besten absichern. Beachten Sie deshalb bei Ihrer Analyse, was hinsichtlich des Anforderungsprofils tatsächlich relevant ist.

2. Vollständigkeit der Bewerbungsunterlagen. Was haben Sie von den Bewerbern tatsächlich gefordert? War es nur eine Kurzbewerbung oder wollten Sie eine ausführliche Darstellung? Je nachdem ist zu prüfen, ob alles vorhanden ist: Anschreiben, Lebenslauf, Lichtbild, Ausbildungszeugnisse, Arbeitszeugnisse, einzelne Aus- und Weiterbildungsnachweise oder spezielle Referenzen.

3. Äußeres Erscheinungsbild der Unterlagen. Hier ist besonders auf die Gestaltung der Bewerbungsunterlagen, auf die Qualität des Unterlagenmaterials, die Sauberkeit, die Logik der Zusammenstellung, die Orthographie und die Interpunktion zu achten. Lassen Sie das Erscheinungsbild der Bewerbungsunterlagen in Ruhe auf sich wirken. Passt es zu einem Verkäufer, der häufig beim Kunden präsentieren muss? Oder machen die Unterlagen eher einen chaotischen, unsauberen oder fehlerhaften Eindruck? Einem solchen Verkäufer sollten Sie Ihre Kunden auf keinen Fall anvertrauen.

4. Inhalte der Bewerbungsunterlagen. Besonders das Anschreiben, der Lebenslauf und die Zeugnisse sind einer genauen Prüfung zu unterziehen. Beim Anschreiben sollten Sie darauf achten, ob der Bewerber auf Ihre Stellenanzeige konkret eingeht und erläutert, warum er für die Stelle qualifiziert wäre, ob er die Gründe für die Bewerbung in Ihrem Unternehmen nennt, seine aktuelle Tätigkeit, den Grund für den Stellenwechsel, den Eintrittstermin und seine Gehaltsvorstellung. Geht der Bewerber beispielsweise nicht auf die Stellenanzeige ein, sind Sie vermutlich Zielob-

jekt einer Massenbewerbung geworden. Einen Topverkäufer haben Sie sicher nicht in der Hand.

5. Der Lebenslauf sollte lückenlos sein, die berufliche Entwicklung des Bewerbers deutlich machen, Zusatzqualifikationen und Weiterbildungsaktivitäten enthalten und die Stellenwechsel nachvollziehbar beschreiben. Achten Sie vor allem auf Vollständigkeit. Wenn hier jemand etwas vertuschen möchte, dann ist er auch später dazu in der Lage, Dinge zu kaschieren oder zu verdunkeln. Steht der Bewerber dazu, dass er einmal Pech hatte oder einen Fehler gemacht hat, ist es vertrauenerweckender, wenn er dies unumwunden zugibt.

6. Bei den Zeugnissen ist vor allem auf die fachlichen Schwerpunkte und Noten in den Schul- und Ausbildungszeugnissen, die Tätigkeitsschwerpunkte sowie Beurteilungen in den Arbeitszeugnissen zu achten.

Verkäufer werden an ihren Erfolgen gemessen. Daher sollten Sie schon in den Bewerbungsunterlagen prüfen, ob der Verkäufer Erfolge und, wenn ja, welche nachweisen kann. Beurteilen Sie seine Leistungen der vergangenen Jahre jedoch möglichst kritisch. Hat beispielsweise ein Verkäufer in einem großen Konzern deutliche Verkaufserfolge erzielt, muss sich dies nicht zwingend in einem mittelständischen Betrieb wiederholen.

Beurteilen Sie die Bewerbungsunterlagen auch im Hinblick auf das Karrieredenken des Verkäufers, seine Einstellung zur Arbeit, seine Zielorientierung und seine berufliche Stabilität.

Wird deutlich, dass der Verkäufer ein konkretes Karriereziel verfolgt, oder scheinen seine häufigen Stellenwechsel eher ein Indiz dafür zu sein, dass er sich vor Herausforderungen drückt? Wie ist seine Arbeitseinstellung? Hat er beispielsweise während seiner Schulausbildung gejobbt, beteiligt er sich an freiwilligen Aktivitäten, Ehrenämtern? Erwähnt er messbare Erfolge, konkrete Ergebnisse oder leistungsorientierte Anerkennungen, die er bereits erhalten hat? Daraus können Sie Rückschlüsse auf seine Zielorientierung ziehen. Wie lange hat er seine Stelle bereits inne, wechselt er häufig? Wie erfolgreich ist der Verkäufer in der Vergangenheit gewesen? Hat sich seine Karriere gleichmäßig entwickelt, hat er immer größere Verantwortungsbereiche, Gebiete oder Kunden übernommen?

Sind die Bewerbungsunterlagen in den oben genannten Punkten nicht aussagekräftig genug, können Sie in einem Telefongespräch genauer nachfassen.

Bewerberübersicht erstellen

Für Ihre Analyse von Bewerbungsunterlagen erstellen Sie sich am besten ein Übersichtsblatt, in dem Sie anforderungsrelevante Kriterien aufnehmen und anhand eines Punktesystems bewerten. Hierzu ein Beispiel:

Bewerberübersichtsblatt			
Name:	Sehr gut = 2 Punkte	o.k. = 1 Punkt	Ungünstig = 0 Punkte
Wohnort im Bezirk			
Geburtstag/Alter			
Familienstand/Kinder			
Schulabschlüsse/Ausbildung: 1. 2. 3.			
Berufspraxis/Positionen/Firmen/ Branchen: 1. 2. 3. 4. 5.			
Relevante Zusatzqualifikationen und Weiterbildungsaktivitäten: 1. 2. 3.			
Subjektiver Eindruck der Bewerberunterlagen			
Gehaltsvorstellungen im Rahmen			
Eintrittstermin in Ordnung			
Passt zu Kunden und zum Verkaufsteam			
Gesamtpunktzahl			

Vereinbaren Sie nach Ihrer Analyse mit den in Frage kommenden Kandidaten persönliche Gespräche. Am besten laden Sie gleich mehrere Bewerber nacheinander ein, dann können Sie diese leichter miteinander vergleichen. Sprechen Sie jedoch nicht mit mehr als drei Bewerbern pro Tag, sonst verwischen sich Ihre persönlichen Eindrücke wieder.

Einen wirklich guten Verkäufer zu finden, dauert seine Zeit. Deshalb sollten jeder Einstellung mindestens zwei intensive Gesprächskontakte vorausgehen. Planen Sie für ein Gespräch mindestens eine bis maximal zwei Stunden ein. Oft zeigt sich der wahre Charakter erst unter Stressbelastung und ein länger dauerndes Gespräch kann Stress verstärken.

Online-Auswahl-Verfahren

Wer häufig neue Verkäufer einstellt und die zeitaufwendige Aufgabe der Bewerberauswahl nicht selbst übernehmen beziehungsweise den Bewerbungsprozess abkürzen will, kann sie auch spezialisierten Dienstleistern übertragen oder softwaregestützte Bewerbermanagementsysteme (z. B. www.rg-online.info, www.mrted.de, www.kenexa.com) nutzen. Dabei handelt es sich üblicherweise um eine Internetplattform, mit der die Abwicklung von Stellenbesetzungen erfolgt. Die Kosten für die Miete einer solchen Plattform betragen in Abhängigkeit von der Mietdauer und der Anzahl der Bewerbungen beispielsweise zwischen sechs und 40 Euro pro Bewerber. Ein Betrag, der sich durch eingespartes Porto und Personalkosten schnell amortisiert. E-Mail-Bewerbungsfluten werden damit verhindert, da keine Alternativen zu einer echten Online-Bewerbung (damit ist nicht die E-Mail-Bewerbung gemeint) zugelassen und die Bewerber direkt auf die Plattform geleitet werden.

RG-Online, eine von der Reutter Group entwickelte Internetplattform, ist dafür ein gutes Beispiel. Der Auftraggeber schaltet eine Stellenanzeige (klassisch oder online), in der auf einen Link der RG-Online-Plattform verwiesen wird. Interessierte Bewerber bearbeiten dort ihr Kurzprofil. Hier werden neben den Personendaten und Informationen zu Schul- und Weiterbildung unter anderem auch Muss-Qualifikationen, bisherige Tätigkeitsschwerpunkte, Gehaltswunsch und Eintrittstermin abgefragt.

Im zweiten Schritt erfolgt dann eine auf die Berufsrolle zugeschnittene Verhaltensanalyse/-diagnostik, bei der die beruflichen Kompetenzen (Soft Skills) abgefragt werden. Die Angaben werden ausgewertet, die Bewerber in einem Ranking erfasst und unter anderem nach einem Empfehlungsscore sortiert. Darin spiegelt sich auch der Erfüllungsgrad der vorher in einem Idealprofil erhobenen spezifischen Anforderungen wider. Dem Nutzer liegen so sehr schnell die relevanten Informationen aller Bewerber in einheitlicher komprimierter Form inklusive einer Eignungsdiagnostik vor.

Das in die Plattform integrierte Bewerbermanagement-System ermöglicht es in einfachen Schritten, die Bewerber zu kategorisieren und per E-Mail Zwischenbescheide, Einladungen und Absagen zu verschicken oder klassische Bewerbungsunterlagen zur genaueren Prüfung eines Kandidaten anzufordern. Sämtliche Schritte des Bewerbungsprozesses werden dabei – für jeden Kandidaten einzeln – revisionssicher dokumentiert. (Eine wichtige Voraussetzung für AGG-sichere Personalauswahl; AGG = Allgemeines Gleichstellungs-Gesetz). Auf diese Weise gelangt man sehr zügig zu den abschließenden Vorstellungsgesprächen, zu denen nur noch wenige ausgewählte Kandidaten eingeladen werden. Dort geht es dann weniger darum, die fachlichen und sozialen Kompetenzen der Kandidaten zu testen, als vielmehr um Sympathie und ob der Bewerber zum Unternehmen passt. Bewerbermanagementsysteme helfen somit bei der Vorauswahl und zügigen Abwicklung von Stellenbesetzungen und unterstützen bei der Feinauswahl. Die letztliche Entscheidung, welcher Bewerber eingestellt wird, muss natürlich weiterhin von den dafür verantwortlichen Personen getroffen werden.

Vorstellungsgespräche führen

Der spannendste Teil des Recruitments ist eindeutig das Vorstellungsgespräch. Bei guter Vorbereitung und straffer Gesprächsführung lässt sich in maximal 90 Minuten alles Wesentliche über den potenziellen Bewerber in Erfahrung bringen. Wichtig ist allerdings, dass der Bewerber mindestens 80 Prozent der Gesprächszeit bestreitet. Langatmige Unternehmens-, Produkt- und Stellenbeschreibungen Ihrerseits sind in dieser Situation wenig hilfreich. Besser ist es, den Bewerber zum Reden zu bringen. Nach der Aufwärmphase ist es sinnvoll, den Bewerber zu bitten, seinen beruflichen Werdegang in eigenen Worten zu beschreiben. Sobald Unklarheiten auftauchen, sollten Sie allerdings sofort nachfragen. Dadurch entsteht ein Dialog, in dem der Bewerber wirklich etwas von sich preisgibt.

Legen Sie sich für das Gespräch alle Unterlagen bereit, die für den Bewerber von Interesse sein könnten. Machen Sie sich auch schon vorher Gedanken, welches Gehaltsangebot Sie dem Bewerber machen können und wollen. Sprechen Sie dies bereits im ersten Gespräch an. So weiß jeder sofort, worauf er sich einlässt.

Bereiten Sie sich vor allen Dingen inhaltlich auf die Gespräche gut vor. Am besten erstellen Sie sich eine Liste mit allen Fragen, die Sie den Bewerbern stellen wollen, und notieren sich die wichtigsten Punkte, worüber Sie sie informieren möchten. Wenn Sie bei allen Bewerbern nach dieser Liste vorgehen, gewährleisten Sie die Vergleichbarkeit und können Ihre Entscheidung zielsicherer treffen. Notieren Sie sich die Antworten der Bewerber sofort. Nur so vermeiden Sie, dass sich die Eindrücke verschiedener Kandidaten später überlappen.

Tipp: Die größte Gefahr bei Vorstellungsgesprächen ist die »Früh-Verbrüderung«. Bei einer zu schnellen positiven Einschätzung (»netter Kerl«, »freundlich«, »zuvorkommend«) ist kein objektives Bild möglich. Das lässt sich vermeiden, wenn nach Ihnen noch eine zweite Person mit dem Bewerber spricht und Sie danach gemeinsam Ihrer beider Einschätzungen vergleichen.

Die richtigen Fragen stellen

Denken Sie schon bei der Gesprächsvorbereitung und immer wieder während des Gespräches daran: Sie stellen nicht irgendeinen Mitarbeiter ein, sondern einen »Umsatzbringer«, einen Garanten für mehr Profit. Unverbindliches Plaudern bringt Sie auf der Suche nach dem Besten nicht weiter. Ihre wichtigsten Fragen müssen sein:

- Welche verkäuferischen Kompetenzen und Erfolge kann der Bewerber nachweisen?
- Welche Branchen oder Mitbewerber kennt er?
- Wo sind die Lücken in seinem Lebenslauf und wie erklärt er sie?
- Warum will er seine bisherige Stelle verlassen?

Orientieren Sie sich bei der Erstellung Ihrer Fragenliste an dem von Ihnen definierten Idealprofil. So können Sie am besten herausfinden, ob der Bewerber Ihre Anforderungen erfüllen kann. Nach kurzer Einleitung in das Gespräch folgen die klärenden Fragen und Antworten, sind sie der wichtigste Teil des Gespräches. Dazu ein kleines Beispiel:

Angenommen, eine Ihrer definierten Stellenanforderungen ist die Entwicklung neuer Geschäftsverbindungen. Der Kandidat würde sie erfüllen, sofern er in den letzten drei Jahren seine Verkäufe um mindestens 15 Prozent gesteigert hätte. Deshalb fragen Sie den Bewerber nach seinen vergangenen Erfolgen oder, falls er in seiner Bewerbung bereits darauf eingeht, konkreter: »In Ihrer Bewerbung steht, dass Sie Ihre Verkäufe in Ihrer jetzigen Position um 25 Prozent gesteigert haben. Wie haben Sie das erreicht?« Der Bewerber antwortet: »Ich habe ein spezielles Maßnahmenprogramm zur Kundenbindung eingesetzt und mich intensiv um neue Kunden gekümmert.« Sie fassen nach:»Beschreiben Sie, wie Sie vorgehen, um neue Kunden zu gewinnen.« Fassen Sie so lange nach, bis Ihre Frage erschöpfend geklärt ist.

Machen Sie keine Kompromisse. Bleiben Sie bei Ihrem Idealprofil, auch wenn Sie eine Person, die Ihnen besonders sympathisch ist, die aber nicht alle Kriterien erfüllt, am liebsten einstellen würden.

Bewerberfragen speziell für Verkäufer

Hier nun einige Fragenbeispiele zu den einzelnen Erfolgskriterien von Topverkäufern. Sie können natürlich nicht alle Fragen in einem Vorstellungsgespräch einfließen lassen. Das würde viel zu viel Zeit in Anspruch nehmen. Suchen Sie sich daher die für Sie wichtigen heraus. Am besten die, die Ihnen helfen, die Stellenanforderungen zu prüfen. Darüber hinaus gibt es natürlich noch viele weitere gute Fragen für Ihr Bewerbergespräch. Diese nur zur Anregung.

Einstiegsfragen, um Nervosität abzubauen und Vertrauen aufzubauen

- Lassen Sie uns zunächst über Ihre Praxiserfahrungen sprechen. Würden Sie mir etwas über Ihre derzeitige Aufgabe erzählen?
- Wo sehen Sie den Schwerpunkt der Verantwortung in Ihrer jetzigen Tätigkeit?
- Mit welchen Arbeiten haben Sie am meisten Zeit verbracht?
- Wie lässt sich Ihre Arbeitszeit auf einzelne Tätigkeiten verteilen?
- In welchen Bereichen haben Sie gut oder sogar mit sehr viel Erfolg gearbeitet? Sagen Sie mir bitte auch, warum Sie dieser Meinung sind.

Persönliche Einschätzung der Arbeitseffektivität

- Wie schätzen Sie generell Ihre momentane Arbeit ein?
- Welche Probleme haben Sie damit? Welche davon haben Ihnen am meisten zu schaffen gemacht? Was haben Sie dagegen unternommen?
- Wie schätzen Sie Ihre persönliche Entwicklung bei Ihrer jetzigen Firma ein?
- In welcher Form hat Sie Ihre Tätigkeit in die Lage versetzt, mehr Verantwortung zu übernehmen?
- Was war Ihrer Meinung nach Ihre bislang vorteilhafteste Aufgabe, welche würden Sie am negativsten beurteilen?

- Mit welcher Art von Kunden arbeiten Sie an Ihrer jetzigen Stelle besonders gut und gerne zusammen?
- Welche Gründe veranlassen Sie, Ihre jetzige Position aufzugeben? (Anmerkung: Versuchen Sie in jedem Fall, mehr als nur einen Grund dafür zu erhalten.)
- Was ist Ihr genereller Eindruck von Ihrer jetzigen Firma?
- Was gefällt Ihnen bei Ihrer jetzigen Arbeit am besten? Was stört Sie am meisten?
- Entsprach Ihre Entwicklung in der Firma Ihren persönlichen Fähigkeiten?
- Wie würden Sie Ihre Tätigkeit im Vergleich zu früheren Positionen einstufen?
- Welche Vertriebsaufgaben machen Ihnen am meisten Spaß? Welche Vertriebsarbeiten würden Sie gerne anderen überlassen?
- Was bedeutet »Kundenorientierung« für Sie? Wie haben Sie diese in Ihrem bisherigen Berufsleben praktiziert?

Berufsziele

- Was erwarten Sie sich von dieser Position in Bezug auf Dinge, die Ihnen Ihre gegenwärtige Tätigkeit nicht bieten kann?
- Was sind Ihre beruflichen Ziele? Was wollen Sie in fünf Jahren erreicht haben? In welcher Position wollen Sie in zehn Jahren sein?
- Wie sind Ihre Gehaltsvorstellungen? Was würden Sie von Ihrem Standpunkt aus als angemessene Gehaltsentwicklung bezeichnen?

Selbsteinschätzung des Bewerbers

- Wie würden Sie sich selbst beschreiben? Wo sehen Sie Ihre größten Stärken und Schwächen?
- Welche Bereiche halten Sie bei sich für besonders verbesserungsfähig?
- Wodurch würden Sie sich am ehesten motivieren lassen?
- Fühlen Sie sich in bestimmten Bereichen anderen überlegen?
- Warum sollen Kunden ausgerechnet bei Ihnen kaufen?
- Worin sind Sie besser als andere Verkäufer?

Erfolgsorientierung

- Was war Ihr bisher wichtigster Erfolg? Beschreiben Sie ihn. Warum ist er wichtig?

- Wie sehen Ihre aktuellen Ziele aus? Was haben Sie heute getan, um sie zu erreichen?
- Was tun Sie in Ihrer Freizeit?
- Welche Situation in der letzten Zeit war für Sie schwierig? Wie haben Sie diese gemeistert?

Zielorientierung

- Beschreiben Sie einen typischen Arbeitstag. Wann beginnt er, wann endet er, und was tun Sie zwischendurch?
- Wie gehen Sie auf einen Kunden zu? Können Sie das kurz beschreiben?
- Können Sie mir ein Verkaufsgespräch in der letzten Zeit schildern?

Tipp: Achten Sie darauf, ob der Bewerber sich und seine Leistung ziel- und ergebnisorientiert beschreibt. Lassen Sie ihn auch über seine frühere Firma (Firmen) erzählen und über deren Chefs. So erfahren Sie, ob er zu Loyalität neigt oder ob er anderen die Schuld an seinen Misserfolgen gibt.

Der erste Eindruck

Der erste Eindruck ist wichtig, weil ja der neue Verkäufer auch auf Ihre Kunden einen ersten Eindruck hinterlassen wird. Sie sollten ihn jedoch nicht zu sehr überbewerten. Fragen Sie sich daher nach zwei bis drei Minuten ganz bewusst noch einmal nach dem ersten Eindruck des Bewerbers und halten Sie diesen mit ein paar Stichworten fest.

Folgende vier Ausprägungen sollten Sie genauer prüfen:

Auftreten: Wie positiv ist die Ausstrahlung des Bewerbers? Weckt sie Sympathie? Schafft sie Vertrauen? Vermittelt sie Sicherheit?

Erscheinungsbild: Ist sein Auftreten korrekt, gepflegt? Ist seine Kleidung passend? Sind Statussymbole (zum Beispiel Uhr) angemessen?

Kontakt: Wie wirkt sein Blickkontakt: ruhig und freundlich oder nervös und unsicher? Wie ist sein Händedruck: übertrieben stark oder erstaunlich lasch? Wie sind seine Gesten: sicher und kontrolliert oder fahrig und unkontrolliert? Wie sind seine Umgangsformen: höflich und selbstbewusst oder unsicher und unterwürfig? Seine Körpersprache sollte im Wesentlichen der Ihren entsprechen, also nicht deutlich »lauter« oder »leiser« als Ihre sein. Sie sollte freundlich, nicht gezwungen oder falsch wirken.

Gesprächseinstieg: Wie stellt er sich vor? Wie steigt er in das Gespräch ein? Überwindet er die Distanz?

Beobachten Sie sorgfältig. Aus der Art, wie der Bewerber mit Ihnen im Vorstellungsgespräch zurechtkommt, können Sie Schlussfolgerungen ziehen, wie er auf einen potenziellen Kunden reagieren wird. Letztlich will er ja im Bewerbergespräch auch etwas erfolgreich verkaufen – nämlich sich selbst. Am besten, Sie legen schon vor den Gesprächen fest, auf was Sie besonders achten wollen. Beispiele: Ist der Bewerber pünktlich, wird er das beim Kunden wahrscheinlich auch sein. Kann er zuhören? Dann erfüllt er eine sehr wichtige Verkäufereigenschaft. Seine Ausdrucksweise und seine Sprechfertigkeit sind für Präsentationen beim Kunden von Bedeutung. Ebenso sind folgende Fragen von Interesse: Wirkt er auf Sie vertrauenswürdig, überzeugend? Zeigt er sich Neuem gegenüber aufgeschlossen? Antwortet er direkt auf Ihre Fragen? Nimmt der Bewerber wirklich wahr, was hinter Ihren Fragen steckt? Wie gut hakt er nach, um bestimmte Punkte zu klären oder weitere Informationen von Ihnen zu bekommen? Wie gut wandelt er potenziell negative Aussagen in positive Argumente um? Entspannt sich der Bewerber im Laufe des Gesprächs und gelingt es ihm, eine Beziehung zu Ihnen aufzubauen? Wie gut hat sich der Bewerber auf das Gespräch vorbereitet? Wie zeigt er seine Begeisterung? Wirkt sie echt und ehrlich?

Schlüpfen Sie während des Vorstellungsgespräches in die Rolle eines Kunden und lassen Sie die Person des Verkäufers auf sich wirken. Können Sie sich vorstellen, dass der Verkäufer Sie davon überzeugen könnte, eine neue Telefonanlage zu kaufen? Wirkt er vertrauenerweckend auf Sie? Spüren Sie Optimismus und Begeisterungsfähigkeit? Wie ist Ihr eigenes Gefühl? Sind Sie begeistert? Müde? Beeindruckt? Freundlich? Vielleicht werden Ihre Kunden ähnliche Gefühle haben.

Auch folgender Test kann einiges über die Fähigkeiten eines Bewerbers aussagen: Fragen Sie ihn zum Beispiel nach seinem Hobby. Angenommen, er sagt, sein Hobby wäre es, in fremde Länder zu reisen und zwar reise er am liebsten nach Spanien. Daraufhin sagen Sie, dass Sie Skandinavien-Fan sind und er solle Sie doch von Spanien überzeugen. An seiner Vorgehensweise können Sie nun gut erkennen, ob er nach Motiven fragt, auf Sie als möglichen Kunden eingeht, zu Widersprüchen neigt und abschlussstark ist. Ziehen Sie dabei einen objektiven Beobachter hinzu, der die Einschätzung des Bewerbers übernimmt.

Nach dem Bewerbergespräch

Nachdem Sie Ihre Bewerbergespräche abgeschlossen haben, können Sie bereits eine erste Vorauswahl treffen. Bleiben Sie jedoch kritisch und orientieren Sie sich an den folgenden Fragen:

1. Erfüllt der Bewerber Ihre Einstellungskriterien (Berufserfahrung, Qualifikationen, Weiterentwicklungspotenzial, Idealprofil)?
2. Sind Sie überzeugt, einen der Besten gefunden zu haben? Wenn nicht, dann starten Sie lieber eine zweite Bewerbersuche, bevor Sie hohe Fehlbesetzungskosten und Umsatzverluste riskieren.
3. Will der Bewerber diese Position auch tatsächlich und auf lange Zeit haben?
4. Passt der Bewerber in Ihr Unternehmensumfeld und das Team?

Vor allen Dingen ist Sachlichkeit nun oberstes Gebot. Dies gilt besonders bei der Beurteilung von Auftreten, Kleidung, Körpersprache und Verhalten des Bewerbers. Versuchen Sie, soweit es irgendwie geht, Ihre eigenen persönlichen Präferenzen draußen zu halten.

Wählen Sie Ihre Idealkandidaten aus und bringen Sie diese in eine Rangfolge. Laden Sie die besten drei Kandidaten zu einem weiteren Gespräch ein, in dem dann noch offene Fragen geklärt werden können. Wenn möglich, sollten Sie das Gespräch nun zu zweit führen.

Referenzen überprüfen

Um ganz sicherzugehen, dass Sie die richtige Auswahl getroffen haben, können Sie nach Absprache mit dem für Sie in Frage kommenden Kandidaten Referenzen bei früheren – allerdings ohne den derzeitigen – Arbeitgebern oder anderen angegebenen Personen einholen. Am besten bei allen, um sich ein vollständiges Bild zu verschaffen. Sollten sich bei diesen Gesprächen Widersprüche zum Vorstellungsgespräch zeigen, dann besprechen Sie diese mit dem Wunschkandidaten offen und ehrlich.

Meistens fehlt die Zeit, um Referenzen zu überprüfen, und viele Personalverantwortliche wollen sich dies sparen, weil sie schon vorweg überzeugt sind, dass Referenzen immer positiv ausfallen und daher auch nicht viel weiterhelfen.

Trotzdem, nutzen Sie diese Chance, um Ihre bevorstehende Entscheidung abzusichern. Mit geschickten Fragen und einer gewissen Skepsis wird Ihnen dies gelingen. Beschreiben Sie zunächst im Telefongespräch die Stelle, um die es geht. Finden Sie dann heraus, ob die Person, mit der Sie sprechen, den Verkäufer auch wirklich beurteilen kann: »Waren Sie der Vorgesetzte von Herrn ... Wie lange?«

Referenzpersonen können Sie beispielsweise diese Fragen stellen:

- Was waren die Gründe für die Kündigung?
- Welche Stärken und Schwächen hat der Bewerber?
- Würde man ihn wieder einstellen?
- Wie beurteilt die Referenzperson die Qualität der Verkaufsleistung und die Erfolge des Verkäufers?
- Wie würde der Bewerber bestimmte Situationen meistern? (Geben Sie ein Beispiel vor.)
- Kann die Referenzperson Beispiele geben für die Lösungskompetenz des Betreffenden? Konnte er Probleme der Kunden gut lösen?
- Hat sich die Gebietsleistung verbessert, nachdem ein Nachfolger das Gebiet übernommen hat?
- Wie war die Beziehung zu den Kunden?
- Hat der Bewerber seine Kunden halten können? Wie lange durchschnittlich?
- Wie ist die Leistung des Bewerbers im Vergleich zu den anderen Verkäufern im Unternehmen einzustufen?

Durchführung von Einstellungstests

Das sei vorweg gesagt: Das hundertprozentig sichere Bewerberauswahlverfahren gibt es nicht. Die Einflussparameter sind sehr komplex. Ihre Intuition, Ihre Menschenkenntnis, Ihr »Personalführungshändchen« sowie Ihr Glaube an die Entwicklungsfähigkeit des neuen Mitarbeiters werden für eine erfolgreiche Einstellung mit entscheidend sein.

Neben dem klassischen Bewerberinterview haben Sie mehrere Möglichkeiten, Ihre Bewerberauswahl mithilfe von Tests zu unterstützen, zum Beispiel mit graphologischen Tests, psychologischen Tests, Stressinterviews, einem Assessment Center oder standardisierten Fragebögen.

Wenn Sie sich für einen Bewerbertest entscheiden sollten, gilt es immer zunächst den Nutzen gegen die Kosten abzuwägen und die gesetzlichen Vorgaben zu beachten. Hier nun kurz ein paar Stichpunkte zu den genannten Tests.

Graphologische Tests

Wenn Sie graphologische Tests anwenden wollen, müssen Sie dies Ihren Bewerbern zu erkennen geben, und die Bewerber müssen damit einverstanden sein. Die Analyse im Rahmen der Tests muss sich auf arbeitsplatzrelevante Erkenntnisse beschränken. Um die Qualität von mehreren Graphologen zu testen, können Sie ihnen zur Probe eine inhaltlich nichtssagende eigene Handschriftprobe ohne Kommentar zusenden. Treffen Sie dann Ihre Entscheidung über den Wert des graphologischen Tests.

Psychologische Tests

Diese Art von Tests können sehr wirkungsvoll sein, vorausgesetzt, sie sind für Verkäufer konzipiert. Zulässig sind Tests, die arbeitsplatzrelevant Intelligenzanpassung, Intelligenzorganisation, Umstellungsbereitschaft, Leistungsmotivation und Stressstabilität sowie relevante Charaktermerkmale messen. Die meisten der bekannten Verkäuferbegabungstests sind für einen cleveren Bewerber durchschaubar. Enormer Zeitdruck, gelegentlich als »die Lösung« für den Test angepriesen, macht nicht alles wett. Auch hierzu müssen Betriebsrat und Bewerber zugestimmt haben. Persönlichkeitstests sind nur in Ausnahmefällen zulässig.

Stressinterviews

Das Stressinterview kann entweder von Ihrem betriebsinternen Psychologen oder von einem externen Berater durchgeführt werden. Voraussetzung ist, dass der Interviewer Kenner der Verkaufsaufgabe ist, denn es dürfen nur arbeitsplatzbezogene, praxisnahe Stresssituationen beleuchtet werden. Ein erfahrener Verkaufstrainer kann in diesen Fällen sowohl ein guter Interviewer als auch ein wertvoller Beobachter sein.

Assessment-Center

Das Assessment-Center (AC) ist eine moderne gruppenbezogene Auswahlmethode. Es werden mehrere Bewerber – eine Gruppe von acht bis zwölf Personen – gleichzeitig eingeladen. In gemeinsamen Gruppenarbeiten, Fallstudien und Rollenspielen aus dem relevanten Berufsalltag werden Arbeitsausführung und Arbeitsverhalten in der Regel von vier bis sechs Beobachtern der Firmenseite bewertet. Diese Art von Assessment Center dauert etwa zwei bis drei Tage. Es werden allerdings auch Assessment-Center über kürzere Zeiträume und Einzel-ACs angeboten. Die Vorteile eines AC liegen in der

- höheren Objektivität – rhetorisch gute Bewerber haben hier gegenüber dem Interviewer keine Vorteile mehr;
- höheren Praxisrelevanz – das AC kommt einer Arbeitsprobe gleich.

Allerdings ist das AC kosten- und zeitintensiv. Daher muss hier besonders der Nutzen gegen die Kosten abgewogen werden.

Entwickeln Sie ein Assessment-Center nur zusammen mit einem Spezialisten. Das Assessment-Center muss speziell an Ihrem Anforderungsprofil ausgerichtet sein, so dass Sie bei Ihren Beobachtungen auch tatsächlich relevante Erkenntnisse erhalten. Die Beobachter sind praxiserfahrene Führungskräfte aus dem Unternehmen, welche die Bewerber nach einheitlich definierten Anforderungskriterien beurteilen.

Folgende Schritte beschreiben Organisation und Ablauf eines Assessment-Centers:

- Alle Führungskräfte sind grundsätzlich einverstanden, AC als Verfahren für die Bewerberauswahl einzusetzen. Das heißt, die Beobachter stehen hinter diesem Verfahren.
- Die Auswahl der einzuladenden Bewerber erfolgt über das Bewerbergespräch. Die Betreffenden müssen bereits bei der Einladung über Ziel und Art des Testverfahrens informiert werden.
- Die Beobachtergruppe besteht aus Vertriebsführungskräften, Führungskräften aus der Personalabteilung sowie einem psychologisch erfahrenen internen oder externen Moderator.
- Die Beobachtergruppe wird vom Moderator intensiv vorbereitet: Erläuterung der Beurteilungskriterien, Beurteilungsübung an praktischen Beispielen.
- Für die Durchführung des AC ist der Moderator organisatorisch und inhaltlich verantwortlich. Ist der Moderator AC-erfahren, wird er mit Ihnen spezielle, an Ihren Anforderungsprofilen orientierte Übungen, Rollenspiele und so fort entwickeln, so dass Sie bei Ihren Beobachtungen tatsächlich praxisrelevante Erkenntnisse für die Bewerberauswahl erhalten. Die Bewerber sitzen in wechselnder Sitzordnung um einen Konferenztisch, die Beobachter ebenfalls in wechselnder Sitzordnung mit Abstand in einem äußeren Kreis.
- Nach dem durchgeführten AC geben die Beobachter unter Leitung des Moderators ihre Beurteilung ab und wählen gemeinsam geeignete neue Mitarbeiter unter den Bewerbern aus.

Es ist ein Gebot der Fairness, dass der Moderator danach mit jedem Bewerber ein Einzelgespräch führt, in dem er dem Bewerber die Entscheidung mitteilt und mit einer Stärken-/Schwächen-Analyse begründet.

Eine gute Alternative zu dem in der Regel sehr teuren und aufwendigen Assessment-Center ist der Einsatz von standardisierten Fragebögen. Die Reutter Group stellt zum Beispiel im Rahmen ihres psychologisch-diagnostischen Analyse- und Entwicklungssystems »B.I.SS« (»best in sales«) einen Fragebogen zur Verfügung, der speziell für den Vertrieb und die dort anfallenden Aufgaben entwickelt wurde und rollenspezifisches Verhalten, jedoch keine Persönlichkeitsmerkmale misst. Der Fragebogen, der insgesamt 24 Verhaltensmerkmale prüft, wird von den Bewerbern ausgefüllt, mit einer »Normbasis« verglichen und ausgewertet. Pro Bewerber wird auf Wunsch ein ausführlicher Ergebnis-/Potenzial-Report erstellt, in dem unter anderem die Stärken und Schwächen aufgezeigt werden und eine Einstellungsempfehlung abgegeben wird. So können Fehleinstellungen schneller, einfacher und mit wesentlich geringerem Budget weitgehend verhindert werden.

4.5 Neue Mitarbeiter effizient einarbeiten

Mit der Auswahl der Besten ist es natürlich nicht getan. Nun geht es darum, ihnen einen sehr guten Start zu ermöglichen. Mit einem guten Einarbeitungsplan und geeigneten Einarbeitungsmaßnahmen bereiten Sie sie entsprechend vor. Besonders neue Mitarbeiter ohne Außendiensterfahrung benötigen eine gründliche Einarbeitung. Aber auch alte Hasen wollen und müssen das Unternehmen, die Erwartungen des Vorgesetzten und die Kunden kennenlernen. Denken Sie daran: Mit Ihrem Empfang des neuen Verkäufers am ersten Tag legen Sie den Grundstein für Motivation und Loyalitätsbereitschaft. Zeigen Sie Ihrem neuen Mitarbeiter, dass Sie gut auf ihn vorbereitet sind.

Das Mindestprogramm der Einarbeitungsmaßnahmen

1. Machen Sie den ersten Tag zu einem positiven Erlebnis für den neuen Mitarbeiter. Begrüßen Sie ihn persönlich, stellen Sie ihn den Kollegen und in den Abteilungen vor, mit denen er zusammenarbeiten wird. Sorgen Sie dafür, dass alles passt: Visitenkarten sind gedruckt, Arbeitsunterlagen, Verkäufermappe, Prospekte liegen vor, gemeinsames Mittagessen ist geplant, ein kleines Begrüßungsgeschenk wird überreicht.
2. Geben Sie dem neuen Verkäufer einen Einarbeitungsplan an die Hand und sprechen Sie diesen gemeinsam mit ihm durch. So weiß er genau, was auf ihn zukommt, was von ihm erwartet wird und wie er dies umsetzen kann. Klären Sie genau, welche Leistungen Sie von ihm erwarten und welche Bedeutung diese für Ihr Unternehmen haben. Hier eine Checkliste, was Sie alles bei der Erstellung eines Einarbeitungsplanes beachten sollten:

Checkliste: Einarbeitungsplan			
Schritte	Zeitraum (ausfüllen, falls möglich)	Notizen	Erledigt
Zeitplan erstellen			❑
Ziele definieren			❑
Teilziele festlegen			❑
Teilaufgaben bestimmen			❑
Umfang der Einarbeitung festlegen			❑
Für die Einarbeitung verant-wortliche Person bestimmen			❑
Durchlauf aller verkaufsrelevanten Abteilungen			❑
			❑
• Innendienst			❑
• Marketing			❑
• Kundendienst			❑
• ...			❑
Begleitung durch Verkaufsleiter			❑
Mitreisen mit Kollegen			❑
Einführungstour zu wichtigen Kunden			❑
Prioritäten für Verkaufsaktivitäten:			❑
• Neue Kunden			❑
• Kundenbindung			❑
• Neue Produkte			❑
• ...			❑
			❑
Leistungen, die erwartet werden			❑
			❑
			❑
			❑

3. Unterstützen Sie den Verkäufer dabei, dass er seinen Aufgabenbereich intensiv kennenlernen kann. Führen Sie ihn in alle verkaufsrelevanten Abeilungen ein, machen Sie ihn mit den Marktgegebenheiten und besonders auch mit seinem Verkaufsgebiet bekannt. So könnte der neue Verkäufer anfangs mit Kollegen mitreisen und bei seinen wichtigsten Kunden durch den Verkaufsleiter oder seinen Vorgänger eingeführt werden.

4. Achten Sie während der Einarbeitungszeit auf die besonderen Stärken und Schwächen des Verkäufers. Überlegen Sie gemeinsam, wie und wo Verbesserungen durchgeführt werden können.

5. Setzen Sie einen neuen Mitarbeiter in den ersten Monaten nicht unter zu starken Ergebnisdruck. Er weiß selbst, wie wichtig der Erfolg für ihn ist. Wer bei den Umsatzstatistiken und Gebietsvergleichen bei Neulingen denselben Maßstab wie bei Profiverkäufern anlegt, bewirkt, dass diese sich gleich von Anfang an als Schlusslicht erleben. Der Ehrgeiz wird zwar angestachelt, aber Verkaufsanfänger verkrampfen sich und werden ungeduldig. Der absolute Erfolg wird zum Maßstab – nicht der relative Erfolg, wie es vernünftig wäre.

6. Besprechen Sie einen persönlichen Weiterentwicklungsplan, der durch externe Schulungen oder andere interne Maßnahmen (Beispiel: Tandembesuche beim Kunden) umgesetzt werden kann.

7. Halten Sie in der Anfangsphase engen Kontakt mit dem Verkäufer und lassen Sie sich über seine Aktivitäten Bericht erstatten.

8. Überprüfen Sie nach der Einarbeitungsphase – spätestens nach drei Monaten – in einem gemeinsamen Feedback-Gespräch, wie weit der neue Verkäufer die gesetzten Ziele erreicht und ob die beidseitigen Erwartungen erfüllt wurden.

9. Achten Sie besonders darauf, dass junge Mitarbeiter oder Mitarbeiter mit wenig Außendiensterfahrung von loyalen Top-Verkäufern eingearbeitet werden. Verkäufern, welche die Neuen zu Leistungen anspornen, statt ihnen zu vermitteln, wie und warum etwas nicht geht. Stellen Sie ihnen Ihre besten Verkäufer als Mentoren an die Seite, die auch dazu in der Lage sind, ihre Erfahrungen an die Neulinge weiterzugeben. Zunächst begleitet der Nachwuchsverkäufer den Mentor über einen bestimmten Zeitraum hinweg bei seinen Kundenbesuchen. Abschließend werden die Gespräche gemeinsam analysiert. Danach begleitet der Mentor den Neuling und führt zuerst die Verkaufsgespräche mit ihm gemeinsam. Später beobachtet er nur noch aufmerksam und zeigt dem Neuling nach dem Gespräch Verbesserungsmöglichkeiten auf. Sie selbst bleiben mit dem Mentor während dieser Phasen in engem Gesprächskontakt, um so schließlich eine gute Entscheidung

treffen zu können, ob Sie den neuen Mitarbeiter auch nach der Probezeit weiterbeschäftigen wollen und, wenn ja, ob entsprechende Qualifizierungsmaßnahmen notwendig sind. Motivieren Sie den Mentor mit einem kleinen Bonus, wird er diese Aufgabe gerne und erfolgsorientiert übernehmen.

10. Stellen Sie qualitative Ziele an die Stelle von quantitativen Zielen. Die Ziele sind richtig, die sich auf Aktivitäten und Arbeitsweisen beziehen, wie zum Beispiel sorgfältige Kundenanalyse, Tourenplanung, systematische Besuchsvorbereitung, Erwerb von technischem und fachlichem Know-how oder Besuchshäufigkeit und -rhythmus von A/B/C-Kunden. Entwerfen Sie ein Schritt-für-Schritt-Programm, mit dem Sie die Kompetenz des Verkäufers schrittweise erweitern. Halten Sie in der Anfangsphase permanenten Kontakt mit dem Neuling und lassen Sie sich Bericht erstatten. Berücksichtigen Sie besonders diese Punkte bei der Einführung in das neue Aufgabengebiet:

Aufträge:	Was soll der Verkäufer konkret bis wann tun?
	Was sind die nächsten Schritte?
Auswertung:	Was ist gelaufen und was nicht?
	Was hat er aus seinen Erfahrungen gelernt?
	Welche nächsten Maßnahmen schlägt er selbst vor?
Beratung:	Was kann wie verbessert werden?
	Welche Alternativen sind möglich?
Konfrontation:	Was sehen Sie als kritische Punkte?
	Was wird passieren, wenn er sich nicht an die Ratschläge und die vorgegebenen Regeln hält?
Fortschritte:	Welche Fortschritte, Erfolge wurden erzielt?
	Welche Erfolgsgrundlagen sind geschaffen worden?

11. Händigen Sie dem neuen Mitarbeiter eine Stellenbeschreibung aus. Sie zeigt, welche Aufgaben auf ihn zukommen und wie die Stelle in der Unternehmenshierarchie eingegliedert ist. Berufliche Chancen werden aufgezeigt, falsche Erwartungen vermieden. Praktiker raten, die Stellenbeschreibung alle zwei Jahre zu aktualisieren. Das im Folgenden gezeigte Schema einer Stellenbeschreibung für Verkäufer können Sie an Ihre betrieblichen Erfordernisse anpassen. Die in der rechten Spalte aufgeführten Eintragungen sind nur eine Auswahl möglicher Vorgaben für die Tätigkeitsbeschreibung eines Außendienstmitarbeiters.

Checkliste: Inhalte einer Stellenbeschreibung	
Position/Aufgabe	**Beschreibung**
Stellenbezeichnung	VB (= Vertriebsbeauftragter)
Hierarchieebene	Sachbearbeiter ❑ Linie/Verkauf ❑ Stab/Marketing
Führungskraft	Der Stelleninhaber arbeitet Herrn/Frau_____zu. Position der Führungskraft: Leiter Vertrieb
Arbeitsplatz	❑ Zentrale ❑ Niederlassung
Anzahl direkt unterstellter Mitarbeiter	
Funktionsbezeichnungen der unterstellten Mitarbeiter	
Ziel der Stelle	• Betreuung des Verkaufsgebietes xy • Permanente Suche nach neuen Kunden und Kundengruppen • Systematische Erhebung und Bewertung von Informationen und Marktdaten über bestehende und potenzielle Kunden • Beobachtung des Wettbewerberverhaltens

Verkaufs- und Marketingaufgaben	• Sammlung und Aufbereitung der Daten über bestehende und potenzielle Kunden. Weitergabe der Daten an
	• Gewinnung detaillierter Kenntnisse über den Markt, das Verhalten der Wettbewerber und die Bedarfssituation der Kunden • Beobachtung und Bewertung von Verhaltensänderungen bei Wettbewerbern und Kunden • Monats-, Quartals- und Jahresbesuchsplanung • A-, B-, C-Kundenanalyse • Gebietsbewertung für die jeweiligen Produktgruppen • Lost-Order-Analyse und Entwicklung von Maßnahmen zur Verlustminimierung • Mitwirkung bei der Verbesserung der Präsentationsunterlagen • Entwicklung und Durchsetzung von Verkaufsförderungsmaßnahmen in Zusammenarbeit mit dem Produktgruppenleiter/Gebietsverkaufsleiter • Ausarbeitung von Angeboten (in Zusammenarbeit mit _____) und konsequente Angebotsverfolgung • Mitwirkung bei der Abwicklung von Reklamations-, Kulanz- und Garantiefällen
Verantwortlichkeit für den Verkauf folgender Produktgruppen/folgender Produkte aus dem Unternehmensprogramm	❑ Gesamtprogramm ❑ Hardware/Produkte/Produktgruppen ❑ Software ❑ Service/Dienstleistung
Verkauf an	❑ Handelsunternehmen ❑GH ❑EH ❑ Banken ❑ Behörden ❑ Industrieunternehmen ❑ Versicherungen ❑ Sonstige

Erforderliche Reisezeit	❑ keine ❑ _____ % der Arbeitszeit ❑ _____ Stunden pro Tag
Arbeitsmittel/Ausstattung	❑ Pkw (_____) ❑ Salesfolder ❑ Katalog ❑ Musterkoffer ❑ Video ❑ Notebook ❑ Handy ❑ PDA ❑ MDA (Mobile Digital Assistent) ❑ Navigationsgerät ❑ Sonstige _____
Einkommen	Garantiertes Fixum _____ Euro Provision pro Monat _____ % vom Umsatz/DB Prämienzahlungen _____ Euro Sonstige Vergütungen _____
Spesenregelung	Bei Übernachtung _____ Bewirtung _____ Tagessatz _____ Autokosten _____ Telefonkosten _____
Leistungsvorgaben	Der Stelleninhaber erhält Leistungsvorgaben für ❑ Absatz/Stück/Gewicht ❑ Umsatz/DB ❑ Kosten ❑ Neukundenakquisition ❑ Anzahl der Kundenbesuche ❑ Produktvorstellungen ❑ Beschwerderate ❑ Aktionen
Umsatzvorgaben gelten für die Zeiträume	❑ Monatlich ❑ Vierteljährlich ❑ Halbjährlich ❑ Jährlich Die Vorgaben werden vom Leiter Vertrieb zusammen mit dem betreffenden Stelleninhaber in einem gesonderten Zielvereinbarungsgespräch, das einmal jährlich (im _____) stattfindet, festgelegt.

Einarbeitungszeit	❑ 1/2 Jahr ❑ 1 Jahr
Trainingsmethoden	❑ Begleitbesuche ❑ Interne Schulungen ❑ Externe Schulungen ❑ Einarbeitung beim Kunden Sonstiges: _____
Schulungstage pro Jahr	❑ 1–3 Tage ❑ 4–7 Tage ❑ 8–14 Tage ❑ mehr als 14 Tage
Vollmachten	❑ i.A. ❑ i.V. ❑ ppa. ❑ andere

Befugnisse	Empfehlung	Entscheidung
Zuweisen von Verkaufsförderungs-mitteln	❑	❑
Gewähren von Werbekostenzu-schüssen	❑	❑
Durchführen von Kundenschulungs-maßnahmen	❑	❑
Ändern der Verkaufskonditionen (Preisnachlässe bis maximal x%)	❑	❑
Überlassen von Ersatzgeräten	❑	❑
Gewähren von Nachlässen etc. bei Beschwerden	❑	❑
Gewähren von Kundengeschenken im Rahmen des vereinbarten Budgets	❑	❑
Anbieten zusätzlicher (kostenloser) Serviceleistungen	❑	❑

Vertretung	Der Stelleninhaber vertritt: den VB vom Gebiet xy Der Stelleninhaber wird vertreten vom: VB des Gebietes yz
Aufstiegschancen	_____ _____ _____ _____ _____

Fördergespräch am Ende der Probezeit

Genauso wichtig wie eine gute Einarbeitung ist auch das abschließende Fördergespräch am Ende der Probezeit. Es dient dem Mitarbeiter zur Reflexion, wie seine Arbeitsweise und Arbeitsergebnisse beurteilt werden. Außerdem bekommt er damit ein nützliches Feedback darüber, welche Akzeptanz er als Mensch bei Kollegen, Kunden und Führungskräften hat, und einen Anhaltspunkt dafür, in welcher Richtung er an sich selbst weiterarbeiten muss.

Für Sie als Führungskraft ist es eine gute Möglichkeit, sich im Gespräch ein abschließendes Bild für die bewusste Weiterbeschäftigungsentscheidung zu machen und Verbesserungsvorschläge eines Noch-nicht-Betriebsblinden zu erhalten. Außerdem können Sie überprüfen, was Sie für die Einarbeitung des nächsten neuen Mitarbeiters hinsichtlich Motivation und Effizienz noch optimieren können.

Nachfolgend eine Auswahl an Fragen, die Ihnen als Führungskraft wertvolle Antworten des neuen Mitarbeiters am Ende der Probezeit liefern kann:

- Was hat Ihnen bei Ihrer Einarbeitung fachlich gefehlt?
- Was hat Ihnen bis jetzt gut gefallen?
- Welche Maßnahmen haben Sie bei Ihren Verkaufserfolgen besonders unterstützt?
- Welche Unterlagen sind Ihrer Meinung nach nicht mehr aktuell oder gar falsch?
- Welches waren die größten Hürden, die Sie am Anfang nehmen mussten?
- Worauf mussten Sie anfangs besonders achten, um keine Fehler zu machen?
- Welche Informationen hätten Sie gerne etwas früher gehabt?
- Welche Unterlagen waren für Sie besonders hilfreich?
- Welche Hilfsmittel fehlen Ihnen heute noch?
- Welche Arbeiten oder Hilfsmittel halten Sie für überflüssig?
- Für welche Vorgänge haben Sie Verbesserungsvorschläge?
- Für welche Aufgaben bei uns sehen Sie persönliche Stärken bei sich?
- In welchen Bereichen sehen Sie Bedarf für sich, sich noch weiter zu qualifizieren?
- Welche Unterstützung wünschen Sie sich jetzt nach der Einarbeitungsphase?
- Auf welche Gefahren bei der Arbeit werden Sie persönlich achten?

Suche, Auswahl und Einarbeitung von Verkäufern stehen nicht jeden Tag auf der Agenda eines Vertriebsmanagers. Umso wichtiger ist es, sich genau dann, wenn dieses Thema wieder ansteht, die wichtigsten Punkte bewusst zu machen. Sind die gewonnenen Verkäufer einmal eingearbeitet, ist eine ständige Förderung ihrer fachlichen und persönlichen Fähigkeiten zwingend notwendig. Förderung, Motivation und die permanente Professionalisierung der Verkäufer stehen für eine Führungskraft dann immer auf der Tagesordnung.

5

Vertriebsmannschaften zum Erfolg führen

Mitarbeiter im Vertrieb führen heißt nicht nur Ziele setzen, Verkaufsergebnisse kontrollieren und wettbewerbsfähige Gehälter zahlen. Das reicht in der Regel nicht aus, um die Mitarbeiter zu dauerhaften Höchstleistungen anzuspornen. Erst wenn der Mitarbeiter als Individuum in den Mittelpunkt aller Führungsaktivitäten gerückt wird, sind wirklich große Erfolge erzielbar. Die Realität sieht allerdings anders aus. Laut einer Studie des MCM Institutes der Universität St. Gallen unter der Federführung von Deep White (Unternehmensberater) ist in vielen Unternehmen eine Kultur der Anerkennung von Leistung deutlich geringer ausgeprägt als die der Leistungsanforderung. Zwar findet bei fünf von zehn Unternehmen die Anerkennung zumindest über eine faire Honorierung statt, dahinter bleiben aber das preisgünstigere »Lob« für die Teamleistung und mit kleinem Abstand das »Lob« für die Einzelleistung zurück.

Was macht gute Führung im Vertrieb aus? Wie können Mitarbeiter ständig zu mehr Leistung motiviert und in ihrer Weiterentwicklung gefördert werden? Welche Instrumente stehen Ihnen als Führungskraft dafür zur Verfügung? Antworten dazu finden Sie in diesem Teil.

5.1 Vertriebs- und Verkaufsmanager als Führungskraft

Mitarbeiter zum Erfolg führen kann nur, wer als Führungskraft überzeugt und über eine hohe persönliche sowie soziale Kompetenz verfügt. Führungskräfte, die gut zuhören und kommunizieren können, holen aus Mitarbeitern das Beste heraus. Sie schaffen es auch, die einzelnen Mitarbeiter so in das Verkaufsteam zu integrieren, dass das Team auf der Basis von guten Beziehungen in die gleiche Richtung zieht – nämlich die des Erfolges.

Führungsstile gestern und heute

Führungsstile gibt es praktisch so viele wie Führungskräfte. Grundsätzlich haben Sie mit Ihrem persönlichen Stil nur dann Erfolg, wenn er von Ihren Mitarbeitern akzeptiert wird. Ist das nicht der Fall, wird niemand dauerhaft und freiwillig Spitzenleistungen erbringen. Derzeit wird ein partnerschaftlich-kooperativer Führungsstil bevorzugt.

Das war gestern

Führung ist so alt wie die Menschheit. Die beiden klassischen Führungsstile sind der paternalistische und der autokratische Führungsstil. Die paternalistische Führung, also die Führung durch das älteste männliche Familienmitglied, existierte 10.000 Jahre lang. Die Menschen arbeiteten in Familien und kleinen Gruppen zusammen und wenn einer starb, rückte der nächste nach.

Anschließend dominierte mehr als 150 Jahre lang die autokratische Führung, bei der das Machtmonopol in einer Person lag. Entscheidend war: Wer ist mein Vorgesetzter, wer mein Untergebener, wer ist über mir, wer unter mir. Gleichgestellte Menschen arbeiteten auf einer Ebene zusammen, aber zwischen den Hierarchien entstanden Spannungen. Gemeinsames kooperatives Arbeiten war nicht möglich. Vorgesetzte kontrollierten lieber ihre Untergebenen, statt gemeinsame Ziele zu verfolgen. Sie waren stolz auf ihre höhere Position. Damit gab es eine bewusste Trennung zwischen den Ebenen.

Das gilt heute

Friedrich Schiller beschreibt in seinem Drama »Wallenstein« dessen Führungsstil so:

> »Und eine Lust ist's, wie er alles weckt und stärkt, und neu belebt, um sich herum, wie jede Kraft sich ausspricht, jede Gabe gleich deutlicher wird in seiner Nähe! Jedwedem zieht er seine Kraft hervor, die eigentümliche, und zieht sie groß, lässt jeden ganz das bleiben, was er ist; er wacht nur darüber, dass er's immer sei am rechten Ort; so weiß er aller Menschen Vermögen zu dem seinigen zu machen.«

In diesem Zitat wird der andragogische Führungsstil deutlich. Er ist modern und ein echtes Wachstumsmodell. Der Name leitet sich ab von Andras = der Erwachsene und Gogi = die Erziehung, die Weiterentwicklung. Eine andragogische Führung ist also die Weiterentwicklung gemeinsam mit Erwachsenen. Wir lernen von den anderen, geben den Spaß zurück, werden gemeinsam größer und wachsen über uns selbst hinaus. Wenn es Spaß macht, Leistung zu erbringen, dann stimmt auch der Erfolg. Nur gemeinsam, im Sinne des andragogischen Führungsstiles, und partnerschaftlich-kooperativ erreichen wir die höchsten Ziele, meistern wir die schwersten Aufgaben und erbringen wir Spitzenleistungen. Im Wallenstein-Zitat stecken alle Aussagen für eine moderne Führung.

- Verwirkliche ich wirklich Spaß an der Arbeit?
- Verlasse ich mich gleichermaßen auf alle Mitarbeiter?
- Wirke ich lebendig und motivierend?
- Vermittle ich Optimismus und Begeisterung?
- Habe ich neue Ideen?
- Sorge ich für Abwechslung bei den Aufgaben?
- Verschanze ich mich nicht hinter einer Hierarchie, einer geschlossenen Tür?
- Haben alle meine Mitarbeiter Lust auf vollen Einsatz?
- Fördere ich die verschiedenen Begabungen meiner Mitarbeiter?
- Entfalten sich meine Mitarbeiter auch in meiner Gegenwart?
- Sorge ich dafür, dass ich keinen meiner Mitarbeiter bevorzuge?
- Achte ich die Persönlichkeit jedes Mitarbeiters?
- Respektiere ich ihn?
- Konzentriere ich mich auf den Erfolg meiner Mitarbeiter, ohne sie zu kontrollieren?
- Glaube ich ohne Zweifel an die Kompetenz meiner Mitarbeiter?

- Lobe ich Mitarbeiter immer in Anwesenheit aller?
- Kritisiere ich ausschließlich nur unter vier Augen?
- Führe ich alle zum gemeinsamen Erfolg nach dem Motto »Mache ich alle stark, dann werde ich selbst stark«?

Erfolg als Führungskraft planen

Wer erfolgreich führen möchte, muss zunächst auch an sich selbst arbeiten. Um als Mensch und als Führungspersönlichkeit wirksam zu sein, benötigen Sie strategische Erfolgspositionen.

Ziele setzen

Besonders wichtig ist ein Lebensziel, das Ihnen Orientierung gibt (ein Mensch ohne Lebensziel wird niemals richtige Erfüllung finden). Aus dem Lebensziel entwickeln Sie eine Vision. Eine Vision ist die Fähigkeit, das Gesamtbild zu sehen. Führungspersönlichkeiten können die Realisation ihrer Pläne visualisieren, das heißt, sie sehen heute bereits das Ergebnis in der Zukunft, nachdem sie alle ihre Ziele erreicht haben. Von dieser Warte aus schauen sie zurück in die Gegenwart und fragen sich: Was muss ich tun, um dahin zu gelangen? Sie schaffen es, ihre Visionen mit anderen zu teilen und sie so zu motivieren, dass sie mithelfen, diese Visionen zu realisieren.

Aus der Vision entsteht die Mission. Menschen mit einer Mission strahlen Charisma aus, handeln voller Zuversicht und reißen andere durch ihre Begeisterung mit. Das ist die beste Voraussetzung für Spitzenleistungen. Aus dem Lebensziel leiten Sie Ihr 12-Monats-Ziel ab, das Sie näher an Ihr Fernziel heranbringt. Perfekte Planung funktioniert nur mit einem Lebens- oder Fernziel.

Auch Unternehmen brauchen Lebensziele, eine Vision, die Mitarbeiter motiviert. Dann sind Erhalt und Wachstum sicher und Aufgaben planbar.

Die eigene Persönlichkeit erkennen

Was macht Sie einzigartig? Kennen Sie Ihre persönliche Identität? Ihre Unique Selling Proposition, kurz USP? Nur mit dieser USP erreichen Sie Ihre persönlichen Ziele. Sie wissen genau, was Sie am besten können. Planen oder organisieren, konstruieren oder motivieren. Sie müssen sich Ihrer individuellen Fähigkeiten bewusst sein und sie konsequent einsetzen. Sie kennen Ihre persönliche Einmaligkeit. Daraus erschließen sich Ihre Werte und ethischen Grundsätze.

Nur wenn Sie im Einklang mit diesen Werten handeln, werden Sie dauerhaft erfolgreich sein. Ein zentraler ethischer Grundsatz lautet zum Beispiel: »Wir behandeln unsere Kunden stets fair und leisten immer mehr, als sie erwarten.« Das ist auf Unternehmen übertragbar. Die Geschäftsführung muss wissen, was als Wertschöpfung gilt, was das Unternehmen Mitarbeitern und Kunden geben will.

Eigenvertrag formulieren

Auf der Basis Ihrer Ziele, der USP und Ihrer Grundsätze erarbeiten Sie sich schließlich den strategischen Plan. Er dokumentiert, mit welchen Maßnahmen – also wie – Sie in welcher Zeit die gesteckten Ziele meistern möchten. Der strategische Plan lebt von Konsequenz. Nur wenn Sie einen sogenannten Eigenvertrag mit sich abschließen und sich täglich selbst verpflichten, werden Sie am Ziel ankommen. Ein Beispiel: »MMM – Monday-Morning-Must« (Der Ausdruck stammt von Mike Kami, amerikanischer Strategieberater und Sanierer/Manager von Harley Davidson), wie Sie starten, so liegen Sie im Rennen. Was also am Montagmorgen nicht passiert, wird die ganze Woche nicht erledigt. Sie bestimmen den positiven Verlauf der Woche schon zwischen 8 und 9 Uhr am Montag. Eigenvertrag und Selbstkontrolle sind der Schlüssel zum Erfolg.

Führungsregeln beachten

Mit Ihrer Zielsetzung, Ihrem Erfolgswillen und der konsequenten Umsetzung Ihrer eigenen Motivation, Eigenleistung und Kritikfähigkeit positionieren Sie sich in Ihrem Unternehmen. Wenn Sie die folgenden Führungsregeln beachten, qualifizieren Sie sich als gute Führungskraft:

Regeln für die Führungskraft

- Das Potenzial des Teams ständig erhöhen.
- Sicherstellen, dass die Mitarbeiter die Unternehmens-/Vertriebsziele verinnerlicht haben und leben.
- Im Innern überzeugen und positive Energie und Optimismus freisetzen
- Durch Offenheit, Transparenz und Fairness Vertrauen schaffen
- Mut für unpopuläre Maßnahmen und Bauchentscheidungen haben
- Hinterfragen und insistieren mit einer Penetranz, die an Misstrauen grenzt
- Risiko- und Lernbereitschaft fördern, indem Sie mit gutem Beispiel vorangehen
- Erfolge im Team gebührend feiern

Quelle: Welch, J.: »Winning. Das ist Management.« Campus Verlag 2005

Führungsgrundsätze für Ihre Praxis

Regeln und Vorsätze machen allerdings noch keine gute Führung aus. Sie müssen im Vertriebsalltag auch umgesetzt werden. Dabei können Ihnen die folgenden grundlegenden Leitsätze als Anregungen für Ihre praktische Führungsaufgabe dienen:

1. Verantwortung heißt manchmal, sich von den falschen Leuten zu trennen. Als Vorgesetzter sind Sie in erster Linie für das Wohl Ihrer gesamten Vertriebsmannschaft verantwortlich. Wer es als Chef jedem recht machen will, reduziert sich selbst auf Mittelmaß. Mitarbeiter, die nicht zu Ihnen und Ihrem Team passen, müssen gehen. Sonst droht die Gefahr, dass sie Ihre fähigen und fleißigen Mitarbeiter vergraulen.
2. Kommen Mitarbeiter nicht mehr mit ihren Problemen zu Ihnen, dann ist es mit Ihrer Führung vorbei. In diesem Fall glauben Ihre Mitarbeiter, dass Sie ihnen nicht helfen können oder nicht helfen wollen. Egal, ob man Ihnen Unfähigkeit oder Unwillen unterstellt: Menschen, die Ihnen nicht vertrauen, können Sie nicht führen.
3. Bilden Sie Ihr eigenes gutes Gespür für die großen Trends aus und lassen Sie sich nicht von sogenannten Experten irritieren mit dem Ergebnis, dass Sie Ihre Leute mit Informationen überschütten und sie dann damit alleine lassen. Mitarbeiterführung heißt vielmehr, die Richtung zu zeigen, in die marschiert werden soll.
4. Fordern Sie vor allem Ihre Stars. Auch Topverkäufer brauchen Herausforderungen. Setzen Sie Ihre Spitzenleute deshalb auf besonders komplexe Fälle an. Und geben Sie ihnen zusätzliche Aufgaben wie zum Beispiel die Betreuung jüngerer Kollegen.
5. Hinterfragen Sie Dinge, die Ihnen unklar sind, auch wenn Sie dabei auf unangenehme Wahrheiten stoßen. Viele Führungskräfte neigen dazu, ihre Augen vor der Realität zu verschließen. Sie agieren nach dem Motto: »Wo nichts kaputt ist, muss ich auch nichts reparieren.« Und sie glauben, dass sich alles wie bisher weiterentwickelt. Haben Ihre Mitarbeiter diese Haltung durchschaut, sind Sie als Führungskraft nicht mehr glaubwürdig.
6. Pläne und Managementtheorien bewegen in Wahrheit nichts. Sie erreichen einzig und allein mit Ihren Mitarbeitern die geplanten Ziele. Sie sind Ihr größtes Kapital. Anstatt sich ins stille Kämmerlein zurückzuziehen, müssen Sie sich um Ihre Leute kümmern. Zum Beispiel mit ihnen reisen, mit ihnen reden, ihre Probleme anhören und sie auf ihre Aufgaben vorbereiten.
7. Bereiten Sie Ihre Mitarbeiter auf den ständigen Wandel vor. Nicht nur die derzeitige Leistung in der gegenwärtigen Position, sondern auch

die Fähigkeit und Bereitschaft zum Wandel machen einen guten Mitarbeiter aus. Achten Sie darauf, dass Ihre Mitarbeiter nicht an ihren Posten, ihren Aufgaben, ihren Gebieten, ihren Produkten oder ihren Kunden »kleben«. Jeder muss heute damit rechnen, dass sich seine Aufgaben sehr rasch ändern.

8. Entscheiden und handeln Sie entsprechend der jeweiligen Situation. Wer blind angeblich richtigen Regeln folgt, zeigt gegenüber seinen Mitarbeitern einen Mangel an Urteilskraft, Kreativität und Entscheidungsfreude. Manchmal ist zum Beispiel Tempo wichtiger als Qualität. In diesem Fall sind Sie als Führungskraft zu mutigen Entscheidungen gefordert.

9. Ein optimistischer und enthusiastischer Chef reißt sein Team mit. Ein zynischer und pessimistischer Vorgesetzter dagegen zerstört alle Motivation und Leistungsfreude. Sagen Sie Ihren Verkäufern: »Hier können wir etwas bewegen, dort können wir etwas erreichen, in diesem Bereich können wir die Besten werden.«

10. Suchen Sie sich Mitarbeiter mit Intelligenz und Urteilsvermögen: kritische Leute, die Entwicklungen vorhersehen, Menschen, die immer auch um die Ecke schauen. Achten Sie auf Loyalität, Integrität, Elan und ein ausgeglichenes Ego. Alle diese Eigenschaften können Sie Ihren Mitarbeitern in keinem Verkaufstraining der Welt beibringen.

11. Gehen Sie nach dem Vereinfachungsprinzip vor. Gute Führungskräfte können eine Entscheidung trotz aller Diskussion so darstellen, dass sie jeder versteht und akzeptiert. Ihre Visionen sind klar und einleuchtend und nicht von Zweifeln und Bedenken durchzogen. Ihre Entscheidungen sind logisch und verständlich und nicht mit hundert Wenn und Aber überfrachtet.

12. Vergessen Sie nicht, dass die Augen Ihrer Mitarbeiter besonders in Konfliktsituationen auf Ihnen ruhen. Mitarbeiter registrieren sehr genau, wie die Führungskraft in schwierigen Situationen reagiert. Versuchen Sie, Ihren Mitarbeitern, gerade wenn der Druck von oben groß ist, den Rücken frei zu halten, um die Motivation nicht zu gefährden. Nehmen Sie sich bei der Analyse schlechter Leistungen nicht selbst aus der Kritik.

Und trotz allem gilt: Führung heißt letztlich Entscheidung und Verantwortung. Und die kann Ihnen niemand abnehmen. Mitarbeiter erfolgreich zu führen ist eine der großen Herausforderungen, die eine Führungskraft zu bewältigen hat. Nur wenige beherrschen diese Kunst wirklich.

Akzeptanz durch die Mitarbeiter

Eine gute und damit akzeptierte Führungskraft muss vor allen Dingen ein Vorbild für ihre Mitarbeiter sein. In der Realität sieht dies jedoch oft anders aus. Viele Chefs beziehen ihre Führungskompetenz eher aus ihrer formalen Position als aus ihrer persönlichen Qualifikation. Das hat zur Folge, dass sie von den Mitarbeitern nicht akzeptiert werden, und darum gelingt es ihnen meist nicht, sie zu motivieren.

Führungskräfte, die von Mitarbeitern akzeptiert werden, erfüllen diese Ansprüche:

1. *Persönliche Integrität:* Integer ist, wer für seine Mitarbeiter eine Einheit von Denken, Reden und Handeln verkörpert. Eine solche Führungskraft besitzt eigene Werte, Überzeugungen und Ideale und lebt diese Werte nach außen. Sie ist also »echt« und authentisch und steht für ihre Überzeugungen gerade. Dies beginnt bei so einfachen Dingen wie Zuverlässigkeit und Termintreue. Wer von seinen Mitarbeitern das pünktliche Erscheinen zu Meetings oder die fristgerechte Abgabe von Angeboten verlangt, darf nicht selbst ständig eine Viertelstunde zu spät kommen. Wer von seinen Verkäufern echte Teamarbeit und offene Kommunikation fordert, darf nicht selbst verschlossen sein und einsame Entscheidungen treffen.
2. *Fachliches Können:* Die beste Legitimation zur geistigen Führung anderer Menschen ist das eigene fachliche Wissen und Können. Einem Vertriebsleiter, der Jahr für Jahr selbst zehn neue Großkunden akquiriert, werden die Mitarbeiter begeistert folgen. Wer Führung beansprucht, muss beweisen oder zumindest bewiesen haben, dass er selbst die Aufgaben der Mitarbeiter übernehmen kann.
3. *Zivilcourage, Mut und Risikobereitschaft.* Diese Eigenschaften beweist, wer für seine Überzeugungen einsteht, auch wenn für ihn damit persönliche Nachteile verbunden sind. Zivilcourage zeigt zum Beispiel ein Vertriebsmanager, der unbeirrt an einem Verkäufer, von dem er persönlich überzeugt ist, festhält, obwohl ihn die Geschäftsleitung entlassen sehen will. Mut beweist, wer bei unzumutbaren Rabattforderungen von Großkunden standhaft bleibt, auch wenn er das Geschäft verliert. Risikobereitschaft dokumentiert, wer sich vehement gegen eine »von oben« verordnete Neueinteilung der Verkaufsbezirke wehrt und damit seine eigene Position und seinen Arbeitsplatz riskiert.
4. *Kritikbereitschaft.* Kein Mensch ist perfekt. Wer arbeitet, der macht automatisch auch Fehler. Wenn Vertriebsmanager bisher noch keiner Kritik ausgesetzt waren, ist das ein schlechtes Zeichen. Es liegt nicht

daran, dass sie keine Fehler machen. Vielmehr trauen sich ihre Mitarbeiter einfach nicht, sie haben Angst, negativ aufzufallen, Ärger zu bekommen. In den meisten Fällen resultiert Kritik nur aus mangelnder Information und damit verbundenen Missverständnissen. Vertriebsmanager müssen sich öffnen. Durch Offenheit bewahren sie sich die Chance, zu lernen und den Unternehmenserfolg zu verbessern.

Tipp: Lassen Sie sachliche und konstruktive Kritik zu. Reagieren Sie aber auch sofort auf persönliche Angriffe. Wichtig ist, dass Sie sich in jedem Fall Zeit nehmen und Interesse an der Kritik Ihrer Mitarbeiter zeigen. Bedanken Sie sich für den Hinweis auf einen Fehler. Gestatten Sie Ihren Mitarbeitern, jederzeit zu Ihnen zu kommen, wenn sie Kritik, Probleme und Verbesserungsvorschläge haben. Davon können Sie nur profitieren. Lassen Sie deshalb Ihre Tür offen, solange die Situation es erlaubt.

Führungstest

Wie steht es um Ihre Führungsqualitäten? Machen Sie doch einmal einen »Führungstest«, zum Beispiel mit nachstehender Checkliste, mit der Sie Ihre Führungsstärken und -schwächen selbst herausfinden können. Je mehr Fragen Sie mit einem klaren »Ja« beantworten können, desto besser ist es um Ihre Führungsqualitäten bestellt. Allzu viele negative Antworten geben Hinweise auf Verbesserungsbedarf.

Checkliste: Führungsqualitäten			
Prüffragen	Ja	Nein	Anmerkungen/ Maßnahmen
Herrscht in Ihrem Vertriebsteam grundsätzlich eine gute Stimmung?	❑	❑	
Hält sich die Fluktuation in branchenüblichen Grenzen?	❑	❑	
Sehen Sie die folgenden Arbeiten als Ihre Hauptaufgaben an?			
• Coaching der Mitarbeiter	❑	❑	
• Betreuung von Schlüsselkunden	❑	❑	

• Wahrnehmung strategischer Marketingaufgaben	❑	❑	
• Mitwirkung an gesamtunternehmerischen Aufgaben?	❑	❑	
Delegieren Sie, um diese Aufgaben wahrnehmen zu können, mehr Verantwortung als früher an Ihr Team?	❑	❑	
Informieren Sie Ihr Team regelmäßig über geschäftliche Rahmenbedingungen und Entwicklungen?	❑	❑	
Sprechen Sie auch unangenehme Themen mit Ihren Mitarbeitern an?	❑	❑	
Setzen Sie Ihren Mitarbeitern klare und erreichbare Ziele?	❑	❑	
Beurteilen Sie Ihre Mitarbeiter nicht nur nach quantitativen, sondern auch nach qualitativen Kriterien?	❑	❑	
Ziehen Sie auch bei der Entlohnung Ihrer Mitarbeiter nicht nur quantitative, sondern auch qualitative Kriterien (wie z. B. die Bereitschaft zur Wettbewerbsbeobachtung) heran?	❑	❑	
Haben Sie genügend Zeit reserviert, um Ihren Mitarbeitern zur Seite zu stehen oder z. B. bei besonders wichtigen Kundenterminen dabei zu sein?	❑	❑	
Haben Sie das Gefühl, dass Ihre Mitarbeiter Sie gerne zu ihren Kunden mitnehmen?	❑	❑	
Kennen Sie die individuellen Stärken und Schwächen Ihrer Mitarbeiter?	❑	❑	
Loben Sie Ihre Mitarbeiter, wenn sie gute Arbeit leisten?	❑	❑	

Feiern Sie gemeinsame Erfolge, z. B. einen neuen Auftrag, eine Neukundenakquise oder ein gutes Jahresergebnis, angemessen mit dem Team?	❑	❑
Gehen Sie konsequent gegen Störenfriede, Bremser und Intriganten im Vertriebsteam vor?	❑	❑
Bemühen Sie sich darum, wichtige Entscheidungen nicht hinauszuzögern?	❑	❑
Vertreten Sie die Interessen Ihrer Abteilung gegenüber der Geschäftsleitung?	❑	❑
Nehmen Sie Ideen und Anregungen Ihrer Mitarbeiter ernst?	❑	❑
Schaffen Sie es, sich möglichst wenig in das Tagesgeschäft Ihrer Mitarbeiter einzumischen?	❑	❑
Hüten Sie sich davor, Ihre Mitarbeiter trotz Ihrer größeren Berufserfahrung zu bevormunden?	❑	❑
Erfahren Sie rechtzeitig von Engpässen und Problemen in Ihrer Abteilung?	❑	❑
Vermeiden Sie es, bestimmte Mitarbeiter unabhängig von ihrer Leistung zu bevorzugen?	❑	❑
Erarbeiten Sie neue Herausforderungen, wie etwa die Verkaufsstrategien für neue Produkte und Dienstleistungen, in Projektteams?	❑	❑
Geben Sie Lob von Kunden, Geschäftspartnern und der Geschäftsleitung umgehend weiter?	❑	❑

Überlegen Sie regelmäßig, wie Sie Ihre Mitarbeiter mit Methoden motivieren können, die über das Übliche hinausgehen?	❑	❑	
Achten Sie darauf, dass sich Ihre Mitarbeiter konsequent weiterbilden?	❑	❑	
Schlagen Sie Mitarbeiter aus Ihrer Abteilung auch für höher qualifizierte Positionen vor?	❑	❑	
Interessieren Sie sich für Themen wie Teamentwicklung, Konfliktbewältigung und Projektmanagement?	❑	❑	
Bitten Ihre Mitarbeiter Sie bei Problemen und Rat um Hilfe?	❑	❑	
Helfen Sie Ihren Mitarbeitern dabei, ihre (beruflichen) Probleme weitgehend selbst zu lösen?	❑	❑	

Tipp: Ihre Führungsqualitäten können Vertriebsmanager auch vom Geva Institut in München testen und sich gleich im Anschluss Tipps geben lassen, wie sie ihren Führungsstil gezielt optimieren können (www.geva-insitut.de). Eine Führungsstilanalyse für wenig Geld, mit der Sie Ihre Qualitäten, unter anderem Ihre Fähigkeit zur Mitarbeitermotivation, im Vergleich zu anderen Führungskräften einschätzen können, finden Sie unter www.stern.de in der Rubrik Wirtschaft und Karriere.

5.2 Mitarbeiterleistungen bewerten

Mitarbeiterführung ohne Bewertung ist nicht denkbar. Zwar ist sie eine meist unangenehme wie zeitraubende Aufgabe, doch letztendlich eine Pflichtaufgabe für jede Vertriebsführungskraft. Sie dient einerseits dazu, die Verkaufsziele zu erreichen, und andererseits, um Qualifizierungslücken bei den betreffenden Mitarbeitern zu erkennen. Das heißt, die Professionalisierung Ihrer Mitarbeiter setzt zwangsläufig die regelmäßige Bewertung von Leistung und Arbeitsverhalten voraus. Umso mehr, da die Anforderungen an die Verkäufer in den letzten Jahren mehr und mehr zugenommen haben. Neben gesteigerten Team- und Kommunikationsfähigkeiten sind beispielsweise auch technisches Know-how, die Bereitschaft, sich der neuen Vertriebsinformationssysteme zu bedienen, und Fremdsprachen, aufgrund der zunehmenden Globalisierung, in manchen Branchen bereits unverzichtbar. Vertriebsmanager und ihre Verkäufer dürfen hier den Anschluss nicht verpassen.

So verwundert es, dass laut Vertriebsmotivationsstudie (V, 2006) der HSH GmbH Unternehmensberatung etwa 50 Prozent der befragten Führungskräfte die Eignung ihrer Außendienstler noch nie haben überprüfen lassen und nur 15 Prozent regelmäßig eine Kompetenzanalyse durchführen. Und das, obwohl Vertriebsleiter mit den Leistungen ihrer Verkäufer immer unzufriedener werden. Im Vergleich zur Vorgängerstudie (IV, 2003) zählen die etwa 400 befragten Vertriebsleiter von mittelständischen Unternehmen nur noch 40 Prozent der Verkäufer (zuvor 47 Prozent) zu den Leistungsträgern, weitere 22 Prozent (zuvor 25 Prozent) werden für talentiert gehalten. 32 Prozent aller Vertriebsmitarbeiter haben in den Augen ihrer Vorgesetzten keinen Anteil am Vertriebserfolg.

Die Schwachstellen und Stärken der Verkäufer und ihre Qualifizierungspotenziale zu identifizieren, gehört mit zu Ihren wichtigsten Aufgaben und ist die Voraussetzung für eine gezielte Förderung und Professionalisierung des gesamten Verkaufsteams.

Anforderungen an ein Bewertungssystem

In der Praxis gibt es verschiedene mehr oder weniger aufwendige Methoden, die in Abhängigkeit von ihren Vor- und Nachteilen unterschiedlich gut für eine Mitarbeiterbewertung beziehungsweise Standortbestimmung geeignet sind. So unterliegt zum Beispiel die Bewertung anhand von Kennziffern wie Umsatz oder Marktanteil der Gefahr, dass die Zahlen häufig auch von anderen Größen beeinflusst werden, die der Mitarbeiter nicht selbst steuern kann. Die Bewertung droht dadurch ungerecht zu werden.

Ein gerechtes Bewertungssystem aber muss neutral, personenunabhängig und objektiv sein. Damit nicht Momentaufnahmen die Bewertung verzerren, sollte sie regelmäßig durchgeführt werden. Auch sollten alle Bereiche, in denen der Außendienstmitarbeiter sein Können beweisen kann, berücksichtigt werden: Verkaufstechnik, Produktwissen, Arbeitsorganisation und die Persönlichkeitsentwicklung. Ein gerechtes System darf nur prüfen, was messbar, zählbar, beobachtbar und beschreibbar ist und muss für alle Beteiligten verständlich sein. Es gewichtet die einzelnen

Kriterien nach ihrer Bedeutung, das heißt, wichtige Fakten haben einen größeren Einfluss, unwichtigere einen geringeren.

Zum Einsatz von Kennzahlen zur Verkäuferbewertung lesen Sie mehr in Teil 10 »Ertragsorientierte Vertriebssteuerung«.

Bewertung der Vertriebsmitarbeiter

Jemanden zu beurteilen ist gar nicht so einfach. Wer lässt sich schon gerne als erwachsener Mensch von einem anderen Menschen kritisieren? Selbst im engsten Familienkreis wird eine Kritik, was eine Beurteilung ja letztendlich ist, abgelehnt, sobald diese einen menschlichen Fehler aufdeckt. Das Wort »Beurteilung« schreckt ab, es weckt eine Abwehr- und Trotzhaltung. Darüber hinaus signalisiert dieses Wort nicht, dass dem zu Beurteilenden auch geholfen werden soll. Dabei geht es bei einer »Be-Urteilung« ja nicht darum, ein Urteil zu sprechen, sondern um eine Standortbestimmung. Und jeder will gerne wissen, wo er steht, was andere über ihn denken, was er zu tun hat und zu tun gedenkt.

Darum ist es ratsam, im Umgang mit Mitarbeitern auf das Wort »Beurteilung« ganz zu verzichten und es besser durch Förderung oder Bewertung zu ersetzen. Denn fördern lassen sich Menschen gerne. Jeder möchte Beziehungen haben oder Protegé sein.

Ganz in diesem Sinne soll im Folgenden nur noch die Rede von »Bewertung« und wann immer möglich von »Förderung« sein.

Die sieben wichtigsten Zielsetzungen von Mitarbeiterbewertungen sind:

- Als Führungskraft mit Fürsorgepflicht Zeit und echtes Interesse für den Mitarbeiter als Mensch aufbringen
- Aufgrund der bisherigen Arbeitsergebnisse das Selbstwertgefühl stärken
- Konstruktiv dem Mitarbeiter persönliche und fachliche Entwicklungschancen aufzeigen
- Individuelle Qualifizierungs- und Unterstützungsmaßnahmen ermitteln.
- Feedback zum eigenen Führungsverhalten erhalten
- Vereinbarung neuer quantitativer und qualitativer Arbeitsziele
- Motivation zu Leistungsbereitschaft und Loyalität

Die am häufigsten eingesetzten Kriterien zur Bewertung der Mitarbeiter zeigt die folgende Übersicht. In der Praxis werden oft mehrere Bewertungskriterien gleichzeitig verwendet.

Übersicht: Kriterien zur Bewertung der Außendienstmitarbeiter
Quantitative Kriterien
Umsatz in Euro
Umsatz im Vergleich zum Vorjahr
Umsatz im Vergleich zum Marktpotenzial
Deckungsbeitrag absolut
Deckungsbeitrag in Prozent
Erreichen der Quoten
Produktspezifischer Umsatz
Kundenspezifischer Umsatz
Umsatz mit Neukunden
Absatz in Stück
Marktanteil in Prozent
Zahl der Neukunden
Zahl verlorener Kunden
Zahl der Kundenbeschwerden
Verkaufskosten im Verhältnis zum Gesamtbudget
Umsatzrentabilität der Verkaufskosten
Verkaufskosten in Prozent vom Umsatz
Durchschnittskosten pro Besuch
Auftragsrate pro Besuch
Anteil der Kunden, die die gesamte Produktpalette abnehmen
Verspätete Zahlungen der Kunden
Zahl der Berichte
Zahl der Kundenbesuche
Teilnahme an Trainings
Zahl der Präsentationen
Anrufe und Briefe an Nichtkunden
Zahl der Besuche pro Kunde
Zahl der Kundendienstbesuche
Zahl der Händlermeetings
Zahl der Storni
Zahl der Wiederkäufer

Qualitative Kriterien
Einstellung zur Arbeit
Produktwissen
Marktkenntnisse
Kundenkenntnisse
Kundenorientierung
Arbeitsweise
Kooperation mit anderen
Informationsverhalten
Zuverlässigkeit
Lernbereitschaft
Kritik- und Konfliktfähigkeit
Kreativität
...
...

Eine Bewertung Ihrer Verkäufer und deren Verkaufsleistung können Sie selbst durchführen oder an externe Fachleute delegieren, die dann gegebenenfalls eine Weiterqualifizierung betreffender Mitarbeiter übernehmen. Einen Verkäufer-Check bietet zum Beispiel die Saleslounge GmbH (www.saleslounge.de) an. Auf der Homepage der Reutter Group (www.reutter-group.ch) finden Sie einen Test zur »Effektivität der Verkaufsmannschaft« und Informationen zum »B.I.SS – best-in-sales«-System der Beratergruppe, das beispielsweise 27 erfolgsrelevante Verhaltensmerkmale wie Ergebnisorientierung, Beharrlichkeit, Verhandlungsgeschick und Abschlussfähigkeit testet, daraus ein Verhaltensprofil erstellt und die Stärken sowie das Entwicklungspotenzial der Verkäufer aufzeigt.

Wenn Sie Ihre Verkäufer lieber selbst bewerten wollen, dann erhalten Sie Informationen über Stärken und Schwächen Ihrer Außendienstmitarbeiter bei sogenannten Tandembesuchen. Hierzu begleiten Sie Ihre Verkäufer bei Kundenbesuchen als stiller Beobachter und informieren sich über ihre Leistungsfähigkeit. Die Ergebnisse halten Sie in dem nachstehenden Formular »Außendienst-Check-up« fest und besprechen sie später mit dem jeweiligen Verkäufer. Tandembesuche sollten mindestens einen Tag dauern und im Abstand von einem halben Jahr durchgeführt werden. Danach entscheiden Sie, welche Maßnahmen einzuleiten sind. Achten Sie bei Ihren Begleitbesuchen besonders darauf, in welche »Kommunikationsfallen« Ihre Verkäufer tappen. Eine Übersicht dazu finden Sie nach dem »Außendienst-Check-up«-Formular.

Formular: Außendienst-Check-up mittels Tandembesuch		
Außendienstmitarbeiter:		**Datum:**
	Beispiele für Verhalten	**Bewertung[1]** **10 – 1**
Persönliche Situation		
1. Eindruck	überzeugend, positiv	
	nicht immer ganz überzeugend	
	gerade ausreichend	
	nicht ausreichend	
2. Auftreten	einwandfrei, überzeugt durch seinen Auftritt	
	etwas reserviert, zögernd	
	wirkt verlegen, ist zu zaghaft	
	kein gleichwertiger Verhandlungspartner	
3. Garderobe	sehr gepflegt, kommt beim Kunden gut an	
	sauber, ordentlich	
	nicht zum Kunden passend	
	ungepflegt	
4. Pkw	einwandfreier, gepflegter Zustand	
	sauber, aber nicht gut gepflegt	
	macht einen zu privaten Eindruck	
	nicht sauber, ungepflegt	
Gesprächsführung		
5. Fachwissen	überzeugend, sehr gute Beratung, kennt Markt der Kunden gut	
	Fachwissen reicht aus	
	kaum Fachwissen vorhanden	

6. Präsentation des Angebots	Kunden umfassend beraten, Kunde erkennt seinen Nutzen, verkauft gezielt Renditeprodukte, hochprofitable Systemlösungen	
	bemüht sich um den Kunden, Bedarfsanalyse verbesserungs-würdig	
	keine erkennbare Angebots-konzeption	
	Kunde fragt das Angebot ab	
7. Andere Produkte und Leistungen	informiert den Kunden sehr gut, verkauft Zubehör, Cross-Selling-Angebote	
	Erwähnt	
	nebenbei erwähnt	
	nicht angesprochen	
8. Demonstration	gute Demonstration, Demo-Material vorhanden	
	nicht genügend, Material vorhanden	
	nicht ausreichende Demonstration	
	keine Demonstration	
9. Verkaufsgespräch	einwandfrei, überzeugend, guter Zuhörer und Frager, weiß wann der Kunde bereit für den Abschluss ist	
	gutes Standardgespräch	
	keine Gesprächskonzeption, Kunde führte das Gespräch	
	verworrenes Verkaufsgespräch	

Organisation		
10. Systematik	Gespräch und Besuch gut geplant und durchgeführt, keine Angst vor Kaltakquise, am Bedarf orientierte Kundenselektion	
	nicht immer gute Vorbereitung	
	ungeplante Besuche, kaum vorbereitet	
	ungeplante Besuche, schlechte Vorbereitung	
11. Kundenunterlagen, Kundendatei	Informationen vorhanden, Stammdaten gut geführt	
	schneller Zugriff möglich	
	nicht ausreichende Informationen, Stammdaten nicht gut geführt	
	keine Informationen, Stammdaten fehlten	
12. Arbeitsmittel	alle vorhanden, sauber, ordentlich	
	alle vorhanden	
	Unterlagen fehlten für Präsentation	
	unvollständig und unsauber	
Kontaktfähigkeit		
13. Kundenkontakt	kommt gut bei seinen Kunden an, verfügt über hohe empathische Fähigkeiten, macht Kundenbedürfnisse zu den eigenen	
	kommt bei den meisten an	
	hat ein neutrales Verhältnis zu ihnen	
	hat erkennbare Kontaktprobleme	
14. Einstellung zum Unternehmen, Angebot und anderen Bereichen	ist von Firma und Leistungsangebot begeistert	
	ausreichend gute Einstellung	
	hat neutrale Einstellung	
	hat negative Einstellung	

15. Durchhaltevermögen	klare Zielvorstellung, behauptet sich gut	
	setzt sich durch, Standvermögen verbesserungsfähig	
	ist oft zu nachgiebig, überzeugt nicht genug	
	ist für den Kunden kein Partner	
16. Vorschläge	bringt oft gute Ideen und Vorschläge	
	Vorschläge kommen selten	
	hält sich sehr zurück	
	keine Vorschläge/Ideen	

Auswertungsbeispiel**		Bewertung 10 – 1
1. Eindruck		
2. Auftreten		
3. Garderobe		
4. Pkw		
Persönliche Situation	36 bis 40 = über Durchschnitt 13 bis 35 = Durchschnitt unter 12 = unter Durchschnitt	
5. Fachwissen		
6. Angebotspräsentation		
7. Andere Produkte und Leistungen		
8. Demonstration		
9. Verkaufsgespräch		
Gesprächsführung	45 bis 50 = über Durchschnitt 16 bis 44 = Durchschnitt unter 15 = unter Durchschnitt	
10. Systematik		
11. Kundenunterlagen/ Stammdaten		
12. Arbeitsmittel		
Organisation	27 bis 30 = über Durchschnitt 10 bis 26 = Durchschnitt unter 9 = unter Durchschnitt	
13. Kundenkontakt		

14. Einstellung zum Unternehmen, Angebot und anderen Bereichen		
15. Durchhaltevermögen		
16. Vorschläge		
Kontaktfähigkeit	36 bis 40 = über Durchschnitt 13 bis 35 = Durchschnitt unter 12 = unter Durchschnitt	
Summe		
Verkaufsgebiet:	Anzahl der besuchten Kunden: _____	
Bewertungspunkte:	144 bis 160 = über Durchschnitt 49 bis 143 = Durchschnitt unter 48 = unter Durchschnitt	
Gesamtbewertung:	❑ über Durchschnitt ❑ Durchschnitt ❑ unter Durchschnitt ❑ entwicklungsfähig ❑ förderungswürdig	
Ergebnisbesprechung mit dem Außendienstmitarbeiter durchgeführt am:		
Unterschrift:		

*   Hinweise zum Ausfüllen der Checkliste: In der linken Spalte finden Sie das jeweils zu bewertende Item, z. B. »Eindruck«, für das Sie dann in der rechten Spalte die zutreffende Bewertungszahl (10 = sehr gut; 1 = sehr schlecht) in das dafür vorgesehene Feld eintragen. In der mittleren Spalte stehen lediglich einige Verhaltensbeispiele, die Ihnen die Bewertung erleichtern sollen.

** Für diese Auswertung wurde festgelegt, dass die Bewertung 9 und 10 für überdurchschnittliche, die Bewertungen 1 bis 3 für unterdurchschnittliche und die Bewertungen 4 bis 8 für durchschnittliche Leistungen stehen. Diesen Bewertungsmodus können Sie natürlich auch Ihren Vorstellungen entsprechend anpassen.

Übersicht: Kommunikationsfallen der Verkäufer

Typische Fehler bei Verkaufsgesprächen	Trifft zu	Trifft nicht zu	Anmerkungen/ Maßnahmen
Unklare Zielvorstellungen	❑	❑	
Zu wenig Informationen über den Kunden beziehungsweise den Markt eingeholt	❑	❑	
Mangelndes Fachwissen	❑	❑	

Zu wenig Zeit für die Vorbereitung verwendet	❏	❏
Zu wenig Informationen vermittelt	❏	❏
Keine Problemlösung angeboten	❏	❏
Zu viele Probleme auf einmal angesprochen	❏	❏
Ungepflegtes Äußeres/unvorteilhafte Kleidung	❏	❏
Mangelhafte Rhetorik und Gestik	❏	❏
Fehlender Blickkontakt beim Gespräch	❏	❏
Fehlende Ausdauer, fehlende Geduld	❏	❏
Mangelhaftes Demonstrationsmaterial	❏	❏
Mangelnde Argumentationstechnik	❏	❏
Mit falschen Fragen das Gespräch eröffnet	❏	❏
Den Gesprächspartner nicht ausreden lassen	❏	❏
Mangelndes aktives Zuhören	❏	❏
Falsche oder ungeschickte Fragestellung	❏	❏
Zu wenig Fragen gestellt	❏	❏
Gestellte Fragen nicht beantwortet	❏	❏
Plumpe Vertraulichkeit	❏	❏
Andere Gesprächsteilnehmer nicht berücksichtigt	❏	❏
Kein Interesse durch das Gespräch geweckt	❏	❏
Verwendung von zu vielen Spezialausdrücken und Fremdwörtern	❏	❏
Nicht in der Sprache des Gesprächspartners gesprochen	❏	❏
Unsicheres Auftreten	❏	❏
Zu viele Widersprüche	❏	❏

Den Gesprächspartner gedrängt	❏	❏	
Zu viel geredet	❏	❏	
Fehler oder Schwächen des Gesprächspartners aufgedeckt	❏	❏	
Wettbewerb schlecht gemacht oder kritisiert	❏	❏	
Überheblichkeit/Besserwisserei	❏	❏	
Gespräche nicht im logischen, sachlichen Stil geführt	❏	❏	
Kaufinteresse nicht verstanden	❏	❏	
Kaufabsicht nicht registriert	❏	❏	
Nicht genügend auf Einwände eingegangen	❏	❏	
Falsche Bewertung des Gesprächspartners	❏	❏	
Negatives Verhalten bei Misserfolg	❏	❏	
Dank nach Kaufabschluss vergessen	❏	❏	
Falsche Terminwahl/Termin musste verschoben werden	❏	❏	

Quelle: Verweyen, A. »Erfolgreich akquirieren«, Gabler Verlag

Die richtigen Konsequenzen ziehen

Eine Bewertung ohne Konsequenzen macht natürlich wenig Sinn. Überlegen Sie deshalb nach dem Verkäufer-Check nun Folgendes:

- Gibt es Verkäufer, von denen Sie sich demnächst besser trennen sollten? Wäre es denkbar, dass Sie zum Beispiel zwei Durchschnittsverkäufer durch einen Topverkäufer ersetzen könnten? Wenn ja, was können Sie Topverkäufern bieten, um sie zu gewinnen? Hohe Gehälter locken nur die wenigsten, auch würden Sie dadurch vermutlich Ihr hausinternes Gehaltsgefüge sprengen. Können Sie ihnen dagegen mehr Verantwortung, größere Herausforderungen, höhere Entscheidungsfreiheit, mehr Mitbestimmungsrechte oder gute Aussichten auf Aufstiegsmöglichkeiten, zum Beispiel zum Regionalleiter, bieten?
- Welche Verkäufer könnten Ihrer Meinung nach durch Trainings und gezielte Schulungsmaßnahmen besonders in der Planung, Gesprächs-

vorbereitung und -führung umsatzstärker werden? Was würden Sie solche Trainings kosten? Stellen Sie die Trainingskosten den Trennungskosten (Einstellungskosten, eventuell Fehlbesetzungskosten, Abfindungen) gegenüber und entscheiden Sie dann.

- Könnten Motivationsprogramme helfen, den Umsatz zu steigern, oder liegt es ausschließlich in der Person des/der Verkäufer, dass die erwartete Leistung nicht erreicht wird?
- Sind regelmäßige Fördergespräche sinnvoll und bei welchen Mitarbeitern sehen Sie dadurch die Möglichkeit zur Leistungssteigerung?
- Wäre eine Umgestaltung des Entlohnungssystems ein möglicher Veränderungshebel? Zum Beispiel, indem Sie von einem Entlohnungssystem zu einem Belohnungssystem umsteigen? In vielen Unternehmen werden nach wie vor Umsätze honoriert, die sowieso nicht zu verhindern gewesen wären. Auch ist der Anteil der leistungs- und erfolgsabhängigen Entlohnung bei Weitem noch zu gering und konzentriert sich zu wenig auf das Renditeziel des Unternehmens. Auch die Kundenstruktur bleibt meist unberücksichtigt. So bearbeiten Verkäufer in erster Linie die A-Kunden als die größten Umsatzbringer. Was aber nicht unbedingt heißt, dass diese auch die Renditebringer sind.

In den folgenden Kapiteln finden Sie nun Möglichkeiten, wie Sie nach erfolgter Bewertung und Analyse die Leistungen Ihrer Vertriebsmitarbeiter gezielt steigern können: durch Mitarbeitergespräche, Weiterqualifikation sowie immaterielle und materielle Motivation.

5.3 Führen durch Mitarbeitergespräche

Das regelmäßige Gespräch mit den Mitarbeitern ist das wichtigste Instrument einer Führungskraft. Anstatt einseitige Anweisungen zu treffen, treten Sie als Führungskraft mit Ihren Mitarbeitern in einen Dialog ein. Dieser Dialog ist besonders wichtig, wenn es sich um so schwierige Aufgaben wie Leistungskritik oder Bewertung eines Mitarbeiters handelt. Ohne ein vernünftiges Gespräch kann zwischen Ihnen und dem Mitarbeiter viel Porzellan zerschlagen werden. Zu den wichtigsten Mitarbeitergesprächen gehören:

- das Bewertungsgespräch
- das Zielvereinbarungsgespräch
- das Fördergespräch
- das Kritikgespräch

Das Bewertungsgespräch

Anerkennung und Kritik, leistungsgerechte Entlohnung und Förderung eines Mitarbeiters sind nur möglich, wenn ein abgeschlossenes Meinungsbild über Leistung und Verhalten des Mitarbeiters existiert. Auch die Mitarbeiter verlangen zu erfahren, wie ihre Leistung anerkannt und bewertet wird. Das geschieht in Bewertungsgesprächen, bei denen es in erster Linie um eine Standortbestimmung gehen soll. Diese Form der Bewertung ist die weitaus häufigere im Vergleich zu Begleitbesuchen (siehe Tandembesuche oben).

Auf ein Bewertungsgespräch mit Ihnen sollten sich Ihre Vertriebsmitarbeiter gründlich vorbereiten, indem sie systematisch und selbstkritisch ihre Leistungen, ihre persönlichen Ziele und ihre Arbeit analysieren, bevor Sie ihnen im Gespräch Rückmeldung dazu geben. Händigen Sie dem jeweiligen Mitarbeiter deshalb drei Wochen vor dem vereinbarten Gesprächstermin einen Gesprächsleitfaden aus, mit der Aufforderung, sich Notizen für das bevorstehende Gespräch zu machen. Markieren Sie dabei die Punkte, auf die sich der Mitarbeiter besonders vorbereiten soll. Sie können als Grundlage den Mitarbeiterförderungsbogen von Seite 302 verwenden.

Um Mitarbeiterbewertungen möglichst unvoreingenommen und objektiv durchzuführen, ist es für einen selbst empfehlenswert, einmal die Beobachtungsgrundlagen sowie die eigene Subjektivität genauer unter die Lupe zu nehmen. Die folgende Checkliste hilft Ihnen zu hinterfragen, aus welchem Blickwinkel Sie Ihre Mitarbeiter bewerten.

Checkliste: Eigene Bewertungssicht unter der Lupe		
Typische Fehler	**Trifft zu**	**Trifft nicht zu**
Prüfen der Beobachtungsgrundlagen		
Beruhen meine Meinungen über den Mitarbeiter wirklich auf eigenen Beobachtungen? (Gegensatz: Urteile vom Hörensagen oder Meinungen Dritter)	❑	❑
Richte ich meine Aufmerksamkeit auf Kriterien, die für die Verkaufsleistung relevant sind? (Gegensatz: Nebensächlichkeiten, Äußerlichkeiten, Formalismus)	❑	❑
Habe ich den Eindruck, dass das beobachtete Verhalten für den Mitarbeiter typisch ist? (Gegensatz: Es resultiert aus einer besonderen Situation)	❑	❑

Habe ich das Verhalten in verschiedenen Situationen wiederholt beobachtet? (Gegensatz: Einmalige Vorkommnisse, überwundene Krise)	❑	❑
Prüfen der eigenen Maßstäbe		
Erfüllt die Mehrheit der Mitarbeiter das gewünschte Verhalten/die geforderte Leistung? (Gegensatz: Überdurchschnittliche Leistungen werden durch noch höhere Forderungen bestraft)	❑	❑
Stellen die Leistungsziele für den Mitarbeiter eine optimale Herausforderung dar? (Gegensatz: Er wird überfordert/ übermäßig geschont)	❑	❑
Messe ich den Mitarbeiter an seinem gegenwärtigen Leistungsvermögen? (Gegensatz: Der Maßstab sind wesentlich erfahrenere/nerfahrenere Kollegen)	❑	❑
Stehe ich selbst voll hinter den gestellten Forderungen? (Gegensatz: keine eigene Identifikation)	❑	❑
Prüfen der eigenen Subjektivität		
Ist meine aktuelle Meinung vom Mitarbeiter stimmungsunabhängig? (Gegensatz: Ein besonderes Ereignis in jüngster Zeit färbt den Eindruck)	❑	❑
Besitze ich dem Mitarbeiter gegenüber eine »wohlwollende Neutralität?« (Gegensatz: Besonders ausgeprägte Sympathie oder Antipathie)	❑	❑
Bin ich vom Mitarbeiter innerlich unabhängig? (Gegensatz: Angewiesen z. B. auf Verkaufsstar, »unersetzlicher Mitarbeiter«)	❑	❑
Glaube ich, eine andere Führungskraft würde ihn genauso beurteilen? (Gegensatz: Mitarbeiter passt besonders zu meinen positiven/negativen Eigenheiten)	❑	❑
Ist mein Urteil über ihn korrigierbar? (Gegensatz: Mitarbeiter hat sein festes Image)	❑	❑

Nach dieser kritischen Prüfung Ihrer Bewertungssicht können Sie den nachfolgenden Bewertungsbogen, der Ihnen bei der Leistungseinschätzung des jeweiligen Mitarbeiters hilft, ausfüllen. So sind Sie bestens für das anschließende Gespräch vorbereitet.

Formular: Mitarbeiterförderungsbogen in Kurzform	
Personalien	
Datum:	Stellenbezeichnung:
Mitarbeiter:	
Abteilung:	Eintrittsdatum:
Führungskraft:	
Telefon intern:	E-Mail:
Förderanlass und Name des zu Fördernden:	
Alter und Dauer der Betriebszugehörigkeit:	
Eintrittsdatum, Funktion und Stellung bei Eintritt:	
Grundausbildung und, wenn vorhanden, Fachausbildung:	
Funktion und Stellung:	
Kommentar und Bemerkungen:	
Bewertungsmaßstab	

A	sehr gut	In Qualität, Leistung und Engagement weit über dem Durchschnitt
B	gut	Leistung und Qualität entsprechen in hohem Maß den Anforderungen
C	zufrieden stellend	Entspricht den Anforderungen
D	ungenügend	In zu vielen wichtigen Punkten deutlich unter den Erwartungen

Aufgaben gemäß Stellenbeschreibung
Hauptaufgaben
Nebenaufgaben
Eventuelle Verantwortung und Kompetenzen

Bewertungspunkt Arbeitsausführung

	A	B	C	D	Kommentar in Stichworten
Detailtreue und Sorgfalt					
Problemlösungsfähigkeiten					
Arbeitstechnik/Effizienz					
Zielausrichtung					
Genauigkeit/Korrektheit					

Total Arbeitsausführung					
Gesamtbewertung mit Beispielen, Fakten und Meinungen aus Sicht des Bewertenden und des zu Fördernden					

Bewertungspunkt Arbeitsresultat

	A	B	C	D	Kommentar in Stichworten
Arbeitsvolumen					
Qualitätsstandard					
Belastbarkeit					
Innovationsanteil					
Kundenorientierung					
Total Arbeitsresultat					
Gesamtbewertung mit Beispielen, Fakten und Meinungen aus Sicht des Bewertenden und des zu Fördernden					

Bewertungspunkt Verhalten

	A	B	C	D	Kommentar in Stichworten
Teamintegration					
Kommunikationsfähigkeit					
Hilfsbereitschaft					
Kritikfähigkeit					
Umsetzungsstärke					
Total Verhalten					
Gesamtbewertung mit Beispielen, Fakten und Meinungen aus Sicht des Bewertenden und des zu Fördernden					

Bewertungspunkt Führungsfähigkeit

	A	B	C	D	Kommentar in Stichworten
Kommunikationsfähigkeit					
Motivationsfähigkeit					
Planung und Organisation					
Innovationskraft					
Zielorientierung					
Total Führungsfähigkeit					

Gesamtbewertung mit Beispielen, Fakten und Meinungen aus Sicht des Bewertenden und des zu Fördernden	
Gesamtbewertung in Kurzform	
❏ hervorragend	Mehrheitlich A, ohne C und D
❏ sehr gut	Mehrheitlich A, wenig C und keine D
❏ gut	A und C mit höchstens einem D
❏ zufrieden stellend	A- bis D-Bewertung gemischt
❏ genügend	B- bis D-Bewertung gemischt
❏ teilweise ungenügend	Mehrheitlich C- und D-Bewertungen
❏ weit unter den Anforderungen	Nur C- und mehrheitlich D-Bewertungen
Bemerkungen zur Gesamtbewertung	
Fördermaßnahmen in Stichworten	
Bestätigungen und Unterschriften	
Diese Mitarbeiterbewertung wurde mit dem Mitarbeiter ❏ besprochen ❏ nicht besprochen, weil ...	
Der Mitarbeiter bestätigt, dass das Bewertungsgespräch stattgefunden hat und er über alle wesentlichen Aspekte genügend informiert wurde.	
Der Mitarbeiter wünscht eine Besprechung mit ❏ dem nächsthöheren Vorgesetzten ❏ der Personalabteilung	
Unterschrift Führungskraft:	
Unterschrift Mitarbeiter:	

Nach: Müller, R./Brenner, D.: »Mitarbeiterbeurteilungen und Zielvereinbarungen«, mi 2006

Tipp: In dem empfehlenswerten Buch von Robert Müller und Doris Brenner »Mitarbeiterbeurteilungen und Zielvereinbarungen« finden Sie viele nützliche Mustervorlagen für Bewertungen. Unter anderem einen detaillierten Mitarbeiterbewertungsbogen.

Was beim Bewertungsgespräch zu beachten ist

Der richtige Weg zu mehr Leistung führt über ein gutes Verhältnis zwischen Ihnen als Vorgesetztem und Ihren Mitarbeitern. Dazu ist es wichtig, dass Sie Ihre Mitarbeiter über die Ergebnisse der Bewertung offen und ehrlich informieren. Die Mitarbeiter müssen klar wissen, was sie leisten, beziehungsweise wo sie stehen, und was sie zu leisten haben, beziehungsweise was von ihnen erwartet wird. Nur so haben sie eine Chance, ihre Leistung und/oder ihr Verhalten dahingehend zu optimieren.

In Bewertungsgesprächen sollte darauf geachtet werden, dass nicht nur verfehlte Ziele, mangelhafte Leistungen oder unerwünschte Verhaltensweisen angesprochen werden. Ebenso muss die Rede sein von Chancen, den Fähigkeiten und den bereits erzielten Leistungen der Mitarbeiter. Alles zusammen bildet eine gute Grundlage für Förderungsaktivitäten, welche die logische Konsequenz eines jeden Bewertungsgespräches sein müssen. Beenden Sie Bewertungsgespräche nicht mit Kritik, sondern mit positiven Aussagen: Wo steht der Mitarbeiter heute, wo kann er hin und wie setzt er seine Stärken am besten ein?

Das Zielvereinbarungsgespräch

Grundsätzlich wird zwischen zwei Bewertungssystemen unterschieden: dem merkmal- und dem zielorientierten Bewertungssystem. Bei merkmalorientierten Bewertungssystemen werden Leistung und Verhalten (siehe oben), die sich an den Unternehmens- beziehungsweise Vertriebszielen ausrichten, beurteilt. Bei der zielorientierten Methode wird – wie der Name schon sagt – die Erreichung von Zielen als Maßstab verwendet.

Das Führen durch Zielvereinbarungen ist in der Praxis häufiger anzutreffen, da Ziele leichter messbar sind als allgemeine Bewertungskriterien. Auch halten Führungskräfte die alljährlichen Zielvereinbarungen für eine besonders effektive Motivationsmöglichkeit. Laut einer Umfrage von Rundstedt und Partner sind 70 Prozent der Befragten auch der Meinung, dieses Instrument sei heute wichtiger als früher.

Im Rahmen von Zielvereinbarungen werden strategische Unternehmens- und Vertriebsziele auf das Aufgabenfeld jedes einzelnen Vertriebsmitarbeiters übertragen, um die Planungssicherheit eines Unternehmens zu erhöhen. Die Leistungsziele sollten jedoch nicht von oben diktiert werden, sondern das Ergebnis eines Verhandlungsprozesses zwischen dem Mitarbeiter und der Führungskraft sein. Die Beteiligung des Verkaufsteams am gesamten Zielformulierungsprozess hat folgende Vorteile:

- Das Umsetzen von strategischen Zielen in Einzelziele ist in der Gruppe effizienter durchzuführen.
- Mitarbeiter, die herausfordernde Ziele selbst mit gesetzt haben, machen sich mit erheblich mehr Energie an deren Erreichung als bloße Befehlsempfänger.
- Mitarbeiter, die selbstständig auf ein Ziel hinarbeiten, erfordern weniger Führungsaufwand durch den Vertriebsmanager.
- Die Erfahrungen und Informationen von Mitarbeitern, die tagtäglich mit vielen Kunden zu tun haben, fließen in die Zielvereinbarung mit ein. Sie fühlen sich dadurch ernst genommen und sind motivierter, die Ziele zu erreichen.

Aus der Praxis

Martin Schmitt, zuständig für die Personalpolitik bei der Lufthansa: »Wir legen bei den institutionalisierten Gesprächen großen Wert darauf, dass ein Dialog zwischen beiden Seiten stattfindet.« Hatte bei der Lufthansa früher die Führungskraft die Messlatten stärker vorgegeben, so habe heute der Mitarbeiter eine Mitwirkungspflicht. Von ihm werde erwartet, dass er sich mit konkreten Vorstellungen vorbereitet, mit der Führungskraft auf Augenhöhe diskutiert und bei Bedarf Unterstützung einfordert. Die Zielgespräche dienen ihm als Grundlage für seine Karriereentwicklung. Auch seien Weiterbildungsfragen heute wichtiger Bestandteil, während sie früher kaum eine Rolle spielten. (Quelle: Capital 2/2006)

Beim Führen mit Zielen (Management by Objectives) werden die Mitarbeiter in die unternehmerische Verantwortung mit einbezogen. Sie können innerhalb bestimmter Grenzen selbst entscheiden, wie sie ihr Ziel erreichen wollen. Wichtig ist, dass Sie echte Ziele vorgeben und nicht irgendwelche Maßnahmen oder Aufgaben festgeschrieben werden. Was zählt, ist das gewünschte Ergebnis, das heißt, was genau bis wann geleistet werden soll.

Das zeichnet Ziele aus

Messbarkeit. Vereinbaren Sie nur Ziele, die messbar sind, das heißt, deren Erreichen auch mit objektiven Kriterien beurteilt werden kann (zum Beispiel eine bestimmte Umsatzhöhe).

Erreichbarkeit. Vereinbaren Sie nur Ziele, die realistisch erreichbar sind.

Nützlichkeit. Das Erreichen des Ziels muss im Hinblick auf die strategischen Vertriebsziele und die generellen Unternehmensziele nützlich sein.

Der Leitgedanke beim Führen durch Zielvereinbarungen ist die Führung auf Abstand. So gesehen müssen Zielvorgaben zeitlichen und organisatorischen Spielraum lassen, Mitarbeiter zur eigenständigen Leistung motivieren und Kontroll- und Steuerungsmöglichkeiten beinhalten. Im Vertrieb kann das Führen mit Hilfe von Zielvereinbarungen in vier Schritten praktiziert werden:

Im ersten Schritt werden strategische Vorgaben der Geschäftsführung und Marketingziele in konkrete Verkaufsziele heruntergebrochen. Dann werden aus den Verkaufszielen Einzelziele für die Vertriebsbereiche, Produkt- oder Zielgruppen abgeleitet. Als Nächstes werden die Einzelziele in Handlungsplänen konkretisiert und schließlich, im vierten Schritt, werden die individuellen Ziele mit den einzelnen Verkäufern vereinbart und eine Zielvereinbarung wird geschlossen.

An den Schritten eins bis drei ist eine mehr oder weniger große Gruppe von Verkäufern beteiligt. Sie erarbeitet, beispielsweise mithilfe eines Brainstormings und unter Einsatz von Kreativitäts- und Problemlösungstechniken, aus den Rahmenvorgaben der Geschäftsleitung konkrete Vertriebsziele für Produktgruppen, Zielgruppen, Bezirke et cetera. Im eigentlichen Zielsetzungsgespräch zwischen Vertriebsführungskraft und dem einzelnen Verkäufer werden anschließend vereinbart:

- Verkaufsziele (in Zahlen oder Kennziffern),
- auf die interne Zusammenarbeit bezogene Ziele (also Zuständigkeiten oder Zuordnungen von bestimmten Aufgaben zu einzelnen Personen oder Teams) und
- individuelle Qualifizierungsziele, die in der Zielvereinbarung schriftlich festgehalten werden.

Außer der Leistungserwartung an den Verkäufer wird also auch eine Bringschuld des Arbeitgebers festgeschrieben: organisatorische Rahmenbedingungen und die Zusage von »zielkonformen« Qualifizierungsmaßnahmen. Volumen-, Prozess- und Verhaltensziele sollten als gleichermaßen wichtig gesehen werden.

Trotz allen Gestaltungsfreiraumes sind Zielvereinbarungen als inhaltlich mit dem Verkäufer abgestimmte Weisungen der Führungskraft aufzufassen. Sie bleiben nach wie vor eine Vorgabe der Vertriebsleitung, operative Zielvorgaben sind auch nicht verhandelbar. Als Vertriebsmanager ist es Ihre Aufgabe, dass Ihre Verkäufer die Ziele anerkennen und verstehen. Dann werden sie auch motivierend und leistungsfördernd sein.

Erfolge werden heutzutage, besonders in großen Vertriebsorganisationen, nicht mehr nur von Einzelpersonen erreicht, sondern sind oft genug das Ergebnis von Teamarbeit. In diesem Sinne müssen in moderne Zielvereinbarungen auch Teamziele mit einfließen. Unabhängig davon, ob es sich um virtuelle oder reale Teams handelt.

Zielvereinbarungsgespräche führen

In den jährlich stattfindenden Zielvereinbarungsgesprächen legen Sie gemeinsam mit Ihren Verkäufern fest, welche Ziele bis wann erreicht werden sollen und wie die Zielerreichung gemessen wird. Außerdem bewerten Sie den Zielerreichungsgrad in der Vergangenheit und besprechen künftige Änderungen.

Sowohl Sie als Führungskraft als auch Ihre Mitarbeiter müssen sich auf das Gespräch gut vorbereiten. Beide Parteien sollten sich schon vor dem Treffen über das Erreichte im vergangenen Jahr, über die aktuelle geschäftliche Lage und über das Machbare im kommenden Jahr Gedanken machen.

Vorbereitungsbogen für die Mitarbeiter

Geben Sie dazu jedem Ihrer Mitarbeiter rechtzeitig vor dem anstehenden Gespräch einen Vorbereitungsbogen – ähnlich dem nachstehenden Beispiel –, auf dem sie ihre eigenen Vorstellungen über mögliche Ziele, Schwierigkeiten und Änderungen festhalten können. So werden sie sich selbst klarer über die eigenen Bedürfnisse und das persönliche Leistungsvermögen.

Mitarbeitergespräch – Vorbereitungsbogen	
Name: _____	Gespräch am: _____
Abteilung: _____	Führungskraft: _____
Vereinbarte Ziele: _____ _____ _____	
Fragen	**Antworten**
Was konnten Sie im abgelaufenen Jahr an besonderen Leistungen erbringen?	
Welche Projekte konnten durch Ihre Mitwirkung positiv beeinflusst werden?	
Welche der unter »vereinbarte Ziele« (siehe oben) aufgeführten Ziele konnten Sie zu 100 % erreichen?	
Bei welchen Zielen hatten Sie Schwierigkeiten in der Erreichung?	
Welches waren die wichtigsten Hinderungsgründe?	
Wo erwarten Sie sich spezielle Hilfestellungen von der Führungskraft?	
Was wollen Sie beim bevorstehenden Zielvereinbarungsgespräch gesondert ansprechen?	Thema: _____ Ihre Überlegungen dazu:
Wie stimmen die Ziele mit Ihren Aufgaben laut Funktionsbeschreibung überein? Ist eine Korrektur notwendig?	
Stimmt Ihre innere Einstellung mit den Unternehmenszielen überein?	
Was würden Sie beim Zielvereinbarungsprozess im Unternehmen anders machen, damit mehr Wirksamkeit und Motivation erzielt wird?	

Ihre Zielvorstellungen für das nächste Geschäftsjahr	
Standardziele:	
Innovative Ziele:	
Qualitätsziele:	
Produktivitätsziele:	
Gewünschte Projekte:	
Gewünschte zusätzliche Informationen:	
Gewünschte zusätzliche Unterstützung (wo, in welcher Art, von wem):	
Eigene Anmerkungen:	

Quelle: Neges, G./Neges, R.: »Management-Training«, Wirtschaftsverlag Carl Ueberreuter

Vorbereitung der Führungskraft

Zielvereinbarungsgespräche sollen die Mitarbeiter verpflichten, aber auch motivieren und möglichst begeistern. Daher sind Atmosphäre, ein vertrauensvolles Gesprächsklima und Gesprächsführung in diesen Gesprächen genauso wichtig wie die Ziele selbst. So gilt nicht nur für diese, sondern für alle Ihre Führungsgespräche: Trainieren Sie die Kunst der Gesprächsführung – jenseits von Smalltalk und beruflichen Inhalten. Auf was es ankommt, sind motivierende, empathische und begeisternde Gespräche mit den Mitarbeitern, wobei der Motivationsanteil mindestens 40 Prozent der Gesprächszeit einnehmen sollte.

Bei Ihrer Vorbereitung auf anstehende Zielvereinbarungsgespräche können Sie sich an den folgenden Fragen orientieren:

Zielsetzung

1. Welche Ziele wurden aus den Unternehmens-/Vertriebszielen für das Team abgeleitet? Welche für die einzelnen Mitarbeiter? Welche Teilziele könnten die Umsetzung strukturieren? Ist Ihr Ziel wirklich ein Ziel oder handelt es sich eher um Maßnahmen oder Aufgaben? Ein Ziel beschreibt einen gewünschten und erwarteten Zustand. Eine Maßnahme ist die tatsächliche Handlung, die ergriffen wird, um das Ziel zu erreichen. Ziele können begeistern, während Maßnahmen nach harter Arbeit klingen und die Kreativität oder Verantwortungsbereitschaft der Mitarbeiter eindämmen.

2. Sind die Ziele präzise, sichtbar, motivierend, herausfordernd und erreichbar?
3. Welches Ziel setzen Sie sich persönlich für das neue Jahr, das Sie mit Ihren Mitarbeitern erreichen wollen?
4. Welche Termine wollen Sie für die Zielerreichung setzen?
5. Sind die Ziele verständlich, realistisch, messbar, widerspruchsfrei und verbindlich? Kann der Verkäufer die Ziele nachvollziehen, akzeptieren und sehr wahrscheinlich realisieren?
6. Welche Rahmenfaktoren können die individuellen Zielvereinbarungen beeinflussen?

Maßnahmen

1. Mit welchen Maßnahmen können die Ziele erreicht werden? Wie können diese Maßnahmen und ihre Umsetzung in der Zielvereinbarung verankert werden? Achten Sie hier darauf, dass nicht eine Unmenge von Maßnahmen den Blick auf das Ziel verstellt.
2. Wie können Sie Ihre Mitarbeiter konkret bei der Umsetzung unterstützen (Technik, neue Mitarbeiter, zusätzliche Arbeitsmittel, mehr Befugnisse, Entscheidungsfreiheiten, Verantwortlichkeiten et cetera)? Welches Budget steht für die Erreichung zur Verfügung (zum Beispiel für Weiterbildungsmaßnahmen oder Vertriebsinformationssysteme)?

Gesprächsführung

1. Wie sieht Ihre Bewertung für den Mitarbeiter aus? Welche Widerstände sind von Seiten der Mitarbeiter zu erwarten? Wie können Sie diesen Widerständen wirkungsvoll begegnen, ohne die Mitarbeiter zu übergehen oder zu bedrängen?
2. Wie können Sie eine positive Atmosphäre schaffen? Zum Beispiel, indem das Gespräch in einer vertrauten Umgebung und ungekünstelten Form stattfindet, durch ein Anfangslob oder, falls zutreffend, eine positive Gesamtbewertung.
3. Wie spornen Sie die Mitarbeiter zu größeren Leistungen an?
4. Wie wollen Sie die Zielerreichung messen und steuern (Beispiel: regelmäßige Fördergespräche, Kennzahlen et cetera)? Messbarkeit ist jedoch nicht der Maßstab aller Dinge. Lässt sich ein Ziel, das Ihre Mitarbeiter begeistern kann, einmal nicht messen, schreiben Sie es trotzdem in der Vereinbarung fest. Wer in gutem und regelmäßigem Kontakt mit seinen Mitarbeitern ist, weiß auch so, ob ein Ziel erreicht wird. Für manche Ziele kann auch erst im Laufe der Zeit ein sinnvolles Maß gefunden werden.

Mit dem nachfolgenden Formular können Sie während des Gespräches gemeinsam vereinbarte Ziele festhalten.

Formular für das Zielvereinbarungsgespräch		
Mitarbeiter:	Führungskraft:	
Abteilung:		
Datum des Gesprächs:		
Überblick über die vereinbarten Ziele des vergangenen Zeitraums:		
Zielerreichungsgrad (Bewertung der Zielerreichung je nach Vereinbarung):		
Welche Aktivitäten führten zum Erfolg?		
Welche Ziele konnten nicht erreicht werden und welche Gründe waren dafür ausschlaggebend?		
Aufgrund der Zielerreichung müssen folgende Veränderungen für das nächste Jahr durchgeführt werden:	Veränderungen:	Begründung:
Welchen Einfluss haben die erreichten/ nicht erreichten Ziele auf die Mitarbeiterführung beziehungsweise Entlohnung?		
Welche zusätzlichen Projekte konnten im Vereinbarungszeitraum erfolgreich realisiert werden?		
Welche sind noch nicht abgeschlossen?		
Zielvereinbarung für das nächste Geschäftsjahr		
Standardziele:		
Innovative Ziele:		
Qualitätsziele:		
Produktivitätsziele:		
Gewünschte Projekte:		
Gewünschte zusätzliche Informationen:		

Stellungnahme des Mitarbeiters zur Zielvereinbarung:	
Datum:	
Unterschrift des Mitarbeiters	
Unterschrift des Vorgesetzten	

Quelle: Neges, G./Neges, R.: »Management-Training«, Wirtschaftsverlag Carl Ueberreuter

Tipp: In vielen Unternehmen werden auf der Basis von Zielvereinbarungen Gehälter ausgehandelt. Das kann sich im Hinblick auf den eigentlichen Sinn der Zielvereinbarungen, nämlich ein Steuerungsinstrument zu sein, negativ auswirken. Wer weiß, dass es in einem Zielvereinbarungsgespräch um sein Gehalt geht, wird alles dazu tun, damit die Ziele nicht zu hoch angesetzt werden. Widerstände und Hindernisse werden im Vordergrund stehen, statt den Blick auf Wege und Maßnahmen zu richten, wie die Ziele erreicht werden können. Begeisterung und Engagement bleiben auf der Strecke. Am besten ist es daher, Sie trennen Zielvereinbarungsgespräche zeitlich und inhaltlich deutlich von Gehaltsgesprächen.

Das Förderungsgespräch

Das regelmäßige Förderungsgespräch ist ein wichtiges Instrument der Führungskraft zur konsequenten Förderung und Betreuung der Mitarbeiter. Als systematisches Instrument wird es auch von beiden Parteien als ständige Erneuerung der Fähigkeiten empfunden. Fördern kann man qualitative und quantitative Kriterien, persönliche und fachliche. Das Förderungsgespräch dient dazu, allgemeine Probleme, Weiterbildungserfordernisse oder Veränderungswünsche zu besprechen. Nach einigen Gesprächen zeigt sich Ihnen ein Entwicklungsbild des jeweiligen Mitarbeiters, dessen Fortschritte Sie so ganz gut verfolgen können. Natürlich müssen zwischen den Gesprächen entsprechende Qualifikationsmaßnahmen (siehe dazu weiter unten) realisiert werden.

In den Förderungsgesprächen werden Sie mit dem Betreffenden viele Fragen durchgehen, um sich ein Gesamtbild zu machen. Die wichtigsten Themenbereiche sind:

- Fragen zu den Zielen des Mitarbeiters. Beispiele: persönliche, berufliche und Arbeitsplatzziele, aber auch Einstellung zu Unternehmens- und Vertriebszielen.

- Fragen zur Arbeitsdurchführung. Beispiele: Positives, Negatives an der jetzigen Aufgabe, Schwierigkeiten beim Arbeitsablauf (etwa Vollmachten/Kompetenzen, regelmäßige Störungen) und Verbesserungsvorschläge zum Arbeitsablauf beziehungsweise gewünschte Unterstützung.
- Fragen zur Zusammenarbeit. Beispiele: Qualität des Informationsflusses, Feedback zu den Arbeitsergebnissen, Gesprächsatmosphäre, Aufgeschlossenheit für Probleme und gegenüber Änderungsvorschlägen sowie neuen Ideen, Zusammenarbeit mit Vorgesetzten und Mitarbeitern aus anderen Bereichen.
- Fragen zur beruflichen Eignung und Entwicklung. Beispiele: Wie gut können bei der gegenwärtigen Aufgabe die eigenen Fähigkeiten eingesetzt werden? Welche zusätzlichen Fachkenntnisse würden helfen, die Aufgaben noch besser zu erledigen? Welche Tätigkeiten und welche Aufgaben wären angesichts der vorhandenen Fähigkeiten für den Mitarbeiter geeignet? Welche Erwartungen und Vorstellungen hat er hinsichtlich seiner beruflichen Entwicklung im Unternehmen?

Ein Förderungsgespräch lässt sich sehr gut nach der SWOT-Methode strukturieren. Als Grundlage für Ihre Fördergespräche können Sie die nachstehenden Formulare verwenden. Schätzen Sie zunächst jeden Mitarbeiter nach Ihrem Formular ein. Stellen Sie dann in Ihrer Mannschaft das Niveau individuell und durchschnittlich fest. Sie erhalten damit auch einen sehr guten Überblick über notwendige individuelle Coaching-Maßnahmen und grundsätzlich notwendige Schulungsthemen.

Bitten Sie dann den Mitarbeiter, sich selbst einzuschätzen, und überreichen Sie ihm dazu ein Blanko-Formular. Wie wird er sich selbst einschätzen? Schlechter, gleich oder besser als Sie es getan haben? Warum?

Normalerweise schätzt sich der Mensch selbst schlechter ein, denn er will von seinem Chef hören: »So schlecht bist du doch gar nicht; ich halte dich für einen besseren Mann.« Solche Sätze schaffen eine motivierendere Basis für die nachfolgende konstruktive Kritik, als sagen zu müssen: »Na, an Ihrer Stelle wäre ich nicht so selbstherrlich.«

Diese menschliche Eigenart schafft also die positive Voraussetzung zur Motivation: Sie können loben. Aber Achtung: Verwässern Sie dadurch nicht Ihre konstruktive und förderliche Kritik. Verhalten Sie sich im Sinne von »Ganz so schlecht ist es nicht, in gewissem Sinne haben Sie jedoch mit Ihrer Selbsteinschätzung recht. Lassen Sie uns darüber sprechen, wie Sie zukünftig …«.

Formular: Persönliche Förderungskriterien						
Persönliche Förderungs- kriterien	Stärken	Schwächen	Chancen	Gefahren	Maß- nahmen	Prio- rität
Lebens- einstellung						
Einstellung zur Firma						
Einstellung zum Beruf						
Einstellung zu Kunden						
Einstellung zu Kollegen						
Herzlichkeit						
Freundlichkeit						
Offenheit						
Ausgeglichen- heit						
Zuverlässigkeit						
Disziplin						
Benehmen						
Ehrlichkeit						
Weiterbildungs- wille						
...						
...						
Name: Datum:		Letztes Förderungs- gespräch am:		Das nächste Förderungs- gespräch findet statt am:		
Bemerkungen				Unterschrift		

Formular: Fachliche Förderungskriterien						
Förderungskriterien der fachlichen Verkaufspraxis	Stärken	Schwächen	Chancen	Gefahren	Maßnahmen	Priorität
Fachwissen						
Produktkenntnisse						
Marktkenntnisse						
Kaufmännische Kenntnisse						
Kommunikation						
Arbeitsmethodik/ -systematik						
Zeiteffizienz						
Kooperationsgeist						
Unternehmensinterne Information						
...						
Arbeitsvorbereitung						
Tourenplanung						
Kontaktplanung						
...						
Gesprächsführung						
Zielstrebigkeit						
...						
Begeisterungsfähigkeit						
Argumentationsaufbau						
Preisdurchsetzung						
Abschlusssicherheit						
...						

Name:	Datum:	Letztes Förderungs- gespräch am:	Das nächste Förderungs- gespräch findet statt am:
Bemerkungen			Unterschrift

Wie viele von den Förderungskriterien eines Mitarbeiters sollte man für eine gleichzeitige Förderung vorschlagen? Der Mensch kann seinen Wissenshorizont sicherlich sehr schnell durch Lernen erweitern. Jedoch hat er es mit einer gewünschten Verhaltensänderung nicht so leicht. Im Sport hat man längst die Erkenntnis gewonnen, dass es nur etwas bringt, wenn immer nur ein oder zwei Fertigkeiten trainiert werden. Beispielsweise im Tennis tagelang nur den Aufschlag. Und wenn dieser »sitzt«, dann möglicherweise den Longline-Schlag. Im Verkaufen ist das genauso. Immer nur ein oder zwei Kriterien, nur ein Nacheinander ist möglich und führt zum Erfolg. Deswegen die Prioritätenspalte in den Formularen.

Versuchen Sie also zunächst, beispielsweise für vier Wochen, die Zuverlässigkeit des Mitarbeiters zu steigern. Wenn Sie dann einigermaßen zufrieden sein können, ist es möglich, den nächsten Anlauf zu nehmen, zum Beispiel die Förderung der Kontaktfreudigkeit ... wieder vier Wochen. Beides zugleich ist weniger Erfolg versprechend. Solche eben beschriebenen Förderungsgespräche nach der SWOT-Methode verlaufen meist harmonisch, fast partnerschaftlich.

Wie ist jedoch bei konfliktgeladenen Förderungsgesprächen vorzugehen, bei denen Ihre konstruktive, aber massive Kritik notwendig ist?

Vorgehensweise bei konfliktgeladenen Förderungsgesprächen

Das persönliche Gespräch ist für die Förderung und für die konstruktive Kritik das einzig adäquate Mittel. Hier einige hilfreiche Tipps für die Vorgehensweise bei schwierigen Förderungsgesprächen:

- Schaffen Sie eine entspannte Atmosphäre. Bitten Sie zu Beginn den Mitarbeiter, etwas von sich zu erzählen, indem Sie nach konkreten beruflichen oder privaten Vorgängen fragen, von denen Sie offiziell wissen.
- Prüfen Sie seine grundsätzliche Einstellung, indem Sie ihn fragen, wie es ihm in der Firma gefällt. Bitten Sie ihn dann um seine Meinung, was aus seiner Sicht zu verbessern wäre. Damit bereiten Sie das Feld für Ihren Verbesserungsvorschlag an ihn vor.

- Nehmen Sie seine Ideen und Vorschläge ernst. Notieren Sie jedoch nur die Punkte, die Sie auch tatsächlich prüfen wollen.
- Erwähnen Sie eine konkrete lobenswerte Leistung des Mitarbeiters, die noch nicht allzu lange zurückliegt. Fragen Sie ihn dann, wo er bei sich persönlich noch Optimierungspotenzial in seiner Arbeitsweise sieht.
- Leiten Sie Ihre konstruktive Kritik ein, indem Sie bei ihm Bewusstsein für Sinn und Notwendigkeit der von Ihnen gesteckten Ziele schaffen. Stellen Sie dazu mit konkreten Fakten die Ist-/Zielsituation dar und bitten Sie ihn um seine Stellungnahme. Fragen Sie nicht »Warum …?«, dies zwingt ihn, sich zu rechtfertigen. Fragen Sie: »Was haben Sie bisher zur Zielerreichung unternommen?« … »Wie sind Sie dabei vorgegangen?«
- Besprechen Sie mit dem Mitarbeiter Lösungsalternativen. Ziel ist die Ergreifung konkreter Maßnahmen, um die Zielerreichung sicherzustellen. Dabei kann das Einbeziehen des Mitarbeiters bei der Lösungsauswahl seine Identifikation und Motivation fördern: »Was wollen Sie bis wann tun, um Ihr Ziel zu erreichen?« Treffen Sie dann mit dem Mitarbeiter eine konkrete Vereinbarung, die verbindlich ist und überprüft wird: Ziele, Maßnahmen, kurzfristige Termine mit überschaubaren Etappenzielen. Erstellen Sie darüber eine Notiz mit Wiedervorlagetermin.
- Bringen Sie zum Schluss Ihre Zuversicht und Ihr Vertrauen in seine Leistungsfähigkeit und seine Leistungsbereitschaft zum Ausdruck.
- In solchen Gesprächen sind Vertriebskennzahlen (siehe Teil 10) ideal, um das Bewusstsein und den Sinn für Ziele zu schaffen, die Ist-/Zielsituationen zu beschreiben, konkrete Vereinbarungen zu treffen und diese neuen Ziele zu überprüfen. Darüber hinaus sind Kennzahlen ein ausgezeichnetes Instrument, um Stärken und Schwächen überhaupt zu erkennen, planerische Kurskorrekturen vorzunehmen, Mitarbeiter zu motivieren, fundierte Entscheidungen zu treffen und sich selbst als Führungskraft zu motivieren. Um dies zu erreichen, müssen Kennzahlen regelmäßig erarbeitet werden. Gelegentliche Erstellung schafft nur Verunsicherung, tendenziöse Entscheidungsgrundlagen und Ungerechtigkeit.

Das Kritikgespräch

Kritikgespräche dürfen immer nur unter vier Augen stattfinden. Kritisieren Sie Mitarbeiter niemals vor anderen. Zuhörer, die ebenfalls Kritik verdient hätten, solidarisieren sich sofort mit dem Kritisierten und bilden eine Gruppe, die stark zusammenhält. Vermeiden Sie die alte Formel

»Lob-Kritik-Lob«. Das funktioniert nicht mehr. Die Menschen durchschauen diese Taktik und lehnen sie grundsätzlich ab. Damit erreichen Sie keine Verhaltensänderung. Kritisieren Sie immer sachlich, sprechen Sie alles direkt an, vermeiden Sie persönliche Angriffe.

Die Formel für geschickte Kritikgespräche lautet: Anerkennung, Verbesserung, Vereinbarung mit Hilfe.

Kritikgespräche vorbereiten

Mit Kritik angemessen umzugehen, ist für eine Führungskraft von großer Bedeutung. Folgende Todsünden eines Kritikgesprächs sind unbedingt zu vermeiden:

1. Zu spät – Kritik hat nur Sinn, wenn noch etwas verändert werden kann.
2. Nicht konsequent – Kritik ist immer mitzuteilen, wenn sie wirklich nötig ist.
3. Schmeichelei – Kritik muss klar und sachlich geäußert werden.
4. Niedlich – Kritik sollte offensichtliche Fehler nicht verharmlosen.
5. Unsachlich – Kritik funktioniert nur mit sachlichen Argumenten.
6. Vor anderen – Kritik sollte stets unter vier Augen mitgeteilt werden.
7. Ungerecht – Kritik darf keinen Mitarbeiter verschonen oder bevorzugen.

Kritik wird nur angenommen, wenn die Gesprächspartner keine Probleme miteinander haben. Deshalb: Zeigen Sie Ihrem Mitarbeiter, dass Sie ihn mögen. Achten Sie darauf, immer offen und ehrlich zu sein. Binden Sie Ihren Mitarbeiter mit ein. Bitten Sie um Vorschläge und fragen Sie nach Lösungsmöglichkeiten. Nur gemeinsam ändern Sie Unstimmigkeiten und Fehler. Wichtig ist, dass Sie am Gesprächsende konkrete Vereinbarungen treffen. Machen Sie dem Mitarbeiter Mut, bieten Sie Ihre Hilfe an und bitten Sie Ihren Mitarbeiter, diese Hilfe auch anzunehmen. Halten Sie dann die Ergebnisse in einem gemeinsamen Protokoll fest. So können sich beide Gesprächspartner leichter daran halten.

Kritikgespräche sind auch im Vertriebsalltag immer wieder einmal erforderlich. Damit Sie sich auf klärende Gespräche gut vorbereiten können, finden Sie hier eine Checkliste zu den Erfolgsfaktoren solcher Gespräche.

Checkliste: Klärende Gespräche führen		
Erfolgsfaktoren	Erledigt	Notizen/Maßnahmen
Analyse vor dem Gespräch: • Ergebnisse des Mitarbeiters • mögliche Gründe für den Leistungs-abfall	❑ ❑	
Keine vorgefertigte Lösung präsentieren	❑	
Dem Gespräch einen informellen Cha-rakter geben, keine Staatsaktion daraus machen	❑	
Gespräch kurzfristig ankündigen, damit sich keine leistungshemmenden Ängste aufbauen	❑	
Direkt zur Sache kommen und klare »Ich«-Botschaften senden (»Ich bin mit Ihren Leistungen unzufrieden und möchte deshalb heute mit Ihnen darü-ber sprechen.«)	❑	
Verhaltensweisen (Schwachstellen), die zu ungenügenden Ergebnissen führten, besprechen (die gravierendste Schwach-stelle zuerst)	❑	
Den Verkäufer • ausführlich reden lassen • aktiv zuhören • nicht unterbrechen • keine Gegenargumente bringen • nur Verständnisfragen stellen • Rückmeldung, dass Sie ihm zuhören	❑ ❑ ❑ ❑ ❑ ❑	
Forderungen klar auf den Tisch legen, nachdem der Mitarbeiter seine Lage geschildert hat	❑	
Auf keine weiteren Ausführungen des Mitarbeiters mehr eingehen	❑	
Gemeinsam mit dem Mitarbeiter einen »Vertrag« schließen	❑	
Gegenleistungen anbieten, zum Beispiel gemeinsame Kundenbesuche	❑	

Vereinbarungen schriftlich festhalten	❑	
Kontrolle, ob Vereinbarungen eingehalten werden	❑	
Neuer Termin, bei dem über den Fortschritt gesprochen werden soll.	❑	

5.4 Tägliches Feedback

Neben all den institutionalisierten Gesprächen ist das tägliche Feedback-Gespräch heute besonders wichtig. So warnt Beatrix Bauckhage, Geschäftsführerin von Rundstedt:»Wer Mitarbeitern zu wenig Aufmerksamkeit schenkt und zu selten das intensive Gespräch sucht, hat langfristig ein Problem.«

Durch ein regelmäßiges Feedback können Sie Ihre Mitarbeiter gezielter führen, ihre Leistungen und ihr Verhalten beeinflussen. Damit zeigen Sie Ihren Verkäufern, was Sie von ihnen erwarten, beweisen Interesse an ihrer Person und das gegenseitige Vertrauen wird gestärkt. Feedback-Möglichkeiten gibt es viele im Alltag eines Verkäufers. Sei es, dass er einen Auftrag gut erledigt, einen wichtigen neuen Kunden gewonnen oder ein entscheidendes Gespräch kräftig versiebt hat. Ob positiv oder konstruktiv kritisch, das tägliche Feedback ist eine gute Orientierung für Ihr Team.

Ein gutes Feedback soll die Unterschiede zwischen Selbst- und Fremdwahrnehmung aufzeigen, macht aber nur Sinn beziehungsweise entfaltet seine Wirkung, wenn der Verkäufer Ihr Feedback auch will und annehmen kann. Nur dann und wenn Sie ihm, statt zu kritisieren, Möglichkeiten für Veränderungen aufzeigen oder Verbesserungen als Ideen formulieren, wird es einen Lernprozess auslösen. Ein Feedback-Gespräch ist erfolgreich, wenn Sie es schaffen, dass der Verkäufer auch bereit ist zuzuhören. Das wird er sein, wenn er sich nicht verteidigen und argwöhnisch auf mögliche Anschuldigungen achten muss.

Erfolgreiche Feedback-Gespräche verlaufen nach folgenden Regeln

- Geben Sie Ihr Feedback nur, wenn der Mitarbeiter zustimmt, und führen Sie das Gespräch immer unter vier Augen in einer Wohlfühl-Atmosphäre. Kündigen Sie deshalb ein Feedback-Gespräch immer vorher an und holen Sie sich die Einwilligung des Betreffenden.

- Beim Gespräch bringen Sie Ihre Aussagen am besten als Ich-Botschaften. Dadurch signalisieren Sie Ihrem Gegenüber eher Achtung und Respekt. Du-Aussagen können Aggressionen auslösen.
- Sprechen Sie nicht zu viele Aspekte auf einmal an, sondern konzentrieren Sie sich auf das Wichtigste. Verzichten Sie dabei auf Verallgemeinerungen, Pauschalformulierungen oder vage Behauptungen. Beziehen Sie sich immer auf konkrete Ereignisse oder Beobachtungen, die Sie selbst erlebt haben. Formulieren Sie Ihr Feedback beschreibend, nicht bewertend oder interpretierend und zeigen Sie mögliche Auswirkungen. Das Ziel sollte sein, eine Entwicklungsperspektive zu finden.
- Versetzen Sie sich in die Rolle des Mitarbeiters und versuchen Sie, seine Absichten und seine Motivation zu erkennen. Geben Sie dem Mitarbeiter die Gelegenheit, sich ausführlich dazu zu äußern und hören Sie aufmerksam zu.
- Fassen Sie am Schluss das Gespräch noch einmal zusammen. Bieten Sie Ihre Unterstützung an.

Verkäufer-Coaching

Die Qualifizierung von Verkäufern mit Entwicklungspotenzial ist ein langfristiges Vorhaben, das Ihnen als Führungskraft einiges an Zeit und Kompetenz abverlangt. Durch ein individuell zugeschnittenes Coaching können Sie Ihren Mitarbeitern helfen, sich weiterzuentwickeln und erfolgreich zu sein. Coaching heißt, die einzelnen Mitarbeiter entwicklungsorientiert zu beraten und zu fördern. In Ihrer Funktion als Coach führen Sie Ihre Mitarbeiter als Betreuer und Trainer gleichermaßen. Sie bringen neue Mitarbeiter mit erfahrenen zusammen, damit sie sich an den guten Mitarbeitern messen und sie als Vorbild sehen. Sie verteilen Aufgaben, die gut zu bewältigen sind, denn so fördern Sie die Lust auf neue, größere Projekte. Auf diese Weise führen Sie Ihre Mitarbeiter von Erfolg zu Erfolg.

Um Coaching-Maßnahmen erfolgreich durchführen zu können, müssen allerdings im Unternehmen und bei den Führungskräften gewisse Voraussetzungen vorhanden sein. Gibt es keine klar definierten Ziele im Unternehmen, ist Feedback unerwünscht; wird es unprofessionell eingesetzt herrscht ein Klima der Angst, des gegenseitigen Misstrauens oder gar Missachtens; wird eher Konkurrenz als eine konstruktive Zusammenarbeit gefördert, dann fehlen die wichtigsten Grundlagen für ein erfolgreiches Coaching.

Da ein Coaching-Prozess sowohl für den Coach als auch für den Gecoachten sehr zeitintensiv ist, muss wohl überlegt werden, ob sich der

Aufwand lohnt oder besser andere Maßnahmen zur Weiterqualifizierung eingeleitet werden.

Effektive und effiziente Coaching-Arbeit erfordert einen Coach, der eine hohe fachliche, methodische und soziale Kompetenz aufweisen kann. Er soll:

- klare, erreichbare Ziele und nachvollziehbare Prioritäten setzen
- Verhalten und Wirkungsgrad beobachten
- direktes, eindeutiges Feedback geben und überzeugende Leistungen (an-)erkennen
- als Vorbild überzeugen
- Einfühlungsvermögen in die Person und deren Umfeld beweisen
- Geduld besitzen und offen sein, ohne zu verletzen
- emotionale Distanz bewahren, um Vorgänge vorurteilsfrei beobachten zu können
- bei widersprüchlichen Erwartungen spannungsresistent sein
- ein Klima schaffen, das es erlaubt, aus Fehlern zu lernen
- anleiten, ohne zu gängeln

Coaching sollte immer nur eine begrenzte Zeit lang Hilfestellung geben und vor allen Dingen eine Hilfe zur Selbsthilfe sein. Das Ziel ist die kontinuierliche Professionalisierung von Mitarbeitern, wobei es nicht um grundsätzliche Veränderungen geht, sondern um kleine Korrekturen.

Wer seine Mitarbeiter mithilfe von Coaching weiterqualifizieren möchte, sollte zunächst folgende Fragen klären: Wer muss gecoacht werden? Wie oft sind Coaching-Gespräche erforderlich? Wann sollen sie stattfinden? Wie können Sie den betreffenden Mitarbeitern die Vorteile dieser Gespräche nahe bringen? Halten Sie zunächst in einer Liste fest, welche Mitarbeiter Sie künftig regelmäßig sprechen wollen. Besonders neue Mitarbeiter sollten von Anfang an eingebunden werden, denn gerade sie können Ihre Hilfe als Coach brauchen.

Kündigen Sie Coaching-Maßnahmen offiziell an und bereiten Sie sie gründlich vor. Am Anfang jeder Coaching-Aktion steht eine ausdrückliche Vereinbarung zwischen Ihnen als Coach und dem Mitarbeiter über Umfang, Dauer, Themen und Kriterien für die Beendigung des Coaching-Projekts. In der Praxis hat sich folgende Vorgehensweise bewährt:

1. Zur Vorbereitung auf den Coaching-Prozess erarbeiten Sie zunächst ein Sollprofil, dass heißt die Anforderungen, die der Mitarbeiter erfüllen sollte. Dabei sollten die Zielwerte möglichst genau und als messbare Kriterien formuliert werden. In einem Anforderungsprofil werden die Ergebnisse dann zusammengefasst.

2. Die Bestandsaufnahme ist der zweite Schritt, bei dem der zu coachende Mitarbeiter nun eingebunden wird. Zusammen wird eine Ist-Analyse durchgeführt: Verwenden Sie dazu am besten ein Formular mit den Anforderungen/Zielvorgaben, in dem noch keine Sollwerte eingetragen sind, und notieren Sie darin Ihre persönliche Einschätzung des Kandidaten. Dieser erhält eine Kopie, arbeitet das Formular durch und gibt eine Selbsteinschätzung ab. In dem anschließenden gemeinsamen Gespräch werden die Selbsteinschätzung und die Fremdeinschätzung, also Ihre Einschätzung, miteinander verglichen und die Abweichungen besprochen. Ziel ist ein gemeinsames Verständnis der Ausgangssituation.

3. Im nächsten Schritt werden die Abweichungen zur Zielvorgabe und zum Sollprofil gemeinsam mit dem Kandidaten analysiert. Pochen Sie nicht darauf, Ihre Soll-Vorgabe als das Maß der Dinge durchzusetzen. Nutzen Sie Differenzen als Ansatzpunkte für ein Gespräch und hinterfragen Sie die Ansichten des Kandidaten: Was führt zu seiner anderen Einschätzung? Erläutern Sie im Gegenzug, wie Ihre Ansicht zustande kam. Leiten Sie das Gespräch auf jene Punkte, die in Zusammenhang mit dem Coaching-Anlass stehen. Ist eine Konfliktsituation der Anlass, wären dies die Felder Kommunikation und Problembewältigung. Einigen Sie sich mit dem Kandidaten, welche Einzelthemen, welche Defizite oder Stärken des Kandidaten im Coaching bearbeitet werden sollen. Diese Festlegung dient als Grundlage für den Maßnahmenkatalog, den Sie mit dem Kandidaten erarbeiten.

4. Der Maßnahmenkatalog ist der vierte Schritt. Es gilt nun festzulegen: Welche Maßnahmen (Trainings, Gespräche, Übungen) decken die in der Abweichungsanalyse erarbeiteten Themen ab? Welche Themen können Sie aufgrund eigener Fachkenntnis oder Erfahrung selbst übernehmen? Welche Punkte können Sie in Zusammenarbeit mit Kollegen innerhalb Ihrer Firma klären? Was muss an externe Berater vergeben werden? Welches Ziel ist angesichts des Umfangs und der Dauer der Maßnahme realistisch? Setzen Sie höchstens drei konkrete, messbare und realistische Ziele je Coaching und legen Sie den Zeitrahmen auf maximal ein halbes Jahr fest.

Das Ergebnis Ihrer vorbereitenden Gespräche ist schließlich die Coaching-Vereinbarung, die folgende Punkte enthalten sollte: die Namen der Beteiligten, den Zeitrahmen, die thematischen Inhalte, die vorgesehenen Maßnahmen und ihre geplante Zahl, die Coaching-Ziele und das Kriterium für das Ende des Coachings, falls beim Zeitrahmen kein verbindlicher Schlusstermin angegeben wird, sondern bestimmte Ziele auf jeden Fall erreicht werden sollen.

Empfehlenswert ist es, sich einen Coaching-Fahrplan zu erarbeiten. Dadurch können Sie Ihren Terminkalender auf die durchzuführenden Coaching-Einheiten abstimmen, soweit die Termine vorgeplant sind. Außerdem können Sie sich immer gezielt auf die Themen methodisch und inhaltlich vorbereiten.

Coaching-Gespräche durchführen

Zum Coaching gehören vor allem Einzelgespräche, die im Gegensatz zu Zielvereinbarungsgesprächen mehrfach im Jahr stattfinden. Sowohl bei der Vorbereitung als auch bei der Durchführung sind einige wichtige Punkte zu beachten. Hierzu ein paar Empfehlungen.

Vorbereitung der Gespräche

1. Beobachten Sie die Mitarbeiter bei ihrer Arbeit, zum Beispiel, indem Sie gemeinsame Kundenbesuche durchführen. Was macht der Mitarbeiter besonders gut? Wo sehen Sie Schwächen? Gibt es Entwicklungspotenzial für mehr Erfolg?
2. Schreiben Sie auf, was Sie bereits alles über den Mitarbeiter wissen und was Sie mit ihm erreichen wollen. Welche Erfolge könnte er erzielen, wenn seine Schwächen behoben wären? Was könnte leicht geändert werden? Welche Maßnahmen können diese Veränderungen einleiten? Begleitete Besuche, Verbesserung der Arbeitstechnik oder seines Produktwissens?
3. Formulieren Sie Ihr Gesprächsziel und überlegen Sie sich eine Strategie. Rechnen Sie mit Entschuldigungen oder Einwänden der Mitarbeiter und legen Sie sich Antworten zurecht.

Durchführung der Gespräche

1. Stellen Sie Fragen, statt gute Ratschläge zu geben oder Umsatzzahlen zu präsentieren. Mit Fragen aktivieren Sie den Mitarbeiter, helfen Sie ihm, seine Motive und Potenziale selbst zu entdecken. Außerdem ist er aufgefordert, eigene Vorschläge zu machen, und wird diese eher umsetzen, als wenn Sie ihm Ihre Maßnahmen aufzwingen. Beispiele: »Wie häufig (in Prozent) sprechen Sie Zusatzverkäufe beim Kunden an? Wie können wir gemeinsam die Cross-Selling-Rate erhöhen? Würde Ihnen eine Formulierungsliste weiterhelfen?« Achtung: Der Verkäufer soll sich nicht vorkommen wie bei einer Inquisition.
2. Sprechen Sie Defizite direkt und offen an. Vermitteln Sie dem Mitarbeiter, dass Sie ihn ernst nehmen, Entwicklungsmöglichkeiten sehen

und ihn unterstützen möchten. Beziehen Sie sich im Gespräch au konkrete verbesserungswürdige Situationen, die Sie beide gemeinsam erlebt haben, zum Beispiel eine spezielle Verkaufsaktion oder eir aktuelles Kundengespräch. Geben Sie auch positive Rückmeldunger und achten Sie auf eine gute Gesprächsatmosphäre. Nehmen Sie sich genügend Zeit für das Gespräch, schalten Sie das Telefon weg vermeiden Sie Störungen.

3. Legen Sie gemeinsam konkrete Schritte fest, zum Beispiel: »Ab sofor in jedem Kundengespräch Zusatzverkäufe ansprechen.« Lassen Sie die Vereinbarung vom Mitarbeiter unterschreiben. Zwischen der Coaching-Gesprächen sollte ausreichend Zeit sein, damit die verein barten Maßnahmen auch umgesetzt werden können.

Sie können das Coaching von Mitarbeitern natürlich auch in professionel le Hände geben. Hier sei noch einmal auf das »B.I.SS – best-in-sales System« der Reutter Group als Beispiel hingewiesen. Die Beratungsgrup pe bietet Hilfe bei der Verkäuferauswahl und -entwicklung an. Der Coaching-Prozess beginnt mit einer Analysephase, in der jeder teilneh mende Mitarbeiter eine internetbasierte B.I.SS-Analyse ausfüllt. Au Wunsch werden zusätzlich die Sichtweisen von Vorgesetzten, Kollegen und Kunden in die Analyse mit einbezogen. Die Auswertung bildet die Basis für das Feedback, das dem Teilnehmer in einem Einzel-Coaching gegeben wird. Hier erhält er sein »Persönliches B.I.SS-Feedbackbuch« und erfährt seine individuellen Analyseergebnisse und konkrete Hinweise zu Chancen und Risiken seines aktuellen Vertriebsverhaltens. In der darauf folgenden Entwicklungsphase bearbeitet jeder Teilnehmer seiner »Leitfaden – Persönliche Strategie«, die in einen »Persönlichen Aktions plan« umgesetzt wird. Im Abstand von etwa acht bis zehn Wochen finder zwei bis vierstündige Follow-up-Coachings statt, die den schnellen Trans fer in die Praxis sicherstellen sollen.

Training-on-the-Job

Ein hilfreiches Instrument für den Coaching-Prozess kann ein aktive: »On-the-Job-Coaching« sein. In diesem Fall übernehmen Kollegen oder Sie als Führungskraft oder ein Gebiets- oder Regionalverkaufsleiter da Coaching der Verkäufer direkt beim Arbeitseinsatz. Mit dem Vorteil, das keine überflüssige Theorie, sondern nur wirklich praxisbezogene Fertig keiten und Fähigkeiten eingeübt werden. Folgende Überlegungen sind wichtig:

1. Welche Mitarbeiter haben Fertigkeiten, die sie gut anderen Mitarbeitern vermitteln könnten?
2. Wie können Sie diese Mitarbeiter motivieren, ihr Wissen und ihre Fähigkeit an andere weiterzugeben?
3. Wann kann welcher Kollege, welcher Vorgesetzte eine »Training-on-the-Job«-Maßnahme gut durchführen?
4. Wie lange soll diese Maßnahme dauern, zu welcher Zeit und wo kann sie stattfinden?
5. Wie wollen Sie hinterher überprüfen, ob die Maßnahme erfolgreich umgesetzt wurde oder nicht?

Training-on-the-Job durch Begleitbesuche

Hauptaufgabe bei Mitreisen des Verkaufsleiters ist es, seine Mitarbeiter zu profilieren, zu fördern, auszubilden und zu immer besseren Leistungen zu motivieren und zu befähigen. Das geht nicht durch Kontrollbesuche, nicht durch »Trouble Shooting«-Besuche und nicht, wenn der Verkaufsleiter bei Kundengesprächen eingreift – auch dann, wenn der Auftrag vielleicht noch zu retten wäre. Primäre Aufgabe des Verkaufsleiters sollte nicht das Verkaufen, sondern das Führen und Leiten von Verkäufern sein. Vormachen kann oft demotivierend wirken. Besonders dann, wenn man mit dem Einsatz seiner ganzen Persönlichkeit verkauft.

Hier einige Empfehlungen für das verkaufsfördernde Training-on-the-Job:

1. Reisen Sie regelmäßig – in sechs Wochen ein bis zwei Tage – mit. Ihre Verkäufer werden sich so an diese Hilfe gewöhnen und die Scheu verlieren.
2. Wählen Sie die Besuche aus. Lassen Sie sich dazu eine grobe Wochenplanung geben und suchen Sie interessante Besuche kurzfristig aus, sonst werden Ihnen nur Goldfisch-Gespräche präsentiert. Sie aber wollen die normale Tagesarbeit erleben.
3. Bereiten Sie sich und den Außendienstmitarbeiter gut vor. Wer sind die Gesprächspartner (Titel/Funktion/Kompetenz), von welcher Ausgangssituation wird ausgegangen, was ist der Gesprächsanlass und was ist das Gesprächsziel?
4. Kehren Sie nicht den Chef heraus, sonst konzentriert sich das Interesse des Kunden auf Sie. Besser: Sie schweigen – der Verkäufer verkauft. Dann erleben Sie den Verkäufer und können ihm auch entsprechendes Feedback geben. Lassen Sie sich auch vom Kunden nicht herausfordern, spielen Sie die Reaktion/Lösung immer dem Verkäufer zu.

Unterdrücken Sie auch ein aufkeimendes Prestigebedürfnis, denn jeder Imagegewinn Ihrerseits wird zum Ansehensverlust für Ihren Verkäufer.

5. Vermeiden Sie den »Weihnachtsmann-Effekt«. Den Rabatt gibt der Verkäufer, das ist für ihn eine Aufwertung. Und für Sie eine Arbeitsentlastung, weil Sie den Kunden damit erziehen, mit Ihrem Verkäufer zu verhandeln. Selbstverständlich machen Sie mit dem Verkäufer im Voraus den eventuell möglichen Nachlass aus, den er dann dem Kunden mit der richtigen Verhandlungstaktik einräumt.

6. Geben Sie Ihrem Verkäufer das Erfolgserlebnis. Während des Mitreisens erzielte Aufträge sollten immer als Leistung des Verkäufers anerkannt werden: »Der Verkaufsleiter gibt die Vorlage, der Verkäufer schießt das Tor.« Nichts motiviert mehr als Erfolg.

7. Beginnen Sie bei einer anschließenden Bordsteinkonferenz nicht gleich mit Kritik. Erwähnen Sie beim ersten Gespräch am Morgen grundsätzlich nur die positiven Punkte. Loben Sie und bringen Sie konstruktive Kritik in Form eines Verbesserungsvorschlages vor. Fragen Sie dann nach der weiteren Vorgehensweise: »Wie wollen Sie zukünftig vorgehen, um … zu optimieren?«

8. Vereinbaren Sie am Tagesschluss zwei Ziele. Beschließen Sie den Tag mit einer Zusammenfassung, arbeiten Sie die wesentlichen Ansatzpunkte zu einer Verbesserung gemeinsam mit dem Verkäufer heraus, vereinbaren Sie mit ihm höchstens zwei Aufgaben, setzen Sie dazu einen Termin in spätestens vier Wochen. Sagen Sie Ihrem Außendienstmitarbeiter noch einmal, was Ihnen an seiner Arbeit gefallen hat.

9. Prüfen Sie zum gesetzten Termin die Verbesserung gemeinsam mit dem Verkäufer. Loben Sie die Verbesserung, anerkennen Sie die Leistung. Das motiviert.

Mit dem nachfolgenden Formular können Sie Ihre Reisen als Begleiter der Verkäufer gut vorbereiten. Im Anschluss daran ist ein Feedback-Gespräch mit dem Verkäufer notwendig. Sie können den an das Formular anschließenden Beurteilungsbogen für eine Bordsteinkonferenz für technische Güter auf Ihre Zwecke anpassen.

Formular: Vorbereitung von Mitreisen	
Mitreisetermin	Verkäufer
Treffpunkt	Uhrzeit
Termin/Uhrzeit beim Kunden	

Kundenadresse

Branche/Produkte/Kunden des Kunden

Gesprächspartner (Titel/Funktion/Kompetenzen)
1.
2.
3.

Ausgangssituation:

Gesprächsanlass:

Gesprächsziel:

Datum

Formular: Bordsteinkonferenz für Technische Güter				
Verkaufsingenieur: ——————— Datum:	Besuchte Kunden 1. 2. ——— ——— 3. 4. ——— ———			
Aufgaben	**Verbesserungs-vorschläge**	**Priorität**	**Termin**	**Erledigt**
Vorbereitung				
• Kundenanalyse				❑
• Lösungsidee				❑
• Reiseplanung				❑
• Demonstrations-material				❑
Verkaufs-/Beratungsgespräch				
• Einleitung				❑
• Atmosphäre				❑
• Bedarfsanalyse				❑
• Kundenmotivation				❑
• Argumentation				❑
• Demonstration/Vorführung				❑
• Einwandbehandlung				❑
• Preisverhandlung				❑
• Abschlusstechnik				❑
Menschliches				
• Eingehen auf Kunden				❑
• Zuhörbereitschaft				❑
• Freundlichkeit				❑
• Verbindlichkeit				❑
• Initiative der Gesprächsführung				❑

• Sympathie				❏
Bemerkungen:			Unterschrift:	

5.5 Leistungssteigerung durch immaterielle Motivation

Motivation ist eine der wichtigsten Voraussetzungen für die Leistungssteigerung. Jedoch ist eine »Motivation von außen« praktisch nicht möglich. Sie macht nur Sinn, wenn sie die Eigenmotivation stärkt. Letztendlich muss sich jeder selbst motivieren. Wie versuchen nun Unternehmen ihre Mitarbeiter zu motivieren? Laut HSH-Motivationsstudie 2006 setzen Vertriebsleiter bei der Mitarbeitermotivation hauptsächlich auf einen erfolgsabhängigen variablen Gehaltsanteil. 94 Prozent der Befragten nutzen dieses Instrument. Mit großem Abstand folgen Weiterbildungsangebote (41 Prozent) und ein hochwertiger Firmenwagen (38 Prozent). Interne Verkaufswettbewerbe (29 Prozent) und Aufstiegsmöglichkeiten (26 Prozent) werden immerhin noch von fast einem Drittel der Führungskräfte eingesetzt. Mit welchem Erfolg? Auf diese Frage gab die Studie leider keine Antwort.

Dagegen ergab eine Studie, die die Deep White Unternehmensberatung in Kooperation mit dem MCM Institut der Universität St. Gallen durchgeführt hat, dass die Anerkennung durch finanzielle Honorierung offensichtlich nur eine kurzfristige (Motivations-)Wirkung hat; als ausschließliche Form der Anerkennung wirkt sie sogar negativ auf den Erfolg. In der Studie wurde der messbare Zusammenhang zwischen dem betriebswirtschaftlichen Erfolg und dem gelebten Wertesystem von Unternehmen untersucht. Laut Studie sind neben anderen Werten (Hard Facts, Vision, Verantwortung für Mitarbeiter und Umwelt) gerade die Unternehmen erfolgreicher, die ein Umfeld ermöglichen, das den Mitarbeitern Selbstverwirklichung in der Aufgabe, Selbstachtung bei der Erfüllung von Leistung und Gerechtigkeit innerhalb des Unternehmens bietet. Stärker als die finanziellen Anreize beeinflussen eine Kultur des Engagements aus Eigeninitiative und ein Umfeld mit Spaß an der Arbeit den Erfolg von Unternehmen. Zu viel Routine ist, ebenso wie permanente Änderungen, ein »Erfolgs-Killer«.

Voraussetzungen für Motivation

Motivation kann also hauptsächlich dann geweckt werden, wenn Sie ein motivationsförderndes Umfeld dafür schaffen: durch förderlichen Führungsstil, sehr gutes Arbeits- und Teamklima, eindeutige Ziele, klare Sprache und Aufgaben, Angstfreiheit, Zuwendung in Form von Wertschätzung des Einzelnen sowie Anerkennung seiner Erfolge und eine leistungsgerechte Bezahlung. Dagegen führen permanente Wettbewerbe und Prämien zu eher trägen und verwöhnten Außendienstmitarbeitern, die nur auf den nächsten Wettbewerb warten, um kurzfristig ihre Leistung zu steigern. Daher sollte der Einsatz von Wettbewerben oder ähnlichen Motivationsturbos grundsätzlich kritisch gesehen werden und wohl überlegt sein.

Frühere Generationen wussten nichts von Motivation. Gemacht wurde, was der Chef gesagt hat. Heute arbeiten aber viele nach dem Prinzip »Konstruktiver Ungehorsam«. Man ist erst einmal dagegen und fragt bei jeder Entscheidung, ob sie auch sinnvoll ist. Das erschwert die Führungsaufgabe in Unternehmen. Motivation muss deshalb noch stärker, noch besser angewendet werden. Es geht um faszinierende Aufgaben, begeisterte Mitarbeiter und die Bereitschaft, die nötige Leistung auch freiwillig zu erbringen.

Um zu verstehen, was die Mitarbeiter motiviert, hier ein kurzer Blick auf das Werteumfeld, in dem wir uns bewegen.

Wertewandel und Leitlinien

Was sind die aktuellen Werte in unserer Gesellschaft? Das Streben nach Individualität nimmt immer noch zu. Persönliche Bedürfnisse wollen befriedigt werden. Das war früher anders. Zum besseren Verständnis gehen wir zurück in die Vergangenheit.

Es gibt vier zentrale Entwicklungsstufen in unserer Geschichte. Fast 10.000 Jahre lebte der Mensch in der Agrargesellschaft. Sesshaftigkeit, Landwirtschaft und Großfamilie prägten den Einzelnen. Man achtete aufeinander und half sich gegenseitig. Die anschließende Industriegesellschaft bestand für circa 150 Jahre. Der erste tiefgreifende Wandel fand statt. Menschen wurden mobiler, verließen die Großfamilie, zogen in Städte und gründeten die klassische Kleinfamilie. Die dritte Entwicklungsstufe brachte die Informationsgesellschaft. Medien, weltweite Verbindungen, Glasfasern und Internet sorgten für eine unendliche Nachfrage nach Information. Viele Menschen lebten mehr oder weniger freiwillig allein und hielten soziale Kontakte mithilfe digitaler Technik aufrecht. Im Jahr 1992 rief der amerikanische Senat das »4. globale Zeitalter« aus. Die Gehirngesellschaft hatte begonnen. Freies Denken und individuelle Verwirklichung bei sinkender Akzeptanz von Autoritäten und Vorschriften prägen diese Gesellschaftsform. Dauer und Auswirkungen sind heute noch nicht vorhersehbar.

Der Wertewandel wird bei allen Entwicklungen deutlich. 1945 gehörte der Besitz verständlicherweise zum höchsten Wert. Der Mensch strebte nach einem Auto, dem eigenen Grundstück, dem kleinen Haus. Heute schenken die Eltern ein Auto zum 18. Geburtstag und das Haus wird sowieso einmal vererbt. Besitz ist für die meisten selbstverständlich und wird oft als nebensächlich eingeschätzt.

Andere Werte wie Fleiß, Tradition, Ehre und Disziplin verloren ebenfalls ihre Wirkung. Der Mensch bevorzugt neue Werte. Freizeit, Glück, Abwechslung, Mitreden, Mitdenken und Ungehorsam. Diese Werte sind hedonistisch und entsprechen dem unbeugsamen Streben nach Genuss. Der Mensch sieht sich als Mittelpunkt der Erde, er denkt und handelt nur für sich selbst. Mit diesem Wertewandel entstehen neue Märkte, zum Beispiel die Herrenkosmetik. Die Branche wächst, weil Seife, Kamm und Zahnbürste nicht mehr ausreichen.

Mit diesem Wertewandel entstehen auch neue Leitlinien für die Führung von Menschen. Früher wurde eine Idee einfach durchgesetzt. Heute gelingt das nur in wechselseitiger Beeinflussung. Alle reden mit, jeder möchte entscheiden. Überzeugend zu sein kostet mehr Kraft. Früher dominierte die Anhäufung von Kapital, Besitztum und Immobilien. Heute ist die Bereicherung des Lebens wichtig. Früher galt das Interesse lediglich dem Besitz von Autos oder Waschmaschine. Heute ist es von Bedeutung, ob ein Auto Klimaanlage oder Airbag hat. Welche Energiebilanz die Waschmaschine aufweist. Und von welchem Hersteller die Produkte stammen. Früher zählten feste Leitlinien und Idole, heute der Spaß am ständigen Wechsel. Im Berufsleben wird alles infrage gestellt. Man sucht nach dem Sinn. Früher handelte der Mensch rational, heute erlebnisorientiert und genussvoll. Früher konnte man sich auf Geradlinigkeit und Logik verlassen, heute verhält sich der Mensch unbestimmt und weniger vorhersehbar. Diese entscheidende Veränderung ist für die Führungsqualität von großer Bedeutung. Unser heutiges und zukünftiges Verhalten wird mehr von den Entfaltungswerten beeinflusst und gesteuert. Dazu gehören: Selbstverwirklichung, Ungebundenheit, Ausleben emotionaler Bedürfnisse, Kreativität, Abenteuer, Spannung, Abwechselung, Demokratie, Genuss und Emanzipation.

Unternehmenskultur

Die Unternehmenskultur ist für Mitarbeiter ein entscheidender Motivationsfaktor. Dabei präsentiert sich das Unternehmen nicht nur durch Logo und Farben. Die vollständige Kultur wird durch sechs Elemente geprägt:

1. Wie sind die Unternehmensstrukturen, welche Hierarchien gibt es?
2. Wie laufen die Prozesse innerhalb des Unternehmens ab, sind die Abläufe klar und deutlich oder macht jeder, was er will?
3. Gibt es ein Leitbild, zum Beispiel einen Gottlieb Daimler, einen Bill Gates oder ein Phänomen, das einem Leitbild entspricht?
4. Welche Kommunikationskultur herrscht im Unternehmen?
5. Wie wird das Individuum in der Firma gesehen, welchen Stellenwert hat der Einzelne?
6. Gibt es Rituale im Unternehmen, die Ihre Mitarbeiter zusammenschweißen wie der Beschwörungskreis einer Fußballmannschaft vor dem großen Spiel?

Orientierung geben

Ein Unternehmen oder eine Abteilung zu leiten bedeutet vor allem, Mitarbeiter zu führen. Führen heißt: Orientierung geben, den Weg zeigen, Vorbild sein. Mit Charisma geben Sie Orientierung, mit Charisma geht alles. Nichts motiviert mehr als zu hören, dass es geht. Nichts demotiviert mehr als zu glauben, dass es nicht geht. Eine charismatische Führungskraft besitzt drei typische Eigenschaften:

1. Sie weiß, wohin.
2. Sie hat Mut.
3. Sie strahlt Zuversicht aus.

Leben Sie nach der einfachen Management-Regel: Leiste als Führungskraft immer etwas mehr, als du von deinem Mitarbeiter erwartest.

Entscheidungen treffen

Sie sind Führungskraft, treffen also in erster Linie Entscheidungen und müssen diese durchsetzen. Entscheidungen verlangen eine hohe Qualität. Alle Einflussgrößen müssen berücksichtigt sein. Dann führt jede Entscheidung mit größter Wahrscheinlichkeit zum gewünschten Ergebnis.

Erfolg setzt eine hohe Effizienz der Entscheidungen voraus. Diese Wirksamkeit wird nur erreicht, wenn Sie ein klar definiertes Ziel verfolgen. Teilen Sie es Ihren Mitarbeitern mit. Präzisieren Sie Ihr Ziel, damit es vor Ihrem geistigen Auge sichtbar wird. Dann haben Sie eine Vision. Glauben Sie daran, halten Sie an Ihrem unbändigen Willen fest. So überzeugen Sie mit begeisternder Ausstrahlung und erhalten das nötige Charisma. Charisma = Visionen realisieren.

Immaterielle Leistungsanreize

Da heute im Allgemeinen gut verdient wird, sind Motivatoren wie direkte Anerkennung durch die Führungskraft und die Kollegen, die Aufgabenstellung innerhalb der Firma, Abwechslung, Ihr Stil, mit den Mitarbeitern umzugehen, sehr wichtig. Die Motivatoren sind jedoch bei jeder Firma und bei jedem Mitarbeiter recht unterschiedlich. Jeder Mensch spricht auf andere Motivationsmotoren an. Den passenden zu finden, ist deshalb nicht immer einfach. Wer als Führungskraft eng mit seinen Mitarbeitern zusammenarbeitet und sie gut kennt, und zwar nicht nur beruflich, sondern auch privat, weiß, was seine Mitarbeiter motivieren kann.

Nicht-monetäre Motivatoren kosten Sie wenig Geld, erfordern aber Ihren ganzen Einsatz und einige Zeit, die jedoch gut investiert ist. Die folgende Übersicht zeigt die wichtigsten Motivatoren und ihre Ausprägungen.

Motivation durch ...	Ausprägung
Information	Regelmäßig über Ziele, Pläne, Strategien, Ergebnisse, Erfolge, Marktaktivitäten, Kunden, Wettbewerber, Projekte, F & E etc. als strukturierte Information
Kommunikation	Beruflich und privat miteinander sprechen, sich gegenseitig zuhören, Zeit füreinander haben, menschliches Interesse füreinander zeigen
Integration	Management by Objectives, Einbindung in Entscheidungen, Verantwortung übertragen, Mitgliedschaft in Beiräten
Partnerschaftliche Zusammenarbeit/Teamgeist	Mitarbeiter zu Projektteams, Know-how-Teams, Prozessteams zusammenführen, Partnerschaften, Workshops, Erfa-Gruppen, kooperativer Führungsstil, Führungskraft als sympathisches Vorbild mit nachahmenswerter und authentischer Persönlichkeit
Arbeitsbedingungen	Arbeitsplatz, Arbeitsmittel, Arbeitszeit

Identifikation	• Mit dem Unternehmen: Imagewerbung nach innen, Videos, Werksbesichtigungen, Pressenotizen, Mitarbeiterzeitschrift • Mit dem Produkt: im Alltag benutzen lassen, offener Wettbewerbsvergleich bei Produktschulungen • Mit den Aufgaben und Arbeitszielen: Wichtigkeit und Bedeutung/Konsequenzen herausstellen
Freiräume	Gestalterische Freiheit, Einflussmöglichkeiten, Management by Exception, Vollmachten, Kompetenzen, Eigenverantwortung, Ernennungen
Anerkennung von Teamleistung	Gemeinsame Vergnügungen/Events, motivierende Verkaufstagungen
»Sympathisches Vorleben«	Vorbild sein, selbst Leistung zeigen, an der gemeinsamen Zielerreichung beteiligen
Persönliche Anerkennung	Direktes, spontanes Lob anhand konkreter Beispiele, Urkunden, persönliche Briefe der Geschäftsleitung nach Hause, Privilegien, Statussymbole, persönliche Geschenke, Pokale, Ehrenzeichen, besondere Arbeitsmittel
Persönlichkeitsentwicklung	Aus- und Weiterbildung, persönliche Förderung, berufliche Perspektive, Talentschmiede
Erfolgserlebnisse	Für den Mitarbeiter Erfolgserlebnisse vorbereiten und sich selbst zurücknehmen, Erfolge des Mitarbeiters dokumentieren und publizieren, Ratgeber auf dem Weg zum Erfolg

Motivation durch Qualifikation

Wie bereits weiter oben erwähnt, setzen Vertriebsleiter laut HSH-Motivationsstudie 2006 bei der Mitarbeitermotivation, nach der erfolgsabhängigen Entlohnung, zwar mit weitem Abstand, aber doch immerhin an zweiter Stelle auf Weiterbildungsangebote (41 Prozent). Der größte Motivationseffekt von Qualifikationsmaßnahmen liegt nun darin, dass den Mitarbeitern durch die Möglichkeit zur Teilnahme ein Gefühl der persönlichen Anerkennung vermittelt wird. Sie spüren, dass sie dem Unternehmen wichtig sind. Die meisten Mitarbeiter sind deshalb auch bereit, ihre freie Zeit dafür herzugeben. Lernen führt außerdem zu einer höheren Eigenmotivation und einem größeren Verantwortungsbewusstsein.

Zu den motivierenden Angeboten zählen die in einem persönlichen Entwicklungsplan vorgesehenen Weiterbildungsprogramme genauso wie maßgeschneiderte Trainings und Coachings zur Vorbereitung auf bestimmte Aufgaben bei den Kunden. Der Vorteil für Sie als Führungskraft

Durch Weiterbildung bringen Sie die Mitarbeiter auf den neuesten Stand, steigern ihre Leistung und binden gute Verkäufer langfristig an das Unternehmen. Lebenslanges Lernen sollte auch im Vertrieb eine Selbstverständlichkeit sein und als Motivationsfaktor genutzt werden.

Grundsätzliche Ziele für Verkaufstrainings

Seminare, Workshops, Trainings machen nur Sinn, wenn die Beteiligten einen persönlichen Nutzen daraus ziehen, der dann direkt oder indirekt der Firma wieder zugute kommt. Für den Verkäufer sollen die Aufgaben leichter zu lösen sein, er soll mit mehr Begeisterung arbeiten und somit bessere Verkaufserfolge erzielen.

Diese Bereiche sollten in einem Training zum Tragen kommen:

1. *Erreichung von Arbeitszielen.* Ein Training soll bei der Erreichung und Absicherung der aktuellen quantitativen und qualitativen Unternehmensziele, Marketingziele, Verkaufsziele und Mitarbeiterziele unterstützen.
2. *Förderung des Verkaufs.* Das gilt für den Außendienst, Innendienst und Kundendienst. Machen Sie Vorgaben oder lassen Sie den Trainer entsprechende Vorgehensweisen, Maßnahmen oder Instrumente erarbeiten.
3. *Motivation der Mitarbeiter.* Hektik, Arbeitsdruck, ständige Veränderungen, Wettbewerbsdruck, verlorene Aufträge oder Kunden können auf Dauer die Moral Ihrer Mitarbeiter untergraben. Besonders gefährdet sind Einzelkämpfer im Außendienst. Externe glaubwürdige Trainer können mit ihrer Motivationskraft für neuen Schub sorgen.
4. *Qualifikation der Mitarbeiter.* Gemeint ist sowohl die fachliche als auch die persönliche Weiterentwicklung der Mitarbeiter. Seminarstile und Trainingsmethoden, die den eigeninitiativ mitdenkenden Mitarbeiter fördern, sind hier zu bevorzugen.
5. *Förderung des Teamgeistes.* In einer komplexer werdenden Arbeitswelt werden gut eingespielte Teams erfolgreicher sein als Einzelkämpfer. Verkaufstrainings können den Rahmen schaffen, der den Teamgeist Ihrer Mitarbeiter fördern hilft.
6. *Mitarbeiterbindung.* Qualifizierte Mitarbeiter sind eine der teuersten und wertvollsten Ressourcen eines Unternehmens. Der Verlust eines Topverkäufers sowie die Suche und Einarbeitung eines neuen Mitarbeiters kosten in den meisten Fällen sehr viel Geld. Durch ein sinnvolles Angebot an Trainingsmaßnahmen und ein entsprechendes Trainingsambiente zeigen Sie Ihren Mitarbeitern Ihre Wertschätzung.

Ob nun eine Weiterbildungsmaßnahme Erfolg haben wird, hängt sehr stark vom Wollen, also von der Selbstmotivation der Mitarbeiter ab. Dafür können Sie den Boden bereiten:

- Für die Mitarbeiter muss persönlich ein Sinn für die Trainingsmaßnahme erkennbar sein. Deshalb sind für das Wollen das motivierende Einladungsschreiben, das passende und gewünschte Programm und das Einbeziehen einzelner Teilnehmer in die Konzeption so wichtig.
- Ebenso wichtig als Motivationsfaktor ist die Akzeptanz des Trainers bei den Teilnehmern und zwar in menschlicher, fachlicher und methodischer Hinsicht. Legen Sie darauf Ihr besonderes Augenmerk.
- Ist die grundsätzliche Motivation vorhanden, dann wollen die Mitarbeiter auch den Nutzen der Qualifikationsmaßnahme für ihre tägliche Praxis sehen und verstehen. Orientieren Sie deshalb die Trainingsziele, -inhalte und -methoden an der Praxis.
- Nach dem Training will das Gelernte auch eingebracht werden. Der Mitarbeiter will zeigen, was er Neues kann. Bieten Sie ihm die Plattform dafür und unterstützen Sie die Umsetzung des Gelernten in die Praxis.

In Teil 6 »Steigerung der Produktivität im Vertrieb« lesen Sie mehr zum Thema Qualifikation im Hinblick auf die Leistungssteigerung der Mitarbeiter.

Motivation durch Kommunikation

Echte Kommunikation ist nur möglich, wenn Informationen ausgetauscht werden. Informieren Sie sich und Ihre Mitarbeiter. Gut informierte Mitarbeiter sind motiviert, weil ihnen das Gefühl vermittelt wird, dass sie wichtig sind. Wer Informationen bewusst oder unbewusst zurückhält oder nur speziellen Mitarbeitern zukommen lässt, schafft eine Atmosphäre des Misstrauens. Informationen führen zur Kommunikation. Kommunikation ist die Basis für Kooperation.

Weitergabe optimieren

Für eine gute Information müssen Sie die richtige Form der Weitergabe finden, zum Beispiel bedrucktes Papier, E-Mail oder eine CD-ROM. Sie entscheiden über die Form, die Ihre Mitarbeiter wahrnehmen und verstehen. Die Form einer Information begünstigt die Aufnahme. Beispiel: Sie wollen die Mitarbeiter einer Baufirma über die Bedeutung von Qualität informieren. Sie verzichten auf ein normales Rundschreiben und informieren anhand von Karikaturen. Diese hängen Sie in den Büros auf und zeigen alles, was auf dem Bau passieren kann, zum Beispiel einen Keller, der größer als das Haus ist oder einen Wasserhahn, der über das Becken hinausragt. Diese Form der Information ist humorvoll, einprägsam und erreicht die Zielgruppe leichter als Text. Für eine gute Information müssen Sie die Menschen im richtigen Format ansprechen – den Ingenieur anders als die Sekretärin. Mit dem richtigen Format holen Sie den anderen da ab, wo er steht – und damit haben Sie seine höchste Aufmerksamkeit.

In Information steckt aber auch Formation. Bringen Sie durch die Wahl der richtigen Form und des passenden Formats alle Mitarbeiter in die Formation, in der vorgegebene Ziele auch erreicht werden können. Ein Beispiel: Ein Fußballtrainer hat exzellente Einzelspieler unter Vertrag. Aber nur, wenn er die richtige Formation zusammenstellt, gewinnt seine Mannschaft.

Kommunizieren Sie miteinander, lassen Sie Ihre Formation spüren, wie gut alle zusammenarbeiten. Eine Formation, die stark und in Form ist, vermittelt Ihren Mitarbeitern etwas ganz Besonderes, etwas, das vielen fehlt: Ja, ich gehöre dazu. Achten Sie auch bei der Entwicklung Ihrer Führungsgrundsätze darauf: Zugehörigkeit ist ein wichtiges Gefühl, ein wesentliches Prinzip erfolgreicher Motivation. Hängen Sie Ihre Führungsgrundsätze sichtbar an die Wand.

Transparenz schaffen

Ihre Mitarbeiter brauchen Information. Sie möchten wissen, welche Position Ihre Firma im Markt hat, wie stark Ihre Konkurrenz ist. Zeigen Sie Kennzahlen – Umsätze, Gewinne, Verluste. Lassen Sie keine Information weg. So bilden Sie Vertrauen. Ihre Mitarbeiter entwickeln Verantwortung und Kostenbewusstsein für die Firma und für die eigene Leistung. Teilen Sie Ihrem Team alles mit. Lassen Sie nicht zu, dass andere Ihre Mitarbeiter informieren. So entstehen nur unnötige Gerüchte und Vermutungen.

Planen Sie alle Ziele gemeinsam. Beziehen Sie Ihr Team in jeden Planungsvorgang mit ein. Ihre Mitarbeiter sind die Spezialisten, die Sie sich ausgesucht haben. Vertrauen Sie Ihren Mitarbeitern. Sie sind genauso wie Sie daran interessiert, dass Ihr Unternehmen auch in Zukunft erfolgreich handelt. Fassen Sie die erarbeiteten Ziele schriftlich zusammen. Hängen Sie das Papier sichtbar an die Wände. Ziele sind kein Geheimnis, sondern Motivation. Auch die Kunden dürfen durchaus sehen, woran gearbeitet wird.

Ergebnisse festhalten

Halten Sie Termine und Vereinbarungen schriftlich fest. Das ist nicht umständlich, sondern bietet wichtige Vorteile. Nicht immer ist der Adressat anwesend, wenn Sie ihm etwas mitteilen wollen. Schreiben Sie ihm eine Notiz oder noch besser eine E-Mail. Sie sparen Papier und haben eine Kontrolle darüber, wen Sie wann informiert haben. Protokollieren Sie Meetings. Das ermöglicht die Kontrolle von Projektphasen, Veränderungen können registriert oder Zuständigkeiten festgelegt werden. Außerdem sind wichtige Arbeitsabläufe und deren aktueller Stand für jeden nachvollziehbar. Mit schriftlichen Informationen kultivieren Sie Kommunikation innerhalb des Workflows und reduzieren Fehler und Missverständnisse.

Motivation durch Anerkennung

Lob ist vermutlich das effizienteste Führungsinstrument, das Führungskräfte anwenden können. Jeder hört gerne ein positives Wort und fühlt sich dadurch motiviert. Trotzdem scheinen Komplimente – besonders in der deutschen Arbeitswelt – eher ein Schattendasein zu führen. In einer internationalen Erhebung des Karriere-Internetportals Stepstone gaben 56 Prozent der befragten Deutschen an, sie glaubten nicht, dass ihre Arbeit in der Firma geschätzt sei. In keinem anderen Land lag dieser Wert unter 50 Prozent.

Sowohl Kritik als auch das Lob sind notwendige Faktoren für die Zusammenarbeit. Wenn weder das eine noch das andere vorhanden ist, dann fühlen sich Mitarbeiter unbemerkt. Sparen Sie nicht mit Lob. Leistung muss anerkannt werden. Achten Sie aber darauf, immer ehrlich zu sein. Mitarbeiter verstehen ein Lob grundsätzlich persönlich. Die Wirkung hängt davon ab, wie sensibel Sie mit Lob umgehen. Übertreiben Sie nicht, das macht Sie unglaubwürdig. Untertreiben Sie aber auch nicht. Mitarbeiter haben ein Gespür für ein angemessenes Lob. Ehrliches Lob ist übrigens die einzige Form der Bewertung, die Sie öffentlich vornehmen dürfen. Loben Sie Ihr ganzes Team, wenn eine Aufgabe gemeinsam gelöst wurde. Bleiben Sie immer gerecht. Lob und Anerkennung ist Ihr Applaus. In diesem Moment gibt es nichts auf der Welt, was das eigene Handeln mehr bestätigen könnte.

Loben ist zwar leichter als tadeln, aber wer wirksam loben will, sollte Folgendes beachten:

- Ein Lob muss ehrlich sein. Wenn Sie in der »Ich«-Form sprechen, zeigt das dem Mitarbeiter, dass Sie sich mit seinen Leistungen, seinem

Verhalten auch wirklich auseinandergesetzt haben:»Ich fand Sie in dem Kundengespräch gestern sehr überzeugend.«

- Die Anerkennung muss gezielt und situationsspezifisch erfolgen. Je differenzierter das Lob, umso stärker die Wirkung.
- Gute Leistungen müssen sofort gelobt werden. Bleibt das aus, dann demotiviert das meistens.
- Mitarbeiter, die neue Aufgaben übernommen haben, bedürfen besonderer Anerkennung.
- Einem häufigen Lob müssen andere Formen der Anerkennung (zum Beispiel Erweiterung des Verantwortungsbereiches, Gehaltserhöhung) folgen.
- Lob und Kritik sollten getrennt werden. Ein »Aber« nach einem Lob macht dieses wieder zunichte.
- Eine Anerkennung sollte auch hin und wieder öffentlich verkündet werden. Eine Lob-»Inflation« wirkt allerdings unglaubwürdig.

Mögliche Vorgehensweise beim Loben

Sprechen Sie die Anerkennung frei und direkt aus:»Mit Ihren Leistungen im letzten Quartal war ich sehr zufrieden, Herr Huber.« Nennen Sie auch Einzelleistungen:»Besonders freut mich, dass Sie Ihre Umsatzvorgabe erreicht haben. Auch Ihre durchschnittliche tägliche Besuchszahl hat sich in den letzten zwei Monaten erheblich gebessert.« Teilen Sie die Gründe für den Leistungsanstieg mit:»Ihre Leistungssteigerung rührt vor allem daher, dass Sie Ihre Besuchsarbeit exakter geplant haben. Sie konnten dadurch …« Zeigen Sie die Auswirkungen des Leistungsanstiegs:»Ihr Umsatzergebnis hat dazu beigetragen, dass wir das Gebietssoll und die Teamprämie erreicht haben. Sie haben damit auch Ihren Kollegen einen guten Dienst erwiesen.« Fordern Sie zu weiteren Leistungen auf:»Wenn Sie so weitermachen, werden wir sicher auch am Ende des nächsten Quartals wieder positive Ergebnisse verzeichnen können.«

Motivation durch Meetings

Ihre Verkäufer im Außendienst sind im Prinzip »einsame« Menschen. Sie sehen zwar viele andere Menschen, aber selten einen Kollegen, bei dem sie die leer gewordene Batterie wieder aufladen können. Je länger sie draußen sind, desto mehr lässt die Bereitschaft nach, die eigene Firma über Beobachtungen zu informieren. Dasselbe gilt für die Rückinforma-tion. Doch ohne Information kann es auf Dauer keine Kooperation geben.

Dazu kommt, dass einer der häufigsten Hintergründe für ein Verlassen der Firma das fehlende Zugehörigkeitsgefühl ist. Und das kann der Verkäufer nicht bekommen, wenn er immer unterwegs ist und dazu noch sein Schreibtisch nach Hause verlagert wurde. Aber nicht nur das Fördern von Information, Kooperation und Teamgeist sollte Zielsetzung einer Verkäuferbesprechung sein. Allzu viele Verkäuferbesprechungen verlaufen

- ohne konkretes Arbeitsergebnis,
- ohne neue Erkenntnisse für die Teilnehmer,
- ohne die Teilnehmer maßgeblich zu motivieren,
- ohne Engagement und
- ohne Begeisterung.

Diese Tatsache soll Ansporn und Appell an jede Vertriebsführungskraft sein, dieses noch häufig ungenügend genutzte Motivationsinstrument besser einzusetzen.

Die oberste Zielsetzung von Verkäuferbesprechungen muss sein, die Verkäufer zu größerem Einsatz in Akquisition und Verkauf zu veranlassen. Folgende Frage muss daher vor und nach dem Meeting immer wieder gestellt werden: »Was werden wir tun/haben wir getan bei unserer Besprechung, um unsere Verkaufschancen zu verbessern?« Diese Einzelziele sollten daher für Meetings ins Auge gefasst werden:

- Gelegenheit zur Aussprache, zum Erfahrungsaustausch geben, sich vom Außendienst informieren lassen
- Den Außendienst informieren über Neuigkeiten und über die Zukunft, Zuversicht und Perspektiven geben
- Die Ist-Situation feststellen, ohne zu fruchtloser Rechtfertigung zu zwingen (»Warum haben Sie…?«)
- Neue Umsatzsteigerungsmaßnahmen entwickeln und einleiten. (»Wie werden Sie …?«)
- Neue quantitative und qualitative Etappenziele verabschieden
- Über spezielle Verkaufserfolge und Kundenreferenzen motivierend berichten
- Die Außendienstmitarbeiter motivieren

Motivierendes Einladungsschreiben

Die Motivation Ihrer Verkäufer beginnt bereits beim Einladungsschreiben. Daher hier ein Muster zur Anregung.

Regionales Vertriebmeeting, Region Ost, am …, in Berlin

Teilnehmer: …

Guten Tag, sehr geehrte Damen, sehr geehrte Herren,

für unser nächstes Vertriebsmeeting, zu dem ich Sie herzlich einlade, konnten wir Herrn Dr. Fritz Watt von der TH Berlin als Referenten gewinnen. Seien Sie gespannt auf seine Ausführungen zum Thema …!

Bitte bereiten Sie sich auf die Themen des beigefügten Programms vor. Für weitere Besprechungspunkte habe ich wie immer ein offenes Ohr, bitte lassen Sie mich Ihre Wünsche rechtzeitig wissen.

Tagungsbeginn ist am 11.10. um 8.30 Uhr im Hotel Excelsior, Berlin. Wir beenden unser Meeting um 13.00 Uhr mit einem gemeinsamen Mittagessen.

Ich wünsche Ihnen eine gute Anreise und allen eine motivierende Tagung.

Beste Grüße

Ihr

Verkaufsleiter Inland

Anlage: Programm und Anreiseplan

Motivationstipps
Wie kann nun das Verkaufsmeeting motivierend gestaltet werden? Folgende Ideen wurden bei verschiedenen Firmen unterschiedlicher Branchen erfolgreich praktiziert. Prüfen Sie einmal, welche Ideen auch bei Ihnen realisierbar sind:

Idee 1: Verkäufer halten Vorträge über

❑ Wettbewerbsaktivität
❑ ihre beste Verkaufstechnik
❑ Smalltalk-Ideen (als Ersatz des gängigen Blabla-Vorgeplauders)
❑ Neue Produktideen
❑ Neue Marktlücken
❑ …

Idee 2: Ideenfindung durch Brainstorming und andere Kreativitätstechniken – angewandt zur

- ❑ Lösung eines gemeinsamen Problems
- ❑ Ermittlung von Produkt-/Nutzenargumenten
- ❑ Findung von Ideen für die Produktneueinführung
- ❑ Gewinnung von Ideen zur Verbesserung der Zusammenarbeit mit dem Innendienst
- ❑ …

Idee 3: Entscheidungsfindung in der Gruppe

Das führt zur inneren Akzeptanz der Entscheidung. Denn selbst eine Entscheidung mit herbeigeführt zu haben, bedeutet, sich voll und ganz dafür einzusetzen.

Idee 4: Ort und Organisation abwechseln

Das führt zu gesteigerter Aufmerksamkeit und Aufwertung der Teilnehmer. Ein Klassenzimmercharakter wird vermieden.

Idee 5: Einladung eines Referenten/Gesprächspartners aus anderen Abteilungen – zum Beispiel aus: Innendienst, Kundendienst, Versand, Buchhaltung, Forschung & Entwicklung oder Einkauf. Das fördert eine reibungslosere, effektivere Zusammenarbeit.

Idee 6: Kurzvorträge (50 Minuten) von externen Experten zu einem genau definierten Inhalt – zum Beispiel von Führungskräften ähnlich gelagerter Firmen, Meinungsbildner, Kooperationspartner, Ingenieurbüros, Fachjournalisten, Unternehmensberater.

Jahresmeeting: Die Weichen richtig stellen

Eine besondere Rolle bei den regelmäßigen Verkäuferbesprechungen nimmt das Jahresmeeting ein. Verkaufsmitarbeiter sollen auf Vertriebsziele eingeschworen, auf neue Herausforderungen vorbereitet und für das kommende Geschäftsjahr motiviert werden. So wird das Jahresmeeting zu einem wichtigen Ereignis, das, als Mischung aus Sachinformation und Motivation, gut vorbereitet sein will – organisatorisch, inhaltlich und dramaturgisch.

Je besser vorbereitet Sie sind, desto reibungsloser und erfolgreicher wird die Tagung verlaufen und desto leichter können bessere Ergebnisse erzielt werden. Eine gute Vorbereitung aber braucht Zeit. Fangen Sie daher nicht einen Tag vor dem Jahresmeeting an, eine Agenda zu schreiben oder nach benötigten Unterlagen zu suchen. Notieren Sie sich schon lange vorher immer wieder wichtige Stichpunkte dazu, was besprochen werden soll, welche Ziele und Ergebnisse Sie mit Ihrem Meeting erreichen und wie Sie Ihre Mitarbeiter motivieren wollen.

Lassen Sie sich von den Fragen leiten: Was muss das Vertriebsteam wissen? (Bestimmt den Informationsteil.) Was sollen die Verkäufer nach der Veranstaltung tun? (Bestimmt die Ziele und daraus abzuleitende Maßnahmen.) Wie soll das Vertriebsteam auf das neue Geschäftsjahr eingestimmt werden? (Bestimmt den Motivationsteil.)

Aber nicht nur Sie müssen gut vorbereitet sein. Das Gleiche gilt auch für die Teilnehmer. Binden Sie diese bereits in die Vorbereitung und später in die Durchführung mit ein. Dadurch sind sie motivierter und präsenter. Beispielsweise könnten Sie für einzelne Besprechungspunkte eine verantwortliche Person festlegen, die diesen Punkt leitet. Oder Sie übertragen ihnen einzelne Vorbereitungsaufgaben, wie bestimmte Themen oder Zahlen mithilfe von Charts zu visualisieren. Drängen Sie zumindest darauf, dass alle Unterlagen, auch die von Teilnehmern, rechtzeitig vor dem Meeting ausgeteilt und gelesen sind.

Keine Sitzung ohne Agenda

In der Agenda werden die Tagesordnungspunkte festgelegt, möglichst mit genauer Zeitangabe und entsprechender Zielformulierung die einzelnen Topics betreffend. Verteilen Sie die Agenda rechtzeitig vor der Sitzung, am besten bereits mit der Einladung der Teilnehmer und mit der Bitte, sich auf die entsprechenden Punkte vorzubereiten. Ist eine längere Vorbereitungszeit nötig, dann geben Sie die Agenda auch entsprechend früher heraus. Achten Sie darauf, dass nicht zu viele Besprechungspunkte auf der Agenda stehen. Überlegen Sie genau, wie viel tatsächlich in der angesetzten Zeit sinnvoll besprochen werden kann.

Inhalte vorbereiten

Themen für das Kick-off-Meeting könnten sein: Darstellung der Ist-Situation des Vorjahres, Vertriebsziele für das kommende Jahr, Trends, besondere Erfolge, Blick auf die Wettbewerbssituation, Hausinterna, neue Produkte, neue Werbemaßnahmen, neue Konzepte und vieles mehr.

Nehmen Sie sich nicht zu viel vor, sondern konzentrieren Sie sich auf das Wichtigste gemäß der Frage: Wie können die Weichen für ein ertragreiches 200... gestellt werden? Verzichten Sie auf Themen, mit denen Ihre Verkäufer sowieso täglich konfrontiert werden, auf Kritik der Ergebnisse und Probleme, die besser im Zweiergespräch geklärt werden. Überlegen Sie sich Punkte, von denen die Teilnehmer später sagen werden: »Das hat mir wirklich genützt.«

Begeistern und verblüffen

Von Verkäufern wird erwartet, dass sie mit ihren Präsentationen ihre Kunden begeistern und zum Kauf bewegen. Setzen auch Sie sich dieses Ziel und nehmen Sie sich vor, Ihre Verkäufer zu begeistern und zu Spitzenleistungen zu bewegen. Machen Sie es nicht wie manche Verkaufschefs, welche die Vorbereitung der Powerpoint-Präsentation den Assistentinnen überlassen und gerade mal eine Stunde vorher einen flüchtigen Blick darauf werfen. Das Jahresmeeting ist zu wichtig, als dass die Teilnehmer danach herausgehen und es wieder einmal heißt: Außer Spesen nichts gewesen.

Überlegen Sie sich besonders: einen guten Auftakt, überraschende Momente, eindrucksvolle Darstellungsmöglichkeiten für die Jahresergebnisse und einen Schluss, der in Erinnerung bleibt. Trainieren Sie Ihren großen Auftritt. Verblüffungen sollten zu den Teilnehmern passen, sie dürfen nicht übertrieben werden und nicht zu kindisch wirken. Planen Sie auch genügend Elemente ein, welche die Teilnehmer aktivieren und zum Mitmachen auffordern. Überlegen Sie sich zum Beispiel interessante Fragen, die Sie zwischendurch stellen können.

Motivieren

Kick-off-Meetings sind die beste Gelegenheit für einen Motivationsschub. Denken Sie daran: Kundenzufriedenheit hat viel mit Mitarbeiterzufriedenheit zu tun. Zeichnen Sie das Big Picture – die direkte Verbindung zwischen ihren Arbeitsergebnissen und dem Erfolg des Unternehmens. Das zum Erfolg führende Verhalten der Mitarbeiter (zum Beispiel im Umgang mit Kunden) steht dabei im Mittelpunkt der Kommunikation. Wie können Sie die Kernbotschaften so vermitteln, dass der Motivationsfunke auf die Teilnehmer überspringt? Welches Hintergrundwissen, welche externen oder internen Informationen sind notwendig, damit der Identifikationsgrad der Teilnehmer erhöht werden kann?

Feiern Sie das Verkaufsteam. Ihre Mitarbeiter sind Ihr höchstes Gut. Füllen Sie diesen Satz mit Leben. Heben Sie im Jahresmeeting die Stärken ganz besonders hervor, teilen Sie aber nur ehrlich gemeintes Lob aus. Tipp: Verwenden Sie zum Beispiel den Spruch »Deine Arbeit ist Gold wert!« und überreichen Sie dazu eine in Goldpapier verpackte Schokolade (eine Idee aus Daniel Zanetti, »1001 Tipps zur Mitarbeitermotivation«, verlag moderne industrie).

Motivieren Sie mit einem angenehmen Abschluss die Teilnehmer, so dass sie mit einem guten Gefühl in das neue Verkaufsjahr und zu ihren Kunden gehen können.

Events wirkungsvoll planen

In vielen Unternehmen finden im Jahr zwei bis drei Events zu besonderen Gelegenheiten statt: sei es zur Einführung eines neuen Produktes, zur Präsentation einer innovativen Vertriebsstrategie, zum Thema Neukundengewinnung oder zum oben erwähnten Jahres-Kick-off-Meeting.

Die Vorbereitung eines solchen Events ist meist sehr zeitaufwendig und personalintensiv. Damit die Veranstaltung ein Erfolg wird und die Teilnehmer beziehungsweise Mitarbeiter danach begeistert nach Hause gehen, ist es wichtig, dass die Veranstaltung von Anfang bis Ende sorgfältig durchgeplant wird. Dabei sind einige wichtige Punkte zu beachten:

1. Übergreifendes Motto für die gesamte Veranstaltung

Das Motto sollte nicht nur für die Hauptveranstaltung selbst gelten, sondern auch für Spezialseminare und Workshops, die im Rahmen des Events stattfinden. Beispielsweise wurde für ein Europäisches Marketing-Meeting einer renommierten Elektrowerkzeugfirma für ein Brainstorming das Motto »Take off to new dimensions« gewählt. Dies war die Klammer für die fünf präsentierten Produktbereiche, bei denen jeweils die Frage nach der neuen Dimension ein wichtiges Kernthema darstellte. Visuell wurde das Motto in Form einer Rakete umgesetzt. Im Laufe der Veranstaltung wurden die einzelnen Stufen der Rakete von den verschiedenen Teilnehmergruppen angefertigt und am Ende der Veranstaltung auf der Bühne zusammengesetzt. Zum Abschluss baute die oberste Vertriebsleitung das Navigationssystem an der Spitze der Rakete ein mit den Worten »Wir machen gemeinsam die Steuerung«. Als die Rakete mit aufsteigendem Rauch von der Bühne abhob, wurde ihr Start mit begeistertem und stehendem Applaus von den Teilnehmern begleitet.

Ein Event anlässlich der Fusion zweier Firmen – wobei es darum ging, die Kulturen beider Firmen schnell zusammenzuführen (bekanntlich das größte Dilemma, an dem zwei von drei Fusionen scheitern) –, startete mit dem zunächst chaotischen Trommeln senegalesischer Musiker. Die 550 Teilnehmer des Events, Mitarbeiter aus den beteiligten Firmen und jeder mit einer kleinen Trommel beschenkt, übten anschließend mit den Senegalesen das gemeinsame Trommeln im Einklang, was hervorragend bei den Teilnehmern ankam und optimal veranschaulichte, wie auch der Erfolg einer Fusion trotz unterschiedlicher Kulturen der beteiligten Firmen durch gemeinsames Handeln (Trommeln) bewirkt werden kann.

2. Passendes Rahmenprogramm, das das Motto unterstützt

Tanzveranstaltungen, Cabarets oder Ähnliches dienen zwar der Unterhaltung der Teilnehmer, lenken aber meist zu sehr vom Wesentlichen ab und »verwässern« das angestrebte Ergebnis der Veranstaltung. Dagegen fördert es die Aufmerksamkeit der Teilnehmer und dient der Vertiefung des für die Veranstaltung gewählten Themas, wenn auch das Rahmenprogramm unter das Motto der Veranstaltung gestellt wird.

So wurde beim Event anlässlich der oben erwähnten Fusion zwar eine Tanzvorführung präsentiert, doch die Tänzer traten in der Berufskleidung der einen Firma auf und nützten die Hygienesysteme der anderen.

3. Empfehlungen, wie die angestrebten Ziele erreicht werden können

Häufig werden angestrebte Ziele nicht erreicht, weil den Teilnehmern eines Events zwar gesagt wird, was sie erreichen sollen, aber nicht, wie sie es erreichen können. So reden viele Produktmanager ausführlich über ein neues Produkt, verschweigen jedoch diskret die Argumente, mit denen die Verkäufer den Nutzen der Produkte den anvisierten Zielgruppen verdeutlichen können. Vorträge und Präsentationen sollten daher immer die Sicht des Kunden berücksichtigen.

4. Give-aways, die der Sache dienlich sind

Verteilen Sie nur solche Geschenke an die Teilnehmer, die das Ziel des Events unterstützen. Sehr erfolgreich war beispielsweise eine Veranstaltung, die ganz im Zeichen des Autorennsports stand und für die das Motto »Fahr endlich deinen Porsche« gewählt worden war. Als Hauptpreis gab es drei Wochenendreisen für die besten Verkäufer zu gewinnen, wobei dafür ein Porsche als Fahrzeug zur Verfügung gestellt wurde. Als Give-away bekamen die Teilnehmer vorab einen kleinen Modellporsche geschenkt der sie an den in Aussicht gestellten Gewinn erinnern und sie zu besonderen Verkaufsleistungen motivieren sollte.

Eine wichtige Basisfrage sollten sich alle an einem Event federführend Beteiligten selbstkritisch stellen: Bin ich so gut vorbereitet, dass ich den Teilnehmern der Veranstaltung helfen kann, besser zu werden? Und nach der Veranstaltung: War die Veranstaltung so gut, dass die Mitarbeiter jetzt besser verkaufen? Überprüfen Sie einmal mit den nachfolgenden Fragen, ob Sie mit Ihrer letzten Veranstaltung zufrieden sein konnten.

Fragen zu Eventveranstaltungen	Trifft zu	
	Ja	Nein
Hatten Sie ein motivierendes Motto? War es herausragend genug?	❑	❑
Oder war es wie immer?	❑	❑
Waren die Referenten (chrono-)logisch aufeinander abgestimmt?	❑	❑
Wurden Ihre Mitarbeiter mit Zahlenfriedhöfen überhäuft?	❑	❑
Stellten die Kennzahlen gar jemanden öffentlich bloß?	❑	❑
War das Rahmenprogramm so gewählt, dass es die Vertriebs-Zielsetzung direkt unterstützte?	❑	❑
Bot der Kongressort Abwechslung?	❑	❑
Oder war es wie immer – Tradition ist Tradition?	❑	❑
Gab es am Schluss einen eindrucksvollen Effekt?	❑	❑
Oder gab es wieder mal nur »Diverses« zum Ausplätschern!?	❑	❑
War das Programm dramaturgisch so gut aufgebaut, dass es lange in Erinnerung blieb und Aktivitäten auslöste?	❑	❑
Oder gab es langweilige Vorträge?	❑	❑
Hatte der Event klaren Aufforderungscharakter, löste er präzise Handlungen aus?	❑	❑
Oder war er eine Selbstbeweihräucherung?	❑	❑
Waren die Ziele eindeutig und wurden sie auch kommuniziert ... und akzeptiert?	❑	❑
Waren alle Vorbereitungen zielkonform?	❑	❑
Lenkte das Showprogramm auf die Notwendigkeit der Zielerreichung hin?	❑	❑
Oder war es zwar lustig, aber ablenkend, mondän und teuer?	❑	❑

Motivierendes Verhalten der Führungskraft

Führungskräfte, die ständig die stärkeren Seiten im Mitarbeiter suchen, erkennen und fördern, die den Mitarbeiter spüren lassen, dass sie von ihm etwas halten, werden mit besonderen Leistungen und Loyalität belohnt werden. Prüfen Sie anhand der nachfolgenden Checkliste Ihr eigenes Verhalten kritisch und überlegen Sie, wo Veränderungen erforderlich sind.

Checkliste: Prüfen des eigenen »motivierenden« Verhaltens		
Fragen	**Trifft zu**	**Veränderungs- maßnahmen**
Habe ich wirklich Interesse am Wohle meiner Mitarbeiter?	❑	
Sehen Sie mich als Menschen? (Oder nur als ihren Vorgesetzten?)	❑	
Zeige ich meine Freude über herausragende Leistungen meiner Mitarbeiter?	❑	
Bin ich meistens gut gelaunt?	❑	
Habe ich eine optimistische Einstellung?	❑	
Setze ich mich für meine Mitarbeiter ein?	❑	
Spare ich nicht mit Anerkennung?	❑	
Motiviere ich mich selbst Tag für Tag?	❑	
Gebe ich den Mitarbeitern alle Informatio- nen, die sie brauchen, um gute Leistungen zu erbringen?	❑	
Halte ich es aus, wenn meine Mitarbeiter in manchen Dingen besser sind als ich? Lasse ich mich gerne »überholen«?	❑	
Sehe ich in erster Linie die Stärken und Vorzüge meiner Mitarbeiter?	❑	
Verhelfe ich Mitarbeitern zu ihrem Erfolg?	❑	
Verwende ich motivierende Ausdruckswei- sen?	❑	

Quelle: Towers-Perrin-Studie unter 3.200 deutschen Arbeitnehmern: »Was Mitarbeiter bewegt und Unternehmen erfolgreich macht.«

Die Top-10-Treiber der Mitarbeitermotivation im Total Rewards Modell (Deutschland-Ranking 2005)

Die meisten Motivationstreiber kommen aus dem Arbeitsumfeld, gefolgt von den Lern- und Entwicklungsmöglichkeiten. Die Vergütung der Arbeitsleistung findet keinen Platz unter den Top-10-Motivatoren.

1. Management ist an Mitarbeitern interessiert
2. Ausreichende Entscheidungsfreiheit
3. Verbesserung der Fachkenntnisse und beruflichen Kompetenzen im letzten Jahr
4. Ruf des Unternehmens als Arbeitgeber
5. Gute teamübergreifende Zusammenarbeit
6. Management ist Vorbild im Sinne der Unternehmenswerte
7. Mitarbeiter werden an Zielvorgaben gemessen
8. Möglichkeit, aktiv die Arbeitsprozesse zu beeinflussen
9. Bindung von erfolgskritischen Mitarbeitern
10. Angemessene Nebenleistungen

Tipps zur Motivationssteigerung

1. Lernen Sie Ihre Mitarbeiter noch besser kennen als bisher. Nehmen Sie sich häufiger Zeit für intensive Gespräche, die sich nicht nur um Umsatz und Profit drehen. Versuchen Sie herauszufinden: Welche Werte steuern Ihre Mitarbeiter? In welchem sozialen Umfeld bewegen sie sich? Welchen Einflüssen auf ihre Leistungsbereitschaft sind sie ausgesetzt?
2. Überprüfen Sie die Teamsituation. Fühlen sich die Mitarbeiter im Team wohl oder herrscht destruktives Konkurrenzdenken vor? Binden Sie Einzelkämpfer ein, indem Sie ihren wertvollen Beitrag zum Teamerfolg ausdrücklich hervorheben. Achten Sie auf eine offene Kommunikation, sensibilisieren Sie sich für schwelende Konflikte und tragen Sie zu deren Lösung bei. Berücksichtigen Sie bereits bei Neueinstellungen, dass die Mitarbeiter von ihrer Persönlichkeit und ihrem Leistungsniveau her gut ins Team passen.
3. Leben Sie Leistungssteigerung persönlich vor und beteiligen Sie sich an der gemeinsamen Zielerreichung. Aber nicht, indem Sie dem Einzelnen oder dem Team zeigen, um wie viel besser Sie sind, sondern indem Sie ihren Erfolg fördern. Nach dem Motto: Sind meine Mitarbeiter erfolgreich, bin ich es auch!

4. Ermöglichen Sie interessierten Mitarbeitern eine Weiterqualifikation in Form von Trainingsmaßnahmen, Seminaren oder Schulungen. Damit zeigen Sie ihnen, wie wichtig sie für Sie sind.

5. Erstellen Sie eine Liste der Motivationsmaßnahmen, die Sie demnächst ganz gezielt umsetzen wollen. Hier einige Anregungen, die Sie nichts kosten und dennoch zu mehr Leistung Ihrer Mitarbeiter führen können:

Checkliste: Motivations-Maßnahmen im Berufsalltag		
Maßnahmen	**Umsetzen**	**Ideen dazu**
Regelmäßige Anerkennungen für besonders freundliche, positiv gestimmte Mitarbeiter	❑	
Lob und Anerkennung deutlich ausdrücken, zum Beispiel in Bewertungsgesprächen, Fördergespräche oder einem persönlichen Schreiben	❑	
Schwarzes Brett für Wünsche, Anregungen und Kritik der Mitarbeiter	❑	
Motivationsmotto pro Woche / Monat	❑	
Motivationstreffen pro Woche mit dem Innendienst, bei dem Erfolge hervorgehoben werden	❑	
Motivations-Telefonate mit dem Außendienst, bei dem Erfolge hervorgehoben werden (über Erfolge der Mitarbeiter freuen, sie davon reden lassen)	❑	
Motivationsregeln aufstellen: zum Beispiel jede Idee wird geprüft; jeder Wunsch besprochen et cetera	❑	
Alle Entscheidungen und Maßnahmen ausführlich erläutern, damit sie von allen mitgetragen werden können	❑	
Mitarbeiter bei Entscheidungen mitwirken lassen	❑	
Motivationsplakate, -sprüche an verschiedenen Stellen aufhängen	❑	
Umfrage starten, um Ansporn-Ideen zu sammeln	❑	
Wettbewerbe organisieren	❑	

Ideen der Mitarbeiter anhören; Ideen, die umgesetzt werden, klar als Ideen des Mitarbeiters herausstellen	❏	
Wertschätzung einem Mitarbeiter gegenüber auch vor anderen deutlich machen	❏	
Wichtige Aufgaben übertragen, zum Beispiel Leitung einer Konferenz, Halten von Vorträgen	❏	
Probleme der Mitarbeiter immer ernst nehmen	❏	
Selbstständigkeit der Mitarbeiter fördern in Form von Unterstützung und nicht als Einmischung in alles	❏	
Auf Wünsche und Anregungen schnell eingehen	❏	
Möglichkeiten einer besseren Zusammenarbeit besprechen und umsetzen	❏	
Gerechtes Verhalten allen Mitarbeitern gegenüber	❏	
Stärkere menschliche Zuwendung, positive Einstellung gegenüber den Mitarbeitern entwickeln	❏	
Versprechungen und Zusagen unbedingt einhalten	❏	
Nur das verlangen, was Sie auch selbst tun würden	❏	
Bei Überforderung helfend zur Seite stehen	❏	
Zuständigkeiten, Kompetenzen und Pflichten genau klären	❏	
Regelmäßig und ausreichend informieren	❏	
Fehler zulassen, Lernprozesse anregen	❏	
Ausreichend Entscheidungsspielräume lassen	❏	

5.6 Leistungssteigerung durch materielle Motivation

Unternehmen müssen ihre Verkäufer fördern, motivieren und natürlich auch entsprechend entlohnen. Geld entspricht nun einmal einem Grundbedürfnis des Menschen und muss einfach ausreichend verfügbar sein. Da sonst nirgendwo Mitarbeiter so stark erfolgsabhängig bezahlt werden wie im Vertrieb, haben gerade hier die Entlohnung und punktuelle Leistungsanreize wie Incentive-Maßnahmen beziehungsweise Prämien und Wettbewerbe eine wichtige Funktion, auch wenn der motivationsfördernde Nutzen eher kritisch zu sehen ist.

Moderne Verkäuferentlohnung

Effektiv gestaltet sind leistungsgerechte Vergütungssysteme ein entscheidender Hebel, um die Unternehmens- und Vertriebsziele zu erreichen. Sie helfen, Topverkäufer zu gewinnen und zu halten sowie die bestehende Verkaufsmannschaft zu steuern und (punktuell) zu Mehrleistungen anzuspornen. Nur sind viele Entlohnungssysteme mittlerweile veraltet und haben »mit der komplexen Entwicklung der Märkte und Strategien nicht Schritt gehalten« (Christian Näser, Projektleiter der Kienbaum-Vergütungsstudie 2006).

Die Diskussion, welches Außendienst-Entlohnungssystem das beste ist, ist für viele Führungsverantwortliche immer wieder ein Thema. Zu Recht, denn jedes Entlohnungssystem sollte von Zeit zu Zeit auf den Prüfstand gestellt und den Marktgegebenheiten angepasst werden, wobei Betriebsrat und Arbeitsrechtsprechung zu berücksichtigen sind. Wandern beispielsweise Ihre Topverkäufer ab oder sind Verkaufsleistungen nur noch über Prämien kurzfristig zu steigern, dann kann dies ein Hinweis darauf sein, dass Ihr momentanes System seine Zwecke nicht mehr erfüllt.

Eine Ideallösung, passend für alle Branchen und alle Unternehmen, gibt es allerdings nicht. Die Zielsetzungen und firmenspezifischen Voraussetzungen sind hierfür zu unterschiedlich. Darum muss jedes Unternehmen letztendlich seine eigene Lösung, entsprechend seiner vertriebspolitischen Zielsetzungen, finden. Werden hohe Marktanteile angestrebt, wird besser umsatzorientiert vergütet. Steht die Gewinnmaximierung ganz oben, ist die Bezahlung nach Deckungsbeiträgen die Wahl. Teamprämien sind anzuraten, wenn die interne Zusammenarbeit von höchster Bedeutung ist.

Das wohl älteste und noch sehr weit verbreitete Entlohnungssystem für Verkäufer ist die am Umsatz orientierte Bezahlung mit allen bekannten Nachteilen. So erkaufen sich Verkäufer ihre Umsätze mitunter über hohe Rabatte und verschwenden keinen Gedanken darauf, ob sie nur ertragsstarke oder ertragsschwache Produkte verkaufen. Deckungsbeiträ ge und Gewinn bleiben dabei auf der Strecke. Die Motivationswirkung dieses Systems ist ebenfalls gering, sofern die Provisionszahlung für alle Umsätze – vom ersten Euro an – gilt. Das heißt: Wenn schon Umsatzprovisionen gezahlt werden, dann besser erst ab dem oberen Fünftel des Ist-Umsatzes und mit einer entsprechend höheren prozentualen Umsatzbeteiligung. Laut Hewitt-Studie (2005) verlassen sich besonders leistungsschwächere Unternehmen überwiegend auf die Umsatzzielerreichung (94 Prozent).

Wesentlich moderner und auch Erfolg versprechender ist die Deckungsbeitragsprovision, bei der im Vergleich zur Umsatzprovision der Deckungsbeitrag statt des Umsatzes als Maßstab zugrunde liegt. Dies fördert das ertragsorientierte Denken und Handeln des Außendienstes und verhindert das Erkaufen von Umsatz um jeden Preis. Doch auch die Vergütung über den Deckungsbeitrag hat ihre Nachteile. So wird der Deckungsbeitrag von vielen Einzelgrößen bestimmt, die sich ändern können, und der Verkäufer kann nicht alle Größen beeinflussen. Näheres zum Thema deckungsbeitragsorientierte Entlohnung lesen Sie in Teil 3, Kapitel 3.5.

Bemessungsgrundlagen wie Umsatz oder Deckungsbeitrag reichen nach Meinung von Entlohnungsexperten heutzutage nicht mehr aus. Vielmehr müssten, so der Vertriebsexperte Jürgen Koinecke, Ersatzbeziehungsweise Ergänzungsgrößen herangezogen werden, wie etwa die Größen Kundengewinnung/-bindung, Verbesserung der Kundenstruktur, hoher Einfluss von Rabattvergaben auf die Höhe der Entlohnung und die Honorierung von Teamleistungen, um nur einige Beispiele zu nennen.

Nach Dr. F. A. Fratschner (Baumgartner & Partner) kommen in modernen Vergütungssystemen besonders auch folgende unternehmerische Faktoren zum Tragen: Strategie, Marktorientierung, Organisationsstruktur und Verantwortungswert der Stelle sowie Erfolg, Leistung und Kompetenz des Mitarbeiters. Die Strategie- und Marktorientierung führt zum Beispiel dazu, dass auch das zugrunde liegende Verständnis – wie intensive Kundenarbeit und -betreuung – in der Vergütung berücksichtigt wird. Dabei gilt als vereinfachte Regel: Märkte mit geringen Differenzierungsmerkmalen, zum Beispiel über Güte und Leistungsmerkmale des Produktes, führen in der Tendenz zu einem Vergütungssystem mit einem hohen variablen Anteil. Dagegen erfordern Märkte mit einem starken Anteil an Betreuungsmanagement und anderen Differenzierungsmerkmalen als dem Preis eine höhere Absicherung der Mitarbeiter durch das Grundgehalt.

Ebenfalls wichtig wird das »Wie« der Aufgabenerfüllung. Werden bei der Bestimmung des Grundgehalts auch qualitative Leistungsmerkmale und Kompetenzen einbezogen, so steigert dies das »Vermögen« der Mitarbeiter und den Verkaufserfolg. Aufgabengerichtetes Verhalten, Rollenfähigkeit und Vorgehensweisen rücken in den Vordergrund, die für die Ausübung einer bestimmten Rolle erfolgskritisch sind und in der Regel von Spitzenverkäufern stärker angewandt werden als von Durchschnittsverkäufern. Die Frage »Was machen die besten Verkäufer anders als der Durchschnitt« führt hier weiter. Um sie zu beantworten, müssen die Verkäuferkompetenzen verhaltensnah beschrieben werden. Dies ist am einfachsten, wenn die Anforderungen der jeweiligen Stelle nachvollziehbar sind, da sich daraus die nötigen Kompetenzen oft gut ableiten lassen.

Die bereits oben erwähnte Hewitt-Studie fand unter anderem heraus, dass bei der Kopplung der Vergütung an betriebliche Leistungskennzahlen die Wahl der Bezugsgröße eine wichtige Rolle spielt. Statt einfacher Verkaufsvorgaben wählen wachstumsstarke Unternehmen einen differenzierten Ansatz. Sie kombinieren Verkaufszahlen aus der Vergangenheit mit Potenzialanalysen und geplanten Marketingmaßnahmen des Verkaufsgebietes. Bei der Beurteilung der Verkaufseffizienz beziehen 71 Prozent der wachstumsstarken Unternehmen Parameter wie Ergebniszielerreichung, Kundenzufriedenheit, Marktanteil, Verkaufsresultate und in einigen Fällen auch das Feedback von Mitarbeitern und Managern mit ein. Außerdem lassen leistungsstarke Unternehmen ihre Mitarbeiter am tatsächlichen Erfolg partizipieren. So haben lediglich 11 Prozent der Unternehmen mit zweistelligem Wachstum für variable Gehaltsanteile einen Maximalwert festgesetzt, während 41 Prozent der befragten leistungsschwachen Unternehmen eine Obergrenze definieren.

Bernd Thomaszik, Geschäftsbereichsleiter von Mercer Human Resource Consulting, Frankfurt, sieht in einem ganzheitlichen Entlohnungssystem, das Vergütungs-, Nebenleistungs- und Karriereelemente verbindet, große Effizienz- und Motivationspotenziale, die besonders für Spitzenverkäufer von Belang sein dürften.

Tipp zum Gehälter-Benchmarking

Wenn Sie wissen wollen, ob die Gehälter Ihrer Vertriebsleute marktgerecht sind, können Sie das zum Beispiel über die jährlich erscheinenden Kienbaum-Gehälterstudien herausfinden. Dort sind die Vergütungen positions- und branchenbezogen nachzulesen. Sie können sie beziehen bei: Kienbaum Vergütungsberatung, Postfach 10 05 52, 51605 Gummersbach, Fax: 02261/703-201. www.kienbaum.de.

In der folgenden Übersicht finden Sie eine Gegenüberstellung der möglichen Entlohnungselemente (noch nicht der Kombinationen, die daraus möglich sind). Jedes Element ist kritisch gewürdigt und analysiert durch eine Aufstellung von möglichen Vor- und Nachteilen. Die letzte Spalte zeigt Anwendungsbeispiele und -möglichkeiten auf.

Checkliste: Elemente eines Entlohnungssystems			
Entlohnungs-element	**Vorteile**	**Nachteile**	**Anwendungs-möglichkeiten**
Festgehalt/ reines Fixum	• Finanzielle Sicherheit • Vertriebskostendegression bei steigenden Umsätzen • Leichte Handhabung • Hohe Transparenz • Keine Akquisition nach innen • Hohe Flexibilität bei Änderung der Verkaufsorganisation	• Eventuell umfangreiches Kontrollsystem erforderlich • Vertriebskostenprogression bei fallenden Umsätzen • Kein direkter Leistungsanreiz • Schwierig für die Entlohnungsgerechtigkeit	• Investitionsgüterverkauf mit langer Geschäftsanbahnungszeit • Mehrere Personen, die den Verkauf bewirken • Hohe Beratungsfunktion im AD • Verkauf an Großabnehmer • Nachwuchskräfte • Markt bevorzugt eindeutig die eigenen Produkte
Umsatz-provision linear	• Leistungsanreiz • Leistungsanerkennung • Gute Transparenz	• Gefahr von Hochdruckverkauf • Fluktuation bei rückläufigen Umsätzen • Keine Gewinnorientierung • Loyalitätsgefahr • Kleinkundenvernachlässigung	• Produktneueinführung • Starkes Konkurrenzprodukt • Keine Steuerungsinstrumente vorhanden • Direktverkauf • Umsatzsteigerung im Allgemeinen

Umsatzprovision progressiv	• Starker Leistungsanreiz	• Verkaufen um jeden Preis • Progressives Steigen der Vertriebskosten bei steigenden Umsätzen • Hoher Verkäuferverschleiß	• Aggressives Marktziel • Kleinkundenausbau • Gewinnung von Marktanteilen
Umsatzprovision konditionsgebunden	• Verkäufer werden verantwortungsbewusster • Preisverhandlungsfreiheit muss gegeben sein und wird als Aufwertung empfunden • Verbesserung der Konditionen (Motivation für Geschäfte mit hohem Gewinn)	• Unerwünschte Schwerpunktverlagerung	• Bei trainierten Verkäufern möglich (Preisgespräche trainieren!) • Bei regional unterschiedlichen Wettbewerbssituationen
Provision nach Deckungsbeiträgen	• Erziehung zum Ertragsdenken • Verkäufer ist interessiert, Erlösschmälerungen (Rabatte, Kosten) zu vermeiden	• Gefahr der Unübersichtlichkeit • Oft fehlender Ursache-Wirkungs-Effekt (kein direkter Leistungsanreiz, wenn Teile des DB erst nachträglich ermittelt werden können)	• Bei ständigen Preisverhandlungen • Bei plan- und vermeidbaren Kosten • Bei direktem Einfluss des Verkäufers auf die Kosten und die Nachlässe
Provision nach Zielerreichung	• Starker Leistungsanreiz • Zielerfüllungswahrscheinlichkeit gesteigert	• Hochdruckverkauf • Heiße Diskussionen um das zu setzende Ziel	• Notwendigkeit der Planerfüllung • Verschiedene Vertriebszielsetzungen • Wenn sonst geringe Steuerung vorgesehen

Provision variiert nach Artikeln	• Einzelne Artikel werden mit unterschiedlichen Provisionen versehen	• Eventuell aufwändig	• Förderung einzelner Artikel(-Gruppen)
Provision nach Punktesystem	• Punktzahl kann leichter geändert werden als ein Provisionsprozentsatz • Hohe Transparenz, wenn jeder Punkt einem Euro-Wert entspricht	• Eventuell Hochdruckverkauf	• Bestimmte Vertriebsziele können kurzfristig durch einfache Punkteveränderungen angesteuert werden
Gruppenprovision	• Fördert Teamwork	• Streitereien über Anteile	• Investitionsgüterverkauf • Feste Verkaufsteams
Prämien	• Klar erkennbares Ziel • Höhe der Prämie im Voraus bekannt • Kostenüberschaubarkeit • Hoher Leistungsanreiz	• Missgunst beim Aufteilen des Prämientopfes	• Kurzfristige Ziele • Produkteinführung • Wiedergewinnung abgesprungener Kunden • Zusatzverkäufe • Verkauf schwerverkäuflicher Artikel

Provisionen werden in Zukunft drastisch an Bedeutung verlieren, Zielboni jedoch nach wie vor wichtig bleiben. Zu diesem Ergebnis kommt die »Vertriebsumfrage 2007« der Zeitschrift »absatzwirtschaft« in Zusammenarbeit mit Mercer Human Resource Consulting. Laut Umfrage unterstützen derzeit noch 70,2 Prozent der befragten Vertriebsentscheider mit Provisionen und 59,6 Prozent mit Zielboni die Leistungsbereitschaft und -fähigkeit des Vertriebs. Die Provision als Anreiz hält künftig jedoch nur noch ein gutes Drittel der Befragten für wichtig. Das könnte bedeuten, dass sich Unternehmen bei der Entlohnung künftig stärker am Profit orientieren werden.

Entlohnungspraxis der HypoVereinsbank

Die HypoVereinsbank führte 2007 ein neues Bonussystem ein, bei dem auch die Zufriedenheit der Bankkunden das Gehalt der Mitarbeiter mitbestimmen sollte. Das neue Gehaltssystem, das aus einem Festgehalt und eben diesem Bonus besteht, hängt vom Punktestand der persönlichen Scorecard des jeweiligen Mitarbeiters ab.

Die Scorecard ist eine Art Berichtsbogen, auf dem die Leistungen der Mitarbeiter in der Vorsorgeberatung und dem Produktverkauf, der Neukunden-Gewinnung und der Kundenzufriedenheit festgehalten werden. Für diese Leistungen gibt es Punkte, die dann wiederum bestimmen, ob am Ende 13 oder maximal 16 Monatsgehälter ausgezahlt werden. Die Kundenzufriedenheit sollte dabei ein Zehntel in der Leistungsbeurteilung der Mitarbeiter ausmachen, so ein HVB-Sprecher.

Variable Vergütung wirkt

Die Höhe des Anteils der variablen Vergütung im Vertrieb steigt zunehmend. Nach der Studie »Vertriebsmotivation V« der HSH + S Unternehmensberatung war bis 2003 ein 20prozentiger variabler Gehaltsanteil am häufigsten anzutreffen. Heute werden bei einem Drittel der Befragten schon über 30 Prozent des Gehalts erfolgsabhängig bezahlt.

Tatsächlich führt das ergebnisbezogene Entgelt zu einer Erfolgsverbesserung. Das belegt eine neue Studie der Wissenschaftlichen Gesellschaft für Innovatives Marketing (GIM) in Nürnberg. Sie weist zugleich darauf hin, dass variable Entgeltsysteme bestimmte Kriterien erfüllen müssen, damit die beabsichtigte Wirkung auch eintritt.

1. Transparenz: Der Verkaufsmitarbeiter muss die Relationen zwischen Ursache und Wirkung erkennen können.
2. Gerechter Schlüssel: Leistung und Gegenleistung müssen sich entsprechen.
3. Messbarkeit: Der Mitarbeiter muss die gegenseitigen Wirkungen nachvollziehen können.
4. Beeinflussbarkeit: Der Mitarbeiter muss seine Ziele auch erreichen können und darf nicht durch äußere Umstände behindert werden.
5. Befähigung: Durch gezielte Vorbereitung muss es dem Mitarbeiter ermöglicht werden, seine Ziele zu erreichen.
6. Mitarbeiterorientierung: Die Form der variablen Entlohnung muss für den Mitarbeiter ein Anreiz zur Leistung sein.

Entlohnungssystem auf dem Prüfstand

Ein Entlohnungssystem sollte auf die Unternehmens- und Vertriebsziele ausgerichtet sein und in diesem Sinne eine optimale Steuerung des Außendienstes ermöglichen. Prüfen Sie mit der folgenden Checkliste, ob Ihr heutiges Entlohnungssystem die Unternehmensziele forciert, Ihre Teilzielsetzungen erfüllt und den Aspekten der Leistungssteuerung, den administrativen-kaufmännischen und den individuell-menschlichen Aspekten gerecht wird. Beschreiben Sie dazu zunächst kurz Ihr Entlohnungssystem und die Unternehmens-/Vertriebsziele. Gewichten Sie diese nach dem Schema 10 = sehr wichtig; 0 = vollkommen unwichtig. Prüfen Sie nun die Auswirkung Ihres Systems nach positiv (++, +), neutral (0) und negativ (−−,−). Sofern nicht mindestens zwei Drittel aller Kriterien sich positiv auswirken, sollten Sie dringend Ihr System überarbeiten.

Checkliste: Prüfung des vorhandenen Entlohnungssystems						
Beschreibung des Systems:						
	Ge-wichtung	positiv		neutral	negativ	Konse-quenzen
Wie wirkt sich dieses System auf die Erfüllung folgender Teilziel-setzungen aus?		++	+	o	− −−	
Vertriebsziele						
Umsatzsteigerung						
Sortimentsverkauf						
Neukundengewinnung						
Stammkundenaufbau						
Einführung neuer Artikel						
Auftragsgrößensteigerung						
Verminderung von Erlösschmälerungen						
Aspekte der Leistungssteuerung						
Transparenz/Überschaubarkeit						
Wirksamkeit/großer und permanenter Leistungsanreiz						

Gerechtigkeit/Chancengleich-heit						
Steuerungsmöglichkeit durch den Mitarbeiter						
Steigerungsfähigkeit des Einkommens						
Realistische Chancen, die gesetzten Ziele zu erreichen						
Messbarkeit - die gegenseitigen Wirkungen müssen nachvoll-ziehbar sein						
Unmittelbarkeit, z. B. durch monatliche oder vierteljährliche Ausschüttung						
Akzeptanz der Mitarbeiter Einbindung der Mitarbeiter bei der Systementwicklung, Kon-zentration auf wenige wichtige Ziele angemessene Gewinn-chancen bei akzeptablem Risiko						
Flexibilität, um Veränderungen in der Vertriebspolitik auffangen zu können						
Administrativ-kaufmännische Aspekte						
Einfachheit						
Kontrollierbarkeit						
Planbare Kosten						
Schnelligkeit (Schnelle Umsetz-barkeit)						
Individuell-menschliche Aspekte						
Prestige und Anerkennung						
Förderung der Loyalität						
Sicherheit						

Firmentreue/ Wettbewerbsfähigkeit						
Förderung der Kollegialität (Teamarbeit) – gleiche Chancen für alle						
Ansporn des Wettbewerbsgeistes						
Disziplin						

Erläuterung zu den individuell-menschlichen Aspekten

Prestige und Anerkennung: Ein reines Festgehalt kann sehr wohl Prestige vermitteln (»Ich bin kein Provisionsvertreter!«), vermittelt jedoch nicht die für zukünftige Leistung anspornende Anerkennung. Das System soll ein Element haben, das dies berücksichtigt. Bei reinem Festgehalt kann dieser Ansporn auch eine effektiv messbare Leistung sein.

Förderung der Loyalität: Der Verkäufer weiß oft nicht, wer sein wirklicher Brötchengeber ist, der Kunde oder die eigene Firma. Bei allzu hohen Leistungsanreizen (zum Beispiel reiner Provision) ist oft das Verkaufen der Interessen des Kunden an die eigene Firma unvermeidlich (= introvertierte Akquisition). Loyalität kann gefördert werden durch eine Einkommens-Minimum-Garantie, eine verrechenbare Garantieprovision, durch Festgehalt und nicht allzu kleinliche Auslegung der Entlohnungsparagraphen (im Zweifel zugunsten des Verkäufers!).

Sicherheit: Die Drohung, dass bei Nichterfüllen eines Leistungszieles Konsequenzen gezogen werden, führt bei einem Großteil der Mannschaft zu Verkrampfungen oder Hochdruckverkäufen. Die Entlohnung darf nicht zu einem Wenn-nicht-dann-System gestaltet werden, sondern muss genügend Sicherheit für sorgfältige Marktbearbeitung geben.

Firmentreue: Wenn man davon ausgeht, dass jeder einmal seinen Marktwert testet, dann sollte das aktuelle Einkommen doch mindestens dem Durchschnitt der Branche entsprechen, wobei zu bedenken ist, dass Durchschnittsgehälter vermutlich nur Durchschnittsverkäufer halten helfen.

Kollegialität: Sind immer die Gleichen die Großverdiener und Prämiengewinner, dann zerfällt die Gruppe in mehrere Untergruppen, die sich gegenseitig »bekriegen«. Deshalb sollte jeder die gleiche Chance haben.

Wettbewerbsgeist: Im Entlohnungssystem sollte ein gesunder Anreiz stecken, der die Individualleistung unter Gruppenangehörigen anspornt.

Disziplin: Unter Verkäufern ist Disziplin ein ungeliebtes Kind. Verkäufer wollen Freiheit haben. Der Disziplinlosigkeit werden Tür und Tor geöffnet, wenn das Entlohnungssystem die Bahnen und Ziele der Verkaufsaktivitäten nicht beeinflusst.

Natürlich sollten Sie Spitzenmitarbeiter auch mit einem Spitzengehalt bezahlen. Trotzdem ist Geld nur ein kurzfristiger Motivator, es führt lediglich zum direkten Ziel, bringt aber selten echte Loyalität zum Unternehmen. Im Gegenteil. Höheres Einkommen und höheres Anspruchsdenken senken meistens die Loyalität. Denn zu viel Geld erzeugt Allüren, macht arrogant und führt zu der Überzeugung »Ich bin am Ziel angekommen, ich habe es nicht mehr nötig«. Also, motivieren Sie Ihre Mitarbeiter mit einem angemessenen Gehalt und zusätzlichen besseren Mitteln, wie bereits oben vorgestellt.

Tipp: Bei ihren Umsatzprognosen stapeln Verkäufer oft zu hoch oder tief. Abhilfe schafft ein geschicktes Vergütungssystem. Damit es die Mitarbeiter zu hoher Leistung motiviert, muss es laut Dr. Alexander Haas (www.wiso-uni-erlangen.de) so gestaltet sein, dass die von ihnen erzielte Vergütung steigt, je besser das unternehmensseitig vorgegebene Umsatzziel erreicht wird, je genauer die eigene Umsatzprognose ist und je höher der erreichte Umsatz ausfällt.

Verkaufsfördernde Incentive-Maßnahmen

Incentivierungsprogramme sind meistens gut gemeint, Vertriebsleiter sind jedoch von ihrer Wirkung eher enttäuscht. Warum das so ist, erklärt eine Studie der Agentur-Gruppe VOK DAMS damit, dass häufig Erfahrungswerte oder individuelle Vorstellungen der Entscheider die Auswahl von Incentives bestimmen. Empfänger haben dabei meist kein Mitspracherecht, was den Erfolg der Programme stark beeinflussen kann. Das erklärt auch, dass 88 Prozent der befragten Entscheider glauben, die mögliche Wirkung ihres Prämiensystems komme nicht ausreichend zum Tragen.

Welche Prämien sind im Vertrieb die Renner? In erster Linie dominieren bei den Prämienarten Reisen mit 73 Prozent, gefolgt von Sachprämien und Gutscheinen. Weiterbildung als Anreiz liegt mit 20 Prozent recht weit hinten. Bei 69 Prozent der Befragten liegt der durchschnittliche Prämienwert über 300 Euro, 31 Prozent geben einen Durchschnittswert von 50 bis 300 Euro an. Dabei werden einmalige Maßnahmen der Prämierung zunehmend durch übergreifende und vernetzte Programme abgelöst, so die Studie.

Verkäuferwettbewerbe

Wettbewerbe ja oder nein? Das hängt von der Art des Verkaufens ab. So sind Wettbewerbe bei Verkäufern, bei denen der Ausbau von Kundenpartnerschaften im Vordergrund steht, nicht anzuraten, dagegen können Verkäufer im Direktvertrieb wohl durch Wettbewerbe angespornt werden. Auch das Produkt spielt dabei eine Rolle. Schnell drehende Produkte erlauben kurzfristige Wettbewerbe, während der Verkauf einer Dienstleistung eher langfristige Motivationsanreize benötigt.

Was ist bei Incentives beziehungsweise Anreizen zu beachten?

Zunächst muss geklärt werden: Wer nimmt an den Wettbewerben teil? Sind es die Spitzenverkäufer, der Außen- und der Innendienst, die Durchschnittsverkäufer oder alle? Vorsicht gilt bei Spitzenverkäufern. Werden diese nämlich einmal, zweimal und immer wieder die Lachenden sein, dann wird der Wettbewerb ad absurdum geführt. Ein Siegesabonnement muss vermieden werden. Sonst ist der große Rest der Mannschaft für die Zukunft so nicht mehr zu motivieren. Setzen Sie deshalb die Zielsetzung so an, dass die Topverkäufer nicht sofort als Sieger prädestiniert sind. Geben Sie anderen einmal eine Chance, ganz oben zu sein.

Achten Sie darauf, dass die Wettbewerbskriterien mit den Marketing- und Vertriebszielen übereinstimmen und dass die Teilnehmer die Erreichung der Wettbewerbsziele auch beeinflussen können. Auch der Zeitpunkt für einen Wettbewerb muss gut gewählt sein. Sowohl Hochkonjunktur als auch Umsatztief sind nicht als Zeitpunkte geeignet, um einen Wettbewerb durchzuführen. Bei der Hochkonjunktur ist genug zu tun, die Umsatzflaute entmutigt schnell. Am besten entfalten Wettbewerbe dann ihre Wirkung, wenn ein starkes Absinken der Umsätze verhindert oder ein Ansteigen beschleunigt werden soll. Anlässe für Wettbewerbe gibt es genug, von der Neueinführung eines Produktes über die Neukundengewinnung bis zur Verbesserung von Verkaufskennzahlen.

Als Preise können Geld-, Sach- oder Reisepreise ausgelobt werden. Geldpreise werden häufiger gewünscht. Sie motivieren auch stärker während des Wettbewerbs, gehen jedoch meist unter anderen Geldzahlungen unter. Reise- und Sachpreise dagegen haben einen hohen Erinnerungswert (»Das habe ich bei unserem vorletzten Verkäuferwettbewerb als Bester gewonnen.«). Für die Wahl der Reisepreise gilt: Faszination, Einmaligkeit und Abenteuer vor Luxus. Bei Sachpreisen: Originalität und Individualität vor teuer. Mit Reise- und Sachpreisen lassen sich auch gut die Familien/Lebenspartner der Mitarbeiter motivieren. Durch entsprechende Reisepreise kann außerdem der Teamgeist durch das gemeinsame Erlebnis gefördert werden.

Achtung beim Wert von Preisen: Der teure Preis des Siegers schafft eventuell Neidgefühle, die geeignet sind, ein Gruppengefüge zu zerstören und die Loyalität zu schwächen. Ein Trostpreis hat für die Zukunft einen hemmenden Effekt, denn der Verkäufer wird ständig an einen Misserfolg erinnert – und nichts hemmt mehr, als zu wissen, dass man einmal erfolglos war. Also schaffen Sie möglichst viele Erfolgserlebnisse und belohnen Sie mit originellen Preisen, die einen hohen Erinnerungswert sowohl bei den Mitarbeitern selbst als auch bei den Teams und bei den Familien der Mitarbeiter besitzen.

Die Dauer eines Wettbewerbs sollte sich daran orientieren, wie schnell üblicherweise die gesetzten Ziele erreicht werden können. Ansonsten gilt, dass sich Menschen nur für relativ kurze Zeit für etwas begeistern lassen – etwa vier bis acht Wochen.

Wenn Wettbewerbe oder andere Anreizsysteme im Verkauf wirklich Erfolg haben sollen, dann sollte Folgendes berücksichtigt werden: Sie sollen

- transparent, nachvollziehbar und gerecht sein,
- vom Verkäufer mitbestimmt werden,
- viele Gewinner und wenige oder gar keine Verlierer haben,
- erreichbare Ziele setzen,
- gut durchdacht und bereits praxiserprobt sein,
- die Eigenmotivation stärken,
- das Niveau der Verkäufer berücksichtigen,
- das Wertesystem der einzelnen Mitarbeiter kennen und ansprechen.

5.7   Verkaufsteams führen und motivieren

Team Selling im Verkauf ist heute gang und gäbe. Vor allem Kunden mit großem Potenzial und komplexen Anforderungen erwarten auf Lieferantenseite ein kompetentes Team aus Verkäufern, Servicetechnikern, Kundendienst oder Marketingleuten. Selbst Mitarbeiter aus den Kundenunternehmen sind immer häufiger Mitglieder eines Projektteams. Das klassische Team ist jedoch nach wie vor Innen- und Außendienst (siehe hierzu auch Teil 6, Kapitel 6.2).

Wer Teams richtig zu führen und zu motivieren weiß, wird mit entsprechenden Leistungen belohnt. Diese Aufgabe erfordert jedoch viel Fingerspitzengefühl, denn »Teamführung«, so die McKinsey-Berater Jon R.

Katzenbach und Douglas K. Smith, »ist die äußerst delikate Balance zwischen Autorität und Motivation.« (Teams. Der Schlüssel zur Hochleistungsorganisation, mi, 2003)

Doch wer weiß, dass Teamarbeit mehr ist, als gemeinsam eine Aufgabe zu bewältigen oder ein Problem zu lösen, wird bei seinen Teams den passenden Hebel ansetzen. Erfolgreiche Teams leben von gegenseitiger Akzeptanz, uneingeschränktem Vertrauen und dem nötigen Respekt voreinander. Unterschiedliche Meinungen können jederzeit frei geäußert werden. Dennoch müssen Führungskräfte die Steuerung übernehmen, Ziele klar formulieren und verständlich vermitteln.

Als Vertriebsmanager schaffen Sie die besten Voraussetzungen für gute und motivierende Teamarbeit, wenn Sie ein paar wichtige Faktoren berücksichtigen.

1. Sorgfältige Auswahl der Teammitglieder

Wenn Teammitglieder von ihrer Persönlichkeit und von ihrer Leistungsfähigkeit her gut zusammenpassen, gibt es weniger Konflikte. Zum einen, weil die Mitglieder aufgrund ihrer Persönlichkeit in die gleiche Richtung ziehen, und zum anderen keine großen Konkurrenzkämpfe die Atmosphäre vergiften werden. Die große Gefahr dabei ist allerdings, dass die Mitglieder die meiste Zeit einer Meinung sind und wirklich innovative Ideen erst gar nicht gesucht werden. Zu große Einigkeit kann auch lähmen. »Oft sind es gerade die unbequemen Typen, die neue Ideen ins Projekt bringen und die Arbeit vorantreiben«, sagt Dieter Frey, Professor für Sozial- und Wirtschaftspsychologie an der Universität München. »Von der Vielfalt der Fähigkeiten und Charaktere kann ein Team nur profitieren.« Ein gutes Team besteht daher am besten aus Persönlichkeiten, deren Eigenschaften sich ergänzen statt sich zu decken. Achten Sie darauf, dass Ihr Team mit Mitarbeitern aus verschiedenen Funktionen und mit verschiedenen Fähigkeiten besetzt ist. Die Teammitglieder sollten jedoch frei von hierarchischen Abhängigkeiten sein, damit sie ihre volle Leistungskraft entfalten können. Wenn Sie Aufgaben nach persönlichen Präferenzen und Fähigkeiten vergeben, werden Sie und die Mitarbeiter mit dem Ergebnis eher zufrieden sein. Versuchen Sie, jeden Einzelnen so einzusetzen, dass seine Stärken optimal zum Tragen kommen und seine Schwächen von der Gruppe aufgefangen werden.

Überdenken Sie hin und wieder die Zusammensetzung Ihrer Teams. Findet noch eine fruchtbare Dynamik statt? Oder ist das Team schon so zusammengeschweißt, dass eine lebendige Auseinandersetzung mit Informationen von außen nicht mehr stattfindet und Flaute im Hinblick auf neue Ideen herrscht? Ein träges Team ist kein gutes Team. Entweder Sie schaffen es als Teamleader, die Dynamik zu erhalten, indem Sie zum Beispiel Aufgaben und Verantwortung der Mitglieder verschieben und so ihre Flexibilität und Leistungsfähigkeit fördern. Oder Sie ändern gar das eine oder andere Mal die Gruppenzusammensetzung, um neue Dynamik zu schaffen.

2. Teams auf Kurs halten

Ein gemeinsames und möglichst konkretes Ziel und ein gemeinsamer Arbeitsansatz lassen ein echtes, leistungsfähiges Team entstehen. Wenn den Mitarbeitern zudem ein klar umrissenes Verantwortungsgebiet, ausreichend Entscheidungsspielraum und Eigenverantwortlichkeit bei Problemlösungen zugestanden wird, werden sie sich auch für die Zielerreichung entsprechend engagieren. Jeder erfüllt dann in voller Eigenverantwortung die an ihn gestellte Aufgabe. Das Arbeitsziel darf das Team jedoch zu keiner Zeit der Zusammenarbeit aus den Augen verlieren. Auch wenn Sie selbst im Team mitarbeiten, sollten Sie deshalb immer eine distanzierte Perspektive einnehmen und sich bei übergreifenden Entscheidungen das letzte Wort vorbehalten. Weisen Sie das Team darauf hin, wenn es sich verzettelt und von den ursprünglichen Zielen abweicht.

3. Teammitglieder integrieren

Ihre Integrationsleistung besteht zum einen darin, dass Sie bei der Delegation von zu lösenden Aufgaben die unterschiedlichen Persönlichkeiten und ihre Fähigkeiten berücksichtigen, dadurch Unter- oder Überforderung vermeiden und so den Teamerfolg fördern. Auch ist es Ihre Aufgabe, für ein Gefühl der Teamzugehörigkeit – auch bei Einzelkämpfern – zu sorgen. Den Verkäufern oder anderen Teammitgliedern sollte immer klar sein, dass Gesamtumsatzziele nur gemeinsam erreicht werden können. Ein gutes Teamgefühl fördern Sie, wenn Sie auf Konflikte im Team schnell und konstruktiv reagieren. Und schon im Vorfeld darauf achten, dass Konflikte erst gar nicht entstehen, zum Beispiel durch die gemeinsame Erarbeitung von Spielregeln, wie bei Störungen und Unklarheiten vorgegangen werden soll, durch eine einvernehmliche Festlegung von Verantwortung und Befugnissen für alle Mitarbeiter und indem alle Mitglieder denselben Informationsstand bezüglich der Aufgabe und des Kunden haben (Bedingung: Alle Kundendaten sowie sonst benötigten Informationen sind den Beteiligten jederzeit zugänglich). Auch sollten Aufgaben und Zuständigkeiten immer klar geregelt sein, damit gar keine Missverständnisse auftreten können.

Da Außendienstmitarbeiter die meiste Zeit alleine draußen unterwegs sind, sind regelmäßige Treffen – auch mit den Innendienstmitarbeitern und anderen Abteilungen – notwendig, um das Teamgefühl zu stärken. Dazu gehört auch, dass die Mitarbeiter in wichtige Entscheidungsprozesse eingebunden werden und angstfrei ihre Meinung äußern können. So werden sie gesetzte Ziele und getroffene Entscheidungen mittragen.

Praxisbeispiel: Ein echtes Wir-Gefühl etablieren – WM 2006

»Arm in Arm standen die elf Spieler auf dem Spielfeld und der restliche Betreuerstab vor der Trainerbank, als die Nationalhymne erklang. Arm in Arm, so titelte eine große Boulevardzeitung, solle ganz Fußball-Deutschland die Nationalhymne intonieren. Die Fußballer-Frauen saßen in den Trikots ihrer Männer auf der Tribüne und selbst bei der Abschiedsparty am Brandenburger Tor hatten alle Spieler T-Shirts mit dem Aufdruck ›Teamgeist – 82 Millionen‹ an. Nein, nicht nur die Spieler und Betreuer – ganz Deutschland wurde soeben zu einem großem Team. Wie oft haben wir in diesen vier Wochen gehört, dass das Team der Garant für den Erfolg ist – gerade, wenn die fußballerische Qualität der einzelnen Spieler nicht mit der eines Ronaldinho zu vergleichen ist. Oft wurde von Teamgeist gesprochen. Dieses Mal, bei dieser Fußball-WM, wurde Teamgeist gelebt, dies konnte man sehen, hören und spüren. Das war wohl einer der größten ›Klinsmann-Effekte‹: Die Wertschätzung eines jeden Einzelnen, das Etablieren eines ›nur gemeinsam können wir es schaffen‹ und die gegenseitige Verantwortungsübernahme als Fallbeispiel einer erfolgreichen Mitarbeiterführung. Zum Schluss waren alle am Prozess Beteiligten auf die Fußballbühne bzw. das Spielfeld getreten. Kein Spieler blieb ohne Spielminuten bei dieser WM. In dieser Atmosphäre schaffte es Klinsmann sogar, Oliver Kahn zu seiner Abschiedsvorstellung zu verhelfen. So manche Führungskraft könnte sich davon eine gehörige Scheibe abschneiden – auch, wenn es darum geht, den Verdienst älterer Mitarbeiter im Unternehmen entsprechend zu würdigen. Denn auch solche Führungsqualitäten fördern den Zusammenhalt und setzen – auch aus systemischer Sicht – die Energie frei, die für einen Unternehmenserfolg wichtig ist.«

Quelle: Das Zitat entstammt dem Artikel von Bergmann, C. und Klinzing, A.: »Der Klinsmann-Effekt: Was Unternehmen von Jürgen Klinsmann lernen können«, Klar Marketingberatung und Training GbR, www. klar-online.net

4. Eigene Leistung erbringen

Binden Sie sich selbst in die Aufgaben des Teams mit ein, arbeiten Sie genauso engagiert an der Erreichung der Ziele mit und übernehmen auch Sie unangenehme Arbeiten. Das steckt die Mitglieder an, noch höhere Leistungen zu vollbringen. Werden Ziele einmal nicht erreicht, dann stellen Sie sich nicht gegen das Team, sondern übernehmen Sie Ihren Teil der Verantwortung. Als gutes Beispiel regen Sie so das Verantwortungsbewusstsein Ihres Teams an, was Sie mit Schuldzuweisungen nicht hätten erreichen können. Gemeinsam kann nun nach Möglichkeiten gesucht werden, wie in Zukunft die Ziele besser erreicht werden können.

5. Erfahrungsaustausch zwischen den Teammitgliedern fördern

Von den Erfolgen der anderen und wie sie erzielt werden konnten, können alle lernen. Aber auch Probleme und Misserfolge könnten in regelmäßigen Teamsitzungen besprochen werden, aber immer unter dem Aspekt: Nicht Kritik, sondern Hilfestellung soll angeboten werden. Beim Erfahrungsaustausch sind besonders Ihre Moderationsfähigkeit und soziale Kompetenz gefragt. Denn Neid oder Widerstand können die Vorteile eines solchen Erfahrungsaustausches schnell ins Gegenteil verkehren. Das Team arbeitet dann nicht mehr miteinander, sondern gegeneinander. Dies können Sie zum Beispiel verhindern, indem Sie aus den Erfolgsbeispielen Konsequenzen ziehen und tatsächlich die anderen Mitarbeiter entsprechend weiterqualifizieren – Achtung: nicht als Strafmaßnahme – und weniger erfolgreiche Mitarbeiter nicht deshalb in ihren Bewertungen schlechter einstufen. Ein Meisterstück vollbringen Sie, wenn es Ihnen gelingt, dass die Spitzenverkäufer Ihres Teams ihre Erfolgsrezepte weitergeben. Das wird nur dann der Fall sein, wenn es sich um ein wirklich gutes Team handelt, das auch für seine Gesamtleistung belohnt wird.

6. Gutes Vorbild sein

Ihre Vorbildfunktion ist für die Teamführung ein wichtiges Instrument. Wenn Sie vormachen und vorleben, was sein soll, dann werden Sie Ihr Team besser mitziehen, als Sie das durch autoritäre Vorgaben jemals erreichen können. Wenn Sie von Ihren Mitarbeitern etwas einfordern, überlegen Sie erst einmal, ob Sie das selbst erfüllen.

7. Sicherheit und Vertrauen schaffen

Je mehr Sicherheit und Vertrauen Sie Ihrem Team vermitteln, indem Sie keine unrealistischen Ziele setzen und dadurch Druck ausüben, Zusagen einhalten, Teammitglieder nicht gegeneinander ausspielen und immer ehrlich sind, desto eher werden Sie als Vorbild akzeptiert und fördern das Gemeinschaftsgefühl und die Begeisterungsfähigkeit des Teams. Lassen Sie nicht zu, dass einzelne Teammitglieder für Misserfolge verantwortlich gemacht werden. Das Team hat eine gemeinsame Aufgabe und trägt grundsätzlich hierfür die gemeinsame Verantwortung.

Ein Vertrauensvorschuss in die Leistungsfähigkeit der Teammitglieder kann wahre Wunder wirken. Werden die Teammitglieder bereits für ihre Arbeit im Kleinen wertgeschätzt, dann wird ihr Glaube, auch Großes leisten zu können, gestärkt und gesetzte Ziele können übertroffen werden.

Ganz wichtig für Sicherheit und Vertrauen ist eine offene Kommunikation. Klarer und ehrlicher Austausch zwischen den Teammitgliedern und Ihnen muss gefördert werden. Allerdings sollten Sie durchgreifen, wenn ein Teammitglied gegen die Regeln eines rücksichtsvollen Umgangs verstößt. Reagieren Sie klar, deutlich und gelassen darauf, dann erzeugen Sie Vertrauen. Fachliche Auseinandersetzungen sind jedoch gesund und tragen dazu bei, neue Lösungen für anstehende Aufgaben zu finden. Gewähren Sie deshalb Ihren Mitarbeitern den nötigen Freiraum, Konflikte auszutragen und Spannungen abzubauen – gezielt zum Beispiel im Rahmen von regelmäßigen Gesprächsrunden. Dann wird es Ihnen eher gelingen, die unterschiedlichen Persönlichkeiten zu integrieren.

Aus der Praxis

Erich-Norbert Detroy: »Eines meiner Außendienst-Seminare im Frühjahr 2002 fand ganz in der Nähe der Unternehmenszentrale statt. In meinem Beisein schimpften alle Außendienstmitarbeiter wie die Rohrspatzen auf den Verkaufsinnendienst: Die sind unpünktlich, die lassen Anfragen zu lange liegen, die nehmen das Telefon nicht ab, die lassen sich verleugnen, die sind unfreundlich und so weiter. Eine Weile hörte ich die Klage-Litanei an, dann stellte ich die Frage: ›Wir sind doch so nah am Zentralsitz. Wer hat das denn genutzt, um mal einen Kollegen vom Innendienst kurz zu besuchen? Oder wer hat sich mit einem vom Innendienst für ein Gespräch am Abend verabredet, um gemeinsam über bessere Zusammenarbeit und künftige Vorgehensweisen zu sprechen?‹ Peinliches Schweigen. Keiner hatte an so etwas auch nur gedacht. Tiefe Betroffenheit lag plötzlich über der Seminargruppe. Den Rest des Seminars hindurch waren keine Vorwürfe an den Innendienst mehr zu hören.

Beim nächsten Seminar war das bereits anders: Die Außendienstler reisten früher an, um sich mit den Innendienstlern zu treffen. Man speiste abends nach dem Seminar gemeinsam. Man konferierte nach dem Seminar. Und beim übernächsten Seminar wurde bereits ein gemeinsames Abendessen vereinbart. Die Außendienstler bestanden darauf, zu diesem Essen einzuladen, obwohl die Führungskräfte die Finanzierung übernehmen wollten. Inzwischen ist in diesem Unternehmen konstruktive Freundschaft eingezogen. Beide Seiten arbeiten für- und miteinander, nicht mehr gegeneinander.«

Quelle: Detroy, E.-N.: »Sales Spirit®«, Redline Wirtschaft 2003

8. Glaubwürdigkeit behalten

Eine glaubwürdige Führungskraft kann das Team auch eher zur Realisierung gesetzter Ziele motivieren. Je besser Ihre Mitarbeiter Sie einschätzen können, desto mehr können Sie bewegen. Glaubwürdig sind Sie vor allen Dingen dann, wenn Sie Ihren Worten auch Taten folgen lassen, das heißt, es wird auch umgesetzt, was angekündigt wurde. Wenn Sie konsequent handeln und beispielsweise die Einhaltung gesetzter Regeln, die Sie genauso befolgen wie die Mitarbeiter, konsequent überwachen. Ganz wichtig für Ihre Glaubwürdigkeit ist auch die Beständigkeit. Gelten zum Beispiel Ziele längerfristig oder werden sie ganz schnell mal wieder über den Haufen geworfen? Häufige Richtungswechsel lösen bei den Mitarbeitern eine Abwarte-Mentalität aus. Ihre Glaubwürdigkeit wird auch dann gestärkt, wenn Sie unqualifizierter Kritik von außen entschlossen entgegentreten und voll vor Ihrem Team stehen.

9. Allen eine Chance geben

Kein Team wird gute Leistungen erbringen, wenn dessen Chef die besten Möglichkeiten und Aufgaben an sich zieht und auch noch das Lob auf seinem Konto verbucht. Er sollte besser in den Hintergrund treten, wenn andere aus dem Team fähig sind, sich an die Spitze zu stellen. Hat ein Teammitglied »die« Idee, ist dies in erster Linie dessen Erfolg, in zweiter Linie der Erfolg des Teams und in dritter Linie der Erfolg des Chefs.

Erich-Norbert Detroy definiert gute Teamarbeit so:

T   Trauen Sie Ihrem Team etwas zu und arbeiten Sie gleichwertig zusammen.

E   Entwickeln Sie Ehrgeiz für die anderen, mit den anderen.

A   Anerkennen Sie alle anderen als Partner. Loben Sie spontan und sinnvoll.

M   Motivieren Sie ruhig, wenn Sie das Bedürfnis danach haben.

Vielleicht hat einer Ihrer Mitarbeiter einen schlechten Tag. Vielleicht wird die Aufgabe als unlösbar angesehen oder man braucht einen kleinen Anreiz. Freuen Sie sich, wenn ein Mitarbeiter eines Teams besser wird als Sie. Erst wenn Sie keine Angst davor haben, fällt es Ihnen leicht, zu informieren und zu fördern.

6

Steigerung der Produktivität im Vertrieb

Der Kunde rückt immer stärker in den Mittelpunkt aller Vertriebsarbeit. Letztendlich dreht sich alles um ihn. So muss die Betreuungsqualität der Mitarbeiter in ihrer Funktion als Kundenmanager weiter gesteigert werden. Die Vertriebsprozesse müssen auf den Kunden abgestimmt und optimiert werden, um aus zufriedenen Kunden begeisterte Kunden zu entwickeln. Wie Sie die Mitarbeiter zu Höchstleistungen motivieren können, wurde bereits in Teil 5 »Die Vertriebsmannschaft zum Erfolg führen« beschrieben. Hier soll nun auf weitere Komponenten der Produktivitätssteigerung eingegangen werden.

6.1 Erhöhung der Mitarbeiterproduktivität

Wie produktiv sind Mitarbeiter? Erschreckend wenig, glaubt man der Produktivitätsstudie 2006 der Proudfoot Consulting. Sie hat ermittelt, dass Mitarbeiter in deutschen Unternehmen fast ein Drittel ihrer Zeit mit unproduktiven Tätigkeiten vergeuden und damit einen Gesamtschaden für die Unternehmen von über 170 Milliarden Euro verursachen. Die Gründe für die verschwendete Arbeitszeit: mangelnde Führung sowie unzureichende Planung und Erfolgskontrolle.

Im Verkauf sieht es scheinbar nicht besser aus. Auch hier gehen, laut Vertriebsstudie 2006 (ebenfalls von Proudfoot Consulting), 16 Prozent der Arbeitszeit auf das Konto von Leerzeiten und es wird zu wenig Zeit in die wirklich umsatzwirksamen Tätigkeiten investiert. Lediglich elf Prozent ihrer Arbeitszeit investieren Außendienstmitarbeiter in den aktiven Verkauf. Das erklärt vielleicht auch, warum die Hälfte der befragten Führungskräfte der Meinung ist, ihr Vertriebsteam sei unterdurchschnittlich oder sogar schlecht. Das wichtigste Mittel zur Effizienzsteigerung sehen 60 Prozent der befragten Manager im Training der Vertriebsmitarbeiter. Und Proudfoot-Berater Prof. Dr. Rudolf Jerrentrup, der viele Projekte im Maschinenbau und in der Chemie betreut, gibt zu bedenken, dass »in keinem anderen Unternehmensbereich Verbesserungen des Zeitmanagements so schnelle und sichtbare Ergebnisse wie im Vertrieb bringen«.

Die Produktivität im Vertrieb könnte bis zu 20 Prozent höher sein, ja es halten sogar 31 Prozent der an der Vertriebsstudie Motivation V (2006, HSH GmbH) teilnehmenden Vertriebsverantwortlichen eine Steigerung von mehr als 30 Prozent für möglich. Auch diese Studie zeigt, wie wichtig die Qualifikation der Mitarbeiter – sie steht an zweiter Stelle in der Einschätzung der befragten Vertriebsmanager – für mehr Produktivität ist. Die Hauptursache für fehlende Produktivität sehen die Befragten jedoch in der mangelhaften Kommunikation.

Mit den folgenden Stellschrauben/Maßnahmen können Sie Ihre Vertriebsmannschaft und die ergänzenden Nahtstellen im Unternehmen systematisch zu mehr Produktivität bewegen:

- Qualifikation der Mitarbeiter
- Beheben der Engpässe Zeit und Kommunikation
- Schnittstellenmanagement (besser als Nahtstellenmanagement bezeichnet) zwischen den Abteilungen
- Einsatz moderner Informationstechnologien
- Effektives Wissensmanagement

Mehr Produktivität durch hoch qualifizierte Mitarbeiter

Professionell geschulte Mitarbeiter sind produktiver, weil sie Ihren Kunden einen Mehrwert bieten können. Dies ist gerade in den Zeiten austauschbarer Produkte und Leistungen ein wichtiger Wettbewerbsvorteil. Das Unternehmen, das die besseren Verkäufer im Umgang mit den Kunden hat, kann sich auch in reifen Märkten noch vom Wettbewerb differenzieren und bleibt von einem ruinösen Preiskampf verschont. Die Professionalisierung der Mitarbeiter sollte allerdings schon bei der Auswahl beginnen. Ein Aufgabenprofil als Grundlage für die Stellenbesetzung, Mitarbeiterbewertung und Personalentwicklung sind dafür wichtige Voraussetzungen. Bringen Verkäufer bereits die richtigen Fähigkeiten mit (siehe dazu Teil 4), können Stärken gezielt weiterentwickelt werden.

Personalentwicklung, die aus Kostengründen lange ein Schattendasein geführt hat, ist heute wieder großes Thema. Unternehmen investieren erneut in den Erhalt und die Steigerung der Leistung ihrer Mitarbeiter. Persönlichkeits-, preis- und kundenbeziehungsstarke Verkäufer sind das Ziel, denn Kunden kaufen ihre Produkte oder Leistungen von Menschen und nicht von irgendwelchen unpersönlichen Firmen. Trotzdem sind nach wie vor in vielen Unternehmen Produktschulungen an der Tagesordnung und die Qualifikation der sogenannten Soft Skills wird noch viel zu wenig beachtet. Welche Leistungspotenziale gibt es in Ihrem Verkaufsteam noch zu heben?

Leistungspotenziale des Verkaufsteams identifizieren

In vielen Unternehmen schlummern noch große Leistungspotenziale in der Vertriebsmannschaft. Die Ausschöpfung dieser Möglichkeiten können Sie systematisieren, indem Sie zunächst den Status quo Ihrer Mannschaft analysieren. Die Grundlage dieser Analyse bilden wichtige Vertriebskennzahlen, wie zum Beispiel Umsatz, Deckungsbeitrag, Beschwerderate, Zahl verlorener Kunden – bezogen auf die einzelnen Mitarbeiter und auf die Gesamtleistung des Teams. Verwenden Sie Kennzahlen, die Ihnen bei der Einschätzung der Mitarbeiter helfen können und die auch wirklich erfolgsrelevant für eine Leistungssteigerung sind. Ziehen Sie aber nur solche Kennzahlen zur Beurteilung heran, welche die Verkäufer auch selbst beeinflussen können und die unabhängig von anderen Faktoren sind. Entwickeln Sie sich ebenso Messkriterien für die Leistungssteigerung, um später Aussagen zum Erfolg Ihrer Maßnahmen machen zu können.

Erfassen Sie die für Sie wichtigsten Kennzahlen (siehe dazu Teil 10) und stellen Sie den aktuellen Ergebnissen Ihrer Verkaufsmannschaft im Hinblick auf diese Kennzahlen die möglichen Ergebnisse einer optimierten Verkaufsmannschaft gegenüber. Einen Hinweis darauf können Ihnen Vergleichsdaten aus dem Markt (zum Beispiel Verkaufsleistungen des Wettbewerbs) geben. Oder, wenn Sie darauf keinen Zugriff haben, können Sie auch die Leistungen Ihrer Topverkäufer als Maßstab nehmen (siehe dazu »Vergleich mit den Besten« weiter unten). Wenn Sie alle Ihre Verkäufer auf das Niveau Ihrer eigenen Topverkäufer bringen, können Sie die Produktivität Ihrer Verkäufer deutlich erhöhen und sich enorme Umsatzreserven erschließen.

Eine Gegenüberstellung von tatsächlicher Leistung und möglicher Leistung zeigt Ihnen, wie hoch der derzeitige Ausschöpfungsgrad des Leistungspotenzials durch Ihre Vertriebsmannschaft ist. Wie hoch ist die Diskrepanz bezogen auf die gesamte Mannschaft? Wie weit stecken Mitarbeiter im Vergleich zu den Topverkäufern Ihres Unternehmens zurück? Im nächsten Schritt forschen Sie nach den Gründen, warum das Leistungspotenzial noch nicht vollends ausgeschöpft wird. Dazu können Sie ein Stärken-/Schwächenprofil für jeden Mitarbeiter hinsichtlich seiner fachlichen Qualifikation und seiner sozialen sowie kommunikativen Fähigkeiten erstellen. Überlegen Sie sich dann, was die Gründe für diese Leistungslücken sein könnten. Kann es an Ihrem Entlohnungssystem liegen, gibt es persönliche Gründe der Mitarbeiter, die leistungshemmend sind, bremst die Teamsituation die Gesamtleistung oder identifizieren sich die Mitarbeiter zu wenig mit dem Unternehmen?

Auf Basis dieser Analyse finden Sie heraus, welche Mitarbeiter besonders gefördert werden sollten und welche Potenziale Sie bis zu welchem Zeitpunkt mit welchen Maßnahmen ausschöpfen wollen.

Formulieren Sie im nächsten Schritt messbare, realistische Ziele für die einzelnen Mitarbeiter und die gesamte Vertriebsorganisation. Definieren Sie Verkaufsziele, Entwicklungsziele und Einsatzfelder. Achten Sie darauf, dass die Ziele sich wirklich am Potenzial der Mitarbeiter orientieren und bezüglich der jeweiligen Leistungsfähigkeit weder eine Unter- noch eine Überforderung bedeuten. Welche Potenziale wollen Sie bis wann ausgeschöpft haben? Welche Maßnahmen sind zu ergreifen, um Ihr Ziel zu erreichen? Soll das Entlohnungssystem geändert werden? Zum Beispiel an konkrete Ziele entsprechende Boni knüpfen? Sind Motivationsmaßnahmen der richtige Hebel? Fördergespräche? Schulung der notwendigen Fähigkeiten und Fertigkeiten? Oder gar die Trennung von Mitarbeitern, die eher Hemmschuh als Katalysator sind?

> **Tipp:** Bleiben Sie bei allem Umsatzdenken, aller Ergebnisorientierung und Leistungssteigerung auch noch menschlich. Nehmen Sie sich Zeit für Gespräche mit Ihren Mitarbeitern. Gespräche, die sich nicht nur um Umsatz und Profit drehen. Dabei werden Sie noch am ehesten herausfinden, was Ihre Mitarbeiter zu Höchstleistungen anspornt.

Vergleich mit den Besten

Für die Analyse der Vorgehensweisen der »Champions« hat die Unternehmensberatung Baumgartner & Partner ein strategisches Erfolgsmodell mit folgenden Schritten entwickelt:

1. Benchmarking der Verkaufsprozesse. In Interviews mit Regionalleitern und Topverkäufern einer Firma werden die Erfolgsstrategien der Topverkäufer mit folgenden Fragen identifiziert: 1. Wie gehen sie vor? 2. Auf welche Marktsegmente konzentrieren sie sich? 3. Wie überzeugen sie ihre Kunden? 4. Wie gestalten sie ihr optimales Tagesgeschäft? 5. Welches ist ihre effizienteste Taktik zur Kundengewinnung? 6. Was hindert die schwächeren Verkäufer?
2. Konzeption zur Steuerung der Verkaufsprozesse. Die ermittelten Strategien, die in unterschiedlichen Verkaufssituationen den Erfolg bringen, werden anschließend bezüglich ihrer Steuerbarkeit in künftigen Verkaufsprozessen untersucht und entsprechende Basis-Strategien für Projektkategorien entworfen.
3. Identifikation der erfolgreichsten Verkäufer. Hier werden anhand eines (oder mehrerer) psychometrischer und/oder kognitiver Online-Tests die Kompetenz-Profile der Topverkäufer einer Firma ermittelt – wobei die Ergebnisse schon nach Sekunden vorliegen.
4. Benchmarking der Kompetenz-Profile der Vertriebsmannschaft. Um das Kompetenz-Profil für jeden einzelnen Verkäufer im Vergleich zum Durchschnittsprofil der Topverkäufer erstellen zu können, muss die gesamte restliche Vertriebsmannschaft den Test bearbeiten. Eine Ergebnisbesprechung zum Beispiel durch den Vorgesetzten ist wichtig. Zusätzlich können die individuellen Kompetenz-Profile in einem unternehmensübergreifenden Benchmarking auch mit den Besten der Branche verglichen werden.
5. Commitment und Motivation. Wichtig für den Erfolg ist die Motivation der Mitarbeiter: a) der Topverkäufer, dass sie ihre Erfolgsstrategien preisgeben und b) der schwächeren Verkäufer, denen ein Vorgehen gemäß Best-Practice-Strategien nahezubringen ist (Näheres unter www.baumgartner.de).

Fazit: Fördern Sie Mitarbeiter mit Potenzial zu mehr Leistung und fordern Sie Ihre Stars durch größere Herausforderungen.

Verkäuferkompetenzen durch Training ausbauen

Wer es mit der Professionalisierung seiner Mitarbeiter tatsächlich ernst meint, weiß, dass gelegentliche Anweisungen durch den Vertriebsleiter und sporadische Seminarbesuche ein systematisches Trainingsprogramm nicht ersetzen können. Effektiver ist ein offizielles Trainingsprogramm, das aus wenigen, dafür umso gezielter ausgewählten und auf den wirklichen Bedarf zugeschnittenen Maßnahmen besteht. Der Bedarf ergibt sich aus den Marktanforderungen, den Unternehmens- und Vertriebszielen und den Unternehmenswerten.

Dazu ein Beispiel: Angenommen, ein Unternehmen will seinen Marktanteil um drei Prozent erhöhen und zu diesem Zweck das vorhandene Kundenpotenzial ausschöpfen. In diesem Fall müssen die Verkäufer besonders geschult werden in der Analyse von Kundenpotenzialen, in der Vertiefung von Kundenbeziehungen und der Erhöhung des Lieferanteils bei den Kunden. Soll das gleiche Ziel über die Akquisition von neuen Kunden erreicht werden, dann sind andere Schulungsprogramme vonnöten, bei denen Akquisitionsstrategien, Abwerbestrategien und Gesprächsführung im Vordergrund stehen. Wer Rendite erwirtschaften will, statt Marktanteile erobern, wird seine Verkäufer zu preisstarken Verhandlern schulen wollen.

Ein ganzheitliches Schulungsprogramm, das die theoretischen Inhalte mit Maßnahmen für die Praxis verbindet und in den Folgeveranstaltungen weiter darauf aufbaut, ist weitaus erfolgreicher als lose aneinander gereihte Einzelaktionen, die keine sinnvolle Einheit ergeben oder praxisfremd sind. Dieses Geld können Vertriebsmanager an anderen Stellen besser investieren.

Welche Verkäuferkompetenzen nun besonders ausgebaut werden müssen, hängt ab vom Unternehmens-/und Vertriebsziel und ist von Unternehmen zu Unternehmen unterschiedlich. Wo allgemein die Defizite in der direkten Verkaufsarbeit liegen, hat die Produktivitätsstudie (Proudfoot Consulting) gezeigt. Für die Studie haben Berater von Proudfoot Consulting mehr als 10.000 Stunden in rund 100 mittleren und großen Unternehmen verbracht und die Abläufe analysiert. Unter anderem wurden die folgenden acht Kompetenzen von Verkäufern beobachtet und gemessen:

Kompetenzbereich	Kompetenznachweis
Vorbereitung des Verkaufsgesprächs	Der Verkäufer legt bereits vor dem Kontakt seine Ziele fest und hat alle erforderlichen Informationen gesammelt.
Positionierung	Der Verkäufer formuliert ein Verkaufsargument, er kennt die Anliegen des Kunden und weiß, was für den Kunden Mehrwert bedeutet.
Erkennen	Der Verkäufer ist ein aufmerksamer Zuhörer. Er stellt gezielte Fragen und versteht die Geschäfte und Bedürfnisse des Kunden.
Aufbau	Der Verkäufer kann den Kunden zu einem Gespräch motivieren. Er untersucht die Auswirkungen und Konsequenzen eines Bedürfnisses beziehungsweise einer Lösung und setzt angemessene Gesprächstechniken ein.
Präsentation und Problemlösung	Der Verkäufer diskutiert das Für und Wider der verfügbaren Optionen und unterstützt den Kunden dabei, die beste Lösung zu definieren.
Sicherstellen	Der Verkäufer versucht, den Kunden auf weitere Maßnahmen festzulegen. Er bringt das Verkaufsgespräch in die nächste Phase und definiert die kommenden Schritte klar und deutlich.
Abschluss	Der Verkäufer erzielt Übereinstimmung. Er vereinbart einen Zeitpunkt für das nächste Treffen. Er arbeitet mit offenen und geschlossenen Fragen. Er setzt zielführende Fragetechniken ein.
Auswertung	Der Verkäufer stellt sicher, dass alle eingegangenen Verpflichtungen erfüllt werden. Er überprüft die identifizierten Probleme und identifiziert weitere Problembereiche, die es zu lösen gilt. Er protokolliert das Ergebnis für den nächsten Besuch.

Die größten Defizite weisen Verkäufer in der Nachbearbeitung (Auswertung) von Kundengesprächen auf. Zu diesem Ergebnis kommen die Berater von Proudfoot Consulting. 60 Prozent der von der Beratungsfirma während der täglichen Arbeit beobachteten Verkäufer halten zum Beispiel gegenüber dem Kunden gemachte Zusagen nicht ein, besprochene Probleme werden nicht gelöst oder Bestelldetails unvollständig oder missverständlich an die betreffenden Abteilungen weitergeleitet. Weitere Ergebnisse zeigt Abbildung 16.

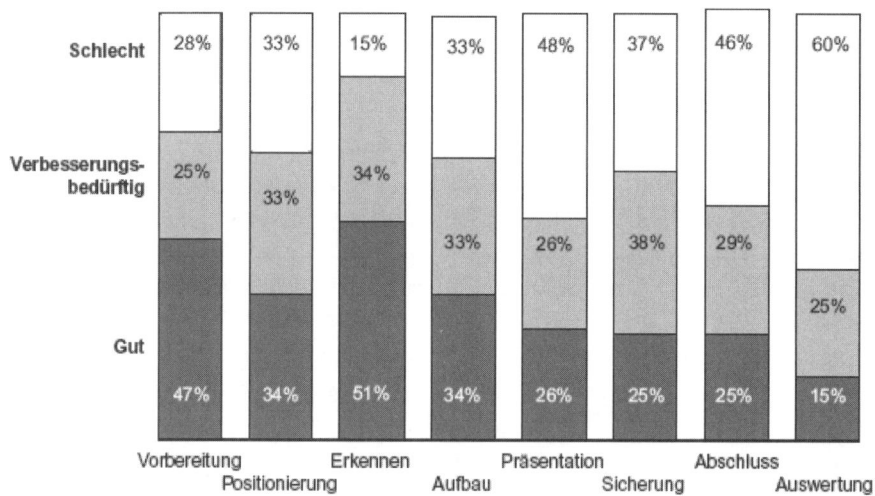

Abbildung 16: Beobachtete Kompetenzen der Verkäufer

Nicht nur ineffektive Verhaltensweisen, wie mangelnde Gesprächsführung, oder Verfahren, wie unangemessene Überwachung oder schwache oder umständliche Berichtssysteme, haben die Berater beobachtet. Es hat sich auch gezeigt, dass vorhandene gute Verkaufsinformationen nicht in ihrem ganzen Potenzial ausgeschöpft wurden, Schulungsmaßnahmen in der Praxis zu selten zur Unterstützung eingesetzt oder nicht korrekt begleitet wurden. Wurden einerseits manche Kunden von den Verkäufern mit Aufmerksamkeiten gleichsam zugeschüttet, so gingen andere, zwar schwierige, aber mit höherem Potenzial, leer aus. »In vielen Fällen stellten wir fest, dass die Führungskräfte kein Feedback und keine Unterstützung für ihre Absatzteams gaben«, so die Berater in der Produktivitätsstudie.

Weiterbildung systematisieren

Die wichtigsten Etappen einer erfolgsorientierten Steuerung von Weiterbildungsaktivitäten sind: Festlegung eines Qualifizierungszieles, Ermittlung des Qualifizierungsbedarfs, Auswahl und Planung der Maßnahmen, Gewährleistung eines Transfers in die Praxis und eine wirksame Erfolgskontrolle.

Weiterbildungsziel definieren

Zunächst gilt es festzulegen, was genau Sie mit der Qualifizierung Ihrer Mitarbeiter kurz- und langfristig erreichen wollen. Beispielsweise könnte die deutliche Verbesserung der Kundenbindung als Ziel formuliert werden. Das konkrete Ziel könnte heißen, dass Sie bis Ende 200... die Zahl Ihrer Stammkunden verdoppeln wollen. Erarbeiten Sie sich passend zu Ihrem Ziel eine Checkliste, die alle wichtigen Kriterien, Kennzahlen oder Vergleichszahlen enthält, anhand derer Sie in der Nachbereitungsphase den Erfolg Ihrer Qualifikationsmaßnahmen kontrollieren können. Das festgelegte Ziel sollte betriebswirtschaftlich messbar sein.

Inhalte der Weiterbildungsmaßnahmen

Durch die Analyse von Leistung und Potenzial Ihrer Mannschaft (siehe weiter oben), eventuelle Tandembesuche oder in Bewertungs- und Fördergesprächen (siehe dazu Teil 5) können Sie die Schwächen und Stärken Ihrer Verkäufer und entsprechende trainingsnotwendige Themen identifizieren. Ergänzend dazu noch ein paar Tipps zur Themensuche und Gestaltung der Weiterbildung:

- Mitarbeiter wissen oft sehr genau, welche Qualifikationen und welches Wissen sie für ihren Arbeitsplatz und eine bessere Kundenbetreuung benötigen. Ermitteln Sie deshalb per Fragebogen die Wünsche, Bedürfnisse und Vorschläge Ihrer Mitarbeiter. Auf diese Weise binden Sie sie aktiv in Ihre Weiterbildungsarbeit mit ein.
- Trainingsprogramme können auch an den Bedürfnissen der Kunden ausgerichtet werden. Dazu können Sie ohne Weiteres auch Ihre Kunden nach deren Wünschen fragen: Was erwarten sie von Ihrem Verkäufer? Entsprechen Ihre Mitarbeiter den Erwartungen der Kunden? Welcher Anbieter hat aus Kundensicht die besten Verkäufer? Was unterscheidet diese Verkäufer von den eigenen?

- Bei neuen Mitarbeitern empfiehlt es sich, das Weiterbildungsprogramm zunächst auf die Bereiche Zeit- und Gebietsmanagement zu konzentrieren. Gerade Verkaufsanfänger neigen dazu, sich in ihrer Planung zu verzetteln, falsche Schwerpunkte zu setzen und zu wenig Zeit auf den aktiven Verkauf beim Kunden zu verwenden.
- Um langfristig zufriedene Kunden zu haben, ist es erforderlich, die Kunden richtig einzuschätzen, sie regelmäßig zu besuchen, Beschwerden prompt zu bearbeiten und die Zuverlässigkeit des Verkäufers und seines Unternehmens laufend unter Beweis zu stellen. Schulen Sie daher Ihre Verkäufer besonders auch im Bereich Kundenpflege und Beziehungsmanagement.
- In Preisgesprächen wird entschieden, ob Unternehmen echte Profite oder ihre Verkäufer nur Umsatz um jeden Preis machen. Führen Sie daher auch gezielt »Preisschulungen« durch, damit Ihre Preisstrategie besser aufgeht. Verdeutlichen Sie Ihren Mitarbeitern den großen Einfluss von Preiserhöhungen auf die Gewinne und schaffen Sie entsprechende Anreize, zum Beispiel Incentives oder margenbezogene Vergütungsanteile im Entlohnungssystem.

Oberstes Gebot bei der Durchführung von Trainings sollte das Zusammenwirken aller verkäuferischen Fähigkeiten sein. Trainieren Sie niemals Einzelbereiche, wie zum Beispiel Produktwissen, für sich allein, sondern setzen Sie die Inhalte stets in konkrete Verkaufssituationen und -gespräche um. Die besten Produkt- und Branchenkenntnisse helfen Ihren Verkäufern nicht weiter, wenn sie nicht wissen, wie sie das ihren Kunden vermitteln können. Die Verkäufer müssen lernen, Verkaufssituationen zu erkennen, Kundentypen einzustufen und aus diesen Erkenntnissen das geeignete Produktwissen und die richtige Präsentationstechnik abzuleiten.

Weiterbildungsbedarf und -budget ermitteln

Im Hinblick auf Ihr gesetztes Weiterbildungsziel stellen sich nun die Fragen: Welche Themen sollen geschult werden und welche Mitarbeiter können und sollen daran teilnehmen? Was wird und darf das kosten?

Erarbeiten Sie sich zunächst Anforderungsprofile für die Mitarbeiter, die sich am Qualifizierungsziel orientieren, und machen Sie dann eine Bestandsaufnahme. Welcher Mitarbeiter sollte künftig – nicht nur aktuell – welche Anforderungen erfüllen, um dem Unternehmen zu nützen, und wo steht er heute?

Formulieren Sie ganz klar, welche Kompetenzen Sie sich von den Mitarbeitern künftig erwarten. Denken Sie hierbei nicht nur an eventuell bestehende Defizite, sondern versuchen Sie bereits, mögliche Veränderungen in der Zukunft vorauszuahnen. Nur so kann Weiterbildung zu einem echten Wettbewerbsfaktor werden.

Folgende Checkliste können Sie nutzen, um die Weiterqualifizierung Ihrer Mitarbeiter zu planen.

Checkliste: Mitarbeiterqualifizierung					
Fähigkeit/Fertigkeit	**Ja, wird benötigt**	**Mit-arbeiter**	**Art der Fortbil-dung**	**Zeitauf-wand geschätzt**	**Kosten geschätzt**
Technisches Fachwissen	❑				
Kaufmännisches Fach-wissen	❑				
Verkaufstechniken	❑				
Gesprächsführung	❑				
Andere Fachkenntnisse • _____ • _____	❑				
IT-/EDV-Kenntnisse (z. B. Vertriebsinformations-system)	❑				
Fremdsprachen (wird im Zuge der Globalisierung immer wichtiger)	❑				
Kundenorientierung	❑				
Marketing	❑				
Mitarbeiterführung	❑				
Qualitätsorientierung	❑				
Problemlösungsfähigkeit	❑				
Kreativitätstechniken	❑				
Teamfähigkeit	❑				

Wenn Sie nun festgelegt haben, welche Fähigkeiten beziehungsweise Fertigkeiten notwendig sind, um Ihr Weiterbildungsziel zu erreichen, wie lange das in etwa dauern wird und welche Mitarbeiter geschult werden müssen, können Sie Ihre Budgetjahresplanung machen und dann in die konkrete Maßnahmenplanung einsteigen. Ein Formularmuster für die Budgetplanung, in der alle direkten und indirekten Kosten erfasst werden, finden Sie hier.

Checkliste: Weiterbildungsbudget planen			
Weiterbildungsbudget für das Jahr _____			
Kostenart		**Bud-get**	**Vor-jahr**
Externe Kosten			
Teilnehmerbeiträge (TN = Teilnehmer)	_____ TN × _____ Tage × _____ €/TN und Tag (Durchschnittspreis)		
Reise- und Unter-kunftskosten für Teil-nehmer an externen Veranstaltungen	_____ TN × _____ Tage × _____ €/TN und Tag (Erfahrungswerte)		
Honorare, Nebenkos-ten für Trainer, Berater	_____ Veranstaltungstage × _____ € Honorarsatz inkl. NK (Erfahrungswerte)		
Kosten für Lehr- und Lernmittel	Pauschale		
Hotelkosten et cetera für extern veranstal-tete, selbst organi-sierte Seminare	_____ Veranstaltungstage × _____ TN × _____ € Raummiete/TN und Tag		
Interne Kosten			
Arbeitsausfallkosten (durchschnittliche Lohnkosten der Teil-nehmer inkl. eventu-eller Zusatzkosten)	_____ TN × _____ Tage × _____ €		
Verrechnung von Raumkosten bei inter-nen Weiterbildungs-maßnahmen			

Allgemeine Kosten der Weiterbildung			
Verwaltungskosten der Weiterbildungs- aktivitäten (je nach Organisationsform)			
Evtl. Raum- und Gerä- tekosten			
Summe			

Quelle: Wuppertaler Kreis e.V. (www.wkr-ev.de)

Maßnahmenplanung

An Weiterbildungsmaßnahmen bietet der Markt viele Möglichkeiten – von internen Veranstaltungen bis hin zu Seminaren, Kongressen und Workshops, die außerhalb des Betriebes stattfinden. Welche Maßnahmen für Ihr Unternehmen nun die richtigen sind, hängt sicher von der jeweiligen betrieblichen Situation und der Kosten-/Nutzen-Relation ab, die im Einzelfall zu prüfen ist. Prüfen Sie, was betriebsintern an Weiterbildung erfolgen kann und was externe Anbieter leisten können. Wie steht es um deren Praxiserfahrung, Beratungskompetenz, deren Interesse an einer längeren Zusammenarbeit? Wer kann Ihnen individuelle Schulungsmaßnahmen anbieten?

Von den vielen Schulungsmöglichkeiten – angefangen von selbst gesteuerter Fortbildung durch Bücher, Newsletter und Fachzeitschriften bis hin zu Workshops, Kongressen und Schulungen durch Lieferanten sowie E-Learning – soll an dieser Stelle nur auf die Schulung durch professionelle Trainer und das E-Learning kurz eingegangen werden.

Weiterqualifizierung durch externe Trainings

Wenn Sie nur wirkliche Profis engagieren, holen Sie aus einem Training ungleich mehr heraus, als Sie investiert haben. Vor allen Dingen dann, wenn das Training klar auf die Unternehmens-/Vertriebsziele abgestimmt ist und aus aktuellem Anlass – zum Beispiel eine schwierige Akquisitionsphase steht bevor, Umsätze müssen um 20 Prozent gesteigert werden – stattfindet. Dann lernen Verkäufer schneller und effizienter, weil das Gelernte auch gleich in der Praxis erprobt werden kann.

Die Frage, wer das Verkaufstraining machen soll, kann eventuell schon rein rechnerisch entschieden werden. Angenommen, Sie haben 60 Mitarbeiter im Außen- und Innendienst. Es sind für jeden Mitarbeiter 2×2 Tage Training im Jahr vorgesehen. Die maximale Gruppengröße für Trainings liegt bei 15 Teilnehmern, das heißt, Sie brauchen $60 : 15 = 4$ Gruppen $\times$ 4 Tage = 16 Trainingstage Kapazität. Für Analysen, Konzeption, Vorbereitungen, Reisen benötigen Sie in diesem Fall nochmals gut ein Drittel, also 6 Tage, das bedeutet insgesamt mindestens 22 Arbeitstage Kapazität:

- für einen Verkaufsleiter zu viel
- für einen eigenen, fest angestellten Trainer zu wenig
- für einen externen Trainer normal

Im Vergleich zu betriebsinternen Maßnahmen haben betriebsexterne den Vorteil, dass die Mitarbeiter nicht ständig von internen Angelegenheiten abgelenkt werden und außerdem neue interessante Impulse von außen kommen können. Aus Gesprächen mit anderen Seminarteilnehmern ergeben sich oft gute Ideen für die Praxis.

Wählen Sie einen externen Trainer, dann verlassen Sie sich nicht nur auf Diplom und Verbandszugehörigkeit. Prüfen Sie, ob die Kreativität eines Institutstrainers vielleicht schon nachgelassen hat, weil er die institutsgebundene Philosophie inhaltlich und/oder methodisch zu verkünden hat. Solche Festlegungen, wie auch fertig gedruckte Programmbroschüren führen dazu, dass Eigendynamik und Maßschneiderung bei der Entwicklung neuer Verkaufsstrategien möglicherweise leiden. Und: Richten Sie Ihr Trainingsprogramm nicht nach dem Repertoire eines Trainers aus, sondern immer an Ihren Verkaufszielsetzungen. Prüfen Sie im ersten Gespräch, inwieweit ein externer Trainer bereit und in der Lage ist, auf Ihre Bedürfnisse einzugehen. Ein sicheres Indiz sind seine an Sie gestellten Fragen und inwieweit er mit einem fertigen Programm operiert. Ganz interessant dürfte auch sein, inwieweit sich der bewerbende Trainer bereits auf Ihr Unternehmen vorbereitet hat. Kennt er Ihre wichtigsten Produkte und Kunden? Weiß er, wie die Produkte vermarktet werden?

E-Learning

Eine kostengünstige Alternative zu betriebsexternen Maßnahmen ist das E-Learning. E-Learning-Kurse können an einem Computerplatz von zu Hause aus oder am PC-Arbeitsplatz in der Firma belegt werden und zwar mithilfe von Datenträgern (Computer Based Training, CBT) – die bisher am meisten verbreitete E-Learning-Form – oder Web-based, also per

Internet oder Intranet. Das spart Reise- und Hotelkosten und reduziert Ausfallzeiten. Allerdings fallen auch Entwicklungs- und Implementierungskosten für eine eigene Plattform an, die mitunter sehr hoch sein können. Das ist auch der Grund, warum sich Mittelständler derzeit noch ungern auf E-Learning-Systeme einlassen wollen.

Beim E-Learning können Standardlösungen eingesetzt werden oder aber Lösungen, bei denen der jeweilige Lerninhalt auf die individuellen und unternehmenstypischen Belange zugeschnitten ist. Das kostet sicherlich mehr Geld, als Standard-Lernstoff zu schulen, bringt aber unter dem Strich auch mehr. Unter anderem, weil Mitarbeiter durch eine praxisorientierte Schulung motivierter sind. Und für den Einsatz von E-Learning ist eine hohe Motivation der Mitarbeiter Voraussetzung, da sie selbst ihren Lerneinsatz bestimmen. Auch das Management muss voll hinter dieser Form des Lernens stehen und am besten wird es in einen umfangreicheren Qualifizierungsprozess eingebunden. Nur dann kann E-Learning auch große Erfolge zeigen. Für große Konzerne, die weltweit Tausende von Mitarbeitern schulen, bietet E-Learning einen massiven Kostenvorteil. Es wird vor allen Dingen für Produktschulungen im großen Stil eingesetzt. Individuelle Lösungen rentieren sich allerdings erst bei mehr als 300 Mitarbeitern und bei einer Nutzungsdauer von drei bis fünf Jahren (Wirtschaftlichkeitsvergleich der Lufthansa School of Business).

Tipp: Beachten Sie beim Einsatz von E-Learning unbedingt auch das Arbeitszeitgesetz, in dem die Obergrenzen der Arbeitszeit, die Sonn- und Feiertagsarbeit festgelegt sind. Sie können Ihre Mitarbeiter nicht ohne Weiteres verpflichten, zu Hause oder nach Dienstschluss im Büro zu lernen. In vielen Betriebsvereinbarungen gibt es zum Thema E-Learning noch keine klaren Regelungen.

Hohe Kosten können Sie vermeiden, wenn Sie E-Learning-Anbieter auswählen, die flexible Systeme, die nach und nach erweitert werden können, oder Plattformen auf Mietbasis anbieten. Bei den sogenannten ASP-Lösungen (Application Service Providing) steht die Lernplattform im Internet zur Verfügung. Dadurch sparen Sie sich die Lizenzkosten für eine eigene Lernplattform und müssen niemanden zusätzlich einstellen, der sich um die Software oder den Server kümmert. Allerdings ist die Sicherheit der Daten hier nicht hundertprozentig gewährleistet. Außerdem sind Sie von der Leistungsfähigkeit des Anbieterservers abhängig.

Checkliste: Worauf Sie bei der Auswahl achten sollten

Wenn Sie sich für die Implementierung einer E-Learning-Plattform interessieren, achten Sie unbedingt darauf, dass Sie einen Anbieter wählen, der bezüglich Technik und Inhalt auf dem neuesten Stand und nicht von Insolvenz bedroht ist. Ebenso sollten Sie darauf achten, dass dessen Support stimmt und nicht überteuert ist, die Programme stark anwenderorientiert sind und sich durch hohe Benutzerfreundlichkeit auszeichnen.

Transfer in die Praxis und Erfolgskontrolle

Haben Sie Ihr Weiterbildungskonzept in einen Maßnahmenplan umgesetzt und die Weiterbildungsaktivitäten durchgeführt, dann sollten Sie noch besonderes Augenmerk auf den Transfer des Gelernten in die Praxis legen und danach eine abschließende Erfolgskontrolle durchführen. Nur dann sind Qualifikationsmaßnahmen erfolgreich und schließlich messbar.

1. Installieren Sie ein Feedback-System. Beispielsweise könnte ein Gespräch mit den jeweiligen Mitarbeitern nach der Maßnahme auf dem Plan stehen. Die Teilnehmer geben einen kurzen Erfahrungsbericht, der den Nutzen der Trainingsmaßnahme und einen Vorschlag über den Transfer des Gelernten in die Praxis enthält.
2. Geben Sie den Teilnehmern einen Beurteilungsbogen, in dem der Trainer, die Inhalte und die Rahmenbedingungen bewertet werden können.
3. Führen Sie ein abschließendes Gespräch mit dem Trainer oder dem Seminaranbieter, damit Sie auch aus Sicht der Trainer Einblick in den Erfolg der Weiterbildungsmaßnahme gewinnen. Wenn Sie zuvor ein gemeinsames Pflichtenheft entworfen haben, dann prüfen Sie, ob die Kriterien alle erfüllt worden sind.
4. Entwickeln Sie nun – eventuell zusammen mit dem Trainer – gemeinsam mit den Teilnehmern Zielvorgaben und Maßnahmenpläne in Form von übersichtlichen Checklisten, die den Transfer in den Berufsalltag sichern. Setzen Sie auch einen Zeitrahmen, in dem alles Gelernte umgesetzt werden soll.
5. Schaffen Sie gleichzeitig oder möglichst schnell eventuell nötige Voraussetzungen, die für einen erfolgreichen Transfer erforderlich sind. Beispielsweise eine Neugestaltung des Arbeitsplatzes, die Bildung neuer Teams oder die Beschaffung von moderneren Arbeitsmitteln als bisher.

6. Begleiten Sie den Transfer. Bieten Sie regelmäßige Gespräche an. Klären Sie zwischendurch: Wie weit ist das gesetzte Ziel bereits näher gerückt? Wo sind Hindernisse? Was läuft hervorragend? Wie sieht der Zeitplan aus? Wo ist Unterstützung notwendig? Wie können und müssen weitere Kollegen und Führungskräfte einbezogen werden?

Eine Erfolgskontrolle soll zeigen, ob die Investition in die Weiterqualifizierung Früchte trägt und ob Sie die richtigen Maßnahmen ausgewählt haben. Klären Sie dazu zumindest diese Fragen:

1. War die Maßnahme die richtige? Zeigt sich ein Lernerfolg? Ein Fragebogen zu Seminarinhalt, Trainer und Erlerntem könnte darüber Aufschluss geben.
2. Werfen Sie ein kritisches Auge auf den Transfererfolg. Wird das Erlernte auch konsequent im Unternehmen oder beim Kunden umgesetzt? Hat sich tatsächlich im Arbeitsalltag etwas verändert? Was hat sich wie verändert?
3. Was hat die Weiterbildungsmaßnahme beziehungsweise alle Maßnahmen auf das ganze Jahr gesehen dem Betrieb gebracht?
4. Wie wirkt sich das auf den Unternehmens-/Vertriebserfolg aus? Notieren Sie in einer entsprechenden Checkliste mit Ihren Vertriebskennziffern zu den Sollwerten die Istwerte und vergleichen Sie. Wenn hier keine deutlichen Veränderungen sichtbar sind, stellt sich die Frage, ob eventuell die falschen Maßnahmen ergriffen wurden. Überdenken Sie in diesem Fall auch Ihre Zielsetzung und die Erfolgskriterien, die Sie festgelegt haben.

Verwenden Sie für Ihre Checkliste Kennzahlen, die bei Ihnen im Einsatz sind. Auf Basis dieser Zahlen können Sie Erfolge tatsächlich messen. Viele stammen aus Jahresbilanzen und Jahresplänen. Beispiele finden Sie nachfolgend:

Checkliste: Erfolgskontrolle		
Kriterien/Kennzahlen	**Ist**	**Soll**
Lohnstückkosten		
Beschwerderate		
Umsatz		
ROI		
Prozessabläufe		

Ausgaben für Maßnahmen		
Überstundenabbau		
Kürzere Meetings (genaue Angabe)		
Höhere Produktivität		
Kosten der Mitarbeiterfluktuation		
Fehlerquote in der Produktion		
Kostenersparnis in den Bereichen Verwaltung Service Vertrieb etc.		
Leerlaufzeiten der Maschinen		
Krankenstand		

6.2 Engpässe identifizieren und beheben

In den oben genannten Studien sind bereits die zwei wichtigsten Engpassfaktoren im Vertrieb benannt worden. Es sind die *Zeit* und die *Kommunikation*, die durch die fortschreitende Arbeitsteilung – mitverursacht durch die hohen Anforderungen der Kunden – in den vergangenen Jahren mehr und mehr zu Engpassfaktoren wurden.

Engpassfaktor Zeit

Die Zeit ist immer noch einer der größten Engpassfaktoren im Vertrieb. Verkäufer sind nach wie vor weniger produktiv, als sie denken und als gewünscht wird. So haben Berater der Proudfoot Consulting beobachtet, dass die Verkäufer kaum ein Viertel ihrer Arbeitszeit mit aktivem Verkaufen und der Akquisition von Neukunden verbringen. Zu den großen Zeitfressern zählen Reisen und Verwaltungsaufgaben. Dazu Jochen Vogel, Geschäftsführer Deutschland: »Unserer Erfahrung nach kann ein Unternehmen mit geeigneten Produktivitätsmaßnahmen seine Vertriebsleistung um 15 bis 25 Prozent steigern.« (Produktivitätsstudie 2005/06; www.proudfootconsulting.com)

Wie Verkäufer ihre Zeit verbringen

Insgesamt nutzen die Vertriebler für den aktiven Verkauf und die Akquise von Neukunden nur ein Fünftel ihrer Arbeitszeit, während 31 Prozent für unproduktive Verwaltungsaufgaben anfallen. Reisen beanspruchen 15 Prozent und die interne Abstimmung 18 Prozent der Arbeitszeit. Die Mitarbeiter selbst nehmen dies anders wahr. Sie glauben, sie würden in 22 Prozent ihrer Arbeitszeit aktiv verkaufen. Aber auch wenn dem so wäre, dann ist selbst diese Quote nicht ausreichend. Nach Meinung der Mitarbeiter müsste sie dreimal so hoch sein wie der momentane Ist-Wert von elf Prozent.

	Proudfoot-Beobachtung	Eigene Einschätzung der Verkäufer	Wunsch
Aktiver Verkauf	11 %	17 %	32 %
Akquise	10 %	15 %	19 %
Verwaltung	27 %	23 %	15 %
Reisen	20 %	14 %	10 %
Problemlösung	14 %	27 %	21 %
Ausfallzeit	17 %	4 %	3 %

Quelle: Vertriebsstudie 2006, Proudfoot Consulting

Die Erhöhung der aktiven Verkaufszeit bleibt also nach wie vor ein wichtiger Hebel für die Produktivitätssteigerung Ihrer Verkaufsmitarbeiter und sollte in jedem Unternehmen hohe Priorität haben. Nachfolgend finden Sie nun einige Anregungen, wie die aktive Verkaufszeit erhöht werden kann.

Erhöhung der aktiven Verkaufszeit

Zunächst gilt es herauszufinden, wo bei Ihren Verkäufern die meiste Zeit mit unproduktiven Tätigkeiten verloren geht. Erstellen Sie am besten gemeinsam mit einem Ihrer Topverkäufer eine Liste mit allen Tätigkeiten, die ein Verkäufer Tag für Tag zu erledigen hat. Bitten Sie nun Ihre Verkäufer, zum Beispiel zwei Wochen lang, die anfallenden Aktivitäten und den entsprechenden Zeitaufwand in die Liste einzutragen.

Vermutlich werden Sie erst einmal auf heftigen Widerstand stoßen. Nehmen Sie daher zum Beispiel eine bevorstehende »Umsatzsteigerungsaktion« als Anlass, um eine Zeitanalyse durchzuführen. Erklären Sie den Verkäufern, dass Sie ihren vollen Einsatz benötigen und Sie sie deshalb von zeitfressenden Tätigkeiten entlasten wollen. Auf keinen Fall sollte der Eindruck entstehen, dass Sie Kontrolle oder Kritik an ihrer Arbeitsweise ausüben wollen.

Anstatt alle Mitarbeiter einzubeziehen, können Sie gemeinsam mit einem kleinen Team eine Zeitanalyse durchführen. Ausgehend von den Arbeitstagen pro Jahr und den Arbeitsstunden pro Tag ermitteln Sie das Zeitbudget an Stunden pro Jahr, die Ihre Mitarbeiter investieren. Davon ziehen Sie dann den Zeitbedarf der in der folgenden Übersicht aufgelisteten Faktoren – immer hochgerechnet auf jährliche Stunden – ab. Die verfügbare Zeit, die schließlich in der rechten Spalte ganz unten steht, ist die Zeit, die Ihre Verkäufer tatsächlich beim Kunden verbringen können. Rechnen Sie nach: Sind das auch nur elf Prozent der Arbeitszeit?

Zeitanalyse

Zeitfaktor	Multiplikator	Stunden	Aufwand in %	Proudfoot-Beobachtung	Ihr Ziel
Arbeitszeit pro Tag	x Arbeitstage				
./. Zeit für Fahrten, z. B. im Auto, pro Tag	x Arbeitstage	./.		20 %	
./. Pausen pro Tag	x Arbeitstage	./.		17 %	
./. Leerzeiten pro Tag (Wartezeiten beim Kunden etc.)	x Arbeitstage	./.			
./. Zeit für die Abstimmung mit den Nahtstellen (Innendienst, Kundendienst, Auftragsabwicklung etc.) pro Tag	x Arbeitstage	./.		14 %	
./. monatlicher Zeitaufwand für Meetings, Telefonkonferenzen etc.	x 12 Monate	./.		27 %	
./. Durchschnittliche tägliche Bürozeit	x Arbeitstage	./.			

./. Zeitbedarf für die Besuchsvorbereitung	x Besuche pro Tag x Arbeitstage	./.			
./. Zeit für Angebots- und Auftragsbearbeitung, interne Betreuung, Telefonate, Beschwerdebehandlung etc.	x Arbeitstage	./.			
./. Täglicher Zeitaufwand für die Neukundenakquise	x Arbeitstage	./.		10 %	
Ergebnis = aktive Verkaufszeit beim Kunden				11 %	

Führen Sie außerdem eine Verkaufsprozess-Analyse durch, beginnend vom Erstkontakt bis hin zur Nachkaufbetreuung. Prüfen Sie: Wer hat warum und in welcher Zeit welches Ergebnis erzielt? An welcher Stelle kann Zeit eingespart werden? Kann zum Beispiel auf das Ausfüllen von Formularen et cetera verzichtet werden? Lassen Sie sich immer von der Frage leiten: Rechtfertigt das Ergebnis die eingesetzte Zeit? Setzen Sie sich zum Ziel: Alles so einfach wie möglich gestalten.

Maßnahmen zur Erhöhung der aktiven Verkaufszeit

Hat Ihre Zeitanalyse eindeutige Zeitfresser ergeben, dann leiten Sie möglichst bald in Abstimmung mit dem Verkaufsteam wirksame Maßnahmen ein. Hier ein paar Beispiele:

Maßnahmenbeispiele zur Erhöhung der aktiven Verkaufszeit
Delegation von C-Kunden an den Innendienst
Verlängerung des Besuchsrhythmus für B- und C-Kunden
Einstellung einer Vertriebsassistenz, die dem Verkaufsteam zeitraubende Tätigkeiten abnimmt
Reduzierung der Anzahl von Meetings
Vereinfachung des Berichtswesens eventuell durch elektronische Unterstützung
Verbesserung der Tourenplanung, zum Beispiel durch Ausstattung der Verkäufer mit leistungsfähigen Navigationsgeräten / elektronischen Routenplanern

Outsourcing der Außendienst-Terminierung (zum Beispiel für die Kaltakquise, die viele Verkäufer scheuen)
Zentrale Terminsteuerung für das Verkaufsteam mithilfe von elektronischen Kalendern
Schulung der Verkäufer im Zeitmanagement, in der Gesprächsvorbereitung und anderen Verkaufsfertigkeiten
Standardisierung von Vorlagen (Angeboten, Kalkulationen et cetera) und wichtigen Schriftstücken
Optimierung von Kundenbesuchen, zum Beispiel durch die Einführung von wichtigen Checklisten zur Besuchsvorbereitung, für Telefonakquise et cetera

Machen Sie zunächst Ihren Mitarbeitern die Notwendigkeit eines gezielten Zeitmanagements bewusst. Besonders Verkäufer sind oftmals nicht gewillt, sich mit diesem Thema auseinanderzusetzen. Um ihren Blick für Zeitverluste zu schärfen, können Sie ihnen die folgende Checkliste an die Hand geben. Kreuzt ein Verkäufer mehrmals »Stimmt« an, dann sollte er in der nächsten Zeit gezielt an der Verbesserung dieser Punkte arbeiten.

Checkliste: Wo verlieren Ihre Verkäufer Zeit?	
	Stimmt
Ich treffe häufig Kunden nicht an, weil ich mich nicht anmelde oder zum ungünstigen Zeitpunkt bei ihnen anklopfe.	❑
Manche Besuche dauern zu lange. Ich komme nicht rasch genug zur Sache. Meine Präsentation ist oft nicht straff genug.	❑
Aus falscher Höflichkeit lasse ich mich manchmal von Mitarbeitern des Kunden (und der eigenen Firma) in sinnlose Plaudereien verwickeln.	❑
Ich brauche zu viel Fahrtzeit. Die Touren sind nicht optimal geplant, und mancher spontane Abstecher erweist sich als vergeblich.	❑
Die Zusammenarbeit mit dem Innendienst funktioniert nicht. Wir arbeiten aneinander vorbei. Wichtiges wird versäumt, anderes doppelt gemacht.	❑
Mein Schreibtisch und meine Ablage sind nicht übersichtlich. Ich verliere zu viel Zeit und Konzentration beim Suchen.	❑
Ich schreibe zu viele und zu lange Texte und Berichte. Ich bevorzuge das Schreiben, wo ich telefonieren könnte.	❑
Ich telefoniere zu lange. Die Gespräche sind nicht exakt vorbereitet. Ich höre mir belanglose Geschichten an und rede selbst zu viel.	❑

Ich lese zu viel Unwichtiges. Mir fehlt die Fähigkeit, wertlosen Lesestoff rasch zu erkennen, und der Mut, ihn aus der Hand zu legen.	❏
Ich zögere häufig ungeliebte Arbeiten und schwierige Entscheidungen ungebührlich hinaus. So befasse ich mich unnötig oft mit ihnen.	❏

Kein Arbeitstag ohne Tagesplan

Damit sie alle Verkaufschancen nutzen können, brauchen Ihre Verkäufer eine tägliche Arbeitsplanung. Dazu werden an jedem Abend alle Arbeiten, die sie am kommenden Tag ausführen wollen, in einen Tagesplan eingetragen. Kundenbesuche, Einladungen, Telefonate, Korrespondenzen, Lieferungen, Privattermine – alles wird festgehalten. Der Vorteil: Durch dieses Vorgehen empfinden die Verkäufer ihren Plan als verbindlich, und ihr Vorsatz, ihn einzuhalten, wird stärker.

Geben Sie Ihren Verkäufern diese Vorschläge weiter

- Besuche und Arbeiten notieren, die am nächsten Tag ausgeführt werden sollen.
- Dauer der Besuche, Fahrten und Arbeiten schätzen und die Werte (in Minuten) hinter den geplanten Tätigkeiten vermerken.
- Die Minuten addieren. Die Planung sollte etwa 75 Prozent der verfügbaren Arbeitszeit abdecken, 25 Prozent unverplant bleiben. Sie werden vorgehalten für Verzögerungen, Unvorhersehbares, Störungen. Entsprechend dem Zeitrahmen die Planung kürzen oder ergänzen.
- Die vorgesehenen Arbeiten in die richtige Reihenfolge bringen. Die Besuche ordnen, so dass die Fahrzeit minimiert wird. Verwandte Tätigkeiten – Telefonate, Diktate, Verwaltungsarbeit – in Blöcken zusammenfassen.
- Wartezeiten nutzen und überbrücken zum Beispiel mit Lektüre, Statistik, Erfolgskontrolle, Planung et cetera. Die moderne Technologie – zum Beispiel Notebook mit drahtlosem Internetzugang (Mobilfunk-Datenübertragung mittels UMTS/GPRS oder WLAN über Hot Spots) und zusätzlich bei Bedarf oder auch anstatt Notebook PDAs mit entsprechender Mobilfunk-Technologie) – bietet hierzu alle Möglichkeiten.
- Tourenplanung verbessern, ein Besuch mehr am Tag sollte immer möglich sein.
- Veranstaltung von Informationsseminaren im eigenen Haus und dazu mehrere Kunden einladen. So kann die aktive Verkaufszeit an einem Tag vervielfacht werden.

- Bei der Zusammenstellung des neuen Tagesplans die Erfahrung des abgelaufenen Tages verwerten: Was wurde heute richtig gemacht und was sollte entsprechend morgen wiederholt werden? Was wurde heute falsch gemacht und sollte morgen vermieden werden?

Für eine genauere Analyse hilft das folgende Arbeitsblatt. Ihre Verkäufer könnten zum Beispiel an zehn aufeinander folgenden Tagen am Ende eines Arbeitstages – so detailliert wie möglich – die Fragen des Arbeitsblattes bearbeiten:

Arbeitsblatt zur Tagesplanung
1. Was lief heute gut? Warum?
2. Was lief schlecht?   Warum?
3. Wann habe ich heute meine wichtigste Aufgabe in Angriff genommen? Warum zu diesem Zeitpunkt? Hätte ich früher beginnen können?
4. Wann hatte ich heute meine produktivste Phase? Wann die am wenigsten produktive?
5. Was waren heute meine drei größten Zeitdiebe?
6. Für welche Aktivitäten brauche ich noch mehr Zeit? Welche benötigen weniger?
7. Wie kann ich morgen meine Zeit noch besser nutzen? Was kann ich dazu tun?

Aufgaben an den Innendienst delegieren

Sie können deutlich die Effizienz Ihres Verkaufs erhöhen, wenn Sie es Ihrem Außendienst ermöglichen, sich auf diejenigen Aufgaben zu konzentrieren, die wirklich Geld bringen: neue Märkte suchen, potenzielle Projekte (früher) finden, Groß- und Wachstumskunden angemessen betreuen. Stellen Sie ihn von allen Aufgaben frei, die vom Schreibtisch des Innendienstes aus kostengünstiger durchgeführt werden können.

Übertragen Sie andererseits dem Innendienst aktive Verkaufsaufgaben, die er kostengünstiger als der Außendienst ausführen kann, zum Beispiel: potenzielle Kunden suchen, Projekte finden, Besuche vorbereiten, Terminabstimmung, Follow-up nach Besuchen, schlafende Kunden reaktivieren et cetera. Und machen Sie die Beibehaltung des vorhandenen Kundenstamms zu einer seiner Schwerpunktaufgaben.

Die folgende Checkliste enthält Anregungen, wie der Innendienst den Außendienst aktiv unterstützen kann. Prüfen Sie, welche Maßnahmen bei Ihnen möglich sind:

Aufgabenkatalog des Innendienstes		
Checkpunkte	**Ja**	**Nein**
Operative Aufgaben der Kundenbetreuung wie z. B. Kontaktaufnahme, Bedarfsermittlung, Terminvereinbarungen, Kundenbesuche	❏	❏
Unterstützung des Außendienstes durch eine verbesserte Analyse und Beurteilung von Märkten und Konkurrenten	❏	❏
Formulierung von Verkaufszielen und Abstimmung mit dem Außendienst	❏	❏
Angebotsbearbeitung, Kontrolle schwebender Angebote	❏	❏
Nachbearbeitung von Besuchen und Angeboten	❏	❏
Kunden-Nachbetreuung wie Zusatz-, Anschluss-, Ersatzverkäufe	❏	❏
Bearbeitung von Beschwerden	❏	❏
Sämtliche telefonischen und schriftlichen Aktivitäten	❏	❏
Komplettes C-Kunden-Management	❏	❏
Betreuung von Abbaukunden	❏	❏
Reaktivierung abgewanderter Kunden	❏	❏
Urlaubsvertretung für den Außendienst, also die A- und B-Kunden-Betreuung per Telefon und beispielsweise auch eine zeitweilige eigene Reisetätigkeit	❏	❏
Organisation und Nutzung der elektronischen Informationsverarbeitung	❏	❏
Übernahme von Werbung treibenden Tätigkeiten, wie z. B. die Gestaltung von Mailings, Präsentationen oder Werbeschriften	❏	❏
Passive Verkaufsförderung nach dem Verkauf (Das Telefon ermöglicht die persönliche Betreuung: Kunden können Wünsche und Beschwerden sofort äußern und erhalten schnelle Reaktionen.)	❏	❏
Turnusmäßige Kontaktpflege	❏	❏

Entlasten Sie im Gegenzug den Innendienst von Aufgaben, die der Computer oder andere Personen günstiger erledigen können: Routinearbeiten, Bewältigung von einfachen Mengenaufgaben, Administration und Datenpflege.

In vielen Firmen wird der Innendienst immer noch von administrativen Tätigkeiten dominiert, die Unterstützung für den Außendienst als auch eine Weiterentwicklung des Innendienstes zu einem eigenständigen Vertriebskanal ist noch nicht genügend optimiert. Mit dem Ergebnis, dass Produktivitäts- und Sparpotenziale noch nicht hinreichend ausgeschöpft sind. Das gilt nicht für alle Firmen, wie folgendes Beispiel zeigt.

Aus der Praxis

Die KBS Kältetechnik GmbH in Mainz zeigt, wie sich durch eine Neuorganisation der Aufgabenverteilung zwischen Außendienst und Innendienst gezielt Gewinnchancen erschließen lassen. Früher brauchten sieben Außendienstverkäufer über 60 Prozent ihrer Zeit für die Kontaktpflege. Aus weniger als 10 Prozent der einzelnen Kundenkontakte wurden direkt neue Aufträge generiert. Im Innendienst verwendeten vier Sachbearbeiterinnen rund 15 Prozent ihrer Zeit für die Angebotserstellung, 70 Prozent für die Auftragsabwicklung und 15 Prozent für die Beschwerdebehandlung und das Ersatzteilgeschäft. Bei einer Umorganisation wurde der Außendienst auf zwei Mitarbeiter reduziert, die die Großkundenbetreuung, Neukundengewinnung und Projektorganisation erledigen. Der Innendienst wurde um 2,5 Arbeitsplätze erweitert. Der Hauptanteil des Verkaufs und der Neukundenakquisition erfolgt jetzt via Telefon durch speziell für den Telefonverkauf und die telefonische Neukundengewinnung geschulte Innendienst-Mitarbeiterinnen. Ergebnis: 20 Prozent weniger Personalkosten bei Erhaltung des Umsatzes auf Vorjahresniveau.

Wer seine Innendienstmitarbeiter also nur Sachbearbeiteraufgaben erledigen lässt, verschenkt Umsatzchancen. Dagegen nutzt ein verkaufsaktiver Innendienst jede Gelegenheit für mehr Absatz. Prüfen Sie anhand folgender Checkliste, wie verkaufsaktiv Ihr Innendienst bereits ist beziehungsweise welche Aufgaben er übernehmen sollte, um noch aktiver in die tägliche Vertriebsarbeit eingebunden zu werden. Motivieren Sie Ihren Innendienst zu verkaufsaktiverem Handeln, indem Sie den Mitarbeitern eine leistungsbezogene Provision anbieten oder eigene Zielvereinbarungsmodelle für die Teamleistung »Außen- und Innendienst« entwickeln.

Checkliste: Verkaufsaktiver Innendienst	
Fragen zum Aufgabengebiet	**Ja**
Ist der Innendienst an der Planung und Realisierung von Produkt- und Kundenumsätzen beteiligt?	❏
Wirkt er bei der Kundenbewertung (Klassifizierung, Abnahmemengenziele etc.) mit?	❏
Wird die Aufgabenverteilung im Hinblick auf die Zielerreichung (Umsatz, DB) mit dem Außendienst abgesprochen?	❏
Macht der Innendienst Vorschläge für die Durchführung von Verkaufsaktionen und für verkaufsfördernde Maßnahmen?	❏
Wirkt er aktiv an der Entwicklung der Nutzenargumentation für Ihre Produkte mit?	❏
Nimmt er regelmäßig an den Verkaufsbesprechungen teil?	❏
Erledigt er die Anfragen-, Angebots- und Auftragsbearbeitung kundenorientiert?	❏
Kümmert er sich regelmäßig um die Aktualisierung der Interessenten- und Kundendateien?	❏
Besitzt er Kompetenzen bzgl. Preisabsprachen?	❏
Begleitet er hin und wieder seinen Außendienstkollegen bei wichtigen Kundenbesuchen?	❏
Kümmert er sich aktiv und selbstständig um die telefonische Betreuung von B- und C-Kunden?	❏
Ruft er potenzielle Kunden systematisch an, um Aufträge einzuholen?	❏
Betreibt er bei Bestellanrufen von Kunden aktives Cross- und Up-Selling?	❏
Kümmert er sich um die Rückgewinnung von Kunden oder die Aktivierung von Schlummerkunden?	❏
Versorgt er den Außendienst mit wichtigen Unterlagen und Informationen, z. B. über den Wettbewerb etc.?	❏
Analysiert er Beschwerden der Kunden, deren Bestellrhythmus, Bestellmengen, bezahlte Preise, Trefferquoten der Angebote etc.?	❏
Stimmt er sich bei der Angebotserstellung mit dem Außendienst hinsichtlich der Wünsche und Bedürfnisse der Kunden ab? Hält er bei Unklarheiten Rücksprache mit den betreffenden Anfragern?	❏

Wertet er die Verkaufserfolge des Außendienstes aus, z. B. im Vergleich zu anderen Gebieten?	❏
Bereitet er sich auf Kundengespräche (Einwände, Beschwerden, etc.) gründlich vor? Macht er den Kunden eigenständig Vorschläge?	❏
Fragt er von sich aus nach der Zufriedenheit von Neu- und Stammkunden?	❏
Terminiert er erfolgreich neue Kontakte für den Außendienst?	❏

Außendienst und Innendienst als Tandem

Die Bildung von Teams, die aus je einem Außendienst- und einem Innendienstmitarbeiter zusammengesetzt sind, ist in der Praxis bereits häufig anzutreffen. Die Erfahrung zeigt, dass dann, wenn solche Zweier-Teams gebildet werden, der Umsatz mehr als verdoppelt werden kann. Bedingung ist natürlich, dass die beiden Teammitglieder gut zusammenarbeiten und die Arbeit richtig verteilt wird.

Der Arbeitsumfang des Innendienstmitarbeiters ist je nach Struktur und Organisation eines Unternehmens unterschiedlich. Nachfolgend ein Fallbeispiel, das den Erfordernissen in anderen Unternehmen leicht angepasst werden kann.

Fallbeispiel

Bei einem mittelständischen Hersteller von Verpackungsmitteln telefoniert die Innendienst-Mitarbeiterin systematisch alle Adressen durch, die auch nur im weitesten Sinn Anwender des Produktes zu sein scheinen. Dadurch findet sie heraus, wer tatsächlich potenzieller Kunde ist und wer überhaupt nicht infrage kommt. Dabei geht sie anhand von Telefonlisten vor, die von den meisten Adressverlagen angeboten werden, oder sie nutzt die anderen Adressquellen, die im Direktmarketing angewendet werden. Nach Beendigung dieser Tätigkeit weiß sie genau und hat es auch dokumentiert, wer in der überprüften Region als Kunde infrage kommt.

Die Innendienst-Mitarbeiterin informiert sich regelmäßig bei allen potenziellen Kunden über den Bedarf, indem sie zuerst einmal recherchiert, ob ein Konkurrenzangebot im Einsatz ist, wann und in welchem Umfang der Kauf durchgeführt wurde, welche Gründe für die Anschaffung bestimmend waren, wer die Entscheider und Entscheidungsbeeinflusser waren beziehungsweise sind, welche Beschaffungspläne für die nächste Zukunft vorliegen und welche Kriterien dabei maßgeblich sind.

Außerdem erkundigt sie sich bei den Käufern von Konkurrenzprodukten nach den Gründen, warum nicht in ihrem Unternehmen gekauft wurde, damit der zuständige Mitarbeiter im Außendienst entsprechende Strategien ableiten kann.

Sie informiert sich bei allen Kunden über die wahren Kaufgründe, wenn Produkte ihres Unternehmens erworben wurden, so dass der Außendienst künftig genau diese Kaufgründe in den Verkaufsgesprächen stärker betonen kann. Weiterhin sammelt sie Informationen über den aktuellen Bedarf und kann bei akuten Fällen, die einen Besuch des Außendienstes erforderlich machen, alle Terminabsprachen treffen, so dass der Außendienst nie unerwartet oder unerwünscht zum Kunden kommt.

Nach dem Besuch des Außendienstes führt sie weitere Gespräche, um zu ermitteln, ob sich nach dem durchgeführten Besuch neue Ideen oder Perspektiven ergeben haben, welche die Bewertung der Situation verändern und einen erneuten Besuch des Außendienstes erforderlich machen.

Im Fall von Sonderaktionen kann die Innendienst-Mitarbeiterin Schnellschüsse leichter, kostengünstiger und in kürzerer Zeit in den Markt bringen, als dies dem Verkäufer durch Besuche möglich wäre. Außerdem kann sie Beschwerden entgegennehmen und in Serviceleistungen verwandeln. Bei abgesprungenen Kunden kann sie die Gründe für die Trennung herausfinden und verschiedene Meinungen hierzu von unterschiedlichen Mitarbeitern in der Firma erfragen, die nicht immer dem Verkäufer direkt gesagt werden.

Die Ergebnisse der Gespräche dokumentiert sie – mit so wenig Schreibaufwand wie möglich – in entsprechenden Formblättern, in Masken auf ihrem PC oder online für den Verkäufer, so dass der zugeordnete Außendienst direkt damit arbeiten kann.

Vorteile der Arbeitsteilung: Wenn beide Beteiligten das Ziel im Auge behalten, den Außendienstmitarbeiter von allen sogenannten Routinearbeiten zu entlasten und die gesamte Arbeitsvorbereitung für die Verkaufstätigkeit auf die Teampartnerin zu übertragen, kann es schon nach vier bis sechs Wochen Einarbeitung dazu kommen, dass der Außendienst sich wirklich entlastet fühlt und nun die Zeit findet, um doppelt so viele oder noch mehr Projekte zu bearbeiten wie in der Zeit vor der Teambildung. Das heißt, dass der Außendienst bei gleicher Abschlussquote doppelten oder noch höheren Umsatz machen kann, weil er mehr aktive Verkaufszeit hat. Das heißt aber auch, dass die Innendienst-Mitarbeiterin so viele Projekte suchen und finden muss, dass der ihr zugeordnete Außendienstmitarbeiter immer ausgelastet ist. Dazu muss sie die entsprechende Ausbildung erhalten.

Die Honorierung der Arbeit des Innendienstpartners ist relativ einfach zu handhaben. Angestellte Kräfte erhalten unabhängig davon, ob sie im Callcenter oder in der auftraggebenden Firma tätig sind, das vereinbarte

Gehalt. Außerdem ist es geschickt, wenn die Innendienstpartner zur Motivation bei jedem Auftrag, den der ihnen zugeteilte Außendienstmitarbeiter durch ihre Hilfe gemacht hat, eine kleine Prämie zusätzlich bekommen. Diese Prämie ist aus der Provision des Außendienstmitarbeiters abzuzweigen. Das ist gerechtfertigt, weil der Außendienst nach dem neuen System von allen Nebenarbeiten entlastet wird und dadurch in der gleichen Zeit ohne Mehrarbeit mehr Provision erhält als bei dem alten System.

Betreuungsmix: Außendienst und Innendienst

Durch einen Betreuungs-Mix von Außendienst und Innendienst können Sie zugleich die Betreuungsintensität von vorhandenen Kunden erhöhen wie auch die Besuchseffizienz steigern. Den Erfolg zeigt der folgende Praxisfall:

Für einen Teilehersteller sieht die neue Rechnung zum Beispiel so aus: Statt 12 x pro Jahr (Kosten 2.100 Euro) erhält ein Kunde nur noch 6 x persönlichen Besuch (Kosten 1.050 Euro). Hinzu kommen noch 250 Euro für zwölf Telefonate und außerdem sechs Briefe. So steigert der Teilehersteller die Anzahl der Kundenkontakte um 100 Prozent und senkt gleichzeitig die Betreuungskosten um 38 Prozent.

In der folgenden Übersicht ist dargestellt, wie die Besuchshäufigkeit bei den verschiedenen Kundenkategorien durch telefonische Kundenbetreuung verringert werden kann:

Kundenkategorien/ Bearbeitungswürdigkeit	Besuchshäufigkeit ohne Telefonverkauf	Besuchshäufigkeit mit Telefonverkauf
A	2 x pro Monat	1 x pro Monat
B	1 x pro Monat	alle 6 Wochen
C	alle 6 Wochen	alle 12 Wochen
D	alle 12 Wochen	alle 24 Wochen

Die A-Kunden werden hier ohne Telefonverkauf zweimal monatlich, mit Telefonverkauf einmal monatlich persönlich besucht. Obwohl die Besuche vor Ort reduziert wurden, fühlt sich der Kunde häufig besser betreut, wenn die Streckung des Besuchsrhythmus' durch Telefonkontakte aufgefangen wird. Das folgende Beispiel zeigt, wie die Streckung durchgeführt werden kann:

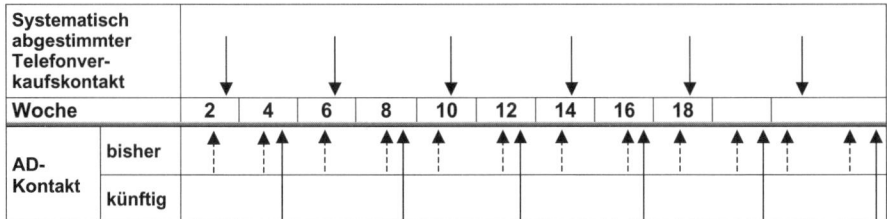

Systematisch abgestimmter Telefonverkaufskontakt											
Woche	2	4	6	8	10	12	14	16	18		
AD-Kontakt bisher											
AD-Kontakt künftig											

Im Beispiel wurde der zweiwöchentliche Außendienstkontakt auf einen vierwöchentlichen umgestellt. Von zwölf Besuchen wurde auf sechs Besuche reduziert, so dass sich erhebliche Kosteneinsparungen im Außendienst ergeben. Parallel zur Reduzierung der Besuchskontakte wurde der Telefonverkauf bei den Kunden der A-Kategorie eingeführt. Die Gesamt-Kontaktzahl wurde bei diesen Kunden nicht reduziert, da sechs Telefon- und sechs Besuchskontakte wieder zwölf Kontakte im gleichen Zeitraum ergeben.

Sichern Sie durch eine schriftliche Festlegung der Außendienst-Besuchsregelung sowie die Fixierung der Anrufkontakte die systematische Abstimmung von Telefon- und Besuchskontakt ab. Beide Pläne müssen so miteinander verzahnt werden, dass in der Praxis keine Überlappung der Kontakte auftritt.

Da erfahrungsgemäß das Kundenschlüsselsystem zu komplex ist, als dass sowohl der Telefonverkaufs-Innendienst als auch der Außendienst auf einen Blick erkennen kann, wann der jeweilige Kontakt per Besuch oder Telefonat stattfindet, empfiehlt sich ein zusätzlicher Code, der eine schnelle Übersicht – auch ohne EDV-Einsatz – gewährleistet.

Bewährt hat sich ein Tertial-Raster:

Woche	1	2	3	4	5	6	7	8	9	10	11	12	13
Anruftag	4	/	/	/	4	/	/	/	4	/	/	/	4
Besuchstag	/	/	2	/	/	/	2	/	/	/	2	/	/

Der Kunde ist in diesem Beispiel ein 1,4 – 5,4 – 9,4 – 13,4 Anrufkunde. Er wird in der 1., 5., 9. und 13. Woche am 4. Wochentag = Donnerstag angerufen. Inklusive Besuchskontakt heißt sein Zuordnungsschlüssel 1,4 (3,2) 5,4 (7,2) 9,4 (11,2) 13,4. Obwohl dieses System im ersten Moment kompliziert wirkt, erweist es sich in der Praxis als relativ einfach.

Für den Kunden in diesem Beispiel benötigt man nur die Angaben »1,4« und »3,2«. Jetzt kann bei einem Vierwochen-Rhythmus sofort jeder Anruf- und Besuchskontakt fixiert werden. Weiterhin besagt die Information »3,2«, dass der Kunde in der dritten Woche am Dienstag durch den Außendienst kontaktiert wird.

Voraussetzungen für den Erfolg eines Betreuungs-Mix

Bringen Sie die Umstellung der Kundenbetreuung weg vom persönlichen Besuch und hin zum Telefonmarketing dem Kunden mit viel Fingerspitzengefühl nahe. Auf keinen Fall darf die Änderung vorgenommen werden, ohne die Kunden vorher zu informieren.

Beauftragen Sie Ihre Verkäufer, den A-Kunden die Telefonverkaufsberater persönlich vorzustellen und das Konzept zu erörtern. Informieren Sie die anderen Kunden schriftlich in einem persönlich gehaltenen Brief. Erklären Sie, dass Ihre Verkäufer aus Rationalisierungsgründen gezwungen sind, künftig etwas seltener zu kommen. Das wird Ihnen nicht übel genommen. Erläutern Sie die Vorteile der telefonischen Betreuung für die Kunden:

- Ein Telefonat kostet weniger Zeit als ein Besuch durch den Außendienst.
- Kleinere Abnehmer, die vom Außendienst bisher nur alle sechs oder acht Wochen besucht wurden, können künftig wöchentlich oder 14-tägig kontaktiert werden.
- Wer seine Bestellungen wöchentlich per Telefon aufgeben kann, bekommt die Ware rascher, als wenn er auf den Vertreter warten muss, der nur alle vier oder acht Wochen kommt.
- Der Kunde erhält durch häufigeren Kontakt schneller Informationen über neue Produkte und Dienstleistungen.
- Bestellungen können jederzeit auf telefonischem Weg vorgenommen werden.

Schließen Sie an dieses Schreiben dann kurze Zeit später das erste Telefongespräch zwischen dem Kunden und dem Telefonverkaufsberater an.

Der Telefonverkauf muss aber nicht nur dem Kunden, sondern auch dem eigenen Außendienst nahe gebracht werden. Mitunter steht dieser dem Telefonverkauf skeptisch gegenüber, weil er um seinen Arbeitsplatz bangt. Machen Sie ihm die Vorteile schmackhaft:

- Mehr Zeit für die A-Kunden-Pflege
- Fortfall des Besuchs von kleinen und abseits gelegenen Kunden
- Weniger Fahrzeiten und Reisekilometer
- Mehr Zeit für die Einführung neuer Produkte
- Fortfall der Bearbeitung von Kundenbeschwerden

- Höherer Deckungsbeitrag im eigenen Verkaufsbezirk und damit Festigung der Stellung des Verkäufers in der Firma

Damit die Kunden optimal betreut werden, ist eine nahtlose Integration von Außendienst und Telefonbetreuer nötig. Sorgen Sie deshalb für einen reibungslosen Informationsaustausch über Kundenkontakte, neue Erkenntnisse oder Vereinbarungen.

Viele Ansätze einer effektiven Telefonverkaufs-Unterstützung des Außendienstes scheitern am Provisionssystem. Der Außendienst befürchtet beim Einsatz des Instruments Telefon den Verlust von Kunden und Provisionen. Telefonbetreuer fühlen sich benachteiligt, wenn ihre Leistungen nicht durch variable Vergütungssysteme belohnt werden. Durch ein Teambonus-System, bei dem ein Telefonbetreuer gemeinsam mit einem Außendienstmitarbeiter am Umsatzerfolg beteiligt wird, werden Sie beiden Seiten gerecht.

Wichtig ist auch, dass die Nutzenargumentation des Außen- und des Innendienstes aufeinander abgestimmt sind und beide eine Sprache sprechen. Ansonsten werden beim Kunden Irritationen ausgelöst.

Aktive Verkaufszeit effektiv nutzen

Die aktive Verkaufszeit zu erhöhen ist nur die eine Seite der Medaille. Mehr aktive Verkaufszeit heißt nicht unbedingt mehr Umsatz. Die Zeit beim Kunden muss so effektiv wie möglich genutzt werden. Denn der Besuch beim Kunden vor Ort ist teuer geworden. Je nach Branche kostet ein Kundenbesuch etwa 200 bis 500 Euro – oder auch mehr. Die große Herausforderung besteht deshalb darin, für rentable Kundenbesuche zu sorgen. Am aussichtsreichsten ist es, die aktive Verkaufszeit bei den umsatzstärksten oder potenzialstarken Kunden zu erhöhen.

Wie können Ihre Verkäufer ihre knappe Zeit für persönliche Kundenbesuche auf die wirklich lukrativen und strategisch wichtigen Kunden konzentrieren?

Eine Differenzierung zwischen den Kunden ist notwendig, um die knappe aktive Verkaufszeit, also die Zeit vis-à-vis beim Kunden, möglichst effektiv einzusetzen. Dadurch werden jedoch zwangsläufig Kunden vernachlässigt, die erst in der Zukunft hohe Erträge einbringen werden – und deren Betreuung von aufmerksamen Wettbewerbern gerne übernommen wird. Als weiteres Problem kommt hinzu, dass häufig immer noch Verkäuferkapazitäten vergeudet werden. Dies belegt auch der folgende Praxis-Fall:

Der Markt eines mittelständischen Gerätebauers ist enger geworden, die Konkurrenz drückt auf die Preise. Was die Verantwortlichen dort aber offensichtlich nicht bemerkten, ist die unterschiedliche Entwicklung der einzelnen Kunden. Die Umsatzvolumina mit 18 Prozent der Abnehmer sind im letzten Jahr stark gewachsen, mit 15 Prozent aber ebenso massiv geschrumpft. Dennoch behandelt der Verkauf die »geschrumpften Kunden« immer noch wie Umsatzkönige und die gewachsenen wie Bagatellkäufer. Die Folgen solcher Versäumnisse liegen auf der Hand. Das Potenzial der Wachstumskunden wird nicht ausgeschöpft. Der Verkäufer verstärkt seine Besuchshäufigkeit nicht, das Unternehmen bietet keinen besseren Service und keine günstigeren Konditionen.

Eine Erhöhung der Besuchszahl wird häufig als erprobter Weg zu mehr Gewinn bei den Kundenbesuchen genannt. Nur kommt dabei meist nicht viel heraus, wenn zusätzliche Besuche bei irgendwelchen Kunden durchgeführt werden. Im Rahmen einer Untersuchung des Verkaufsexperten Edgar K. Geffroy aus Düsseldorf wurden innerhalb einer Firma die Besuchsanzahl des schlechtesten und die des besten Verkäufers analysiert. Der schlechteste, der nur 52 Besuche pro Halbjahr – mit fallender Tendenz – durchführte, war zwar sehr aktiv, aber ineffizient. Er verbrachte viel Zeit im Büro mit Servicetätigkeiten. Dagegen wies der Spitzenverkäufer erwartungsgemäß eine weitaus höhere aktive Verkaufszeit aus. Die Basis seines Erfolgs: Er setzte seine knappe Zeit gezielt bei den lohnenden Kunden ein!

Die Effizienzsteigerung bei den Kundenbesuchen kann durch eine systematische Besuchsplanung, die regelmäßig überprüft wird, gelingen. Grundsätzlich sollten öfter besucht werden:

- Große Kunden mit großen Aufträgen bei nicht ausgeschöpftem Absatzpotenzial.
- Große Kunden mit kleinen Aufträgen, wenn die Auftragsausweitung in absehbarer Zeit möglich erscheint.
- Wachstumskunden. Kennzeichen: Dynamische Führung, Wachstumsbranche, gute Geschäftsaussichten, Investitionsfreude, Aufgeschlossenheit für Neuerungen, qualifizierte und gut bezahlte Mitarbeiter.
- Seltener besucht werden sollten kleine Kunden mit kleinen Aufträgen ohne Möglichkeiten zur Auftragsausweitung. Hier ist in der Regel eine telefonische Betreuung durch den Innendienst ausreichend (siehe weiter oben »Betreuungsmix: Außendienst und Innendienst«).

Ein ausgeklügeltes Besuchsplanungssystem ist die Basis dafür, dass Ihre Verkäufer Reise- und Gesprächszeiten bei weniger attraktiven Kunden sparen und dafür mehr Zeit in Zukunftskunden investieren. Klären Sie im Rahmen der Besuchsplanung folgende Fragen:

- Welche Kunden lohnen einen persönlichen Besuch?
- Welche Kunden können kostengünstiger über den Innendienst oder einen alternativen Vertriebsweg betreut werden?
- Wo liegt die optimale Besuchshäufigkeit?

Die vorrangig zu besuchenden Kunden, die Besuchsdauer und der Besuchsturnus ergeben sich zum einen aus den übergeordneten Zielen Ihrer Firma. Wenn zum Beispiel in Ihrer Firmenphilosophie der Grundsatz steht: »Wir streben mit unseren Kunden eine Partnerschaft an, die von beiderseitigem Nutzen geprägt ist«, dann ist sicherlich ein relativ großer Zeitaufwand für die Gespräche zur Pflege der Geschäftsbeziehungen einzuplanen. Andererseits wird Ihre Besuchsplanung von der Notwendigkeit bestimmt, die Kunden entsprechend ihrer Bedeutung und ihrem Absatzpotenzial zu betreuen.

Die Besuchsplanung Ihrer Verkäufer sollte deshalb immer mit der Bestimmung des Wertes beziehungsweise der Rentabilität Ihrer Kunden beginnen. Zum Thema Kundenbewertung finden Sie ausführliche Informationen im Teil 10»Ertragsorientierte Vertriebssteuerung«.

Angenommen, die Zeitkapazität Ihrer Verkäufer reicht nicht aus, um alle Kunden im geplanten Turnus zu besuchen, oder sie sollen ihre Zeit noch ertragreicher einsetzen, dann helfen die folgenden Methoden, dieses Ziel zu erreichen.

Berücksichtigung der Zeitrentabilität der Kunden

Die Zeitrentabilität kann anhand der folgenden Formel berechnet werden:

$$\text{Zeitrentabilität} = \frac{\text{Deckungsbeitrag}}{\text{Kosten der investierten Zeit}}$$

Beispiel: Berechnung der Zeitrentabilität für einen Kunden

Name des Kunden: *Maier*		
I. Potenzial		
1. Bisheriger Umsatz in Euro	55.000	
2. Zusätzlicher potentieller Umsatz in Euro	20.000	
3. Gesamtpotenzial in Euro	75.000	

4. Wahrscheinlichkeit der Potenzialausschöpfung	0,8	
5. Umsatz-Erwartungswert (Positionen 3 x 4) in Euro		60.000
II. Zeitbedarf zur Realisierung des Umsatz-Erwartungswertes		
6. Anzahl der erforderlichen Besuche	3	
7. Ungefähre Dauer pro Besuch (Stunden)	1	
8. Erforderliche Besuchsstunden (6 x 7)	3	
9. Reisezeit pro Besuch (Stunden)	2	
10. Reisezeit insgesamt (6 x 9) (Stunden)	6	
11. Zeitbedarf insgesamt (8+10) (Stunden)		9
III. Zeitrentabilität		
12. Deckungsbeitrag, bezogen auf den Erwartungswert in Euro	5.000	
13. Kosten der investierten Zeit (80,- Euro/Stunde) (Pos. 11 x Kosten pro Stunde)	720	
14. Zeitrentabilität (12 : 13)		≈ 7

Verkäufer sollten Kunden, deren Zeitrentabilität hohe Werte ergibt, zuerst und in besonderer Weise bearbeiten. Erst danach lohnt es sich, dass sie zu Tätigkeiten übergehen, die eine geringere Zeitrentabilität erwarten lassen.

Engpassfaktor Kommunikation

Werden die Unternehmens- und die Vertriebsstrategie nicht bis zu den Mitarbeitern kommuniziert, werden sie diese kaum umsetzen können. Wird ausgelagert, zum Beispiel die Kundenbetreuung an ein Callcenter, dann muss noch mehr kommuniziert werden, damit keine Kundeninformationen verloren gehen. Je stärker der Verkäufer vom Einzelkämpfer zum Teamplayer wird, desto wichtiger wird Kommunikation auch an den Nahtstellen im Unternehmen. Arbeitsteilung, wie Kundenbesuche durch den Außendienst und Telefonakquise durch den Innendienst, verlangt einen perfekten Informationsfluss, eine gute Koordination und die gemeinsame Abstimmung zwischen den Abteilungen. Besonders der Verkäufer ist heutzutage gefordert, sein Herrschaftswissen mit den am Prozess Beteiligten zu teilen. Das birgt naturgemäß ein gewisses Konfliktpotenzial.

Untersuchungen von Homburg & Partner zufolge werden Informationen in Unternehmen generell nur mittelmäßig bis schlecht gemanagt. Das gilt besonders für die Faktoren Qualität der grundlegenden Informationen über Kunden, über Kundenzufriedenheit/-bindung, über den Markt und über interne Prozesse. Hier müssen viele Unternehmen noch einiges tun, um einen ausreichenden Professionalisierungsgrad zu erreichen. Verbesserungen des Informationsmanagements seien nach Erfahrung der Autoren der Untersuchung nicht mit IT-Systemen zu erreichen. Vielmehr gehe es um die Inhalte, die Prozesse der Informationsgewinnung, die systematische Anwendung der Informationen im Tagesgeschäft und die regelmäßige Pflege der Informationsbasis.

Kommunikation professionalisieren

Kommunikation lebt vom effektiven Informationsaustausch. Professionelle Kommunikation schafft Aktualität, Transparenz und Effizienz für die Mitarbeiter, steigert ihre Arbeitseffektivität sowie -qualität, erleichtert Entscheidungsprozesse und stellt zudem einen hohen Motivationswert dar. Zu viele unstrukturierte Informationen verfehlen jedoch ihren Zweck. In vielen Unternehmen herrscht heute bereits eine Daten- und Informationsflut, die alles überrollt und weiter nichts bringt. Wer versteht, dass technische Neuerungen nur Hilfsmittel sind, wird ihnen nicht hilflos verfallen, sondern sie da einsetzen, wo es Sinn macht und nicht nur Daten um der Daten willen sammeln.

Gut informierte Mitarbeiter sind ein wesentlicher Erfolgsfaktor für ein Unternehmen und daher muss Kommunikation entwickelt, gesteuert und gemessen werden. Ihre Aufgabe im Vertriebsbereich besteht darin, Informationen, zu strukturieren und den richtigen Personen zur richtigen Zeit in der geeigneten Form und am richtigen Ort bereit zu stellen. Das gilt für alle vertriebsrelevanten Zielgruppen: Kunden, Verkäufer, Innendienst, Marketing, Kundendienst, Service et cetera. Die Nutzung einer gemeinsamen Wissensbasis kann die Produktivität und Effizienz der Mitarbeiter wesentlich steigern.

Informationsmanagement im Vertrieb muss an den Vertriebsprozessen ausgerichtet werden, um wirklich werthaltige Informationen sicherzustellen. Um das zu gewährleisten, beschreiben Sie am besten zunächst Ihre Vertriebsprozesse. Welche Schritte sind zum Beispiel erforderlich, damit es zu einem Kundenauftrag kommt; oder was muss alles getan werden, damit Kundenbeschwerden erfolgreich behandelt werden? Wer ist an diesen Prozessen beteiligt? Welche Informationen werden dabei benötigt, beziehungsweise können von wem gewonnen und durch wen erfasst werden? Befragen Sie auch Ihre Mitarbeiter, welche Informationen sie von wem zu welchem Zeitpunkt benötigen, um ihre Aufgabe optimal erfüllen zu können. Entscheiden Sie dann aus Prozesssicht, welche Informationen wirklich Relevanz besitzen, und entwickeln Sie klare Vorgaben, wie mit welchen Informationen zu verfahren ist.

Entlang des Vertriebsprozesses sind folgende Fragen zu klären:

- Welcher Informationsbedarf besteht im Vertriebsbereich? Das heißt: Welche Informationen sind notwendig, damit alle Ihre Mitarbeiter ihre Aufgabe optimal erfüllen können? Welche Inhalte, in welcher Form, wann und in welchem Zusammenhang?
- Dazu muss geprüft werden, wo im Vertrieb bereits Informationen vorliegen und über welche internen und externen Quellen weitere Informationen beschafft werden können.
- Welche Informationen können verfügbar gemacht und brauchbar aufbereitet werden?
- Wie kann die Versorgung mit Information organisiert werden? Wer braucht wann welche Informationen in welcher Form? Wer muss wann welche Informationen in welcher Form wohin liefern? Wer ist für die Pflege der Datenbestände verantwortlich? Welche IT-Unterstützung ist hilfreich? Welche Probleme können wo auftreten? Sind zum Beispiel persönliche Hindernisse zu erwarten (Trägheit der Mitarbeiter, Herrschaftswissen der Verkäufer)?

Wichtig: Stellen Sie sicher, dass Kundendaten/-informationen systematisch gesammelt und zentral zugänglich gemacht werden. Ebenso wichtig sind eine professionelle Auswertung und Nutzung. Diese wichtige Bedingung für Vertriebseffizienz wird von vielen Unternehmen sträflich vernachlässigt. 26 Prozent der Unternehmen behelfen sich mit einer zentralen Datenbank, die jedoch nicht regelmäßig aktualisiert wird. 17 Prozent lassen die Datenbestände sogar ausschließlich im Verantwortungsbereich der einzelnen Mitarbeiter. Das zeigt eine Analyse von 7.000 Unternehmen, die via Web ihre Vertriebseffizienz durch die Firma Sage Software testen ließen.

Datenbanken

Datenbanken sind ein unverzichtbarer Teil der Kommunikation und die Informationsplattform für die Mitarbeiter. Je genauer die Datenbank ist, desto gezielter kann auch die Kundenkommunikation gesteuert werden. In der Kundendatei werden alle relevanten Informationen über Kunden, Interessenten und Kaufentscheider zusammengefasst, um damit alle Maßnahmen von der Tourenplanung über die Messeinladung bis hin zu Promotion-Aktionen zu steuern.

Wissen bringt Umsatz

Durch fehlendes Wissen können wertvolle Geschäftschancen verschenkt werden. Kein Unternehmen kann sich das heute noch leisten. Abschlüsse müssen so hoch, so schnell realisiert und so planbar wie möglich sein. Dazu brauchen die Vertriebsmitarbeiter zuverlässige Echtzeit-Informationen über (potenzielle) Aufträge und Kunden. Je hochwertiger – im Sinn von relevant, aktuell und direkt nutzbar – die Informationen sind, desto besser können die Mitarbeiter mögliche Verkaufschancen identifizieren und einschätzen, ob und wie sich daraus Umsätze erzielen lassen. Ein gutes Informationsmanagement muss den Vertrieb auch mit kunden- und wettbewerbsbezogenen Informationen versorgen. Solche Informationen in hoher Qualität bereitzustellen, ermöglichen heute das Internet und neue Tools für das Reporting. Können auch in Ihrem Haus zu erwartende Aufträge und potenzielle Geschäfte erkannt und überwacht werden? Hierzu einige Checkfragen:

Checkliste: Analyse der Informationsversorgung			
Fragen	**Ja**	**Nein**	**Anmerkungen**
Kann jeder Vertriebsmitarbeiter adhoc die Daten bzw. Informationen abfragen, die er für seine Arbeit benötigt?	❑	❑	
Sind die Informationen stets			
• aktuell?	❑	❑	
• genau?	❑	❑	
• für den jeweiligen Zweck geeignet?	❑	❑	

• direkt nutzbar?	❏	❏
• in der richtigen Kosten-Nutzen-Relation?	❏	❏
Sind die Informationen personalisiert, d.h. auf die jeweiligen Bedürfnisse der Nutzer ausgerichtet?	❏	❏
Stehen Ihnen z. B. für die Vertriebsanalyse Tools für komplexe Datenabfragen sowie zur Analyse von Absatzkanälen und Regionen zur Verfügung?	❏	❏
Ist es Ihren Service- und Vertriebsmitarbeitern möglich, alle Cross-Selling-Chancen zu realisieren, weil sie stets aktuelle Kundeninformationen zum Abruf haben?	❏	❏
Können Ihre Außendienstmitarbeiter personalisierte webbasierte Abschluss- und Provisionsübersichten auf Knopfdruck anschauen?	❏	❏
Haben Sie als Vertriebsleiter per Dashboard schnellen Zugriff auf alle benötigten Umsatz-, Kundenrentabilitäts- und anderen Kennzahlen? (Ein Dashboard visualisiert große Mengen von meist verteilten Informationen in verdichteter Form.)	❏	❏
Bereitet Ihr Reporting-System die Informationen flexibel auf, z. B. nach beliebigen regionalen Kriterien (wie Ländern oder Regionen) oder beliebig zugeschnitten nach Produkten und Märkten bzw. nach Kunden und Marktsegmenten?	❏	❏
Werden die Daten täglich aktualisiert? Noch besser: Wird das Wissen online gepflegt, sobald neue Informationen vorliegen?	❏	❏
Ist der Zugriff auf alle im Haus vorhandenen Informationen möglich (sind die Informationen also integriert)?	❏	❏
Schöpfen Sie die möglichen Wege zur Informationsbeschaffung systematisch aus anhand der Frage: Welche Informationen bekomme ich mit/ durch ...		
... den Auftragseingang?	❏	❏
... die Besuchsberichterstattung?	❏	❏

... den in der EDV gespeicherten Daten? (siehe hierzu auch die Checkliste unten)	❑	❑
Ist die Informationsdarstellung übersichtlich und detailliert?	❑	❑
Lässt sich der Zeitbedarf für die Erstellung wichtiger Berichte für die User deutlich reduzieren, indem alle Reporting- Anforderungen mit einer einzigen Lösung erfüllt werden?	❑	❑
Gibt es in Ihrem System Filtermöglichkeiten, um genau diejenigen Informationen aus der Datenbank herauszuziehen, die Sie für eine optimale Vertriebssteuerung benötigen (z. B. wenn bei einem Kundenbesuch kein Auftrag erfolgt)?	❑	❑

Stellen Sie sicher, dass Ihre Verkäufer genau die Informationen bekommen, die sie für ihre Besuchsvor- und Nachbereitungen brauchen, und dass sie die angebotenen Informationen auch ausschöpfen. Ermöglichen Sie ihnen eine kontinuierliche und systematische Kundenpflege. Diese ist ohne eine elektronische Kundenkartei nur schwer vorstellbar.

Checkliste: Anforderungen und Elemente einer elektronischen Kundenkartei			
Anforderungen an eine elektronische Kundenkartei – sie muss	**Relevant**	**Erledigt**	**Anmerkungen/ Maßnahmen**
... alle nötigen Informationen für eine effektive Kundenbearbeitung wiedergeben	❑	❑	
... die Aktualität der Informationen sicherstellen	❑	❑	
... die Interpretation der Informationen durch Betriebsangehörige ermöglichen	❑	❑	
... die Kundenentwicklung aufzeigen (Zeitreihe)	❑	❑	
... interne Daten für Betriebsfremde verschlüsseln	❑	❑	
Basiselemente einer elektronischen Kundenkartei			
Kundennummer	❑	❑	

Genaue Anschrift des Kunden	❏	❏	
Ansprechpartner (Name + Titel + Funktion)	❏	❏	
Außendienstbezirk	❏	❏	
Tourdaten	❏	❏	
Name des zuständigen Außendienstmitarbeiters	❏	❏	
Name des zuständigen Innendienstmitarbeiters	❏	❏	
Kundenstatus (A-/B-/C-Kunde, Wettbewerbskunde, Neukunde)	❏	❏	
Besuchsfrequenz/bevorzugter Wochentag/bevorzugte Besuchszeit	❏	❏	
Bestehende Vereinbarungen/Konditionen/Liefer- und Zahlungsbedingungen	❏	❏	
Umsatz, Deckungsbeitrags- und Potenzialentwicklung	❏	❏	
Produkte: Wettbewerber/Vorjahresumsatz/diesjähriges Potenzial/Ziel/Ist	❏	❏	
Monatlicher Gesamtumsatz: Vorjahr/Ziel/Ist	❏	❏	
Branche	❏	❏	
Notizen zum Kunden – z. B.: (Projekte, Werbung, Wünsche etc.)	❏	❏	
Kontakthistorie: Datum/Besucher oder Telefonat/Thema/Ergebnis/nächstes Gesprächsziel/WV-Termine	❏	❏	

Tipp: Software für Vertriebsreporting finden Sie zum Beispiel unter www.actuate.de, www.cognos.com/solutions, www.germany.businessobjects.com

Wissen bringt Vorsprung

Als Schnittstelle zum Kunden ist der Vertrieb für ein aktives und systematisches Wissensmanagement prädestiniert. Dabei geht es aber nicht nur darum, das Wissen *über* die Kunden, das oftmals nur auf Annahmen über deren Wünsche und Bedürfnisse basiert, in das Unternehmen zu integrieren. Besonders wichtig ist auch das Wissen *der* Kunden, das den Unternehmen einen Vorsprung gegenüber dem Wettbewerb verschaffen kann. So können die Anregungen der Kunden neben der eigenen Forschung eine der wichtigsten Inspirationsquellen für die Entwicklung von neuen Angeboten sein. Dieser Meinung sind 81 Prozent der von Ernst & Young befragten Mittelständler (Studie »Innovativ in die Zukunft«). Da sich ihre Innovationen am Markt und am Kunden orientieren, können es sich 47 Prozent der Unternehmen leisten, höhere Preise zu verlangen.

Allerdings nutzen nur die wenigsten Unternehmen das Wissen ihrer Kunden, um sich einen Innovationsvorsprung zu verschaffen und dadurch auch künftig Anbieter Nr. 1 beim Kunden zu bleiben. Beim Finden zum Beispiel neuer Produkt- oder Serviceideen ist besonders der Vertrieb gefragt. Um das Wissen der Kunden zu erschließen, können Sie in drei Schritten vorgehen.

1. Schritt: Stellen Sie fest, welches Wissen *der* Kunden bereits vorliegt – in den Köpfen der Mitarbeiter, in Berichten oder Datenbanken.

2. Schritt: Identifizieren Sie Wissenslücken, die Sie noch schließen wollen, um zum Beispiel neue Produkt- oder Serviceideen zu entwickeln. Wie können die notwendigen Informationen beschafft werden? Wissensquellen sind zum Beispiel: Auswertungen von Kundenideen, -anfragen, -umfragen, Beschwerden, Serviceberichten, Fehlerstatistiken; aber auch Kundenportale, Kundenbeiräte, Kundenforen, Workshops oder die Einbindung von Kunden in Entwicklungsprozesse.

Sensibilisieren Sie Ihre Mitarbeiter, Trends im Markt und beim Kunden aufzuspüren. Besonders Servicetechniker wissen oft, wo der Kunde Probleme hat, welche Zusatzleistung oder welches Produkt ihm echten Mehrwert bringen könnte.

3. Schritt: Wählen Sie die Kunden aus, die als Wissenspartner in Frage kommen. Meist sind das Ihre sehr aktiven Kunden, die selbst innovativ sind, ihr Geschäft ständig weiterentwickeln wollen, große Markt- und Branchenkenntnisse haben, ein ausgeprägtes Bewusstsein für die Probleme ihrer Kunden und für technische Entwicklungen besitzen. Außerdem sollten sie kooperationsbereit und sehr vertrauenswürdig sein. Aktivieren Sie die Kunden mit attraktiven Anreizen, ihr Wissen preiszugeben.

4. Schritt: Lassen Sie alle Informationen systematisch in Datenbanken erfassen und im Hinblick auf Innovationsimpulse auswerten. Prüfen Sie, an welcher Stelle das Kundenwissen – in der Vertriebsorganisation, im Service oder in der Produktentwicklung – umgesetzt werden kann.

Nutzen Sie jede Chance, um an das Wissen der Kunden zu gelangen. Wo mögliches Kundenwissen anfällt und wie es verwendet werden kann, zeigt folgende Übersicht.

Übersicht: Kundenwissen und wie es verwendet werden kann		
Wissensquelle	**Wissen über...**	**Wissensverwendung**
Verkaufsgespräch	Kundenwünsche Konkurrenz/Wettbewerber Fehlende Produkteigen-schaften Zusatznutzen für Kunden	Optimierung Kunden-prozess Wettbewerbsvorteile Produktverbesserung (Zusatznutzen)
Workshops	Innovationen Fehlende Produkteigen-schaften Kundenwünsche verstehen lernen Zusatzprodukte bzw. Komplementärprodukte (Synergieeffekte)	Prozessoptimierung Ideenpool für Innovatio-nen und neue Produkte Verbesserung der Produktpalette Know-how-Verbesserun-gen (Methodenwissen)
Service-Bereich (Callcenter, Beschwerde-management)	Generelle Gründe für Kun-denunzufriedenheit Kundenanregungen Verbesserungsvorschläge	Verbesserung der Kunden-beziehung Optimierung der Produkte Fehlerbehebung bei Produkten Anregungen für neue Ent-wicklungen Verbesserung der Geschäftsprozesse durch Reduzierung der Arbeits-schritte
Internet-Communi-ties	Produkte Kundenbedarf Verbesserungsvorschläge Fehlerbehebungsvorschläge	Optimierung der Pro-dukte/Dienstleistungen und Prozesse Anregungen zu Produkt-veränderungen Entwicklung neuer Pro-dukte

Marktforschung	Einstellung über Produkte, Dienstleistungen oder das Unternehmen Kundenbedürfnisse und -wünsche Markt- oder bestimmtes Kundensegment	Kundensegmentierung Kundenansprache Produktverbesserungen Entwicklung von Zusatzprodukten

Quelle: Nohr, H.: »Ansatz für das Management von Kundenwissen für kundenorientierte Innovationsprozesse« In: Chamoni P. et al. (Hrsg.): Multikonferenz Wirtschaftsinformatik 2004 (MKWI); Universität Duisburg-Essen, März 2004. Band 2: Informationssysteme in Industrie und Handel – Business Intelligence – Knowledge Supply and Information Logistics in Enterprises and Networked Organizations – Organisationale Intelligenz. Berlin: Akademische Verlagsges., 2004.

Einsatz von Informationssystemen

Moderne IT-Systeme können die Aufbereitung von Informationen und Daten – Produktwissen, Kundenwissen, Marktwissen und Wissen über die Wettbewerber – sowie den Zugriff darauf wesentlich erleichtern. Nach wie vor gilt jedoch, dass jedes System nur dann gut sein kann, wenn es kontinuierlich gepflegt wird.

Vor dem Einsatz eines Systems sind klare Definitionen bezüglich Zielsetzung, Umsetzung und Praxisbezug erforderlich. Beides sind Leistungen, die nur Führungskräfte und Mitarbeiter erbringen können. Dies nimmt kein IT-System ab. Aber es sind wichtige Aspekte, an denen viele Systeme in der Praxis scheitern. Bevor Sie sich für ein IT-Konzept entscheiden, sollten Sie erst einmal die Frage klären, ob sich für Sie ein CRM-System überhaupt lohnt.

Lohnt sich ein CRM-System?

IT-gestütztes, professionelles Kundenmanagement (oft CRM für »Customer Relationship Management« genannt), bietet viele Chancen der Umsatzsteigerung bei den Kunden. Dazu werden alle wichtigen Kundeninformationen wie Kaufgewohnheiten, Umsätze und Interessen gespeichert und ausgewertet. Doch nicht immer ist ein umfassendes CRM-System zum Erkennen von Umsatzchancen nötig. Ein enger Kundenkontakt kann ausreichen. Wenn die Aufgabe aber komplex wird, dann lohnt es sich, sie durch eine Datenbank beziehungsweise ein Programm für das Kundenmanagement zu unterstützen. Checken Sie mit einigen Fragen, ob Sie ein CRM-System brauchen:

• Wie unterschiedlich sind Ihre Kunden? Unterscheiden sie sich zum Beispiel stark in Alter oder Standort oder schwanken ihre Umsätze sehr, dann behalten Sie mit einem CRM-System den Überblick über die komplexe Struktur der Kunden.

- Wie oft kaufen Ihre Kunden etwas bei Ihnen? Bieten Sie viele verschiedene Produkte, dann kann es sich lohnen, das Kaufverhalten der Kunden auszuwerten und Neuumsatz anzubahnen.
- Brauchen Sie regelmäßig einen schnellen Überblick über Ihre Geschäftsentwicklung? Mit einem CRM-System können Sie bei relativ geringem Aufwand Trends im Verkauf und Vertrieb erkennen und den Zusammenhang mit dem Kaufverhalten Ihrer Kunden beobachten.
- Wollen Sie Doppelarbeiten unter den Mitarbeitern vermeiden? Ein CRM-System zeigt, welche Arbeiten bereits erledigt wurden und woran andere Mitarbeiter arbeiten.
- Wie halten Sie den Kontakt mit Ihren Kunden? Treten diese auf verschiedenen Wegen mit Ihrem Haus in Kontakt, sei es per Telefon, Internet oder direktem Besuch, dann ermöglicht Ihnen ein CRM-System einen besseren Überblick.
- Würde ein CRM-System bei Ihnen auch wirklich genutzt? Überlegen Sie, ob Ihre Mitarbeiter bereit sind, konsequent alle Kundeninformationen in ein CRM-System einzutragen und ob sie auch die Notwendigkeit dafür einsehen.
- Wie weit wollen Sie Ihr bisheriges Kundenmanagement umgestalten? Ein CRM-System ist eine Software und ein Werkzeug. Sie können damit Ihre Kundenpflege verbessern, jedoch nicht den direkten Kontakt zum Kunden ersetzen.

Tipp: Über 100 führende CRM-Anbieter finden Sie im jährlich aktualisierten CRM-Marktspiegel (siehe www.schwetz.de). Fachbeiträge zu CRM, Veranstaltungen und Tipps gibt es unter www.crmforum.de

Auch bei der Einführung eines CRM-Systems gilt, der Kunde muss im Mittelpunkt stehen. Diese Einstellung ist wichtiger als jedes System. Ein CRM-System darf keine Stahlmauer im Informationsfluss sein. Und das oberste Gebot sollte lauten: zwischen-menschlich statt zwischen-apparatig!

10 Tipps zur Einführung und Nutzen eines CRM-Systems:

1. Langfristige treue Stammkunden, begeisterte »Fans« schafft kein System! Ohne »Totale Kunden-Orientierung« (TKO) verursacht ein CRM-System nur hohe Kosten und macht keinen Sinn.
2. Auf umfassender Information baut die erfolgreiche Langfrist-Beziehung zum Kunden auf. Lücken in Informationsaustausch und -weitergabe muss ein CRM-System schließen.
3. Kein CRM-System kann besser sein als die Menschen, die es nutzen. Das System macht erst Sinn, wenn alle im Unternehmen es für jeden Kundenkontakt einsetzen.
4. Ein CRM-System kann helfen, die Vielzahl der Kanäle zum Kunden zu koordinieren. »One face to the Customer« nutzt allen, vor allem dem Kunden.
5. Messlatte für das CRM-System ist: Der Kunde und die Beziehung zu ihm müssen im Mittelpunkt des CRM-Systems stehen.
6. Allein die Anwendung entscheidet über Wert oder Unwert eines CRM-Systems. Lieber einfacher, dafür aber für alle in der Beziehungspflege zu den Kunden verständlich und dienlich.
7. Kein CRM-System kann Nutzen bringen ohne kontinuierliche Datenfütterung. Nachlässigkeit und Vergesslichkeit bei der Informationseingabe müssen ausgeschaltet werden.
8. Software kann keine Kontakte managen. Sie kann nur bei der Kontaktpflege und -intensivierung helfen.
9. CRM-Systeme müssen »Verwaltungszeiten« einsparen. Zeitgewinn ist definitiv für intensivere Kunden-Kontakte zu nutzen.
10. Kunden-Bewertung und -Selektion durch ein CRM-System ist eine heikle Sache. Aber sinnvoll, wenn dadurch sich Kunden entwickeln.

Quelle: Detroy, E.-N.: »Sales Spirit®« Redline Wirtschaft

Kommunikation und Kooperation fördern

Zwar kann der Zugang zum Wissen durch IT-Systeme erleichtert werden. Damit ist aber noch nicht eine gute Kommunikation und eine gute Zusammenarbeit der Mitarbeiter gewährleistet. Im täglichen Austausch der Mitarbeiter untereinander, von Abteilung zu Abteilung, wird Kommunikation erst gelebt. Hier werden wichtige Erlebnisse ausgetauscht – nicht nur, wer am Wochenende was gemacht hat, sondern auch wie man mit einem schwierigen Kunden umgeht, wie ein Projekt besser vorangebracht werden kann oder wie ein Abschluss mit dem Großkunden zustande kam

Das alles ist nicht in Datenbanken zu finden und wird vermutlich dort auch nie gespeichert werden. Die Gespräche mit Kollegen, zwischen Vertriebsmanager und seinen Mitarbeitern, sind die zweite Komponente eines Wissensmanagements im Vertrieb, das die Mitarbeiter deshalb produktiver macht, weil sie voneinander lernen können.

Schaffen Sie ausreichend Gelegenheiten dafür, indem Sie regelmäßige Teammeetings einberufen, Verkäufermeetings durchführen, bei denen auch Innendienst, Servicemitarbeiter und Kundendienst mit dabei sind, oder virtuelle Treffpunkte für die Mitarbeiter schaffen. Lassen Sie neben dem offiziellen Touch der Meetings den informellen Teil nicht zu kurz kommen. Gespräche in der Teeküche, im Flur, beim Abendessen nach dem Meeting fördern nicht nur die gute Zusammenarbeit der Mitarbeiter, sondern auch deren Ideenaustausch, die Informationsweitergabe, Kooperation und den Teamgeist. Fordern Sie die Mitarbeiter auf, für interne Newsletter ihre Ideen, ihr Wissen oder Neuigkeiten zur Verfügung zu stellen. Sicher bedeutet das wieder erst einmal Mehraufwand für die Mitarbeiter, ist aber überaus sinnvoll, wenn die Mitarbeiter sich nicht täglich treffen können, weil sie zum Beispiel an verschiedenen Orten arbeiten.

6.3 Alle Ressourcen mobilisieren

Maßnahmen zur Produktivitätssteigerung richten sich nicht nur an Mitarbeiter in Außendienst und Innendienst. An allen Kundenkontaktstellen (Servicetechniker, Kundendienst, Callcenter, Logistik, Buchhaltung) können Umsätze und Wissen über den Kunden generiert werden, wenn die Mitarbeiter entsprechend sensibilisiert und zum Beispiel mit Prämien dazu motiviert werden.

Beispiel: Der Techniker als Verkäufer

Nach einer aktuellen Studie der Steinbeis Beratung GmbH unter 250 Mittelständlern nutzt nur jedes vierte der befragten Unternehmen das Wissen der Servicetechniker über den Kundenbedarf und mögliche Anschlussaufträge. Doch fast alle Firmen, deren Wartungskräfte bereits aktiv als Verkäufer tätig sind, berichten von Umsatzsteigerungen. Und ein Drittel davon kann in Folge höherer Marktanteile sogar bis zu 10 Prozent höhere Preise verlangen (www.steinbeis-beratung.de). Setzen Sie daher

Ihren Servicetechniker nicht nur für Wartung und Reparaturen ein, sondern auch für den Verkauf. Der Servicetechniker verfügt über umfassendes Wissen über den Kunden, denn er ist bei ihm täglich vor Ort. Wenn er ihn dort individuell berät und Zusatzleistungen verkauft, erhöht das nicht nur den Umsatz, sondern auch die Kundenbindung.

1. Er informiert den Kunden über neueste Entwicklungen oder erweiterte Techniken und trägt damit zur höheren Leistungsfähigkeit des Kunden bei.
2. Er unterrichtet den Kunden über verbesserte Anwendungs- und Einsatzmöglichkeiten einer Maschine oder eines Produktes in dessen Betrieb. Zum Beispiel erläutert er, wie die Produktivität durch eine Aufrüstung erhöht oder die Lebensdauer einer Maschine durch Wartungsverträge verlängert wird.
3. Er stellt eindrucksvoll ein modernes Verfahren einem überholten gegenüber beziehungsweise er hebt die Vorteile eines bestimmten Verfahrens für genau diesen Betrieb hervor. Dazu Anne Wegele, Chefin von Steinbeis: »Viele Kunden sind an eine bestehende Lösung so gewöhnt, dass es ihnen nicht einfällt, nach einer neuen zu suchen, selbst wenn sie das Bedürfnis danach haben.«
4. Der Techniker stellt dem Kunden Verwendungszwecke Ihres Produktes vor, die diesem noch nicht bekannt waren.
5. Er nennt besondere Serviceleistungen, die in der Zwischenzeit entwickelt worden sind.
6. Er macht organisatorische Verbesserungsvorschläge.

Wichtig für den Erfolg ist eine gezielte Qualifikation des Servicetechnikers, die durch Schulung sichergestellt werden kann. Notwendige Kompetenzen sind sprachliches Geschick, kompetente Gesprächsführung, Kundenpsychologie, Techniken des Cross-Selling, aber auch authentisches und gutes Auftreten sowie eine positive Einstellung.

Kundenkontakte professionalisieren

Bei der Jagd nach Umsätzen und Gewinnen rücken in manchen Firmen die alltäglichen Kundenkontakte in den Hintergrund. Langfristig gesehen kann das den Unternehmensgewinn jedoch deutlich schmälern – weil Kunden schneller abwandern und Interessenten leichtfertig vergrault werden. Professionalisieren Sie daher Kundenkontakte im Rahmen einer Gesamtstrategie.

Analyse der Ist-Situation: Identifizieren Sie zunächst alle Personen mit Kundenkontakt (Callcenter, Innendienst, Servicepersonal, Kundendienst, Empfang et cetera). Nehmen Sie dann die Kontakte selbst genauer unter die Lupe.

Analyse der Kundenkontakte
An welchen Stellen gibt es Kundenkontakte?
Wer hat in welcher Weise Kontakt mit den Kunden? Per Telefon, Mail, Fax, Post, persönlich?
Wie häufig erfolgt der Kontakt?
Welcher Art sind diese Kontakte? Beschwerden, Anfragen, Aufträge etc.?
Wie leicht können Kunden Kontakt zum Unternehmen aufnehmen? Gibt es Hotlines? Kostenlose Rufnummern?
Wie kompetent sind die jeweiligen Mitarbeiter? Gibt es Beschwerden über sie? Wie hoch ist die Antwortqualität?
Wie hoch ist der Zeitaufwand der Kontakte?
Gibt es Zeiten, in denen die Kontakte verstärkt auftreten? Z. B. nach Auslieferungsterminen etc.
Gibt es bestimmte Kunden, die besonders häufig anrufen und warum?
Rufen oft Kunden aus denselben Gründen (Beschwerden) an?
Sind die Zuständigkeiten klar geregelt?
Wie lange sind die Reaktionszeiten z. B. auf Beschwerden, Anfragen etc.? Am Telefon, per Mail, Fax oder Brief?

Finden Sie die Schwachstellen heraus, indem Sie beispielsweise die Mitarbeiter um Verbesserungsvorschläge bitten, Kundenumfragen bezüglich Kontakt- und Servicequalität durchführen, Beschwerdereports und Auswertungen von Statistiken (zum Beispiel der Telefonanlage et cetera) prüfen oder mit eigenen Testanrufen Defizite im Kundenkontakt feststellen. Hinterfragen Sie alle Prozesse und prüfen Sie auch ausgelagerte Kontaktstellen, zum Beispiel Callcenter.

Definition der Soll-Situation: Legen Sie Standards fest, die Sie Ihren Kunden künftig bieten wollen, und Kriterien, anhand derer Sie die erreichten Ziele messen werden. Orientieren Sie sich, sofern vorhanden, an Branchenstandards und/oder an den Wünschen Ihrer Kunden. Was macht die Konkurrenz besser? Was sollten Sie den Kunden ebenso bieten?

Was können Sie toppen? Bei der Klärung helfen Benchmarking-Studien und Wirkungsanalysen weiter. Diese werden von Marktforschungsunternehmen als zusätzliche Dienstleistung angeboten. Können Sie keine Studien in Auftrag geben, so erkundigen Sie sich zum Beispiel bei einschlägigen Fachzeitschriften oder Branchenverbänden, ob für Ihre Branche Marktuntersuchungen vorliegen.

Prüfen Sie, welche Maßnahmen die Service- und Kontaktqualität verbessern können. Behalten Sie jedoch ihre Kosten im Vergleich zur Effizienz im Blick. Es hilft zum Beispiel nichts, wenn Sie mit hohem Aufwand die Erreichbarkeit von 60 auf 70 Prozent steigern, der Kunde das aber nicht wahrnimmt.

Beispiele für Maßnahmen
Informationsbasis der Mitarbeiter verbessern, damit sie qualifizierte Auskünfte geben können; Aktualitätsgrad der Informationen erhöhen
Zugriff auf elektronische Kundendaten und -akten einrichten oder erleichtern
Personelle Aufstockung
Technische Unterstützung bieten (CRM-Systeme, ERP-Systeme, leistungsfähigere Telefonanlage etc.)
Kompetenzen der Mitarbeiter ausweiten
Workflow-gesteuerte Sachbearbeitung implementieren
Kundenanfragen über Serviceseiten im Internet abwickeln
Einen Kundenkontaktmanager festlegen, der die Erreichung der Zielsetzung begleitet und Sie laufend informiert (kontinuierlicher Verbesserungsprozess)
Prospekte, Flyer, Informationsmaterial auf den aktuellen Stand bringen
Schulungen, Workshops organisieren für die Mitarbeiter mit Kundenkontakt

6.4   Prozesse optimieren

Wie bereits oben erwähnt, kann durch die entsprechende Qualifikation der Verkäufer noch ein enormes Produktivitätspotenzial erschlossen werden. Hat sich durch eine gründliche Analyse gezeigt, wo die größten Defizite der Verkäufer liegen, können gezielt Maßnahmen ergriffen werden. Neben der Weiterqualifizierung ist ein weiterer wichtiger Hebel zur Steigerung der Produktivität in den Vertriebsprozessen zu suchen. So raten auch die Proudfoot-Experten der Produktivitätsstudie: »Wenn die Umsätze nicht stimmen, sollten nicht gleich mehr Verkäufer eingestellt, sondern die Prozesse optimiert werden.«

Jede Prozessoptimierung sollte sich immer an den Ansprüchen der Kunden orientieren, das heißt auf die Interessen und Erwartungen der Kunden ausgerichtet sein. Für deren Umsetzung ist die Gewinnung von detaillierten Arbeitsanweisungen notwendig. Die Erhöhung der Prozessqualität kann bereits durch eine Standardisierung der Prozesse und durch die Ausweitung der technischen Unterstützung erreicht werden. Eine nachhaltige Verbesserung erfordert einheitliche, nachvollziehbare Qualitätskriterien und eine laufende Kontrolle der Zielerreichung.

Wie lassen sich optimierte Prozesse objektiv beurteilen? Hier hilft ein Benchmarking mit der Konkurrenz.

Schritt 1: Ist-Analyse. Bewerten Sie die einzelnen Vertriebsfunktionen aus den Bereichen Strategie, Leitung/Planung, Prozesse, Mitarbeiter und Technologien anhand eines Fünf-Klassen-Systems (entsprechend einer SWOT-Analyse). Folgende Übersicht zeigt ein Beispiel, das Sie mit Ihren eigenen Vertriebsfunktionen ergänzen und dann mit Ihrer Bewertung versehen können.

Vertriebsfunktionen wie z. B.	Zielerreichung					Anmerkungen
	++	+	o	–	– –	
Strategie						
Angestrebter Marktanteil						
Anteil in den Kundensegmenten						
Zufriedenheit der Abnehmer						
...						
Leitung und Planung						
CRM						
Vertriebs-Controlling						
Leistungsbezogenes Entlohnungssystem						
...						

Prozesse und Mitarbeiter						
Abstimmung der Vertriebskanäle						
Bestandsmanagement						
Verkaufsprognosen						
Ausrichtung der Prozesse auf die Kundenzielgruppen						
...						
Technologien						
Automatisierung der Auftragsabwicklung						
Außendienstanbindung						
Integration des Vertriebsinformationssystems ins ERP						
...						

Quelle: www.inova-group.com

Schritt 2: Lücken-Analyse. Bestimmen Sie für jede Funktion einen Soll-Zustand, der sich aus den Praxisnotwendigkeiten ergibt. Eine Analyse der Differenzen zwischen Ist und Soll zeigt vorhandene Lücken (engl.: Gaps) auf. Wenn Sie zur Definition des Soll-Zustands die Vorgaben einsetzen, die durch Ihren härtesten Konkurrenten gemacht werden – sozusagen dessen Ist-Zustand –, so erhalten Sie die Mindestanforderungen, die Sie erbringen müssen, um den Wettbewerber zu schlagen. Eine Betrachtung der Lücken zeigt die Dimension der bestehenden Vor- und Nachteile gegenüber der Konkurrenz. Erstellen Sie zur Schließung der Lücken einen Maßnahmenkatalog mit klaren Prioritäten zur Erledigung.

Eine an den Prozessen ausgerichtete Vertriebsorganisation wurde bereits in Teil 1 beschrieben. Hier soll nun anhand der Auftragsabwicklung das Vorgehen bei der Prozessanalyse und -optimierung verdeutlicht werden. Eine dem Beispiel entsprechende Analyse können Sie auch in den anderen Stufen eines Verkaufsprozesses durchführen.

Effizienzsteigerung bei der Auftragsabwicklung

Eine effiziente Auftragsabwicklung führt zu direkten Kosteneinsparungen. Bei der Prozessanalyse finden Sie meist schon Ansatzpunkte für Vereinfachungen und Beschleunigungen in der Auftragsabwicklung. Sei es, dass Formulare entfallen, Reaktionszeiten verkürzt werden oder feste Ansprechpartner definiert werden.

1. Zeichnen Sie den Prozess der Auftragsabwicklung in Ihrem Unternehmen Schritt für Schritt mit allen anfallenden Tätigkeiten auf. Sehr hilfreich bei der Prozessanalyse ist ein Prozessdiagramm. Abbildung 17 zeigt dazu ein Beispiel, das aus Ist- und Soll-Prozess besteht.

Stellen Sie sicher, dass die Prozessanalyse den gesamten Ablauf abdeckt und nicht an organisatorischen Grenzen aufhört. Führen Sie eine abteilungsübergreifende Analyse der Ablauforganisation durch. Analysieren Sie den Informationsfluss, die Durchlaufzeiten, den Belegfluss und die eingesetzten EDV-Systeme. Prüfen Sie:

1. Welche Informationen stellen die Systeme bereit?
2. Ob und wie unterstützen diese Daten Ihre Mitarbeiter im Tagesgeschäft?
3. Wie fließen die Auftrags-, Produktions- und Kundendaten durch Ihre Firma?
4. Welche Daten tauscht Ihr Unternehmen mit Ihren Kunden und Lieferanten aus (beispielsweise über das Internet)?

Nehmen Sie die Durchlaufzeiten von Aufträgen in Ihrem Haus auch im Vergleich zu anderen Unternehmen unter die Lupe.

Tipp: Spielen Sie die verschiedenen Prozesse der Auftragsabwicklung durch, um obige Fragen zu beantworten, zum Beispiel: Kann Ihr Verkäufer im Kundengespräch Preis und aktuellen Lagerbestand eines Artikels per Mausklick auf seinem Rechner anzeigen? Hat er einen Ansprechpartner in der Distribution, der ihm bei Bedarf sofort Auskunft erteilen und die jeweils benötigten Daten auf Knopfdruck zur Verfügung stellen kann?

Suchen Sie nach Fehlerquellen und Informationsmängeln in den jeweils vorangegangenen Prozessschritten, die die Arbeit in den folgenden Prozessschritten erschweren. Verfolgen Sie einzelne Informationen/Belege rückwärts. Analysieren Sie das Datengerüst: Geschäftspartner, Auftragsdaten (Kunden-, Fertigungs- und Bestellaufträge), Erzeugnisstrukturdaten, Arbeitspläne.

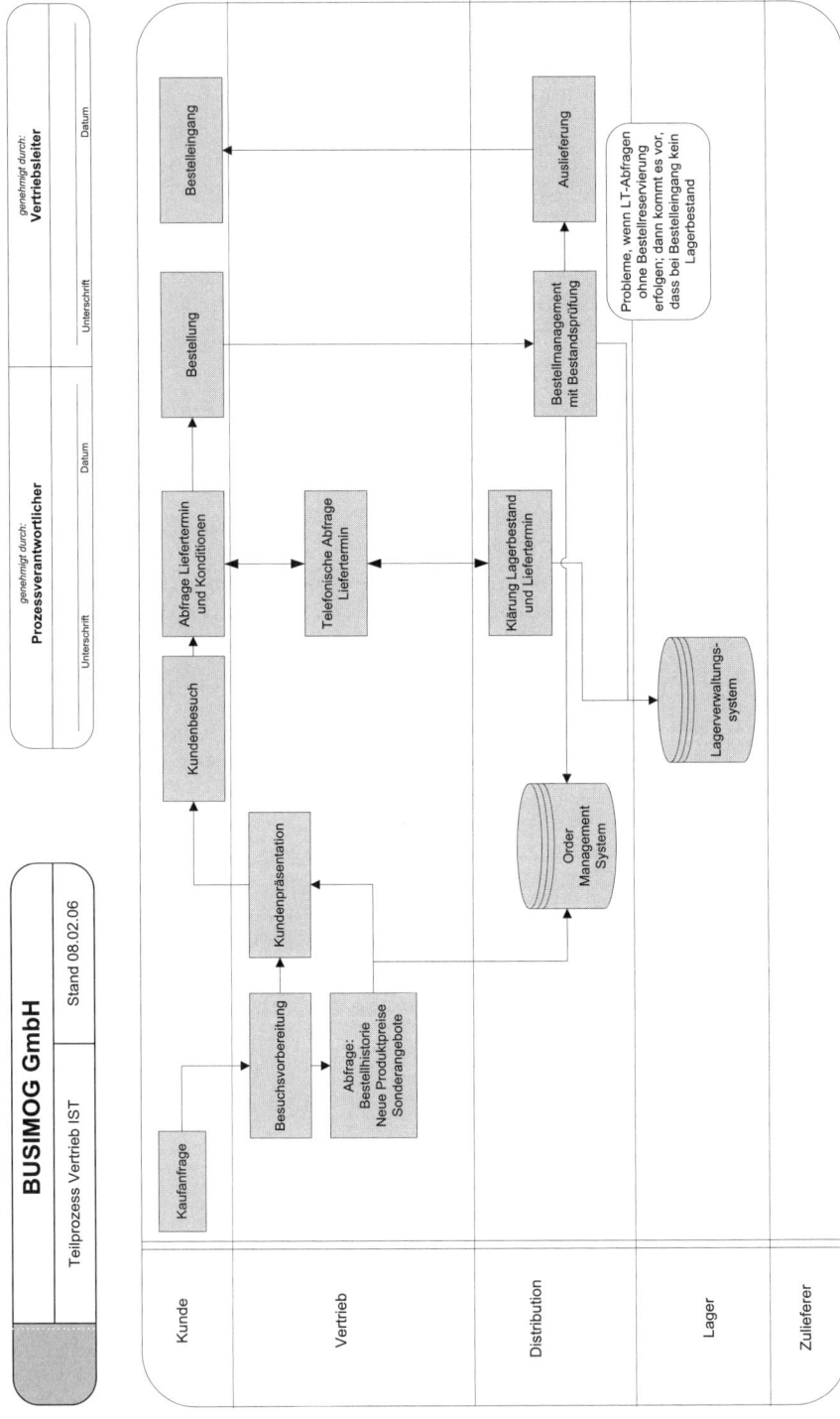

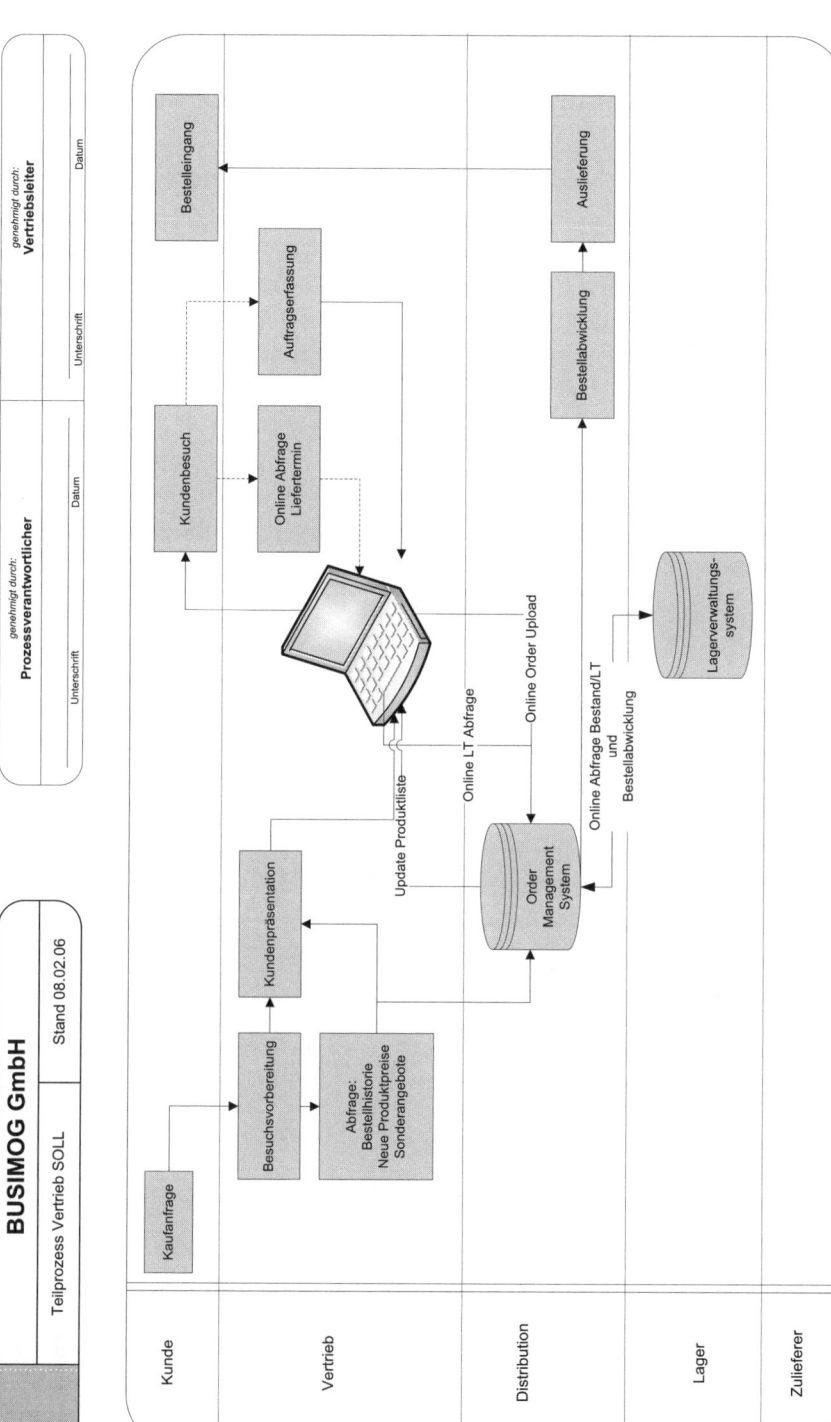

Abbildung 17: Stark vereinfachtes Beispiel eines Prozessdiagramms

2. Klassifizieren Sie alle Prozessschritte dahingehend, ob sie a) wertschöpfend, b) wertstützend oder c) nicht wertschöpfend sind. Schaffen Sie dann Stück für Stück einen verbesserten Prozess, aus dem die nicht wertschöpfenden Elemente eliminiert sind.

Primäre oder unmittelbar wertschöpfende Aktivitäten befassen sich mit der physischen Herstellung eines Produkts und dessen Verkauf an die Kunden. Zu den unmittelbar wertschöpfenden Prozessen zählen zum Beispiel die Entwicklung eines kundenspezifischen Produktes, die Herstellung einer Ware oder die Erbringung einer Dienstleistung. Auch der Kundendienst ist in den unmittelbar wertschöpfenden Prozessen inbegriffen. Die Aufgabe der wertstützenden Tätigkeiten besteht darin, die primären Aktivitäten aufrechtzuerhalten; sie befassen sich nicht direkt mit der Herstellung des Produktes. Wertstützende Prozesse sind verantwortlich für die Beschaffung von Inputs, Technologien, Personal et cetera. Unterstützende Aktivitäten sind mittelbar wertschöpfend. Dazu zählen Beschaffungs-, Konstruktions-, Arbeitsvorbereitungs-, Produktionsplanungs- und Steuerungs- sowie Entwicklungsprozesse. Weitere Beispiele für mittelbar beziehungsweise sogar nicht wertschöpfende Prozesse sind beziehungsweise können sein: administrative Prozesse mit Kundenbezug; Angebotserstellung; Zollabfertigung im Auftrag des Kunden; administrative Prozesse ohne Kundenbezug; Buchführung; Kantine oder Werksschutz. Die Kunden honorieren nur die unmittelbar wertschöpfenden Anteile an einem Produktrealisierungsprozess. Die nicht wertschöpfenden Anteile werden manchmal sogar als negativ empfunden (Zeitverzögerung, Notwendigkeit von Rückfragen).

Jede Verbesserungsmöglichkeit in Prozessen ist in die Tagesarbeit umzusetzen. Dabei lässt sich manches einfach realisieren. In anderen Fällen ist die Unterstützung durch die IT-Abteilung nötig, die Prozeduren in der Software ändern muss, um zum Beispiel unnötige Eingaben zu unterdrücken oder zusätzliche Datenabfragen zu ermöglichen.

Maßnahmen zur Prozessoptimierung

Wenn die Ist-Analyse Schwachstellen aufgedeckt hat, sind geeignete Maßnahmen zu deren Beseitigung zu ergreifen. Hier einige Tipps:

- Verhindern Sie Leerläufe und Kosten durch eine gut funktionierende Zusammenarbeit zwischen Außen-/Innendienst, Lager/Logistik, Bereitstellung, Lieferdienst und Kunde.
- Stellen Sie sicher, dass alle Prozesse organisationsübergreifend definiert werden. Gute zwischenmenschliche Beziehungen zwischen den

Mitarbeitern der verschiedenen Abteilungen sind der Sache sehr förderlich und umgekehrt fördern übergreifende Prozesse die Beziehungen der Mitarbeiter untereinander.

- Bewirken Sie, dass alle beteiligten Mitarbeiter die Abläufe kennen.
- Stellen Sie sicher, dass die Zuständigkeiten klar und die Übergaben eindeutig sind (auch bei Krankheit und Urlaub) und es im Informationsfluss keine Lücken gibt.
- Beseitigen Sie Schnittstellenprobleme. Die folgende Checkliste bietet dazu einige Anregungen.

Checkliste: Beseitigung von Schnittstellenproblemen
Generelle Schnittstellenprobleme
Fließen Informationen in einem Prozess zumindest prinzipiell in eine Richtung, nämlich wertschöpfend in Richtung Kunde bzw. Vertrieb?
Sind die Übergabepunkte an den Schnittstellen eindeutig vereinbart?
Werten Sie auftretende Rückfragen im Prozessablauf aus und verbessern Sie damit den Informationsfluss?
Abteilungsinterne Schnittstellenprobleme
Lässt sich die Anzahl der Stellen verringern, die an einem Arbeitsvorgang beteiligt sind?
Können Prozessverantwortlichkeiten für einen gesamten Arbeitsvorgang vergeben werden?
Können Schnittstellen durch Teamarbeit vermieden werden?
Schnittstellenprobleme zwischen den Abteilungen
Ist die Kompetenzabgrenzung klar geregelt?
Ist der Informationsfluss zwischen den Abteilungen reibungslos?

- Vereinheitlichen Sie die Bearbeitungsmethodik. Bewirken Sie, dass die Aufträge/Aufgaben standardisiert übergeben/dokumentiert werden.
- Prüfen Sie, ob zu viele unproduktive Zeiten den Durchlauf der Aufträge verlängern. Erstellen Sie dazu eine Auflistung aller unproduktiven Vorgänge. Streichen Sie vor allem Informationsschleifen, indem Sie die Bearbeitungsstellen neu ordnen.
- Sorgen Sie dafür, dass für die Auftragsabwicklung alle Informationen ohne Umschweife zu den Schlüsselpersonen gelangen. Machen Sie dabei nicht an Abteilungs- oder Unternehmensgrenzen Halt. Erfahren Sie zum Beispiel kurzfristig von der Ausschreibung eines bedeutenden Großauftrages, werden die Auftragsdaten direkt und verzugslos zur

Kalkulation gegeben und die Prüfung von Verfügbarkeit, Produktionskapazitäten und Liefertermin verifiziert. Verzögert sich die Materialanlieferung, weil der Lkw eine Panne hat, geht diese Information sofort weiter. Kommt eine wichtige Kundenbeschwerde, ist der Außendienst umgehend zu informieren.

- Stellen Sie eine effiziente Auftragsabwicklung durch integrierte Toolunterstützung und definierte Prozesse sicher. Arbeiten Sie mit einer Software, die zu Ihrer Firma passt und sie nicht einengt. Eine umfassende Softwarelösung muss sowohl moderne, anpassbare Technologie bieten wie auch Möglichkeiten für einen exzellenten Kundenservice und eine effiziente Unterstützung sämtlicher relevanter Betriebsabläufe.

  Bei Bedarf erweitern Sie Ihre Softwarelösung um unternehmensübergreifende Schnittstellen oder das Rechnungswesen. Integrierte ProfiLösungen gestatten einen durchgängigen Datenfluss vom ersten Kundenkontakt bis zur Bilanz, stellen alle Informationen zu einem Kunden sofort zur Verfügung und bieten eine Integration von Warenwirtschaft, Finanz- und Lohnbuchhaltung, Kundeninfosystem, Kundenbeziehungsmanagement, Archiv und Korrespondenz. Außerdem können einmal erfasste Daten automatisch in andere Anwendungsbereiche übertragen werden.

- Prüfen Sie den Einsatz mobiler Systeme für die Auftragsbearbeitung. So können die Vertriebsmitarbeiter Bestellungen jederzeit und überall annehmen. Mobile Systeme ermöglichen ihnen den Zugriff auf die aktuellsten Preis-, Waren- und Kundeninformationen, so dass sie den korrekten Auftrag in Sekunden zusammenstellen können.

- Verlagern Sie Prozesse ins Internet. Sie vereinfachen die Geschäftsprozesse und senken die Kosten durch eine webbasierende Auftragserfassung (gegebenenfalls mit regelbasierter Auftragsüberprüfung auf Bestell-Berechtigung). Zum Beispiel sparen Sie deutlich, wenn Sie dem Kunden die Bestellung anhand eines elektronischen Bestellformulars ermöglichen. Sehen Sie dort gezielt Platz für solche von ihm einzutragende Informationen vor, die er ohne das Formular in der Regel nicht eingetragen hätte, die aber Ihnen eine qualifiziertere Auftragsbearbeitung gestatten.

Warum Prozesssteuerung im Vertrieb? Ein Interview mit CRM-Berater und Geschäftsführer der Grutzeck-Software GmbH Markus Grutzeck.

Was bedeutet prozessorientierte Vertriebsteuerung?

Die prozessorientierte Sicht vergleicht den Vertrieb mit einem Produktionsprozess und fragt nach Inputfaktoren, um einen definierten Output zu erreichen. Der Vertriebsprozess beschreibt, wie der Vertrieb arbeitet, welche Aktivitäten aufeinander folgen und mit welchem Einsatz an Arbeitszeit und Kosten welcher Erfolg realisiert werden soll.

Was sind die Vorteile?

Alle Aktivitäten, von der Qualifizierung der Interessenten bis hin zur Zufriedenheitsbefragung von Bestandskunden, werden in einem Prozess schematisch dargestellt und in eine logische Abfolge gebracht. Das schafft Transparenz für die Mitarbeiter. Der Vertriebsmanager kann auf jeder Stufe Ziele definieren und die Mitarbeiter differenzierter als anhand von pauschalen Umsatzzahlen führen.

Was hilft bei der Einführung?

Bei der Einführung ist die Einbeziehung der Mitarbeiter ein wesentlicher Erfolgsfaktor. Oftmals wird Vertrieb als »Blackbox« verstanden. Verkäufer führen ihre Aktivitäten sehr selbstständig und im Alleingang durch. Hier gilt es, in einem Workshop eine gemeinsame Linie zu finden und erfolgreiche Methoden in den Vertriebsprozess zu übernehmen. So werden die »Erfolgsrezepte« für alle Mitarbeiter Standard und Leitlinie.

Welche Hilfsmittel gibt es?

Externe Berater können den Prozess moderieren und Anregungen von außen geben. Es gibt aber keine Out-of-the-Box-Lösungen, die den idealen Vertriebsprozess für alle repräsentieren. Mein Tipp: Strukturieren Sie die einzelnen Arbeitsschritte in Form eines Flussdiagramms. Technisch hat sich hier Microsoft Visio bewährt. Nützliche Infos zur Strukturierung von Vertriebsprozessen finden Sie zum Beispiel im Internet unter www.vertriebsprozess.info.

6.5   Effizientes Angebotsmanagement

Maßgeschneiderte Angebote zu erstellen ist meist zeitaufwendig und teuer. Daher standardisieren viele Unternehmen, oft auf Kosten individueller Inhalte, ihre Angebotsprozesse. Und dies, obwohl Angebote, die unmittelbar auf Kundenanfragen zugeschnitten sind und die Anbieterleistungen geschickt mit dem Nutzen für den Kunden verbinden, höhere Trefferquoten erzielen als Standardangebote, in denen vorwiegend mit vorgefertigten Textbausteinen gearbeitet wird.

Auch verschenken viele Unternehmen wertvolle Auftragschancen, weil sie sich grundsätzlich zu wenig um ein professionelles Angebotsmanagement kümmern. Die Folge: Anfragen werden liegen gelassen, Angebote lieblos zusammengestellt, wichtige Teile fehlen oder umfangreiche Angebote werden geschrieben, obwohl absehbar ist, dass kein Auftrag folgen wird.

Beispiel: Angebotspraxis Paketversender

In einem Vertriebsbenchmarking hat die Agentur Marketing Partner (www.marketingpartner.de) den Angebotsprozess der großen deutschen Paketversender unter die Lupe genommen. Bewertet wurden Erstkontakt, Beratung, Angebot sowie Termintreue und Dauer der gesamten Angebotsphase. Die großen Gewinner: UPS und GLS. Nach Einschätzung der Berater könnten allerdings alle untersuchten Paketversender ihren Absatz noch deutlich steigern, würden sie ihren Angebotsprozess optimieren.

Die Anfrage der Tester umfasste eine komplexe logistische Dienstleistung mit einem Volumen von über 50.000 Sendungen pro Jahr. Die ersten Probleme gab es bereits beim Erstkontakt. So waren mehrmalige Anrufe nötig, bis der richtige Ansprechpartner vermittelt wurde, Rückrufversprechen wurden nicht eingehalten, sogar die Namen von Ansprechpartnern wurden in einem Fall nicht genannt, mit der Begründung, es würden grundsätzlich keine Namen und Durchwahlen von Kundenbetreuern herausgegeben, sondern es werde immer zurückgerufen. Darauf warteten die Tester jedoch vergeblich. Nur bei GLS konnte sofort ein persönlicher Termin mit dem Firmenkundenbetreuer vereinbart werden. Größtenteils wurden die angefragten Angebote nicht rechzeitig, nicht vollständig und nicht individuell auf den Anfrager zugeschnitten abgegeben. Der längste Angebotsprozess dauerte fünf Wochen.

Die meisten Anbieter präsentierten dann auch nur Standardleistungen und -angebote, ohne auf die Besonderheiten der logistischen Aufgabe, wie zum Beispiel unterschiedliche Sendungsformate, bestimmte Expresssendungen oder Transport in diverse europäische Länder, einzugehen. Und bei den Beratungsgesprächen war deutlich zu erkennen, dass nicht die optimale Lösung für den Kunden im Mittelpunkt stand, sondern die Vertriebsvorgaben.

Angebotsmanagement unter der Lupe

Wie sieht es in Ihrem Unternehmen aus? Können Sie im Angebotsprozess punkten und sich dadurch positiv vom Wettbewerb abheben? Testen Sie selbst und führen Sie regelmäßige Praxis-Checks durch, zum Beispiel mittels Mystery Shopping. Über Testanfragen kann so die Leistung im eigenen Hause überprüft oder es können die eigene und die Wettbewerbsleistung verglichen werden. Näheres siehe: Bundesverband Deutscher Mystery Shopping Unternehmen e.V. (www.bvms.de).

Durchleuchten Sie Ihren Angebotsprozess auch mithilfe von geeigneten Kennzahlen, zum Beispiel durch Anwendung der Sales-Funnel-Systematik, die die einzelnen Stufen des Angebotsprozesses transparent macht, oder zumindest durch die Ermittlung der Trefferquote (Anzahl der Aufträge im Verhältnis zu erstellten Angeboten) und der Angebotserfolgsquote (gesamtes akquiriertes Auftragsvolumen ÷ angebotenes Auftragsvolumen). Besprechen Sie regelmäßig mit Ihren Mitarbeitern, wie die Quoten verbessert werden können. Tipp: Vereinbaren Sie mit Ihren Firmenkundenbetreuern Erfolgsprämien für ihre Angebote.

Finden Sie die Schwachstellen Ihres Angebotsmanagements heraus, die behoben werden müssen. Folgende Checkliste hilft bei einer ersten Analyse:

Checkliste: Angebotspraxis unter der Lupe
Wie viele Anfragen gehen wöchentlich/monatlich in Ihrem Unternehmen ein?
Woher kommen die Anfragen? Wie viele über den Außendienst? Von den Kunden direkt? Per Fax, per Post, per E-Mail oder über Ihren Internetauftritt?
Wer bearbeitet die Anfragen? In welcher Weise und wie schnell?
Wie viele Angebote werden wöchentlich/monatlich verschickt? Von wem? Innendienst oder Außendienst? Andere Personen?
Wie viel Zeit wird durchschnittlich darauf verwendet?
Existiert in Ihrem Hause ein Anfragenbewertungsschema, anhand dessen z. B. der Innendienst befähigt wird, die Anfragen zu qualifizieren und ihre Auftragswahrscheinlichkeit einzuschätzen?

Gibt es eine eindeutige Absprache zwischen Außendienst und Innendienst? Kommen z. B. vom Außendienst genaue Vorgaben, was alles mit dem Kunden besprochen wurde und sich im Angebot wiederfinden soll?
Prüft der Innendienst unklare Angebotsanforderungen des Außendienstes z. B. durch einen kurzen Anruf beim Kunden oder durch eine gezielte Rückfrage beim Verkäufer? Trifft das auch bei direkt an den Innendienst gerichteten Angeboten zu?
Sind die Angebote kundenorientiert formuliert?
Wie hoch ist die Abschlussquote bezogen auf die geschriebenen Angebote?
Wie hoch ist der durchschnittliche Auftragswert, der durch ein Angebot erzielt wird?
Von wem und wie werden die Angebote nachverfolgt? Wird die Person im Angebot namentlich erwähnt?

Angebote sind keine Stiefkinder des Verkaufs

Folgende Fehler vieler Angebote sollten vermieden werden:
1. Zu allgemein, zu nüchtern, Gleichmacherei
2. Am Bedarf vorbei, unklare Definition
3. Fehlende persönliche Kompetenz
4. Zu formell (alt-kaufmännisch)
5. Zu formell-juristisch (Ausschlüsse)
6. Zu passiv, zu viele Vorbehalte
7. Zu technisch
8. Wesentliches und Un-Wesentliches im Gleichklang
9. Fehlen von kreativen neuen Lösungen
10. Zu wenig Begeisterung

Mit Stichproben Mängel identifizieren

Führen Sie regelmäßige Stichproben durch. Lassen Sie sich bei wichtigen Angeboten in Kopie setzen und prüfen Sie ihre Qualität anhand der folgenden Fragen, die sich gegebenenfalls durch Rückfragen an den zuständigen Verkäufer klären lassen:

- Wurden die Wünsche des Kunden richtig erkannt und herausgearbeitet?
- Sind alle technischen und kaufmännischen Nutzen/Vorteile genannt?
- Wurde insbesondere die Wirtschaftlichkeit der Lösung dargestellt?

- Wie und in welchem Zusammenhang wird der Preis erwähnt? Wird er zum Beispiel relativiert, indem Stückpreise genannt werden?
- Geht das Angebot auf die Kundensituation ein?
- Dokumentiert das Angebot das Gespräch zwischen dem Verkäufer und dem Kunden, das zu der gezeigten Lösung geführt hat?
- Spiegelt das Angebot die kaufmännische und technische Kompetenz des Außendienstes und des Unternehmens wider? Zum Beispiel durch Beifügung von Referenzen, Dokumenten et cetera?
- Findet sich der Kunde mit seiner von ihm dargelegten Problemstellung, seinen Wünschen wieder?
- Worin unterscheidet sich die angebotene Dienstleistung/Produkt von der Konkurrenz? Zum Beispiel durch Schnelligkeit, Zuverlässigkeit, Service, Preis, höhere Wirtschaftlichkeit, leichte Anpassung der Lösung et etera? Wird das deutlich herausgearbeitet?

Decken Sie gravierende Mängel auf, dann lohnt es sich, Ihre Mitarbeiter – sowohl Außen- als auch Innendienst – im Angebotsmanagement von Profis schulen zu lassen und sie dadurch stärker für die Kundenorientierung zu sensibilisieren.

Vereinbaren Sie mit Ihren Verkäufern Erfolgsquoten für ihre Angebote. Am besten schreiben Sie diese in Zielvereinbarungen fest. So verhindern Sie eine Flut von aussichtslosen Angeboten, die nur veranlasst werden, um die eigene Emsigkeit hervorzuheben.

Angebotsmanagement systematisieren

Bringen Sie Ihren Außen- und Innendienst an einen Tisch und besprechen Sie diese Punkte:

1. Rechnen Sie zunächst vor, wie stark der Umsatz gesteigert werden kann, wenn zum Beispiel die Trefferquote um nur fünf Prozent erhöht wird. Dazu müssen der durchschnittliche Auftragswert und die bisherige Trefferquote der Angebote vorliegen.
2. Legen Sie dann gemeinsam das Procedere eines umsatzorientierten Angebotsmanagements fest. Erarbeiten Sie dazu aussagekräftige Kriterien, nach denen Anfragen auf ihre Auftragswahrscheinlichkeit hin geklärt werden sollen. Wer schon von Vorneherein die Anfragen von Kunden im Hinblick auf die Auftragswahrscheinlichkeit richtig bewertet, spart sich viel Zeit und Geld. Dabei kann ein Anfragen-Bewertungsschema gute Dienste leisten.

Anfragen-Bewertungsschema – Muster

Schema zur Bewertung von Anfragen					
Fragen	Punkte				Bewertung
	10	6	2	0	
Wer wünscht ein Angebot?	Stamm-kunde	Gelegen-heitskunde	Interes-sent	unbe-kannt	
Was will der Anfrager?	Auftrag erteilen	Konkurrenz-angebot prüfen	Bestellin-formatio-nen ein-holen	sich schlau machen	
Wann erfolgte der letzte Auftrag?	in den letzten 6 Monaten	vor 6–12 Monaten	vor mehr als 1 Jahr	bisher kein Auftrag	
Wann war der letzte persönliche Kontakt?	in den letzten 8 Wochen	vor 2–6 Monaten	vor mehr als 1 Jahr	bisher kein Kontakt	
Wie hoch ist die Auftragswahr-scheinlichkeit?	100–75 %	75–50 %	50–25 %	25–0 %	
Welcher Deckungs-beitrag wird erwartet?	sehr hoch/ hoch	durch-schnittlich	niedrig	nur Kos-tende-ckung	
Wie passt der Auftrag in die Fertigungsplanung?	sehr gut/ gut	mittel	kaum	ganz und gar nicht	
Summe der Bewertungspunkte					

Diese Fragen können Sie natürlich beliebig und auf Ihr Unternehmen angepasst ergänzen.

Anfragen, die auf 70 bis 50 Punkte kommen, sind mit Sicherheit die Mühe einer Angebotsausarbeitung wert. Bei einem Punktestand zwischen 45 und 20 wird die Lage kritisch: Man muss sich nicht unbedingt um den Auftrag »reißen«. Kommt eine Anfrage auf 20 oder weniger Punkte, so heißt es besser »Finger weg« – es sei denn, die Auftragslage ist sehr flau und es besteht die Chance einer Fixkostendeckung.

Berücksichtigen Sie bei der Bewertung einer Anfrage auch:

- wie die aktuelle Auftragslage in Ihrem Haus ist,
- wie lange die Fertigung dauert,
- welches Auftragsvolumen zur Diskussion steht,
- ob der Anfrager in der Lage ist, seinen finanziellen Verpflichtungen nachzukommen,
- ob das Know-how ausreicht beziehungsweise rechtzeitig beschafft werden kann, um den Auftrag auszuführen,
- ob die mit dem Auftrag verbundenen finanziellen und technischen Risiken richtig eingeschätzt und gegebenenfalls vertreten werden können,
- ob die politischen Risiken – zum Beispiel bei umweltsensiblen Projekten – vertretbar sind,
- ob keine rechtlichen Bedenken bestehen,
- ob die für den Auftrag erforderlichen Kapazitäten (Fertigung, Lager, Personal, Forschung und Entwicklung et cetera) bereitgestellt oder gegebenenfalls rechtzeitig beschafft werden können,
- ob der Auftrag zu keiner zu großen Abhängigkeit vom Auftraggeber führt und
- ob angesichts der Mitbewerber überhaupt eine Chance besteht, den Auftrag zu erhalten.

3. Bestimmen Sie Richtlinien, wie künftig mit den Angeboten zu verfahren ist. Einige wichtige Hinweise finden Sie in dieser Checkliste:

Tipps für die Angebotserstellung
Nur Angebote erstellen, wenn eine konkrete Nachfrage des Kunden vorliegt; nicht von sich aus anbieten
Angebotsgründe hinterfragen. Beispiele: Will der Kunde den Verkäufer nur loswerden? Soll das Angebot den Preis des jetzigen Lieferanten drücken helfen? (In diesem Fall wird meist nur der Preis für eine bestimmte Menge angefragt.) Ist Ihr Angebot nur eines von vielen? (Nachfragen, ob im Falle des besten Angebots auch ein Auftrag wahrscheinlich ist; zögert der Anfrager, will er eher nur Vergleiche.)
Unklare Anfragen bereits vorab telefonisch klären
Selbstauskunft bei unbekannten Anfragern mittels eines Fragebogens in die Wege leiten
Nur Angebote mit hoher bis sehr hoher Auftragswahrscheinlichkeit erstellen; ansonsten Prospekte, Preislisten etc. versenden

Klären der Fragen: Wie dringend wird der Auftrag benötigt? – Sind genug Kapazitäten frei? – Welche Wettbewerber bieten mit an? – Welche Aufgaben bringt der Auftrag für die einzelnen Abteilungen im Unternehmen? – Welche Preisvorstellung hat der Kunde? – Wie ist seine Bonität?
Angebote normalerweise auf dem Postweg versenden; nur wenn es schnell gehen soll, auch vorab per Fax oder E-Mail
Angebote in ein elektronisches Archiv ablegen; so kann bei vergleichbaren Lösungen bzw. Lösungskomponenten darauf zugegriffen werden

Wichtige Angebots-Bausteine

Wann werden Kunden zum Kaufen motiviert? Wenn sie schnell erkennen, dass sie richtig eingeschätzt werden, wenn sie sehen, dass sie eine individuelle Lösung erhalten, Lust bekommen, all die Vorteile, die Ihr Unternehmen bietet, möglichst bald zu genießen und wenn sie spüren, dass sich die Mitarbeiter richtig angestrengt haben. Kunden wollen motiviert werden, das Geld für die angebotene Lösung auszugeben und wollen es leicht haben, zu bestellen. Daher muss ein Angebot auf jeden Fall eingehen auf:

1. Die Problemstellung des Kunden:

- Aufgabenstellung, Zielsetzungen
- Situationsbeschreibung
- Erwartungen an Lieferanten
- Bedürfnisse/Wünsche/Sorgen

2. Die Lösung, die Ihr Unternehmen bieten kann:

- Produkte/Systeme
- Verständliche Beschreibung
- Bebilderung, Grafiken
- Gesamtpreis mit Leistungsumfang
- Eventuell Anlage mit Einzelaufstellung

3. Die Vorteile/den Nutzen für den Kunden:

- Einsatz-Nutzen
- Amortisationsberechnung
- Service-Demonstration/Erreichbarkeit
- Sicherheit/Flexibilität/Expansionsfähigkeit

Die folgende Übersicht nennt die wichtigsten Bausteine, die ein schriftliches Angebot enthalten sollte.

Übersicht: Bausteine für ein erfolgreiches schriftliches Angebot	
Deckblatt	Mit ansprechenden und aussagekräftigen Informationen über Ihre Firma
Problem-stellung	Beschreibung des Kundenproblems
Konsequenzen	Mögliche Folgen, wenn der Kunde das Problem unbeachtet lässt
Lösung	Erklärung, wie gerade Ihr Produkt/Ihre Dienstleistung das Problem des Interessenten löst und negative Konsequenzen verhindert
Vorteile, Nutzen	Auflistung von überzeugenden Nutzenargumenten. Vor allem dann, wenn der Interessent nicht der alleinige Entscheidungsträger ist. Liefern Sie ihm Vorteile, die es ihm erleichtern, andere von Ihrem Produkt zu überzeugen.
Hintergrund	Beweise, die zeigen, dass Ihr Unternehmen der richtige Geschäftspartner ist; überzeugen Sie mit Referenzen, Fallbeispielen, Erfolgsgeschichten, Zitaten und mehr.
Investition	Darlegung der Investition, die dem Kunden bevorsteht, und eventuell eine Amortisationsrechnung
Zeitplan	Übersicht über das weitere Vorgehen; nennen Sie Daten, Liefer- und Servicezeiten.

Beispiel für ein schriftliches Angebot

Alpha + Beta GmbH   11111 Muselberg/Druselbach
                                                         Telefon 028336/688442
                                                         30.04.20..
Firma   IZ/I-28475/XYZ
Dobermann KG
Herrn Dr. Robert Wagner
Geschäftsleitung   25.04.20..
Postfach 12
9999 Obertalfahrt

VORSCHLAG

Guten Tag,
sehr geehrter Herr Dr. Wagner,

es freut uns, dass Sie zu den Technikern gehören, die schon heute die Wirkung von
XYZ erkannt haben. Herr Georg Jöris hat für Sie im Dialog mit Ihnen folgendes
Angebot ausgearbeitet.

1. Ihre Aufgabenstellung   (Aufgabenstellung des potenziellen Kunden beschreiben)

2. Ihre Lösung
Um Ihre Aufgabenstellung so zu lösen, dass es Ihnen möglichst viel Nutzen bringt,
schlagen wir vor, einen KLMO zu installieren. Sofern Sie diesen noch in den
nächsten 8 Tagen bestellen, können Sie schon im Herbst damit arbeiten.
Der Preis beläuft sich auf € 26.480,--, wobei Sie bei Zahlung innerhalb
14 Tagen noch 2 % Skonto abziehen können.

3. Ihre Vorteile
Sie haben dabei einen
o   äußerst geringen Stromverbrauch
o   eine fast verschleißlose Maschine
o   geringsten Wartungsaufwand

Nach unseren Berechnungen dürfte die Anlage, richtig installiert, schon im
3. Betriebsjahr voll amortisiert sein.

Nächsten Mittwoch wird Sie Herr Georg Jöris anrufen. Dann können Sie einen Termin vereinbaren, um zu besprechen, wie Ihre Pläne am gewinnbringendsten realisiert werden können.

Mit freundlichen Grüßen

Anlagen

Quelle: DCI 2002

Systematische Angebotsverfolgung

Erfahrungsgemäß führen 80 bis 95 Prozent aller Angebote nicht zum
Auftrag. Ein wichtiger Grund dafür ist die mangelhafte oder fehlende
Angebotsverfolgung. Auch hier kann eine Checkliste gute Dienste leisten.
Sie sollte die Punkte Angebotsnummer, Kundenname, Angebotswert,
Produktname, Nachfasstermine, Notizen und Ergebnisse enthalten und
täglich aktualisiert werden.

Übernimmt der Innendienst die Angebotsnachverfolgung hat auch er
sich bei Erfolg eine Anerkennung verdient. Diese könnte sich an der
erfolgsabhängigen Vergütung des Verkäufers orientieren.

Vertriebskanäle optimieren

Veränderungen sowohl auf Anbieter- wie auch auf Kundenseite, immer höhere Kosten für den Zugang zu den Kunden sowie neue technische Möglichkeiten richten das Augenmerk der Hersteller auf die Wirksamkeit und Effizienz ihrer Vertriebswege. Wie gut erfüllen die derzeitigen Absatzkanäle die Wünsche der Kunden? Wie können über neue Vertriebswege zusätzliche Geschäftschancen erschlossen werden? Welche Vertriebsform ist in der Zukunft erfolgreich? Zu diesen Fragen sollen nachfolgend einige Anregungen gegeben werden.

7.1 Trends in der Vertriebspolitik

Die Vertriebspolitik hat in den letzten Jahren enorme Veränderungen erfahren. Völlig neue Vertriebskanäle, vor allem im Electronic Selling, sind fast über Nacht entstanden, und traditionelle Absatzwege, zum Beispiel die Kauf- und Warenhäuser, haben an Boden verloren. Während es früher vor allem darauf ankam, den branchenüblichen Absatzkanal optimal zu bedienen, so stehen die Anbieter heute vor der Herausforderung, diejenigen Vertriebskanäle zu erkennen und zu etablieren, die aus Unternehmens- und Kundensicht in der Lage sind, die Leistung gegenüber dem Wettbewerb klar hervorzuheben. Ausgelöst wurde der Wandel in der Vertriebspolitik vor allem durch folgende Faktoren:

Geänderte Bedürfnisse der Verbraucher. Die Strategie des Verkaufs von Massenprodukten hat ausgedient. Erfolgreiche Unternehmen sprechen ihre Kunden heute mithilfe des Direkt-Marketings gezielt und individuell an. Die Märkte zersplittern, und daraus entwickeln sich geradezu zwangsläufig immer facettenreichere Vertriebswege.

Gewandeltes Machtverhältnis zwischen Industrie und Handel. Nicht nur im Lebensmitteleinzelhandel hat sich ein gewaltiger Konzentrationsprozess auf der Kundenseite vollzogen. Die Folge dieser Entwicklung sind global agierende Handelsriesen, die eine große Einkaufsmacht gegenüber der Industrie besitzen. Die Einkäufer im Handel kennen das Kostengefüge ihrer Verhandlungspartner und die Schmerzgrenzen genau.

Ständiges Auftauchen neuer Vertriebskanäle. Außer dem Internet zum Beispiel das Bahnhof- bzw. Airport-Shopping, die sogenannten Urban Entertainment Center, die vielen Arten des Convenience-Shoppings wie Bäckereien und Tankstellen, Handys oder Interaktives Fernsehen. Und wo liegt die Zukunft? Im Distanzhandel? Self-Discounting? Shoptainment? In mobilen Vertriebseinheiten? POS-Forces? Premium Advertising? Outtasking-Vertrieb oder Renaissance des klassischen Außendienstes? Multimedia-Vertrieb? Lokale und virtuelle Multi-Level-Marketing-Systeme?

Die neuen Vertriebskanäle schaffen neue Werte – vor allem für die Kunden. Traditionelle Vertriebsstrategien zielten vorrangig auf eine möglichst wirtschaftliche Distribution ab: Wie können die Produkte möglichst preiswert, schnell und flächendeckend zum Endabnehmer gebracht werden? Die aktuellen Entwicklungen erfordern ein völliges Umdenken: Wie kann den Kunden möglichst einfach und nach ihren Wünschen Zugang zu den Produkten verschafft werden?

Geänderte strategische Schwerpunkte. Auf die Veränderungen reagiert die Industrie mit unterschiedlichen Strategien, zum Beispiel: intensivere

Kundenorientierung als bisher, um die Bedürfnisse noch genauer zu treffen; Erschließung neuer Vertriebswege, direkt zum Kunden; Verschwinden des alten Abteilungsdenkens zugunsten totaler Kundenorientierung – zuständig für den Kunden sind alle Mitarbeiter im Unternehmen; deutlicher Wandel im Umgang mit den Handelspartnern: weg von der Konfrontation hin zur Kooperation.

Das Gebot der Stunde: Beobachten und befragen Sie Ihre Kunden systematisch nach ihren Wünschen und richten Sie Ihre künftige Vertriebsstrategie an deren Wünschen aus, bevor es ein anderer tut!

7.2   Überprüfung der vorhandenen Vertriebskanäle

Bei einer Analyse der vorhandenen Vertriebswege stehen folgende Kernfragen im Vordergrund:

- Effektivität: Wie gut befriedigen Ihre derzeitigen Vertriebskanäle die Wünsche der Kunden?
- Kosteneffizienz: Rechtfertigen die Effektivität und die Marktabdeckung Ihrer Vertriebskanäle die jeweiligen Kosten?
- Marktabdeckung: Erreichen Ihre Vertriebskanäle Ihre potenziellen Kunden flächendeckend?
- Langfristige Perspektive: Eignen sich Ihre Vertriebskanäle auch für neue Produkte oder Dienstleistungen?

Effektivität der Vertriebskanäle

Wichtig ist, dass bei der Entscheidung über die zu wählenden Vertriebswege die potenziellen Kunden und ihr Kaufverhalten im Zentrum der Betrachtung stehen. Als Anbieter sollten Sie möglichst dort präsent sein, wo die Kunden die höchste Kaufbereitschaft aufweisen.

Kunden sind heute vermehrt multioptional. Sie verfolgen mehr oder weniger gleichzeitig mehrere Verhaltensweisen beim Kauf (zum Beispiel »Billigkäufe« bei H & M und parallel »Teuerkäufe« in Boutiquen) oder sie suchen nach Abwechslung. Diesem Verhalten tragen Sie Rechnung, wenn Sie den Kunden – ganz nach ihren Wünschen – über verschiedene Vertriebswege den Zugang zu Ihrem Angebot ermöglichen.

Finden Sie darum durch Beobachtung und Befragung Ihrer Kunden mit folgender Checkliste heraus, was die Kunden wollen.

Checkliste Kundenbetrachtung	
Kriterien	**Anmerkungen**
Welche Wünsche haben Ihre Kunden hinsichtlich • Produkt? • Service? • Beratung?	
Welche Kaufgewohnheiten haben sie?	
Welche Produkte oder Leistungen interessieren Ihre Kunden besonders?	
Bekommen Sie mehr Anfragen für Produkte, die an den Kundenbedarf angepasst sind, oder mehr Anfragen für Standardprodukte?	
Bieten Ihre Standardprodukte die gewünschten Merkmale und Nutzen?	
Könnten Sie mit einem neuen Produkt die Nachfrage besser erfüllen?	
Welchen Informationsbedarf haben die Kunden zu Ihrem Angebot?	
Wo beschaffen sie sich diese Informationen (Außendienst, Internet ...)?	
Wie effizient überträgt Ihr jetziger Vertriebskanal die gewünschten Informationen?	
Welche Produkte werden über welchen Vertriebsweg gekauft? (Zum Beispiel Kauf im Ladenlokal mit persönlicher Beratung und Betreuung, aus dem Katalog, Bestellung per Telefon, per Internet etc.)	
In welcher Menge?	
Unterscheiden sich die Kunden der verschiedenen Kanäle? Wenn ja, wie?	
Lassen sich kanalspezifische Zielgruppen identifizieren?	
Wie verhalten sich die Kunden beim Einkauf?	
Welche Kunden nutzen welchen Kanal zu welchem Zweck?	
Was *erwarten* die Kunden von dem jeweiligen Kanal?	
Welche Faktoren begünstigen/hemmen die Nutzung eines Kanals?	

Wo sind Ihre Kunden? Welcher Vertriebsweg erreicht welche Standorte (lokal, regional, überregional)?	
Welchen Kommunikationsbedarf haben Ihre Kunden?	
Wie schnell und einfach ist eine Kommunikation zwischen dem Kunden und Ihrer Firma möglich?	
Wie sind die Kundenwünsche hinsichtlich der Lieferung?	
Wie schnell können Sie liefern?	
Kann bzw. muss das Produkt dem Kunden geliefert werden?	
Muss bzw. kann er es selbst abholen?	
Welche Serviceleistungen erwarten die Kunden?	
Was sind die Kunden von der Konkurrenz gewohnt?	
Müssen die Serviceleistungen persönlich erbracht werden?	
Über welches andere Medium (zum Beispiel Beratung über E-Mail) können die Serviceleistungen auch erbracht werden?	
Welchen Deckungsbeitrag liefern die einzelnen Kunden(-gruppen)?	

Überprüfen Sie auch, ob Ihre Vertriebskanäle richtig auf Ihre einzelnen Kundensegmente abgestimmt sind. Kunden in der Filiale wollen normalerweise anders angesprochen werden als beispielsweise Online-Kunden. Nach einer Studie von Booz Allen Hamilton werden bis zu 40 Prozent der Kunden falsch angesprochen und jährlich geht eine Milliarde Euro durch unzureichende Abstimmung auf die Kundensegmente verloren. So wird nicht nur Geld »verbrannt«, sondern auch die Kundenzufriedenheit belastet. Gregor Harter, Partner bei Booz Allen Hamilton: »Zu viele Unternehmen agieren wenig strategisch und setzen die Gießkannenmethode ein. Sie bieten ihr ganzes Portfolio auf allen Kanälen an, obwohl das in der Regel nicht sinnvoll ist.« Dabei werden Kunden teilweise so allgemein – oder gar mehrfach – angesprochen, dass sie dauerhaft verärgert sind.

Teilen Sie also Ihre Kunden in Segmente hinsichtlich ihres Kaufverhaltens und ihrer Wünsche ein. Dabei kann es durchaus auch »Mikrosegmente« geben, die etwa verschiedene Altersgruppen in den einzelnen Kanälen umfassen. Stellen Sie für die jeweiligen Segmente eine passende Kombination aus Produkt, Service und Vertriebsweg zusammen. Näheres zum Thema Kundensegmentierung lesen Sie in Teil 1.

Kosteneffizienz der Vertriebskanäle

Um herauszufinden, ob die Effektivität und die Marktabdeckung Ihrer Vertriebskanäle die jeweiligen Kosten rechtfertigen, ist eine Bestandsaufnahme erforderlich, welche Kosten Ihnen mit der Bedienung der einzelnen Vertriebskanäle entstehen. Transparenz darüber verschaffen Sie sich mit einer strikten Profitabilitäts-Kontrolle der Vertriebskanäle. Die dazu nötige Analyse umfasst drei Schritte:

Schritt 1: Identifikation der Funktionskosten

Angenommen, ein Produkt weist die folgende einfache Gewinn-und-Verlust-Rechnung auf:

Umsatz	60.000 €
./. Herstellkosten	39.000 €
= Rohertrag	21.000 €
./. Marketingkosten: ./. Lohnkosten ./. Mieten ./. Hilfsstoffe	 9.300 € 3.000 € 3.500 €
= Gewinn	5.200 €

Es gilt nun, die Gesamtkosten auf die einzelnen Marketingfunktionen zu verteilen:

Kostenverteilung nach Marketingfunktionen					
Funktion Kostenart	Gesamt	Verkauf	Werbung	Physische Distribution	Fakturierung + Verwaltung
Lohnkosten	9.300 €	5.100 €	1.200 €	1.400 €	1.600 €
Mieten	3.000 €	-	400 €	2.000 €	600 €
Hilfsstoffe	3.500 €	400 €	1.500 €	1.400 €	200 €
Summe	15.800 €	5.500 €	3.100 €	4.800 €	2.400 €

Der Hauptanteil der Lohnkosten entsteht im Bereich Verkauf für die Außendienstmitarbeiter. Der übrige Betrag teilt sich auf für die Werbeleiter, Hilfspersonal im Lager und Versand sowie einen Verwaltungsangestellten. Zwei Drittel der Mietkosten sind auf das Lager zurückzuführen, das übrige Drittel der Gebäudemieten wird den Abteilungen Werbung und Fakturierung/Verwaltung per Kostenschlüsselung zugeordnet. Die Verkäufer arbeiten außer Haus und haben daher keinen Anteil an den Mietkosten. Zu den Hilfsstoffen zählen Verkaufsförderungsmaterial, Packmittel und Büromaterial.

Schritt 2: Zuordnung der Funktionskosten zu den Kostenträgern

In diesem Analyseschritt geht es darum, die Funktionskosten verursachungsgerecht auf die Kostenträger zu verteilen. Als Kostenträger sind nachfolgend die Vertriebskanäle eingesetzt (es könnten aber alternativ auch Kundengruppen oder Verkaufsbezirke sein). Als Schlüssel für die Verteilung dient die jeweilige Zahl der Geschäftsvorfälle, zum Beispiel Kundenbesuche, Anzeigenschaltung und abgewickelte Aufträge.

Zuordnung der Funktionskosten nach Kostenträgern				
Funktion Distributionskanal	Verkauf	Werbung	Physische Distribution	Fakturierung + Verwaltung
Schlüssel	Zahl AD-Besuche	Zahl geschaltete Anzeigen	Zahl der Aufträge	Zahl der Aufträge
Fachgeschäft	200	50	50	50
Warenhaus	65	20	21	21
Discounter	10	30	9	9
Summe	*275*	*100*	*80*	*80*
Funktionskosten	5.500 €	3.100 €	4.800 €	2.400 €
Kosten pro Geschäftsvorfall	20 €	31 €	60€	30 €

Schritt 3: Gewinn- und Verlustrechnung für jeden Vertriebskanal

Anschließend kann für jeden Vertriebskanal eine Gewinn- und Verlustrechnung erstellt werden:

Gewinn- und Verlustrechnung nach Vertriebskanälen				
Vertriebskanal Kennziffer	Fach- geschäfte	Warenhäuser	Discounter	Gesamt
Umsatz	30.000 €	10.000 €	20.000 €	60.000 €
./. Herstellkosten	19.500 €	6.500 €	13.000 €	39.000 €
= Rohertrag	10.500 €	3.500 €	7.000 €	21.000 €
./. Marketingkosten:				
Verkauf (20 € je Besuch)	4.000 €	1.300 €	200 €	5.500 €
Werbung (31 € je Schaltung)	1.550 €	620 €	930 €	3.100 €
Physische Distribution (60 € je Auftrag)	3.000 €	1.260 €	540 €	4.800 €
Fakturierung/Verwal- tung (30 € je Auftrag)	1.500 €	630 €	270 €	2.400 €
= Gesamtkosten	10.050 €	3.810 €	1.940 €	15.800 €
Gewinn/Verlust (Roh- ertrag ./. Gesamtkos- ten)	+ 450 €	- 310 €	+ 5.060 €	+ 5.200 €

Die Tabelle zeigt, dass die Fachgeschäfte mit 30.000 Euro die Hälfte des Umsatzes ausmachen. Hier wurden 200 von 275 Außendienstbesuchen durchgeführt, so dass dieser Vertriebskanal mit 200×20 Euro = 4.000 Euro Verkaufskosten belastet wird. Außerdem betrafen 50 von 100 geschalteten Werbeanzeigen ebenfalls diesen Vertriebsweg. Die anteiligen Kosten wurden mit 50×31 Euro = 1.550 Euro ermittelt. Aufgrund vieler kleinerer Aufträge entstanden auch relativ hohe Kosten in den Bereichen physische Distribution und Fakturierung/Verwaltung. Insgesamt liefert also der Vertriebskanal Fachhandel aufgrund der hohen Funktionskosten mit 450 Euro nur einen recht bescheidenen Gewinn. Im Gegensatz dazu sind die Discounter offensichtlich sehr »pflegeleichte« Kunden, denn sie verursachten nur minimale Funktionskosten. Hier ist fast der gesamte Gewinn entstanden.

Es wäre nun naheliegend, als Folge dieser Analyse künftig nur noch die Discounter zu beliefern. Doch Vorsicht! Vor einer letztendlichen Entscheidung müssen einige wichtige Fragen geklärt werden:

Warum kaufen die Kunden das Produkt beim Discounter? Suchen sie speziell genau diese Marke oder sind sie eher am Einkauf im Discount orientiert? Wie werden sich die Marktanteile der drei Distributionskanäle mittel- und langfristig entwickeln? Kann die Marketingstrategie für die Fachgeschäfte und Warenhäuser optimiert werden?

Erst im Anschluss können mögliche Maßnahmen beschlossen werden. Beispiele: Mindermengenzuschläge für Kleinaufträge – besseres Training für die Verkäufer der Fachgeschäfte und Warenhäuser – weniger Außendienstbesuche, weniger Werbung im Fachhandel und in den Warenhäusern – Feinanalyse der schwachen Distributionskanäle mit dem Ziel, besonders ineffiziente Einzelkunden zu eliminieren.

Hinweis: Die isolierte Betrachtung jedes Vertriebskanals entspricht den traditionellen Vertriebsstrategien. Bei einer Kombination mehrerer Vertriebswege – wie es weiter unten beschrieben ist – werden dagegen die Vertriebswege insgesamt hinsichtlich ihrer Wirtschaftlichkeit optimiert. Dabei wird das praktische Verhalten des Kunden betrachtet: Informiert er sich zunächst im Internet und bestellt dann per Telefon? Erfährt er im Handel von einem Neuprodukt, das er dann per E-Mail in Auftrag gibt? Konfiguriert er sein Wunschprodukt auf der Website und lässt es sich dann vom Verkäufer in einem persönlichen Gespräch präsentieren? Wer hier eingleisig denkt und die einzelnen Kanäle isoliert bewertet, kann zu falschen Einsichten kommen. Einen Lösungsvorschlag für das Problem der Zurechnung der mit den Kunden erzielten Erträge auf die verschiedenen Vertriebswege finden Sie weiter unten in diesem Teil im Abschnitt »Mobile Vertriebseinheiten«.

Marktabdeckung durch die Vertriebskanäle

Bei der Beantwortung der Frage, ob Ihre Distributionskanäle Ihre potenziellen Kunden flächendeckend erreichen, hilft Ihnen eine systematische Gebietsanalyse. Mit ihr gilt es herauszufinden,

- welche Ihrer Kunden Ihren profitablen Umsatz in Ihren Verkaufsgebieten kurz- und langfristig sicherstellen,
- wo Umsatz und Potenzial sitzen,
- wie günstig die Standorte liegen,

- wie groß die Gesamtzahl der potenziellen Abnehmer in Ihrem Bezirk ist,
- über welche Vertriebskanäle Sie diese potenziellen Kunden erreichen können und
- ob Ihre derzeitigen Vertriebskanäle dazu geeignet sind, den Gesamtmarkt effizient und mit den angebotenen Produkten und Serviceleistungen zu versorgen.

Die Gebietsanalyse soll Ihnen einen Überblick verschaffen über Ihre Marktbearbeitung vor dem Hintergrund existierender Vertriebsstrukturen. Dabei kann es sich beispielsweise sowohl um Außendienstgebiete handeln wie auch um Filial- und Händlernetze. Wenn es in Ihrem Gebiet viele Kunden gibt, die Sie mit Ihren derzeitigen Vertriebswegen nicht erreichen, dann ergreifen Sie gezielte Maßnahmen, um sich keine Geschäftsmöglichkeiten entgehen zu lassen.

7.3 Einführung eines neuen Vertriebssystems

Kaum einem Unternehmen reicht heute ein einziger Vertriebskanal, um die Marktchancen auszuschöpfen. Die meisten Anbieter sind im Interesse einer guten Geschäftsentwicklung gezwungen, über mehrere, unterschiedliche Vertriebswege zu verkaufen, um ihre Kunden wirklich effektiv zu erreichen. Nach einer Studie der Aberdeen Group steigert eine Kombination von zwei oder mehr Vertriebswegen den Erfolg. Dagegen läuft derjenige Anbieter, der sich nur auf einen Kanal festlegt, Gefahr, Verkäufe zu verpassen. Bei der Studie der Aberdeen Group war rund die Hälfte der befragten Einzelhändler der Meinung, dass ihre mehrkanaligen Kunden profitabler seien als diejenigen Kunden, die nur über einen Kanal auf Produkte zugreifen. Außerdem wiesen 79 Prozent der Befragten darauf hin, dass Kunden die nahtlose Verbindung der verschiedenen Kanäle voraussetzen. Doch nur 13 Prozent kannten auch die Intoleranz der Kunden gegenüber Fehlern. Denn die Konsequenz von inkonsistenten Strategien, so die Analysten, sind zukünftig verlorene Verkäufe.

Die Basisformen von Vertriebssystemen erstrecken sich vom reinen Direktvertrieb über einen Zweikanalvertrieb (zum Beispiel haben schon Anfang der achtziger Jahre Anbieter zur Reduktion der Abhängigkeit von Zwischenhändlern einen direkten Vertriebskanal in Form eines Katalogvertriebs hinzugefügt) bis hin zum sogenannten multiplen Direktvertrieb. Bei diesem greift ein Hersteller auf mehrere direkte Kanäle zurück (beispielsweise Filialnetz, Telefonvertrieb, Internet). Das Gegenteil ist der multiple indirekte Vertrieb, bei dem eine Fülle verschiedener Händler miteinander kombiniert wird – eine dominierende Form in der Konsumgüterindustrie. Die größte Komplexität weisen Multi-Channel-Strategien auf, bei denen mehrere indirekte und direkte Vertriebskanäle genutzt werden.

Beispiel: Einer der größten Hersteller von professionellen Reinigungsmaschinen verkaufte seine Produkte noch bis vor wenigen Jahren ausschließlich im Direktvertrieb. Vor einigen Jahren wurde die Strategie geändert. Heute werden nur noch Großkunden direkt bedient. Das übrige Geschäft läuft über ein Händlernetz. Ergebnis: Innerhalb von drei Jahren stieg der Umsatz um rund die Hälfte auf 400 Millionen Euro, während zugleich die Kosten sanken.

Wie soll ein neues Vertriebssystem aussehen?

Bei den Überlegungen, wie ein neues Vertriebssystem aussehen soll, sind drei Kernfragen zu beantworten:

1. Wie decken wir mit möglichst wenigen Vertriebskanälen möglichst viele Kunden ab?
2. Wie vermeiden wir Konflikte zwischen den konkurrierenden Kanälen?
3. Welche Kanäle wollen unsere Kunden?

Die letzte Frage muss laut Neil Rackham, Leiter des Sales Strategy Institute, im Zentrum stehen: »Die Zeit, in der Sie entscheiden konnten, über welche Kanäle Sie Ihre Kunden erreichen wollen, sind vorbei! Heute entscheiden Ihre Kunden, wie Sie sie erreichen. Und dabei verlangen die Kunden von Ihnen alle Alternativen, die Ihre Konkurrenz auch bietet!«

Gestaltung der Vertriebswege gemäß den Nutzenerwartungen der Kunden

Bei einer Konzipierung des Vertriebssystems ausgehend vom Kunden ist zunächst die Frage zu klären, wie der Kunde mit Ihrem Unternehmen in Kontakt treten will. Hierfür kann er auf verschiedene Medien zurückgreifen: Telefon, Brief, Fax, E-Mail, Internet, Mobil (SMS, WAP), interaktives Fernsehen oder auch über den persönlichen Kontakt. Seine Wahl unter den ihm angebotenen Möglichkeiten wird von verschiedenen Kriterien abhängig sein. Dazu zählen vor allem die folgenden:

a) Die *Phase des Kaufprozesses* – Studien zeigen, dass viele Kunden während der verschiedenen Phasen des Kaufprozesses – also vor, während und nach dem Kauf – mindestens drei verschiedene Kanäle nutzen, um mit einem Anbieter in Kontakt zu treten. Ein Beispiel: Eine Kundin lässt sich im Fachgeschäft beraten und nimmt den Katalog mit. Abends ruft sie bei der Hotline wegen einer Frage an. Dann bestellt sie per Fax im Service-Center und bekommt den Artikel zum Wunschtermin geliefert.

b) *Information* – Wie effizient überträgt der jeweilige Vertriebskanal Informationen über das gewünschte Produkt und inwiefern entsprechen diese dem Informationsbedarf des Kunden?

c) Der *Typ des Kaufs* – Welche Art von Kauf beabsichtigt der Kunde? Hinsichtlich des Einkaufverhaltens können nach Marcus Schögel (Dissertation: »Mehrkanalsysteme in der Distribution«) folgende Formen unterschieden werden:

- Plan- beziehungsweise Routinekauf: Hierbei werden »Leistungen an bekannten Orten in gewohnter Quantität und Qualität« erworben.
- Preiskauf: Hier sollen »Leistungen zu einem günstigen Preis« gekauft werden.
- Eilkauf: Bei diesem sollen »wenige, aber dringend notwendige Leistungen ohne Probleme jederzeit« gekauft werden können.
- Beziehungskauf: Dieser Typ liegt vor, wenn mit dem Kauf zugleich die »Pflege sozialer Kontakte« verbunden werden soll.
- Beratungskauf: In diesem Fall werden eine umfassende Beratung des Kunden vor dem Kauf, Hilfestellung bei der Entscheidung sowie Serviceleistungen nach dem Kauf erwartet.

d) *Kommunikation* – Wie einfach und schnell kann die Kommunikation zwischen Kunde und Unternehmen stattfinden?

e) *Transaktion* – Wie werden die Transaktionen abgewickelt, beispielsweise eine Bestellung, die Erstellung der Rechnung und die Bezahlung?

f) *Distribution* – Wie lange muss der Kunde auf die Lieferung warten? Wie zufrieden stellend ist die Abwicklung der Lieferung für ihn? Muss beziehungsweise kann der Kunde das Produkt selbst abholen oder wird es bei ihm angeliefert?

g) *Service* – Wann und in welchem Umfang werden dem Kunden Serviceleistungen angeboten?

h) *Standort* – Inwiefern ist die Nutzung eines Vertriebskanals vom Standort des Kunden abhängig? Dabei ist zu beachten, dass der Kunde seinen Standort nicht immer selbst beeinflussen kann.

Das große Problem für die Anbieter besteht heute darin, dass sich die Kunden in ihrem Verhalten stark unterscheiden und sich nur schwierig bestimmten Segmenten zuordnen lassen. Sie kaufen nicht an speziellen

Orten ein, weil sie einer bestimmten Alters- oder Einkommensklasse angehören oder eine bestimmte schulische Ausbildung genossen haben, sondern sie sind *nutzengesteuert*. Erst das Verständnis für die Nutzenerwartungen der Kunden in bestimmten Kaufsituationen oder in Phasen des Kaufprozesses gestattet es, Vertriebswege für die Kunden optimal zu gestalten. Die Folge ist, dass erst eine nutzwertorientierte Segmentierung, kombiniert mit den Informationen des beobachtbaren Einkaufsverhaltens und soziodemografischen oder psychografischen Kriterien die Kunden in ihrer Kanalwahl fassbar machen kann. Eine Segmentierung alternativer Vertriebswege sollte also bei den kundenindividuellen Nutzenerwartungen an die jeweilige Einkaufssituation ansetzen. Dies bedeutet, dass der jeweilige Nutzen, den das Produkt oder die Leistungen im einzelnen Vertriebsweg bieten sollen, klar definiert werden muss. Die folgende Übersicht zeigt beispielhaft eine Segmentierung nach verschiedenen Nutzenkategorien des Kunden.

Nutzen für den Endkunden	Alternative Vertriebswege
Einkaufen im Vorbeigehen	Tankstellen, Kioske, Bahnhofsläden, Läden im Flughafen, Raststätten
Einkaufen in der Freizeit	Kinos, Theater, Konzerte, Freizeitparks, Campingplätze
Die schnelle Mahlzeit	Imbisse, Bäckereien, Metzgereien
Während der Arbeitszeit	Büros, Altersheime, Krankenhäuser, Universitäten
Großflächige Betriebstypen mit viel Auswahl	Baumärkte, Fachmärkte, Gartencenter

Quelle: Tomczak, T./Belz, C./Schögel, M./Birkhofer, B. (Hrsg.): »Alternative Vertriebswege«, Verlag Schäffer-Poeschel

Hinweis: Unterstützung bei der Erarbeitung eines am Kunden ausgerichteten Vertriebssystems bietet die Checkliste »Erarbeitung eines kundenorientierten Vertriebssystems« in Teil 1, Abschnitt 1.3.

Eigene Kriterien für die Gestaltung neuer Vertriebswege

Neben der Absicht, dem Kunden so viele Kanäle wie gewünscht anzubieten, muss das anbietende Unternehmen zugleich preislich konkurrenzfähig bleiben. Deshalb besteht die Herausforderung darin, die vom Kunden »gewünschten« Kanäle mit den aus der betrieblichen Sicht »möglichen« so zu verknüpfen, dass ein Mehrwert für den Kunden und zugleich ein Unternehmensgewinn entsteht.

Den aus Kundensicht relevanten Kriterien für die Wahl eines Einkaufsweges stehen auf der anderen Seite die für das Unternehmen wichtigen Kriterien für die Eröffnung eines Vertriebsweges gegenüber. Die wichtigsten sind hierbei:

Marktabdeckung – Wie weit kann der Vertriebsweg den Kunden- und Produktmarkt bedienen beziehungsweise abdecken?

Kontrolle – Inwieweit können der Vertriebsweg selbst und die Art, wie mit den Kunden kommuniziert wird, kontrolliert werden?

Konflikte – Finden Überlappungen der Zielgruppen der alten und neuen Vertriebswege statt, die zu Konflikten führen können?

Profitabilität – Ist der Vertriebsweg profitabel? Ist außerdem der Beitrag der einzelnen Vertriebswege zum Gesamterfolg messbar und können die Vertriebskanäle in ihrer Profitabilität verglichen werden?

Da die eigenen Kriterien für die Vertriebswegewahl und die Wünsche der Kunden nicht immer in Einklang stehen, besteht ein wichtiges Ziel bei der Gestaltung eines neuen Vertriebssystems darin, den Kunden durch Anreize dazu zu bringen, die für das eigene Unternehmen effektivsten Vertriebskanäle zu akzeptieren. Untersuchungen zeigen, dass die Mehrheit der Unternehmen heute versucht, die Kunden bewusst in bestimmte Kanäle zu steuern. Als Möglichkeiten hierzu sehen die Experten in erster Linie die Preisgestaltung, eine Differenzierung über das Sortiment und über Dienstleistungen. Dagegen werden technische Möglichkeiten der Kundensteuerung gering eingeschätzt.

Grundüberlegungen für ein neues Vertriebssystem

Um ein Vertriebssystem einzuführen, das Ihren Erwartungen und Vorgaben gerecht wird, empfiehlt sich vorab eine Prüfung der folgenden Punkte:

- Welche Ziele verfolgen Sie mit dem neuen Vertriebssystem?
- Wie soll das neue Vertriebssystem aussehen? Welche vorhandenen sowie neuen Vertriebskanäle sollen genutzt werden?
- Für welche Marktsegmente sollen welche Kanäle welche Funktionen ausfüllen?
- Mit welchen Konflikten zwischen den Kanälen ist zu rechnen und wie können diese vermieden werden?

Ziele eines neuen Vertriebssystems

Legen Sie vor der Einführung eines neuen Vertriebssystems präzise die damit verbundenen Ziele fest und quantifizieren Sie diese. Ein neuer Kanal lohnt sich, wenn Sie damit beispielsweise folgende Ziele verwirklichen können:

Analysefaktoren	Trifft zu
Mit dem neuen Vertriebskanal können Sie die Kundenbedürfnisse besser erfüllen (zum Beispiel Produktverfügbarkeit oder Erreichbarkeit)	❑
Der Kunde erhält durch den neuen Vertriebsweg einen echten Mehrwert. Dieser Mehrwert kann dabei sehr unterschiedlich ausfallen – zum Beispiel ist der Vertriebsweg für den Kunden • schneller • bequemer • unterhaltsamer • sicherer • individueller • günstiger • mehr Optionen bietend	❑
Ein neuer Vertriebskanal bietet innovative Chancen zur Kundenbindung (zum Beispiel Erlebniswelten im Internet)	❑
Er eröffnet Ihrem Unternehmen neue Märkte (beispielsweise im Ausland)	❑
Er erschließt Ihnen neue Kundensegmente	❑
Er ermöglicht deutliche Kosteneinsparungen (Beispiel: E-Commerce)	❑
Er hilft Ihnen, die Abhängigkeit von bestehenden Kanälen zu senken	❑
Sie vermeiden Kundenverluste durch unzureichende derzeitige Kanäle	❑
Sie müssen bei der Einführung eines neuen Vertriebswegs nicht mit wesentlichen Konflikten rechnen	❑

Quelle: absatzwirtschaft 3/2002

Auswahl eines neuen Vertriebswegs mithilfe der Nutzwertanalyse

Die Nutzwertanalyse ist im Rahmen der Vertriebsstrategie ein nützliches Hilfsmittel bei der Frage: »Was ist am wichtigsten?« Sie ist ein Verfahren mit dem Zweck, komplexe Projektalternativen gemäß den eigenen Präferenzen zu ordnen. Sie umfasst mehrere Schritte:

1. Kriterienermittlung

Als Erstes gilt es festzustellen, welche Kriterien für eine Projektentscheidung wichtig und bestimmend sein sollen. In nachfolgendem Beispiel geht es um die Entscheidung für die Wahl eines Vertriebsweges. Eine Auswahl möglicher Kriterien für die Wahl eines Absatzkanals zeigt folgende Übersicht.

Übersicht: Einflussfaktoren auf die Kanalwahl			
Kundenbezogene Faktoren	Relevant	**Kosten aus dem Verkauf**	Relevant
Zahl der Kunden	❑	Kosten pro AD-Mitarbeiter	❑
Einkaufsgewohnheiten	❑	**Absatzmittlerbezogene Faktoren**	❑
Ablauf des Kaufentscheids	❑	Art	❑
Bedarfshäufigkeit	❑	Anzahl	❑
Anteil treuer bzw. Wechselkäufer	❑	Standort/Verfügbarkeit	❑
Geografische Verteilung	❑	Umsatzanteile (mengen- und wertmäßig)	❑
Saisonale Schwankungen	❑	Vertriebskompetenz	❑
Umweltbezogene Faktoren	❑	Bearbeitungsintensität/ -kosten	❑
Konjunkturlage allgemein	❑	Logistische Ansprüche	❑
Konjunkturlage branchenbezogen	❑	Möglichkeit zur Zusammenarbeit	❑
Privater Verbrauch (Trend)	❑	Profilierungsmöglichkeit	❑
Import- bzw. Exportmöglichkeit	❑	Image	❑
Bevölkerungsentwicklung	❑	Harmonie mit dem eigenen Haus und seinen Produkten	❑
Größe der Haushalte	❑	Konkurrenzprodukte im Sortiment	❑
Gesetzliche Einschränkungen	❑	**Konkurrenzbezogene Faktoren**	❑
Unternehmensbezogene Faktoren	❑	Anzahl der Wettbewerber	❑
Kriterien der Marktfähigkeit	❑	Zusammensetzung der Konkurrenzprodukte	❑

Vertriebskompetenz	❏	Numerische und gewichtete Distribution	❏
Personelle, finanzielle und logistische Potenziale	❏	Marktanteile (mengen- und wertmäßig)	❏
Planungs-, Organisations-, Durchführungs- und Kontrollsystem	❏	Besonders erfolgreiche Absatzkanäle der Konkurrenten	❏
Frühwarnsystem	❏	Welche Distributionswege nutzt die Konkurrenz nicht aus?	❏
Marketingforschung	❏	Möglichkeiten der Wettbewerbsprofilierung durch neue Vertriebskanäle	❏
Produktbezogene Faktoren	❏	**Handelsbezogene Faktoren**	❏
Erklärungsbedürftigkeit	❏	Vertragliche Bindungen zu bestehenden Betriebsformen	❏
Preis	❏	Flexibilität des Absatzkanals	❏
Verderblichkeit	❏	Qualifikation des Verkaufspersonals	❏
Lagerfähigkeit	❏	**Umweltbezogene Faktoren**	❏
Form, Größe, Volumen	❏	Einfluss neuer Technologien auf den Vertriebskanal	❏
Art und Umfang der mit dem Angebot verbundenen Zusatzleistungen	❏	Wirkung der Gesetzgebung auf die Tätigkeit von Vertriebssystemen (zum Beispiel Vertragsgestaltung, Wettbewerbsrecht)	❏
Kauffrequenz	❏	Einflüsse soziokultureller Veränderungen auf das Einkaufsverhalten	❏
Transportfähigkeit	❏	...	❏
Prestigewert	❏	...	❏

Im angenommenen Beispiel seien Auswahlkriterien bei jedem in Frage kommenden Vertriebsweg die Einkaufswirtschaftlichkeit für den Kunden Sicherheit, Kosteneffizienz, Anpassungsfähigkeit an sich ändernde Umweltbedingungen und Imagewirkung.

2. Kriteriengewichtung

In der Regel haben nicht alle Kriterien die gleiche Bedeutung. Deshalb ist zunächst eine Gewichtung durchzuführen, was wie wichtig ist. Hier kommen Gewichtungsfaktoren zum Einsatz. Das können zum Beispiel Prozentangaben sein oder Multiplikatoren von 1 (wenig wichtig) bis 5 (sehr wichtig). Im Beispiel erhalten die genannten Kriterien folgende Gewichtung (beim Einsatz von Multiplikatoren):

Kriterium	Faktor
Einkaufswirtschaftlichkeit für den Kunden	5
Sicherheit	4
Kosteneffizienz	4
Anpassungsfähigkeit an sich ändernde Umweltbedingungen	1
Imagewirkung	3

3. Beurteilung der Alternativen

Im Beispiel geht es um drei mögliche Vertriebswege: 1, 2 und 3. Diese Projekte sind nun hinsichtlich der oben genannten Kriterien zu bewerten. Dafür bieten sich unterschiedliche Bewertungssysteme an:

- Schulnoten: von 1 (sehr gut) bis 6 (ungenügend)
- Ranking: 1. Platz bis n. Platz
- Punktwerte: 10 (sehr gut) bis 1 (sehr schlecht); die Punktwertung wird im vorliegenden Beispiel verwendet

Wichtig: Achten Sie bei der Beurteilung strikt darauf, dass die Alternativbeurteilungen und die Kriteriengewichtung gleichgerichtet sind. Den Zahlen muss immer dieselbe Metapher zugrunde liegen.

Im Beispiel hat die Projektbeurteilung folgende Ergebnisse gebracht:

Alternativenbeurteilung			
Kriterium	Zur Auswahl stehende Projekte		
	Vertriebsweg 1	Vertriebsweg 2	Vertriebsweg 3
Einkaufswirtschaftlichkeit für den Kunden	10 Punkte	10 Punkte	1 Punkt

Sicherheit	10 Punkte	2 Punkte	8 Punkte
Kosteneffizienz	4 Punkte	2 Punkte	10 Punkte
Anpassungsfähigkeit an sich ändernde Umweltbedingungen	5 Punkte	10 Punkte	7 Punkte
Imagewirkung	8 Punkte	5 Punkte	10 Punkte

4. Ermittlung der Ergebnisse

Führen Sie nun folgende zwei Rechnungsschritte durch: 1. Multiplizieren Sie die Kriteriengewichtung mit der jeweiligen Projektbeurteilung. 2. Addieren Sie die Multiplikationsergebnisse für jedes Projekt.

Im Beispiel ergibt das Kriterium Kosteneffizienz mit einer Gewichtung (Faktor) von 4 beim Projekt »Vertriebsweg 1« und der Beurteilung in diesem Bereich von 4 Punkten den Wert $4 \times 4 = 16$.

Eine Berechnung sämtlicher Werte gemäß dem Beispiel führt zu nachfolgendem Ergebnis:

Nutzwertanalyse						
Kriterium	Gewichtung (Faktor)[1]	Zur Auswahl stehende Projekte				
		Vertriebsweg 1		Vertriebsweg 2		Vertriebsweg 3	
		Beurt.[2]	Wert[3]	Beurt.[2]	Wert[3]	Beurt.[2]	Wert[3]
Einkaufswirtschaftlichkeit für den Kunden	5	10	50	10	50	1	5
Sicherheit	4	10	40	2	8	8	32
Kosteneffizienz	4	4	16	2	8	10	40
Anpassungsfähigkeit an sich ändernde Umweltbedingungen	1	5	5	10	10	7	7
Imagewirkung	3	8	24	5	15	10	30
Punktwertsumme			= 135		= 91		= 114

1 = Werte aus der Kriteriengewichtung, 2 = Werte aus der Alternativenbeurteilung, 3 = Wert = Kriteriengewichtung × Alternativenbeurteilung

5. Ergebnis

Das Ergebnis der Nutzwertanalyse spricht eindeutig dafür, dass zunächst der Vertriebsweg 1 (mit 135 Punkten) in Angriff genommen werden sollte.

7.4 Aufbau eines Mehrkanalsystems

Beim Aufbau einer Mehrkanalstrategie sind einige Schlüsselfaktoren zu berücksichtigen, die für eine hohe Kundenzufriedenheit ausschlaggebend sind. Darum zählen hochwertige Produktangebote und eine entsprechende Beratungsqualität, das Verhältnis von Preis und Leistung, die Flexibilität, sich auf die individuelle Situation einzustellen sowie die umgehende Reaktion auf Anfragen.

Das Kompetenzzentrum Distribution und Kooperation des Instituts für Marketing und Handel an der Universität St. Gallen hat auf der Basis unterschiedlicher Projekte in verschiedenen Branchen einen dreistufigen Prozess des Multikanal-Managements erarbeitet (beschrieben in: Schögel, M., »Multichannel Marketing – Erfolgreich in mehreren Vertriebswegen«, Zürich 2001). Grundsätzlich geht es dabei um die Frage, bei welchen Kunden ein Unternehmen mit welchen Leistungen in welchen Kanälen tätig werden will.

1. Stufe: Konfiguration des Absatzkanal-Mix

Die zahlreichen möglichen Formen, wie ein Multikanal-Management realisiert werden kann, spielen sich zwischen zwei Extremformen ab:

a) Autarke Aufgabenverteilung. Hier werden Abhängigkeiten zwischen den Vertriebskanälen bewusst vermieden. Die Kanäle erfüllen ihre Funktionen eigenständig; sie sollen jeweils verschiedene Kundensegmente bedienen und daher unterschiedlich positioniert sein. Die autarke Aufgabenverteilung bietet die Chance, in den Absatzkanälen Vorteile durch Spezialisierung zu erreichen, weil gezielt die Wünsche der einzelnen Kundengruppen beachtet werden. Diese Form empfiehlt sich besonders dann, wenn Ihr Marketing auf einzelne, genau abgegrenzte Marktsegmente ausgerichtet ist und jeder Vertriebsweg die Distribution einer bestimmten Marktleistung mit einem bestimmten Preis an eine Kundengruppe durchführt. Die Trennung der Kanäle kann unterschiedlich weit gehen. Während es sich beispielsweise anbietet, bei einem Vertrieb über den Fachhandel und über Factory Outlets auch die Leistungen weitreichend zu trennen (zum Beispiel über den Nutzungsgrad der Produkte), werden in anderen Fällen nur Wertschöpfungsebenen in der Distribution getrennt – beispielsweise Beratung und Warenpräsentation. Eine autarke Aufgabenverteilung kommt häufig in der Form vor, dass der Außendienst nach einzelnen Absatzkanälen getrennt organisiert ist. Dies ist unter anderem typisch für den Vertrieb über stationäre alternative Vertriebswege.

b) Interdependente Aufgabenverteilung. Hierbei erfüllen die Absatzkanäle die Distributionsaufgaben als integriertes Gesamtsystem. Die einzelnen Kanäle übernehmen verschiedene Funktionen und Abhängigkeiten zwischen den Kanälen werden bewusst gefördert. Durch eine optimale Abstimmung der Kanäle sollen mögliche Synergien ausgeschöpft werden, wobei dies am besten durch eine zentrale Steuerung erfolgt. Diese Form empfiehlt sich besonders dann, wenn die Kunden bewusst einzelne Einkaufskanäle kombinieren und unterschiedliche Leistungen des Anbieters erwarten. Sie ist außerdem geeignet, wenn kanalübergreifende Ziele für eine Kundengruppe verfolgt werden oder wenn Doppelaktivitäten in den Vertriebswegen verringert und so die Distributionskosten gesenkt werden. In der Praxis überwiegt diese Aufgabenverteilung.

Fallbeispiel

Auf einer interdependenten Aufgabenverteilung basiert beispielsweise das Mehrkanalsystem für den Smart. Dabei übernehmen der Internetauftritt und Online-Terminals Informationsaufgaben in der Vorkaufphase. Im Internet kann man sich mit dem Car-Konfigurator selbst den Smart zusammenstellen, der am besten zu einem passt. Die persönliche Beratung und der Kaufabschluss erfolgen in den Smart Centern. Durch das Internet als zusätzlichem Kommunikationskanal kann der Anbieter den Kunden bereits vor dem eigentlichen Kauf umfassend informieren, ohne dass ein persönlicher Kontakt erforderlich ist. Der Verkaufsberater kann sich dann auf Kunden konzentrieren, die eine persönliche Beratung wünschen.

Die autarke und die interdependente Aufgabenverteilung sind die Eckpunkte in einer Vielzahl möglicher Realisierungsformen. Je mehr die Zusammenhänge zwischen den Kanälen gefördert werden, desto eher besteht die Tendenz zu einer interdependenten Aufgabenerfüllung.

2. Stufe: Evaluation der Absatzkanäle

Die Identifizierung neuer Absatzkanäle, die Integration in das Kanalportfolio und gegebenenfalls das Aufgeben einzelner Kanäle sind die Aufgaben in der 2. Stufe. Zur Bewertung und Auswahl neuer Absatzkanäle empfehlen M. Schögel und A. Sauer ein Absatzkanalportfolio (siehe ihren Beitrag »Multi-Channel Marketing – die Königsdisziplin im CRM«, in: Thexis 1/2002, das die Position neuer Absatzkanäle in zwei Dimensionen darstellt (siehe folgendes Portfolio). Die vertikale Achse zeigt dabei die vermutete künftige Bedeutung eines Absatzkanals für das eigene Unternehmen, die horizontale Achse den derzeitigen Erschließungsgrad durch die Anbieter in der Branche. Je nach Ausprägung der beiden Dimensionen können die vier in der Darstellung gezeigten typischen Positionen im Portfolio beschrieben werden.

Absatzkanal-Portfolio		
hoch zukünftige Bedeutung für die Anbieter **gering**	Die »Potenziellen« (hohes Potenzial, wenige Erfahrungen, geringer Wettbewerb)	Die »Etablierten« (hohes Potenzial, viele Erfahrungen, intensiver Wettbewerb)
	Die »Mauerblümchen« (geringes Potenzial, wenige Erfahrungen, geringer Wettbewerb)	Die »Notwendigen« (geringes Potenzial, viele Erfahrungen, intensiver Wettbewerb)
	Bereits erschlossen von …	
	wenigen Anbietern	**vielen Anbietern**

Quelle: Thexis, 1/2002

Bei der Einführung neuer Absatzkanäle sollte es das Ziel sein, die kritische Masse möglichst schnell zu überschreiten. Denn die Fixkosten für einen neuen Vertriebskanal sind hoch, während die Umsatzerwartungen zunächst einmal oft recht bescheiden sind. Um mit diesen konvergierenden Voraussetzungen umzugehen, werden zwei alternative Vorgehensweisen empfohlen:

a) *Stufenkonzept.* Hierbei wird ein neuer Absatzkanal in verschiedenen Teilprojekten aufgebaut, wobei Synergien zu bestehenden Vertriebswegen genutzt werden. Dieser Prozess ist zwar zeitaufwendig, doch es können schon vorhandene Fähigkeiten für den neuen Vertriebsweg genützt werden.

b) *Stand-alone-Konzept.* Im Gegensatz zum Stufenkonzept soll hier die kritische Masse durch einen intensiven Einsatz von Ressourcen möglichst schnell überwunden werden. Ziel ist es dabei meist, im Vorsprung vor der Konkurrenz aktuelle Marktchancen als Absatzkanalinnovation zu nutzen. Dazu braucht es ein schlagkräftiges und von der Konkurrenz abgrenzbares Konzept für den Absatzkanal. Er muss den Kunden einen besonderen Nutzen bieten, den sie anderswo nicht bekommen.

3. Stufe: Koordination des Absatzkanal-Mix

In dieser Stufe ist festzulegen, ob die Aufgabenverteilung zwischen den Kanälen autark oder interdependent erfolgen soll und wie sich das jeweilige Ziel umsetzen lässt. Im Folgenden wird näher auf die interdependente Aufgabenverteilung eingegangen.

Abgestimmt auf die Kaufentscheidungsprozesse der Kunden wird der Absatzkanal-Mix aufgestellt mit dem Ziel, die Kunden bei ihrem Kaufentscheidungsprozess über das gesamte Mehrkanalsystem einheitlich zu begleiten. Dabei werden die Aufgaben der einzelnen Kanäle den Entscheidungsphasen der verschiedenen Kundengruppen zugeordnet, wobei die Ansprüche der Kundengruppen und der Problemlösungsbedarf einzelner Segmente jeweils Schwerpunkte in den einzelnen Phasen des Kaufentscheidungsprozesses bewirken.

Um für die einzelnen Kundengruppen die richtigen Vertriebswege zu finden, ist es also wichtig, die Nutzung der einzelnen Vertriebswege durch die Kunden zu verstehen. Die Auswahl der Vertriebswege orientiert sich dabei am spezifischen Kundenprozess der gewählten Zielgruppe und stellt für diese die entsprechenden Kommunikationskanäle zur Verfügung. Dafür sind drei Schritte erforderlich (siehe hierzu auch den Beitrag »Umsetzung einer Multichannel-Strategie«, Galileo Business, www.ecin.de).

1. Schritt: Bestimmung der Kundenprozesse pro Kundensegment und Vertriebskanal, sowohl für die Gegenwart wie auch für die Zukunft, orientiert an den strategischen Zielen. 2. Schritt: Ableitung eines Maßnahmenkatalogs, um entsprechend den Kommunikationsprozessen die Inhalte der Kommunikation zuordnen zu können. 3. Schritt: Zusammenfassung der Maßnahmen in Arbeitspakete, wobei die vorhandenen Ressourcen und deren Umsetzung beachtet werden.

Nach der Durchführung dieser drei Schritte können so genannte Intentionslandkarten abgeleitet werden, die für jeden Prozessschritt und jeden Kanal die abgestimmten Inhalte festlegen. Dabei stellt eine Intentionslandkarte das Ist-Angebot von Kanälen und Produkten für spezifische Kundensegmente dem Soll-Angebot gegenüber. Beispielsweise würde die Firma Tupperware allen ihren Produkten und Kundensegmenten den Vertriebskanal »Außendienst« bei Ist gegenüberstellen, aber möglicherweise bei Soll »Filialen« eintragen, da diese als Vertriebsweg aufgenommen werden sollen. Über die Korrelation mit den Kundensegmenten können die entsprechenden Zielgruppen und davon die Produkte abgeleitet werden.

Angenommen, Sie haben schon genügend Informationen (beispielsweise durch die Verwendung der Sinus-Milieus), um die aktuelle Nutzung von Kanälen zu erkennen, aber auch, um die künftige Nutzung von Vertriebswegen abzuleiten. Basierend auf diesen Informationen werden anhand des Kundenprozesses Teilprozesse festgelegt. Auf diese erfolgt eine Zuordnung von Teilaufgaben des Kunden und sich daraus ergebende Anforderungen an das Unternehmen. Diese Kundenprozesse sind für jedes angestrebte Segment abzuleiten. Anhand dieses Segmentes werden der oder die Kanäle bestimmt, über den/die ausgewählte Leistungen dem Kunden angeboten werden.

Basierend auf den Informationen aus dem ersten Schritt kann ein Maßnahmenkatalog für jeden einzelnen Kundenprozess definiert werden, in dem die Teilaufgaben und die Inhalte bestimmt werden. Da nun bereits feststeht, welches Segment welchen Kanal nutzt (nutzen wird), können in diesem Maßnahmenkatalog schon die Teilaufgaben den Kanälen zugeordnet werden.

Beispiel: Maßnahmenkatalog		
Kundensegment	Die Etablierten (gute Verdiener und Nutzer verschiedener Kaufmöglichkeiten)	
Verwendete Kanäle	Internet, Telefon, Filiale	
Teilprozess	Beratung	
Kundenteil-prozess	Teilaufgabe des Kunden	Aufgabe für das Unternehmen
Problem definieren	Kontakt mit Unternehmen (zum Beispiel Bank) aufnehmen Fragestellung formulieren	Kontaktmöglichkeiten über die genutzten Kanäle bereithalten Interaktive Hilfestellung, beispielsweise durch Video Expertenverzeichnis
Kritische Punkte beschreiben	Eigene Situation beschreiben Wünsche und Restriktionen erläutern	Checklisten Berechnungsmodule, gut geschulte Berater

Alternativen besprechen	Erkundigung nach Alternativen Vergleich mit Konkurrenzprodukten	Konkurrenzvergleiche Berechnungsmodule Modularer und verständlicher Aufbau der Produktpalette
Entscheidung fällen	Entscheidung fällen Unternehmen die Entscheidung mitteilen	Bei negativer Entscheidung nachfassen und entscheidende Punkte dokumentieren

Quelle: Beitrag: »Umsetzung einer Multichannel-Strategie«, nachzulesen unter www.ecin.de/strategie/multichannelcompany

Aus einem solchen Maßnahmenkatalog können nun die Inhalte der Kommunikation mit dem Kunden in den einzelnen Phasen bestimmt und den verwendeten Kanälen zugeordnet werden. Das Ergebnis kann in einer Intentionslandkarte festgeschrieben werden. Dabei handelt es sich um Kundensegment-Produkt-Kanal-Matrizen, in denen sowohl das Ist- wie auch das Soll-Leistungsangebot festgehalten ist. Eine solche Intentionslandkarte wird dabei nicht für jeden Prozessschritt des Kundenprozesses angelegt, sondern für Prozessphasen beziehungsweise die Prozessschritte der Unternehmensprozesse. Aus den segmentspezifischen Intentionslandkarten können wiederum kanalspezifische Intentionslandkarten abgeleitet werden, in denen eine konsolidierte Sicht pro Kanal dargestellt ist. Diese sind wichtig für das Vertriebswegemanagement, da hieraus konkrete Bedürfnisse zur Weiterentwicklung der Kanäle identifiziert werden können.

Wenn man weiß, welche Prozessphasen auf welchem Kanal angeboten werden, sind im nächsten Schritt die Kundenerlebnisse zu definieren. Dabei ist darauf zu achten, dass jede Prozessphase pro Produkt wenigstens einmal vorkommt. Aus dem schon festgelegten Maßnahmenkatalog werden diejenigen Optionen ausgewählt, die den Kundenprozess am besten unterstützen und in Übereinstimmung sind mit der eigenen Absatzstrategie und den internen Ressourcen. Anschließend werden die Handlungsoptionen für die verschiedenen Segmente konsolidiert und ein Entwicklungsplan je Kanal erstellt.

Kunden-segment	Retail-Kunden, A-Kunden						
Kanal		Filiale		Callcenter		Internet	
	Vertriebs-strategie	Ist	Soll	Ist	Soll	Ist	Soll
Produkt A	Aktiv anbieten	IBV PSE	IBV PSE	IBV PE	IBV PSE	I PE	IBV PSE
Produkt B	Aktiv anbieten	IBV PSE	IBV PSE	I	IBV P	IV P	IBV PS
Produkt C	Aktiv anbieten	IBV P E	IBV PSE		I	I	I
Produkt D	Aktiv anbieten	IBV PSE	IBV PSE	I	IB P	I P	I P
Produkt E	Aktiv anbieten	IBV PSE		IBV P	IBV PSE	I P	IBV PSE

Prozesscharakter: I = Information; B = Beratung; V = Vertragabschluss; P = Produktnutzung; S = Service; E = Ende des Vertragsverhältnisses; Quelle: Beitrag: »Umsetzung einer Multi-channel-Strategie«, nachzulesen unter: www.ecin.de/strategie/multichannelcompany

Zuordnung der Aufgaben auf die verschiedenen Vertriebskanäle

Bei vielen Unternehmen steht ein systematisches, integriertes Mehrkanal-management erst am Anfang, denn der vielschichtige Multikanalvertrieb bedingt eine komplexe Prozesskette. Die Probleme bestehen darin, meh-rere Absatzkanäle zu kombinieren, den Eigenschaften der Kanäle gerecht zu werden, sie kundenorientiert zu gestalten und die knappen Ressourcen optimal einzusetzen. Hierzu zwei Beispiele:

Aufgabenzuordnung gemäß den jeweiligen Stärken der Vertriebskanäle

Für ein effektives Multichannel-Management ist es wichtig, dass die einzelnen Vertriebskanäle möglichst diejenigen Aufgaben ausführen, für die sie jeweils am besten geeignet sind. In vielen Unternehmen wird dieses Basiselement erfolgreichen Multichannel-Managements nicht eingehal-ten: Der Außendienst bearbeitet Anfragen, die im Callcenter besser aufgehoben wären, der Mitarbeiter im Callcenter beantwortet Fragen, deren Antworten man genauso gut auch im Internet darstellen könnte (beispielsweise unter FAQ – Frequently asked questions). Die folgende Übersicht zeigt beispielhaft, für welche Phasen der Kaufprozesse beim Kunden welche Kanäle besonders gut geeignet sind.

Das Kreuzungsraster				
	Aufmerksamkeit wecken	Informieren und Pre-Sales	Kaufabschluss	Gezielte Kundenbetreuung
Klassische Werbung (am besten in Verbindung mit einem Response-Element (wenigstens aber mit dem Hinweis, wo Interessenten eine Beratung erhalten und kaufen können) Anzeigen Plakate TV	X			
Post-Mailings	X			X
• mit Beilage ausführlicher Produktinformationen		X		
Bestellscheine			X	
E-Mail	X			X
E-Mail-Newsletter	X			X
Fax			X	
Banner im Internet	X			
Website im Internet		X	X	X
Telefon (Achtung, in Deutschland nur eingeschränkt möglich)	X		X	
Telefon-Hotline (je nach Produkt, Dienstleistung oder Beratung möglich)		X		X
Ladengeschäft/In-Store-Marketing	X		X	
Außendienst	X		X	X
Messen	X			
Events	X			
Selbstbedienungsautomaten				X

Fallbeispiel

Die Beantwortung der nicht ganz trivialen Frage, welche Kanäle für welche Marktsegmente welche Funktionen übernehmen sollen, erfordert neben sorgfältigen Analysen oft viel vertriebliches Fingerspitzengefühl. Eine Sparkasse geht hierbei wie folgt vor (Näheres im Beitrag »Multi-Kanal-Banking für die Sparkasse: Der Weg zum Kunden« von Gustav Adolf Schröder, in: »Bank und Markt«, Heft 2, Februar 2003):

Veränderungen im Kundenverhalten haben der Sparkasse die Notwendigkeit deutlich gemacht, die eigene Vertriebsstrategie neu zu gestalten. Seit einigen Jahren nutzen die Kunden immer häufiger das Internet sowie Telefon und Selbstbedienungsgeräte für die Kontoführung, die Beschaffung von Bargeld sowie für Wertpapiergeschäfte. Entsprechend wird der Gang in die Geschäftsstelle für die »alltäglichen Geldgeschäfte« immer seltener erforderlich. Auch bei der Geldanlage lassen sich Veränderungen im Verhalten der Kunden beobachten: Hier wächst die Nachfrage nach Versicherungen und Investmentfonds. Davon profitieren vor allem die unabhängigen Finanzdienstleister, die in der aktiven Kundenansprache – oft auch mit aggressiven Verkaufsmethoden – ihre besondere Stärke haben. Im Vergleich dazu ist das Filialgeschäft mancher Banken und Sparkassen oft noch auf das traditionelle Bringgeschäft und die Erledigung der Tagesgeschäfte ausgerichtet. Aktives Verkaufen und vom Berater angeregte Holgeschäfte bedürfen häufig noch der Verbesserung. Die Folge des veränderten Kundenverhaltens besteht darin, dass sich der Produktabsatz und die Leistungsnachfrage auf mehrere unterschiedliche Vertriebskanäle verteilen. Durch die Verlagerung von Abwicklungstätigkeiten und die Neuorganisation von Vertriebsprozessen ergeben sich für die Kundenberater Freiräume, die für eine aktive Kundenansprache und ein systematisches Vorgehen im qualifizierten Beratungsgeschäft genutzt werden können.

Nach der Neustrukturierung des Vertriebssystems sollen sich die Vertriebswege auch künftig auf die Aufgaben spezialisieren, die ihren jeweiligen Stärken entsprechen. Zugleich sollen bestehende Doppelangebote nach und nach abgebaut werden: Die stationären Vertriebsstellen bieten komplexe Serviceleistungen sowie Beratung und Verkauf. Ihr Profil im Rahmen des aktiven Verkaufs und des Beratungsgeschäfts wird geschärft, unter anderem indem verbindliche Standards in der Anlageberatung eingeführt und die Vertriebsprozesse auf den aktiven Verkauf ausgerichtet werden. Zugleich werden aus dem stationären Vertrieb noch mehr einfachere Servicetätigkeiten auf den medialen Vertrieb (Internet, Callcenter und Selbstbedienungsgeräte) verlagert, wo sie zu niedrigeren Kosten abgewickelt werden können. Beispielsweise werden die für die dezentralen Vertriebsstellen eingehenden Telefonate als Erstes im Callcenter entgegengenommen, ebenso E-Mails und Faxe. Hier werden auch verstärkt Kundentermine für die Berater vereinbart und die Anliegen, die den Kontakten durch die Kunden zugrunde liegen, so weit wie möglich bearbeitet. Zudem übernimmt das Callcenter den Verkauf einfacher Produkte im Rahmen des Holgeschäfts (aktiver Telefonverkauf). Als weitere Maßnahme werden die klassischen Mailing-Aktionen verstärkt durch das E-Mail-Marketing abgelöst. Das Internet dient der Informierung der Kunden und der Abwicklung von Transaktionen, dem Verkauf standardisierter Produkte sowie der Kundenselbstberatung. An Selbstbedienungsgeräten können die Kunden Barverfügungen sowie weitere Transaktionen durchführen und Kontoinformationen abrufen. Der mobile Vertrieb akquiriert Kunden zu Spezialthemen, die nicht zu den Kernkompetenzen der Kundenbetreuer gehören. Die nötige Steuerung der einzelnen Vertriebswege erfolgt über das Vertriebsmanagement. Als Steuerungsinstrumente, um die Kunden aktiv in die jeweiligen Zugangswege zu lenken, stehen unter anderem Preise, Servicezeiten und der Umfang des Leistungsangebots zur Verfügung.

Aufgabenzuordnung orientiert an den Kundensegmenten

Die Zuordnung von Aufgaben auf die Vertriebskanäle in Abhängigkeit von den Kundensegmenten kann anhand einer Übersicht wie der folgenden veranschaulicht werden. Die eine Dimension dieser Matrix beschreibt die verschiedenen Marktsegmente, die andere die unterschiedlichen Vertriebswege.

Coverage-Matrix						
	Marktsegmente					
		Öffentliche Einrichtungen	Große Unternehmen	Copy-Shops	Kleine und mittlere Unternehmen (KMU)	Weitere Abnehmer
Vertriebswege	Außendienst	Produktverkauf, Beratung des Kunden, Wartung				
	Innendienst	Produktverkauf, Kundenberatung, Unterstützung des Kunden bei kleineren technischen Problemstellungen				
	Internet				Verkauf, Information	

	Großhandel			Verkauf, Beratung, Lagerhaltung, Wartung, ggf. Reparaturarbeiten	
	Facheinzelhandel			Lager, Verkauf, Beratung, Wartung, ggf. Reparatur	

Quelle: »absatzwirtschaft« 3/2002

Erfolgsfaktoren des Mehrkanal-Vertriebs

Bei einer Mehrkanal-Strategie geht es letztlich darum, jedem Kunden den für ihn richtigen Absatzkanal zu bieten und dabei die unterschiedlichen Stärken zu verbinden. Zu beachten ist, dass die Kunden die Kanäle nicht alternativ, sondern parallel nutzen.

Zu den am meisten genutzten Kanälen im Multichannel-Marketing zählen: Post/Brief, Katalog, Telefon, Fax, Handy/SMS, Website, E-Mail, Ladengeschäft/Point of Sale, Außendienst und Selbstbedienungsautomaten. Guter Mehrkanal-Vertrieb liegt beispielsweise vor, wenn der Kunde auf dem Postweg oder über E-Mail Werbung erhält, im Internet darüber zusätzliche Informationen abrufen und sich diese per Telefon – beispielsweise über einen Call-Back-Button – erläutern lassen kann. Diese Informationen müssen für den Verkäufer beim nächsten Besuch eines Kunden abrufbar sein. Der Mitarbeiter erkennt beispielsweise, dass sich der Kunde im Internet informiert hat beziehungsweise dass die Kollegen im Internet ihn bereits beraten haben.

Nachfolgend sind einige Schlüsselfaktoren aufgeführt, welche die Basis für einen erfolgreichen Multichannel-Vertrieb ausmachen:

1. Legen Sie Wert auf eine Vertriebs- und Führungskultur, die den aktiven Verkauf fördert. Wichtig ist, dass alle Mitarbeiter die neuen Vertriebswege als gleichwertig anerkennen und Hand in Hand arbeiten – unabhängig davon, ob sie in einem Callcenter tätig sind oder beispielsweise an einem Beraterplatz in einer Filiale.
2. Machen Sie es für den Kunden klar und einfach, Ihr Angebot beziehungsweise Ihre Lösung zu erwerben, verhindern Sie jegliche Irritation! In allen Kanälen alles für den Kunden zu jedem Preis anzubieten, führt nicht nur zur Verwirrung der Kunden, sondern auch zu einem Wildwuchs, der die Wirtschaftlichkeit des Vertriebswegemanagements stark gefährdet. In vielen Branchen ist die Auswahl unter den möglichen Alternativen, ein Produkt zu erwerben, für die Kunden

zu groß. Es ist nicht ihre Aufgabe, sich durch eine unübersichtliche Vielfalt möglicher Einkaufswege hindurchzuwühlen. Sie wollen es so einfach wie möglich haben, an Ihre Produkte zu kommen.

3. Ermöglichen Sie es den Kunden, die Angebote jedes Kanals in allen beliebigen Kombinationen zu nutzen. Beispielsweise informiert sich ein Kunde im Internet und vergleicht die Preise. Er bestellt per E-Mail und holt die Produkte im Geschäft ab. Eine andere Kundin lässt sich im Fachgeschäft beraten, nimmt den Katalog mit und bestellt per Fax. Da sie nicht zufrieden ist, schickt sie die Produkte per Nachnahme zurück an den Webshop.

4. Gestalten Sie die Vertriebskanäle so, dass der Kauf möglichst unmittelbar nach der Informationsphase direkt über den jeweiligen Kanal erfolgen kann. Wenn der Kunde gleich kaufen will, soll er auch sofort die Möglichkeit dazu haben.

5. Sorgen Sie für ein kanalübergreifendes Markenbild. Es soll die Markentreue stärken, wenn Kunden über unterschiedliche Kanäle mit Ihrem Haus Kontakt aufnehmen. Wichtig ist, dass Marken und Kanäle nicht vermengt werden. Gibt es mehrere Marken, muss für jede Marke eine spezielle Multikanal-Strategie entwickelt werden.

6. Stellen Sie sicher, dass die Kunden unabhängig von der gewählten Kontaktart immer auf ein gleich bleibend hohes Service-Niveau stoßen.

7. Bemühen Sie sich um eine integrierte Kommunikation in allen relevanten Kanälen. Studien zufolge bewerten Kunden die Absatzkanäle eines Anbieters umso positiver, je mehr Ähnlichkeiten zwischen den Kanälen sie erkennen – insbesondere in der Kommunikation und der Gestaltung. Wichtig ist, dass der Auftritt der Marke in den verschiedenen Kanälen einheitlichen Gestaltungsprinzipien folgt und das Bild der Marke konsistent bleibt.

8. Nutzen Sie *eine* Kundendatenbank für alle Kanäle. Sie ist die Grundlage für einen die Kanäle übergreifenden Service. Es ist von eminenter Bedeutung, dass die Kundendaten, die in verschiedenen Systemen abgelegt sind, zentral gehalten und gepflegt werden. Änderungen sollten zentral vorgenommen und zeitnah auf die Systeme verteilt werden. Die IT-Plattformen müssen die nötige Datenqualität liefern, um den Vertrieb effizient zu steuern. Wichtig ist ein zentrales, IT-gestütztes Kampagnenmanagement.

9. Streben Sie eine Individualisierung der Informations- und Kommunikationsmittel an. Denn der Kunde begreift sich heute immer mehr als ein einzigartiges Individuum. Das Massenmarketing wandelt sich immer mehr in ein One-to-One-Marketing. Im Online-Geschäft ist die Individualisierung aufgrund der technischen Möglichkeiten eher

machbar als im stationären Geschäft. Jeder Kontakt dient der besseren Anpassung an die spezifischen Bedürfnisse des Kunden. Aufgrund des vernetzten Wissens über die Kunden werden spezifische Angebote in allen Kanälen möglich. Beispielsweise sendet ein Versandhändler einen Spezialkatalog, weil der Kunde im Laden Saatgut gekauft hat oder weil er auf der Website die Datei mit den Tipps zur Gartenpflege heruntergeladen hat. Voraussetzung für solche Angebote über verschiedene Absatzkanäle hinweg ist die zentrale Marketingdatenbank. In zahlreichen Unternehmen sind allerdings die informationstechnischen Voraussetzungen nicht gegeben und zum anderen haben auch viele Marktteilnehmer nicht die Kontrolle über die gesamten Absatzwege hinweg. Außerdem ist häufig auch die Kooperationsbereitschaft über mehrere Handelsstufen hinweg nicht weit genug fortgeschritten.

10. Damit für Kunden und Mitarbeiter der Zugang zum Unternehmen möglichst einfach ist, sollten alle Prozesse unabhängig vom Vertriebskanal in der gleichen Form abgewickelt werden können, also einheitliche Formulare et cetera.

11. Machen Sie die Abwicklung von Beschwerden für den Kunden so unkompliziert wie möglich. Dies erfordert die Beachtung einiger wichtiger Punkte: Lassen Sie einen Kunden bereits im Vorfeld eines möglichen Kaufs wissen, wohin er sich mit einer Beschwerde oder Rückgabe wenden kann. Diese wichtigen Informationen müssen klar gekennzeichnet in Broschüren, Katalogen oder auf der Website zu finden sein. Verstecken Sie diese nicht nur im Kleingedruckten. Zum Standard zählt auch eine – möglichst kostenlose – Hotline. Die Mitarbeiter am Telefon sollten anrufenden Kunden konkrete Auskünfte und Hilfe geben können. Dazu zählen sowohl die Information über die nächstgelegene Filiale wie auch verbindliche Auskünfte zum jeweils konkret vorliegenden Fall. Nachlesbare allgemeine Informationen sind dagegen unzureichend! Stellen Sie auch sicher, dass die Mitarbeiter in Filialen über die Möglichkeiten und den Ablauf im Fall von Beschwerden oder Umtauschaktionen umfassend informiert sind. Kunden erwarten eine sofortige, fachkundige und einfache Abwicklung von Beschwerden durch die Mitarbeiter im Ladengeschäft. Gerade wenn im Internet oder Katalog erworbene Produkte umgetauscht werden sollen, zeigen sich oft erhebliche Schwachstellen in einem Multichannel-Vertrieb.

12. Beobachten Sie laufend die Veränderungen der Vertriebskanalkosten und gestalten Sie die Vertriebsstrukturen flexibel, um im Bedarfsfall schnell reagieren zu können.

13. Es reicht nicht, Vertriebsziele für den gesamten Bereich festzulegen. Vielmehr müssen konkrete Teilziele auf die einzelnen Mitarbeiter

heruntergebrochen werden, mit transparentem Reporting und vertriebsorientierten Anreizsystemen. Experten empfehlen zur Koordination komplexer Aufgabenverteilungen vernetzte Konditionen-Systeme. Dabei bekommt jeder Absatzkanal eine gestaffelte Provision für seine definierte Kundengruppe, wobei es unerheblich ist, in welchem Kanal der Kunde die Leistungen erwirbt. Beispielsweise bekommt der Außendienst vom Hersteller auch dann eine Provision, wenn der Kunde in einem anderen Absatzkanal kauft.

14. Für die Steuerung und das Controlling der Vertriebssysteme bieten sich zwei Alternativen an: eine Vertriebssteuerung aus einer Hand über alle Kundenkanäle oder eine segmentspezifische kunden- und kanalorientierte Steuerung mit dem Vorteil tiefer Kundenkenntnisse in den einzelnen Strukturen, aber zugleich hohem Abgleichbedarf. Unverzichtbar im Rahmen der Gesamtsteuerung ist ein konsequentes Aktivitätencontrolling, was Abschlussquoten einerseits und Leistungen andererseits betrifft.

Konflikte zwischen den Kanälen vermeiden

Konflikte entstehen, wenn Synergieeffekte zwischen den Vertriebskanälen zu gering sind oder wenn sich Kundensegmente überlappen. Zu unterscheiden ist zwischen externen und internen Konflikten. Letztere entstehen, weil neue Kanäle immer eine Konkurrenz zu den Stammkanälen darstellen und zumindest subjektiv von den Vertriebsleuten in den angestammten Kanälen als Konkurrenz und nicht als Ergänzung angesehen werden. Externe Konflikte können beispielsweise bestehende Vertriebspartner betreffen, die Umsatzeinbußen befürchten.

Ein typisches Beispiel im Vertrieb ist der grundlegende Konflikt zwischen Handel und Hersteller: Der Hersteller hat das Ziel, seine Produkte und Leistungen über die Jahre hinweg zu profilieren. Auf der anderen Seite will der Handel sein Sortiment profilieren, wobei das einzelne Produkt in diesem Bestreben eine reine Manövriermasse ist, beispielsweise als Frequenzbringer oder als Aktionsobjekt. Ein weiterer Konfliktherd ist die geänderte Rollenverteilung zwischen Handel und Hersteller. Heute übernimmt der Handel immer mehr die Funktion des Marktgestalters und rückt von der Funktion des reinen Warenverteilers ab. Der Hersteller, der bislang die Rolle des Marktgestalters innehatte, sieht sich auf die Rolle des Lieferanten degradiert. Konflikte stehen somit auf der Tagesordnung, wobei sie andererseits auch ihre Vorteile mit sich bringen können, sofern es sich um produktive Konflikte handelt.

Das Ausmaß eines Konflikts hängt ab vom Grad der Abhängigkeit von den Vertriebspartnern und der Stärke der Kannibalisierungseffekte. *Kon-*

flikte mit bestehenden Kunden treten insbesondere dann auf, wenn die Kunden gegen ihren Willen ausschließlich dem Online-Vertriebskanal zugeordnet werden und dies in ihren Augen eine Verschlechterung der Servicequalität bedeutet. Außerdem kann es passieren, dass ganze Kundengruppen ausgeschlossen werden – nämlich solche, die nicht über einen Internetzugang verfügen. Wenn *Konflikte mit bestehenden Zulieferern* auftreten, sind im Bereich der Systemintegration und der Schnittstellenkompatibilität Änderungen beziehungsweise Verbesserungen erforderlich.

Wenn Konflikte zwischen Vertriebskanälen auftreten, kann dies erhebliche Kosten bedeuten. Bei den Überlegungen, ob es sich lohnt, die Kosten eines Kanal-Konfliktes in Kauf zu nehmen, können folgende Fragen weiterhelfen: 1. Wie ist die strategische Bedeutung der Kanäle im Zeitverlauf zu bewerten? 2. Welchen Nutzen bringt der jeweilige Vertriebsweg für den Kunden und wie kommt dies in entsprechenden Zahlungsbereitschaften zum Ausdruck? 3. Lassen sich durch den anvisierten neuen Vertriebsweg Kosteneinsparungen verwirklichen? 4. Welche Synergien gibt es mit anderen, bereits etablierten Vertriebswegen?

Geeignete Maßnahmen im Fall von Konflikten sind beispielsweise:

- eine eindeutige Aufgabenverteilung zwischen den einzelnen Vertriebswegen,
- die offene Kommunikation der Ziele und Aufgaben der einzelnen Vertriebskanäle,
- die Betonung der speziellen Vorteile der einzelnen Kanäle,
- die kanalspezifische Preisgestaltung (verschiedene Preisniveaus, Rabatt- und Bonusarten für die einzelnen Kanäle); hier ist allerdings unbedingt zu beachten, dass die Preis- beziehungsweise Sortimentspolitik über alle Absatzkanäle hinweg transparent ist,
- die Nutzung verschiedener Marken für unterschiedliche Vertriebswege.

Manche Unternehmer schrecken noch vor einem Direktverkauf über das Internet zurück, weil sie fürchten, ihre traditionellen Vertriebspartner zu verärgern. Um Konflikte zu vermeiden, können beispielsweise im Webshop Produkte angeboten werden, die über die anderen Vertriebskanäle nicht vertrieben werden. Es können Modelle mit anderen Leistungsmerkmalen angeboten werden oder Produkte mit identischem Innenleben in einer anderen Verpackung. Es können auch die Internet-Produkte unter einem speziellen Markennamen vertrieben oder zu anderen Garantiebedingungen oder mit anderen Service-Paketen offeriert werden.

Fallbeispiel

Ein Hersteller von Blockflöten will mit seinem Webshop auch gezielt den Fachhandel stärken. Dazu hat er ein modifiziertes Shop-System ohne Kauf- und Zahlungsbefehl für den Kunden eingerichtet. Die Bestellungen werden elektronisch an den Fachhandel weitergegeben, die Lieferung erfolgt direkt dorthin. Der Kunde kann dann das Musikinstrument vor Ort testen und erwerben.

Eine gute Möglichkeit zur Verbesserung der Zusammenarbeit mit dem Handel bietet gezieltes E-Mail-Marketing als kostenlose Vertriebsunterstützung. Auch wenn Unternehmen ausschließlich ihre Produkte über indirekte Vertriebskanäle verkaufen, kann E-Mail-Marketing zur Lead-Generierung genutzt werden. Der Hersteller oder Anbieter eines Produkts unterstützt seine Channel-Partner, indem er über E-Mail-Kommunikation Kaufinteressenten für die Channel-Partner qualifiziert und Absatzchancen identifiziert. Er liefert dem Fachhändler Interessenten, die dieser gezielt in Kunden umwandeln kann. Als Gegenleistung qualifiziert der Handel die ihm übergebenen vorqualifizierten Kontakte in einem festgelegten Zeitraum weiter. Der Hersteller kann sich so das Cross- und Up-selling-Potenzial bei seinen Kundenkunden erschließen. Von manchen Channel-Partnern wird befürchtet, dass eine solche E-Mail-Kommunikation zwischen Hersteller und (potenziellen) Endkunden an ihnen vorbeigehen würde. Doch das muss keineswegs sein und lässt sich auch verhindern. Beispielsweise können die Felder »Absendername« und »Absender-E-Mail-Adresse« mit den Angaben des kundenspezifischen Ansprechpartners beim Fachhändler gefüllt werden, so dass der Endkunde den Eindruck gewinnt, dass die E-Mails von seinem Fachhändler abgeschickt wurden. Selbstverständlich hat der Hersteller dabei Zugriff auf die Response-Analysen, so dass er das gesamte Vertriebspotenzial erschließen und Vertriebscontrolling-Funktionen ausüben kann.

7.5   Auswahl geeigneter Vertriebswege

Heute bietet sich Unternehmen eine Fülle möglicher Vertriebswege an, mit denen sie ihre Kunden erreichen können. Direktvertrieb und indirekter Vertrieb über Vertriebspartner sind die »gängigen« Vertriebskanäle. Andere Möglichkeiten zur Kundenansprache sind Vertriebskooperationen, die Teilnahme an Kundenclubs oder Mobile Marketing.

Bei der Entscheidung über die für das eigene Unternehmen geeigneten Vertriebswege geht es zuerst um die Frage, ob ein direkter oder ein indirekter Vertrieb praktiziert werden soll. Die jeweils damit verbundenen Vor- und Nachteile sind in folgender Übersicht zusammengefasst.

Vergleich direkter und indirekter Vertrieb	
Direkter Vertrieb	**Indirekter Vertrieb (einstufig und mehrstufig)**
Vorteile	**Vorteile**
Direkter Kontakt zum Kunden (Marktnähe)	Größere Auftragsmengen
Unabhängigkeit	Risikoverteilung
Direkter Informationsfluss	Breitere Marktpräsenz
Ungefilterte Erkenntnisse über den Kundenbedarf	Geringere Kapitalbindung
Service in eigenen Händen	Nutzung von vorhandenen Infrastrukturen
Gute Steuerung	Großer Bekanntheitsgrad und (gutes) Image des Herstellers
Flexibel, schnelle Reaktion auf den Markt möglich	Relativ kleine Vertriebsorganisation nötig
Erhöhte Fachkompetenz	Hoher Distributionsgrad möglich
Größere Preistransparenz	Handel übernimmt zahlreiche Absatzfunktionen
Keine Interessenkonflikte zwischen Hersteller und Handel	Geringere Investitionen in den Markt, keine Markt-Eintrittskosten
Optimaler Einsatz der marketingpolitischen Instrumente möglich	After-Sales-Service vor Ort
Nachteile	**Nachteile**
Kleinere Auftragsmengen	Abhängigkeit vom Handel
Hohe Infrastrukturkosten	Kein Kontakt zum Endverbraucher
Eigene Lagerhaltung	Weniger Informationsfluss
Großes Risiko	Unflexibel
Große Kapitalbindung	Handel muss geschult werden

Hohe Marktbearbeitungskosten	Teure Markteintrittskosten
Inkassorisiko	Sell-Out-Probleme
Kostendeckung ist in den ersten Jahren schwierig	Angewiesenheit auf die Aktivitäten des Handels
Eine Flächendeckung ist schwer aufzubauen	Kein direkter Einfluss auf Kundendienst/Service
Oft große Außendienst-Organisation erforderlich	Niedrigerer Abgabepreis im Vergleich zum Direktabsatz

Direktvertrieb

Beim typischen Direktvertrieb besucht ein Vertreter des Anbieters den Kunden in dessen Räumen (Wohnung oder Arbeitsplatz), um dort den Vertrag zu schließen. Der Vertreter kann Arbeitnehmer des Anbieters (Reisender) oder selbstständiger Unternehmer (Handelsvertreter) sein. Der Direktvertrieb kann auch ohne Vertreterbesuch stattfinden, nämlich mit Mitteln der Telekommunikation, vor allem telefonisch oder über das Internet (E-Commerce). Zum Direktvertrieb zählen auch der Verkauf auf Märkten, der Straßenverkauf oder die Verkaufsveranstaltungen im Zusammenhang mit Kurzreisen.

Bei den unterschiedlichen Formen des Direktabsatzes ist zwischen Hersteller- und Handelsunternehmen zu unterscheiden, wobei sich verschiedene Ausgestaltungsformen je nach Produkt und Abnehmer zwischen Direktabsatz und indirektem Absatz ergeben können. Nachfolgend einige Beispiele:

Hersteller: Außendienst, Verkaufsniederlassung, Fabrikverkauf, Factory Outlet, klassischer Versandhandel, Internet-Absatz, TV-Absatz

Handel: stationärer Einzelhandel, klassischer Versandhandel, Internethandel, Internet-Shopping-Mall, Telefonhandel, TV-Absatz

Die folgende Übersicht zeigt einige Möglichkeiten, wie der Direktvertrieb über unterschiedliche Distributionsorgane erfolgen kann.

Übersicht: Möglichkeiten des Vertriebs über eigene Distributionsorgane bzw. selbstständige Absatzmittler

Distributionsorgan	Stellung/ Merkmale	Aufgaben	Vorteile/Nachteile
Angestellte Reisende	Angestellte Mitarbeiter mit und ohne Abschlussvollmacht; Bezahlung: Festgehalt + Provision ab Mindestumsatz (manchmal nur Festgehalt)	Suche und Beratung von potenziellen Kunden; Produktverkauf; Entgegennahme von Bestellungen; Reisende werden bei einem gesicherten Umsatzvolumen eingesetzt	V: Direkt an Weisungen gebunden und deswegen von der Firma gut zu steuern; direkter Kundenkontakt; exklusive Vertretung der eigenen Firma; spezifische Produktkenntnisse vorhanden N: Reisende verursachen relativ hohe Fixkosten; bei geringen Umsätzen zu hohe Kosten
Handelsvertreter	Selbstständige Gewerbetreibende, die Geschäfte für andere auf deren Rechnung vermitteln und abschließen; Handelsvertreter bringen i.d.R. kein eigenes Kapital ein und sind nicht an Verlusten beteiligt; Bezahlung: erfolgsabhängige Provision (die alle Kosten deckt)	Suche, Information und Zustandebringen von Kaufverträgen mit potenziellen Kunden; Handelsvertreter haben oft Vertretungen von kleinen und mittleren Firmen und kombinieren Produkte mehrerer Hersteller	V: geringe Markteintrittskosten; die Kosten sind proportional zum Erfolg, d.h. bei geringen Umsätzen verursachen sie auch wenig Kosten; vorhandener eigener Kundenstamm; hohe Motivation durch leistungsabhängige Entlohnung; durchgängige Verantwortung für Angebot und Auftragsabwicklung beim HV N: geringe Steuerbarkeit; Bekanntheitsgrad oft ungenügend; Hauptinteresse gilt den umsatzstarken Produkten; der Erfolg oder Misserfolg hängt stark von der Person des Handelsvertreters ab

Kommissionäre	Selbstständige Gewerbetreibende, die in eigenem Namen für Rechnung des Auftraggebers handeln (Beispiel: Zeitschriften- oder Weinhändler); Vergütung: Kommission (umsatzabhängige Provision); ggf. kann ihm auch eine Aufwandsentschädigung, zum Beispiel für Lagerkosten, vertraglich zugesichert werden	Suche nach Käufern für die von ihnen angebotenen Leistungen; Kommissionär nimmt die Ware nur in Verwahrung und bezahlt sie erst, wenn er sie verkauft hat	V: Kommissionäre verfügen oft über gute Marktkenntnisse und einen passenden Kundenstamm sowie über eine geeignete Lagermöglichkeit der Ware; die Provisionen sind oft nicht so hoch wie bei eigenständiger Handelstätigkeit; die Tätigkeit der Kommissionäre ist heute gerade im Groß- und Außenhandel sehr bedeutsam, weil der Auftraggeber Lagerkosten spart und nach außen nicht in Erscheinung tritt N: Das Kapitalrisiko verbleibt beim Hersteller
Handelsmakler	Selbstständige Gewerbetreibende, die Geschäftsabschlüsse vermitteln und sich die Partner für den Vertragsabschluss selbst suchen; Handlung im fremden Namen und auf fremde Rechnung; Bezahlung: anteilige Gebühr am Verkaufspreis, die entweder der Käufer oder Käufer und Verkäufer entrichten (Maklerlohn, Courtage)	Suche nach Vertragspartnern, um einen Kaufabschluss zwischen diesen zustande zu bringen; Pflichten: Interessenwahrung bei der Partner, Ausstellen einer Schlussnote, Führung eines Tagebuchs, Auskunftspflicht, Haftpflicht	V: Verkaufserfahrung und -geschick; kennt oft potenzielle Interessenten; professionelles Handling N: Der Handelsmakler steht in keinem dauerhaften Vertragsverhältnis zu einem Auftraggeber, ist daher auch nicht zu einer ständigen Kundenbetreuung und Geschäftsvermittlung verpflichtet

Marktveranstaltungen (Messen und Ausstellungen, Börsen, Auktionen)	Veranstaltungen, auf denen Anbieter ihre Produkte ausstellen und darüber informieren	Informationen über das Angebot und Abschluss von Kaufverträgen	V: Plattform für die Präsentation neuer Produkte und Technologien; hohe Konzentration aller Marktbeteiligten; Möglichkeit, mit vielen Kunden Verkaufsgespräche zu führen; gute Konkurrenzbeobachtung durchführbar; Kunde kann anfassen, ausprobieren, in allen Sinnen angesprochen werden N: ggf. hohe Kosten z. B. für die Messeteilnahme
Roadshow	Roadshows sind Events auf Straßen und Plätzen; die Veranstaltung zielt auf eine relativ kleine Zielgruppe; geboten werden Vorträge, Präsentationen, Ausstellungen, Social Events	Voraussetzung ist eine aktuelle, zielgruppenoptimierte Adressendatei und Marktforschung	V: Das Unternehmen kommt zum Kunden; sowohl Bestandskunden als auch potenzielle Kunden werden direkt angesprochen; die Gelegenheit für Informationsaustausch und Kundenbindung ist sehr gut N: Bestimmte Informationsziele wie z. B. die Wettbewerbsbeobachtung können nicht realisiert werden
Factory Outlets	Fabrikläden, über die ein Hersteller im Direktvertrieb Waren aus eigener Fertigung als zweite Wahl, Überschussproduktion oder Retouren von Kunden in Selbstbedienung an fabriknahen oder verkehrsgünstig gelegenen Standorten preisgünstig verkauft	Merkmale: hochwertiges Angebot von Markenherstellern, stark reduzierte Preise, einfache Verkaufsumgebung, wenig Service und Beratung; FO gelten auch als »Renaissance des Fabrikverkaufs«	V: Der Betrieb von FO lohnt sich für Unternehmen, die mittelfristig verderbliche Güter herstellen (wozu auch Kleidung zu zählen ist); nur das eigene Angebot wird dem Kunden im Shop präsentiert; niedrigere Preise, da die Handelsspanne entfällt N: Konflikte mit dem Handel, da Hersteller in Konkurrenz treten

Fabrikverkauf	Im Gegensatz zu den Factory Outlet Centern befinden sich die Verkaufseinrichtungen auf dem Fabrikgelände, in unmittelbarer Nähe der Fabrik oder angegliedert an ein Außenlager	Verkauf von irregulärer Ware, also Produkten zweiter Wahl, die das marktübliche Preisniveau deutlich unterschreitet	Ausschließlich Verkauf von Produkten der eigenen Firma; kleinere Abnehmer haben die Möglichkeit, hochwertige Produkte direkt und günstig vom Hersteller zu beziehen
E-Commerce	Verkauf und Vertragsabwicklung über das Internet; Kaufangebote einzelner Unternehmen über ihre Websites, über E-Mail, Versteigerungen oder elektronische Marktplätze oder Shopping-Malls	Information, Suche nach potenziellen Kunden und Verkaufsabschlüsse mit Interessenten	V: Erschließung neuer Absatzmärkte und Zielgruppen; schnellere Auftragsabwicklung; geringere Kosten (z. B. entfallen die Kosten für Personal und Miete einzelner Filialen, es reicht ein zentrales Lager); deutlich geringerer Aufwand als bei persönlichen Verkaufsgesprächen; Routinegespräche entfallen; Bestellmöglichkeit rund um die Uhr N: Risiko von Betrugsfällen, gefälschte oder vorgetäuschte Identitäten, starker Wettbewerb aufgrund hoher Preistransparenz; Gefahr von Zahlungsausfällen
Mobile Commerce	Kommunikation über Handy und Internet, neuer direkter Zugang zum Käufer	Kommunikationsmöglichkeiten mit WAP-Handy (informieren, bestellen usw.)	V: Möglichkeit kostengünstiger, zielgenauer Kampagnen; ständige Erreichbarkeit der Zielgruppen; Interaktivität; Emotionalisierung N: Angst vor Spam, Verletzung der Privatsphäre, Missbrauch von Kundendaten

Katalog-verkauf	Innerhalb verschiedener Produktkategorien werden Waren mit einer detaillierten Beschreibung inkl. entsprechender Bilder angeboten	Kunde lässt sich die Produkte zuschicken, wobei er über verschiedene Alternativen seine Bestellung aufgeben kann (Brief, Fax, Internet, Anruf)	V: kommt dem Bequemlichkeitsbedürfnis des Kunden entgegen; großes Artikelsortiment kann präsentiert werden N: nicht geeignet für Dienstleistungsverkauf, z.T. hohe Retouren, höhere Kosten für die Kataloggestaltung als bei Versandhandel über das Internet
Tele-shopping	Verkauf von Produkten über das Fernsehen in Form von unterhaltsamen Shows oder Auktionen	Die im Fernsehen präsentierten Produkte (von Haushaltsartikeln über Kleidung bis zu Technik- und Multimediaprodukten) kann der Kunde telefonisch bestellen	V: Trägt dem Wunsch des Kunden nach Unterhaltung Rechnung; Kaufvorgang ist für den Kunden genauso einfach wie im Internet; mangelnde Vergleichbarkeit von Marktpreisen bei der Sortimentsauswahl; kein Abverkaufsrisiko N: hohe Retouren, wenn Qualität ungenügend
Telefon-verkauf	Akquise, Beratung und Vertragsabschluss werden in Teilschritten oder komplett per Telefon durchgeführt	Angestellte Verkäufer oder ein Callcenter bieten die Produkte am Telefon an: aktiv (outbound), passiv (inbound)	V: teure Außendienstbesuche können ersetzt werden, es ist eine größere Zahl von Kontakten als bei persönlichen Besuchen möglich N: Kunde kann das Produkt nicht sehen; gesetzliche Einschränkungen sind zu beachten; schlechter Ruf des Telefonverkaufs; kein persönlicher Kontakt vorhanden; häufig hohe Retouren

Straßenverkauf, mobile Verkaufsstellen	Verkaufswagen, die an wechselnden wohnortnahen Halteplätzen tätig werden	Versorgung insbesondere ortsgebundener Verbraucher in meist ländlichen Regionen mit Produkten für den täglichen Bedarf	V: hohe Flexibilität; große Kundennähe; Investition und Betriebskosten für ein mobiles Geschäft sind deutlich günstiger als eine stationäre Filiale; Angebotslücken in der Versorgung der Kunden mit Gütern des täglichen Bedarfs können geschlossen werden
Heimdienste	Hierbei wird der Kunde in seiner Wohnung aufgesucht und in regelmäßigem Turnus mit kurzlebigen Konsumgütern beliefert	Beispiele: Catering, Tiefkühlheimdienste, Pizza-Service	V: Kunde kann bequem daheim im Katalog oder Internet die Ware aussuchen und sich bringen lassen; hohe Qualität problematischer Ware wie Tiefkühlkost kann beim Transport der Ware aufrecht erhalten werden N: hohe Transportkosten
Heimvorführungen/Partys	Kundenparty (Tupperware), Anbieter-Party	Mehrere potenzielle Kunden werden gemeinsam in der Wohnung eines der Teilnehmer beraten	V: Der Kunde hat die Möglichkeit, bequem die Produkte zuhause auszuprobieren und kann die Angebote mit anderen Teilnehmern diskutieren; gut geeignet für hochwertige Haushaltswaren, Textilien oder Wellnessprodukte
Automatenverkauf	Mechanisierte Verkaufsform; Betriebsform des stationären Einzelhandels mit 24-Stunden-Service	Automaten werden insbesondere an stark frequentierten Stellen wie Bahnhofshallen, Fußgängerzonen etc. aufgestellt; auch in großen Hotelhallen ersetzen Automaten den kleinen Shop für Impulsartikel; Einsatz auch in Schulen, Universitäten oder Bibliotheken	V: geringere Personalkosten, Kunde ist unabhängig von Öffnungszeiten; fast unmittelbare Verfügbarkeit der Ware rund um die Uhr N: gegebenenfalls Probleme bei Störungen; Abhängigkeit von Kleingeld

Auch der Verkauf über eigene *Verkaufsniederlassungen und Filialen* gehört zum Direktverkauf. Hier bieten sich neue Geschäftschancen, wenn Sie es wagen, an neuen, für Ihre Branche ungewöhnlichen Orten nach zusätzlichen Kunden Ausschau zu halten. Doch wer hier Mut zeigt, wird belohnt. Voraussetzung: Sie analysieren die bisherigen Erfolgsfaktoren und suchen nach gleichwertigen Standorten mit ähnlichen Bedingungen. Dazu gehören etwa die Lage des Standortes, die erforderliche Kundenfrequenz und die Käufergruppe. Mit der Erweiterung erreichen Sie noch ein Ziel: Sie bieten mit einem dichteren Filialnetz deutlich mehr Kundennähe.

Der Direktvertrieb hat in den letzten Jahren an Bedeutung zugenommen. Getrieben durch den Einsatz neuer Medien, durch fallende Kosten in der direkten Kundenansprache, durch die anhaltende Konzentration im Handel und die zunehmenden Schwierigkeiten einer Differenzierung am Markt testen immer mehr Unternehmen verschiedene Formen der direkten Kundenansprache.

Indirekter Absatz

Der indirekte Absatz wird vor allem im Konsumgüterbereich praktiziert. Hier spielt der Handel die große Rolle. Er übernimmt zahlreiche Funktionen wie beispielsweise: a) Überbrückungsfunktion: Raumüberbrückung (Transport), Zeitüberbrückung (Lagerung), Vordisposition, Preis- und Kreditfunktion; b) Warenfunktion: Quantitätsfunktion, Qualitätsfunktion, Sortimentsfunktion; c) Maklerfunktion: Marketing-, Beratungs- und Ausgleichsfunktion. In der folgenden Tabelle sind verschiedene Handelsbetriebsformen überblicksartig zusammengefasst:

Übersicht: Handelsbetriebsformen	
Großhandel	Handelsunternehmen, die Waren von Produzenten kaufen und ohne wesentliche Be- und Verarbeitung an Einzelhändler, Weiterverarbeiter und sonstige Großabnehmer weiterverkaufen sowie entsprechende (Großhandels-)Dienstleistungen anbieten
Zustellgroßhandel	Produkte werden auf Bestellung an Einzelhändler geliefert
Cash-and-Carry-Großhandel	Der Einzelhändler holt die Produkte beim Großhändler ab und bezahlt sie sofort bei Erhalt

Rack-Jobber-Großhandel	Der Großhändler übernimmt für einen bestimmten Bereich die Pflege des Regals im Einzelhandel auf eigenes Risiko
Strecken-Großhandel	Der Einzelhändler tätigt den Kaufabschluss beim Großhändler und bezieht die Ware direkt vom Hersteller
Sortiments-Großhandel	Der Großhändler bietet den Einzelhändlern ein breites, aber flaches Sortiment
Spezial-Großhandel	Der Großhändler bietet ein enges, aber tiefes Sortiment
Einzelhändler	**Unternehmen, die auf eigene Rechnung oder im Namen eines Einzelhandelskonzerns Produkte überwiegend an private Konsumenten verkaufen und entsprechende Einzelhandelsdienstleistungen anbieten; die Betriebstypen des Einzelhandels unterscheiden sich vor allem in ihrer Dienstleistungs- und Sortimentsstruktur sowie in ihrem Ausstattungs- und Preisniveau**
Fachgeschäfte	Einzelhandelsunternehmen, die Waren mit dem Sortiment einer bestimmten Branche (zum Beispiel Lederwaren, Uhren, Sportartikel) meist mit Bedienung anbieten; hoher Qualitätsbedarf
Spezialgeschäfte	Diese haben ein schmales und tiefes Sortiment (mit möglichst vollständigem Warenangebot), üblicherweise mit Bedienung (zum Beispiel Strumpfgeschäft, Käsegeschäft)
Warenhäuser	Kennzeichnend ist eine große Sortimentsbreite auf großer Verkaufsfläche, meist Selbstbedienung bzw. Kundenvorwahl mit Bedienung (beispielsweise Karstadt oder Kaufhof)
Kaufhäuser	Großbetriebe des Einzelhandels, mit einem gegenüber Warenhäusern schmaleren, branchenorientierten Sortiment, meist mit Kundenvorwahl, der Standort ist in der Regel im Zentrum von Städten
Supermärkte	Selbstbedienungsgeschäfte mit einer Verkaufsfläche von 400 bis 800 qm, Food- und Non-Food-Sortiment, Selbstbedienung

Verbrauchermärkte und SB-Warenhäuser	Großbetriebsformen des Einzelhandels, meist verkehrsgünstig am Stadtrand gelegen mit weitgehender Selbstbedienung; kleinere Verbrauchermärkte mit 800 bis 1.500 qm Verkaufsfläche; große Verbrauchermärkte mit 1.500 bis 5.000 qm Verkaufsfläche, SB-Warenhäuser mit über 5.000 qm Verkaufsfläche
Fachmärkte	Auf bestimmte Warengruppen spezialisierte Einzelhandelsbetriebe mit einem relativ tiefen Sortiment und günstigen Preisen, Selbst- und Fremdbedienung (z. B. Obi, Hornbach); meist außerhalb der City
Mehrfachmärkte	Wie Fachmarkt, nur mehrfach (Beispiel: Bau- und Gartenmarkt)
Versandhäuser	Betriebsform des Einzelhandels, bei der Waren im »Distanzangebot« – über Anzeigen, Prospekte, Kataloge, Fernsehen, Online-Verkaufsagenturen usw. – angeboten werden (Otto, Quelle)
Discounter	Preisaggressive Einzelhandelsunternehmen, problemlose Produkte, Selbstbedienung, notwendigste Dienstleistungen
Partiediscounter	Geschäftstypen, die kein dauerhaftes Sortiment aufweisen, sondern je nach Verfügbarkeit Waren einer oder mehrerer Branchen auf der Grundlage eines günstigen Einkaufs anbieten (z. B. aus Versicherungsschäden)

Franchising

Als Zwischenform zwischen direktem und indirektem Vertrieb gilt Franchising. Hier handelt es sich um eine spezielle Form der Vertriebskooperation zwischen einem Unternehmen (Franchisegeber) und einem beziehungsweise mehreren rechtlich selbstständigen Vertriebspartner(n) (Franchisenehmer). Dabei stellt der Franchisegeber den Franchisenehmern gegen Gebühr sein eigenes Geschäftskonzept zur Verfügung.

Der Franchisegeber bietet: Handelsname und Marke der Unternehmung; Methoden und Techniken der Geschäftsführung (Organisation, Führungskonzept, Rechnungswesen); Produktionsverfahren, Rezeptur; Belieferung mit Waren; Marketing-Konzept; Mitarbeiterschulung.

Der Franchisenehmer verpflichtet sich zu: einmaliger Zahlung beim Eintritt und/oder periodischen Zahlungen; Anwendung der vom Franchisegeber vorgeschriebenen Geschäftsführungsmethoden einschließlich

Werbung und Verkaufsförderungsmaßnahmen. Er verkauft in eigenem Namen, auf eigene Rechnung und eigenes Risiko. Er muss sich das nötige Fachwissen aneignen und ist in seinen Entscheidungen abhängig vom Franchisegeber.

Franchising gilt derzeit als Megatrend. Warum ist die Idee so erfolgreich? Weil geschickte Franchisegeber in relativ kurzer Zeit über ein umfassendes Vertriebsnetz mit hoch motivierten Vertriebspartnern verfügen. Bei diesem Partner-Modell verlieren die entscheidenden Schwächen der herkömmlichen Vertriebsschienen ihre Bremskraft. Denn an jedem einzelnen Verkaufspunkt löst auf einmal unternehmerischer Geist die vorherrschende Angestelltenmentalität ab. Außerdem kann der Franchisegeber sein Vertriebskonzept unverfälscht einsetzen: Markenauftritt, Warenpräsentation und Service hängen nicht mehr vom Goodwill eines örtlichen Händlers ab. Sowohl für den Franchisegeber wie für den Franchisenehmer bietet das Partnerkonzept Vorteile, die sich sehen lassen können.

Die Chancen für den Franchisegeber: direkter Marktzugang, schnelle Expansion bei dynamischen Partnern, Stärkung der Wettbewerbsposition, Konkursrisiken auf Vertragspartner verlagert, umsatzabhängige Einnahmen et cetera.

Die Chancen für den Franchisenehmer: relativ geringer Kapitaleinsatz, professionelle Unterstützung, zentrale Schulung, Vermeiden von Fehlern, Know-how-Einkauf statt Eigenentwicklung.

McDonald's, Burger King, The Body Shop, OBI sind bekannte Franchise-Unternehmen, aber auch Manpower, Kieser Training, Town & Country Hausbau und sogar die Schweizer Post. Den großen Vorbildern der Franchise-Szene kann im Grund genommen (fast) jedes Unternehmen nacheifern. Auch alle Sparten des Handels lassen sich per Franchise flächendeckend erobern. Und selbst das Handwerk bietet Unternehmen, die auf die Expansion per Franchise bauen, riesiges Potenzial.

Mit der folgenden Checkliste können Sie prüfen, ob bei Ihnen wichtige Voraussetzungen erfüllt sind, damit Sie Ihre Leistung durch Franchising erfolgreich multiplizieren können.

Checkfragen	Anmerkungen
Haben Sie ein tragfähiges Geschäftskonzept, das die Feuertaufe durch den Markt schon bestanden hat oder sich selbst einen neuen Markt schaffen kann?	
Verfügen Sie über Patente oder Herstellungsverfahren, die den Franchisenehmern einen Vorsprung vor der Konkurrenz verschaffen?	

Ist Ihr Geschäftskonzept bundesweit ausgerichtet?	
Gibt es ein langfristiges Marktpotenzial (mindestens zehn Jahre)?	
Erhält der Kunde durch das Geschäftskonzept einen konkreten Nutzen?	
Ermöglicht Ihr Geschäftskonzept dem Franchisenehmer eine attraktive Existenz (u. a. hinsichtlich Gewinn, Sicherheit und Lebensfreude)?	
Ist bei Ihnen der Markterfolg unabhängig von der Person des Franchisegebers beliebig reproduzierbar? (Dies ist besonders wichtig bei Dienstleistungen, die oft stark von persönlichen Merkmalen des Dienstleisters geprägt sind.)	
Lässt sich Ihre erprobte Konzeption konsequent bei den Franchisenehmern durchsetzen?	
Haben Sie die Möglichkeiten, um Ihre Franchisepartner langfristig zu binden?	
Verfügen Sie über umfassendes Know-how auf allen im Zusammenhang mit dem Franchising wichtigen Gebieten?	
Haben Sie eine ausreichende und qualifizierte Kapazität zur Entwicklung, Installation und zum Management des Franchisesystems? Dies umfasst u. a. folgende Faktoren: • Standortplanung (zum Beispiel mit den Basisdaten Kaufkraft- und Umsatzkennziffern sowie Einwohnerzahlen) • Startpaket für die Partner (zum Beispiel mit Standortanalyse, Finanzierungskonzept, Rentabilitäts- und Investitionsplanung, Shopkonzept, Warenausstattung, Werbestrategie, Coaching für Franchisepartner) • Organisation von Einkauf und Controlling Kalkulation von Franchisegebühr und Werbekostenumlage • Strategie zur Akquisition der Franchisepartner	
Verfügen Sie über eine ausreichende Kapitalbasis, um ein Franchisesystem zu installieren?	

Wenn Sie sich für den Aufbau eines Franchisesystems entschieden haben, gilt es im ersten Schritt, das jetzige Vertriebsnetz zu analysieren und zu optimieren. Standorte und Verkaufsprogramm der Franchiseläden sind klar zu definieren und sollten den bisherigen Vertrieb nicht beschädigen. Im zweiten Schritt geht es darum, die Absatzchancen im Markt genau auszuloten. Die Vertriebsgebiete sind optimal zu bestimmen und die potenziellen Umsätze zu definieren. Zu einem frühen Zeitpunkt muss auch geklärt werden, wie viele Franchisenehmer der Markt verträgt. Im nächsten Schritt sind Standards festzulegen. Dafür müssen zum Beispiel der komplette Arbeitsablauf, die Ladeneinrichtung, die Kundenansprache, aber auch die Warenbeschaffung exakt bestimmt und im Franchise-Handbuch detailliert beschrieben werden.

Die erfolgreiche Expansion eines Franchisesystems hängt wesentlich davon ab, dass es Ihnen als Franchisegeber gelingt, zwei Zielgruppen erfolgreich zu bedienen: die vorhandenen und möglichen Franchisenehmer sowie die Kunden. Dazu muss das Konzept einerseits den Franchisenehmern eine attraktive Selbstständigkeit ermöglichen und andererseits den Endkunden einen interessanten Nutzen bieten. Außerdem ist es wichtig für den Erfolg, dass die Franchisenehmer vor Ort regelmäßig und kompetent betreut und geschult werden, um für eine hohe Partnerqualität zu sorgen. Dafür sind effektive Schulungskonzepte erforderlich. Eine mehrtägige Ausbildung vor dem Start sowie regelmäßige Fortbildungen, verbunden auch mit einem Erfahrungsaustausch der Franchisenehmer, sind Pflicht. Schlechte Partner schaden dem Image! Für die Betreuung der Franchisenehmer benötigen Sie als Franchisegeber einen geschickten Franchisemanager sowie ab dem 20. Partner ein professionelles Verkaufs- und Betreuungsteam. Außerdem ist eine dauerhafte Sicherung der Zufriedenheit der Franchisenehmer wichtig, die etwa durch hohe Umsätze und Renditen sowie eine klar definierte unternehmerische Freiheit gewährleistet werden kann. Als Nachteil des Franchisesystems darf nicht unerwähnt bleiben, dass die Kontrolle der Vertriebspartner aufwendig ist und die Rechte bezüglich des Verkaufspersonals gering sind.

Aufgrund des rasanten Expansionstempos und dem vergleichbar geringen Kapitaleinsatz scheinen Franchisesysteme für die Umsetzung einer Internationalisierungsstrategie geradezu prädestiniert.

Neue Erfolge mit alternativen Vertriebswegen

Wenn Sie mit Ihren derzeitigen Vertriebswegen Ihre (möglichen) Kunden nicht ausreichend erreichen, dann seien Sie experimentierfreudig und denken Sie unkonventionell. Wenn die Pizzeria Bestellungen nach Hause bringt, warum nicht auch die Textilreinigung? Wenn die Autowerkstatt über einen 24-Stunden-Notdienst verfügt, warum nicht auch der Reparaturdienst für eine Waschmaschine? Viele neue Vertriebswege muss man einfach ausprobieren. Ein voller Erfolg war beispielsweise auch die Nutzung der Supermarktkette Lidl als Vertriebsweg für die Deutsche Bahn. Als sie erstmals billige Tickets in den 2.600 Filialen von Lidl anbieten ließ, waren schon wenige Minuten nach Ladenöffnung die mehr als 500.000 Fahrscheinhefte ausverkauft. Zwei weitere Beispiele, dieses Mal aus dem Verlagsbereich: Eine Journalistin startete erfolgreich mit der Herausgabe eines Restaurantführers, der Essensgutscheine für die im Buch präsentierten Restaurants enthält. Und eine schwedische Autorin gründete, weil sie sich von dem Verlag nicht ernst genommen fühlte, der ihr erstes Buch verlegt hatte, einen eigenen Verlag. Zusammen mit Freunden ersann sie unkonventionelle Vertriebswege. Der Roman wurde über Tankstellen, Kioske und Supermärkte verkauft und stand über ein Jahr an der Spitze der schwedischen Bestsellerliste.

Große Kreativität beim Erschließen neuer Kundenkreise bewies eine Hamburger Anwaltsgesellschaft mit der Eröffnung von so genannten Anwaltsshops in zwei Kaufhäusern. Platzierung: zwischen Kaffeebar, Geschenkverpackung und Reinigung. Die Geschäftsführerin: »Wir gehen in die Einkaufszentren, damit sich die Kunden lange Wege zum Anwalt ersparen. Sie haben hier Juristen gegenüber eine niedrigere Hemmschwelle.« Egal ob Mietprobleme, Scheidung oder Fahren ohne Führerschein – die Rechtsexperten kennen sich auf allen Gebieten aus. Das Konzept hat sich schon nach kurzer Zeit bewährt. Innerhalb von nur drei Monaten führten die Kaufhaus-Anwälte über 500 Beratungsgespräche durch. Einziger Knackpunkt: Die etablierten Kanzleien und Anwaltskammern laufen Sturm gegen die neuen Kanzleishops (Näheres unter www.praxishandbuch-werbung.de).

Die Beispiele zeigen, dass sich auch mit unkonventionellen Vertriebswegen Marktnischen erschließen lassen. Entwickeln Sie deshalb Visionen – führen Sie diese aber immer auf die Realisierbarkeit zurück, denn auch die zündendste Geschäftsidee kann eine herbe Enttäuschung mit hohen Kosten werden, wenn sie keinen Markt findet.

Mit ihrem Konzept, den Kunden lange Wege zu ersparen, entsprechen die Anwälte einem Trend, der schon einige Zeit anhält und der auch für die Zukunft als Megatrend gehandelt wird: Convenience.

Convenience-Shopping

Der Begriff »Convenience-Shopping« umschreibt die Ansprüche der Kunden, »bequeme« Absatzkanäle nutzen zu wollen. Convenience hat sich in der heutigen Konsumlandschaft etabliert, sei es in Tankstellen-Shops, Kiosken, Tabakwarenfachgeschäften, Bäckereien oder Getränkemärkten. Dabei umfasst Convenience heute mehr als Impulskäufe, Fertiggerichte und den Tankshop, der als *der* Betriebstyp des Convenience-Shoppings gilt.

Der Convenience-Handel erfüllt drei wichtige Kundenanforderungen: verbraucherfreundliche Öffnungszeiten, kundennaher Standort und – im Gastronomiebereich – verzehrsnahes Sortiment.

Convenience-Stores bewegen sich auf den Kunden zu. Man findet sie in dichtbesiedelten Wohngebieten, in der Nähe des Arbeitsplatzes oder am Weg des Kunden. Sie schließen Versorgungsengpässe, die durch das Verschwinden kleiner Lebensmittelgeschäfte und die Verlagerung des großflächigen Handels auf die grüne Wiese entstanden sind. Was ist denn bequemer, als das Notwendigste dort zu erhalten, wo man sich gerade aufhält? Zum Beispiel frische Semmeln gleich vor Ort im Baumarkt oder die Tageszeitung im Blumengeschäft? Noch bequemer ist es, an solchen Orten nicht nur einzukaufen, sondern den Hunger sofort zu stillen.

Das Bedürfnis der Kunden nach Spontaneität, Unabhängigkeit von Zwängen der Planung und Vorratshaltung erfüllt der Convenience-Handel durch die den Verbraucherwünschen angepassten Öffnungszeiten. Dem Trend zu einer »Rund-um-die-Uhr-Gesellschaft« mit dem Wunsch nach einem 24-stündigen Zugang zu Geschäften, Unterhaltung und Dienstleistungen tragen vor allem die modernen Tankshops Rechnung. Hinsichtlich des Punkts »verzehrsnahes Sortiment« helfen Convenience-Stores mit drei Faktoren der Sortimentsgestaltung dem Kunden, Zeit zu sparen: ein flaches und übersichtlich präsentiertes Sortiment, das lange Wege erspart; ein breites Sortiment, um den One-Stop-Shopping-Bonus auszuschöpfen sowie ein Sortiment, das den Weg und die Zeit vom Regal in den Magen minimiert. Der Convenience-Wettbewerb geht weiter, wenn auch mit neuen Schwerpunkten. Für Lebensmittel gilt: gesünder, frischer, ansprechender, praktischer, zielgruppengenauer, bedarfsgerechter – das sind die neuen Anforderungen an Convenience-Produkte. Und die Kriterien, an denen sich neue Convenience-Stores messen lassen müssen, sind: jederzeit verfügbar, zu Tiefstpreisen erhältlich und einzigartig präsentiert. In diesem Zusammenhang wird den sogenannten Chilled-Food-Produkten ein enormes Wachstumspotenzial prognostiziert. Industrie und Handel setzen verstärkt auf frische fertige Lebensmittel. Denn der bequeme Verbraucher verlangt nach Produkten von hoher Qualität und kurzer Zubereitungsdauer.

In der folgenden Übersicht sind einige der derzeit beliebten Convenience-Formen zusammengestellt:

Übersicht: Convenience-Shopping	
Convenience-Shops	Typische Merkmale: einfache, schnelle, bequeme Nahversorgung mit Kleinmengen; verlängerte Öffnungszeiten und Öffnung an Wochenenden; zentrale Lage der Geschäfte in der Nachbarschaft; zeitsparende Kombination mit anderen Dienstleistungen; persönlicher Kontakt; oft zusätzlicher Service; Kostenstruktur: hohe Flächenproduktivität, hoher Personalkostenanteil, hohe spezifische Handlungskosten und Handelsspannen
Tankstellenshops	Bekanntester Typ der Convenience-Shops mit schmalem Food- und Non-Food-Sortiment des täglichen Bedarfs; der größte Umsatzanteil entfällt auf Tabakwaren, es folgen Getränke, Süßwaren, Karten, Zeitschriften, Reifen und Batterien (in absteigender Reihenfolge); das Umsatzwachstum hat sich in den letzten Jahren verlangsamt, ist aber noch beachtlich; im Trend ist der Ausbau des Gastronomiebereichs
Bahnhofs- und Flughafengeschäfte	Bahnhöfe werden schrittweise modernisiert und an geeigneten Standorten zu Konsumzentren – ähnlich Shopping-Centern – ausgebaut; interessant für den Vertrieb sind die Großstadtbahnhöfe, gefolgt von den Pendlerbahnhöfen in Ballungsgebieten; der größte Teil des Umsatzes in Bahnhöfen entfällt auf den Einzelhandel, im Wachstum befindet sich der Gastronomieanteil. Bei Flughäfen hat das sog. Retail-Geschäft die Lande- und Passagiergebühren als Renditebringer überrundet; die Einkaufsbereiche werden nahezu überall erweitert, es entstehen Shopping- und Gastronomie-Malls
Kioske/Trinkhallen	Kleine, individuelle Verkaufsstellen; größte Umsatzanteile werden durch die klassischen Sortimente Tabakwaren, Getränke und Zeitungen/Zeitschriften erzielt; wichtig für den Erfolg ist, dass sich das Angebot der Kioske stärker am Bedarf der Verbraucher im unmittelbaren Einzugsgebiet orientiert; das Angebot kann nur mit deutlich erhöhter Flexibilität in der Sortimentsgestaltung unter einem Filial- oder Franchisekonzept multipliziert werden

Bäckereien	Bei den Bäckereien setzt sich der Abschmelzungs- und Filialisierungsprozess fort. Die Filialisierung bewirkt eine Verdrängung der selbst produzierenden Bäckereien durch reine Backwarenverkaufsstellen. Den verbleibenden Bäckereien eröffnet sich die Chance, durch eine Ausweitung von Zusatzsortimenten vom One-stop-Shopping-Boom zu profitieren. Allerdings stehen viele Bäcker den Convenience-Sortimenten eher ablehnend gegenüber.

Bequemlichkeit ist nicht nur in der Gastronomie gefragt, sondern kennt die unterschiedlichsten Ausprägungen. Ein Beispiel sind die Banken, die mit mobilen Vertriebseinheiten zum Kunden ins Haus kommen oder dem Convenience-Gedanken beispielsweise in Form der Bank-Shops Rechnung tragen. Solche »Zweigstellen der Zukunft« werden räumlich – als offen gestaltete Filialen – in Einkaufszentren integriert, so dass der Kunde während seines Einkaufs bequem auch seine Bankgeschäfte erledigen kann. Ein weiteres Beispiel sind die Discounter. Es gibt immer mehr Outlets, meist verkehrsgünstig gelegen, mit genügend Parkplätzen, bald für jeden schnell zu erreichen – und dies mit übersichtlichen Sortimenten, zu niedrigen Preisen und längeren Öffnungszeiten. Konsequent der Convenience-Schlüsselidee des One-Stop-Shopping folgend, ist das Angebot über das reine Handelssortiment hinaus um Gastronomie- und Dienstleistungsmodule zu erweitern. Wegen der langen Öffnungszeiten bieten sich auch Post- und Paketdienste, Geldautomaten, Fotoannahme, Fahrkartenverkauf und DVD-Verleih an.

»New Channels« heißt ein aktuelles Schlagwort. Es steht symbolisch für die Entwicklung neuer Absatzkanäle, mit denen die Industrie immer mehr dorthin geht, wo die Kunden sind, und sich nicht mehr auf die Belieferung klassischer Absatzmittler beschränkt. »New Channels« sind neben den Convenience-Stores zum Beispiel Videotheken, Diskotheken, Getränke-Abholmärkte, Freizeitparks, Banken et cetera. Die Vermarktung von Produkten in »New Channels« wird künftig stark an Bedeutung gewinnen. Vor allem unter dem Gesichtspunkt der konsequenten Ansprache der Bedürfnisse der Endverbraucher ist der New Channel als »Point of Communication« nicht mehr aus einer zielgerichteten Marktbearbeitung wegzudenken.

Shoptainment

Der Kunde von heute will Unterhaltung, Erlebnisse – *Shoptainment* ist eine Antwort darauf Der Begriff, eine Wortschöpfung aus Shopping und Entertainment, soll für die Verbindung von Handel (Shopping) und dem Bereich Freizeit und Unterhaltung stehen. Sihlcity, das erste Shoptainment-Center der Schweiz in Zürich, bietet alles: Montagsshopping und Sonntagsausflug, Kerzendinner und Schnellimbiss, Tanzvergnügen, Kinospaß und Übernachtungsmöglichkeiten.

TV-Absatz: Umsatzplus auf Sendung

Teleshopping ist ein lukrativer Vertriebskanal für viele Anbieter geworden. Einer der Gründe: TV-Shopping auf der Couch per Fernbedienung oder Telefontastatur ist inzwischen genauso einfach geworden wie das Ordern im Internet. Und die TV-Auktionen setzen noch eins drauf. Die Kombination aus Spannung beim Bieten, Unterhaltung und Produktpräsentation stimuliert die Zuschauer verstärkt zu spontanen Käufen. Außerdem machen erfahrene Moderatoren mit ihren Anekdoten aus dem einfachsten Produkt etwas Besonderes. So gelingt es den Sendern, ständig neue, kaufkräftige Zielgruppen vor die TV-Schirme zu locken, beispielsweise jüngere Käufer. Davon profitieren vor allem kleine, regional tätige und eher unbekannte Firmen.

Rund 5,4 Mio. Zuschauer kaufen regelmäßig via Verkaufssender. Mit neuen Sortimenten (zum Beispiel Heimwerkerbedarf) und neuen Verkaufsformen wie dem Auktionsprinzip werden heute verstärkt auch Männer angesprochen. Arena TV, Bietbox TV und 1-2-3.TV nutzen die Ebay-Begeisterung und bieten den Zuschauern die Schnäppchenjagd: Der Preis eines Angebots steigt, wenn viele bieten, und sinkt, je länger die Bietenden warten. Der Sender kauft die Produkte oft komplett und trägt die Kosten für TV-Produktion, Sendung und Auftragsabwicklung. Der Lieferant hat kein Abverkaufsrisiko, er bietet eine Liefergarantie für einen festen Zeitraum.

Im Fernsehen können Sie erklärungsbedürftige Produkte effektvoll vorführen. Achten Sie besonders auf gute Qualität, sonst drohen hohe Retouren und Sie bekommen keine Folgeaufträge. Produkte müssen emotionalisieren, mit einer Story aufwarten und sollten innerhalb von sechs bis acht Minuten Sendezeit überzeugend und kompetent vor der Kamera präsentiert werden können. Wichtig ist die Wahl des optimalen Senders.

Supermarkt-TV

Neben traditionellen Werbemitteln wie Plakaten, Anzeigen oder Aufklebern werden immer häufiger Bildschirme auch im Supermarkt oder in U-Bahn-Stationen für den Vertrieb genutzt. Erfahrungen der britischen Supermarktkette Tesco zeigen: Ein Spot im Supermarkt-TV steigert den Absatz eines Produkts um 10 bis 12 Prozent. Bei einer Werbung über In-Store-Displays beziehungsweise Bildschirm sind einige wichtige Grundsätze zu beachten: 1. Bei der Gestaltung der Spots sind kontrastreiche Bilder, große Schriften und eine starke Bildsprache (da der Ton im Laden untergeht) wichtige Elemente. 2. Auf Laufbänder mit Text sollte verzichtet werden. 3. Der Bildschirm sollte sich nahe bei dem beworbenen Produkt befinden. Zum Beispiel verkauft sich ein Sonderangebot am besten auf einem Bildschirm oberhalb des Produktregals. 4. Die Bildschirme sollten geschmackvoll in die Ladeneinrichtung eingepasst werden.

Mobile Vertriebseinheiten

Mobile Vertriebseinheiten sind ein Absatzkanal, auf den zum Beispiel die Banken heute verstärkt setzen. Ein Banker:»Für unsere Kundenberater ist es völlig normal, den Kunden dort zu treffen, wo er es wünscht. Denn auch in Zeiten moderner Kommunikationsmittel ist das persönliche Gespräch durch nichts zu ersetzen.« Während Großkunden an jedem beliebigen Ort der Welt besucht werden, war in den neunziger Jahren der Servicegürtel für die »normalen« Bankkunden immer enger geworden. Doch dieser Trend hat sich jetzt umgedreht. Er wird nicht nur mit günstigen Zinsen umworben, sondern es sollen ihm auch sämtliche Kommunikationswege offen stehen. Wenn er es will, wird er auch im Wohnzimmer oder am Arbeitsplatz besucht. Die mobilen Berater beispielsweise der Citibank können sämtliche Beratungsleistungen erbringen. Ausgestattet mit onlinefähigem Laptop und Drucker können sie alle Arbeiten wie in der Filiale erledigen. Ein Bankvertreter:»Der mobile Vertrieb wird von unseren Kunden sehr gut angenommen – und das nicht nur in den Regionen, in denen unser Filialnetz weniger dicht ist. Die Kunden können so Zeit einsparen, da der Weg in die Filiale entfällt. Zudem schätzen sie, dass unsere mobilen Berater auch abends und am Wochenende zu ihnen kommen.«

Für das Problem der Zurechnung der mit den Kunden erzielten Erträge auf die verschiedenen Vertriebswege schlägt Anke Dembowski in ihrem Beitrag »Hochmotiviert zum Kunden: Banken machen mobil« in der Zeitschrift »portfolio international« folgendes Vorgehen vor. Sie schreibt, dass ein Kunde möglichst spartenübergreifend Erlöse bringen soll. Der mobile Vertrieb werde eher das provisionsträchtige Wert- und Versicherungsgeschäft als das Kleingeschäft mit Konten und Sparbüchern anstreben. Die Akquise der Kunden erfolgt jedoch in der Filiale über das Girokonto. Hier könnte der mobile Vertrieb Filter setzen, wie etwa Höhe des Gehalts, und dann landen die ertragreichen Kunden beim mobilen Vertrieb – was jedoch den Filialleiter nicht erfreuen würde. Deshalb schlägt die Autorin vor, zusätzlich zu den quantitativen Zielen qualitative Ziele zu setzen, wie zum Beispiel Überleitung von x Kunden zum mobilen Vertrieb.

Multi-Level-Marketing

Wie bereits erwähnt, versuchen heute zahlreiche Unternehmen, zum Beispiel über das Internet die Distanz zum Endkunden zu verringern, Daten zu generieren und vorsichtige Schritte zur Einführung von Direktvertrieb zu gehen. Multi-Level-Marketing, auch Networkmarketing oder Strukturvertrieb genannt, ist ein weiterer Baustein dieser Strategie und ermöglicht es, über den direkten Kundenkontakt besonders wertvolle Daten über die Kunden, ihre Bedürfnisse, ihr Verhalten et cetera zu sammeln und im Sinne des Unternehmens zu nutzen.

Strukturvertrieb ist eine der ältesten Vertriebsformen. Allen Vorurteilen zum Trotz kann er den Unternehmen bestimmter Branchen bei der Suche nach innovativen Differenzierungsmöglichkeiten im Vertrieb weiterhelfen. Es handelt sich dabei um eine Spezialform des Direktvertriebs, die gekennzeichnet ist durch eine hohe Anzahl an Vertriebsmitarbeitern (in der Regel freie Handelsvertreter), steile Hierarchien, intensive Anwerbung neuer Mitarbeiter, meist hohe umsatzabhängige Provisionen und den Verkauf beim Kunden vor Ort.

Der Strukturvertrieb ist für weitaus mehr Branchen geeignet als die, in denen er heute zu finden ist. Erklärungsbedürftige Produkte mittlerer und hoher Wertigkeit lassen sich aus heutiger Sicht problemlos über Strukturvertriebe vertreiben. Darauf verweisen Björn Reineke und Kai Howaldt in ihrem Beitrag »Strukturvertrieb: Erfahrungen, Herausforderungen und ein Vorgehensmodell« in dem Buch »Alternative Vertriebswege«, Verlag Schäffer-Poeschel. Die Autoren schreiben: »Auch wenn heute und in absehbarer Zeit Finanzdienstleistungen den Schwerpunkt der über Strukturvertriebe verkauften Produkte stellen, ist gerade im Gebrauchsgütersektor mit einem steigenden Anteil des Struktursystems zu rechnen. Computer, Unterhaltungselektronik und Telekommunikationsleistungen wären hier zu nennen«.

Auf Erfolgskurs mit einer Verknüpfung von online und offline

Durch das Internet hat der *Distanzhandel* stark an Bedeutung gewonnen. War er früher vor allem dem klassischen Versandhandel vorbehalten, so ist es nun auch dem stationären Handel möglich, die Kunden über das Internet zu Hause anzusprechen. Zum Distanzhandel zählen auch Tiefkühlheimdienste, Markthandel beziehungsweise ambulanter Handel, Teleshopping oder das Kataloggeschäft und der Direktvertrieb der Hersteller.

Die Studie »The Multichannel Consumer. The Need to Integrate Online and Offline Channels in Europe« der Boston Consulting Group kommt zu dem Ergebnis, dass eine Verbindung von Online- und Offline-Aktivitäten den größten Erfolg verspricht. Danach treffen 88 Prozent aller Internet-Nutzer ihre Kaufentscheidung, nachdem sie zuvor das jeweilige Produkt im Internet begutachtet haben. 85 Prozent der »Online-Informer« kaufen im stationären Geschäft nur die im Netz bereits gesehenen Marken und 35 Prozent steuern danach die entsprechenden traditionellen Händlervertretungen an. Dabei spielt die örtliche Nähe eine wichtige Rolle für den Kaufentscheid. So kaufen 65 Prozent der europäischen Verbraucher das Produkt – über das sie sich im Internet informiert haben – bei demjenigen Anbieter, der für sie am günstigsten liegt. Etablierten Einzelhandelsketten mit stationärer Präsenz und ansprechenden Online-Auftritten werden deshalb gute Zukunftsaussichten vorausgesagt.

Besonders beliebt ist heute das sogenannte »Click-and-Mortar«-Geschäft. Dabei handelt es sich um eine Kombination aus virtuellem und traditionellem Geschäft, wobei die alten und neuen Distributionskanäle nebeneinander bestehen bleiben. Nach Studien der GfK liegt diese zweigleisige Handelsform mit einem Anteil von 51 Prozent bereits über dem reinen E-Commerce-Geschäft. Das »Click-and-Mortar«-Geschäftsmodell bietet traditionellen Unternehmen die Chance, dem Direktvertrieb eine wesentlich prominentere Rolle zu übertragen, den Zwischenhandel (teilweise) zu subsumieren (Factory Outlet) und dadurch den eigenen Deckungsbeitrag zu erhöhen.

Bei »Click-and-Mortar« gewinnt der Händler über das Internet neue Abnehmer hinzu und bietet dem Kunden daher nicht nur »Click«, sondern auch den Mörtel (englisch »mortar«) für die Ziegel (kommt von der früheren Bezeichnung »From Brick to Click«, als manche die deutsche Ziegelstein-Mentalität beklagten – daher: »brick«). Zugleich bietet der Händler seinem vorhandenen Kundenstamm durch Online-Bestellung und Warenbelieferung einen zusätzlichen Service.

Absatzkanal Internet

Als der Online-Reifenhandel der Firma Deltikom an den Start ging, winkten Branchenkenner nur ab: »Reifen kann man nicht übers Internet verkaufen«, so lautete einhellig das Urteil. Doch Deltikom bewies das Gegenteil. Innerhalb von drei Jahren wurde die Firma zum größten europäischen Online-Reifenhändler und »brilliert im Internet mit einer Erfolgsstory, die ihresgleichen sucht«, so Professor Arnold Picot von der Universität München.

Der Verkauf über das Internet boomt. Zweistellige Wachstumsraten sind im elektronischen Verkauf über das Internet keine Seltenheit. Ein Anbieter von Luxusleuchten erzielte sogar innerhalb von nur zwei Jahren ein Umsatzplus von über 3.000 Prozent!

Webshopping bietet für Anbieter und Kunden Vorteile, die sich sehen lassen. Für beide gilt: Es ist einfach, schnell, bequem und spart Kosten. Kunden können auf Tastendruck weltweit Produkte oder Dienstleistungen suchen, vergleichen und bestellen, wobei sie auf keinen Ladenschluss Rücksicht nehmen müssen. Anbieter können per Internet einen einfachen und leistungsstarken Direktvertrieb aufbauen (zum Beispiel per Webshop oder auf virtuellen Märkten). Das Angebot ist im Web automatisch lokal, regional und weltweit verfügbar. Viele Online-Anbieter haben kein aufwendiges Geschäftslokal und können daher mit niedrigeren Preisen Gewinne erzielen.

Kriterien für erfolgreiche Webshops

Wenn Sie einen Webshop betreiben, ist die einfache Handhabung der Website durch die Kunden ein wichtiger Erfolgsfaktor. Machen Sie es Ihren Kunden angenehm und leicht, Ihren Webshop zu besuchen? Die folgende Checkliste enthält dafür einige wichtige Kriterien.

Kriterien	Ja	Nein	Aktion
Ist Ihr Webshop in ein schlüssiges Konzept eingebunden?	❏	❏	
Haben Sie ein attraktives Angebot?	❏	❏	
Kann der Kunde klar erkennen, welchen Nutzen er aus bestimmten Eigenschaften Ihrer Produkte ziehen kann?	❏	❏	
Bieten Sie in Ihrem Webshop Schnäppchen an?	❏	❏	
Verfügt Ihr Webshop über ein übersichtliches Design?	❏	❏	

Ist das Design attraktiv bezüglich Farbwahl und Zusammenstellung?	❏	❏
Stehen Grafik und Inhalt in einem ausgewogenen Verhältnis?	❏	❏
Erhält der Kunde optimalen Komfort beim Navigieren durch Ihr Angebot?	❏	❏
Ermöglichen Sie ihm einen schnellen Einstieg zum gesuchten Produkt?	❏	❏
Bieten Sie ausdrücklich Ihre Unterstützung während und nach dem Kauf an?	❏	❏
Sind alle Telefonnummern und E-Mail-Adressen angegeben, über die der Kunde Ihr Haus kontaktieren kann?	❏	❏
Sind Ihre für den Kundenservice zuständigen Mitarbeiter abgebildet?	❏	❏
Kann der Kunde auf Frequently Asked Questions (FAQ) zugreifen?	❏	❏
Bieten Sie dem Kunden auch Mehrwert (zum Beispiel Tipps zur Produktnutzung, tagesaktuelle Infos, Gutscheine, Newsletter, Geschenke)?	❏	❏
Reagieren Sie prompt auf Anfragen?	❏	❏
Sichern Sie die Eigenschaften Ihrer Produkte verbindlich zu?	❏	❏
Bieten Sie Garantien über das übliche Maß hinaus?	❏	❏
Kann der Kunde seine Bestellungen rasch und komfortabel aufgeben?	❏	❏
Geben Sie dem Kunden Kostensicherheit (zum Beispiel verbindliche Endpreise)?	❏	❏
Informieren Sie den Kunden eindeutig über die Geschäftsabwicklung und den Bezahlmodus?	❏	❏
Sind Ihre Preise stets aktuell?	❏	❏
Informieren Sie den Kunden konkret über den Versand?	❏	❏
Sorgen Sie für eine schnelle Auslieferung (optimal: Lieferung innerhalb von 24 Stunden)?	❏	❏
Ist Ihr Kundendienst zuverlässig und schnell?	❏	❏

Strategische Planung eines Webshops

Wenn Sie einen Webshop eröffnen wollen, brauchen Sie eine klare Strategie für den Einstieg. Es empfiehlt sich ein schrittweises Vorgehen:

1. Ideen sammeln	Im Internet ist vieles möglich: von der reinen Verkaufsförderung bis zur massiven Ausweitung des Kundenkreises. Am besten sammeln Sie in einem Firmen-Workshop Ideen aus allen Abteilungen. Das Ergebnis sollte ein klarer Prioritätenplan sein.
2. Potenziale checken	Klären Sie, welche Voraussetzungen in Ihrer Firma vorhanden sind, damit Ihr Online-Geschäft erfolgreich wird.
3. Sortiment prüfen	Ein Web-Shop lohnt sich, wenn Ihre Produkte mit einfachen Suchbegriffen zu finden sind.
4. Kunden analysieren	Haben Sie die passenden Kunden? Analysieren Sie, welche Kunden wahrscheinlich auf Ihre Website kommen werden (Alter, Einkommen etc.), welche Wünsche/Bedarf sie haben und welchen Nutzen sie von Ihrem Angebot erwarten. Ermitteln Sie mit einer Fragebogenaktion, in welcher Form Ihre Kunden das Internet bereits nutzen.
5. Ziele festlegen	Erstellen Sie ein Grobkonzept. Definieren Sie Ihre virtuelle Zielgruppe und beschreiben Sie Ihr spezielles Leistungsangebot. Es lohnt sich, wenn Sie auch ergänzende Informationen und Serviceleistungen einbeziehen. So erhöhen Sie enorm die Attraktivität Ihrer Web-Präsenz und sorgen für eine gute Kundenbindung. Bestimmen Sie außerdem einen Verantwortlichen, der alle weiteren Aktivitäten koordiniert.
6. Angebotsstrategie prüfen	Wollen Sie Ihr gesamtes Produktspektrum im Webshop anbieten oder Teile? Im Prinzip sind Ihre Kunden es gewohnt, Ihr gesamtes Produktangebot bei Ihnen bestellen zu können. Möglicherweise akzeptieren Sie Ihren Webshop nicht wie gewünscht, wenn sie nicht Ihr gesamtes Angebot vorfinden. Andererseits können der Aufbau und die Pflege eines Web-Angebots mit vielen Produkten aufwendig und teuer werden. Prüfen Sie deshalb, ob Ihr Webshop wirklich alle Produkte enthalten muss. Vieles spricht auch dafür, zunächst mit einer eingeschränkten Lösung anzufangen. In dieser Anfangsphase können Sie wichtige Erfahrungen sammeln, von denen Sie später profitieren.

7. Budget aufstellen	Erfassen Sie alle Wechselwirkungen mit dem Stammgeschäft, von der Werbung über den Vertrieb bis zum Service. Für den Netz-Auftritt selbst fallen Kosten für Technik, Speicherplatz, Datenleitung, Programmierung, Design sowie Personal- und Beratungsleistungen an. Achtung: Die Jahreskosten für Aktualisierung und Pflege erreichen leicht 50 Prozent der Startausgaben. Fangen Sie deshalb besser klein an und halten Sie Langzeitreserven vor.
8. Zeitrahmen prüfen	Wenn Sie mit dem richtigen Timing an den Start gehen wollen, brauchen Sie einen genauen Zeithorizont. Je nachdem, wie komplex das Internet-Angebot ist, sind zwei bis sechs Monate realistisch. Am besten, Sie kalkulieren straff mit einem üppigen Puffer für Testphasen.

Wichtige Grundsatzfragen klären

Bevor Sie Ihr Projekt Webshop in Angriff nehmen, ist noch eine Reihe wichtiger Fragen zu klären:

1. Welche Kunden bedienen Sie wie am besten? Für den Absatzkanal »Internet« bedeutet das die Wahl zwischen einem Webshop und einer Integration in Beschaffungssysteme und Marktplätze über elektronische Kataloge. Grundsätzlich gilt: Für Kaufentscheide, die vom Anwender individuell und kurzfristig getroffen werden, ist ein Shop die bessere Wahl. Für Kaufentscheide auf Basis von unternehmensweiten Beschaffungsstrategien bei Großabnehmern eignet sich eine elektronische Kataloglösung mit Integration in die Beschaffungssysteme der Kunden besser. Da viele Anbieter beide Kundentypen haben, sind meist beide Alternativen einzuplanen.
2. Mit welchen möglichen Risiken ist zu rechnen? Die große Preistransparenz speziell auf elektronischen Marktplätzen birgt wichtige Risiken in sich. Ein Preiskampf beziehungsweise ein erhöhter Preisdruck lässt Ihre Gewinnmargen schnell schrumpfen.
3. Können Sie den Logistikaufwand professionell bewältigen? Wie sollen die online bestellten Produkte geliefert werden? Ein schneller Lieferservice ist ein entscheidendes Erfolgskriterium. In der Praxis wird nach folgenden Logistikklassen oder Stufen unterschieden: digitale beziehungsweise digitalisierbare Produkte, materielle Produkte, die innerhalb von 24 Stunden durch Paketdienste an jeden Ort geliefert werden können, sowie Produkte, die leicht verderblich, schwer oder

sperrig sind und eine teure und aufwendige Auslieferungslogistik benötigen. Zunehmender Logistikaufwand ist mit steigenden Kosten verbunden. Dies senkt jedoch den Kundennutzen des günstigeren Einkaufs über das Internet. Um erfolgreich auch solche Produkte über das Internet vertreiben zu können, muss eine Verschiebung hin zu den Nutzenmerkmalen »Bequemlichkeit« oder »Zusatzinformationen« durch das digitale Medium erfolgen. Dann wird der Internetkunde bereit sein, einen höheren Kaufpreis als im stationären Handel zu akzeptieren.

4. Wie weit ist ein Webshop für Sie wirtschaftlich? Eine Kosten-Nutzen-Analyse gibt Antwort.

5. Haben Sie die passenden Lieferanten für einen Online-Verkauf? Wie stehen Ihre Zulieferer zum Internet? Klären Sie auch, ob derzeitige oder zukünftige Lieferanten E-Business-Komponenten schon nutzen oder nutzen wollen. Viele Marktanalysen sehen speziell im Business-to-Business-Bereich (B2B) die größten Potenziale für Rationalisierung und Effizienzsteigerung.

6. Welche technischen Vorbereitungen sind notwendig? Sie können die technische Anbindung in Stufen vornehmen. In der einfachsten Ausführung brauchen Sie in Ihrer Firma nur einen PC mit einem Internet-Browser. Service-Provider oder Marktplatzbetreiber speichern die Seiten mit den Angeboten Ihrer Firma auf ihrem Rechner und stellen sie online zur Verfügung. Die Alternative ist ein eigener Server, der sich bei umfangreichem Angebotsvolumen im Netz und vielen Besuchern beziehungsweise Transaktionen lohnt.

7. Welche organisatorischen Vorbereitungen sind nötig? Wohin sollen Anfragen, die übers Web eintreffen, geleitet werden? Wie kann eine schnelle Reaktion sichergestellt werden? Wie ist mit einem unerwartet hohen Auftragseingang umzugehen? Müssen Zuständigkeiten im Unternehmen bei der Einführung eines Webshops geändert werden?

Ein reibungsloser Ablauf ist ein sehr wichtiger Erfolgsfaktor. Es zählt nicht nur ein schönes »Schaufenster«, auch der Ablauf von Bestellung über Zahlung und Versand muss stimmen.

8. Wie wollen Sie Ihren Webshop bekannt machen? Online-Marketing setzt nicht erst dann ein, wenn für eine fertige Website Besucher gewonnen werden sollen. Bereits in der Planungsphase, zum Beispiel bei der Namensfindung für das Unternehmen und das Produkt, werden Entscheidungen getroffen, die auch für das Marketing von großer Bedeutung sind. Binden Sie Ihre Marketingfachleute früh in die Entscheidungsprozesse ein. Auf jeden Fall sind Einträge in Such-

maschinen Pflicht. Programme wie http://hello-engines.de helfen dabei. Denken Sie auch über Partnerprogramme nach: Lohnt es sich, Produkte aus einem fremden Shop mit der eigenen Seite zu verlinken?

Tipp: Eine gute und oft kostenlose Möglichkeit, den Bekanntheitsgrad von Webseiten im Web zu verbessern, ist der Eintrag in Webkatalogen. Je nach Qualität der Kataloge werden die Einträge über Suchmaschinen gelistet und belegen bei guten Katalogen auch häufig über Jahre hinweg vordere Positionen in Google. Worauf Sie bei Einträgen in Webkatalogen achten sollten, ist nachlesbar unter http://www.firmen-banner.com/webkataloge.html.

9. Um beim Einsteig in den Online-Handel die Kosten im Rahmen und das Risiko gering zu halten, empfiehlt es sich, klein anzufangen und den elektronischen Shop ständig weiterzuentwickeln.

Filiale in einer Shopping Mall. Die erste Möglichkeit, um kostengünstig in den Web-Handel einzusteigen, besteht darin, den Shop nicht unter einer eigenen Internet-Adresse anzubieten, sondern eine virtuelle Filiale in einem Online-Kaufhaus (Shopping Mall) zu beziehen. Dieses wird von mehreren Unternehmen gemeinsam betrieben, um so ein breites Angebot für den Kunden bereit zu stellen. Die Vorteile sind: geringere Grundkosten, größere Besucherströme und lukrative Cross-Selling-Effekte. Wichtig: Online-Kunden bevorzugen regionale oder branchenspezifische Malls mit breitem Informations- und Serviceangebot.

Beispiele für Shopping-Malls: www.buy24hours.de, www.myshop.de, www.shopping24.de, www.kelkoo.de

Miet-Shop. Eine andere günstige Möglichkeit sind professionelle E-Shop-Lösungen auf Mietbasis. Preiswerte Mietlösungen, die einen testweisen Einstieg erlauben, minimieren das Risiko eines Fehlgriffs. Einfache Webshops »von der Stange« sind sogar kostenlos erhältlich, allerdings sind diese meist nur für Testzwecke geeignet (Beispiel: WebMart). Die gesamte technische Abwicklung (»Hosting«) übernimmt der Mietshop-Anbieter. Manche Anbieter offerieren zur Shop-Infrastruktur auch Funktionen wie Kundenregistrierung, Marketing- und Logistikdienste. Wird auch die kaufmännische Abwicklung übernommen, kommen Sie ohne Fixkosten zu einem neuen Vertriebsweg.

Die Miete eines Shops bietet sich an, wenn der Shop nicht unbedingt in die eigene IT-Infrastruktur integriert werden soll und mehr eine »sorgenfreie« Standardlösung gefragt ist.

Profitieren von elektronischen Handelsplätzen

Auch ohne eigenen Internet-Auftritt können Sie vom Online-Handel profitieren. Auf elektronischen Marktplätzen können Sie sowohl selber Ihre Produkte anbieten wie auch die Ausschreibungen von Beschaffungswünschen studieren. Über virtuelle Marktplätze vertreiben Unternehmen Baustoffe, Stahlwaren, Chemikalien, Büroartikel et cetera. Vermehrt sind jetzt auch Dienstleistungen im Angebot. Bei ebay, dem weltgrößten Marktplatz im Internet, ersteigern Kunden Autos im Wert von Millionen Dollar. Sogar Flugzeuge und Häuser wurden schon via Internet verkauft oder die Leistung von Fernsehköchen gemietet.

An einem elektronischen Marktplatz können Sie mit wenig Aufwand teilnehmen, ein Internetzugang genügt. Über die Kontaktaufnahme, Preisbildung, Vertragabschluss, Liefertracking und Bezahlung kann in der Regel der komplette Prozess abgewickelt werden. Nachteilig aus Anbietersicht ist jedoch, dass Technik und Anlage des Webs die Anbieter und ihre Konditionen sehr transparent machen.

Unterscheidungsmerkmale

Es gibt B2B-(Business-to-Business-)Marktplätze für Geschäftskunden, B2C-(Business-to-Consumer-)Marktplätze für den Vertrieb an Endkunden und B2A-Marktplätze (Business-to-Public-Authorities) für Geschäftsbeziehungen mit der öffentlichen Verwaltung. Weitere Formen sind: Consumer-to-Business (C2B) oder Consumer-to-Consumer (C2C).

Unterschieden wird unter anderem auch zwischen horizontalen und vertikalen Märkten. Bei Ersteren wird ein Branchen übergreifendes Publikum angesprochen und Produkte angeboten, die alle Unternehmen brauchen (beispielsweise Büroausstattung, Logistikdienstleistungen oder Güter der Informationstechnik). Hierbei ist es aus Teilnehmersicht wichtig, dass das Sortiment groß und das Preisniveau niedrig ist. Vertikale Märkte sind auf eine Branche ausgerichtet. Dadurch können die Handelsbeziehungen dort besonders wirkungsvoll unterstützt und durch eine intensive On- und Offline-Betreuung wertvolle branchenbezogene Zusatzdienstleistungen angeboten werden. Für fast alle Branchen gibt es auf nahezu allen Stufen der Lieferkette mehrere Marktplätze. Eine intensive Bindung der Unternehmen an den B2B-Marktplatz wird erreicht, wenn sich innerhalb der Teilnehmerschaft eine Gemeinschaft (Community) bildet.

Beispiele für vertikale Marktplätze sind www.newtroncomponet.com oder www.techpilot.net. Beispiele für einen horizontalen Marktplatz sind www.econia.com oder www.verticalnet.com (hierbei handelt es sich um einen horizontalen Marktplatz mit einer Ansammlung verschiedener vertikaler Marktplätze, um so ein sehr breites Angebot zu verwirklichen). Bei den elektronischen Märkten gibt es verschiedene Handelsformen:

1. **Katalogbasierte Märkte.** Hier werden meistens die Kataloge verschiedener Hersteller in einem Gesamtkatalog geführt. So können die Einkäufer unabhängig vom Hersteller und produktbezogen im Katalog suchen. Beispiel: www.mercateo.com
2. **Ausschreibungsbasierte Märkte.** Hier erfolgen Angebote auf Ausschreibungen von Beschaffungswünschen hin. Die Gesuche können dann zum Beispiel automatisch an passende Lieferanten in einem bereits bestehenden Pool weitergeleitet werden (wie bei www.web tradecenter.de). Oder die Einkäufer können im Pool Anbieter selektiv zur Angebotsabgabe auffordern. Manchmal übernehmen Marktplatzbetreiber selbst die Suche nach geeigneten Lieferanten (zum Beispiel www.econia.de).
3. **Auktionsbasierte Marktplätze.** Die häufigsten Formen sind: a) die klassisch/englische Auktion (der höchste Bieter erhält den Zuschlag, zum Beispiel www.netbid.de für Gebrauchtmaschinen oder www.ebay.de); b) die umgekehrte Auktion (Reverse Auction – läuft praktisch ab wie eine Ausschreibung). Der Käufer macht seinen Bedarf bekannt. Die Anbieter geben ihre Gebote ab und der günstigste bekommt den Zuschlag. Beispiel: www.portum.de. Der Verkäufer sieht sich hierbei häufig einem starken Preiskampf ausgesetzt.

Auktionsplattformen existieren häufig für den Handel von Produkten im Industriebereich, wie beispielsweise dem Rohstoffeinkauf im Maschinenbau, dem Vertrieb von Zwischenprodukten, aber auch der Vergabe von Dienstleistungen. Für Letztere gibt es inzwischen auch mehrere Marktplätze. Hier bieten zum Beispiel Freiberufler oder Fachfirmen ihre Fähigkeiten an. Andererseits schreiben Firmen ihren Leistungsbedarf aus oder suchen per Auktion den günstigsten Anbieter. Vorgefertigte Formulare und Checklisten helfen bei der Ausschreibung. Standardisiert formulierte Angebote gestatten den schnellen Vergleich von Preis und Leistung. Beispiele für Marktplätze für Dienstleistungen sind www.my-hammer.de oder www.dtad.de

Teilnahme an einem elektronischen Marktplatz

Wollen Sie an einem virtuellen Marktplatz anbieten, dann überprüfen Sie zunächst Ihre eigene Angebotspalette. Direkte Angebote mit Festpreis kommen insbesondere für katalogbasierte, das heißt eindeutig beschreibbare Güter (zum Beispiel Standardwerkzeuge) aus Massen-/Serienfertigung in Frage. Marktplätze mit Ausschreibungsverfahren bieten sich an, wenn Sie erst nach Auftrag arbeiten oder Einzelstücke fertigen. Wählen Sie die Laufzeit nicht zu kurz (in der Regel drei bis zehn Tage). Auktionen sind gut für die Preisfindung geeignet. Eine Reverse Auction ist die optimale Handelsform für Waren, die sofort »raus« müssen – beispielsweise verderbliche Lebensmittel oder Tickets. Bei manchen Marktplätzen ist auch das sogenannte »Power Buying« möglich. Hier bieten Sie Produkte »im Dutzend billiger« an. Je mehr Bestellungen für ein Power-Buying-Angebot zusammenkommen, desto billiger können Sie ein Produkt im Einzelstück abgeben. Der Clou: Bei gut kalkulierten Preis-Staffelungen erwirtschaften Sie bei mehr Bestellungen auch bei geringerem Stückpreis einen größeren Umsatz.

Wählen Sie anschließend einen für Sie passenden Marktplatz aus. Dabei hilft Ihnen die Beantwortung folgender Fragen:

Werden jeweils zu Ihrem Produktspektrum passende Güter angeboten?	Es ist ein entscheidendes Kriterium, ob Ihre eigene Branche bedient wird und passende Güter gehandelt werden, ob also tatsächlich Angebot und Nachfrage zusammenfinden.
Gibt es eine ausreichende Kundenzahl?	Anhaltspunkte geben Nutzungsstatistiken, zum Beispiel Anzahl der Verkaufsangebote oder der Ausschreibungen oder Zahlen registrierter Unternehmen.
Wie steht es mit der Sicherheit und Zuverlässigkeit?	Die Betreiber von elektronischen Märkten versuchen, die Seriosität von teilnehmenden Unternehmen vor dem Markteintritt abzuchecken. Die Maßnahmen dafür reichen von einem ausführlichen Registrierungsfragebogen über die Anforderung von Kreditwürdigkeitsdaten bis zur Notwendigkeit, Bankbestätigungen einzureichen oder eine Firmenbesichtigung durchführen zu lassen. Dass die beteiligten Unternehmen geprüft sind, sollte deutlich angezeigt werden. Außerdem dürfen Daten von Unbefugten nicht eingesehen oder sogar verändert werden können. Achten Sie deshalb darauf, dass sämtliche Transaktionen sicher verschlüsselt werden können. Schauen Sie sich auch die Bewertungen an, die andere Geschäftspartner nach abgeschlossenen Transaktionen über einen für Sie möglichen Kunden abgegeben haben.

Sind die Kosten angemessen?	Schauen Sie sich genau die Gebührensätze an. Am häufigsten fallen Gebühren in einer der folgenden Formen an, die auch in Kombinationen auftreten: a) feste Grundgebühr monatlich oder pro Quartal, diese Gebühren entsprechen einer Art Mitgliedsbeitrag; b) Auktionsgebühren – zum Beispiel wenn ein Einkäufer eine Auktion eröffnen oder ein Verkäufer ein Gebot darauf abgeben will; c) erfolgsabhängige Provisionen. Diese sind zu bezahlen, wenn tatsächlich ein Geschäft zustande kommt. Sie werden auf die Höhe des Auftragsvolumens bezogen. Meist sind sie vom Verkäufer zu entrichten. Je nach Branche fallen sie in unterschiedlicher Höhe an. Tipp: Schauen Sie sich bei einem elektronischen Marktplatz auch die Einkaufsseite an. Nur wenn die Summe der Kosten gerecht verteilt wird, findet der Marktplatz auf beiden Seiten die nötige Akzeptanz.
Ist eine Anbindung an Ihre betrieblichen Informationssysteme möglich?	Durch eine Integration der Abläufe rund um den Marktplatz erzielen Sie eine deutliche Effizienzsteigerung. Kurzfristig können Marktplätze zumindest (manuelle) Import- und Exportmöglichkeiten für Daten anbieten. Längerfristig sollte eine direkte und damit effizientere Anbindung bestehen.
Gibt es ausreichende Hilfen bei der Systemnutzung?	Zum Beispiel bei der Teilnahme an Ausschreibungen oder Auktionen können Schwierigkeiten auftreten. Hier sind Hilfsfunktionen wichtig, damit die Marktplatzbetreiber schnell kontaktiert werden können.
Ist die geografische Ausrichtung passend?	Der Anteil der Logistik an den Produktkosten ist nicht zu unterschätzen. Je niedriger dieser Anteil ist, desto weiträumiger kann und sollte ein Marktplatz ausgerichtet sein.
Werden klare Informationen für den Handelsprozess gegeben?	Zum Beispiel über die gehandelten Güter, die Anbieter und die Nachfrager sowie die Handelsbedingungen.
Ist die Abwicklung kundenfreundlich?	Unterstützt der Marktplatz die Lieferung der erworbenen Produkte? (Oft sorgen Marktplätze mit Kooperationspartnern für den Transport der Waren oder bieten eine Vermittlung an.) Ist auch die Zahlungsabwicklung kundenfreundlich?
Wie gut ist der Service?	Stehen schnell verfügbare Hotlines oder Teleservices als Dienstleistung zur Verfügung? (Diese Dienstleistung ist umso wichtiger, je komplexer die gehandelten Produkte sind.)

Informieren Sie sich im nächsten Schritt bei den für Sie interessanten Handelsplätzen über das weitere Vorgehen (zum Beispiel Eintragen des Angebots in ein Formular, Versandoptionen, Maßnahmen nach Beendigung eines Angebots, Gebühren, AGB et cetera).

Einstellung von Katalogen in die E-Procurement-Lösungen von Großunternehmen

Viele Unternehmen setzen heute auf elektronische Beschaffung, um die damit verbundenen Kostensenkungspotenziale zu realisieren. Entsprechend stellen sie auch neue Anforderungen an ihre vorhandenen und neuen Lieferanten. Sie verlangen die Bereitstellung des Produktangebots in elektronischen Katalogen und die papierlose Abwicklung der Transaktionen von Warenwirtschaftssystem zu Warenwirtschaftssystem. Ihre Fähigkeit als Zulieferer, sich an den Anforderungen flexibel und angemessen ganzheitlich auszurichten, bestimmt Ihre künftige Wettbewerbsfähigkeit.

Insgesamt ist die »E-Readiness deutscher Lieferanten« noch verbesserungswürdig, das zeigen Studien. Unter »eReadiness« wird dabei die technologische, geschäftsprozessmäßige und strategische Vorbereitung von Lieferanten auf die neuen Anforderungen verstanden. Die Studien zeigen, dass viele Zulieferer ihre eigene E-Readiness überschätzen und die im Detail liegenden Probleme nicht erkennen, die zum Beispiel in der zielgerichteten Incentivierung im Vertrieb, der Anfragenbearbeitung im Service oder der Warengruppenstruktur im Katalog liegen. Häufig werden auch wichtige Bereiche wie Organisation, Prozessgestaltung und speziell der menschliche Faktor vernachlässigt. Viele Zulieferer nutzen auch ihre E-Readiness nicht proaktiv als Abgrenzung gegenüber der Konkurrenz, sondern entwickeln sie nur auf Kundenanforderungen hin. Daraus resultieren Individuallösungen, die häufig nicht anderweitig eingesetzt werden können.

Formen der Katalogdatenhaltung

Bei der Bereitstellung von individuellen Katalogen für Großkunden und der Integration in ihre Beschaffungssysteme müssen Sie als Lieferant folgende Herausforderungen bewältigen: Sie müssen sich mit Ihren Kunden auf eine oder mehrere Arten der Katalogdatenhaltung, auf Datenaustauschstandards sowie auf Prozessabläufe, Integrationswege und Kostentragung einigen. Wenn dies alles erledigt ist, gilt es, die Transaktionsverarbeitung so vollständig wie möglich in Ihr eigenes Warenwirtschaftssystem zu integrieren. Die verfügbaren Lösungen haben heute nicht nur einen angemessenen Reifegrad erreicht, sondern sie sind mittlerweile bezahlbar und wirtschaftlich einsetzbar.

Für die Katalogdatenhaltung gibt es zwei Alternativen, die je nach Produktart und Kundenanforderung besser passen:

a) Kataloghaltung durch den Lieferanten. Hier stellt der Lieferant den Katalog über eine Shop-Funktionalität auf seiner eigenen Website bereit. Der Einkäufer kann dort die zu bestellenden Produkte auswählen, die anschließend als elektronische Bestellanfrage (»Punch-Out«) an das Procurement-System des Lieferanten geschickt und dort weiterverarbeitet werden. Die Vorteile für den Lieferanten sind niedrige Infrastrukturkosten, Pflege des Inhalts in eigener Verantwortung, hohe Aktualität der Daten. Eine Online-Verfügbarkeitsprüfung ist möglich. Für komplexe und erklärungsbedürftige Produkte werden spezielle Konfigurationsregeln und abgestimmte Suchmasken angeboten. Dies ist sinnvoll für den Endkunden. Der Online-Kunde hat Nachteile darin, dass er pro Lieferant eine unterschiedliche Bedienungsoberfläche, Angebotsstruktur und -funktionalität sieht. Eine einfache Vergleichbarkeit verschiedener Anbieter ist nicht möglich.

b) Kataloghaltung durch den Kunden. Bei dieser Variante stellt der Lieferant seinen elektronischen Katalog direkt in das Beschaffungssystem des Einkäufers oder eines Marktplatzes ein. Der Einkäufer kann direkt in den aggregierten Katalogen unterschiedlicher Lieferanten suchen und bestellen. Die Bestellprozesse von der Anfrage bis zu Bestellung und Rechnung werden dabei auch über den elektronischen Datenaustausch mit unterschiedlichsten Formaten abgewickelt. Vorteil für den Kunden: Er hat eine einheitliche Produktdarstellung und lieferantenübergreifende Such- und Vergleichsmöglichkeiten. Diese Alternative ist jedoch für beide Seiten deutlich aufwendiger. Denn sowohl beim Austausch der Kataloge wie auch bei den Transaktionsdaten (Bestellungen, Rechnungen et cetera) müssen sich Kunde und Lieferant auf ein einheitliches Format der Datenübertragung einigen und die entsprechenden Schnittstellen bereitstellen. Aber auch hier helfen Standards für eine kostengünstige Abwicklung (zum Beispiel der sogenannte BMEcat, Näheres unter http://www.bmecat.org).

Finanzielle und technologische Reglementierungen erlauben es den Zulieferern oft nicht, die neuen Anforderungen erfolgreich zu bewältigen. Daher werden sie zunehmend durch Neulieferanten ersetzt, die flexibler auf die neuen Bedürfnisse der Kundenunternehmen reagieren können. Lassen Sie sich die neuen Geschäftsmöglichkeiten nicht entgehen!

Tipp: Unter www.DeSK-Studie.de können Sie online dokumentieren, welche Datenformate, Klassifizierungen und Standards Sie unterstützen oder auf welchen Internet-Plattformen Sie für Ihre Einkäufer elektronisch verfügbar sind. Damit haben Sie eine gute Möglichkeit, um in die Lieferantenauswahl einbezogen zu werden.

Mobile Marketing

Es gibt ein Medium, das 95 Prozent der Kunden immer dabei haben und über das sie 14 Stunden pro Tag erreichbar sind: das Handy. Es lässt sich geschickt für wichtige Ziele nutzen: Sie können die Bekanntheit Ihres Hauses oder Angebots erhöhen, die Aufmerksamkeit steigern, Impulskäufe bewirken und die Kundenbindung verbessern. Die Akzeptanz von Produkten in anderen Vertriebskanälen kann verbessert und der Abverkauf von Produkten forciert werden.

Mobile Marketing ermöglicht es, die jeweiligen Sendungen zeitgenau und exakt zuzustellen. Zugleich erzielen Sie eine hohe Aufmerksamkeit, denn mobile Nachrichten werden meist innerhalb weniger Minuten gelesen. Ein weiterer Vorteil ist die direkte Interaktionsmöglichkeit im gleichen Medium: Mit der »Antworten«-Taste des Handys ist der Rückkanal schon eingebaut. Außerdem profitieren Sie von einem wertvollen Schneeballeffekt: Sie schicken eine interessante SMS und der Empfänger verteilt sie an seine Freunde weiter. Neue Standards wie UMTS ermöglichen es, vorhandene und in anderen Medien bewährte Konzepte auch auf Mobile Marketing zu übertragen. Die Kombination von mobilen und traditionellen Kanälen erweitert die vorhandenen Formen interaktiven Entertainments.

Auch im Mobile Marketing sollte die Planung jeder Maßnahme auf der Grundlage der definierten Ziele, Zielgruppen und der Einbindung in den Medien-Mix erfolgen. Außerdem sind folgende Fragen zu klären:

Welcher Grundtyp von Kampagne ist geeignet?
Welche Idee soll der Kampagne zugrunde liegen?
Welche Zielgruppe soll angesprochen werden?
Soll es eine einstufige oder eine mehrstufige Kampagne werden?
Welche Technologie soll verwendet werden?
Wie werden die Antworten abgewickelt?
Von wem bekommt man den Content? (Informationen, Entertainment etc.)
Sind Kooperationen mit Partnern möglich? (Für gemeinsame Aktionen)
Wie soll der Maßstab für den Erfolg oder Misserfolg einer Kampagne aussehen?
Zusätzlich zu klärende Fragen bei Pull-Aktionen
Wie wird der Dienst beworben?
Wie soll die Media-Planung aussehen?

Wie erfolgt die Erfolgsmessung?
Zusätzlich zu klärende Fragen bei Push-Kampagnen
Welche Adressen werden verwendet?
Welche Profile und Informationen liegen zur Zielgruppe vor?
Sollen die Adressen nur ein Mal oder mehrfach angesprochen werden?

Das Handy ist ein sehr persönliches und deshalb sehr sensibles Medium. Um erfolgreich zu sein, müssen die Empfänger einer Handybotschaft deshalb per SMS eine Information erhalten, die zielgruppenadäquat, glaubwürdig und unterhaltsam ist und dem Empfänger einen echten Mehrwert bietet. Weitere Erfolgsfaktoren sind, dass die Informationen personalisiert sind, dass also auf die individuellen Bedürfnisse der Kunden eingegangen wird: dass sie zu den Zeitpunkten geschickt werden, zu denen die Empfänger besonders aufnahmefähig sind; dass darauf geachtet wird, wo sich die Empfänger befinden und dass die Ansprache interaktiv ist. Außerdem ist die Akzeptanz von Mobile Marketing größer, wenn dem Empfänger ein Bonus geboten wird und ein jederzeitiges Abmelden von diesem Dienst möglich ist. Dann empfindet der Empfänger SMS-Nachrichten nicht als Belästigung. Auf rechtliche Aspekte ist unbedingt zu achten: Mobile Marketing setzt die Einhaltung des Datenschutzes voraus und der Kunde muss vorher der Zusendung solcher Werbeangebote zustimmen.

Mobile Marketing hat sich in der Praxis bewährt. Bei einer Umfrage unter über 5.000 Unternehmen gaben 74 Prozent der Befragten an, dass sie ihre Ziele erreicht oder übertroffen hätten. Dabei kam auch heraus, dass die Verbindung mit traditioneller Werbung (Plakate, Print, TV, Verpackungen, Internet) sehr wichtig ist für den Erfolg. Der nachfolgende Praxisfall ist ein Beispiel dafür, wie sich das Mobiltelefon als optimales Bindeglied zwischen Print und Online einsetzen lässt.

Fallbeispiel

Auch die Automobilbranche sieht sich heute anspruchsvollen Kunden gegenüber. Diese wollen nicht einfach eine schön gestaltete Werbung, sondern ein Markenerlebnis und Involvement auf allen Kanälen. Neben den angestrebten Verkaufszahlen sollte bei der Markteinführung des neuen Volvo S40 auch erstmals aktiv die urbane, junge Zielgruppe (ab 25 Jahre) angesprochen werden, wobei die Kommunikation der Marke im Mittelpunkt stand. Die neue Zielgruppe sollte sich in einer unerwarteten Volvo-Welt wiederfinden. Die internationale Agentur der Volvo Car

Corp., MVBMS Amsterdam, erfand dazu eine Geschichte, bei der die Grenzen zwischen Fiktion und Realität verschwanden:

Ein kleiner beschaulicher 1.000-Seelen-Ort in Schweden weckt die Aufmerksamkeit von Volvo. Dort werden an einem einzigen Tag 32 neue Volvos S40 verkauft, während sonst im Schnitt nur vier Volvos pro Jahr an diesem Ort ihre Käufer finden. Der örtliche Volvo-Verkäufer ist begeistert, aber zugleich verwundert. Warum haben an einem einzigen Tag 32 Personen die gleiche Entscheidung getroffen? Ein Dokumentarfilmer soll – im Auftrag von Volvo – dem vermeintlichen Geheimnis auf die Spur kommen. Zur Umsetzung der Kampagne »Das Geheimnis von Dalarö« für die Schweiz entwickelte die Schweizer Agentur Ogilvy One eine crossmediale Strategie unter dem Credo »Nichts Konventionelles«. Im Zentrum stand dabei das Mobiltelefon. Der neue Ansatz: Ein Schweizer Journalist hat von dem Geheimnis erfahren und will es mithilfe des Publikums lösen. Während eines Kampagnenzeitraums von sechs Wochen sollten Interessenten dazu bewegt werden, das Geheimnis zu lösen – entweder spielerisch über das Internet oder über das Mobiltelefon. Erstmals stand hierbei das Mobiltelefon (SMS) für Volvo weltweit interaktiv als Trägermedium im Zentrum einer Kampagne. Der fiktive Journalist verschickte SMS, sprach auf Mailboxen und promotete die wöchentlich wechselnden Aufgaben auf der Website. Neben einem mehrstufigen Direct-Mail-Programm wurden Printanzeigen und Kinospots geschaltet, um zusätzliche Community-Mitglieder, die an der Lösung des Rätsels mitarbeiten wollten, zu gewinnen. Außerdem wurden in trendigen Bars und Clubs »Cards for free« ausgelegt.

Die Messung des Werbeerfolgs ist über die neuen Medien gut möglich, ob es Klicks, SMS-Responses oder Visits sind. Jedem Werbemittel wurde ein eigenes Key-Wort zugeordnet, womit genau zu verfolgen war, welches Werbemittel bei den Interessenten welche Aktivitäten ausgelöst hatte. Über 56.000 Besucher spielten auf der Schweizer Website mit, davon 80 Prozent Männer. 30 Prozent kamen jede Woche wieder, um die nächste Aufgabe zu lösen. Es konnten 6.000 Adressen und rund 300 Probefahrten organisiert werden. Die Handy-Benutzer reagierten besonders auf Werbung im Teletext. Zwischen 20 und 21 Uhr wurde die höchste Rücklaufquote gemessen. Ein wichtiger Erfolgsfaktor für die Generierung von Teilnehmern zum Online-Spiel waren die Sonntagszeitungen, weil sich die Konsumenten am Sonntag mehr Zeit nehmen als unter der Woche. Die höchste Internet-Nutzung erfolgte dann am Montag zwischen 12 und 14 Uhr (Quelle: www.innovation-Marketing.at).

7.6   Effektivitätssteigerung durch Vertriebskooperationen

Um die eigene Wettbewerbsfähigkeit zu erhalten und zugleich Synergieeffekte zu nutzen, bündeln und koordinieren vor allem kleine und mittlere Unternehmen verstärkt bestimmte Aktivitäten mit Partnerunternehmen und gehen Kooperationen ein beziehungsweise arbeiten in Netzwerken zusammen. Eine Kooperation gibt ihnen und den Partnern die Möglichkeit, die Vorzüge des flexiblen wirtschaftlichen Handelns kleinerer Unternehmen um die Vorteile der Marktstärke von größeren Unternehmen zu ergänzen. Kooperationen ermöglichen es ihnen, als leistungsstarke Gemeinschaften aufzutreten und dem harten Druck von Märkten und Konkurrenten standzuhalten.

Der Begriff »Netzwerke« ist heute in aller Munde – und nicht nur im Internet ein wichtiger Erfolgsfaktor. Ohne Mitglied in einem funktionierenden Netzwerk zu sein, tun sich viele Unternehmen schwer. Die wenigsten können es sich leisten, alle benötigten Ressourcen im eigenen Unternehmen anzusiedeln. Also ist es sinnvoll, mit anderen zu kooperieren. Kooperative Unternehmensnetzwerke sind sowohl im B2C- als auch im B2B-Bereich die am stärksten wachsende Organisationsform. Zu diesem Ergebnis kommt die Studie »Unternehmenskooperation – Auslauf- oder Zukunftsmodell?« von PricewaterhouseCoopers (PwC). Wie PwC berichtet, bieten Unternehmenskooperationen besonders im globalen Wettbewerb gute Perspektiven.

Eine Kooperation ist ein Zusammenschluss von mindestens zwei rechtlich und wirtschaftlich selbstständigen Unternehmen, um gemeinsame und/oder miteinander kompatible Ziele zu verfolgen. Diese Ziele betreffen meist nur einen Teilbereich der Unternehmung und sind daher als Ergänzung zur selbstständig geführten unternehmerischen Tätigkeit zu verstehen. So kennt man beispielsweise Entwicklungskooperationen, Produktionskooperationen oder Vertriebskooperationen. Die Partner in einer Kooperation handeln nicht allein im Eigeninteresse, sondern nehmen auch die Ziele der Partner in ihre Überlegungen auf. Jeder muss einen Beitrag zum gemeinsamen Ziel leisten und entsprechend am Gesamtergebnis partizipieren. Die Partner müssen bereit sein, ihre Entscheidungsfreiräume zugunsten von mehr Effizienz in der Kooperation zu begrenzen. Außerdem gilt für Kooperationen, dass die Einordnung in den Zusammenhalt einer Kooperation freiwillig erfolgt und dass die Handlungen von keinem Partner voll kontrollierbar sind.

Bei einer erfolgreichen Kooperation macht jeder das, was er am besten kann. In der Kooperation werden die eigenen Stärken weiter ausgebaut, während die eigenen Schwächen durch die Stärken anderer Kooperationspartner ersetzt werden. In diesem Sinn ergibt sich somit bei einer Kooperation ein Netzwerk von Kernkompetenzen von Unternehmen.

Vertriebskooperationen gehören zu den am häufigsten realisierten Kooperationsformen. Hier arbeiten mindestens zwei Unternehmen in einzelnen oder mehreren Bereichen oder Teilbereichen in ihren Vertriebsaktivitäten zusammen. Dabei besteht ihr Ziel meist darin, die Vertriebseffizienz zu erhöhen und/oder die Vertriebkosten zu senken. Auch andere Ziele sind möglich, wie zum Beispiel: eine engere Kundenbindung erreichen, bestehende Märkte besser bearbeiten, neue Kundengruppen ansprechen oder auch die Anpassung an veränderte Kundenanforderungen, die Stärkung der Branchenposition oder die Erschließung neuer Märkte. Um die Ziele zu erreichen, werden unter anderem gemeinsame Marketing- und Aktionspläne im Vertrieb erstellt und in enger Abstimmung mit allen Vertriebsinstrumenten umgesetzt. Die Kooperationsmöglichkeiten reichen dabei von einer gemeinsamen Werbekampagne über den kooperativen Vertrieb bis zu Leistungsgemeinschaften für Projekte.

Formen von Kooperationen

Nachfolgend finden Sie verschiedene Möglichkeiten von Kooperationen aufgeführt.

1. Horizontale Kooperationen: Sie bestehen zwischen Unternehmen derselben Produktions- oder Marktstufe. Die Partnerunternehmen können dabei aus derselben Branche stammen und dasselbe Produkt herstellen oder aber in unterschiedlichen Branchen tätig sein und ihr jeweiliges Leistungsangebot ergänzen. Die Kooperation findet statt, um die Kräfte der Unternehmen zu addieren, um ein gemeinsames Ziel zu erreichen. Horizontale Kooperationen sind beispielsweise sinnvoll, wenn die Machtposition kleinerer Unternehmen gegenüber einem Großkonkurrenten oder gegenüber mächtigen Abnehmern oder Lieferanten gestärkt werden soll. Außerdem können sie dazu dienen, eine kritische Masse zu erlangen – zum Beispiel um bei einer internationalen Ausschreibung die geforderte Größe vorweisen zu können. Es sind ganz verschiedene Möglichkeiten einer gemeinsamen Aufgabenerfüllung denkbar, zum Beispiel Erfahrungsaustausch, gemeinsame Marktforschung, gemeinsamer Kundenservice sowie Verkaufs- beziehungsweise Vertriebsgemeinschaften oder Werbegemeinschaften. Horizontale Kooperationen führen über Mengen- und Spezialisierungseffekte zu Kostensenkungen.

Praxisbeispiel: Früher wurden in Norddeutschland die Aufträge an die Metallbaubetriebe nach der Regel »Die Großaufträge für die großen Firmen und die Kleinaufträge für die kleinen« vergeben. Seitdem es die Visiometall Nord AG gibt, sieht die Auftragsvergabe anders aus. Hier haben sich mehrere mittelständische Metallbaubetriebe in einer horizontalen Kooperation zusammengeschlossen, die teilweise früher konkurrierten. Sie vermarkten jetzt ihre Produkte gemeinsam über die von ihnen gegründete Aktiengesellschaft. Mit der Visiometall machen die Mittelständler den Großunternehmen Konkurrenz.

2. Vertikale Kooperationen: In diesem Fall arbeiten Firmen unterschiedlicher Produktionsstufen zusammen; sie betätigen sich also in ihrer Kooperation entlang der Wertschöpfungskette. Eine solche Kooperationsform dient dazu, Beschaffung, Aufträge oder Absatz sicherzustellen. Vorteile ergeben sich durch die Sicherung von Absatz und Zulieferung, durch Know-how-Transfer oder die Gelegenheit, Produktionsprozesse besser abzustimmen. Bei dieser Kooperationsform ergänzen sich die Unternehmen gegenseitig. Jeder der beteiligten Partner kann sich auf einen Teilschritt der Leistungserstellung konzentrieren und wählt dabei natürlich denjenigen, in dem er seine besondere Stärke hat.

Praxisbeispiel: Ein Beispiel einer vertikalen Distributionsintegration ist ein Bekleidungshersteller, der ein neues Partnerschaftskonzept für den Einzelhandel eingeführt hat. Danach kommen Franchise-Partner in den Genuss besonderer Rechte bei der Rückgabe nicht verkaufter Ware, wenn sie in ihren Geschäften ausschließlich Produkte des Herstellers anbieten. Der Vertriebschef:»Unsere Konkurrenten produzieren immer billiger und entwickeln neue Produkte zunehmend schneller. Darauf müssen wir mit größerer Präsenz am Markt reagieren.« (Ergänzende Informationen zum Thema »Vertikale Kooperationen« finden Sie weiter unten im Abschnitt »Vertikale Vertriebsallianzen«).

3. Diagonale Kooperationen: Hier schließen sich Unternehmen branchenübergreifend zusammen mit dem Ziel, einer vorhandenen oder möglichen Nachfrage ein entsprechendes Angebot gegenüberzustellen. Die Leistungen der beteiligten Partner ergänzen sich gegenseitig und führen zu einem verbreiteten Leistungsspektrum. Diagonale Kooperationen gestatten den Vorstoß in neue Technik- und Marktfelder. Das Zusammenführen unterschiedlichen Know-hows erlaubt es, kundenspezifische Lösungen anzubieten, und ist vor allem bei komplexen Produkten wie dem Hausbau gut geeignet.

Praxisbeispiel: Ein Umsatzplus von 10 Prozent erzielte der Zusammenschluss von mehreren Einzelhändlern – vom Drogisten über den Optiker bis zum Baumarktbetreiber. Sie organisieren gemeinsame Werbeaktionen und Verkaufsveranstaltungen von Sonderposten, sie haben einen gemeinsamen Webshop aufgebaut, in dem Artikel von allen beteiligten Kooperationspartnern angeboten werden, und sie haben Internet-Terminals an mehreren Orten in der Region eingerichtet. Näheres siehe www.karee.de.

Die Vermarktung über Vertriebspartnerschaften mit Unternehmen aus eigentlich »fremden« Branchen wird noch recht selten genutzt.

Varianten von Vertriebskooperationen

Die folgende Übersicht stellt unterschiedliche Varianten von Vertriebskooperationen vor. Dabei können diese auch im Internet stattfinden. Denn die enorme Verbesserung der Kommunikation und Informationsmöglichkeit über das Internet und die Geschwindigkeit des Datenaustausches ermöglichen eine direkte vertikale, horizontale und diagonale Vernetzung von Unternehmen und eröffnen damit neue Vertriebswege, welche die traditionellen Handelswege ergänzen beziehungsweise ersetzen.

Form	Merkmale
Leistungs-integration	Die Leistung der Partner und die Distribution sind aus Kundensicht aus einer Hand; Ziel: Standardisierung, um einen größeren Markt zu bedienen; wichtig: hoher Koordinationsaufwand; eine einheitliche Kommunikation ist nötig; die Anforderungen an das Management sind hoch
Virtuelle Leistungs-systeme	Diese erfolgen durch eine getrennte Vertriebs- und Leistungskooperation, d.h. es handelt sich um integrierte Lösungen für spezifische Kundengruppen; Ziel: Flexibilisierung von Leistungen und erweiterte Differenzierung, um unterschiedliche Kundenbedürfnisse zu befriedigen; die Kosten für die Bereitstellung der Zusatzleistungen werden so gesenkt und die Attraktivität der Kernprodukte erhöht. Wichtig: Kompatibilität der Partnerleistungen

Vertriebsverbund	Vertriebskooperation bei getrennter Leistungserstellung; Ziel: Vergrößerung des Zielmarktes und Steigerung des Kundennutzens, der sich durch das vergrößerte Leistungs- und Vertriebsangebot des Verbundes ergibt; es werden neue Märkte erschlossen, ohne den teuren Aufbau eines eigenen Vertriebskanals bezahlen zu müssen; Voraussetzungen: Kompatibilität der partnerschaftlichen Leistungen; Ansprache gleicher Zielgruppen; mittlere bis langfristige Stabilität; Möglichkeit eines Joint Ventures
Cross-Selling-Kooperation	Hier wird eine gemeinsame Leistung erstellt und über den Vertriebskanal des Partners distribuiert; Ziel: Markterweiterung und Erhöhung des Kundennutzens durch Ausweitung des gemeinsamen Angebots. Bedingung: Die überkreuz angebotenen Leistungen der Partner müssen miteinander vereinbar sein; wichtig für den Erfolg ist die Vertriebskompetenz des Partners; Abgrenzung gegenüber der Leistungsintegration: die Cross-Selling-Kooperation ist durch eine gemeinsame Ausrichtung des Vertriebs gekennzeichnet, es liegt keine völlige Integration der Leistung vor

Bedingungen für erfolgreiche Kooperationen

Damit eine Kooperation gelingt, müssen die Partner über eine Ziel- und Interessenharmonie verfügen. Wie bei allen anderen Partnerschaften sollten auch bei einer Vertriebspartnerschaft gemeinsame Ziele vereinbart werden, die über einen längeren Zeitraum Bestand haben. Wenn Sie eine Kooperation erwägen, dann prüfen Sie zunächst folgende Fragen:

Checkliste: Ist eine Kooperation für Sie interessant?	Anmerkungen
Welche Ziele hat die Kooperation?	
Lassen sich die Ziele, die Sie mit der Kooperation erreichen wollen, wirklich im Rahmen einer Partnerschaft besser verwirklichen als alleine?	
Können Sie die angestrebten Ziele quantitativ beschreiben?	
Können Sie die erforderlichen Leistungen nicht einfach einkaufen?	
Welche Synergien soll die Kooperation für Sie bringen?	
Über welchen Zeitraum werden Sie die Kooperation benötigen?	
Können Sie die erwarteten Vorteile quantifizieren?	

Können Sie aus den erwarteten Vorteilen längerfristigen Nutzen ziehen?	
Wie viele Partner sollen sich an der Kooperation beteiligen?	
Werden Sie derjenige Partner sein, der das meiste wertvolle Know-how in die Kooperation einbringt?	
Welchen Einfluss sollen die Kooperationspartner auf Entscheidungen nehmen können?	
Mit welchem Image soll die Kooperationsgemeinschaft gegenüber Auftraggebern, Kunden, Banken et cetera auftreten?	
Wie wird sich die Lage am Ende der vorgestellten Kooperation darstellen? Werden sich die Marktstellungen der Kooperationspartner dann eventuell zu Ihrem Nachteil verändert haben?	

Wenn Ihre Überlegungen für eine Kooperation sprechen, dann ist eine Beachtung der folgenden Punkte unbedingt zu empfehlen:

1. **Strategisches Ziel.** Nehmen Sie ein Kooperationsgespräch nur mit konkreten Vorstellungen über Ihre Interessen auf, zum Beispiel Gewinnung neuer Kunden, bessere Verkaufsförderung oder Optimierung des Marktauftritts. Dies erleichtert es Ihnen auch, die passenden Partner zu finden. Wenn Sie zum Beispiel neue Kundengruppen ansprechen wollen, werden Sie einen Partner suchen, der schon in der Zielgruppe aktiv ist.
2. **Wahl der Kooperationsform.** Überlegen Sie, wie die Architektur der Kooperation aussehen soll. Soll es sich um eine horizontale, eine vertikale oder eine diagonale Kooperation handeln?
3. **Symmetrie der Kooperation.** Wie soll die Aufgabenverteilung innerhalb der Kooperation aussehen? Welche Leistungen soll Ihr Unternehmen einbringen und welche Leistungen müssen die Kooperationspartner erbringen? Wie werden die Vor- und Nachteile verteilt sein? Wer zieht welchen Nutzen? Wer bringt welche Ressourcen ein? Wie wird die Machtverteilung unter den Partnern aussehen? Wer erhöht seine Wettbewerbsstärke, wer muss Verluste hinnehmen?
4. **Kooperationsfähigkeit.** Analysieren Sie, für welche Interessen des künftigen Partners eine Zusammenarbeit Vorteile bringt. Daraus ergeben sich erst die Argumente, mit denen sein Interesse an einer Kooperation geweckt werden kann. Außerdem ist zu bestimmen, welche Aufgaben der einzelne Partner erfüllen muss.

5. Wahl der Partner. Hier hilft eine Checkliste, in der die von den Partnern zu erfüllenden Anforderungen aufgeführt sind. Daraus sollte sich ein Partnerprofil erstellen lassen, das vor allem die Bereiche Geschäftsfeld, Zielgruppen, Märkte und strategische Ziele umfasst. Auf Kooperationen spezialisierte Berater wissen, wo sich die geeigneten Partner finden lassen, sie können die Leistungsfähigkeit der möglichen Partner prüfen und das Projekt gegebenenfalls auch abwickeln. Mögliche Kriterien für die Entwicklung eines Anforderungsprofils sind in der nachfolgenden Checkliste aufgeführt.

Checkliste: Kriterien für Kooperationspartner	Anmerkungen
Größe des potenziellen Vertriebspartners (Anzahl Mitarbeiter, Umsatz, Unternehmensbeteiligungen, Bilanzsumme)	
Finanzielle Lage	
Professionalität der Marktbearbeitung	
Kundenstamm	
Know-how des potenziellen Partners, um Ihr Produkt gut zu vermarkten	
Angemessenheit des Sortiments	
Ruf	
Übereinstimmung des Image des potenziellen Partners mit dem Ihres Unternehmens	
Breite der Marktabdeckung	
Fachliche Kompetenz	
Infrastruktur	
Standort	
Qualität des Managements	
Übereinstimmung des eigenen Produkts mit dem Angebot des potenziellen Partners	
Übereinstimmung des eigenen Produkts mit der Zielgruppe des potenziellen Partners	
Zugesicherte Absatzzahlen	
Auswirkungen des Vertriebs über Dritte auf Ihre Marge bzw. Ihren Business-Plan	

Die Voraussetzung für eine erfolgreiche Vertriebspartnerschaft ist beispielsweise dann gegeben, wenn der Kooperationspartner einen guten Zugang zur angestrebten Zielgruppe hat und sich die beidseitig angebotenen Produkte nicht gegenseitig negativ beeinflussen. Wichtig ist auch, dass der potenzielle Vertriebspartner über eine ähnliche Geschäftsphilosophie wie Ihr Unternehmen verfügt. Studien zeigen, dass beispielsweise Hersteller und Händler umso besser zusammenarbeiten, je ähnlicher sie in ihrer Einstellung hinsichtlich. bestimmter Aspekte, wie beispielsweise Kundenorientierung oder Mitarbeiterführung, sind.

Bci der für die Wahl der Kooperationspartner nötigen Informationsbeschaffung kann beispielsweise auf externe Berater, Branchenverzeichnisse, Kooperationsbörsen oder Messen zurückgegriffen werden. Vor allem empfiehlt es sich, schon vorhandene Geschäftskontakte zu analysieren, da so die Vor- und Nachteile dieser Partnerschaften gut eingeschätzt werden können.

Tipp: Zahlreiche Verbände und Institutionen helfen bei der Suche, Anbahnung und Umsetzung von Kooperationen, zum Beispiel: die örtlichen IHKs oder Handwerkskammern (HWK); die Deutsche Gesellschaft für Mittelstandsberatung (DGM) (www.dgm-online.de); der Deutsche Industrie- und Handelskammertag (DIHK) (www.dihk.de); die Bundesagentur für Außenwirtschaft (BFAi) veröffentlicht in ihren »Nachrichten für den Außenhandel« Partnergesuche von Unternehmen sowie auch auf ihrer Website www.bfai.de; interessant bei der Partnersuche im Rahmen der EU: www.cordis.lu; Gesuche für Vertriebskooperationen finden Sie auch gezielt unter www.biz-trade.de.

6. **Überzeugung der Partner.** Viele Kooperationen scheitern, weil die Partner sehr unterschiedliche Vorstellungen von der Realisierung einer Kooperation haben. Darum ist es wesentlich, bereits beim ersten Kontakt die Interessenlage des anderen zu erfragen, um herauszufinden, ob ein gemeinsames Vorgehen möglich ist. Wichtig ist es auch, die eigene Idee einer erfolgreichen Kooperation und die eigene Firmenphilosophie mit einer geschickten Nutzenargumentation dem Partner überzeugend darzustellen.

7. **Genauigkeit und Verbindlichkeit.** Wie sollen die Vereinbarungen gestaltet werden? Wie sollen Information und Controlling erfolgen? Welche Bereiche des eigenen Unternehmens sollen in die Kooperation einfließen? Welche Personen sollen involviert sein? Wie viele Partner sollen in die Kooperation einbezogen werden? Alle diese Fragen müssen erschöpfend beantwortet werden.

8. Festlegen der vertraglichen Regelungen. Schriftliche Regeln erleichtern die Zusammenarbeit in der Kooperation. Die Rechte und Pflichten der Partner sollten so genau wie möglich festgelegt werden, wobei sie zugleich so flexibel gehalten sein sollten, dass alle Eventualitäten abgefangen werden. Für eine Vertriebskooperation kann es zum Beispiel genügen, wenn die Partner gegenseitig Handelsverträge abschließen.

Es empfiehlt sich, beim Aufbau einer Kooperation systematisch vorzugehen. Die verschiedenen Phasen des Kooperationsprozesses sind in der folgenden Übersicht dargestellt:

1. Phase: Initiierung	1. Ziele der Kooperation festlegen
	2. Eigene und fremde Leistung innerhalb der Kooperation aufteilen
	3. Anforderungen an Kooperationspartner beschreiben (klares Anforderungsprofil erstellen)
	4. Informationen über potenzielle Partner besorgen und potenzielle Kooperationspartner auswählen
2. Phase: Formierung	5. Kontakt zu Kooperationspartnern aufnehmen (wichtig: vorsichtig sondieren, wie vertrauenswürdig die potenziellen Partner sind)
	6. Ziele und Inhalte der Kooperation abgleichen; Kooperationsvereinbarungen treffen, Kooperationsmanager bestimmen und dessen Aufgaben festlegen
3. Phase: Durchführung	7. Beteiligte Mitarbeiter auf Kooperation vorbereiten
	8. Kooperationsplan vereinbaren
	9. Kooperation kontrollieren
	10. Einfache Informations- und Kommunikationsbeziehungen ermöglichen
4. Phase: Beendigung	11. Gründe für Beendigung der Kooperation identifizieren
	12. Alle beteiligten Personen informieren

In Anlehnung an:Killich, S./Luczak, H. (Hrsg.): »Aufbau erfolgreicher Unternehmenskooperationen«, Sonderdruck 06/00, nachzulesen im Internet unter www.kompetenzzentrumnetzwerkmanagement.de/pdf/Leitfaden.pdf

Der Aufbau einer Kooperation beansprucht Zeit, großen Kräfteeinsatz und Motivation aller Beteiligten. Besonders auf die sozialen Beziehungen muss geachtet werden, denn ohne gegenseitiges Vertrauen ist keine erfolgreiche Kooperation möglich.

Grundsätzlich gilt: Kooperationen bieten zahlreiche Chancen für Unternehmen, die es wert sind, genau geprüft zu werden. Sie bringen Vor-, aber auch Nachteile für die Beteiligten mit sich. In gut funktionierenden Kooperationen überwiegen die Vorteile für alle Beteiligten, sonst könnten sie nicht existieren. Doch es ist wichtig, auch die Nachteile zu kennen und sich damit auseinanderzusetzen.

Nachteile und Risiken von Kooperationen

Ein wesentlicher Nachteil der Teilnahme an einer Kooperation kann der Verlust an eigenen Handlungsfreiräumen sein, denn Kooperation bedeutet Einschränkungen in Teilbereichen des eigenen Unternehmens. Durch die unterschiedlichen Produkte mit unterschiedlichen Marktausrichtungen können Imageverluste auftreten. Außerdem kann der Abfluss von Know-how auftreten.

Typische Schwierigkeiten bei Kooperationen ergeben sich aus mangelnder Vorbereitung der Kooperation, falscher Partnerwahl, aus Kooperationen in Bereichen, die sich nicht für eine Kooperation eignen, aus Kommunikationsproblemen, Mangel an Vertrauen sowie falschen strategischen Entscheidungen. Probleme treten beispielsweise häufig auf, wenn Firmen sehr unterschiedlicher Größe zusammenarbeiten. Der Verkaufsleiter eines kleinen Unternehmens verdeutlicht das Dilemma: »Als kleine Firma müssen wir auf unsere Liquidität achten. Unser größtes Liquiditätsproblem ist unser Partner, der grundsätzlich erst nach 90 Tagen zahlt.« Ein weiteres Problem bei solchen Kooperationen ist der für große Unternehmen typische administrative Aufwand. Kleine Firmen sind »diesen Papierkram« nicht gewohnt und halten ihn meist für unnötig und unproduktiv.

In der Zusammenarbeit der Mitarbeiter der Kooperationspartner ist vor allem eine offene, ehrliche und vertrauensvolle Kommunikation wichtig. Arbeiten beispielsweise die Außendienstmitarbeiter verschiedener Kooperationspartner in einer Verkaufsallianz zusammen, ist sehr viel Fingerspitzengefühl der jeweiligen Vorgesetzten gefragt, um auch die richtigen Leute zusammenzubringen. In weniger erfolgreichen Allianzen, so zeigen es Beispiele aus der Praxis, halten die Außendienstmitarbeiter gezielt Informationen zurück, weisen sich gegenseitig die Schuld für Fehlschläge zu und zweifeln die Kompetenz und die Integrität der Kollegen aus der Partnerfirma an.

Auch die Art der leistungsabhängigen Entlohnung bei der jeweiligen Partnerfirma kann zu Spannungen führen. So beschwerte sich ein Außendienstmitarbeiter: »Die Kollegen unserer Partnerfirma erhalten nur dann ihre Incentives, wenn sie ihre eigene Software verkaufen. Also wird sie dem Kunden verkauft, auch wenn unsere Software eigentlich besser passt.«

Ein heikles Thema ist die Frage, wer letztendlich die Kontrolle über einen bestimmten Kunden behält. Dazu der Mitarbeiter eines Kooperationspartners: »Als Verkäufer alter Prägung wollen wir natürlich die Kontrolle über ›unseren‹ Kunden behalten und uns selbst darum kümmern, dass dieser Kunde wirklich optimal bedient wird. Es ist äußerst schwer, diese Kontrolle aus der Hand zu geben. Es bedeutet, dass ich meinem Partner und mein Partner mir absolut vertrauen muss.«

Grundsätzlich gilt: Die Kooperation ist kein Heilmittel für Unternehmen, die keinen wirtschaftlichen Erfolg haben. Viele Unternehmen, die in Kooperationen mit anderen Unternehmen tätig sind, weisen darauf hin, dass alle beteiligten Partner wirtschaftlich vital, zumindest jedoch guter Durchschnitt sein müssen. Dagegen kann ein schwacher Partner die Kooperation scheitern lassen.

Vertikale Vertriebsallianzen

Mit der vertikalen Integration über verschiedene Stufen der Wertschöpfungskette versuchen Industrie und Handel heute verstärkt, kooperative Geschäftsmodelle umzusetzen, mit denen eine höhere Wertschöpfung aller Beteiligten erreicht werden soll. Hieraus ergeben sich einige gewichtige Vorteile wie zum Beispiel Kosteneinsparungen, verkürzte Entscheidungsprozesse, eine kontinuierliche Warenversorgung und ein abgestimmtes Marketing.

Es wird zwischen zwei Grundformen der Vertikalisierung unterschieden: Die »down-stream«-Vertikalisierung der Industrie sowie die »upstream«-Vertikalisierung des Handels. Letztere wird vom Handel gesteuert. Sie beinhaltet die Entwicklung sowie die (Kontrakt-)Produktion von Eigenmarken, welche eine Ergänzung des Markensortiments darstellen oder im Grenzfall substituieren. Zara oder H&M sind solche vertikal ausgerichtete Handelsunternehmen, die zeigen, wie sich mit dieser Strategie auch im heute schwierigen Handelsumfeld Erfolgsgeschichten schreiben lassen.

Die »down-stream«-Vertikalisierung der Industrie ist absatzmarkt-orientiert. Hier wird der Hersteller zum Händler oder nimmt einen stärkeren Einfluss auf die Handelsstufe. Dabei werden zwei Erscheinungs-formen unterschieden: Controlled Distribution und Secured Distribution.

Formen der *Secured Distribution* sind vorrangig als Antwort der Konsumgüterhersteller auf den Machtzuwachs und die verstärkte Emanzi-pation des Einzelhandels zu verstehen. Bei einer Secured Distribution betreibt der Hersteller den Absatz in Eigenregie. Dabei werden drei Schwerpunktbereiche unterschieden:

- Stationäre Distribution (zum Beispiel Flagship-Stores, Verkaufsnieder-lassungen, Factory Outlets, Concession-Shops, Automaten sowie in Eigenregie geführte Filialen)
- Mobile Distribution (zum Beispiel mobile Verkaufsstellen, Verkaufs-fahrer, Home-Parties, Messe-, Hotel- und Märkteverkauf)
- Remote-Distribution (zum Beispiel E-Commerce, Teleshopping, Kata-logverkauf, Telefon-, Fax-, E-Mail-Verkauf)

Experten erwarten, dass die Secured-Distribution-Konzepte weiter an Einfluss gewinnen, aber nicht dominieren werden.

Bei der *Controlled Distribution* erfolgt der Vertrieb über den selbststän-digen Handel, wobei dieser vertikal-kooperativ mit dem Hersteller zusam-menarbeitet. Hier sind Industrie und Handel in den letzten Jahren immer enger zusammengerückt. Zuerst auf Flächen, dann möbliert mit Corners und Shop-in-Shops. Und jetzt verstärkt mit Concessions und straffen Franchise-Konzepten. Auch die Depot-Systeme der Kaffeeröster und der Boom der Coffee-Bars sind Ausdruck dieser Entwicklung.

Die größten Potenziale für die Zukunft sehen Experten in den kontrak-tuellen Arrangements, das heißt vertikal-kooperativen Konzepten. Sie basieren letztlich auf dem Grundgedanken der Besinnung auf die jeweili-gen Kernkompetenzen: Produktentwicklung, Marketing und Supply-Chain-Management sind die originären Aufgaben der Industrie, während der Verkauf »vor Ort« das Kompetenzfeld des Handels darstellt. Mit Herstellern kooperativ zusammenzuarbeiten, bedeutet dabei keineswegs, dass Handelsunternehmen ihre eigene Corporate Identity aufgeben. Ganz im Gegenteil: Die Handelsunternehmen werden in der Zukunft verstärkt ihr Unternehmen als Marke (Retail Brand) positionieren. Mit der Verän-derung in den Wertschöpfungsarchitekturen wird sich jedoch auch die Arbeitsteilung zwischen Industrie und Handel verändern.

Ob Flagship-Store, Shop-in-Shop, Kooperations- oder Franchise-modell – es geht darum, Marken besser zu positionieren. Durch eigene Handelsaktivitäten oder Vertriebspartnerschaften können Hersteller wichtige Wettbewerbsvorteile realisieren, gehen aber auch wesentliche Risiken ein. Darauf verweisen Berater der Boston Consulting Group und des Markenverbandes im Rahmen der von ihnen durchgeführten Studie »Die vertikale Verlockung« (siehe www.markenverband.de). Chancen böten sich demnach vor allem durch die höhere Effizienz (Schnittstellen fallen weg, der Informationsfluss beschleunigt sich, der »Time-to-Market« verkürzt sich), in der Schärfung des Markenprofils (durch stärkere Beeinflussung der Warenauslage beispielsweise in der Produktpräsentation, der Sortimentsbreite und der Schulung der Verkaufsmitarbeiter), in der besseren Preiskontrolle und in höheren Margen sowie einem direkten Zugang zu den Kunden. Die Entscheidung eines Herstellers für eigene Handelsaktivitäten bringt jedoch auch deutliche Risiken mit sich. Dazu zählen laut Studie der hohe Investitionsbedarf, die hohen Anforderungen an das Management und eine veränderte Risikoverteilung. Ein integrierter Hersteller trägt das doppelte Risiko – das des Herstellers und das des Handels. Hersteller, die ihren Handelsauftritt selbst kontrollieren wollen, sollten aus einer breiten Palette von Vertriebsformaten wählen.

Die größten Einflussmöglichkeiten bieten nach der Studie Flagship-Geschäfte. Als »Leuchttürme der Marke« stärkten sie Präsenz und Kundenbindung, allerdings könnten sie ihr kostspieliges Ausstattungs- und Standortniveau in der Regel nicht ganz »einspielen«. Viele Hersteller setzten auf mehr oder weniger enge Kooperationsformen, die ihren Einfluss auf die Markenprofilierung erhöhen. Die Produktpräsentation erfolge auf optisch abgegrenzten Flächen oder in einem »Shop-in-Shop« mit Mobiliar entsprechend den Herstellervorgaben. Gemeinsam verbesserten Hersteller und Handel den Bestell-, Liefer- und Zahlungsverkehr und den Informationsaustausch über Waren- und Lagerbestände. Der Aufbau von direkt durch den Hersteller betriebenen Handelsflächen – entweder auf einer angemieteten Fläche in einem Kaufhaus (Konzession) oder in einem eigenen Geschäft – anstelle oder zusätzlich zum traditionellen indirekten Vertrieb stelle die höchste Stufe der Vorwärtsintegration dar.

Secured Distribution	
Flagship-Store (»Vorzeige-geschäft«)	Von Markenherstellern eigenbetriebene Verkaufsstätten (zum Beispiel Levi's Store oder Nike Town), die als Vorzeige-objekte dienen; Merkmale sind eine bevorzugte Lage, ein besonderes Ambiente, eine besondere Ausstattung und/oder ein vergrößertes Sortiment; Ziele: Stärkung der Prä-senz der Marke im allgemeinen Bewusstsein, Förderung des Image; Stärkung der Kundenbindung; Beeinflussung künftiger Kaufentscheidungen. Flagship-Stores dienen auch als Experimentierfeld, um verbesserten Service, innovative Shoplayouts et cetera auszuprobieren; zu den vom Herstel-ler eigenbetriebenen Verkaufsstätten in Kooperation mit dem Fachhandel zählen auch Monomarken-Stores
Factory-Outlet	Direktverkauf bei Umgehung des Facheinzelhandels; der Fokus liegt auf den Herstellermarken, die nur ausnahms-weise durch zusätzliche Produkte und Marken ergänzt wer-den; große Sortimentstiefe und -breite mit geringem/keinem Sortimentswechsel; dezentrale Standorte; Stand-ortwahl wird bestimmt durch eine strikte Standorttrennung zum Fachhandel und niedrige Mieten; Ansiedlung meist direkt am Standort des Herstellers; große Verkaufsflächen; wenig Werbeaktivitäten; geringe Bedeutung von Verkaufs-beratung und Service
Internet, eigene Läden	Beschreibung siehe den Abschnitt: Absatzkanal Internet
Controlled Distribution	
Shop-in-Shop	Vom übrigen Geschäft durch spezielle – vom Markenher-steller gelieferte oder nach seinen Vorgaben vom Händler beschaffte – Ladenbau-Elemente abgegrenzte Abteilung, in der eine bestimmte Marke oder ein bestimmtes Sortiment präsentiert und verkauft wird; Lieferant und Händler binden sich vertraglich und sprechen sich ab über Warenbestü-ckung, Lieferzeiten, Limit- und Umsatzplanung et cetera; häufig werden dabei kompetente, eigens geschulte Ver-kaufskräfte eingesetzt; die Hersteller erreichen durch diese besondere Art des Verkaufens eine bessere Kooperation mit den Händlern und rücken näher an ihre Kunden; gleichzei-tig sparen sie die hohen Investitionskosten, die für ein eigenes Geschäft erforderlich wären; indem die Shop-in-Shop-Systeme einheitlich gemäß der Corporate Identity des Herstellers gestaltet sind, erkennt der Kunde die Marke sofort wieder

Corner	Wie Shop, mit einer Verkaufsfläche unter 40 qm
Flächensystem	Wie Shop/Corner, aber im Ladenbau des Händlers
Concession Shops	Der Händler vermietet eine Fläche an den Lieferanten, der in eigenem Mobiliar mit eigenem Personal auf eigene Rechnung verkauft
Franchising	Der rechtlich selbstständige, vertraglich an den Franchisegeber gebundene Händler wird von diesem beliefert; er verwendet gegen Entgelt dessen Namen, Warenzeichen, Ausstattung und sonstige Schutzrechte unter Beachtung des vom Franchisegeber entwickelten Absatz- und Organisationssystems
Depotsystem	Hier verpflichtet der Lieferant den Abnehmer vertraglich dazu, ein umfassendes Sortiment seiner Produkte zu führen, dieses unter seinem Warenzeichen in festgelegten einheitlichen Ladeneinrichtungen anzubieten und dessen Absatz zu fördern; Vorteile: flächendeckende Gewährleistung der Sortiments- und Auswahlkompetenz des Herstellers im Handel; Gewährleistung hoher Beratungs- und Servicekompetenz (abhängig vom Handelspersonal; Kostenvorteile (z. B. durch zentralen Einkauf und Logistik). Probleme: hoher Aufwand zur Durchsetzung eines Depotsystems; das Streben des Handels nach Konzentration auf Schnelldreher behindert die Durchsetzung des Gesamt-Depot-Sortiments

Alle in diesem Buch beschriebenen Vertriebsformen haben ihre besonderen Chancen und Risiken. Um den richtigen Vertikalisierungs-Mix zu finden, ist eine genaue Prüfung von Nachfrage- und Angebotssituation, der Kundenbedürfnisse, der Kapitalstärke sowie der Wettbewerbs- und Handelslandschaft erforderlich.

Unabhängig davon gilt: Unternehmen, die sich erfolgreich in vertikalen Kooperationsmodellen organisieren wollen, müssen für integrierte und abgestimmte Prozesse und Standards sorgen. Das trifft vor allem für die Bereiche Warenbewirtschaftung, Filiallogistik, Warenpräsentation und Verkauf zu. Thomas Jesewski, Geschäftsführer der Firma Tailorit, nennt in seinem Beitrag »IT fördert Vertikalisierung« (in: »retail technology, 03/2006) folgende IT-Maßnahmen, die die Basis für den Erfolg von Vertikalisierungs-Projekten darstellen:

IT-Maßnahme	Erläuterung
• Abgestimmte, durchgängige Zentral- und Filialwarenwirtschaft	Unternehmen, die mit vertikalen Kooperationen erfolgreich sein wollen, müssen dafür Sorge tragen, dass ihre Prozesse und Standards integriert und abgestimmt sind. Dies trifft besonders zu für die Bereiche Warenbewirtschaftung, Filiallogistik, Warenpräsentation und Verkauf.
• Integriertes Planungs- und Preismanagementsystem	Dieses stellt die Voraussetzung dar für die effektive Planung und Bestückung der Partnerflächen und Shops durch den Lieferanten sowie für die Bestimmung von Preisabschriften.
• Durchgängige EDI-Umgebung	Der Partner muss Abverkaufs- und Bestandsinformationen vom POP (Points of Purchase) schnell an den Lieferanten weitergeben können. Hier steht nach wie vor der Datenaustausch im EDI-Format (Electronic Data Interchange) im Zentrum, doch nicht alle Unternehmen sind voll EDI-fähig. Die Unterstützung aller relevanten Nachrichtentypen und die Anbindung der Partner ist deshalb ein Punkt, der ganz oben auf der Prioritätenliste stehen muss.
• Visual-Merchandising-Systeme	In vertikalen Modellen macht die Industrie die Vorgaben für das Merchandising und die Warenpräsentation, während der Einzelhandel für die Umsetzung auf der Fläche zuständig ist. Hier stellen Visual-Merchandising-Systeme eine nützliche Hilfe dar. Mit ihnen stellt der Lieferant dem Partner digital die Vorgaben für die Warenpräsentation und Schaufenstergestaltung zur Verfügung.
• E-Learning für den POS	Anhand einer E-Learning-Plattform können die Mitarbeiter laufend geschult werden; dies senkt die Kosten für die Reisezeiten von Trainern und Merchandisern und sichert die Einheitlichkeit der Markendarstellung.
• Workflow-basierte Expansion	Der Erfolg des Einzelhandels hängt stark vom richtigen Standort ab. Der komplexe Prozess von der Standortfindung bis zur Eröffnung einer neuen Filiale mit den zahlreichen Projektbeteiligten kann durch den Einsatz eines Workflow-Systems mit integriertem Projektmanagement wesentlich effizienter gestaltet werden als bei dem üblichen Vorgehen per einfachen Plänen, Telefonaten, E-Mail und auf Zuruf.

• Standardisierte Filialstruktur	Die möglichst weitgehende Standardisierung und Integration des Partners in den Bereichen Filialstruktur, Warenwirtschaft und Kasse ist eine wichtige Bedingung für eine tiefe Prozessintegration. Gerade in Franchisesystemen können deutlich Kosten gespart werden, wenn die Lieferanten ihren Partnern einheitliche IT-Systeme und Services an die Hand geben.
• Rahmenverträge für Hardware, Software und IT-Services	Hiermit wird es ermöglicht, Skalierungseffekte zu erzielen und auf beiden Seiten Einsparungen vornehmen zu können.

Partnerschaften im Internet

Sie suchen nach einem profitablen und weitreichenden Vertriebsnetz? Dann ist Affiliate Marketing im Internet eine Überlegung wert. Affiliate Marketing gehört zu den virtuellen Leistungssystemen. Statt einzelne Banner auf Werbeplattformen zu platzieren, bauen Sie mithilfe eines Affiliate-Programms »virtuelle Filial-Netze« auf, die Ihre Produkte auf ihren Websites mit anbieten und verkaufen.

Beim Affiliate Marketing vermarkten Sie als Anbieter (Merchant) Ihre Produkte über die Websites Ihrer Partner (Affiliates). Dabei werden Ihre Werbemittel (Links, Banner et cetera) auf die Partnerwebsites gesetzt und die Besucher gelangen darüber auf Ihre Website. Wirbt ein Partner erfolgreich für Sie, erhält er eine Provision. Sie bezahlen zum Beispiel für den direkten Verkauf von Produkten, eine Kataloganforderung oder nur für die Weiterleitung eines Besuchers (Pay-per-Sale, Pay-per-Lead, Pay-per-Click)

A und O für den Erfolg sind gute Affiliates, die viele Besucher auf Ihre Website bringen. Bei der Suche nach den richtigen Partnern gilt: *Qualität vor Quantität*. Nur Websites, die einen Mehrwert schaffen, bringen den Erfolg. Dabei kann der Mehrwert in Content, in Zielgruppenaffinität oder in ergänzenden Produkten beziehungsweise Dienstleistungen bestehen Interessant sind vor allem solche Affiliates, die viele Besucher auf ihren Websites haben und genau wissen, wie sie ein Partnerprogramm erfolgreich einbinden und empfehlen.

Wie suchen umgekehrt Affiliates die für sie interessanten Merchants aus? Die Affiliates haben gewisse Selektionskriterien für einen Merchant Dabei handelt es sich nach dem Affiliate-Marketing-Experten Ulf-Hendrik Schrader insbesondere um die folgenden Kriterien: die Höhe der Provision, die Dauer des Provisionsanspruchs, die Cookie-Lebenszeit, die

Klickrate der Werbemittel, die Konversationsrate der Betreiberseite und die Qualität der Betreuung. Besonders wichtig ist die Konversationsrate der Merchant-Seite. Denn sie sagt aus, wie das Verhältnis von Besuchern zu Käufern ist. Affiliates können die Konversationsrate der Website des Merchants kaum beeinflussen, sie leiten nur ihre Besucher auf diese Website weiter. Sie sind darauf angewiesen, dass hier möglichst viele der Besucher zu Kunden »konvertiert« werden.

Wichtig für den Erfolg eines Affiliate-Programms ist die Integration in die Gesamtstrategie der Vertriebs- und Vermarktungsprozesse. Außerdem brauchen Sie, um mit einem Affiliate-Programm gut zu verdienen, 1. gute Partner; 2. vielseitige Medien (Textlinks, gezielte Content-Module, Spartenangebote, Mini-Shops, dynamische Webmodule et cetera); 3. faire Konditionen; 4. gutes Partner-Management mit den virtuellen Vertriebspartnern; 5. integrative Verkaufsprozesse, die einen guten Kundenservice mit dem Partner-Konzept verbinden sowie 6. eine leistungsfähige Software für Controlling und Abrechnung.

Netzwerke und Software für Affiliate Marketing

Es gibt zwei Alternativen für die Durchführung von Affiliate Marketing: a) Sie verwenden eine eigene Software oder b) Sie lassen das Partnerprogramm über ein Netzwerk abwickeln. Experten empfehlen, zuerst Erfahrungen mit einem Netzwerk zu sammeln und später eine eigene Lösung zu verwenden.

Tipps: Viele nützliche Informationen zu Affiliate Marketing finden Sie im Internet unter www.100partnerprogramme.de.
Unter http://www.partnerprogramme-toolbar.de/tipps.php können Sie sich zahlreiche Tipps und Links herunterladen.
Zu Rechtsfragen im Zusammenhang mit Affiliate Marketing erhalten Sie nützliche Informationen unter http://www.affiliateundrecht.de/affiliate-recht-vertrag-netzwerke.html.
Einige Anbieter von Partnernetzwerken und eine Bewertung finden Sie unter http://www.geldheinz.de/geld-verdienen/partnernetzwerke/geld-verdienen-partnernetzwerk.php.
Eine Liste von Anbietern der unterschiedlichsten Lösungen gibt es ebenfalls unter www.partnerprogramme.de.

Partner-Portale

Der Vertrieb über Partner-Portale ist eine weitere Möglichkeit, um im Internet gute Umsätze zu machen. In einer Studie zum Thema »Online

Partnerschaften« analysierte die Agentur upside relationship marketing die Vertriebskooperationen der 20 meistbesuchten deutschen Online-Portale. So zeigten sich innerhalb eines Jahres 200 Prozent mehr Besucher (Visits) für die Top 20 der General-Interest-Portale, ein nahezu verdoppelter Anstieg der maximalen Partnerzahl pro Portal, über 300 Prozent mehr Kooperationen für die Top-20-Portale und fünf Mal so viele Partnerschaften.

Ein Beispiel für ein Partner-Portal finden Sie unter www.luebeck-netzwerk.de. Hier präsentiert sich der gesamte Standort der Hansestadt Lübeck; jeder Dienstleister, Einzelhändler, Gewerbetreibende, Freiberufler et cetera hat die Möglichkeit, sich beziehungsweise sein Angebot dort mit geringen Kosten vorzustellen.

Ein fiktives Beispiel ist der in diesem Buch bereits erwähnte »Mobilitätsanbieter«. Er betreibt einerseits ein Portal für Endkunden, welches über verschiedene Zugangsmedien wie PC, WAP-fähiges Mobiltelefon oder auch über die im Auto eingebaute Telematik genutzt werden kann. Zugleich unterhält der Mobilitätsanbieter aber auch ein Portal hin zu seinen Partnern und Zulieferern, über das zum Beispiel neue Ausschreibungen veröffentlicht werden oder der Stand der Leistungsverrechnung eingesehen werden kann.

Die gängigsten Formen bei Portalen sind Werbepartnerschaften und E-Commerce-Partnerschaften. Im ersten Fall bieten die Portal-Betreiber interessierten Partnern kostenpflichtige Werbeflächen auf ihren Webseiten an. Die Werbepartner können ihre Darstellung durch Werbebanner, Textlinks, Split Screens oder Interstitials (großflächige Bannerform) auf dem Portal platzieren und bezahlen dafür beispielsweise auf Basis von Clickraten oder monatlich eine Gebühr an das Portal.

Bei E-Commerce-Partnerschaften bieten die Partner dem Kunden ihre Inhalte und Services über Community-Portale, ISP-Portale oder Carrier-Portale. Dabei werden hochwertige Inhalte und Services wie E-Mail-Dienstleistung und Artikel dem Kunden heute meist kostenlos zur Verfügung gestellt. Um den Umsatz von Portalen zu erhöhen, werden verstärkt kostenpflichtige Inhalte und attraktive Services-Bundles angeboten. Außer diesen Premium-Services (Downloads, CRM, Datenbankabfragen) werden dem Endkunden auch Games (online), Videos (stream), personalisierte Applikationen und Dienstleistungen kostenpflichtig über ein Portal angeboten. Damit sich der gewünschte Erfolg einstellt, müssen allerdings die Kundenbedürfnisse und die Servicequalität im Mittelpunkt stehen und das Angebot dem Konsumenten einen echten Mehrwert bieten.

Wertschöpfungspartnerschaften zwischen Kunde und Lieferant

Verstärkt streben Kunde und Lieferant heute nach Effizienzsteigerung durch gemeinsame Optimierung innerhalb der gesamten Wertschöpfungskette. Entsprechend muss der Vertrieb stärker in Wertschöpfungsketten denken und zur Überwindung der »Distanzbarriere« gegenüber dem Kunden beitragen.

Die Konkurrenzfähigkeit eines Produkts wird durch die gesamten in der Lieferkette anfallenden Kosten bestimmt. Im Zentrum der Lieferkette steht der Kundennutzen. Dieser setzt sich aus den Elementen relativer Preis und relative Qualität (relativ im Vergleich zur Konkurrenz) zusammen. Ziel der Wertschöpfungspartnerschaft ist die Synchronisation aller Glieder der Lieferkette. Die gesamte Lieferkette wird auf den Kundennutzen ausgerichtet, um die relativ höchste Qualität mit den relativ niedrigsten Kosten zum optimalen Zeitpunkt an den Kunden liefern zu können.

Wertschöpfungspartnerschaft liegt dann vor, wenn der Lieferant einen bedeutenden Teil der Gesamtwertschöpfung erbringt. Dies ist also nicht auf die Lieferung von Modulen beschränkt, sondern kann auch die Erbringung besonderer Dienstleistungen oder die Übernahme bestimmter Sonderbearbeitungen betreffen. Eng verwandt hiermit sind die Entwicklungspartnerschaften, die sich auf den Prozess der Entwicklung und Konstruktion von neuen Produkten beziehen. In beiden Fällen ist ein enges Vertrauensverhältnis Basis für die Zusammenarbeit. Dabei stehen dem Vorteil der Kooperation mit einem kompetenten und leistungsfähigen Partner andererseits die Risiken der Abhängigkeit und des Ausfalls der extern bezogenen Leistung entgegen.

Wie produktiv die enge Zusammenarbeit von Kunden und Lieferanten im Rahmen von Wertschöpfungspartnerschaften ist, zeigen die Beispiele von Unternehmen, die für ihre vorbildlichen Kunden-/Lieferantenbeziehungen vom VDI jährlich mit dem Win-/Win-Cup ausgezeichnet werden. Hier zwei Beispiele:

1. Systempartnerschaft zwischen einem Zulieferer von Dichtungsringen und einem Separatorenhersteller. Indem die beiden Unternehmen ihre Geschäftsbeziehung auf die Basis eines Rahmenvertrags nach prognostiziertem Jahresbedarf stellten, lösten sie das Problem der hohen Fehlbestände, der vielen Kleinlieferungen, der langen Wiederbeschaffungszeiten und der hohen Prozesskosten.
2. Systempartnerschaft zwischen einem Leuchtenhersteller und dem Zulieferer. Ihr gemeinsames Problem: Der Preisverfall auf dem Leuchtenmarkt. Ihre gemeinsame Lösung: Eine neuartige Klemm-

technik, mit der sich die Leuchtenfertigung automatisieren ließ. Der Leuchtenhersteller konnte dadurch seine Produktionskosten pro System um bis zu einer viertel Million Euro jährlich senken. Die Systempartnerschaft wurde auch aufgrund ihrer zahlreichen weiteren Vorteile für beide Seiten mit dem Win-/Win-Cup ausgezeichnet. Beim Zulieferer: Umsatzsteigerung im Komponentengeschäft, Eintritt in den Anlagenmarkt, verbesserter technologischer Einblick in die Aufgabenstellung des Kunden, erhöhte Fachkompetenz, Technologievorsprung vor der Konkurrenz, Minimierung des Flop-Risikos durch gemeinsame Entwicklung, Anwendbarkeit des Basis-Know-hows bei anderen Projekten. Der Leuchtenhersteller erzielte unter anderem folgende Vorteile: Produktivitätssteigerung um 90 Prozent, Steigerung der Prozess-Sicherheit, Verbesserung des »Time-to-customer« um bis zu 50 Prozent, Senkung der Personalkosten bei der Endmontage um etwa 50 Prozent, Reproduzierbarkeit der Prozessschritte, Technologievorsprung vor den Wettbewerbern, Steigerung der Flexibilität.

Wie Lieferanten ausgewählt werden

Eine Änderung der unbefriedigenden Ausgangssituation strebte der oben erwähnte Separatorenhersteller durch neue Strategien an. Durch Pooling und Partnering sollten deutliche Verbesserungen erzielt werden, zum Beispiel Kostensenkungen, Sicherung der Lieferquellen, Verbesserung der Qualität und des Lieferservice. Dazu wurden die Lieferanten einem vierstufigen Auswahlprozess unterzogen, bei dem allgemeine und wirtschaftliche Kriterien ebenso zählten wie technische Aspekte und Qualitätsmerkmale.

Allgemeine Kriterien:	übereinstimmende Unternehmensziele, finanzielle Unabhängigkeit, Bereitschaft zum Know-how-Transfer
Qualitätskriterien:	Prozessbeherrschung, Liefertermintreue, kontinuierlicher Verbesserungsprozess, DIN-ISO-Zertifizierung
Technische Kriterien:	Technologieführerschaft, ausreichende Entwicklungsressourcen und mögliche System-Kompatibilität für EDI
Kommerzielle Kriterien:	langfristige Wettbewerbsfähigkeit, Kostenführerschaft, Fähigkeit, als Systemlieferant agieren zu können

Die folgenden Checkpunkte geben Ihnen erste Anhaltspunkte bei der Frage, welche Ihrer Kunden grundsätzlich für eine Wertschöpfungspartnerschaft in Frage kommen.

Checkfragen: Kundenanalyse	Anmerkungen
1. Deckt der Kunde einen bestimmten Anteil seines Einkaufs bei Ihnen – sind Sie also für ihn wichtig?	
2. Tätigt er einen festgelegten Mindestumsatz pro Monat?	
3. Ist er kooperationswillig und dokumentiert er dies?	
4. Sind die Unternehmenskulturen beider Unternehmen kompatibel? (Sehr unterschiedliche Unternehmenskulturen können ein großes Hindernis darstellen.)	
5. Ist eine ausgewogene Berücksichtigung der Interessen beider Seiten möglich, oder lassen zum Beispiel technische Gegebenheiten nur zu, dass sich eine Seite anpassen muss?	
6. Verträgt sich eine längere Kooperation mit der langfristigen Zielplanung Ihres eigenen Unternehmens (zum Beispiel Märkte, Zielgruppen, Umsatzentwicklung)?	
7. Sind Kosten- und Ertragsvorteile realisierbar? (Umsatzziele allein sind kein geeignetes Kriterium.)	

In Wertschöpfungspartnerschaften sind die Partner in ihren Kompetenzen jeweils aufeinander angewiesen. Es geht also nicht um eine Kostenverlagerung vom Großen zum Kleinen, sondern um das Zusammenführen der Aufgaben in ein Wertschöpfungsnetzwerk. Abbildung 18 hilft Ihnen festzustellen, ob eine solche Zusammenführung mit einem von Ihnen angepeilten Kunden möglich ist. Sie erleichtert es, das geschäftliche Umfeld von Kunden besser zu verstehen.

Abbildung 18: Wertekette

Vervollständigen Sie dazu die abgebildete Wertekette. Beginnen Sie mit dem Pfeil »Ihr Zielkunde«. Tragen Sie zunächst Ihr Buying-Center inner-

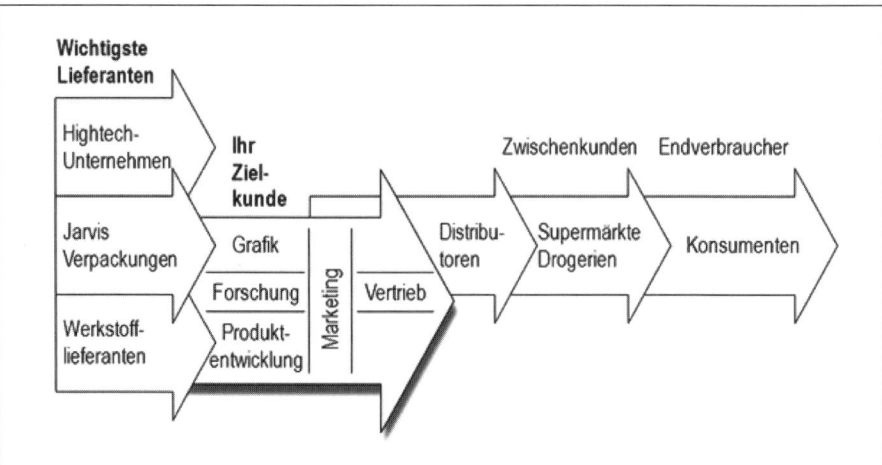

halb des Kundenunternehmens ein – die Leute, die Ihr Produkt tatsächlich kaufen. Im nächsten Schritt listen Sie die wichtigsten internen Lieferanten und Kunden des Buying-Centers auf. Tragen Sie dann die wichtigsten externen Lieferanten Ihres Kunden (einschließlich Ihr Haus) in die Pfeile ganz links ein. In die Pfeile rechts schreiben Sie die wich-tigsten Zwischenkunden und schließlich die Endabnehmer oder -verbraucher. Anhand der vollständigen Zeichnung werden Sie erkennen, wo Sie im Kundenbewusstsein ein einzigartiges, werterhöhendes Leistungsmerkmal verankern und direkt in die Wertschöpfungskette des Kunden eingreifen können.

Wenn es Ihnen gelingt, zum wichtigen Wertschöpfungspartner Ihrer ertragsstärksten Kunden zu werden, schlagen Sie jede Konkurrenz aus dem Feld.

Ziel einer Wertschöpfungspartnerschaft ist eine Win-/Win-Beziehung, das heißt der größtmögliche Nutzengewinn für alle Beteiligten. Welche Merkmale kennzeichnen erfolgreiche Wertschöpfungspartnerschaften? Einige Beispiele:

1. Der monetäre und qualitative Nutzen für beide Geschäftspartner ist hoch.
2. Die Win-/Win-Situation wird durch beiderseitiges Zutun erreicht.
3. Über das einzelne Projekt hinaus entsteht eine dauerhafte Geschäftsbeziehung.
4. Die Beteiligten sind bereit, als gleichberechtigte Partner gemeinsame Ziele zu verfolgen.

Die enge Zusammenarbeit mit einem Wertschöpfungspartner verlangt vom Vertrieb eine intensive Kenntnis seines Unternehmens sowie die Fähigkeit zur Teamarbeit. Wie verhalten Sie sich richtig bei einem interessanten potenziellen Wertschöpfungspartner? Signalisieren Sie die Bereitschaft Ihres Unternehmens,

- zusätzliche Leistungen (zum Beispiel F&E) anzubieten. Dazu gehören auch das Angebot und die Kalkulation von Ideenlösungen, die von Ihrem Produkt abweichen;
- mehr Investitionsrisiko zu übernehmen (wenn für die neuen Leistungen besondere Investitionen erforderlich werden);
- dem Kunden das Know-how Ihres Hauses zur Verfügung zu stellen und gemeinsam erworbenes Know-how zu sichern;
- höchste Kostenverantwortung zu tragen und absolute Versorgungsbereitschaft sicherzustellen;
- neue Distributionssysteme zu entwickeln;
- auf spezielle Vertragsformen (zum Beispiel Langzeitverträge oder Modelllaufzeitverträge) einzugehen, die von den AGB abweichen;

Stellen Sie deutlich den Preisnutzen heraus, den der Partner durch die Zusammenarbeit mit Ihnen erzielt. Zeigen Sie Ihre Bereitschaft zu offenen Kalkulationen und Zielpreisvereinbarungen. Machen Sie ihm möglichst auch das (technische) Know-how Ihres Unternehmens zugänglich. Bringen Sie Ihre Mitarbeiter aus F&E, Technik, Logistik, Kundendienst et cetera mit seinen Abteilungen zusammen.

Enge Zusammenarbeit mit dem Kunden

Wenn Sie mit dem Kunden in einer Wertschöpfungspartnerschaft tätig sind, ist eine enge Zusammenarbeit erforderlich. Hier bietet das Internet exzellente, kostengünstige Möglichkeiten, die Kunden auf dem neuesten Stand zu halten und die Bindung zu erhöhen:

1. *Zentrale Website erstellen.* Wenn Sie in Teams mit Kunden arbeiten oder große Entfernungen die Zusammenarbeit erschweren, ist eine gemeinsame Website optimal. So können Ihre Mitarbeiter und Kunden Onlinedokumente zusammen nutzen und die Phasen eines Projektes verfolgen. Hat ein Dienstleister Unterlagen für ein Projekt erstellt, können diese sofort über die Website betrachtet/bearbeitet werden. Ein Beispiel ist Microsoft Share Point Team Services. Wenn Sie die Kunden über eine zentrale Website in Ihr Team holen, sparen Sie Zeit

und Geld und können rascher auf Kundenwünsche eingehen. Eine schnelle Internetanbindung genügt, damit sich alle Projektbeteiligten auf der Teamwebsite treffen, gemeinsam Dokumente bearbeiten und sich über alle relevanten Themen austauschen.

2. *Dem Kunden Einblick in eigene Abläufe gewähren.* Machen Sie Informationen außer den Mitarbeitern auch den Kunden online verfügbar. Je nachvollziehbarer Ihre Arbeit für den Kunden ist, desto rascher wird er Vertrauen aufbauen.

3. *Testprodukte – wenn möglich – online zur Verfügung stellen.* Dadurch können Sie leicht Umfragen zum Testprodukt durchführen, sich Kunden-Feedback holen und Erfahrungen sammeln, bevor ein Produkt auf den Markt kommt.

Ausschöpfung aller Marktchancen

Welche Strategie Unternehmen auch immer verfolgen – Marktanteile ausbauen und/oder Gewinne einfahren, Marktnischen besetzen oder Produktinnovationen vorantreiben – eine Überlebenschance im harten Wettbewerb und in gesättigten Märkten haben nur diejenigen, die ihre Ziele systematisch verfolgen, sie immer wieder auf den Prüfstand stellen und wirkungsvolle Instrumente zur Erreichung ihrer Ziele einsetzen. Systematisches Management gekoppelt mit einer guten Portion Intuition ist die beste Voraussetzung, um die gebotenen Marktchancen auszuschöpfen. Welche Möglichkeiten der Marktbearbeitung sich im Verkauf besonders gut anbieten, soll an dieser Stelle aufgezeigt werden.

8.1 Größere Profite mit Stammkunden

Der Ausbau des Geschäfts mit bestehenden Kunden ist ein kostengünstiger Weg zu mehr Umsatz und Gewinn. Bei dem Ziel Ertragssteigerung sollte daher nicht nur die teure Akquisition von Neukunden auf dem Plan stehen, sondern jede Geschäftschance bei Stammkunden genutzt werden. Insbesondere durch ein systematisches Cross-Selling und die konsequente Vergrößerung des Lieferanteils bei bestehenden Kunden kann Ihr Verkaufsteam höhere Deckungsbeiträge erzielen.

Zusatzgeschäfte mit Cross-Selling

Manche Kunden kaufen möglicherweise nur deshalb auch bei Ihrer Konkurrenz, weil sie die gesamte Angebotspalette Ihres Unternehmens gar nicht kennen. Wie beste Geschäftschancen leichtfertig der Konkurrenz überlassen werden, zeigt zum Beispiel der folgende Praxisfall:

Eine große Versicherungsgesellschaft identifizierte in einem einzigen Verkaufsgebiet über 20.000 vernachlässigte Kunden! Keiner war innerhalb der letzten fünf Jahre von einem Außendienstmitarbeiter kontaktiert worden – die Kunden schickten nur Schecks, um ihre Prämie zu bezahlen. Viele andere Versicherungen schlossen sie während dieser Zeitspanne bei Konkurrenzgesellschaften ab – Geschäft, auf das diese Versicherungsgesellschaft großzügig verzichtete! Auch die Außendienstmitarbeiter ließen sich viele Provisionen entgehen.

Dass die Versicherungsgesellschaft mit ihrem nachlässigen Verhalten nicht allein ist, zeigte eine Umfrage bei 500 Abnehmern von Industriegütern durch das Institut für Marktorientierte Unternehmensführung (IMU) der Uni Mannheim. 60 bis 90 Prozent der Befragten nannten jeweils produktspezifisch eine klare Kaufbereitschaft für weitere Produkte ihres Hauptlieferanten. Aber nur 30 Prozent beziehen mehr als eine Produktkategorie – die anderen wissen oft gar nicht, dass der Anbieter genau die benötigten Produkte liefert!

Auch die Unternehmen selbst geben an, dass sie vorhandene Kundenpotenziale zu wenig ausschöpfen. Und zwar zu weniger als einem Drittel, wie eine Befragung von 372 Anbietern durch das IMU ergab. Den geringen Ausschöpfungsgrad führt das Institut in erster Linie darauf zurück, dass Unternehmen ihre Kunden vor allem für Wiederholungskäufe begeistern. Der Verkauf von anderen Produkten, die die Kunden auch gebrauchen könnten, fällt dagegen meist unter den Tisch oder wird dem Zufall überlassen. Dabei hätten sie gerade hier als bereits bewährte

Lieferanten gegenüber allen Mitbewerbern klare Vorteile, um den Anteil am Bedarf der bestehenden Kunden weiter auszubauen.

Cross-Selling ist eine einfache und lukrative Methode für eine bessere Ausschöpfung von Kundenpotenzialen. Dabei werden bestehende Kundenbeziehungen genutzt, um über sie auch andere Produkte aus dem Angebot zu vertreiben, die die Kunden bisher noch nicht verwenden. Das können Produkte aus dem aktuellen Sortiment sein oder aber neue Produkte. Außerdem kann es sich sowohl um den Verkauf einander ergänzender als auch voneinander verschiedener Produkte handeln.

Dass sich Cross-Selling finanziell lohnt, konnten die Wissenschaftler der Uni Mannheim nachweisen: Unternehmen mit hohem Engagement im Cross-Selling sind nach ihrer Beobachtung deutlicher profitabler als Firmen mit geringem! Und: Deckungsbeitragssteigerungen bis zu 50 Prozent sind durchaus erzielbar.

Ähnlich großen Erfolg erbrachte ein Experiment in einer österreichischen Fast-Food-Kette. Durch die Empfehlung, zum Hauptgericht die passenden Beilagen zu nehmen, erhöhten sich die Beilagenbestellungen um 19 Prozent, durch Hinweise auf neue ins Angebot aufgenommene Produkte konnte deren Verkauf sogar um bis zu 31 Prozent gesteigert werden.

Auch im Einzelhandel wird Cross-Selling schon lange mit großem Erfolg eingesetzt. So bieten Schuhverkäufer bei jedem Schuhkauf ein passendes Pflegemittel oder einen Schuhspanner gleich mit an. Die Methode kann auch in anderen Branchen erfolgreich umgesetzt werden. Ein Beispiel für Cross-Selling par excellence bietet die französische Firma Sodexho (vgl. Homburg, Ch., Schäfer, H.: »Profitabilität durch Cross-Selling«).

Sodexho ist der Weltmarktführer für Catering-Dienstleistungen. Das Unternehmen übernimmt für seine Kunden im ersten Schritt den Betrieb von deren Firmenkantine. Läuft alles hervorragend, macht Sodexho dem Kunden das Angebot, auch noch die Reinigung seiner Kantine bis hin zur Reinigung seines gesamten Firmengebäudes für ihn durchzuführen. Das ist durchaus vorteilhaft für den Kunden, denn er bekommt zu günstigen Konditionen viel Leistung – und das alles aus einer Hand. In der nächsten Stufe übernimmt das Catering-Unternehmen sogar das gesamte Facility-Management.

Der Kunde steht im Mittelpunkt

Sodexho macht eindrucksvoll vor, worauf es beim Cross-Selling ankommt:

1. Der Kunde steht im Mittelpunkt, die Verkäufer versetzen sich systematisch in seine Lage. Außerdem wird in Kundengruppen gedacht statt wie bisher in Produktlinien.
2. Genaue Kenntnis der einzelnen Kunden, ihrer Bedürfnisse und Probleme. So können die Verkäufer Cross-Selling-Potenziale frühzeitig erkennen. Die benötigten Informationen gewinnen sie durch eine konsequente Kundenbetreuung und die systematische Auswertung ihrer Kundendaten (optimal, wenn hierbei auf eine Kundendatenbank zugegriffen werden kann).
3. Angebot an zusätzlichen Leistungen, die den Kunden einen echten Mehrwert bringen.

Die Vorteile von Cross-Selling zahlen sich in barer Münze aus:

- durch Zusatzverkäufe höherer Gesamtumsatz pro Kunde, während die Fixkosten konstant bleiben;
- geringere Rüstkosten der Kundenbearbeitung; Kosten, die dem Unternehmen für die Anwerbung eines Kunden und die Erhebung der Kundendaten anfielen, treten nur einmal auf;
- höhere Kundenloyalität durch Cross-Buying (empirische Studien haben gezeigt, dass die Wechselneigung von Kunden mit zunehmender Anzahl der Produkte, die sie von einem Unternehmen abgenommen haben, sinkt);
- die Distributionswege mehrerer Produkte können gebündelt werden;
- Möglichkeit, höhere Preise durchzusetzen, die Kunden bei »Alles-aus-einer-Hand«-Angeboten oft zu zahlen bereit sind.

Doch trotz der zahlreichen Vorteile bemühen sich viele Verkäufer nicht, Zusatzverkäufe (in Form von Zubehör, Verbrauchsmaterial, Zusatzaggregaten, Hilfseinrichtungen und so weiter) anzubahnen. Sie fürchten, aufdringlich zu wirken. »Viele Anbieter bemühen sich um die falschen Kunden, andere bieten ihren Kunden die falschen Produkte an, manche verärgern ihre Kunden durch aggressive Offerten«, so Heiko Schäfer von der Universität Mannheim. Dennoch nützen gerechtfertigte Zusatzverkäufe sowohl dem Kunden wie auch dem Anbieter: Der Kunde profitiert, weil seine Wünsche optimal erfüllt werden. Das Unternehmen selbst hat den Kunden umfassend beraten, sein Geschäft sinnvoll ergänzt und erzielt höhere Deckungsbeiträge.

Voraussetzung für den Cross-Selling-Erfolg ist die richtige Einstellung Ihrer Verkäufer, die es ihnen ermöglicht, über die unmittelbaren Probleme eines Kunden hinauszusehen, offen zu sein für alle seine Bedürfnisse und ihm Ratschläge zu geben, die ihm wirklich von Nutzen sind.

Chancen systematisieren

Eine weitere wichtige Voraussetzung für ein erfolgreiches Cross-Selling ist die Systematik, mit der es betrieben wird. Überlassen Sie es nicht dem Zufall, wann und ob Ihre Verkäufer an Zusatzverkäufe denken und sie realisieren. Identifizieren Sie gemeinsam mit dem Verkaufsteam konkrete Cross-Selling-Chancen, unterstützen Sie die Verkäufer mit geeigneten Maßnahmen und kontrollieren Sie ihren Erfolg. So kommen Sie Schritt für Schritt zum gewünschten Ergebnis:

1. Analysieren Sie zunächst das Cross-Selling-Potenzial Ihrer Kunden. Bei welchen Kunden besteht Bedarf nach weiteren Produkten aus Ihrem Angebot? Welche Kunden sind gegebenenfalls bereit, weitere Produkte bei Ihnen zu kaufen, beziehungsweise wer kauft Produkte beim Wettbewerber, die auch Sie im Sortiment haben? Um diese Fragen zu klären, können Sie Kundenbefragungen durchführen und/ oder alle Mitarbeiter mit Schnittstelle zum Kunden, zum Beispiel Innendienst, Kundendienst, Techniker und natürlich Ihre Verkäufer im Außendienst, nach ihrer Einschätzung und ihren Ideen befragen.

Die folgende Checkliste, eventuell ergänzt um unternehmensspezifische Punkte, können Sie an Ihre Verkaufsmitarbeiter weitergeben, um Cross-Selling-Potenziale Ihrer Kunden herauszufinden. Sie kann von Ihren Verkäufern auch für die Vorbereitung der Gespräche mit bereits vorhandenen Kunden genutzt werden, um sich für Cross-Selling-Chancen zu sensibilisieren. Cross Selling sollte Thema jeder Gesprächsvorbereitung sein.

Checkliste: Cross-Selling-Potenziale herausfinden	
Fragen	Antworten
Welche Produkte kaufte der Kunde in den letzten Jahren?	
Wie intensiv werden sie genutzt?	

Welche Produkte kaufte er noch nie?	
Hätte er diese verwenden/weiterverkaufen können?	
Warum wurden diese Produkte nicht gekauft?	
Welche der bisher nicht gekauften Produkte könnte er heute brauchen?	
Welche Zusatzleistungen machen für den Kunden Sinn?	
Welche neuen Produkte kennt der Kunde noch nicht, die für ihn interessant sein könnten?	
Welchen Bedarf wird er morgen haben?	
Welche Produkte/Lösungen kann ich ihm schon heute anbieten?	
Welche Produkte haben wir in unserem Angebot, die diesem Kunden echten Mehrwert bieten können?	
Wie könnte sich das Produkt oder die Leistung auf andere Bereiche seines Unternehmens auswirken?	
Welche neuen Anwendungsbereiche für unsere Produkte oder unsere Dienstleistungen könnten noch in Frage kommen?	
Kann ich dem Kunden mehrere unterschiedliche Produkte und/oder zusammen mit Dienstleistungen im Paket (Produktbündelung) anbieten, die ihm echten Mehrwert bringen?	

2. Testen Sie alle Möglichkeiten für Cross-Selling. Finden Sie sinnvolle und attraktive Produktbündelungen. Suchen Sie nach Erweiterungen des Angebots um Beratungs-, Informations- oder besondere Serviceleistungen, Trainings- und Follow-up-Maßnahmen. Prüfen Sie ergänzende Produktzukäufe und die Entwicklung von maßgeschneiderten Zusatzprodukten.

3. Erstellen Sie eine Produktübersicht für Zusatzverkäufe. Setzen Sie die Hauptartikel, die sozusagen nach Zusatzverkäufen rufen, links auf eine Liste. Rechts führen Sie alle Zusatzverkaufsmöglichkeiten auf. Aktualisieren Sie die Liste regelmäßig und prüfen Sie, ob Sie sie gleich in Ihre Auftragsformulare integrieren können. So sparen Sie administrativen Aufwand.

Diese Liste können Ihre Verkäufer als Arbeitshilfe nutzen, egal ob im persönlichen Verkaufsgespräch beim Kunden oder am Telefon.

Halten Sie dementsprechend in Ihrer Kundendatenbank in der Basismaske eines Kunden nicht nur die konkreten Anwendungen fest, in denen Ihre Produkte zum Einsatz kommen. Integrieren Sie ebenfalls die weiteren Produktinteressen des Kunden (für Cross-Selling-Chancen). Im Gespräch mit dem Kunden kann dann jeder – egal ob der Mitarbeiter im Innendienst oder Außendienst – gezielt darauf eingehen.

Ein Beispiel

Produktübersicht für Zusatzverkäufe	
Basisprodukt	Zusatzleistungen
Produkt A	Dienstleistung Aa Zusatzartikel Ab Losgröße Ac Lieferrhythmus Ad
Produkt B	…

Tipp: Sorgen Sie dafür, dass sich Cross-Selling für Ihre Mitarbeiter lohnt. Spornen Sie sie mit besonderen Leistungsprämien oder Incentives an.

4. Unterstützen Sie die Mitarbeiter zum Beispiel mit begleitenden Werbeaktionen, hilfreichen Checklisten, durch Qualifikationsmaßnahmen bezüglich ihrer Problemlösungskompetenz und durch den leichten Zugriff auf nötige Informationen.
5. Kontrollieren Sie den Erfolg Ihrer Cross-Selling-Aktion anhand von Kennzahlen. Dazu bieten sich folgende Möglichkeiten an.

Die einfachste, aber auch am wenigsten aussagekräftigste ist die Cross-Selling-Quote:

Cross-Selling-Quote=Anzahl der Produkte, die dem Kunden zu anderen Produktbereichen verkauft wurden

Aussagekräftiger als die Cross-Selling-Quote ist die Kennzahl »Potenzialausschöpfung«:

> Potenzialausschöpfung = Anzahl der (zusätzlich) bezogenen Produkte im Verhältnis zur Anzahl der Produkte, für die ein (zusätzlicher) Bedarf/Potenzial ermittelt wurde

Dazu ein Beispiel:

$$\frac{5 \text{ (zusätzlich) bezogene Produkte}}{10 \text{ Produkte, für die (zusätzlicher)} \atop \text{Bedarf ermittelt wurde}} = 50 \text{ \% Potenzialausschöpfung}$$

Ein Maß für die Hebelwirkung der genutzten Einstiegsprodukte beim Kunden ist die Kennzahl »Cross-Selling-Leverage«:

> Cross-Selling-Leverage = durchschnittliche Anzahl der zusätzlich bezogenen Produkte pro Einstiegsprodukt

Auch dazu ein Beispiel:

$$\frac{2 \text{ zusätzliche bezogene Produkte}}{\text{Einstiegsprodukt A}} = 200 \text{ Prozent Cross-Selling-Leverage für Produkt A}$$

$$\frac{1 \text{ zusätzlich bezogenes Produkt}}{\text{Einstiegsprodukt B}} = 100 \text{ Prozent Cross-Selling-Leverage für Produkt B}$$

Quelle: Homburg, Ch./Schäfer, H.: »Profitabilität durch Cross-Selling: Kundenpotenziale professionell erschließen«, Institut für Marktorientierte Unternehmensführung

Chancen realisieren

Die Chancen für Cross-Selling bieten sich fast überall: sei es im direkten Verkaufsgespräch mit dem Kunden, am Telefon, beim schriftlichen Kontakt oder auch im Internet. Sensibilisieren Sie Ihre Verkäufer dafür – durch Schulungen und auf Verkaufstagungen.

Beim Erstgespräch mit Kunden sofort an Zusatzgeschäft denken

Bereits beim ersten Verkaufsabschluss mit einem Neukunden sollten sich Ihre Verkäufer bewusst auf die Möglichkeiten zu weiteren Geschäften konzentrieren. Dazu ist es nötig, schon in den Planungsgesprächen das gesamte Kundenpotenzial und den Kundenwert im Auge zu behalten sowie im ersten Gespräch herauszufinden, welchen Gesamtbedarf der Kunde hat beziehungsweise welche Ihrer Produkte ein bestimmtes Problem des Kunden lösen können. Fragen, die sich Ihre Verkäufer in diesem Zusammenhang stellen sollten:

- Was hat mein Unternehmen noch zu bieten, wovon dieser Kunde profitieren könnte?
- Auf welche direkte oder indirekte Weise sollte ich dem Kunden diese anderen Möglichkeiten vermitteln?
- Wie lerne ich das Unternehmen des Kunden besser kennen, um mich auf weitere Verkäufe vorbereiten zu können?
- Ist der Kunde auch für andere Abteilungen meines Hauses interessant? (Wenn ja, sollten gleich entsprechende Kontakte vorbereitet werden.)

Im Gespräch mit dem Kunden kann dann mit geschickten Fragen systematisch, aber unaufdringlich auf die gesamte Produktpalette Ihres Hauses hingewiesen werden – zum Beispiel mit einer der folgenden Formulierungen:

- »Viele Kunden nützen diese Anschaffung noch, um ... Wäre dies nicht auch für Sie interessant?«
- »Haben Sie auch schon an die Kombinationsmöglichkeit ... gedacht?«
- »Dachten Sie auch daran, den Apparat für ... auszunützen? Das können Sie problemlos durch diese Zusatzeinrichtung.«
- »Darf ich Ihnen noch unverbindlich ein interessantes Zubehör nennen, mit dem Sie ...?«
- »Dachten Sie auch daran, die Anschaffung noch kostengünstiger zu gestalten, indem Sie ... nützen?«

Geschickt bereiten Ihre Verkäufer Chancen für Cross-Selling vor, wenn sie einem neuen Kunden einen Rundgang durch Ihre Firma anbieten. Während der Besichtigung, können sie ihm die anderen Leistungen Ihrer Firma präsentieren und erste Kontakte zu weiteren Abteilungen herstellen. Umgekehrt können sie den Kunden bei einem Besuch in seinem Haus bitten, sie auch mit anderen Schlüsselpersonen und Abteilungen bekannt zu machen.

Chancen nach dem Abschluss

Auch nach dem Verkaufsabschluss bieten sich Chancen für Zusatzgeschäfte. Ruft der Verkäufer ein paar Tage später beim Kunden an, um ihn zu fragen, ob er zufrieden ist, kann er ihm ebenfalls Serviceleistungen, Ersatzteile und Ergänzungsprodukte anbieten. Auch wenn das Gespräch länger zurückliegt, ist Cross-Selling möglich: Liest der Verkäufer zum Beispiel einen Artikel, der für seinen Kunden interessant ist, kann er ihm diesen zusenden, ihn ein paar Tage später anrufen und das Gespräch über den Artikel mit Ihrem Produktangebot verknüpfen.

Cross-Selling am Telefon

Wenn ein Kunde sich aktiv an Ihr Unternehmen wendet, beispielsweise um einen Besuch bittet oder anruft, dann sind die Chancen für Cross-Selling besonders gut. Das zeigt auch folgendes Beispiel aus der Praxis.

Eine Umsatzsteigerung von 35 Prozent erzielte das Investment-Unternehmen Quick & Reilly durch eine einfache Cross-Selling-Technik. Dazu Vice President Mitch Siegel: »Unser Telefonverkauf war im Prinzip nur eine Auftrags-Annahmestelle. Dann wurde uns klar, dass wir damit ein Riesenpotenzial verschenkten. Unsere Mitarbeiter haben tagtäglich zahlreiche Kundenkontakte, kennen unsere Produkte in- und auswendig, gehen aber nicht aktiv verkaufend auf die Kunden zu. Wir führten deshalb für alle Telefonverkäufer eine Cross-Selling-Schulung durch.« Ergebnis: Wenn ein Kunde bei einem Verkäufer anruft, sagt dieser nicht mehr: »Vielen Dank für den Auftrag, bis zum nächsten Mal.« Er erkundigt sich vielmehr, welche Ziele der Kunde mit dem gerade getätigten Investment verfolgt. Auf der Antwort des Kunden baut der Verkäufer dann eine grundlegende Investment-Beratung auf, in deren Rahmen er natürlich auch andere Quick & Reilly-Produkte empfiehlt.

Mit der gleichen Methode wie bei Quick & Reilly ist auch die Dime Savings Bank erfolgreich. Ruft ein Interessent an und fragt nach dem Zinssatz für ein Hypothekardarlehen, erkundigt sich der Telefonverkäufer – bevor er auf die Frage eingeht – zunächst nach dem Finanzierungsbedarf und der möglichen monatlichen Belastung des Kunden. Erst dann präsentiert er sein Angebot inklusive Zinssatz. Die Abschlussquote der Dime Savings Bank ist hierdurch um 25 Prozent gestiegen.

Vorbereitung ist die halbe Miete

Mitarbeiter, die Kundenanrufe entgegennehmen, scheuen sich oft, das Gespräch auf ein Angebot zu lenken – meist, weil sie ein Nein des Kunden befürchten. Eine wichtige Voraussetzung für ein erfolgreiches Cross-Selling am Telefon besteht daher darin, ihnen durch Training und Coaching Ängste zu nehmen und positive Erfahrungen zu schaffen.

Trainierte Gesprächstaktiken, die leicht und ohne die befürchtete Aufdringlichkeit dem Kundengespräch eine Wendung hin zu einem Angebot geben, vermitteln dem Mitarbeiter am Telefon Sicherheit. Folgende Stufen sollte er beherrschen:

1. Die Gelegenheit erkennen: Die Mitarbeiter müssen ein Gespür für die geeignete Situation entwickeln, in der Cross Selling machbar ist.
2. Überleitung: Die erworbene sprachliche Flexibilität sowie Musterformulierungen ermöglichen den Übergang ins Verkaufsgespräch.
3. Bestätigung über das Kundeninteresse einholen: Auf die Reaktion des Kunden eingehen, bei Ablehnung das Gespräch beenden. Nur bei Interesse Angebot machen.
4. Angebot unterbreiten: Angebot individuell gestalten, damit die Kunden merken, dass es speziell für sie ist.
5. Einwände ausräumen: Einwände der Kunden sensibel behandeln. Mit geschickten Fragen der Unentschlossenheit begegnen.

Außer Training benötigt der Mitarbeiter auch praktikable Arbeitshilfen. Nützlich ist eine Liste entsprechend obiger »Produktübersicht für Zusatzverkäufe«. Stellen Sie außerdem durch einen vorbereiteten Fragenkatalog sicher, dass Ihre Mitarbeiter die Kunden durch die richtigen Fragen auf Zusatzleistungen aufmerksam machen. Ein solcher Fragenkatalog kann zum Beispiel so aussehen:

- »Herr/Frau ... vielen Dank für diesen Auftrag.«
- »Welche Zusatzaggregate werden Sie einsetzen?«
- »Sicherlich werden Sie auch ... und ... einsetzen wollen. Wie viel darf ich hierzu notieren?«
- »Bedenken Sie, dass Sie bei zwölf Stück statt der von Ihnen bestellten zehn, die Lieferung ›frei Haus‹ erhalten. Sicherlich wollen Sie dies ausnutzen, nicht wahr?«

Cross-Selling beim schriftlichen Kontakt

Der tägliche Schriftverkehr ist ein hervorragendes Medium für Zusatzgeschäfte. Überlegen Sie einmal, wie viele Nachrichten jeden Tag an Ihre Kunden geschrieben werden. Briefe, mit denen auf eine Anfrage, eine Bestellung oder sonstige Aktionen Ihrer Kunden reagiert wird. Auftragsbestätigungen, Informationen über verspätete Lieferung, Rechnungen. Alle diese Nachrichten bergen eine hervorragende Cross-Selling-Chance in sich. Und in fast allen Fällen gibt es Platz für ein kleines PS etwa mit folgendem Inhalt: »Zurzeit läuft gerade unsere Aktion XY. Wir legen Ihnen deshalb einen Prospekt und eine Antwortkarte bei. Wählen Sie aus, was Sie gerade benötigen, und schicken oder faxen Sie uns Ihre Wünsche.«

Dieser Hinweis am Ende des Schreibens und die kleine Beilage bringen nach Erfahrung von Direktmarketing-Experten im Schnitt zehn Prozent Reaktionen. Selbst das kleinste Unternehmen bringt in der Regel schon zehn Briefe pro Tag zur Post. Das sind 2.000 beste »Werbebriefe« pro Jahr mit zehn Prozent Durchschnittserträgen. Wahrscheinlich aber versendet Ihre Firma ein Vielfaches dieser zehn Briefe pro Tag. Schon 100 tägliche Korrespondenz-Briefe an Kunden ergeben pro Jahr 20.000 beste »Werbebriefe«.

Cross-Selling – auch im Internet erfolgreich

Ein gutes Beispiel, wie sich Cross-Selling im Internet für Zusatzgeschäfte nutzen lässt, ist der Buchversender Amazon. Wenn Sie auf dessen Website nach einem Buch suchen, erscheinen auf der linken Seite des Screens unter dem Hinweis »Kunden, die diesen Artikel gekauft haben, kauften auch ...« weitere Bücher zu einem ähnlichen Thema. Ebenso wird unter »Unser Vorschlag« ein ganz konkreter weiterer Titel zum gesuchten Buch empfohlen.

Auch der Online-Marktplatz ebay macht geschicktes Cross-Selling: Gelingt es einem Interessenten nicht, ein bestimmtes Produkt zu ersteigern, erhält er automatisch eine E-Mail-Nachricht mit folgendem Hinweis: »Sie waren leider nicht der Höchstbietende für den Artikel ... Hier sind einige andere bei ebay angebotene Artikel, die Sie vielleicht interessieren.«

Allen diesen Anbietern ist eines gemeinsam: Sie greifen potenziellen Bedürfnissen der Kunden vor und bieten hierfür kommerzielle Lösungsangebote.

Mit seiner »Hyperlink-Struktur«, mit der Möglichkeit, alles direkt mit allem zu verknüpfen, ist das Internet ideal für Cross-Selling:

- Durch seine weite Verbreitung und die rapide Zunahme von E-Business werden durch die Web-Besucher große Mengen von Daten generiert. Diese lassen sich durch den Einsatz von Web-Mining-Techniken in wertvolle Informationen umwandeln. Bei intelligenter Personalisierung können Sie Ihre Kunden schnell in Gruppen zusammenfassen und segmentieren. So besteht die Möglichkeit, automatisch individuell auf die Bedürfnisse einer theoretisch unbegrenzten Zahl von Kunden gleichzeitig zu reagieren.
- Da im Internet auf eine Datenbank mit sämtlichen Informationen zugegriffen wird – und nicht ein menschlicher Berater mit mehr oder weniger Produktwissen die Beratung durchführt –, kann beim Internet ausführlich zu jedem Thema sofort kompetent beraten werden.

Nutzen auch Sie Ihre Website für Zusatzgeschäfte. So können Sie dabei vorgehen:

1. Stellen Sie bei Ihren Produktangeboten sicher, dass das jeweils passende Zubehör gleich mit aufgelistet wird. Dabei sollte das am meisten nachgefragte Zubehör in der erscheinenden Liste ganz oben stehen. (Ein Link auf die Zubehörseite in der Navigationsleiste gehört so oder so zum Pflichtprogramm einer guten Produktpräsentation im Web.)
2. Finden Sie zu jedem Produkt, das Sie auf Ihrer Website anbieten, ein oder zwei weitere Produkte, die für Ihre Abnehmer ebenfalls interessant sein könnten. Zum Beispiel werden dem Käufer eines Monitors gleichzeitig auch eine drahtlose Tastatur und Maus mit angeboten. Führen Sie diese Produkte auf, solange der Kunde noch bei der Bestellauswahl ist. Wenn er seine Bestellung mit allen Formalitäten einmal abgeschlossen hat, wird er nicht nochmals zurückklicken wollen. Erfahrungsgemäß können nur wenige Kunden der Versuchung widerstehen, über interessante Zusatzangebote hinwegzuklicken.
3. Wenn Ihre Angebotsdarstellung schon nicht zu Cross-Selling führt, können Sie mit geschickter Produktpräsentation wenigstens Up-Selling erreichen (Up-Selling = Verkauf höherwertiger Produkte und Sortimente zur Generierung höherer Deckungsbeiträge pro Kunde; Beispiel: ein Mobil-Kunde mit GPRS-Anschluss soll ein Handy auf Basis des UMTS-Standards kaufen). Stellen Sie immer Links zu höherwertigen Produkten her, die Ihrem Kunden mehr bieten – und die auch etwas mehr kosten.
4. Haben Sie nur ein einziges oder nur wenige Produkte im Angebot, dann prüfen Sie, ob Sie nicht ein passendes Produkt von einer anderen Firma mitverkaufen können. Oft ist man dort im Gegenzug ebenfalls

bereit, Ihr Produkt in das Sortiment aufzunehmen. Gehen Sie nur Partnerschaften mit Unternehmen ein, die komplementäre, nicht ähnliche Produkte anbieten.

Eine Umfrage unter den Firmen, die topp im Cross-Selling sind, hat ihre gemeinsamen Erfolgsgeheimnisse aufgedeckt. Die Umfrage zeigt, dass sie alle

- es ihren Kunden erleichtern, mit ihnen Geschäfte zu machen;
- es auch für ihre Mitarbeiter vereinfachen, Geschäfte zu machen;
- sämtliche Möglichkeiten für Cross-Selling in ihrer Firma systematisch testen;
- die besten Vorgehensweisen immer weiter vervollkommnen;
- sämtlichen involvierten Mitarbeitern die nötigen Kundendaten zugänglich machen;
- stets darum bemüht sind, den Wert ihrer Kunden zu erhöhen und alle Profitpotenziale zu erschließen.

Cross-Selling über Produktbündelung

Ein probates Mittel zur Ausschöpfung von Cross-Selling-Potenzialen ist das Angebot mehrerer Produkte und/oder Dienstleistungen in einem Paket. Erfahrungsgemäß kann so ein Mehrertrag von 15 bis 30 Prozent erreicht werden. Eine wichtige Voraussetzung für den Erfolg ist dabei, dass Ihre Kunden durch die Produktkombination einen sinnvollen Mehrwert erhalten.

Schon seit Händlergedenken gehen Waren im Dutzend billiger über die Ladentheke. Der Verbraucher lässt sich gern zum Kauf von Groß- oder Mehrfach-Packs bewegen, wenn er damit ein paar Euro sparen kann. Dennoch ist im Bereich der Produktbündel noch jede Menge Platz für neue Ideen. Gerade in Zeiten verstärkten Wettbewerbs lohnt es sich, über andere und neue Absatzwege nachzudenken. Es muss ja nicht immer der klassische Doppel- oder Mehrfachpack aus identischen Produkten sein. Auch die Kombination aus Body-Lotion und Deo kommt gut an und unterstützt ganz nebenbei noch die Markentreue der Kunden.

Die Firma Golf Coast Chemicals hat ein Programm entwickelt, mit dem der Umsatz innerhalb von drei Jahren über zwei Millionen Dollar gestiegen ist. »Wir liefern unterschiedliche Produkte für den Farben-, Plastik- und Zement-Markt«, sagt D. Allen, einer der Leiter der Firma. »Oft können wir genug Produkte bündeln, um den Kunden ein Komplett-Angebot zu machen – ein ›One-Stop-Shop‹. Bei sehr großen Kunden nennen wir dieses Programm ›Fortschrittspartnerschaft‹. Wir stellen so viele Produkte wie möglich zusammen, um es den Kunden zu gestatten, bei einem einzigen Kontakt die Bestellungen für alle ihre Produkte in Auftrag zu geben.«

Bei der Produktbündelung gibt es die unterschiedlichsten Ausprägungen. So lassen sich Paketprodukte außer nach der Sektorzugehörigkeit (zum Beispiel im Finanzbereich: Versicherungs- oder Bankleistungen) nach Kern- und Zusatzleistungen differenzieren. Im Finanzbereich wird die Ebene der Grundleistungen häufig erweitert durch Ergänzungsleistungen wie Information und Beratung. Es gibt auch Pakete, bei denen versicherungsfremde Zusatzleistungen das Angebot abrunden. Beispiele hierfür sind die Vermittlung von Handwerkern, Hilfe im Krankheitsfall, Ticketservice, Kundenzeitschriften oder ein 24-Stunden-Notdienst.

Produktbündelung wird auch danach unterschieden, ob die Leistungen nur im Paket (reine Bündelung) oder sowohl im Paket als auch einzeln (gemischte Bündelung) erhältlich sind.

Produktbündelung möglich – ja oder nein

Durch Produktbündelung können Sie bedeutende Vorteile erzielen. Neben den typischen Vorteilen von Cross-Selling profitieren Sie auch von Synergieeffekten, die Sie teilweise in Form von Rabatten an die Kunden weitergeben können. Und Sie steigern Ihren Gewinn, denn durch Bündelung wird ungenützte Preisbereitschaft von einem Produkt auf ein anderes übertragen. Zudem entgehen Sie der Preisvergleichbarkeit, da Sie verstärkt als Problemlöser und Systemanbieter auftreten, und Sie erhöhen die Kundenzufriedenheit und -bindung. Denn der Kunde erhält alle Leistungen von einem einzigen Anbieter. Dies steigert seinen Komfort, er spart Transaktionskosten, senkt die Komplexität, erzeugt eine größere Übersichtlichkeit und erwirbt das Bündel meist zu einem erheblich günstigeren Preis, als wenn er die Produkte einzeln kaufen würde.

Mithilfe folgender Checkliste können Sie prüfen, ob Produktbündelung auch für Sie ein Weg zur Umsatz- und Ertragssteigerung sein kann.

Checkliste: Produktbündelung		
Fragen	**Ja**	**Nein**
Können Sie verschiedene Produkte sinnvoll zusammenfassen?	❑	❑
Können Sie Ihr Angebot um Beratungs-, Informations- oder besondere Serviceleistungen erweitern?	❑	❑

Umfasst Ihr Angebot auch Trainings- und Follow-up-Maßnahmen?	❏	❏
Bieten Sie technischen Support?	❏	❏
Gehören Hilfe und Unterstützung für die Kunden Ihrer Kunden zu Ihrem Angebot?	❏	❏

Wichtige Erfolgsfaktoren beachten

Wenn Sie die Bündelstrategie sinnvoll einsetzen können, dann beachten Sie einige Erfolgsfaktoren, um die Vorteile optimal auszunutzen und Misserfolge zu vermeiden (Quelle: Hardock, P. und andere: »Produktbündelung – eine viel versprechende Mehrwertstrateige«, in: Versicherungswirtschaft, 2001):

- Achten Sie darauf, dass Sie Ihre Sicht und die Sicht der Kunden in Einklang bringen. Aus Anbietersicht ist es empfehlenswert, attraktive »Zugpferde« mit weniger interessanten Angeboten zu verknüpfen. Durch die Kombination können Sie häufig bei Letzteren eine deutliche Absatzsteigerung erzielen. Bieten Sie aber nur Leistungen, die den Kunden wirklich attraktiv erscheinen.
- Offerieren Sie nur Pakete, die nicht in gleicher Form schon von Ihrer Konkurrenz angeboten werden.

Gehen Sie systematisch vor, um Produkte zu einem attraktiven Bündel zusammenzufassen.

1. Listen Sie alle interessanten Produkte auf. Wenn Sie hierzu ein Brainstorming in Ihrer Firma durchführen, werden Sie sicher viele gute Ideen bekommen.
2. Überlegen Sie, für welche Zielgruppen Sie attraktive Produktbündel zusammenstellen können. Versicherungen schnüren zum Beispiel Bündel nicht nur für verschiedene Berufsgruppen wie Ärzte oder Musiker, sondern sie unterscheiden ihre Zielgruppen auch nach Lebensabschnittsphasen. Außerdem werden die Bündel häufig auch nach den Organisationsbereichen eines Unternehmens zusammengestellt. Ein Beispiel für ein solches an Sparten orientiertes Paket ist die Kombination von Unfall- und Schadenversicherung.
3. Wählen Sie aus der Vielzahl der Ideen die aus interner Sicht relevanten Produkte aus. Kombinieren Sie Basisleistungen mit attraktiven Zusatzleistungen.

4. Finden Sie durch Kundenbefragungen (zum Beispiel im Rahmen von Kundenfokusgruppen) und Tests heraus, wie Ihre Produktbündel bei Ihrer Kundschaft ankommen.
5. Ermitteln Sie den optimalen Preis.

Hinsichtlich der optimalen Preisstruktur für ein Produktbündel haben Sie zwei Alternativen: a) Sie verlangen für das Bündel einen einzigen Paketpreis, b) Sie entwickeln sogenannte Preisbaukästen, bei denen sich der Preis je nach Art und Anzahl der gekauften Leistungen stufenweise zusammensetzt. Dies gibt den Kunden Gelegenheit, mit einem kleinen Paket anzufangen und dieses Schritt für Schritt zu erweitern.

Aus preispolitischer Sicht ist diese Maßnahme bei langfristig bindenden Produkten wie zum Beispiel Versicherungspolicen sinnvoll, um die Kunden nicht durch einen hohen Paketpreis abzuschrecken. Unter dem Gesichtspunkt der Gewinnoptimierung sowie rechtlicher Aspekte ist die gemischte Preisbündelung, bei der neben dem Paket die Leistungen auch einzeln erworben werden können, sinnvoller als das reine Produktbündel, bei dem Leistungen nur als Paket angeboten werden. Das haben empirische Studien gezeigt.

Es ist naheliegend, dass der Paketpreis unter der Summe der Einzelpreise liegen solltc (Ausnahme: Der Nutzen des Produktbündels ist höher als die Summe der isolierten Nutzen der Einzelkomponenten. Dann kann der Bündelpreis auch über der Summe der Einzelpreise liegen. Beispiel: Ein Telekommunikationsunternehmen fasst Einzelangebote zu einer umfassenden Kommunikationslösung aus Festnetzanschluss, Mobiltelefon und Internet-Zugang zusammen.) Machen Sie die Höhe des Rabatts von der Anzahl der Bündelkomponenten und von der Preisbereitschaft der Kunden abhängig. In der Versicherungsbranche ist die Gewährung eines 5-prozentigen Rabatts bei Abschluss von zwei Versicherungen verbreitet, bei drei Versicherungen erhöht sich der Rabatt häufig auf zehn Prozent, bei vier und mehr Policen gibt es oft schon 15 Prozent. Auch in anderen Branchen liegt der Bündelrabatt vielfach zwischen fünf und 15 Prozent. Berücksichtigen Sie bei der Preisgestaltung auch die Preisschwellen.

Beachten Sie wettbewerbsrechtliche Grenzen

Die Aufhebung des Rabattgesetzes und der Zugabeverordnung haben die Produktbündelung wesentlich erleichtert. Die Gestaltungsfreiheit wird jedoch weiterhin eingeschränkt durch die Bestimmungen des UWG (vor allem § 1: Verstoß gegen die guten Sitten und § 3: Irreführende Werbung).

Problematisch sind in diesem Zusammenhang insbesondere sogenannte »Vorspannangebote«, bei denen ein Hauptprodukt mit einem »Lockprodukt« verknüpft ist, das den Absatz der Hauptleistung fördern soll. Dieses Problem können Sie mit der gemischten Form der Produktbündelung umgehen, da der Kunde zwischen Einzelprodukten und dem Bündelangebot wählen kann. Zu beachten sind auch Vorschriften des GWB, sofern ein Unternehmen seine marktbeherrschende Stellung ausnutzt oder bestimmte Abnehmer diskriminiert. Es empfiehlt sich also, gegebenenfalls durch einen Rechtsanwalt überprüfen zu lassen, ob Ihre Pakete juristisch einwandfrei sind.

Vergrößerung des Lieferanteils pro Kunde

Bei dieser Möglichkeit zur stärkeren Ausschöpfung von Kundenpotenzialen sollen Abnehmer mehr von bereits eingesetzten oder verbrauchten Produkten kaufen. Hier versuchen Unternehmen, von ihren Wettbewerbern Anteile hinzuzugewinnen oder einen noch nicht realisierten Bedarf des Kunden zu erschließen.

Naturgemäß sind die Chancen, den Lieferanteil zu erweitern, wesentlich größer bei solchen Kunden, die Ihr Haus bereits kennen und deren Vertrauen Sie besitzen, als bei solchen, die bisher noch nie bei Ihrem Unternehmen gekauft haben. Ihre Erfolgsaussichten werden vergrößert durch den aktuellen Trend, dass Firmenkunden, um ihre Logistikkosten zu senken, die Zahl ihrer Lieferanten auf wenige Anbieter begrenzen wollen. Das erspart den Kunden administrativen Aufwand sowie die ermüdende Suche nach Produkt- und Preisinformationen von Alternativlieferanten – und Ihre Verkäufer haben ein gutes Argument für ihren Vorschlag, dass der Kunde seine Auftragsmenge bei Ihnen erhöht.

Wenn Sie den Lieferanteil für ein bestimmtes Produkt erhöhen wollen, müssen Sie wissen, welchen Gesamtbedarf ein von Ihnen anvisierter Kunde hat und mit welcher Intensität er derzeit bei Konkurrenzanbietern kauft. Der Gesamtbedarf errechnet sich nach folgender Formel:

$$GP = E + Ka\text{-}n + N$$

GP = Gesamtbedarf des Kunden an einer bestimmten Produktgattung P
E = Ihr Eigenanteil an der eingekauften Menge
$Ka\text{-}n$ = Anteil der Konkurrenten a bis n an der Einkaufsmenge
N = nicht realisierter Bedarf des Kunden

Gesamtbedarf abschätzen

Der Gesamtbedarf an der Produktgattung, deren Lieferanteil vergrößert werden soll, kann anhand der folgenden Anhaltspunkte geschätzt werden.

Bei Produkten im Handel: Zahl der Beschäftigten, Fläche der Verkaufsräume, Anzahl der Kassen, Lage des Geschäfts, Sortimentsbreite und -tiefe, Umsätze, Absatzkennziffern und so weiter.

Bei Investitions- und Produktionsgütern: Produktionsausstoß, Maschinenzahl, Umfang der Anlagen, Fuhrpark, Lagerumfang, Beschäftigte, Umsätze, Energie- und Materialverbrauch, Auftragsbestand, Branchenkennziffern und so weiter.

Beauftragen Sie Ihre Verkäufer, ihre Kundendaten, Unterlagen, Schriftstücke und Publikationen durchzuschauen und aufgrund vergangener Gespräche mit Einkäufern, Betriebsleitern, Meistern, Maschinenführern, Technikern, Ingenieuren, Verkäufern, Geschäftsführern, Konkurrenzverkäufern, Verbandsgeschäftsführern und so weiter Schätzungen abzugeben beziehungsweise zu korrigieren. Folgende Fragen können dabei helfen: Sind die Lager des Kunden voll? Kauft er auch für Tochterfirmen und Niederlassungen? In welcher Richtung verläuft der Bedarfstrend bei dem anzubietenden Produkt? Wächst, stagniert oder schrumpft das Geschäft des Kunden? Welche Pläne verfolgt er? Gibt es geplante Erweiterungen und neue Geschäftszweige? Wie ist seine finan-zielle Situation?

Den Konkurrenzanteil herausfinden

Sicher ist es nicht ganz einfach zu ermitteln, mit welchen Prozentanteilen Sie Ihre Kunden im Vergleich zum Wettbewerb beliefern. Dennoch ist es der erste Schritt, um herauszufinden, inwieweit welche Kunden für Ihre Produkte steigerungsfähig sind.

Die Intensität, mit der ein anvisierter Kunde bei Konkurrenzunternehmen kauft, können Ihre Verkäufer mittels Internet-Recherche, Marktforschungsinformationen, Zeitungsberichten oder Befragungen ermitteln. Besonders während der Kundengespräche sollten sie sich alle wichtigen Informationen, die sie über Wettbewerber bekommen können, notieren.

Auch sollte geprüft werden, ob Ihr Unternehmen die vom Kunden benötigten Produkte vielleicht früher gar nicht im Angebot hatte und die Kunden deshalb noch nicht wissen, dass sie nun ihren Gesamtbedarf bei Ihnen decken können.

Der nicht realisierte Bedarf (N) in obiger Gleichung stellt die Tatsache in Rechnung, dass viele Kunden von einem Produkt weniger einkaufen, als sie verwenden oder weiterverkaufen können. In diesem Fall ist auch die Einkaufsmenge des Kunden nicht identisch mit der Gesamtbedarfsmenge.

Die richtige Strategie auswählen

Die Formel GP = E + Ka-n + N zeigt, dass Sie beim Ziel Vergrößerung des Lieferanteils sich den Anteil der Konkurrenz vornehmen können und/oder den nicht realisierten Bedarf. Überlegen Sie: Erscheint es leichter, vom Konkurrenzkuchen ein Stück abzuschneiden? Oder ist es einfacher, dem Kunden klar zu machen, dass er von dem Produkt insgesamt mehr einkaufen sollte? Um dies herauszufinden, hilft Ihnen die Beantwortung der folgenden Fragen:

- Sind die Konkurrenzprodukte Ihrem Produkt unterlegen, ebenbürtig oder überlegen?
- Wie stark sind die Bindungen des Kunden an die Konkurrenten?
- Sind es rein geschäftliche oder auch menschliche?
- Sind die Konkurrenzbedingungen günstiger, gleichartig oder härter?
- Wie stark sind Ihre Argumente, um den Kunden davon zu überzeugen, sein Einkaufsvolumen insgesamt auszuweiten?

Je nachdem, ob sich die Position Ihres Wettbewerbs beim Kunden unangreifbar oder »wackelig« darstellt, wird Ihr weiteres Vorgehen unterschiedlich ausfallen. Dazu zwei Strategien:

1. Strategie: Der Konkurrenz Geschäft abnehmen

Wenn die Position Ihrer Konkurrenz angreifbar erscheint, dann haben Sie gute Chancen, dass Sie sich bei ausgewählten Kunden ein angemessenes Stück vom bisherigen Konkurrenzanteil sichern können. Gehen Sie gemeinsam mit dem Verkaufsteam systematisch vor, um dieses Ziel zu erreichen.

1. Identifizieren Sie die Zielkunden, das heißt die Erfolg versprechenden Wachstumskunden. Interessant werden insbesondere solche Kunden sein, die gute Wachstumspotenziale aufweisen und wo Ihr Lieferanteil noch gering ist. Zum Beispiel können Sie anhand des in Teil 1, Kapitel 1.2 vorgestellten TEV-Bewertungsschemas diejenigen Kunden herausfinden, die unter dem Aspekt Erhöhung des Lieferanteils für Sie interessant sind. Dies werden vor allem diejenigen Kunden sein,

- die auch künftig gute Umsätze und Deckungsbeiträge erwarten lassen;
- bei denen Ihr Anteil am Gesamtbedarf steigerungsfähig ist (zum Beispiel weil die Konkurrenz dort nicht zu fest im Boot sitzt);
- die nicht zu viele Lieferanten haben;
- die kooperationsbereit sind;
- bei denen die Marktentwicklung viel versprechend ist;
- deren Bonität Sie als gut einstufen.

2. Listen Sie die Wettbewerber für die ausgewählten Kunden auf. Notieren Sie die geschätzten Umsatzanteile bei den Kunden und gewichten Sie die Wettbewerber danach.

- Bestimmen Sie nun auf einem eigenen Blatt für jeden Konkurrenten und für Ihre eigene Firma die Erfolgsfaktoren, die eine zukünftige Ausweitung des Geschäfts versprechen. Zum Beispiel Liefergenauigkeit oder -schnelligkeit, Problemlösungsfähigkeit oder Service vor Ort.
- Gewichten Sie die ermittelten Erfolgsfaktoren. So bekommen Sie eine gute Vergleichsmöglichkeit der Wettbewerber untereinander.
- Führen Sie sich die Stärken Ihrer Konkurrenten vor Augen. Wie können Ihre Verkäufer diesen beim Kunden argumentativ begegnen?
- Analysieren Sie auch die Schwächen der Konkurrenz. Wie können diese beim Kunden argumentativ verstärkt werden?
- Fassen Sie die einzelnen Argumente pro Wettbewerber zusammen und suchen Sie die Kunden heraus, bei denen die Verkäufer gezielt mit diesen Argumenten arbeiten wollen.
- Setzen Sie die Argumente – sofern möglich – in Maßnahmen um. Zum Beispiel liefert ein Wettbewerber bei einem Ihrer wichtigsten Wachstumskunden immer mindestens zwei Tage schneller als Ihre Firma. Eine mögliche Maßnahme wäre: Der Kunde wird hausintern auf der Lieferprioritätenliste die Nummer 1.
- Kontrollieren Sie den Erfolg Ihrer Argumente und Aktivitäten. Greift eine Maßnahme nicht, entwickeln Sie gemeinsam mit Ihren Verkäufern eine neue.

2. Strategie: Die Verwendungshäufigkeit des Produkts beim Kunden erhöhen

Wenn die Stellung Ihrer Konkurrenz unangreifbar wirkt, Sie aber starke Argumente dafür haben, dass es sich für den Kunden lohnt, sein Beschaffungsvolumen bei Ihnen zu erhöhen, dann sollten Ihre Verkäufer auch diese Verkaufschance nicht ungenutzt lassen. Nachfolgend einige praktische Argumentationsbeispiele, die Ihren Verkäufern helfen können, den Kunden davon zu überzeugen, von dem bestehenden Produkt mehr zu verwenden oder auf Lager zu legen (also den Bedarf vorzuverlegen):

Die Verkäufer

- raten dem Kunden, eine Zusatzmenge zur Sicherheit zu bestellen, um mögliche Engpässe bei der eigenen Weiterverarbeitung oder beim Weiterverkauf zu vermeiden. Sie machen den Kunden auf aktuelle Anlässe aufmerksam (zum Beispiel auf einen zu erwartenden Streik bei einem Ihrer Zulieferer ...).
- weisen den Kunden auf die finanziellen Vorteile hin, die sich bei einer höheren Liefermenge ergeben. Diese können zum Beispiel darin bestehen, dass Frachttarife bei einer größeren Menge günstiger sind, dass der Liefermodus ein anderer ist, dass das Transportfahrzeug besser ausgelastet ist und so fort. Auch die Mindermengenzuschläge, die bei Kleinbestellungen berechnet werden müssen, könnten einen Kunden von einer höheren Bestellung überzeugen.
- ermöglichen dem Kunden einen größeren Rabatt bei einer höheren Bestellmenge.
- weisen auf zusätzliche Verwendungsmöglichkeiten für Ihre Produkte hin.
- geben Einzelhandelskunden Ratschläge zur Verkaufsförderung.
- unterbreiten Einzel- und Großhändlern Vorschläge für gemeinsame Verkaufsförderungsaktionen, wie zum Beispiel Hausmessen oder Informationsveranstaltungen für Kunden.
- helfen mit bei der Durchführung von Kundenseminaren, bei denen Gruppenverkäufe getätigt werden.
- machen den Kunden auf Sonderangebote und verbilligte Produkte aufmerksam.
- weisen auf neue Modelle und Typen hin.
- bieten dem Kunden das Produkt einmal für geschäftliche und einmal für private Zwecke.

Bei Industriegütern ist eine Erhöhung der Verwendungshäufigkeit oft schwierig, da der Kunde selbst vom Bedarf seiner Abnehmer abhängt. Hier sind Schulungen der Kunden des Kunden empfehlenswert.

Mehr Gewinn durch weniger Kundenverluste

Stammkunden sind nicht unbedingt loyale Kunden. Oft kaufen sie nur aus Bequemlichkeit und aufgrund langjähriger Beziehungen immer wieder beim gleichen Anbieter. Lockt dann die Konkurrenz mit den gleichen Angeboten aber günstigeren Preisen, dann werden die eigenen Stammkunden schnell zu Stammkunden des Wettbewerbers. Wer es schafft, die Abwanderungsquote dieser Kunden um nur fünf Prozent zu verringern, kann je nach Branche zwischen 25 und 85 Prozent Gewinnsteigerung erzielen (»Der Loyalitäts-Effekt«, Reichheld F., Frankfurt).

Das setzt allerdings voraus, dass ein Unternehmen abwanderungsgefährdete Kunden identifiziert und entsprechende Maßnahmen einleitet. Laut Vocatus Benchmarkstudie wissen jedoch nur zehn Prozent der befragten Unternehmen genau, beziehungsweise 29 Prozent für bestimmte Kundensegmente, welche Kunden auf dem Absprung sind. Der branchendurchschnittliche Kundenverlust liegt bei jährlich 20 bis 25 Prozent (Studie von Booz, Allen & Hamilton).

Strategisches Abwanderungsmanagement – die Rede wäre hier besser von einem »Abwanderungs-Vermeidungs-Management« – nutzt die Techniken des Data Mining, Data Warehousing und Data Visualization, um hochprofitable Kunden zu identifizieren, ihre Wünsche kennen zu lernen und ihre Wechselwahrscheinlichkeit zu ermitteln. Aber auch ohne CRM-Software können Unternehmen mit überschaubarem Kundenstamm Abwanderungsgefahren vorbeugen.

Ist die Churn-Rate (Kundenverlustrate) in Ihrem Unternehmen sehr hoch, dann lohnt sich ein kritischer Blick in die Service- und Beschwerdeabteilung beziehungsweise auf die Arbeit des Innen- und Außendienstes.

Frühwarnsystem einführen

Langjährige Kunden verschwinden nicht von heute auf morgen. Schon zuvor signalisieren sie ihre Unzufriedenheit. Sensibilisieren Sie deshalb Ihre Verkäufer und andere Kundenschnittstellen im Unternehmen für Abwanderungssymptome. Welche Warnsignale in diesem Zusammenhang besondere Beachtung finden sollten, zeigt die folgende Übersicht.

Warnsignale für Unzufriedenheit
Häufige, auch unberechtigte Mängelrügen bezüglich Qualität, Lieferung, Termintreue, Verpackung oder Unterlagen
Diffuse Klagen über die Qualität des Innendienstes
Größerer Kaufwiderstand oder kleinere Bestellmengen
Zurückweisung einiger bisher regelmäßig bezogener Produkte, ohne dass das erkennbar auf betriebliche Veränderungen beim Kunden zurückzuführen ist
Unaufhörliche Kritik an den Preisen
Ständige Frage nach Sonderkonditionen mit Hinweis auf angeblich bessere Angebote von Wettbewerbern
Offensivere Vermarktung der Konkurrenzprodukte (bessere Platzierung, häufige Sonderaktionen)

Lassen Sie sich in regelmäßigen Abständen eine Liste aller gefährdeten profitablen Kunden und die möglichen Unzufriedenheitsgründe vorlegen, damit möglichst schnell durch entsprechende Kundenbindungs-/Loyalitätsmaßnahmen einer Abwanderung entgegengewirkt werden kann.

Beauftragen Sie außerdem ein Team, die Abwanderungsgründe von kürzlich verlorenen Kunden zu rekapitulieren. Auch Auswertungen von Lost-Order-Daten (Gründe, warum einzelne Aufträge an die Konkurrenz gehen) und von Beschwerdeanlässen können Aufschluss über Abwanderungsursachen geben. Dazu sind Gespräche mit den betreffenden Kunden, dem betreuenden Außendienst, der Beschwerdeabteilung und Umfragen im Hause notwendig. Abwanderungsgründe sind meistens den drei Problemfeldern:

1. mangelhafte Kommunikation mit dem Kunden,
2. Probleme im zwischenmenschlich-emotionalen Bereich und
3. Barrieren in der Organisationsstruktur des Unternehmens (»Keiner ist zuständig«) zuzuordnen.

Zu klären ist auch: Was hätte den Kundenverlust verhindern können? Gibt es Probleme, die immer wiederkehren? Lassen Sie sich dazu eine Aufstellung geben und legen Sie fest, wer bis wann welche Mängel beseitigen soll.

Maßnahmenplan zur Loyalitätssteigerung

Setzen Sie sich gemeinsam mit allen Mitarbeitern mit Kundenkontakt das Ziel, die Fluktuationsrate um einen gewissen Prozentsatz zu reduzieren. Erarbeiten Sie dazu für gefährdete profitable Kunden Aktionen, die die

Kundenloyalität steigern, die Kunden dem Wettbewerb gegenüber stärker immunisieren und die Kundenzufriedenheit erhöhen.

Der Wert von loyalen Kunden ist nicht zu unterschätzen. Anne M. Schüller, Loyalitätsexpertin, macht in ihrem Buch »Zukunftstrend Kundenloyalität« dazu eine Beispielrechnung auf. Dabei geht sie vom sogenannten »Loyalty Value« eines Kunden aus, der sich aus dem Kundenwert (Lifetime Value) und dem Empfehlungswert zusammensetzt. Wenn zum Beispiel ein loyaler Kunde mit einer zehnjährigen Lebensdauer bloß einen einzigen weiteren Kunden empfiehlt, dessen Lebensdauer die Hälfte seiner eigenen ist, und zudem die Akquisitionskosten-Ersparnis berücksichtigt wird, dann ist der »Loyalty Value« etwa fünf Mal so hoch wie der Kundenwert. Es lohnt sich also auf jeden Fall, die Loyalität von profitablen Stammkunden aufzubauen und zu festigen.

Was macht einen loyalen Kunden aus?

Schüller vergleicht den loyalen Kunden mit einem Verliebten, der durch seine rosarote Brille nur die guten Seiten seiner Angebeteten sieht. Loyalität habe, so Schüller, mit rationalen Argumenten wenig zu tun, dafür aber viel mit positiven Gefühlen wie Zuverlässigkeit, Vertrauen, Wertschätzung, Sympathie und Zuneigung. Deshalb bewirken Preissenkung und Rabattangebote keine loyalen Kunden. Im Gegenteil, sie fördern das Misstrauen, weil sich der Kunde fragt: »Hat das Unternehmen mich zuvor mit seinen hohen Preisen über den Tisch gezogen?«

Wie loyal sind Ihre Kunden?

Um herauszufinden, ob Sie zufriedene und loyale Kunden haben, reicht es nicht aus, wenn Sie Ihre Kunden nur fragen, womit sie wie zufrieden sind. Weitere Aspekte sind zu berücksichtigen, die ihre Zufriedenheit und ihre Bindung an das Unternehmen ausdrücken. So kann es in diesem Zusammenhang wichtig sein zu fragen,

- wie lange der Befragte schon Kunde bei Ihnen ist,
- ob er Ihr Unternehmen weiterempfehlen würde,
- ob er auch beim Wettbewerber kauft,
- welcher Mitbewerber für ihn der beste ist und warum,
- ob er sich schon ein oder mehrere Male bei Ihnen beschwert hat.

Der amerikanische Loyalitätsexperte Frederick F. Reichheld empfiehlt als effektivste Frage, um Kundenloyalität zu identifizieren, diese: »Wie wahrscheinlich ist es, dass Sie unser Unternehmen an einen Freund oder Kollegen weiterempfehlen werden?«

Hier nun eine kurze Übersicht über Fragen, deren Antworten gute Indikatoren für Kundenloyalität sind. Diese Fragen sollten in einem Fragebogen zur Kundenzufriedenheit nicht fehlen.

Übersicht: Beispiel-Fragen zu Kundenzufriedenheit und Kundenloyalität
Kundenzufriedenheit
• Wie zufrieden sind Sie mit ... (der Firma, Produkt/Dienstleistung, Service, Beschwerdeabwicklung beziehungsweise mit einzelnen Geschäftsbereichen)?   • Welchen Nutzen hat die Geschäftsbeziehung mit der Firma für Sie?   • Wie gut erfüllt die Firma insgesamt Ihre Erwartungen?   • Was sind für Sie die wichtigsten Gründe, dass Sie mit ... zufrieden beziehungsweise unzufrieden sind?   • ...
Kundenloyalität
• Würden Sie ... (Firma, Produkt, Dienstleistung et cetera) weiterempfehlen?   • Aus welchen Gründen würden Sie Firma XY weiterempfehlen?   • Würden Sie Freunden und Bekannten zum Kauf bei der Firma XY raten?   • Würden Sie sich aufgrund Ihrer bisherigen Erfahrungen auch weiterhin für Firma XY entscheiden?   • Werden Sie langfristig einen gleich bleibenden oder steigenden Anteil Ihres Bedarfs bei Firma XY decken?   • Wenn Sie das Produkt/die Dienstleistung nochmals kaufen müssten, würden Sie es wieder bei der Firma XY kaufen?   • Wenn Sie das Produkt/die Dienstleistung das nächste Mal kaufen, wird es wieder bei der Firma XY sein?   • Wollen Sie langfristig Kunde der Firma XY bleiben?   • Werden Sie auch beim Kauf anderer Produkte die Firma XY in Erwägung ziehen?

Wie werden Kunden zu loyalen Kunden?

Voraussetzung dafür ist eine 100-prozentige Kundenorientierung, die sich von der Firmenspitze bis zum einfachsten Mitarbeiter fortsetzt. Dieses Ziel ist nur mit Geduld und Ausdauer zu erreichen und endet nicht bei der Kundenzufriedenheit. Das Endziel muss die Kundenbegeisterung sein.

Auf dem Weg zur Kundenloyalität ist eines der größten Hindernisse eine hohe Mitarbeiterfluktuation. Trifft ein Kunde ständig auf neue Mitarbeiter, denen er immer wieder seine Kundenhistorie vorbeten muss, dann wird er sich bald entnervt nach neuen Lieferanten umsehen. Mit den Mitarbeitern geht auch deren Kundenwissen. Mit Topverkäufern verlassen häufig gute Kunden das Unternehmen.

Loyale Mitarbeiter sind zufrieden, engagiert und motiviert. Sie sind bereit, Überstunden zu leisten, haben kaum Fehltage, geringe Fehlerquoten, nehmen aktiv am Tagesgeschehen teil und fühlen sich im Unternehmen wohl. Das spürt auch der Kunde. Nur loyale Mitarbeiter können den Kunden die positiven Gefühle vermitteln, die wiederum deren Loyalität aufbauen. Und sie sind der einzige Wettbewerbsvorteil, der nicht, wie zum Beispiel neue Produkte oder Serviceleistungen, sofort von der Konkurrenz kopiert werden kann.

Sie fördern die Loyalität Ihrer Mitarbeiter, wenn Sie ihre Meinungen und Ideen ernst nehmen, sie über das Wichtigste informieren und Ihre Entscheidungen transparent machen. Sparen Sie auch nicht mit Lob und Anerkennung, besonders dann, wenn Sie positive Rückmeldungen von Kunden erhalten. Ermuntern Sie die Mitarbeiter, Sie über alles, was schief gelaufen ist, zu informieren. Bedanken Sie sich für die Information und überlegen Sie gemeinsam, wie die Fehler in Zukunft vermieden beziehungsweise die Ablaufprozesse verbessert werden können. Vermeiden Sie negative Bewertungen der Missgeschicke.

Und: Überprüfen Sie wenigstens einmal im Jahr die Zufriedenheit Ihrer Mitarbeiter – besonders der Mitarbeiter mit Kundenkontakt. Stellen Sie Fragen zur Arbeits- und Führungssituation, um herauszufinden, welche Faktoren kundenorientierte Leistungen verhindern. Hinterfragen Sie auch die Kündigungsgründe von Mitarbeitern.

Gehen Sie von sich aus auf die Mitarbeiter zu, führen Sie regelmäßige Gespräche und hören Sie genau hin, was Ihnen die Mitarbeiter zu sagen haben. Geben Sie jedem das Gefühl, dass er wichtig für das Unternehmen ist, und er wird dieses Gefühl an die Kunden weitergeben.

Nehmen Sie Konflikte zwischen einzelnen Mitarbeitern, in Teams und Abteilungen ernst und suchen Sie gemeinsam nach Abhilfen. Den Kunden interessiert nur die Lösung seiner Probleme und nicht, wer im Unternehmen für was zuständig ist. Er betrachtet das Unternehmen immer als Einheit und daher, fordert Schüller, »müssen aus Schnittstellen Kittstellen werden«. Nur so kann das Vertrauen des Kunden zum Unternehmen aufgebaut und erhalten werden.

Systematisieren Sie durch gezielte Maßnahmen die Steigerung der Kundenloyalität. Hier ein paar Anregungen.

Checkpunkte: Kundenloyalität
Kundenloyalität als Dauerthema – in Workshops, in Meetings, in Führungsgesprächen, ständig begleitet von den Fragen: Was will und braucht der Kunde, wie können wir ihn glücklich machen und begeistern, was erwartet er von uns und wie können wir seine Erwartungen übertreffen?
Ermittlung der loyalisierenden Faktoren zum Beispiel durch Kundenumfragen, in denen nach den Erwartungen der Kunden an Unternehmen, Produkte und Mitarbeiter gefragt wird
Ausbau der After-Sales-Betreuung durch die Mitarbeiter
Gezielte Maßnahmen ergreifen, zum Beispiel Kontaktverstärkung durch den Außendienst, Eingehen auf spezielle Sonderwünsche oder regelmäßiges Liefern von geldwerten Ideen für die Kunden durch die Verkäufer
Einführung eines professionellen Beschwerdemanagements (siehe dazu Teil 9 in diesem Handbuch)
Aufbau eines Ideen-Managements (Vorschlagswesen)
Ermittlung der loyalsten Kunden (Frage: Würden Sie wieder bei uns kaufen? Würden Sie uns weiterempfehlen?)
Analyse dieser Kunden (Was genau macht sie zu loyalen Kunden?) und Identifikation der Faktoren, die auch andere Kunden loyalisieren könnten
Erweiterung der Kundendatenbank um emotionale Kundeninformationen
Weiterbildung der Mitarbeiter im Umgang mit Kunden (Erwerb emotionaler Intelligenz, Denken aus Kundensicht)
Kundenorientierung selbst vorleben
Steigerung der Kontakt-/Servicequalität (zum Beispiel Anrufe werden sofort angenommen; E-Mails umgehend beantwortet et cetera)
Leistungsversprechen und tatsächliche Leistung aufeinander abstimmen (Versprechen 100prozentig einhalten, möglichst übertreffen)
Profitable Kunden aktiv in das Unternehmen einbeziehen (Kundenintegration, Kundenpartnerschaften anstreben)
Regelmäßige Zielerreichungskontrolle: Indikatoren sind neben der Fluktuationsrate auch die Cross-Selling- und besonders die Weiterempfehlungsrate

8.2   Rendite steigern durch höhere Preise

Der einfachste Weg, um seine Ergebnisse schnell und nachhaltig zu verbessern, ist das Drehen an der Preisschraube. Besonders dann, wenn die Preise erhöht werden, steigt die Rendite deutlich. Wird beispielsweise der Preis um nur 1 Prozent erhöht, steigt die Profitabilität um 17 Prozent. Das hat eine McKinsey-Analyse bei 952 Hightech-Unternehmen ergeben. Die Rendite steigt natürlich auch dann, wenn es Unternehmen gelingt, allzu großzügige Preisnachlässe langfristig und kontinuierlich abzubauen.

Trotzdem wird in vielen Unternehmen der Zusammenhang von Gewinn und Preis nur wenig beachtet und die Wechselwirkung zwischen Preis, Absatz und Gewinn zu wenig systematisch durchgerechnet. Obwohl der Preis ein wesentlich wirkungsvollerer Erfolgshebel ist, als das Kostensenkungen und Mengensteigerungen sind. Während viele Firmen in den letzten Jahren die Kosten erfolgreich senkten, blieben die enormen Gewinnsteigerungspotenziale durch geschickte Preisstrategien fast ungenutzt. »Auf der Kostenseite suchen Unternehmen mit größtem Fleiß nach Einsparpotenzialen. Auf der Preisseite schmeißen sie dieses Geld dann wieder zum Fenster raus.« So Dr. Karl-Heinz Sebastian von der Unternehmensberatung Simon-Kucher & Partner. Als Gründe nennt er vor allem Unwissen über die Preiswirkungen auf das Kunden- und Konkurrenzverhalten, das sich bedingungslose Fügen in eine vermeintlich vom Markt diktierte Situation oder blinden Preisaktionismus.

Allein den 500 größten europäischen Investitionsgüterherstellern entgeht heute durch mangelhafte Preisgestaltung einer Mercer-Berechnung (Studie »Value Pricing«, 2007) zufolge in jedem Monat ein Profitpotenzial von einer Milliarde Euro. Mercer-Berater Kautzsch dazu: »Durch zu geringe Nutzung des Preishebels verschenken Unternehmen bis zu 25 Prozent ihres Profitpotenzials.«

Aktive Preispolitik

Viele Unternehmen glauben heute fälschlicherweise, dass sie nur dann am Markt erfolgreich sein können, wenn sie die Konkurrenz unterbieten. Doch mit Preisdumping helfen sie für gewöhnlich nur der stärkeren und lange etablierten Konkurrenz, die meist über die größeren finanziellen Ressourcen verfügt, leichter Rabatte von Lieferanten bekommt und einen loyalen Kundenstamm hat, der gern glaubt, dass ein niedrigerer Preis als der derzeit bezahlte automatisch schlechtere Qualität bedeutet.

Treten Sie deshalb auch aus den besten Motiven nicht in die Falle des Unterbietens. Denn für den Kunden hat der Preis eine Signalfunktion (»teuer, preiswert, preisgünstig, billig«). In fast jeder Branche führt der Ruf des billigen Jakobs nur dazu, dass das Image Ihrer Produkte oder Dienstleistungen als in jeder Hinsicht »billig« gefestigt wird, Sie daran gehindert werden, qualitätsbewusste Kunden zu gewinnen, und Ihr Umsatz und Ihre Gewinnspanne so gering sind, dass Sie stets nur ums bloße Überleben kämpfen.

Das Problem vieler Anbieter liegt darin, dass die Preisfindung nach wie vor zu traditionell ausgerichtet ist (Kosten + Gewinn = Preis). Oft werden die Preisentscheidungen auch »aus dem Bauch heraus« getroffen oder an der Konkurrenz orientiert. Unter dem Aspekt der Ertragssteigerung genügt es jedoch nicht, nur die eigenen Kosten und die Preise der Konkurrenz zu kennen, um Preise festzulegen. Wichtig ist vielmehr, was ein Produkt dem Markt wert ist, denn hier können enorme Gewinnchancen versteckt sein.

Die Pharmaindustrie zeigt, wie es geht: Der Preis eines Medikaments hängt nur geringfügig von den Forschungs- und Herstellungskosten ab. Die Frage lautet vielmehr: Wie viel ist den Kunden dieses Medikament wert? Genau dieser Preis wird dann angesetzt. Das Modell funktioniert auch im Business-to-Business-Geschäft. Rechnen Sie den Zusatznutzen mit ein, den der Kunde mit Ihrem Produkt erzielt. Diesen Beitrag wird er auch akzeptieren – ganz egal, was Sie selbst für Kosten haben. Testen Sie also aus, wie viel Ihr Kunde zu zahlen bereit wäre.

Das Gebot der Stunde ist eine kundenorientierte Preisbestimmung. Ihre wichtigste Regel lautet: Verlangen Sie von jedem Kunden so viel Geld, wie er zu zahlen bereit ist. So einfach und nahe liegend wie die Regel ist, wird sie doch oft nicht beachtet. Die meisten Anbieter überlegen, was sie dem Kunden verkaufen werden, und versuchen dann, einen möglichst hohen Preis zu erzielen. Gewinnprofis machen es genau anders herum. Zum Beispiel Bob Fifer, Leiter der Unternehmensberatung Kaiser Associates Inc.: »Als Erstes und Wichtigstes finde ich das Maximum heraus, das der Kunde zu zahlen bereit ist. Dann stecke ich ein Produkt- oder Servicepaket ab, das diesem Preisrahmen entspricht. So erziele ich von jedem Kunden den höchstmöglichen Preis und maximiere die Einnahmen und den Gewinn meiner Firma.«

Betreiben Sie eine aktive Preispolitik, die sich am Produktnutzen für den Kunden ausrichtet. Dazu müssen Sie und Ihre Verkäufer sich ständig damit beschäftigen, welchen Nutzen Ihre Produkte Ihren Kunden bringen, ob dieser Ihren Kunden auch bewusst ist beziehungsweise wie er ihnen bewusst gemacht werden kann und welchen Nutzen Sie Ihrem Kunden bieten, den er vom Mitbewerber nicht erhält. Regelmäßige Kundenbefragungen, aufmerksame Verkäufer, die gründliche Bedarfsanalysen durchführen, und Marktbeobachtungen helfen Ihnen dabei.

Exkurs: Value Pricing

Wesentlich weiter als die klassischen Pricing-Ansätze geht der Value-Pricing-Ansatz der Mercer Consulting. Dieser eignet sich vor allem für individuell angepasste Produkte und Leistungen. Beim Value Pricing wird versucht, neue Gewinnmodelle zu finden, beispielsweise Zahlung nach Produktionsleistung oder Maschinenverfügbarkeit, Lizenzabgaben für neue Produktionsverfahren oder Gewinnbeteiligungen an vom Kunden erreichten Vorteilen. Das Ziel des Value-Pricing ist eine echte Lösungspartnerschaft mit dem Kunden. Die Preise orientieren sich dabei an den für den Kunden erreichten ökonomischen Vorteilen.

Hat ein Investitionsgüterunternehmen beispielsweise ein innovatives Fertigungsverfahren entwickelt, das sich klar von bestehenden Angeboten des Wettbewerbs differenziert, so kann dafür der Value-Pricing-Ansatz angewendet werden. Dies gilt umso mehr, je weniger transparent Personalkosten und Materialeinsatz sind. »Viele Unternehmen vergeben Profitpotenzial dadurch, dass sie Preise klassisch am ›Kosten plus Gewinn‹-Ansatz orientieren. So ergeben sich teilweise Amortisationsdauern von weniger als sechs Monaten. Hier besteht eindeutig Preissteigerungspotenzial, da Pay-Back-Zeiten bis zu einem Jahr in der Regel problemlos durchsetzbar sind«, so Sebastian Frankenberger, Mercer-Experte und Co-Autor der Studie. In Zahlen bedeutet dies, dass eine Maschine, die dem Kunden einen Wertbeitrag von 250.000 Euro liefert und die aktuell mit einem 25-prozentigen Aufschlagfaktor zu 125.000 Euro angeboten wird, ohne Probleme auch für 200.000 Euro angeboten werden kann. Dadurch läge der Gewinn pro Maschine nicht bei 25.000 Euro, sondern bei 100.000 Euro und für den Kunden wäre es immer noch ein gutes Geschäft.

Value Pricing kann nur funktionieren, wenn der Verkauf intensiv eingebunden wird. Um komplexe Lösungen verkaufen zu können, benötigt der Verkauf detaillierte Argumentationshilfen, mit denen er die Kunden besser überzeugen kann. Aber auch die Incentive-Strukturen müssen an das neue Pricing-System angepasst werden. »Bisher hängen die Vertriebsprovisionen in der Investitionsgüterindustrie noch häufig vom Umsatz ab statt vom Ertrag«, sagt Mercer-Berater Frankenberger. »Das verhindert die Durchsetzung kreativer Pricing-Ansätze.« (Quelle: Mercer Studie, Value Pricing)

Analyse der bestehenden Preispolitik

Warum rühren Vertriebs- und Marketingmanager so ungern an den Preisen? Der Grund: Viele wissen nicht, bei welchem Preis die Kunden abspringen und wann ein Auftrag tatsächlich verloren geht. Dadurch verschenken sie Gewinnpotenzial und laufen Gefahr, von cleveren Abnehmern ausgenommen zu werden.

Um das Gewinnpotenzial eines Unternehmens auszuschöpfen, müssen zumindest diese zwei Analyseschritte gegangen werden:

1. Ermittlung der Höhe der tatsächlich erzielten Preise für Ihre Produkte. Der Unterschied zwischen Listenpreis und dem Effektivpreis ist oft erheblich. Welcher Effektivpreis bleibt in Ihrem Unternehmen übrig nach Abzug von Händler- und Mengenrabatten, Skonti und Boni, Frachtspesen und Verkaufsförderungskosten? Wie weit unterschreitet der Effektivpreis den Listenpreis in Prozent?
2. Ermittlung des Preisbandes der Effektivpreise. Zu keinem Zeitpunkt wird ein Produkt an alle Kunden zum gleichen Preis verkauft. Die nachstehende Abbildung zeigt die Bandbreite der tatsächlich erzielten Preise für einen Fußbodenbelag (Basis: Dollar per Quadratmeter). Der Abstand zwischen Höchst- und Niedrigstpreis liegt bei 35 Prozent. Auch größere Bandbreiten sind keinesfalls ungewöhnlich.

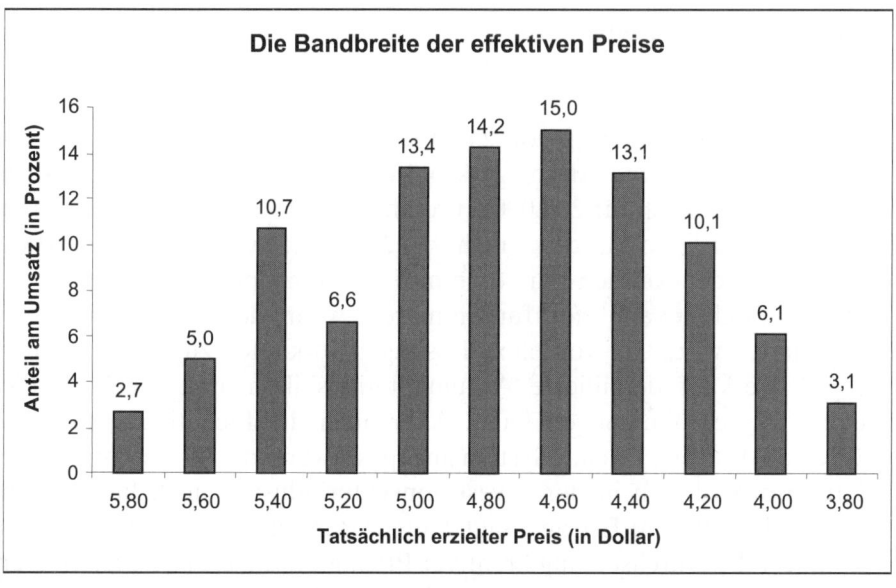

Abbildung 19: Die Bandbreite der effektiven Preise (Quelle: Harvard Business Manager)

Nur wenn Sie die Streuung der Effektivpreise kennen, lässt sich das Preisdurcheinander entwirren. Entwickeln Sie ein 3-Stufen-Programm:

1. Bringen Sie übermäßig begünstigte gute alte Stammkunden langsam und kontinuierlich auf das normale Preisniveau zurück. Erklären Sie Ihren Verkäufern die Auswirkung der unterschiedlichen Effektivpreise auf den Gewinn des Unternehmens. Dann bekommt der Außendienst zwölf Monate Zeit, um mit den Problemkunden das Preisproblem zu bereinigen. Kunden, mit denen keine Einigung erzielt wird, werden fallengelassen und der Außendienst muss neue Abnehmer hinzugewinnen.
2. Steigern Sie den Absatz an jene Großabnehmer, die einen hohen Effektivpreis zahlen. Finden Sie und Ihre Verkäufer in Gesprächen mit den Kunden heraus, für welche außerpreislichen Leistungen sie besonders empfänglich sind. Bei dem einen mag es der Service, bei dem zweiten der Liefermodus, bei einem dritten die Informationspolitik sein. Regeln Sie in allen Einzelheiten, wann und in welcher Höhe Nachlässe gewährt werden. Legen Sie zum Beispiel fest, dass ein Sonderrabatt erst dann eingeräumt werden darf, nachdem seine Auswirkungen auf Umsatz und Gewinn genau geprüft und auf drei Jahre hochgerechnet wurden.
3. Wenn Sie Ihre Gewinnsituation verbessern wollen, versuchen Sie eine – wenn auch noch so minimale – lineare Preissteigerung durchzusetzen. Die gute Konjunkturlage ist ein guter Zeitpunkt. Nutzen Sie diese Marktchance jedoch mit Bedacht, um keine profitablen Kunden zu verlieren. Setzen Sie Preiserhöhungen durch, wenn der Produktwert für den Kunden hoch ist und er daher die Leistungen Ihres Unternehmens entsprechend einschätzt. Erhöhen Sie die Preise, wenn in einem Marktsegment geringer Wettbewerb herrscht.

Preise erhöhen und durchsetzen

Die gewaltige Hebelwirkung des Preises auf den Gewinn (relative Preisänderung im Verhältnis zur relativen Gewinnänderung) wird von vielen Unternehmen unterschätzt. Wie groß die Auswirkung einer Preiserhöhung auf den Gewinn ist, zeigt folgendes Beispiel:

Ein Elektrohersteller verkauft weltweit eine Million Bohrmaschinen zum Stückpreis von 50 Euro. Die variablen Stückkosten betragen 30 Euro, die fixen Kosten liegen bei 15 Millionen Euro. Damit ergibt sich folgende Kalkulation:

Erlös: 1 Mio. Stück × 50 Euro pro Stück	50.000.000 €
./. variable Kosten 1 Mio. Stück × 30 Euro/St.	30.000.000 €
= Deckungsbeitrag	20.000.000 €
./. fixe Kosten = Gewinn Gewinn pro Stück: 5.000.000 Euro : 1.000.000 Stück = 5 Euro pro Stück	15.000.000 € 5.000.000 €
Die Umsatzrendite dieser Bohrmaschine beträgt also 5 Euro : 50 Euro × 100 = 10 Prozent	

Erhöht man den Preis der Bohrmaschine um 5 Prozent auf 52,50 Euro, so sinkt der Absatz um 100.000 Stück auf insgesamt 900.000 Stück. Die Kalkulation verändert sich dann wie folgt:

Erlöse: 900.000 Stück × 52,50 Euro pro Stück	47.250.000 €
./. variable Kosten 900.000 Stück × 30 Euro/St.	27.000.000 €
= Deckungsbeitrag	20.250.000 €
./. fixe Kosten	15.000.000 €
= Gewinn Gewinn pro Stück: 5.250.000 Euro : 900.000 Stück = 5,83 Euro pro Stück	5.250.000 €
Die Umsatzrendite beträgt jetzt also 5,83 Euro : 52,5 Euro × 100 = 11,1 Prozent	

Die Umsatzrendite konnte also um fast einen Prozentpunkt beziehungsweise gut 10 Prozent verbessert werden. Der »Hebel« Preis/Gewinn liegt bei 2; 5 Prozent Preiserhöhung bringen 10 Prozent Gewinnsteigerung. Dies soll kein Aufruf zu umfassenden Preiserhöhungen sein. Aber wenn Sie Renditeprobleme haben, sollten Sie Ihre Preispolitik zumindest einmal überdenken!

Mit der folgenden Analyse decken Sie Chancen für Preiserhöhungen schnell auf: Listen Sie Ihre 20 größten Kunden auf. (Wenn Sie ein Konsumgut verkaufen, machen Sie das Gleiche mit Ihren 20 wichtigsten Abnehmern im Handel.) Fragen Sie sich jetzt bei jedem einzelnen Kunden: »Wenn ich den Preis um 2 Prozent anheben würde, würde ich den Kunden dann wirklich verlieren?« Lautet die Antwort nein, dann versuchen Sie es mit 5, 8, 12 und 15 Prozent. Sie werden feststellen, dass einige

Kunden eine Preiserhöhung nicht akzeptieren würden, andere jedoch Preissteigerungen in den genannten Höhen durchaus verkraften könnten.

Häufig sind Ängste vor Umsatzrückgängen oder Kundenverlusten überflüssig. Jedoch haben nur wenige Unternehmen Daten über die Preisempfindlichkeit ihrer Kunden. Mercer-Berater Sebastian Frankenberger führt in der Mercer-Value-Pricing-Studie das Beispiel eines US-Maschinenbauers an, der den Preis seiner Servicestunden in mehreren Schritten innerhalb kurzer Zeit um 20 Prozent erhöhte und damit den Ergebnisbeitrag des Services verdoppelte, ohne überhaupt Umsatzeinbußen zu erleiden – die Kunden waren deutlich weniger preissensibel als ursprünglich erwartet. »Der Preis wird als Entscheidungskriterium häufig überschätzt«, so Berater Frankenberger. »In der Realität bestimmen andere Kriterien wie Produkt-Performance, vorangegangene Erfahrungen, Image oder Servicequalität den Kauf.«

Steigert eine Preiserhöhung die Profitabilität eines Unternehmens, können leichte Umsatzeinbußen in Kauf genommen werden. Laut einem Mercer-Beispiel kann bei einem durchschnittlich profitablen Investitionsgüterhersteller eine Preissteigerung um 5 Prozent einen Absatzrückgang von 10,6 Prozent nach sich ziehen, ohne dass dies die Profitabilität beeinträchtigt. Liegt der Absatzrückgang nur bei wenigen Prozent, wäre die Preissteigerung vorteilhaft.

Preiserhöhungen im klassischen Sinn

Viele Anbieter zögern mit einer Preiserhöhung, weil sie fürchten, dadurch Kunden zu verlieren. Es gibt zahlreiche Gründe, warum Kunden wahrscheinlich nicht abwandern werden. Bequemlichkeit, Gewohnheit, bisherige Zufriedenheit mit dem Produkt, Qualitätsbewusstsein und die Maxime des altbewährt Guten: Alle sorgen dafür, dass viele Kunden zögern, ihre Markentreue für ein paar Cent oder Prozente zu opfern. Prüfen Sie selbst: Wie oft wechseln Sie Ihr Stammlokal, Ihr Gartencenter oder Ihren Supermarkt, bloß weil ein neuer Anbieter etwas niedrigere Preise hat? Wie oft bekommen Sie überhaupt mit, dass irgendwo niedrigere Preise angeboten werden? Wie oft bezahlen Sie für Produkte oder Dienstleistungen, die Sie kennen und wertschätzen, ein kleines bisschen mehr? Außerdem ist der Verlust mancher Kunden nur ein Gewinn. Hier sind Möglichkeiten aufgeführt, wie Sie Ihre Preise geschickt erhöhen:

1. Erhöhen Sie die Preise, wenn Sie Ihren Kunden mehr Nutzen bieten können. Überprüfen Sie dazu zunächst Ihre Annahmen über den Wert Ihrer Produkte für die Kunden. Das hat ein Pumpenunternehmen

(Projekt von Simon-Kucher & Partners beschrieben in dem Buch »Der gewinnorientierte Manager«) getan. Bisher war das Unternehmen der Meinung, der Produktlebenszyklus wäre für die Kunden das wichtigste Wertkriterium. Gespräche mit den Kunden haben die Vertriebler eines Besseren belehrt. Sie fanden heraus, dass den Kunden die Zuverlässigkeit des Produktes und die Ersatzteilverfügbarkeit am wichtigsten waren, denn ein Maschinenstillstand aufgrund eines Ausfalles einer einzigen Pumpe konnte zum Ausfall des gesamten Werkes führen. Das Unternehmen reagierte auf diese Informationen. Es erhöhte die Preise für die Pumpe deutlich und stellte den Kunden eine Auswahl an Ersatzteilen ohne gesonderte Berechnung zur Verfügung. Das Ergebnis: Die Kosten für die Pumpen stiegen um fünf Prozent, die Transaktionspreise aber um 10 Prozent – bei gleichbleibendem Absatzvolumen.

2. Erhöhen Sie die Preise, wenn Produktinnovationen dies rechtfertigen. Dies ist oft bei technischen Geräten der Fall. Siehe dazu den Exkurs »Value Pricing« weiter oben.

3. Setzen Sie Ihre Preise nicht auf einmal kräftig herauf, aber »kleckern« Sie auch nicht allzu oft. Wenn man notwendige Preiserhöhungen aufschiebt und dafür einmal im Jahr einen spürbaren Sprung macht, klopft einem der Kunde auf die Finger, da er sich übervorteilt fühlt und das natürlich nicht hinnehmen will.

Auch wenn die Preise bei Ihnen bereits an der Decke sind, können Sie immer noch ein paar »unmerkliche Erhöhungen« vornehmen wie zum Beispiel gesonderte Berechnung für Installation, Lieferung, Versicherung, Versand, Lagerung; Aufschläge für Sonderaufträge oder Expresslieferung; Heraufsetzen der Mindestbestellmenge und Einführung eines Aufschlags für Kleinaufträge; Neugestaltung der Rabattstruktur; Verringerung der Spezifikationen Ihres Produktes und Weglassen von teuren Extras, die für den Kunden nur von begrenztem Wert sind; Zinsaufschlag für Zahlungsverzug.

Da der Preis immer im direkten Zusammenhang steht mit dem Wert, den Sie als Unternehmen dem Kunden liefern, dürfen Sie diesen Aspekt niemals aus den Augen verlieren. Denn willkürliche Preiserhöhungen wird kein Kunde akzeptieren. So sehen Herman Simon und andere (»Der gewinnorientierte Manager«) drei Ansätze, mit denen Unternehmen ihre Preise erhöhen können: a) weniger Wert zum gleichen Preis, b) Preiserhöhung bei gleichbleibender Leistung, c) mehr Wert zu einem höheren Preis.

Die Ansätze haben die Autoren in der folgenden Abbildung dargestellt:

Abbildung 20: Preis- und leistungsbezogene Gewinnsteigerungsmaßnahmen

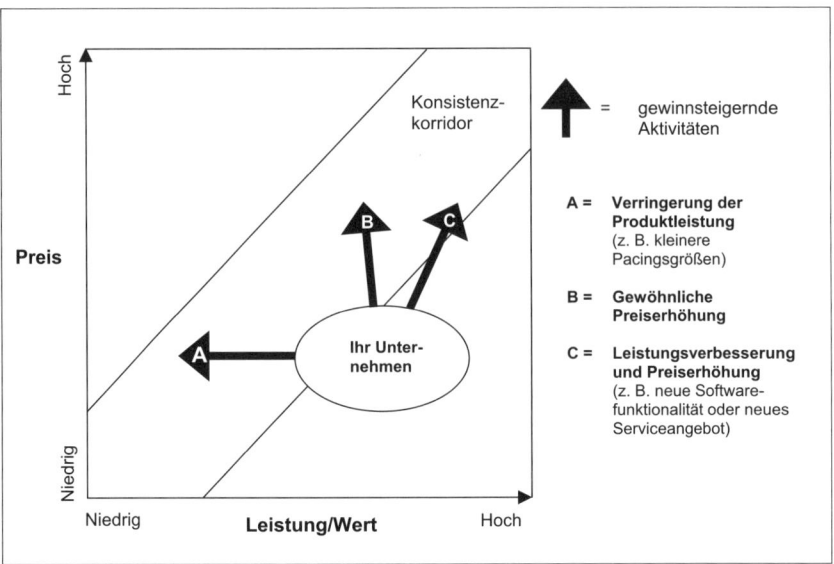

Wer nach Meinung der Autoren im gekennzeichneten Konsistenzkorridor liegt, schöpft ausreichend Gewinnpotenzial ab. Unternehmen, deren Preis und wahrgenommene/r Leistung/Wert unterhalb liegen, verzichten auf Gcwinnpotenzial, während diejenigen, die oberhalb des Konsistenzkorridors liegen, möglichst keine Preisänderungen vornehmen sollten.

Preisanpassungen durchsetzen

Preise zu erhöhen ist die eine Seite der Medaille, sie aber im Markt auch durchzusetzen die andere – und die weitaus schwierigere. Vor allen Dingen im Hinblick auf die immer größer werdende Markttransparenz aufgrund des Internets, der hohen Preissensibilität der Einkäufer und der ruinösen Preisdumping-Strategien im Markt.

Um es gleich vorweg zu sagen: das Wort »Preiserhöhung« bewirkt sowohl bei Kunden als auch bei Verkäufern eine Abwehrhaltung. Daher ist es empfehlenswert, grundsätzlich immer von einer Preisanpassung zu sprechen.

Hier nun einige Empfehlungen, wie Sie Preisanpassungen im Markt am besten durchsetzen können (Erich-Norbert Detroy: »Sich durchsetzen in Preisgesprächen und -verhandlungen«, mi, 2004):

1. Frühzeitig ankündigen. Bereiten Sie Preisanpassungen gründlich vor und informieren Sie Ihre Kunden rechtzeitig über bevorstehende Änderungen. Damit geben Sie ihnen die Chance, die eigenen Preise anzupassen und sich eventuell mit ausreichenden Mengen zu den bisherigen Preisen einzudecken. Großkunden können Sie gegebenenfalls auch eine verlängerte Frist anbieten, in der sie noch zum alten Preis einkaufen können. Durch eine rechtzeitige Ankündigung können Überreaktionen des Wettbewerbs vermieden werden.

2. Günstigen Zeitpunkt wählen. Aktuelle Anlässe, wie Benzinpreiserhöhungen, allgemeine Kostensteigerungen in der Branche oder erforderliche Investitionen aufgrund gesetzlicher Vorgaben, eignen sich gut. Warten Sie in diesen Fällen nicht zu lange mit der Bekanntgabe, denn so lange noch in der Presse die Rede davon ist, leisten die Kunden weniger Widerstand. Preiserhöhungen zum Jahresende sind in vielen Branchen üblich und die Kunden kontinuierliche Anhebungen gewöhnt.

3. Preisanpassung begründen. Nennen Sie Gründe, die möglichst gut für den Kunden und für den Verkäufer, der dem Kunden die Preisanpassung »verkaufen« muss, nachvollziehbar sind. Da sich höhere Preise nur dann erzielen lassen, wenn das eigene Angebot sich wesentlich verbessert hat (Service, Produktqualität) und sich positiv von der Konkurrenz abhebt, will der Kunde wissen, was alles neu ist, was und wie viel investiert wurde und welche Vorteile er davon hat. Hüten Sie sich deshalb vor Pauschalierungen. Auch eine »allgemeine Preisanhebung« muss für den Kunden schlüssig sein, sonst ist mit heftigem Widerstand zu rechnen. Kleiden Sie die Preisanhebung in eine nachvollziehbare betriebswirtschaftliche Begründung.

4. Bei nötigen Preisanpassungen nach oben auch Preissenkungen weitergeben. Wenn die einzelnen Produkte genau kalkuliert werden, können eventuell Preisabschläge herausgerechnet werden. So fühlt sich der Kunde gerecht behandelt und bekommt das Vertrauen, das für Preisanpassungen nach oben erforderlich ist.

Tipp: »Die Ausgewogenheit« einer Preisneukalkulation können Sie optisch verstärken. Zum Beispiel, indem Sie alle Produkte mit unveränderten Preisen mit einem blauen Punkt kennzeichnen, Produkte mit gesenkten Preisen mit einem grünen Punkt. Alle Produkte mit erhöhten Preisen bekommen keinen Punkt.

5. Preisanpassung mit einer »guten Botschaft« verbinden. Welchen Nutzen, welche Vorteile, welchen konkreten Mehrwert bei Produkt und/oder Service können Sie Ihren Kunden liefern? Was bieten Sie zum Beispiel als Neuerung an? Welche nachvollziehbaren Vorteile hat der Kunde davon? Der Kunde kauft nicht »den Preis«, er kauft Nutzen, Vorteile, die er durch das Produkt/die Lösung gewinnt. Das – und nicht der Preis – ist die Basis für die gute Zusammenarbeit zwischen dem Kunden und Ihrem Unternehmen.

6. Gelegenheit zum Preisausgleich geben. So könnte der Kunde die Preiskorrektur vermeiden, indem er künftig größere Mengen abnimmt, sofort bezahlt, die Lieferungen nur noch zweimal pro Jahr erhält.

7. Wettbewerb beobachten. Ziehen Sie mit der Preisanpassung in einer Form nach, die sich positiv von der der Konkurrenz abhebt. Eventuell könnten Ihre Anpassungen »zumindest optisch« ein wenig geringer als beim Wettbewerber ausfallen.

8. Verkäufer umfassend über die Hintergründe der Preisanpassung informieren. Die Verkäufer müssen wissen, warum die Preisanpassung notwendig ist, um draußen beim Kunden standhaft bleiben zu können. Bauen Sie vor, dass die Verkäufer die Anpassung beim Kunden nicht untergraben: »Die da oben haben schon wieder mit den Preisen angezogen.« Ihre Verkäufer sollten außerdem nicht nur den Produktnutzen, sondern alle Kosten- und Erlösvorteile aus Kundensicht darstellen können.

9. Gemeinsam mit dem Verkaufsteam erarbeiten, wie die Anpassung beim Kunden umgesetzt werden kann: In welche »guten Botschaften« (Nutzen, Vorteile) kann die Anpassung verpackt werden? Wie kann das Wort »Preiserhöhung« vermieden werden? Dadurch stellen Sie sicher, dass die Mannschaft eher hinter der Preisanpassung steht, als wenn sie einfach von oben diktiert wird.

10. »Preisschulungen« für die Vertriebsmitarbeiter initiieren. Damit Ihre Preisstrategie auch aufgeht.

Tipp: Werden Kunden schriftlich über die Preisanpassung informiert, dann kann es von Vorteil sein, wenn der Außendienst nicht sofort am Tag nach Zugang der Mitteilung bei den Kunden erscheint, zumindest nicht bei den als besonders »aufmüpfig« bekannten Kunden. Ein paar Tage danach könnte die erste Empörung über die Preisanpassung bereits vorbei sein.

Verdeutlichen Sie Ihren Mitarbeitern den großen Einfluss von Preisanpassungen auf die Gewinne und schaffen Sie entsprechende Anreize, zum Beispiel Incentives oder margenbezogene Vergütungsanteile im Entlohnungssystem.

Unterstützung für den Außendienst

Verkäufer reagieren in der Regel nicht begeistert, wenn von Preisanpassung die Rede ist, oder sie boykottieren diese sogar indirekt, wie das bei einem Logistikdienstleister der Fall war. Das folgende Praxisbeispiel basiert auf einem Projekt von Simon-Kucher & Partners. Es zeigt eindrucksvoll, wie eine Preisanpassung sich ins Gegenteil verkehrte. Dem Vertrieb des Logistikdienstleisters wurde eine pauschale Anpassung von zwei Prozent vorgegeben. Nach einigen Monaten stellte sich jedoch heraus, dass statt der zweiprozentigen Anpassung die durchschnittlichen Transaktionspreise um 1,5 Prozent gefallen waren.

Wie konnte das geschehen? Der Verkauf akzeptierte die neuen Preise nicht, weil sie im hart umkämpften Markt schwer durchsetzbar waren. So empfahlen die Außendienstler ihren Kunden, die günstigeren Rabattstufen zu nutzen. Da die Kunden Mengenrabatte, abhängig von der geplanten Zahl der Sendungen, im Voraus aushandelten, war dies gut möglich.

Zudem wurde die Abnahmemenge im Nachhinein nur selten überprüft und bei der Nachbelastung herrschte im Allgemeinen eine allzu große Nachgiebigkeit. Aus allen diesen Gründen konnte es zu dieser drastischen Senkung der tatsächlichen Transaktionspreise um 1,5 Prozent kommen und die angepeilten Gewinne zerrannen im Nichts.

Hier nun zwei Checklisten, die Ihre Verkäufer beim Durchsetzen von Preisanpassungen unterstützen können. Um sie wirklich »preissicher« zu machen, sind allerdings gute Trainingsmaßnahmen notwendig.

Checkliste: Vorbereitung auf das Preiserhöhungsgespräch	
Maßnahmen	**Erledigt**
Bedeutung der Produkte/Dienstleistungen für das Geschäft des Kunden überlegen	❏
Gründe der Preiserhöhung in der Firma genau erforschen	❏
Kalkulationsunterlagen für den neuen Preis beschaffen	❏
Verbesserungen des Produktes erfragen	❏
Neue Vorteile spezifizieren	❏
Neue Vorteile in Nutzen für den Kunden umformulieren	❏

Argumente für die Preiserhöhung inklusive Argumentationsketten finden (zum Beispiel gestiegene Produktionskosten, gesetzliche Bestimmungen, Kunde kann die Anpassung an seine Kunden weitergeben, knappe Kalkulation der Preise ist erfolgt)	❏
Eventuelle Preisanpassungen des Wettbewerbers herausfinden	❏
Begründungen des Wettbewerbers in Erfahrung bringen	❏
Beweismittel und Hintergrundinformationen (Beispiel: Artikel über Rohstoffpreiserhöhung) beibringen	❏
Presseartikel ausfindig machen, die zeigen, dass die Preisangleichung der Konkurrenz höher ist	❏
Günstigen Zeitpunkt für die Mitteilung über die Preiserhöhung finden	❏
Verhandlungsmöglichkeiten überlegen: Preis abspecken zum Beispiel durch Reduzierung von Serviceleistungen o.a. (siehe weiter unten)	❏
Im Kundengespräch: Erst höheren Preis nennen, um Spielraum für Verhandlungen zu haben	❏

Checkliste: Empfehlungen für das Preisanpassungsgespräch		
Tipps	**Verwendbar**	**Notizen**
Echte Gründe (keine vorgeschobenen) für die Preisanpassung nennen, die für den Kunden relevant sind	❏	
Möglichst nur nachvollziehbare Argumente für die Anhebung nennen	❏	
Über Aufwertungen und Verbesserungen informieren, erst dann den neuen Preis nennen	❏	
Auf die gute Zusammenarbeit hinweisen	❏	
Auf besondere Leistungen, den guten Service, die Qualität des Angebots hinweisen	❏	
Gemeinsam bewältigte Herausforderungen ansprechen	❏	
Tipps für den Kunden, wie er mit dem Produkt künftig noch mehr Erfolg, Nutzen und Gewinne erzielen kann	❏	

Wenn möglich, dem Kunden neue Kostensparmöglichkeiten aufzeigen (Lastschriftverfahren, Mengenrabatt, Frühbucherrabatt)	❏	
Nur den Differenzbetrag nennen	❏	
Differenzbetrag mit einem Nutzen in Verbindung bringen (Beispiel: für nur 100 Euro mehr können Sie ...)	❏	
Statt Preiserhöhung besser sagen: • Preisanpassung • Preisaktualisierung • neue Preisstrukturen	❏	

Quelle: Beide Checklisten stammen aus dem Buch von Behle, Christine/vom Hofe, Renate: »Die 170 besten Checklisten für Verkaufsgespräche«, mit CD-ROM; www.mi-fachverlag.de

Preiszugeständnisse zurücknehmen

In vielen Unternehmen kann die Profitabilität bereits gesteigert werden, wenn auf allzu viele und hohe Preiszugeständnisse von vornherein verzichtet wird und gewinnvernichtende Nachlässe langsam zurückgefahren werden. Wie viel Geld wird in Ihrem Unternehmen über Rabatte, Boni, Skonti et cetera verschenkt? Überprüfen und korrigieren Sie regelmäßig Ihr Rabatt- und Konditionensystem mit dem Ziel, gewinnverhindernde Zugeständnisse langsam abzubauen.

Abbau von Zugeständnissen

Bevor mit dem Abbau von Zugeständnissen begonnen werden kann, müssen Sie zunächst herausfiltern, ob die bestehenden Vergünstigungen Gewinne verhindern und welche davon nicht ihren Sinn und Zweck erfüllen. Der zuverlässigste Indikator dafür ist der Vergleich der offiziellen Listenpreise mit den tatsächlich berechneten Preisen:

Wie groß ist die Differenz zwischen den Listenpreisen und den tatsächlich berechneten Preisen? Ist diese Differenz in den letzten zwölf Monaten gleich geblieben oder hat sie sich verändert? Wenn sich die Differenz vergrößert hat: Worin liegen die Ursachen?

Eine große oder sich ständig vergrößernde Differenz deutet auf gravierende Marketingprobleme hin: Ihre Branche gerät unter zunehmenden Wettbewerbsdruck, Sie verkaufen an die falschen Kunden, Sie haben veraltete Produkte, Sie kommunizieren die falschen Produktvorteile.

Um die Ursachen dieser Abweichungen herauszufinden, analysieren Sie am besten Ihr Bonussystem und hinterfragen die Mengenrabatte, die den Kunden gegeben werden. Die Fragen dieser Checkliste helfen dabei.

Checkliste: Analyse von gewährten Nachlässen	
Fragen	**Antworten**
Welche Kunden und Kundengruppen erhalten Sonderkonditionen in welcher Höhe und warum? Wer vereinbart diese Konditionen?	
Sind Ihre Programme zur Kundenbindung versteckte Preissenkungen oder bieten sie Ihren Kunden tatsächlich einen echten Vorteil? Erfüllen sie ihren Zweck oder schmälern sie nur die Rendite?	
Wie hoch sind die Naturalrabatte, die von Verkäufern gegeben werden?	
Dienen Ihre Skontovereinbarungen dem eigentlichen Zweck, der Verkürzung von Zahlungsfristen, oder sind sie versteckte Preisnachlässe?	
Werden durch die Rabattstaffeln bezüglich der Bestellmengen die Auftragshöhen vergrößert?	
Sind Ihren Verkäufern die Gewinneinbußen aufgrund von Preiszugeständnissen bewusst?	
Überprüfen Sie regelmäßig die Einhaltung der Abnahmemengen und rabattieren Sie nach?	
Verändern Rabatte tatsächlich das Kaufverhalten der Kunden, indem zum Beispiel aufgrund von Mengenrabatten mehr bestellt wird, oder werden die Rabatte einfach aus Gewohnheit mitgenommen?	
Übersteigen die Rabatte die echten Kostenvorteile?	

Wird der Maximalrabatt auch bei geringeren Bestellmengen eingeräumt, zum Beispiel durch eine Meistbegünstigungsklausel?	
Zahlen große Kunden niedrigere Preise? Sind diese Preise gerechtfertigt? Wie schotten Sie diese Preise gegen »Normalkunden« ab?	
Welche Rabatte und Zusatzleistungen bieten die Mitbewerber?	

Wenn Sie klare Regeln für Rabatte und kostenlose Zugaben aufstellen und deren Einhaltung regelmäßig kontrollieren, dann werden Rendite und allgemeines Preisniveau entsprechend steigen.

Die Kunden, besonders die großen, haben sich daran gewöhnt, Nachlässe zu bekommen. Renditeschmälernde Rabatte und Konditionen zurückzunehmen, erfordert daher sehr viel Feingefühl, Zeit und Mut. Kundenverluste müssen in Kauf genommen und der Widerstand der Verkäufer aufgelöst werden. Überlegen Sie daher bei jeder neuen »Rabattidee«, die ins Gespräch kommt, ob es sich dabei nicht nur um »einen Geist handelt, den man nicht mehr los wird« und der mehr Schaden anrichtet, als dass er Segen bringt. Rabatte, die Erlöse schmälern, machen wenig Sinn. Preiszugeständnisse abzubauen geht dann oft nur nach dem Prinzip des Gebens und Nehmens, indem dem Kunden statt der Rabatte zum Beispiel weitere Servicemöglichkeiten angeboten werden.

Maßnahmen für mehr Preisstabilität

Die Praxis zeigt, dass viele Verkäufer lieber rasch fünf Prozent nachlassen, als dem Kunden eingehend die Vorzüge ihrer Produkte darzulegen. Das zeigt auch das Experiment, das eine französische Firma durchführte: Drei Monate fragten die Einkäufer die Verkäufer kurzerhand: »Wie viel kostet das?« Dann sagten sie sofort: »Ihr Preis ist zu hoch!« 50 Prozent der Verkäufer antworteten ohne Zögern: »Gut, ich bitte meine Firma, Ihnen einen besseren Preis zu machen!«

Wissen Ihre Verkäufer, wie sich zum Beispiel ein 5-prozentiger Preisnachlass auf ihren Gewinn auswirkt? Bei einer angenommenen 10-prozentigen Umsatzrendite sinkt der Gewinn schon um stolze 50 Prozent! Die Auswirkungen von Preisnachlässen auf den Gewinn lassen sich schnell mit folgender Formel errechnen:

Rabatt in Prozent : Marge in Prozent × 100 Prozent

Übrigens können nur die wenigsten Außendienstmitarbeiter die Folgen eines 5-prozentigen Preisnachlasses kalkulieren!

Was können Sie tun, damit Ihre Verkäufer die Preise stabil halten und dem Kunden möglichst wenige Preiszugeständnisse machen?

1. Auswirkungen deutlich machen

Wer genau weiß, was Preiszugeständnisse für Konsequenzen haben, ist eher bereit, darauf zu verzichten. Wie viel Mehrumsatz und welche Absatzsteigerungen beispielsweise notwendig sind, um oftmals voreilige Preiszugeständnisse wieder aufzufangen, zeigen die zwei folgenden Übersichten. Damit Ihre Verkäufer schnell selbst nachrechnen können, geben Sie diese Tabellen am besten als Kopie an sie weiter.

Nötiger Mehrumsatz bei gleich bleibendem Gewinn

Bei einem Bruttogewinn von zum Beispiel 25 Prozent und einem Rabatt von 10 Prozent muss ein Außendienstmitarbeiter seinen Umsatz um 66,7 Prozent steigern, um gleich viel wie bisher zu verdienen. Um wie viel Prozent der Umsatz jeweils erhöht werden muss, wenn die Preise durch Zugeständnisse gesenkt werden, zeigt die folgende Tabelle:

Preissenkung: Welcher Mehrumsatz ist für gleich bleibenden Gewinn nötig (in Prozent)?								
Preis-senkung um:	Nötiger Mehrumsatz bei... ... einem gegenwärtigen Bruttogewinn von:							
	5 %	10 %	15 %	20 %	25 %	30 %	35 %	40 %
1 %	25,0	11,1	7,1	5,3	4,2	3,4	2,9	2,6
2 %	66,6	25,0	15,4	11,1	8,7	7,1	6,1	5,3
3 %	150,0	42,8	25,0	17,6	13,6	11,1	9,4	8,1
4 %	400,0	66,6	36,4	25,0	19,0	15,4	12,9	11,1
5 %		100,0	50,0	33,3	25,0	20,0	16,7	14,3
6 %		150,0	66,6	42,9	31,6	25,0	20,7	17,6
7 %		233,3	87,5	53,8	38,9	30,4	25,0	21,2
8 %		400,0	114,3	66,7	47,1	36,4	29,6	25,0
9 %		900,0	150,0	81,8	56,3	42,9	34,6	29,0

10 %		-	200,0	100,0	66,7	50,0	40,0	33,3
11 %		-	275,0	122,2	78,6	57,9	45,8	37,9
12%		-	400,0	150,0	92,3	66,7	52,2	42,9
13%		-	650,0	185,7	108,3	76,5	59,1	48,1
14%		-	1.400,0	233,3	127,3	87,5	66,7	53,8
15%		-	-	300,0	150,0	100,0	75,0	60,0
16%		-	-	400,0	177,8	114,3	84,2	66,7
17%		-	-	566,7	212,5	130,8	94,4	73,9
18%		-	-	900,0	257,1	150,0	105,9	81,8
19%		-	-	-	316,7	172,7	118,8	90,5
20%		-	-	-	400,0	200,0	133,3	100,0
21%		-	-	-	525,0	233,3	150,0	110,5
22%		-	-	-	733,3	275,0	169,2	122,2
23%		-	-	-	1.150,0	328,6	191,7	135,3
24%		-	-	-	2.400,0	400,0	218,2	150,0
25%		-	-	-	-	500,0	250,0	166,7

Formel zur Berechnung der nötigen Umsatzsteigerung:

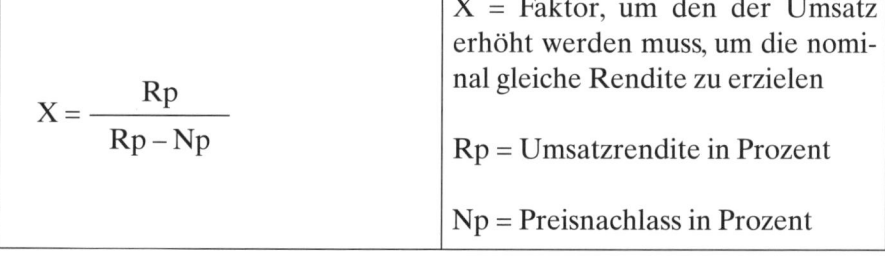

$$X = \frac{Rp}{Rp - Np}$$

X = Faktor, um den der Umsatz erhöht werden muss, um die nominal gleiche Rendite zu erzielen

Rp = Umsatzrendite in Prozent

Np = Preisnachlass in Prozent

Ausgleich der Preiszugeständnisse durch Absatzsteigerungen

Um den Gewinn nicht zu schmälern, können Preiszugeständnisse auch durch Auftragserhöhungen ausgeglichen werden. Die folgende Übersicht zeigt die zum Ausgleich zusätzlicher Preisnachlässe notwendigen Absatzsteigerungen in Prozent.

Preissenkungen: Welche Absatzsteigerungen sind für gleich bleibenden Gewinn nötig? (in Prozent)									
Preissenkung	**Nötige Absatzsteigerung bei variablen Kosten in Prozent vom Listenpreis**								
	10 %	20 %	30 %	40 %	50 %	60 %	70 %	80 %	90 %
1 %	1,12	1,27	1,45	1,95	2,04	2,56	3,45	5,26	11,12
2,5 %	2,86	3,23	3,71	4,34	5,27	6,67	9,08	14,28	33,33
5 %	5,88	6,67	7,69	9,08	11,11	14,28	20,00	33,33	100,00
7,5 %	9,08	10,34	12,00	14,30	17,65	23,08	33,33	60,00	300,00
9 %	11,11	12,69	14,67	17,67	21,95	29,05	42,85	81,80	900,00
10 %	12,50	14,29	16,67	20,00	25,00	33,33	50,00	100,00	Verlust
12,5 %	16,10	18,50	21,70	26,30	33,33	45,40	71,40	166,67	
15 %	20,00	23,08	27,24	33,33	42,80	60,00	100,00	300,00	
17,5 %	24,10	28,00	33,33	41,20	53,80	77,80	140,00	700,00	
18 %	25,00	29,05	34,60	42,80	56,20	81,80	150,00	900,00	
20 %	28,58	33,33	40,00	50,00	66,67	100,00	200,00	Verlust	
25 %	38,50	45,40	55,50	71,40	100,00	166,67	500,00		
27 %	42,90	50,90	62,80	81,80	117,50	207,50	900,00		
30 %	50,00	60,00	75,00	100,00	150,00	300,00	Verlust		
33,33 %	58,70	71,20	90,80	125,00	200,00	500,00			
35 %	63,60	77,70	100,00	140,00	233,33	700,00			
36 %	66,67	81,80	105,90	150,00	257,00	900,00			
40 %	80,00	100,00	133,30	200,00	400,00	Verlust			
45 %	100,00	128,50	180,00	300,00	900,00				
50 %	125,00	166,67	250,00	500,00	Verlust				

Beispiel: Weist ein Produkt variable Kosten von 20 Prozent des Listenpreises auf und wird für dieses Produkt ein Preisnachlass von 15 Prozent gewährt, so wäre eine Absatzsteigerung von 23 Prozent erforderlich, um den Deckungsbeitragsverlust auszugleichen.

2. Identifikation mit dem Produkt fördern

Ein wichtiger Grund für die zu große Bereitschaft der Verkäufer zu Zugeständnissen besteht darin, dass viele von ihnen selbst nicht von ihrem Angebot überzeugt sind und es für »zu teuer« halten. Damit Ihre Verkäufer sich mit Ihrem Produkt identifizieren, müssen Sie sie schulen. Ihre Verkäufer werden kein Problem haben, wenn sie das nötige Fachwissen zu Ihrem Angebot haben, Kundenfragen beantworten können, den Markt und Wettbewerb überblicken, über alle Anwendungs- und Nutzungsmöglichkeiten Bescheid wissen und über Preise, Garantie, Kundendienst et cetera direkt Auskunft geben können.

3. Spielregeln vorgeben

Wirkungsvoll gegen zu viel Großzügigkeit sind außerdem klare Spielregeln zur preispolitischen Flexibilität. In manchen Firmen – vorwiegend aus der Grundstoffindustrie – dürfen die Verkäufer keine Rabatte gewähren, sondern mit den Kunden allenfalls über die günstigsten Frachtraten oder die Lieferzeiten verhandeln. In anderen, eher endverbraucherorientierten Branchen, ist eine gewisse preispolitische Beweglichkeit unabdingbar. Geben Sie hier Ihren Verkäufern einen Basispreis und einen engen Preiskorridor vor.

3. Entlohnungssystem überdenken

So lange sich die Provisionen der Vertriebsmitarbeiter an den erzielten Umsätzen orientieren, werden sie weiterhin Rabatte verschenken. Und das kann man ihnen nicht einmal verübeln. Daher lohnt es sich, das bestehende Anreizsystem zu überdenken. Hermann Simon und andere schildern in ihrem Buch »Der gewinnorientierte Manager« (Campus Verlag) ein Praxisbeispiel, bei dem als Anreiz zur Preisverteidigung der Rabatt herangezogen wurde. Je höher der Rabatt war, den ein Verkäufer gewährte, desto geringer fiel demnach seine Provision aus. Das betreffende Unternehmen hatte sich bewusst für die Rabatthöhe als Messgröße entschieden, da es bei der Ausrichtung der Provision am Deckungsbeitrag notwendig gewesen wäre, die Vielzahl der Verkäufer über die entsprechenden Deckungsbeiträge zu informieren, was das Unternehmen nicht wollte. Der weitere große Vorteil dieser Änderung im Entlohnungssystem: Die Außendienstler konnten nun die Höhe ihrer Provisionen sofort auf ihrem Notebook ablesen und unmittelbar erfahren, wie viel Geld der Preisnachlass sie persönlich kostete.

4. Leistungsorientierung bei der Konditionenvergabe

An Preiszugeständnissen kommt wohl kein Unternehmen ganz vorbei. Allerdings sollten sie geschickt eingesetzt und nur im Tausch gegeben werden – für eine Gegenleistung des Kunden. Grundsätzlich müssen Sie und Ihre Verkäufer wissen, in welchen Bereichen dem Kunden Gegenleistungen abverlangt werden können. Folgende Checkliste enthält einige mögliche Verhandlungspunkte.

Checkliste: Rabatt-Rechtfertigungen	
Möglichkeiten	**Kommt in Frage**
Größere Abnahmemenge	❏
Saisonende	❏
Qualitätsabstriche	❏
Skontoverzicht	❏
Garantieeinschränkung	❏
Kürzeres Zahlungsziel	❏
Verlängerte Lieferfrist	❏
Festes Jahreskontingent	❏
Regelmäßiger Lieferrhythmus	❏
Komplettauslieferung	❏
Kleinere Größe bei Produktausführung	❏
Einfachere Verpackung	❏
Selbstabholung	❏
Selbstinstallation	❏
Langfristige Produktabnahme	❏
Größere Vorratshaltung	❏
Extra Berechnung für Wartung und Instandsetzung	❏
Eingeschränkte Werbeunterstützung	❏
Treuebonus	❏
Referenzzusage	❏

Da Kunden häufig auch eigene Vorstellungen haben, können Verkäufer ihre Kunden ganz offen fragen: »Wo sehen Sie denn Ihre Möglichkeit, die es erlaubt, einen anderen Preis anzusetzen?« Verkäufer sollten hier bewusst vom »anderen« Preis, nicht von einem »vergünstigten« oder reduzierten Preis sprechen. Ansonsten entsteht leicht der Eindruck beim Kunden, dass der Normalpreis ein für ihn »ungünstiger« Preis ist.

Am besten bieten Ihre Verkäufer den Kunden statt des geforderten Rabattes einen entsprechenden Bonus, zum Beispiel für eine größere Abnahmemenge. Rabatte sind Preisermäßigungen, während Boni Leistungsprämien sind. Und wenn sie schon einen Nachlass gewähren müssen, dann sollten sie nicht Prozente, sondern einen Festbetrag anbieten.

Den Preis wert machen

Unter Preisdruck geraten Sie immer dann, wenn Ihre Kunden das Preis-/Leistungsverhältnis Ihrer Produkte und Dienstleistungen falsch einschätzen. Ist dem Kunden nicht bewusst, welche Gegenleistung beziehungsweise welchen Wert er für sein Geld bekommt, erscheint ihm der Preis im Vergleich zur Konkurrenz zu hoch. Beachten Sie: Maßgeblich ist nicht der tatsächliche, sondern vielmehr der vom Kunden wahrgenommene Wert eines Produktes. Gelingt es Ihnen, dem Kunden diesen Wert klar vor Augen zu führen, ist die Durchsetzung angemessener Preise kein Problem mehr. Beachten Sie dazu auch folgende Grundsätze:

1. Werte müssen greifbar sein! Dies ist speziell bei der Vermarktung von Dienstleistungen nicht einfach. Ein Reiseveranstalter gibt deshalb seinen Kunden eine Checkliste, mit der sie konkurrierende Angebote objektiv vergleichen können.
2. Werte müssen quantifizierbar sein. Der Kunde akzeptiert einen Preis umso eher, je besser er den Wert Ihres Produktes quantifizieren kann. Versetzen Sie sich deshalb in seine Lage: Spart er durch den Einsatz Ihres Produktes Zeit oder Geld? Trägt Ihr Produkt zur Profitabilität des Kundenunternehmens bei? Besitzt Ihr Produkt zum Beispiel ein besseres Image und einen höheren Bekanntheitsgrad als entsprechende Konkurrenzangebote, wird es im Handel mit besseren Spannen verkauft als Billigangebote.
3. Werte müssen geschützt werden. Das einfachste Instrument ist eine umfassende und klare Garantie. Wer nicht mit Ihrem Produkt zufrieden ist, kann es zurückgeben und bekommt sein Geld zurück. Und noch wichtiger: Dem Kunden gegebene Versprechen müssen eingehalten werden. Wer eine Lieferung für 9.30 Uhr zusagt, muss um 9.30 Uhr liefern.

4. Werte müssen verteidigt werden. In jedem Markt gibt es einige absolute Preiskäufer. Kunden also, die grundsätzlich zum billigsten Angebot greifen. Und weil es diese Preiskäufer überall gibt, werden auch immer Mitbewerber existieren, die Sie preislich unterbieten. Widerstehen Sie der Versuchung, hierauf mit nicht vertretbaren Preiszugeständnissen zu reagieren. Sie ruinieren damit den Wert Ihrer Produkte.

Voraussetzung für Preissicherheit schaffen

Der Preis wird in einem Verkaufsgespräch nicht mehr so sehr die große Rolle spielen, wenn es dem Außendienstmitarbeiter während des Gespräches gelingt, den Wert des Produktes für den Kunden herauszustellen. Er muss dem Kunden verdeutlichen, dass aufgrund der Leistungen Ihrer Firma, seines persönlichen Einsatzes und der Leistungskomponenten des Produktes das Preis-/Leistungsverhältnis für den Kunden besser ist als bei der Konkurrenz. Nur dann kann das Feilschen um den Preis weitgehend vermieden werden. Je höher das Vertrauen des Verkäufers in sein Produkt und dessen Nutzen für den Kunden ist, desto besser wird er den Preisattacken des Einkäufers widerstehen können. Schafft er es im Gespräch, den Wert und den Nutzen des Produktes dem Kunden zu vermitteln, dann entscheidet nicht der Preis über den Abschluss.

Wie können Sie Ihr Produkt und Ihr Angebot noch wertvoller für den Kunden machen? Nutzen Sie dazu die folgenden Hinweise und Fragen:

- Angebot analysieren. Warum machen Ihre Kunden mit Ihnen Geschäfte? Was ist das Besondere an Ihnen, Ihrer Firma, Ihrem Produkt? Was bieten Sie Ihren Kunden? Wie helfen Sie ihnen, bessere Geschäfte zu machen oder Kosten zu senken? Fragen Sie Ihre Kunden, was sie an Ihren Angeboten am meisten schätzen.
- Wettbewerb analysieren. Wer sind Ihre Mitbewerber? Wo liegen deren Stärken und Schwächen? Haben Ihre Verkäufer kürzlich einem Ihrer Mitbewerber einen Auftrag weggeschnappt? Wenn ja, wo waren Sie stärker? Wenn nein, wo waren Sie schwächer? Pluspunkte sollten in Ihren Preisgesprächen verwendet werden.
- In die Lage der Kunden versetzen. Was können Sie bieten, was der Wettbewerb nicht hat, aber Ihr Kunde braucht? Was ist der wirkliche Wert Ihres Angebots für Ihren Kunden? Welchem Druck sind Ihre Kunden ausgesetzt? Aus welchem Grund wollen sie um einen besseren Preis feilschen? Was könnte das Preisthema für Ihre Kunden in den Hintergrund drängen?

- Preisvergleiche hinterfragen. Bietet die Konkurrenz zu niedrigeren Preisen wirklich die gleichen Werte? Wie sieht es mit der Nachbetreuung und dem Service aus? Versuchen Sie, die kleinste Abweichung herauszufinden. Wenn der Kunde Preiseinwände bringt, dann hat er den wirklichen Wert Ihres Angebots noch nicht erkannt. Ihre Verkäufer müssen ihm zeigen, wie und wo er Zeit und Geld sparen oder seine Umsätze erhöhen kann.
- Werte verstärken. Suchen Sie viele Gelegenheiten (schriftlich, telefonisch, persönlich), zu denen Sie Ihre Kunden immer wieder an die Werte Ihres Angebots, Ihres Produktes erinnern können. Betonen Sie beispielsweise ganz besonders, dass Sie Ihre Versprechen einhalten, das tut nicht jeder. Nutzen Sie Empfehlungsschreiben Ihrer zufriedenen Kunden.
- Als Problemlöser differenzieren. Wenn Ihre Kunden Ihre Firma ausschließlich als Lieferant für bestimmte Produkte sehen, rückt der Preis in den Mittelpunkt des Interesses. Sie liefern damit nur Produkte, jedoch keine Problemlösungen. Ihre Produkte werden austauschbar, der Preis wird zum ausschlaggebenden Kriterium. Suchen Sie daher ständig neue Möglichkeiten, den Erfolg Ihrer Kunden zu steigern. Denken Sie sich innovative Lösungen aus, die Wert für den Kunden erzeugen. Wie gehen Sie dabei vor? Finden Sie strategische Bedürfnisse des Kunden heraus. Konzentrieren Sie sich dabei nicht ausschließlich auf die Bedürfnisse, die der Kunde selber nennt. Versuchen Sie vielmehr, durch geschickte Fragen das eigentliche Bedürfnis hinter den vordergründigen Bedürfnissen herauszufinden, das heißt, das strategische Ziel, das der Kunde erreichen will.

Die folgenden Checklisten zeigen Anhaltspunkte für Mehrwerte, die ein Unternehmen seinen Kunden bieten kann.

Checkliste: Mehrwerte durch Ihre Firma	
Leistungskomponenten	Prüfen
Sortimentstiefe oder -breite (alles aus einer Hand)	❏
Lagerkapazität (alles vorrätig, auch kleine Mengen abrufbar)	❏
Lieferschnelligkeit (Nähe zum Kunden, Lieferdienste)	❏
Bestellservice (24 Stunden et cetera)	❏
Konditionen rund um den Produktpreis (Fracht, Versicherung, Zahlungsziel, Skonto)	❏

Abverkaufsunterstützung (Schulung, Aktionen, Werbematerial et cetera)	❏
Beschwerdeabwicklung (schnell, problemlos, kulant)	❏
Kundenorientierung der Mitarbeiter (freundlich, hilfsbereit)	❏
Gutes Image des Lieferanten	❏
Know-how des Lieferanten	❏
Marktstärke des Unternehmens	❏
Leistungsfähigkeit des Unternehmens	❏
Kundennähe	❏
Ersatzteillieferungen gewährleistet	❏
Wirtschaftlichkeitsargumente	❏
Nachbetreuung	❏
Servicestärke	❏
Zusatzleistungen (Schulung et cetera)	❏

Checkliste: Mehrwerte durch das Produkt	
Leistungswerte	**Prüfen**
Design	❏
Image	❏
Kompatibilität	❏
Installation	❏
Anleitung	❏
Verpackung	❏
Benutzerfreundlichkeit	❏
Kundendienst	❏
Anwenderberatung	❏
Kundengewinn	❏
Finanzierung	❏
Gewährleistung	❏
Wirtschaftlichkeitsberatung	❏

Gebrauchskosten	❑
Ausfallkosten	❑
Folgekosten	❑
Kommunikationsqualität	❑
Informationshilfen	❑
Erscheinungsbild	❑
Vertrauen	❑
Entwicklungsorientierung	❑
Zugangszeit	❑
Kanalqualität	❑
Zugangsschwelle	❑
Vertriebsschulung	❑
Vertriebshilfen	❑

Tipp: Erhöhen Sie den Geldwert Ihres Produktes, indem Sie dem Kunden die finanziellen Vorteile verdeutlichen, die er durch Ihr Produkt hat. Zum Beispiel können Sie dem Kunden die Gebrauchskostenvorteile für Ihre spezifische Anwendung vorrechnen und zeigen ihm damit den Kundengewinn auf. Bieten Sie dem Kunden Verfügbarkeitsvorteile, dann erhöhen Sie den Zugangswert Ihres Produktes. Zum Beispiel, indem Sie für einen Kunden, der gerade umzieht, den Liefertermin auf den Umzugstermin abstimmen, um ihm Lagerkosten zu ersparen. Wenn Sie Ihren Kunden Kommunikationsvorteile verschaffen, dann steigern Sie den Informationswert. Zum Beispiel könnten Sie sie über die Entwicklungstrends in der Büroorganisation auf dem Laufenden halten und ihnen so Fehlinvestitionen ersparen. Wenn Sie Ihren Kunden zeigen, wie sie Ihr Produkt besser nutzen können, dann steigern Sie den Leistungswert Ihres Produktes.

Mehrwerte für die verschiedenen Funktionsbereiche beim Kunden	Prüfen
Geschäftsführer	
Vergrößerung seiner Marktmacht	❑
Möglichkeiten zur Kostensenkung erschließen	❑
Gewinnung neuer Kundengruppen	❑

Profilierung gegenüber seinen Kunden	❏
Einkäufer	
Persönliche Profilierung gegenüber Geschäftsführung	❏
Übersichtlicher, logischer Rechnungsaufbau	❏
Bequemlichkeit	❏
Produktionsleiter	
Reduzierung von Standzeiten	❏
Fertigungsflexibilität	❏
Technische Leitung	
Anwendungstechnische Unterstützung	❏
Anspruchsvolle technische Lösungen	❏
Rolle als Pionier	❏
Lange Wartungsintervalle	❏
Kundendienst	
Leichte Wartung	❏
Verringerung der Anfahrten	❏
Erhöhung der Reaktionsfähigkeit	❏
Bessere Materialbevorratung	❏
Anwender	
Qualitativ hochwertiges Produkt	❏
Einhaltung der Akkordzeiten	❏
Spaß beim Verarbeiten	❏
Gesundheitliche Unbedenklichkeit	❏

Checkliste: Mehrwerte durch den Verkäufer	
Mögliche Maßnahmen	**Prüfen**
Berater für den Kunden	
Spezialist für Hintergrundinformationen	❏
Anbieter von Lösungskompetenz	❏
Persönlicher Coach des Kunden	❏

Vermittler von Experten	❑
Technischer Berater	❑
Berater bei schwierigen Entscheidungen	❑
Angebot persönlicher Beziehungen	
Kameradschaft aufbauen	❑
Gemeinsame Erlebnisse schaffen	❑
Essen gehen	❑
Mit Kunde zusammen auf Kongress gehen	❑
Dem Kunden interessante Kontakte verschaffen	❑
Vergnügen für den Kunden	
Ablenkung von der Routine des Alltags (»Das war mal etwas anderes.«)	❑
Einsatz von etwas Besonderem und Unvergleichbarem im Verkaufsgespräch	❑
Ungewöhnliche Life-Demo	❑
Aufwertende Präsentation	❑

8.3 Mehr verdienen mit Neukunden

In vielen Unternehmen hatte die Kundenbindung lange Zeit höchste Priorität. Kundenbindungsprogramme wurden entwickelt, in CRM-Systeme (häufig fehl-)investiert und Rabatte verschenkt, um ja keinen Kunden zu verlieren. Ebenso sollten Kundenpartnerschaften die Kundenbeziehung festigen und vor Kundenverlusten schützen. Doch auch wenn Kundenbindungsmaßnahmen noch so wirksam sind, irgendwann sind die Potenziale der bestehenden Kunden erschöpft und Gewinnsteigerungen nicht mehr möglich. Außerdem wandern manche Kunden trotz bester Betreuung und Beziehung schließlich doch zum Wettbewerber ab. Was für manche Firmen das »Aus« bedeuten kann, die nicht kontinuierlich neue Kunden in der Pipeline haben.

Systematisierung der Neukundengewinnung

Das Institut für Marktorientierte Unternehmensführung (IMU) hat im Frühjahr 2005 eine branchenübergreifende empirische Untersuchung durchgeführt und gezeigt, dass die erfolgreiche Neukundenakquisition wesentlich zu einem profitablen Wachstum beitragen kann. Sind Umsatz-steigerungen bei bestehenden Kunden nicht mehr möglich, dann bleibt also noch der Weg einer Optimierung der Neukundenakquisition. Und hier, so die Marktforscher, gibt es noch erheblichen Spielraum. Vorausge-setzt, die Unternehmen systematisieren ihre Neukundengewinnung. Denn bei einer ziel- und planlosen Neukundenakquisition kann auch sehr viel Geld vernichtet werden.

So sind besonders im Hinblick auf die Wirtschaftlichkeit auch zwei Drittel der befragten Unternehmen mit dem Erfolg der eigenen Neukun-denakquisition unzufrieden. Einen Grund sehen die Autoren der Studie darin, dass unter Neukundenakquisition üblicherweise der eigentliche Verkaufsvorgang und -prozess verstanden wird. Das sei jedoch zu wenig. Erforderlich sei auch hier, wie das beim Kundenbeziehungsmanagement bereits der Fall ist, eine umfassende, integrative Betrachtungsweise.

Um herauszufinden, ob sich der Aufwand einer Optimierung des Akquisitionsmanagements für Unternehmen überhaupt lohnt, haben die Forscher Unternehmen mit niedriger, mittlerer und hoher »Acquisition Excellence« miteinander verglichen. Das Ergebnis: Eine höhere Systema-tik im Akquisitionsmanagement bringt tatsächlich Vorteile hinsichtlich der Profitabilität. An den Kriterien Wirtschaftlichkeit und Effektivität sollte der Erfolg einer Neukundengewinnung ohnehin immer gemessen werden. Wobei die Autoren empfehlen, erst dann eine Neukunden-Gewinnung als effektiv zu werten, »wenn ein Neukunde einen Kauf tätigt, der keinen Versuchscharakter (mehr) hat – der Kunde also nicht mehr ›gewonnen‹ werden muss«.

Neukunden gewinnen mit System

Grundsätzlich kann die Gewinnung von neuen Kunden aus zwei unter-schiedlichen Ansätzen heraus erfolgen: Entweder ein Unternehmen passt sein Angebot auf neue Kunden an oder sucht nach neuen Kunden, die dafür in Frage kommen. Unabhängig davon sollten Sie, um Ihre Neukun-dengewinnung zu systematisieren, folgendermaßen vorgehen:

1. Segmentierung und Bewertung der potenziellen Kunden

Um nicht ziel- und planlos zu akquirieren und investierte Gelder zu vergeuden, müssen potenzielle Neukunden – ähnlich den Bestandskun-den – segmentiert und bewertet werden. Erst dann sehen Sie, in welche Noch-Nicht-Kunden es sich zu investieren lohnt. Eine Segmentierung kann in Anlehnung an die Bedürfnisstruktur der Bestandskunden geschehen. Homburg und andere empfehlen zusätzlich noch die Segmentierung in:

- »Bisherige Nichtverwender« sprich »Erstnutzer«, die die angebotenen Leistungen/Produkte bisher noch nicht nachgefragt haben, weder bei Ihnen noch beim Wettbewerb, und
- Wettbewerbskunden, die die Leistungen/Produkte schon kennen und ihre entsprechenden Erfahrungen bereits gemacht haben. Diese können Sie weiter segmentieren in unzufriedene Kunden, erweiterungswillige Kunden und zufriedene Kunden des Wettbewerbs.

Im Hinblick auf die Bedürfnisorientierung bietet sich noch die folgende weitere Verfeinerung an:

- »Intrinsisch« orientierte Kunden. Sie sind sehr produktorientiert und legen in erster Linie Wert auf Qualität, Preis oder Produktverfügbarkeit.
- »Extrinsisch« orientierte Kunden. Ihnen sind vor allem Zusatzleistungen, die den Produktnutzen erhöhen, wie zum Beispiel gute Betreuung oder besonderer Service, wichtig.
- Strategisch orientierte Kunden. Diese wollen mit ihren Lieferanten Partnerschaften eingehen, um spezifische Probleme zu lösen.

Daraus ergibt sich das folgende Segmentierungsraster:

	Bisherige Nicht- verwender	Kunden des Wettbewerbs		
		Unzufriedene Kunden	Zufriedene Kunden	Erweiterungs- willige Kunden
Intrinsisch ori- entierte Kun- den				
Extrinsisch ori- entierte Kun- den				
Strategisch ori- entierte Kun- den				

Überblick zum grundsätzlichen Segmentierungsraster von Neukunden; Quelle: Homburg, Ch./Fargel, T., »Customer Acquisition Excellence – Systematisches Management der Neukundengewinnung«, IMU Mannheim

Während es für die Bewertung von Stammkunden bewährte Instrumente, wie zum Beispiel das Kundenportfolio oder die ABC-Analyse gibt, fehlen diese für die Neukunden-Bewertung. Außerdem mangelt es an vielen notwendigen Informationen, um Neukunden richtig bewerten zu können.

Zunächst müssen Sie also dafür sorgen, dass qualitative Informationen gesammelt werden, etwa über den Außendienst oder über Marktforschungsinstitute. Dann müssen die Daten entsprechend aufbereitet, laufend aktualisiert und den Verkäufern, dem Callcenter, dem Innendienst oder anderen, die mit der Akquisition betraut sind, zur Verfügung gestellt werden.

Um den zu erwartenden Neukundenwert und die Erfolgswahrscheinlichkeit einer Gewinnung bestimmen zu können, empfehlen Homburg und andere entsprechend dem klassischen Kundenportfolio ein sogenanntes beziehungsweise »Interessenten Portfolio« zu verwenden, das auf den Achsen »Neukundenwert« (Welche Ziele können mit diesem Kunden erreicht werden? Leistungs-, Markt-, Ertrags- und Beziehungsziele?) und »Akquisitionswahrscheinlichkeit« (Was will der Kunde? Was können wir ihm bieten?) aufbaut und Ausgangspunkt Ihrer Akquisitionsstrategie ist.

Hilfreich für eine Bewertung von Nicht-Kunden sind zum Beispiel auch die folgenden Fragen.

- **Umsatzerwartung** – Mit welchen Produktverkäufen und welchem Gesamtumsatz kann im ersten Jahr der Geschäftsverbindung gerechnet werden? Wie wird sich der Umsatz mit den neuen Kunden in den Folgejahren entwickeln?
- **Gewinnerwartung** – Welcher Gewinn lässt sich im ersten Jahr mit dem Kunden erzielen? Wie wird sich der Gewinn entwickeln? Berücksichtigen Sie hierbei, welche Preise beziehungsweise Rabatte der neue Kunde möglicherweise erhält und wie gewinnbringend die Produkte sind, welche er kauft.
- **Akquisitionskosten** – Wie hoch werden im ersten Jahr und in den Folgejahren die Kosten sein, um den prospektiven Abnehmer als Kunden »aufzubauen«? Zahl der Besuche, Reisespesen, Servicekosten, Aufwand für Verkaufsförderung?
- **Kunden-Lebensdauer** – Wie lange wird der prospektive Abnehmer als Kunde auftreten? Ein Jahr, zwei Jahre, fünf Jahre, zehn Jahre?

Um die Kräfte auf die wirklich Erfolg versprechenden potenziellen Kunden zu konzentrieren, empfiehlt sich auch ein Vergleich der Nichtkunden mit Ihren Bestkunden.

1. Analysieren Sie dazu Ihre besten Bestandskunden: Warum sind sie Ihre besten Kunden? Über welche gemeinsamen Merkmale verfügen sie?
2. Vergleichen Sie nun Ihre Nichtkunden mit Ihren Bestkunden. Forschen Sie gezielt nach den Kriterien, die Ihre Bestkunden auszeichnen.

Bestehen wirklich die gleichen Voraussetzungen? Wenn ja, sollten die mit der Akquisition betrauten Personen ihre Energie verstärkt in diese Kunden investieren. Sie bieten die besten Erfolgsaussichten.

2. Festlegung der Akquisitionsstrategie

Ihre Akquisitionsstrategie wird je nach Branche und Kunde anders aussehen. Nach Homburg et al. kommen folgende Ansätze in Frage:

- Leistungsfokus: Hochwertige und wettbewerbsüberlegene Produkte werden angeboten.
- Leistungsprogrammbreite: Relativ große Vielfalt an Kern- und Zusatzprodukten beziehungsweise -dienstleistungen wird angeboten.
- Beziehungsfokus: Im Vordergrund steht der vorsichtige Beziehungsaufbau.
- Stabile Niedrigpreispolitik: Relativ günstige Preise und Konditionen werden angeboten.
- Vorübergehende Niedrigpreisangebote: attraktive Einstiegskonditionen/-preise, Finanzierungsangebote.
- Kommunikationsfokus: Referenzen werden genutzt.

In folgender Tabelle stellt Homburg das Kundensegment in Beziehung zum Neukundenakquisitions-Ansatz (NKA):

Kunden-segment			NKA-Ansatz
Erstnutzer			• Kommunikations-/Referenzenfokus zur Bekanntheits- und Nachfragestimulierung • Vorübergehende Niedrigpreisangebote zur Förderung von Versuchskäufen
Kunden des Wettbewerbs	Unzufriedene Kunden des Wettbewerbs		• Leistungsfokus und Leistungsprogrammbreite: Aufzeigen der eigenen Leistungsfähigkeit • Niedrigpreis-Fokus (EDLP): Aufzeigen der eigenen Preisvorteile und Kostensenkungspotenziale – dadurch Überwindung der kostenbezogenen Kundenbindungsfaktoren (u. a. Übernahme der finanziellen Wechselkosten)

Erweiterungsbereite Kunden des Wettbewerbs		• Vorübergehende Niedrigpreisangebote zum Aufbau eines »Brückenkopfes« – späterer Ausbau der Geschäftsbeziehung • Beziehungsfokus zum langsamen »Aufbrechen« des Kunden
Zufriedene Kunden des Wettbewerbs	Intrinsisch orientierte Kunden	• Niedrigpreis-Fokus (EDLP): Aufzeigen der eigenen Preisvorteile und Kostensenkungspotenziale – dadurch Überwindung der kostenbezogenen Kundenbindungsfaktoren (u. a. Übernahme der finanziellen Wechselkosten) • Leistungsfokus und Leistungsprogrammbreite: Aufzeigen der eigenen Leistungsfähigkeit
Kunden des Wettbewerbs	Extrinsisch orientierte Kunden	• Beziehungsfokus: (Soft-Selling) Überwindung der beziehungsbezogenen (psychologischen) Kundenbindungsfaktoren
	Strategisch orientierte Kunden	• Beziehungsfokus: Umgehen bestehender Kundenbindungsfaktoren (z. B. durch Ansprache neuer Meinungsbildner beim Kunden) • Unterstützend: Kommunikations-/ Referenzenfokus zum Beleg der eigenen Leistungsfähigkeit

Nutzung von Akquisitionsansätzen gegenüber unterschiedlichen Neukundensegmenten, Quelle: Homburg, Ch./Fargel, T.: »Customer Acquisition Excellence – Systematisches Management der Neukundengewinnung«, IMU Mannheim; das Arbeitspapier kann für 25 Euro bei der IMU Mannheim, www.imu-mannheim.de, bestellt werden.

Als Nächstes gilt es, die Prozessschritte innerhalb des Unternehmens festzulegen, angefangen von der Identifikation neuer Kunden, Erstansprache und Angebotserstellung, über die Verhandlung und zum Abschluss des Auftrages bis hin zur Auftragserfassung und -bearbeitung sowie Rechnungsstellung. Welche Mitarbeiter mit welchen Kompetenzen kommen dafür in Frage? Sind es Ihre Verkäufer in Zusammenarbeit mit dem Innendienst, der beispielsweise die Terminierung für die Neukundenbesuche übernimmt, während der Verkäufer die Verhandlungen führt? Oder wollen Sie die Akquisition an ein Callcenter outsourcen und damit von der Bestandskundenbetreuung trennen? Wer entlastet wen von welchen Aufgaben? Welche Hilfsmittel werden zur Verfügung gestellt? Wer pflegt die

Kundendatenbanken, CRM-Systeme? Wer wertet die Informationen aus, leitet sie an die entsprechenden Personen weiter?

3. Steuerung der Neukundenakquisition

Für viele Mitarbeiter, besonders im Außendienst, ist die Neukundengewinnung ein ungeliebtes Kind. Viel einfacher ist es, bestehende Kunden zu betreuen und sich die Aufträge bei diesen abzuholen. Um die Verkäufer zu motivieren und zu steuern, können Sie Ihr Entlohnungssystem und Ihre Zielvereinbarungen entsprechend anpassen. Homburg et al. empfehlen, in drei Richtungen zu agieren:

- Ausweisen von Umsatzzielen getrennt nach Neukunden und Bestandskunden mit einer unterschiedlichen Gewichtung und Honorierung bei Zielerreichung, um die Mitarbeiter zur Neukundengewinnung zu *motivieren.*
- Integration von Deckungsbeitragszielen zusätzlich zu den Umsatzzielen bei Neukunden in die Zielvereinbarungen, die ausdrücken, dass Kosten für die Neukundengewinnung sich in einem bestimmten Zeitraum rechnen; Auslobung von Sonderboni für die Gewinnung besonderer Neukunden, beispielsweise wichtiger Referenzkunden, um die Mitarbeiter zur Akquise der *richtigen Kunden* zu bewegen.
- Kopplung der Zielerreichung an die Kundenzufriedenheitswerte, Auszahlung von Boni bei wiederholtem Kauf, bestimmtem zusätzlichen Umsatz, Dauer der Kundenbindung und/oder eventuelle Rückzahlung der Boni, wenn der Kunde das festgelegte Ziel nach einer bestimmtem Zeit nicht erreicht. Auch eine überdurchschnittliche Erfüllung von Erfolgsgrößen, zum Beispiel Anzahl der Kontakte pro Neukunde, könnte incentiviert werden, um die Mitarbeiter dazu zu bewegen, die *Kunden richtig zu akquirieren.*

4. Erfolgskontrolle

Nur wenn Sie die Effektivität und Wirtschaftlichkeit Ihrer Neukundengewinnungsprozesse regelmäßig messen und prüfen, wissen Sie auch, ob sie zu mehr Profitabilität führen. Um die Effektivität zu kontrollieren, müssen die Zahl der gewonnenen Kunden, die Erreichung der Akquisitionsziele, die Zufriedenheit der neuen Kunden und der weitere Geschäftsverlauf mit dem Neukunden erfasst werden. Bei der Messung der Wirtschaftlichkeit werden alle anfallenden Kosten (Außendienst-, Callcenter- Mailingkosten, Betreuungskosten et cetera) den Ergebnissen der Neukundengewinnung (Anzahl der akquirierten Kunden, Profitabilität bereits beim ersten

Auftrag, dauerhafte Profitabilität) gegenübergestellt. Auch das Risiko der Neukundenakquisition sollte nicht unbewertet bleiben. Hierzu zählen zum Beispiel die Dauer (Sales Lead Time) oder eine schlechte Zahlungsmoral der Kunden. Der Erfolg der Neukundenakquisition berechnet sich aus:

$$\frac{\text{Umsätze mit dem Neukunden}}{\text{Kosten der Akquisition}} \times \text{KZI}$$

Wobei der KZI der Kundenzufriedenheitsindex ist, der als Korrekturfaktor berücksichtigt wird.

Die Kontrolle der Neukundengewinnung erfordert auch eine laufende Überwachung der Maßnahmenrealisation. Die durch die nachfolgenden – regelmäßig gestellten – Fragen gewonnenen Kontrollinformationen zeigen Ihnen den Fortgang der Neukundengewinnung an:

Fragen zur Kontrolle der Neukundengewinnung
Wie viele Kontakte konnten in den einzelnen Verkaufsgebieten realisiert werden? Pro Tag, Woche, Monat?
Wie viele Besuche sind notwendig, um einen neuen Kunden zu gewinnen?
Wie viele Anfragen von Neukunden wurden an Ihr Unternehmen gerichtet?
Wie ist das Verhältnis von Anfragen zu Kontakten?
Wie viele feste Angebote wurden für Neukunden abgegeben?
Wie ist das Verhältnis Angebote zu Anfragen bei Neukunden?
Wie viele Aufträge konnten realisiert werden?
Welcher Umsatz ergibt sich aus den Neukunden?
Gibt es bereits Folgeaufträge von Neukunden?
Wie reagieren die Wettbewerber auf das Neukundenprogramm?

Aus der ständigen Fortschreibung dieser Ablaufkontrollinformationen ergeben sich die Daten für die Abschlusskontrolle. Damit wird überprüft, inwieweit die Ziele des Neukundenakquisitionsprogramms insgesamt erreicht werden konnten.

Neukundengewinnung fast zum Nulltarif

Empfehlungen sind die kostengünstigste und zuverlässigste Form der Neukundengewinnung. 60 Prozent der Verkaufsgespräche, die aufgrund von Empfehlungen zustande kommen, enden mit einem Abschluss – im Gegensatz zur Erfolgsquote von 10 Prozent bei nicht empfohlenen Kunden! Es lohnt sich also, ein systematisches Empfehlungsmarketing zu betreiben. Basis dafür ist ein gutes Netzwerk, in dem eine positive Mund-zu-Mund-Werbung reibungslos funktioniert.

Systematisches Networking der Verkäufer forcieren

Wenn Ihre Verkäufer viele Anknüpfungspunkte zu Kollegen, Kunden und Bekannten pflegen und sich regelmäßig um neue Kontakte bemühen, dann haben sie meist im richtigen Moment den passenden Empfehlungs-geber. Networking ist der Aufbau und die systematische Pflege eines Kontaktnetzes, von dem man beruflich wie privat profitiert. Dahinter verbirgt sich die Erwartung, sich im Bedarfsfall gegenseitig von Nutzen sein zu können. Harvey Mackey, ein amerikanischer Erfolgsautor, hat ein hervorragendes Bild dafür gegeben, wofür Networking betrieben wird: »Grabe einen Brunnen, bevor du Durst bekommst.«

Dass sich Networking lohnt, zeigte eine Umfrage der Zeitschrift managerSeminare. Dabei gaben 79 Prozent der Befragten an, dass ihnen der Erfahrungsaustausch und das Feedback von anderen in ihrer Arbeit schon weitergeholfen haben. 64 Prozent sagten, dass sie so neue Auftrag-geber und Kooperationspartner gewinnen konnten, 32 Prozent nannten den schnellen Zugriff auf wichtige und aktuelle Informationen als positive Erfahrung.

Definieren der Networking-Zielgruppe

Wenn Ihre Verkäufer anfangen, ein Netzwerk aufzubauen, das ihnen Zugang zu neuen Kunden erschließt, dann sind folgende Fragen hilfreich:

1. Wer kann mir helfen?
2. Wie kann er mir helfen?
3. Wann brauche ich Hilfe?
4. Was kann ich als Gegenleistung bieten?

Als Orientierungshilfe, wer als Referenzperson in Frage kommen kann, ist die folgende Übersicht geeignet. Anhand derer können sich Ihre Verkäu-fer eine Liste solcher Personen erstellen, die sie zwecks Empfehlungen ansprechen können.

Wer kann Namen potenzieller Kunden nennen oder direkt weiterempfehlen?
Ansprechpartner aus Ihrer Schulzeit (Ausbildungszeit): Grundschule, weiterführende Schulen, Universität, Berufsschule, Klassentreffen, Bundeswehr und so weiter. Denken Sie auch an Lehrer, Eltern von Mitschülern, Hausmeister, Gärtner, Kantinenangestellte, Bekannte aus Lehrgängen, Weiterbildungskursen, Seminaren, Volkshochschulkursen.
Ansprechpartner aus Ihrer Berufszeit (früherer und aktueller Arbeitsplatz): Kontakte durch Bewerbungen, Lehrzeit, Kollegen, Interessengemeinschaften wie Gewerkschaften, Arbeitskreise, frühere Kunden, frühere Konkurrenten et cetera.
Ansprechpartner aus Ihrer Freizeit: Reisen, Theater, Kino, Diskussionen, Hobby, Sport, Nachbarschaft, Sauna, diverse Veranstaltungen wie Grillparty, Straßenfest et cetera. Auch die Mitgliedschaft in einem Club oder Verband kann Denkanstöße bieten: Sportverein, Parteien, Kirchenvorstand, Ausschusssitzungen.
Ansprechpartner aus Ihrer Verwandtschaft: Eltern, Partner, Geschwister, Großeltern, Onkel und Tanten, Nichten und Neffen, Cousins und Cousinen und so weiter. Tipp: Schauen Sie in Stammbüchern und Fotoalben nach. Weitere Personengruppen: Vertreter, Postbeamte, Kaminkehrer, Kundendienste, Lebensmittelhändler, Ärzte, Optiker et cetera.

Empfehlungen von Multiplikatoren

Ein Weg zu neuen Kunden wird relativ selten beschritten, obwohl der Einsatz im Vergleich zum Gewinn sehr niedrig ist. Haben Sie Ihre Verkäufer schon einmal darauf aufmerksam gemacht, dass sie mit sogenannten Multiplikatoren zusammenarbeiten könnten? Multiplikatoren können Personen oder Firmen sein, die verwandten Berufszweigen angehören, ein natürliches Interesse an Ihrem Angebot haben und weitere Personen kennen, die ebenfalls dieses natürliche Interesse besitzen. Beispiel: Ihre Verkäufer sind Finanzexperten. Wer außer Ihrem Unternehmen kümmert sich ebenfalls noch um das Geld und das Vermögen von Kunden? Das können sein: Steuerberater, Wirtschaftsprüfer, Unternehmensberater et cetera. Jeder von ihnen hat Kunden, die von den Dienstleistungen der anderen profitieren könnten und die sich deshalb gegenseitig weiterempfehlen.

Multiplikatoren gehören tendenziell Branchen an, die Ihren Bereich eher ergänzen als ihm Konkurrenz zu machen. Bei der Suche nach Multiplikatoren sind folgende Punkte zu beachten:

Multiplikatoren müssen sorgfältig ausgewählt werden. Sie sollen Kontakt zu Kunden haben, die für Ihr Produkt in Frage kommen. Außerdem sollten sie Interesse haben, ihren Kunden einen speziellen Service zu vermitteln. Sie sollten an einem lukrativen Zusatzgeschäft interessiert sein und Ihr Produkt/Ihr Angebot nicht als Konkurrenz empfinden.

Einige findige Geschäftsleute verwenden eine Technik, die Ivan R. Misner als »Incentive-Dreiecksverhältnis« bezeichnet (»Marketing zum Nulltarif«). Dabei vereinbart zum Beispiel ein Einzelhändler mit einem anderen ortsansässigen Geschäft, dass jeder einerseits den Kunden des anderen zehn oder mehr Prozent Rabatt gewährt und andererseits dem anderen eine Vermittlungsprovision in entsprechender Höhe zahlt. Danach erhält der Händler für jeden Kunden, den er dem anderen ins Geschäft schickt, das übliche Incentive plus einen Gutschein in Höhe des Rabatts. Der Einzelhändler profitiert (neben seiner Provision) davon, weil er anderen einen zusätzlichen Anreiz bieten kann, ihn zu empfehlen. Das Partnergeschäft profitiert (neben der Provision), weil auch zu ihm neue Kunden auf Empfehlung kommen. Und die Kunden profitieren ebenfalls, weil sie Preisvergünstigungen erhalten.

Ein weiteres Beispiel ist das erfolgreiche Empfehlungsmarketing eines Wintergarten-Verkäufers (Erich-Norbert Detroy, »Powerbuch der Neukundengewinnung«, mi, 2000), der wie folgt vorgeht: Zunächst verkauft er einen Wintergarten an einen Kunden. Danach ruft er ihn an, um den Aufbautermin zu vereinbaren. An dem Tag, an dem mit dem Aufbau begonnen wird, ist der Verkäufer anwesend und bespricht mit dem Kunden und dem Bauleiter die Vorgehensweise. Abends kommt er dann wieder und bewundert mit dem Kunden gemeinsam sein neues, fast fertig gestelltes »Paradies«. Erneut bespricht er mit dem Kunden und dem Bauleiter, wie es weitergeht und wann die Fertigstellung sein wird. Zum Übergabetermin kommt er ebenfalls persönlich vorbei und erstellt gemeinsam mit dem Kunden und dem Bauleiter das Protokoll. Nachdem er dem Kunden gratuliert hat und sich mit ihm freut, erzählt er von seinen vielen »Führungen« mit Freunden von früheren Bauherren, die sich für Wintergärten interessierten. Nun schlägt er dem Kunden eine kleine Einweihungsfeier mit dessen Freunden vor, die auch ein Haus besitzen, das mit einem Wintergarten ausgestattet werden könnte. Gemeinsam mit dem Kunden lädt er die entsprechenden Gäste, meistens an die neun Paare, ein und bittet den Kunden, für eine »kleine« Bewirtung zu sorgen. Beim Einweihungsfest hält er eine kurze Rede mit dem Thema »Steigerung des Lebensstils durch einen Wintergarten« und beantwortet Fragen der Anwesenden wie zum Beispiel »Wird ein Wintergarten im Sommer nicht zu heiß?«. Im Schnitt kommt er auf diese Weise zu vier Empfehlungsadressen, aus denen er innerhalb eines Jahres einen Auftrag gewinnt. So verkauft er fast jeden Tag einen Wintergarten für 35.000 Euro.

Mitgliedschaft in verschiedenen Netzwerken

Ein wichtiger Weg zu wertvollen, beständigen Kontakten führt über geschäftliche Organisationen und Netzwerke. Erfolgreiche Netzwerke sind persönlich, professionell und proaktiv. Sie gestatten es ihren Mitgliedern, in einer strukturierten, professionellen Umgebung geschäftliche Interessen zu verfolgen.

Viele Führungskräfte gehören mindestens zwei offiziellen Netzwerken verschiedenen Typs an. Das eine sind Netzwerke, in denen Vertreter desselben Berufsstandes Wissen austauschen. Sie dienen vor allem dem Informationsaustausch, der Produktivitätssteigerung oder der gemeinsamen Nutzung von Wissensressourcen. Zum zweiten Typ gehören die interdisziplinären Netzwerke. Hier treffen sich Berufstätige aus verschiedenen Branchen, wobei das oberste Ziel darin besteht, sich mittels Empfehlungen oder durch den Austausch von Kontakten gegenseitig zu unterstützen. In guten interdisziplinären Netzwerken entstehen die meisten beziehungsweise die besten Geschäfte durch Empfehlungen.

Wie finden Sie »Ihr« Netz?

Welche Netzwerke sind für Sie am besten geeignet? Die Antwort finden Sie, indem Sie überlegen, welchen Nutzen Ihnen ein Netzwerk bringen soll. Mit einem einzigen Netzwerk werden Sie kein umfassendes Empfehlungsprogramm realisieren können – egal, wie groß Ihr Unternehmen ist.

Gehen Sie bei der Suche nach dem richtigen Netzwerk systematisch vor:

- Listen Sie die Organisationen und Gruppen auf, in denen Sie und Ihre Kunden schon Mitglied sind. Machen Sie eine nach Netzwerktypen geordnete Aufstellung.
- Fertigen Sie eine Liste der Netzwerke an, die für Sie in Frage kommen, bei denen Sie aber noch nicht Mitglied sind. Schauen Sie sich die Arbeitsweise und Struktur genau an, um die zu finden, die Ihren Bedürfnissen am ehesten entsprechen.
- Ermitteln Sie für jede dieser Gruppen: Seit wann besteht sie? Wie viele Mitglieder hat sie? Welche Art von Mitgliedschaft ist möglich? Gehört sie zu einem bundesweiten oder internationalen Netzwerk? Wie engagiert werden die Ziele verfolgt? Inwieweit sind die Treffen strukturiert? Wie hoch ist der Mitgliedsbeitrag? Wie oft finden die Treffen statt? Was sagen andere Mitglieder über die Gruppe? Welchen Gesamteindruck haben Sie?

Werden Sie dort Mitglied, wo man kurzfristig am meisten für Sie tun kann. Suchen Sie sich eine Organisation, die genügend Mitglieder hat und sich nicht im nächsten Monat auflöst. Sie sollte bundesweit oder international tätig sein. Finden Sie heraus, wann und wo sich jede dieser Gruppen trifft, und besuchen Sie das nächste Treffen. Besuchen Sie möglichst viele der für Sie interessanten Netzwerke und machen Sie eine Probemitgliedschaft. Wenn Ihnen eine Gruppe gefällt, in der enge Kontakte gepflegt werden und die pro Beruf nur ein Mitglied zulässt, dann zögern Sie nicht, Mitglied zu werden, wenn Ihr Beruf gerade nicht vertreten ist. Nehmen Sie erstmals an einem Treffen teil, dann machen Sie sich bei möglichst vielen Personen bekannt. Zögern Sie nicht, die anderen wissen zu lassen, dass Sie das erste Mal da sind. Bitten Sie einen der Anwesenden, Sie bei den anderen vorzustellen.

Virtuelle Netzwerke

Wer keine Zeit hat, um regelmäßig Versammlungen zu besuchen, findet eine Alternative in Netzwerken im Internet. Ihre Zahl wächst derzeit rasch, weil der Aufbau und die Pflege von Beziehungen insbesondere in der Geschäftswelt über das Internet besonders leicht und effektiv möglich sind. Virtuelle Netzwerke bilden online das Kontakteknüpfen in der Realität nach mit dem Vorteil, dass das Networking online schneller geht. Sie basieren häufig auf Mailinglisten oder Foren.

Nachfolgend finden Sie einige Business-Netzwerke vorgestellt. Näheres über Netzwerke lesen Sie im Beitrag »Die wichtigsten Business-Netzwerke in Deutschland«, abrufbar unter http://www.ibusiness.de (Mitgliedschaft notwendig).

Business-Netzwerke und Networking- Plattformen	
ActionNet (www.actionet.de)	Ziel: Aufbau und Pflege von Kontakten, Türöffner zu Neugeschäft
Business Angels Network (www.business-angels.de)	Ziel: Hilfe bei der Suche nach Kapitalgebern
GB Business Network e.V. (www.gbnetwork.net)	Das Global Business Network ist ein Forum für Englisch sprechende Führungskräfte
MEETINGplus (www.meetingplus.de)	Ziel: Professioneller Austausch von Geschäftsbeziehungen
Nexpera (www.rarecompany.com)	Netzwerk für Top-Performer, Spezialisten, Young Professionals

Wirtschaftsjunioren Deutschland www.wjd.de	Netzwerk von 11.000 Führungskräften und Unternehmern unter 40 Jahren
Fairness-im-Business-Netzwerk www.fairness-stiftung.de	Professioneller Support für Firmen, für die Fairness wichtig ist
Frauennetzwerke	
BPW (Business and Professional Women Germany) www.bpw-germany.de	Eines der größten Berufsnetzwerke für Frauen; Information, Erfahrungsaustausch und Mentoring
Connecta e.V. www.frauennetzwerk-connecta.de	Ziel: Gegenseitige Förderung der Frauen in ihrer persönlichen und beruflichen Kompetenz
EWMD (European Women Management Development Deutschland e.V.) www.ewmd.org	Spezialisiert auf Managementthemen, Kern: Förderung des Erfahrungsaustausches unter Führungskräften
Femmes geniales www.femmes-geniales.de	Business-Netzwerk mit dem Ziel, Frauen, die etwas bewegen wollen, die nötigen Kontakte zu vermitteln
FIM Vereinigung für Frauen im Management e.V., www.fim.de	Bundesweites Netzwerk für Frauen in Fach-/Führungspositionen
www.webgirls.de	Netzwerk für weibliche Fach- und Führungskräfte, die in oder für Neue Medien arbeiten
Woman's Business Club www.womans-business-club.de	Club für Unternehmerinnen und Managerinnen, die gemeinsam etwas bewegen wollen
Visitenkartenpartys	
Visitenkartenparty.biz www.mittelstand.de	Veranstaltungen an verschiedenen Orten für neue Geschäftskontakte
www.visitenkartenparties.de	Treffen für Leute, die neue Kontakte und Informationen für ihr Unternehmen gewinnen wollen
Service Clubs	
Ambassador Club www.ambassador-club.de	Vereinigung von Damen und Herren, die sich für Menschlichkeit und Toleranz einsetzen
Kiwani International, Distrikt Deutschland, www.kiwanis.de	Hilft Kindern weltweit in über 130 Kiwani-Clubs

Lions Club International beziehungsweise Deutschland www.lions-club.de	Weltweite Vereinigung von Menschen, die sich den aktuellen gesellschaftlichen Problemen stellen
Rotary Deutschland, http://verlag.rotary.de/de/index.php	Wahlspruch: Selbstloses Dienen; in Deutschland ca. 42.700 Mitglieder
Round Table Deutschland www.round-table.de	Vereinigung junger Männer bis 40 Jahre. Themen: aktuelle Entwicklungen, Erfahrungsaustausch und das Engagement für andere
Zonta International www.zonta-international.de	Zusammenschluss von Frauen in leitender oder selbstständiger Position, die sich dem Dienst am Menschen verpflichtet haben

Virtuelle Netzwerke

www.business-woman.de	Virtuelles Forum für Frauen für Motivation, Erfolg uvm.
www.cap-up.de	Branchenübergreifendes Netzwerk für Führungskräfte aus 21 Ländern, Treffen online und offline
www.manager-lounge.com	Elitäres deutschsprachiges Business-Netzwerk
www.mediacoaching.de	Ziel: Schnelle Kommunikation unter Geschäftsfrauen zur gegenseitigen Unterstützung
www.netto-forum.de	Ziel: Unterstützung der Mittelständler bei firmenübergreifenden Kooperationen
www.openBC.com www.xing.com	Nach eigenen Angaben das größte Online-Business-Netzwerk in Europa mit 200.000 Mitgliedern
www.scoutster.de	Ermöglicht unter anderem neue Geschäftskontakte und bietet viele Foren

Englischsprachige virtuelle Netzwerke

www.ecademy.com	Business-Börse, die den Teilnehmern Wissen, Kontakte und Geschäfte vermittelt
www.knowmentum.com	Netzwerk für den Austausch von Ideen, Empfehlungen etc.

www.linkedin.com	Weltweit größtes geschlossenes Business-Netzwerk; der Kontakt zu einem möglichen Geschäftspartner erfolgt nur über die Empfehlung eines Bekannten
www.ryze.com	Offenes System für Business-Kontakte
www.soflow.com	Netzwerk für Geschäftschancen und -beziehungen
www.zerodegrees.com	Netzwerk mit nützlichen Kontakten für das Geschäft und privat

Stand: Juni 2007. Angaben ohne Gewähr.

Empfehlungsmarketing im Internet

Auf den Vertrauensbonus persönlicher Empfehlungen setzt auch das sogenannte Virale Marketing, die elektronische Variante des konventionellen Empfehlungsmarketings. Es basiert auf dem Prinzip der Botschaftsverbreitung zwischen Kunden – wie bei der Mund-zu-Mund-Werbung – und überträgt dieses Prinzip in den Kontext der Internet-Kommunikation. Beim Viralen Marketing senden Kunden Informationen zu Produkten/Leistungen per E-Mail an weitere potenzielle Kunden aus ihrem Freundes- und Bekanntenkreis und fordern diese auf, die Produkte ebenfalls weiterzuempfehlen. Damit die Kunden dazu veranlasst werden, entsprechende Botschaften weiterzuleiten, ist es wichtig, dass diese einen echten Kundenvorteil beinhalten. Der große Vorteil des Viralen Marketings ist, dass ein Anbieter nicht selbst Interessenten/potenzielle Kunden auf seine Homepage locken muss, sondern dass andere Nutzer auf sein Angebot aufmerksam machen. Dazu kommt, dass sich per E-Mail viele Empfänger zu sehr niedrigen variablen Kosten schnell erreichen lassen. Im Internet verbreiten sich gute Nachrichten oder Empfehlungen wie ein Virus (daher »Virales« Marketing) und haben zum Beispiel Internet-Diensten wie Google oder Napster große Erfolge gebracht.

Formen des Viralen Marketings

In der Praxis wird zwischen »reibungslosen« und »aktiven« Formen von Viralem Marketing unterschieden (Frictionless Viral Marketing und Active Viral Marketing (siehe: FirstSurf – Vorsicht ansteckend: Viral Marketing im Internet unter www.firstsurf.de/riemer 0233_f.htm).

Die erste Variante ist eine Verbreitungstechnik per unausgesprochener Empfehlung. Der Kunde bringt die Information über ein Angebot allein durch dessen Nutzung »unter die Leute«. Neue Anwender erfahren von der Existenz durch die Nutzung des Produktes oder der Leistung, da währenddessen eine Botschaft übermittelt wird. Ein Beispiel ist das Konzept des E-Mail-Dienstes Hotmail, der Kunden eine für sie kostenlose E-Mail-Adresse bietet. Jedem Versand einer E-Mail ist ein Link zugefügt mit dem Slogan »Get Your Private Free Email at http://www.hotmail.com«. Neue Nutzer werden damit automatisch zu »Verkäufern« des Unternehmens. Außer der direkten Werbebotschaft bekommt der E-mail-Empfänger indirekt auch die Information mit, dass der Absender bereits selbst Hotmail-Kunde ist. Er gewinnt den Eindruck, dass das kostenlose Produkt funktioniert, weil sonst die Nachricht nicht angekommen wäre, und dass der Dienst grundsätzlich zu empfehlen ist, denn sonst würde ihn der Absender ja nicht nutzen. Mit dieser Strategie konnte Hotmail für seine werbefinanzierten Services schon nach anderthalb Jahren über 12 Millionen Abonnenten gewinnen.

Enger verwandt mit der traditionellen Mund-zu-Mund-Werbung ist das sogenannte *aktive Virale Marketing*. Es verlangt eine aktive Beteiligung des Nutzers bei der Informationsverbreitung beziehungsweise Neukundengewinnung. Eine häufige Vorgehensweise besteht beim aktiven Viralen Marketing darin, den Kunden auf der eigenen Website dazu anzuregen, die Produkte, Leistungen oder Inhalte per E-Mail weiterzuempfehlen. Beispiel: Sie sehen auf Ihren Internetseiten Links vor, mit denen Nutzer ihren Bekannten die gerade betrachteten Inhalte oder einen Link per E-mail zusenden können, wenn sie diese für interessant halten. Dabei können Sie auch die Botschaft vorformulieren und so die Reibung verringern.

Wirkungsvoll kann auch ein Hinweis in Ihrem Newsletter sein. Regen Sie Ihre Abonnenten dazu an, Ihren Newsletter an Freunde/Bekannte et cetera weiterzuleiten. Wenn fünf Abonnenten Ihren Newsletter an fünf Bekannte schicken und diese jeweils wieder an fünf, dann haben Sie schon 125 potenzielle Kunden erreicht. Das Beste: Die Empfänger sehen Ihren Newsletter nicht als unnötige E-Mail, sondern als interessante Information, die ihnen ein Bekannter geschickt hat.

Erfolgsvoraussetzungen für Kampagnen

Es gibt viele Formen von Viral-Marketing-Kampagnen. Zu beachten sind zwei wichtige Kampagnenbestandteile: das eigentliche Kampagnenprodukt und die Begleitumstände. Ersteres ist in der Regel nicht das eigentlich zu verkaufende Produkt, sondern es dient dafür als Zugpferd. Nach dem E-Business-Berater Sascha Langner kennzeichnen folgende Punkte ein erfolgreiches Kampagnenprodukt (siehe www.marke-x.de):

Unterhaltung – Virales Marketing aktiviert den Austausch zwischen den Nutzern insbesondere durch unterhaltsame Elemente. Beliebt sind Downloads von Spielen, Musik, Spots, E-Cards zum Weiterversand oder humorvolle/ungewöhnliche Mit-mach-Aufrufe. Begeistert weiterempfohlen wurde zum Beispiel ein elektronisches Weihnachtsspiel des IT-Unternehmens Raab Karcher, das dieses statt einer Flasche Wein an seine Kunden versandte.

Besonderer Nutzen – Wenn Webangebote einen interessanten Nutzen versprechen, werden sie gut angenommen, selbst wenn sie etwas kosten. Zum Beispiel der virtuelle Krombacher-Kundenclub: In den ersten fünf Wochen nach Clubstart hatten sich schon etwa 10.000 Personen bei einem Jahresbeitrag von 9,90 Euro angemeldet, um von den exklusiven Vorteilen zu profitieren, zum Beispiel Verlosungen von Eintrittskarten für die Formel 1 et cetera. Ansonsten ist ein weiterer wichtiger Faktor die kostenlose Bereitstellung, das heißt, es fallen keine direkten Kosten für den Bezug oder die Nutzung an. Weitere Erfolgsfaktoren sind Einzigartigkeit (in dieser Art noch nie da gewesen), sofortige Belohnung (die Benutzer werden umgehend für die Nutzung entlohnt) und einfache Übertragbarkeit (leicht zu kopieren oder weiterzuleiten).

Der zweite wichtige Kampagnenbestandteil sind die Begleitumstände. Selbst bei einem Top-Produkt geht nichts, wenn Sie nicht

1. die bestehenden Kommunikationsnetze nutzen, das heißt, Ihre Kunden nach gelernten Verhaltensmustern agieren lassen und es ihnen leicht machen, anderen von den Vorzügen Ihres Produktes zu erzählen;
2. genügend Informationen anbieten, das heißt, um Ihre Kampagne bekannt zu machen, gleich zu deren Start PR-Meldungen, Artikel et cetera für die Medien bereitstellen;
3. für eine ausreichende Verfügbarkeit des Angebots sorgen. So hatte zum Beispiel Audi in der Hype-Phase um den legendären »Wackel-Elvis« Probleme, die Nachfrage zu befriedigen.

Wettbewerbskunden abwerben

Wer in gesättigten Märkten nach neuen Kunden sucht, findet sie fast immer in den Händen eines Wettbewerbers. Dort sind die Kunden, die noch nie bei Ihnen gekauft haben oder diejenigen, die Sie irgendwann oder aktuell an den Wettbewerb verloren haben. Diese gilt es zu gewinnen beziehungsweise zurückzuholen – durch systematisches Vorgehen und gute Konzepte.

Viele Verkäufer haben Hemmungen, Wettbewerbskunden aktiv abzuwerben. Dabei ist kein Konkurrenzkunde gegen Abwerbeversuche immun, was eigene Kundenverluste beweisen. Nutzen Sie mit Ihren Verkäufern jede Chance, um Kunden, die mit ihrem jetzigen Lieferanten unzufrieden sind, auf Ihre Seite zu ziehen.

Die Erfolgsaussichten sind gut, wenn eine Veränderung eintritt – bei Ihrer Konkurrenz oder bei deren Kunden. Günstige Gelegenheiten bieten sich zum Beispiel, wenn ein Einkäufer des Konkurrenzkunden die Firma wechselt oder ein Verkäufer Ihrer Konkurrenz von dieser weggeht oder von einem für Sie interessanten Kunden abgezogen und durch einen anderen Verkäufer ersetzt wird. Oder wenn sich die Managementstruktur beim Kunden ändert.

Ihre Aussichten sind ebenfalls gut, wenn Verträge Ihrer Kunden mit der Konkurrenz auslaufen, wenn die Wettbewerbsprodukte veraltet sind oder der Wettbewerb sonstige Problemfelder hat. Eine gute Konkurrenzbeobachtung ist deshalb ein wesentlicher Erfolgsfaktor. Zusammen mit dem Verkaufsteam sollten Sie vor allem folgende Punkte im Auge behalten:

Checkliste: Was macht die Konkurrenz?
Verringert die Konkurrenz ihre Werbeaktivitäten?
Konzentriert sie sich nicht mehr auf ihr Kerngeschäft?
Haben viele Mitarbeiter die Konkurrenzfirma verlassen?
Hat die Konkurrenz neue Produkte auf den Markt gebracht? Sind Neueinführungen fehlgeschlagen? Erfolgen die Lieferungen nur langsam?
Weist die Produktlinie des Wettbewerbers Lücken auf? Wenn Sie ein umfassenderes Angebot machen können, schaffen Sie sich einen Wettbewerbsvorteil.
Sind die Preise drastisch gesenkt worden?
Ist die Technologie Ihrer Konkurrenz nicht mehr auf dem neuesten Stand?
Besteht die Garantie- und Gewährleistungspolitik Ihrer Konkurrenz den Vergleich mit Ihren Leistungen? Wenn nicht, kann dies einen niedrigeren Qualitäts- oder Zuverlässigkeitsgrad verraten.
Gibt es in eingehenden Anfragen Hinweise zu Wettbewerbern? Kommen sie aus bestimmten Regionen oder Branchen? Kann das bedeuten, dass die Kunden dort unzufrieden mit ihren derzeitigen Lieferanten sind?

Beauftragen Sie Ihre Verkäufer, so viele Informationen wie möglich über das Kundenunternehmen und den entscheidenden Gesprächspartner einzuholen. Auch Gespräche mit dem Pförtner oder anderen Mitarbeitern des Kundenunternehmens sollten geführt werden. Besonders wichtig: Welche persönlichen Kaufmotive hat der Einkäufer? Profilierungswunsch, Sicherheit des Jobs, Karrierewunsch und so weiter? Hierin liegt oft ein guter Hebel, mit dessen Einsatz Sie selbst »harte Nüsse« doch noch knacken können – wie es folgendes Beispiel aus der Praxis beweist:

Kundenbetreuer Willi Schmidt hat die Erfahrung gemacht, dass bei Interessenten, die mit einem anderen Lieferanten »verheiratet« sind, die Argumente »höhere Qualität«, »längere Lebensdauer« oder »niedrigerer Preis« nichts bewegen. Deshalb verfolgt er eine andere Strategie: »Wenn ich das Gefühl habe, dass es sich um einen aussichtsreichen Kunden handelt, dann bleibe ich am Ball. So fand ich kürzlich bei einem Kundenunternehmen heraus, dass der zuständige Einkäufer erst zwei Jahre bei dem Unternehmen war und nicht die geringste Loyalität gegenüber dem bisherigen Lieferanten empfand. Außerdem erfuhr ich in Gesprächen mit Mitarbeitern im Kundenunternehmen, dass der besagte Einkäufer seine Chefs gerne positiv auf sich aufmerksam machen wollte.

Ich erkannte meine Chance: Ich erläuterte dem Einkäufer den Vorteil, den er hat, wenn mindestens zwei Anbieter ihr Angebot abgeben, und wie er persönlich davon profitieren könnte. Meine Argumente: Wettbewerb zwischen wenigstens zwei Anbietern gibt dem Käufer leichteren Zugang zu Neuheiten, niedrigeren Preisen und einem besseren Serviceniveau. Die Prozedur des Wettbewerbs erlaubt außerdem dem Einkäufer, seine eigene Leistung bei den Vorgesetzten in Cent und Euro sichtbar zu machen.

Mit diesen Argumenten erreichte ich eine ernsthafte Ausschreibung bei der nächsten Beschaffung und konnte mit meinem in der Tat besseren Angebot zum Zug kommen.«

Abwerbe-Strategie

Schreiben Sie bereits in den Zielvereinbarungen ein Neukundengewinnungssoll fest, das die Konkurrenzkunden einschließt, und initiieren Sie ein systematisches Vorgehen Ihrer Verkäufer.

1. Zielkunden auswählen: Lassen Sie Ihre Verkäufer eine Liste erstellen mit all den Konkurrenzkunden, die sie in den kommenden Monaten umwerben wollen. Eine konkrete Liste mit Kunden vor Augen zu haben, ist effektiver, als sich nur vorzunehmen, demnächst neue Kunden akquirieren zu wollen. Ergänzend sollten die Kunden, dem Schwierigkeitsgrad der Abwerbung entsprechend, in A-, B- und C-Neukunden eingeteilt werden. A für »Erfolg versprechend«, B für »schwieriger zu gewinnen«, C für »harte Nüsse«.

2. Ziele setzen: Welche der A-Neukunden sollen bis zu einem bestimmten Zeitpunkt als »Ganzkunden« gewonnen werden? Von wie vielen Konkurrenzkunden sollen in welchem Zeitraum zumindest Teilaufträge erreicht werden?

3. Beziehung aufbauen: Beziehungsaufbau erfordert von Ihnen und Ihren Verkäufern viel Geduld. Drängen Sie daher nicht auf schnelle Umsätze, sondern legen Sie gemeinsame Meilensteine fest, zum Beispiel: »Alle sechs Wochen einen Konkurrenzkunden besuchen und eine gute Idee mitbringen.« In der Beziehungsphase identifizieren Ihre Verkäufer die Kaufentscheider beim Wettbewerbskunden. Statt zu verkaufen, sprechen sie mit den Kunden über Marktentwicklungen oder neue Ideen. Sie versuchen herauszufinden: Wie stark sind die Bindungen des Kunden an den Konkurrenten? Sind sie rein geschäftlich oder auch menschlich? Sind die Konkurrenzprodukte Ihren Produkten unterlegen, ebenbürtig oder überlegen? Sind die Konkurrenzbedingungen günstiger, gleichartig oder härter? Welche Vorteile finden die Kunden bei der Konkurrenz, die sie bei Ihnen nicht haben? Welche offenbar erfolgreichen Werbe- und Vertriebsmethoden wendet die Konkurrenz an, die Sie nicht anwenden?

4. Argumentationsstrategie: Entwickeln Sie mit Ihren Verkäufern in einem gemeinsamen Brainstorming die stärksten Argumente. Empfehlen Sie, nach einem »Kein-Risiko-Auftrag« oder einem ersten Teilauftrag im Rahmen eines größeren Auftrags zu fragen. Unterstützen Sie unbedingt die perfekte Ausführung von Erstaufträgen.

Erträge steigern durch systematische Kundenrückgewinnung

40 Prozent Rendite und mehr erzielen Unternehmen, die verlorene Kunden wiedergewinnen. Trotzdem wird diese dritte Säule der Kundenbearbeitung – neben Akquise und Kundenbindung – oft vernachlässigt. Verschenken Sie keine wertvollen Umsatzchancen und verankern Sie Rückgewinnungsprogramme in Ihrer Verkaufsstrategie. Der große Vorteil bei abgesprungenen Kunden: Sie kennen bereits Ihr Unternehmen und Ihre Produkte. Das reduziert den Akquisitionsaufwand deutlich.

Das sind die Erfolgsfaktoren:

1. *Mitarbeitermotivation.* Häufig herrscht in den Unternehmen die negative Einstellung vor: »Verloren ist verloren«, »Wir haben sowieso genügend/anderes zu tun« oder »Das hat keinen Zweck«. Vermitteln Sie Ihren Mitarbeitern, dass sie nur gewinnen können, denn verloren wurde der Kunde schon vorher. Mit Zuversicht, Entschlossenheit und einer guten »Win-Win«-Rückgewinnungsstrategie bestehen große Chancen. Zeigen Sie den Mitarbeitern, dass sich die Rückgewinnung von profitablen Kunden für sie lohnt. Setzen Sie gemeinsam messbare Ziele und schaffen Sie finanzielle Anreize bei Erfüllung dieser Ziele.

2. *Durchführung einer Rückgewinnungsaktion in sechs Schritten:* 1. Schritt: Identifikation verlorener Kunden. Welche abgewanderten Kunden, die noch Bedarf nach Ihrer Unternehmensleistung haben, kommen für eine Rückgewinnungsaktion in Frage (siehe dazu weiter unten »Absprunganalyse verlorener Kunden«)? Ziehen Sie hierbei in Betracht: aktuelle Kündiger, Kunden, die schon vor längerer Zeit gekündigt haben, Kunden, die ihre Aufträge im Laufe der Zeit deutlich reduziert haben oder sogenannte Karteileichen, die irgendwann einmal aktiv waren, es aber nun nicht mehr sind.

   2. Schritt: Analyse und Bewertung der Zielkunden. Bei welchen Kunden lohnt sich eine Rückgewinnungsaktion (Kosten-/Nutzen-Relation)? Dazu führen Sie am besten eine Kosten-/Nutzen-Beurteilung auf kundenindividueller Ebene durch. Nachdem alle Zielkunden bereits einmal Kunden bei Ihnen waren, dürfte der Zugriff auf die nötigen Daten leicht möglich sein. Schätzen Sie ein, wie hoch die Rückkehrwahrscheinlichkeit der Zielkunden ist und welche Kosten zur Behebung der Abwanderungsgründe zu erwarten sind. Ermitteln Sie in einem Wiedergewinnungs-Portfolio die Kundenattraktivität zum Beispiel nach den Kriterien a) erzielte Umsatzhöhe im Falle der Rückgewinnung, b) erwartete Dauer der »neuen« Geschäftsbeziehung. Dies gibt Ihnen Aufschluss darüber, welche Maßnahmen bei welchen Kunden eingeleitet werden sollen.

   3. Schritt: Analyse der Abwanderungsgründe und ihre Strukturierung. Die Gründe für den Kundenverlust werden am effektivsten durch persönliche Gespräche, eventuell geführt von neutralen Drittpersonen, aufgedeckt und dann schwerpunktmäßig strukturiert nach zum Beispiel internen/externen Einflussfaktoren oder objektiven/subjektiven Kriterien, einzelfallbezogenen Gründen oder systematisch auftretenden Gründen. Bevor Rückgewinnungsmaßnahmen eingelei-

tet werden, muss sichergestellt sein, dass die Abwanderungsgründe auch definitiv beseitigt sind.

4. Schritt: Maßnahmenplan entwickeln. Bilden Sie dazu ein Team bestehend aus positiv denkenden Menschen (Verkäufer, Innendienst, Service). Sammeln Sie Ideen, individuelle Anreize, die den Kunden zur Rückkehr bewegen könnten.

5. Schritt: Konsequente Nachbetreuung. Festigen Sie in der Nachbetreuungsphase das wiedergewonnene Vertrauen des Kunden durch kontinuierlich überdurchschnittlich gute Leistung und besondere Kundenbindungsmaßnahmen. Denkbar wäre es zum Beispiel, den zurückgekehrten Kunden in einen eventuell vorhandenen Kundenbeirat aufzunehmen.

6. Schritt: Controlling. Überwachen Sie die Rentabilität der Rückgewinnungsmaßnahmen. Stellen Sie die Kosten der Kommunikation und der Maßnahmen den erzielten aktuellen und zukünftigen Kundendeckungsbeiträgen laufend gegenüber, um rechtzeitig gegensteuern zu können.

3. *Konzentration auf die profitablen Kunden.* Kundenwert und Kundenattraktivität können in einem Wiedergewinnungs-Portfolio ermittelt werden, zum Beispiel nach den Kriterien a) erzielte Umsatzhöhe im Falle der Rückgewinnung und b) erwartete Dauer der »neuen« Geschäftsbeziehung. Berücksichtigen Sie auch die Rückkehrwahrscheinlichkeit und die zu erwartenden Kosten zur Behebung der Abwanderungsgründe.

4. *Günstige Rahmenbedingungen schaffen.* Für die Kundenbewertung und den schnellen Austausch von Informationen sind gut gepflegte Datenbanken unumgänglich. Schulen Sie Ihre Mitarbeiter mit Kundenkontakt und statten Sie sie mit den nötigen Entscheidungskompetenzen aus, damit sie schnell und effektiv reagieren können.

Absprunganalyse verlorener Kunden

Bevor Sie einen Kunden in eine Rückgewinnungsaktion aufnehmen, sollten zumindest die folgenden Fragen geklärt sein:

Checkliste: Absprunganalyse verlorener Kunden	
Fragen	**Antworten**
Was hat Ihr Unternehmen bei diesem Kunden falsch gemacht?	

Hat der Weggang des Kunden negative Konsequenzen und Auswirkungen auf Entscheidungen anderer Kunden? Wie gravierend sind diese Folgen vermutlich?	
Wie lässt sich der entstandene Schaden begrenzen?	
Gibt es überhaupt eine Chance, den Grund für den Weggang zu beheben?	
Was können Sie und Ihr Unternehmen tun, um ihn zurückzugewinnen?	
Wie hoch ist die Wahrscheinlichkeit, dass der Kunde zurückkehrt?	
Sind mittlerweile beim Kunden Veränderungen eingetreten? Neue Bedarfslage? Personalwechsel?	
Hat sich das eigene Angebot geändert, so dass der Kunde wieder Interesse haben könnte?	
Was wird die Rückgewinnung kosten?	
Wollen Sie diesen Kunden überhaupt zurückgewinnen?	

Lösungen statt Produkte anbieten

Die traditionelle Konzentration auf das Produkt geht heute immer mehr zurück. Denn ein gutes Produkt findet schnell Nachahmer, was unweigerlich zu Preiskämpfen im Markt führt. Bei einer Ausrichtung der Neukundengewinnung auf strategisch orientierte Kunden (siehe weiter oben »Neukunden gewinnen mit System«), die mit ihren Lieferanten Partnerschaften eingehen wollen, um spezifische Probleme zu lösen, sind daher gute Systemkonzepte erforderlich.

Viele Unternehmen bieten jedoch Leistungssysteme erst an, wenn Kunden sie fordern. Gehen Sie den aktiven Weg und sichern Sie sich so neue Kunden, Wettbewerbsvorteile und höhere Preise. Als Lösungsanbieter stellen Sie den Kundennutzen voran, und das angebotene Produkt wird zum Teil der Lösung. Sie differenzieren sich über verschiedenste Leistungen und sind somit sehr viel schwieriger mit Ihrer Konkurrenz zu vergleichen. Dazu ein typisches Beispiel:

Ein mittelständisches Unternehmen kaufte für 500.000 Dollar PCs von General Electric (GE). Das Interessante dabei ist, dass GE gar keine Computer herstellt. Im Gegensatz zu den angestammten Computeranbietern hat GE dem Kunden nicht nur Computer verkauft, sondern auch Zubehör, Erweiterungen, Serviceverträge und Finanzierung. Das Computernetz des Kunden muss an jedem Tag der Woche rund um die Uhr funktionieren. Das bedeutet hohen Bedarf an Serviceleistungen, Zugang zu technologischer Aufrüstung über die nächsten Jahre, erhöhten Finanzierungsbedarf et cetera. GE erkannte dieses Bedarfspaket und bot dafür eine Lösung.

Prüfen Sie, welche neuen Kunden und welche Ihrer bestehenden Kunden Sie für den Lösungsverkauf gewinnen können und wollen. Da Lösungen in der Organisation des Kunden höher verkauft werden müssen, muss die Analyse, welche Aufgabenstellungen, Probleme und Herausforderungen, diese Kunden bewältigen müssen, auch dort ansetzen. Aus dem gewonnenen Wissen können Sie dann ermitteln, welches Know-how, welche Leistungen Sie diesen Kunden zusätzlich zu Ihren Produkten bieten können.

Bei einem Einstieg in den System-/Lösungsverkauf sind einige Erfolgskriterien zu beachten (vgl. Christian Belz, Thomas Bieger »Customer Value«, Redline Wirtschaft):

Innovative Lösungen. Die Strategie, erfolglose oder teure Produkte mit guten Dienstleistungen zu verbinden, ist meist zum Scheitern verurteilt. Erfolgreich sind nur wirklich innovative Lösungen, die die Probleme der Kunden umfassender als bisher lösen, für die sie auch bereit sind mehr zu bezahlen und die den eigenen Produktabsatz definitiv steigern.

Langfristplanung. Leistungssysteme sollten rechtzeitig entwickelt werden und nicht erst bei sinkenden Umsätzen zum Einsatz kommen. Nur so bleibt genug Zeit, eigene Ressourcen und stabile Kundenpartnerschaften aufzubauen. Suchen Sie deshalb ständig nach wertschöpfenden Leistungssystemen.

Kompetente Gesprächspartner. Werden Leistungssysteme statt einzelner Produkte verkauft, muss hinterfragt werden, ob die bisherigen Einkäufer noch die richtigen Ansprechpartner sind. Häufig müssen neue Entscheidungsträger angesprochen und -prozesse angestoßen werden. Das wird erleichtert, wenn bereits Beziehungen zur höheren Managementebene existieren.

Gleichwertige Partnerschaften. Nur wenn der Zielkunde offen ist für eine langfristige Partnerschaft, bereit für neue gemeinsame Lösungen und eventuelle Risiken mitträgt, sollte Systemverkauf angestrebt werden. Ansonsten werden Zusatzleistungen des Anbieters schnell zu Gratis-Selbstverständlichkeiten, Preise weiter rigoros gedrückt und die Anbieter im Wettbewerb gegeneinander ausgespielt.

Richtige Preisfindung. Experten empfehlen, den Preis am Kundennutzen auszurichten statt am Wettbewerb oder nur an den Kosten. Am Wettbewerb ausgerichtete Preise vermitteln zu leicht die Austauschbarkeit der Leistungen.

Gründliche Überzeugungsarbeit. Eine nicht zu unterschätzende Hürde im Systemverkauf ist die erhöhte Kundenunsicherheit. Um diese abzubauen, sollten Unternehmen weniger auf Werbung setzen. Viel effektiver ist eine neutrale Kommunikation, zum Beispiel in Form von Fachaufsätzen oder Berichten über Referenzprojekte. Die Kommunikationsziele sollten ganz klar auf die Leistungssysteme abgestimmt sein und Informationen über Einzelprodukte vermieden werden.

Vertriebsteams statt Einzelkämpfer. Ein Verkäufer allein ist mit komplexen Leistungssystemen oftmals überfordert. Daher kann er dem Kunden die Kompetenz des Anbieters kaum verdeutlichen und sein Vertrauen gewinnen. Vertriebsteams können umfassendere Informationen vermitteln. Sie sollten sich durch eine hohe Kundenorientierung und Teamfähigkeit auszeichnen.

Weitere Hinweise zum Lösungsverkauf finden Sie in Teil 1.

Gemeinsam mehr verdienen

Können Sie bestimmte Leistungen nicht anbieten, die Ihr Lösungsportfolio für den Kunden ergänzen würden, sollten Sie über Leistungskooperationen mit anderen Unternehmen nachdenken. Diese Möglichkeit wird von vielen Firmen jedoch noch vernachlässigt (Quelle: IfM Bonn), obwohl dadurch flexiblere Angebote möglich wären und Kunden sich leichter überzeugen ließen. Ein Branchenüberblick zeigt, dass bisher vor allem Finanzdienstleister mit Partnern zusammenarbeiten (14,3 Prozent). Bei den übrigen Dienstleistern (8,7 Prozent), im produzierenden Gewerbe (4,7 Prozent) und im Handel (3,7 Prozent) sind solche Konzepte dagegen deutlich schwächer ausgeprägt. Dabei liegt der Erfolg von Partnermodellen nahe. Denn Unternehmen, die hohe Margen erzielen, weisen die meisten Kooperationen auf (»Potenzialanalyse Preisstrategien«, Online-Befragung durchgeführt im Auftrag von Steria Mummert Consulting in Kooperation mit handelsblatt.com).

Bevor Sie eine Leistungskooperation eingehen, sollten Sie erst einmal prüfen, über welche notwendigen Kompetenzen und Ressourcen für neue

Leistungssysteme Ihr Unternehmen bereits verfügt und welche durch einen oder mehrere Partner ergänzt werden müssten. Welche Leistungssysteme kämen in Frage? Lösen sie die Probleme der Kunden umfassender und erfüllen sie ihre Anforderungen besser als bisher? Auch sollte geklärt werden, ob dafür wirklich Bedarf in den Zielmärkten besteht oder Sie sich mit dem erweiterten Angebot besser auf neue Märkte konzentrieren. Prüfen Sie, welche potenziellen Partner auf den infrage kommenden Märkten bereits aktiv sind, oder alternativ, mit welchen Kooperationspartnern ein gemeinsamer Eintritt in einen neuen Markt mit hoher Erfolgswahrscheinlichkeit gewagt werden könnte.

8.4 Mehr Neukunden-Umsatz auf Messen

Messen sind nach wie vor ein wichtiges Instrument zur Neukunden-Gewinnung. So zeigte eine von der AUMA beauftragte Studie, dass fast jeder zweite Verantwortliche, der für ein Unternehmen Einkaufs- und Investitionsentscheidungen vorbereitet, Messen als wichtiges Informationsinstrument nutzt. Ob sich eine Messeteilnahme für Ihr Unternehmen lohnt, können Sie am besten herausfinden, wenn Sie den Erfolg Ihrer letzten Messeauftritte analysieren.

Erfolgsanalyse früherer Messen

Sofern es Ihnen noch möglich ist und Sie Zugriff auf die wichtigsten Eckdaten der letzten Messe haben oder danach sogar eine richtige Erfolgsanalyse gemacht haben, dann sollten Sie diese als Entscheidungsgrundlage heranziehen oder zumindest die folgenden Fragen klären:

Fragen zum Messeauftritt
Was hat der Messeauftritt insgesamt gekostet?
Wie hoch waren die erreichten Umsätze? • Direktabschlüsse auf der Messe • Abschlüsse nach der Messe
Wie viele Mitarbeiter haben durchschnittlich wie viel Zeit investiert? Welche Kosten sind dadurch entstanden?
Wie hoch war die Zahl der Kontakte?

Wie sah die Kosten/Nutzen-Relation aus? Wie hoch waren zum Beispiel die Kontaktkosten?

Als Basis für die Berechnung dieser Kosten nehmen Sie am besten nur Kontakte, die Ihren Messezielen wirklich von Nutzen waren. Das sind beispielsweise die Neukundenkontakte. Die Kontaktkosten können Sie errechnen, indem Sie die Gesamt-Messekosten durch die Anzahl der Messekontakte – im Beispiel die Neukundenkontakte – teilen. Den nur schwer berechenbaren Wert für Image- und Bekanntheitssteigerung berücksichtigen Sie mit einem bestimmten Prozentsatz.

Beispiel: Angenommen, Ihre Kostenkalkulation hat eine Gesamtsumme von 50.000 Euro ergeben. Davon ziehen Sie nun zehn Prozent für die Zielvorgabe der Image- und Bekanntheitssteigerung ab. Wirklich gute Kontakte konnte Ihr Verkaufsteam im Verlauf der ganzen Messe mit 200 Kunden knüpfen. Dann sieht Ihre Rechnung so aus:

$$\text{Kosten pro Messekontakt:} \quad \frac{50.000 \text{ Euro} - 5.000 \text{ Euro}}{200 \text{ Kontakte}} = 225 \text{ Euro}$$

Vergleichen Sie nun diese Summe mit den durchschnittlichen Neukundengewinnungskosten pro Jahr, dann wird schnell ersichtlich, ob sich der Messeaufwand rechnet. Sind beispielsweise die Neukundenkontaktkosten auf einer Messe höher als die Kosten, die bei Ihnen durchschnittlich für den Außendienstbesuch bei Neukunden anfallen? Wie hoch sind die Werbeaufwendungen für die Akquisition von Neukunden im Vergleich dazu?

Welche Ziele haben Sie sich gesetzt? Was haben Sie erreicht? Waren die Ziele realistisch und messbar?

Welche Gesprächsergebnisse konnten erzielt werden?

Wie viele Neukunden konnten gewonnen werden?

Wie viele konkrete Anfragen wurden durch die Messe ausgelöst?

Haben Sie die richtige Messe zum richtigen Zeitpunkt gewählt?

Wie war die Besucherqualität auf dieser Messe?

Hatten Sie einen schlagkräftigen Grund, dort hinzugehen?

Hätte ein kleinerer Stand ausgereicht?

Wie viele der eingeladenen potenziellen oder Bestandskunden sind auf Ihrem Stand erschienen?

Was war ein Erfolg? Was können Sie das nächste Mal besser machen? Bei der Vorbereitung, bei der Durchführung, bei der Nachbereitung?

Welche Produkte fanden das größte Interesse?

Entspricht Ihr Messeumsatz Ihrem Messeziel? Wurde er mit der von Ihnen gewünschten Zielgruppe, mit dem gewählten Produkt erreicht? Oder gab es hier überraschende Ergebnisse?
Konnte das Messebudget eingehalten werden?
Wie teuer haben Sie sich die Umsätze erkauft?
War Ihr Messekonzept ein voller Erfolg oder nur ein Teilerfolg?
Welche Kundenresonanz zu Produkten, Vorführungen, Verkäufergesprächen konnten Sie bekommen?

Alle diese Fragen gehören in eine Erfolgsanalyse, die Sie nach jeder Messe immer durchführen sollten. Viele Daten und Informationen finden Sie in den Messeberichten Ihrer Verkäufer und natürlich in den Umsatzstatistiken. Der Messebericht ist ein wichtiges Instrument und sollte nicht nur Angaben zur Person des Besuchers enthalten, sondern auch Informationen über die geführten Gespräche und ihre Ergebnisse liefern. Legen Sie deshalb großen Wert darauf, dass die Messeberichte sorgfältig und lückenlos ausgefüllt werden.

Erwägen Sie die Teilnahme auf einer Messe, auf der Ihr Unternehmen bisher noch nicht vertreten war, dann gilt es die Fragen der folgenden Checkliste zu klären. Wenn Sie viele dieser Fragen mit einem Nein beantworten müssen, dann ist ein Messeauftritt vermutlich nicht zu empfehlen. Besonders dann nicht, wenn Sie nichts Neues, Innovatives zu bieten haben. Kundenbindung alleine reicht als Anlass nicht aus. Dafür sind andere Maßnahmen wesentlich besser geeignet.

Checkliste: Messeteilnahme – ja oder nein?		
Fragen	**Ja**	**Nein**
Passt die Messe zu Ihren Unternehmenszielen?	☐	☐
Hat die Messe Bedeutung für Ihre Branche?	☐	☐
Hat die Messe einen guten Ruf?	☐	☐
Liegt der Messetermin günstig für Ihre Planungen?	☐	☐
Ist der Messeort vorteilhaft?	☐	☐
Haben Sie ein ausreichendes Budget verfügbar, um das Unternehmen und die Produkte ansprechend präsentieren zu können?	☐	☐

Sind genügend Mitarbeiter vorhanden, die Sie für den Messeauftritt noch ausreichend trainieren können?	❑	❑
Sind Ihre Mitbewerber auf der Messe vertreten?	❑	❑
Gibt es verschärfte Wettbewerbsbedingungen, die eine Teilnahme erfordern?	❑	❑
Wollen Sie neue Märkte erschließen?	❑	❑
Sind auf der Messe neue Zielgruppen, neue Kunden zu erwarten?	❑	❑
Haben Sie neue Produkte, Dienstleistungen oder Angebote zu bieten?	❑	❑
Suchen Sie nach Exportmärkten?	❑	❑
Können Sie echte Innovationen (neue Errungenschaften, Entwicklungen, Serviceneuheiten) präsentieren?	❑	❑
Kann der Auftritt den Bekanntheitsgrad und/oder das Image Ihres Unternehmens wirklich steigern?	❑	❑
Passt Ihr Angebot zum Thema der Messe?	❑	❑
Können Sie eine hohe Qualität der Messebesucher im Allgemeinen und der Interessenten im Besonderen erwarten?	❑	❑
Sind die Besucher der Messe die richtige Zielgruppe?	❑	❑
Können Sie vom Messeveranstalter qualifizierte Informationen über die Teilnehmer und allgemeine Messeerfolge erhalten? Beispiele: • Wer kommt (Inland/Ausland)? • Position der Besucher (Entscheider, Anwender et cetera) • Qualität der Besucher • Wie viele Abschlüsse werden auf der Messe durchschnittlich getätigt?	❑	❑
Gibt es Unterstützung (verschiedene Serviceleistungen) vom Messeveranstalter?	❑	❑
Können realistische gesetzte Umsatzziele erreicht oder gar übertroffen werden?	❑	❑

Geprüfte Messe- und Ausstellungsdaten finden Sie im FKM-Jahresbericht (www.fkm.de). Die FKM ist die Gesellschaft zur Freiwilligen Kontrolle von Messe- und Ausstellungszahlen mit Sitz in Berlin. Der Besucherstrukturtest der Gesellschaft liefert wichtige Informationen für die Messebeteiligung wie Besuchshäufigkeit oder Entscheidungskompetenz der Besucher. Der FKM-Bericht kann kostenlos angefordert werden (info@kfm.de). Bei der FKM gibt es auch eine Broschüre mit dem Titel »Messeplanung mit FKM-Daten« zum kostenlosen Download unter http://www.fkm.de/Pages/download.html

Sprechen triftige Gründe für einen Messeauftritt, dann sollte auch das Bestmögliche an Kontakten und Umsätzen realisiert werden. Mit anderen Worten, Sie sollten die Messe nicht nur als Kommunikationsplattform sehen, sondern in erster Linie als kosteneffiziente Vertriebsmöglichkeit nutzen. Denn zu keiner Zeit im Jahr treffen Ihre Verkäufer innerhalb kürzester Zeit so viele potenzielle Neukunden wie auf einer Messe.

Gezielte Vorbereitung

Zu einer guten Vorbereitung gehören eine messbare und realistische Zielsetzung, eine möglichst genaue Budgetplanung, ein gutes Messekonzept mit einem exakten Terminplan und ein bestens qualifiziertes Standpersonal.

Messbare Ziele setzen

Wer die Messe als Absatzinstrument ernst nimmt, formuliert überprüfbare Ziele, die den Unternehmenszielen untergeordnet sind. Überlegen Sie deshalb, warum Sie an einer Messe teilnehmen und welchen Nutzen Sie daraus ziehen wollen. Eines Ihrer Unternehmensziele könnte beispielsweise sein, dass Sie Ihren bestehenden Kundenstamm im kommenden Jahr um 20 Prozent erhöhen wollen. Dazu wollen Sie die Messe als eine Maßnahme von vielen nutzen. So könnte nun ein konkretes Messeziel beispielsweise lauten: 20 Neukundenkontakte pro Verkäufer pro Tag.

Andere konkret formulierte Ziele könnten heißen: 10.000 Euro Umsatz pro Verkäufer über die gesamte Messezeit, 100.000 Euro Messenachfolgeumsätze. Je konkreter Ihre Messeziele sind, desto besser können Sie später den Messeerfolg messen.

Stimmiges Messekonzept erarbeiten

In einer Messebefragung hat die Clausen Unternehmensberatung ermittelt, dass Verkäufer pro Messetag nur 2,5 brauchbare Messekontakte haben. Die befragten Unternehmen aus der Investitionsgüterindustrie haben dafür aber pro Verkäufer 10.000 Euro investiert. Da nun viele Unternehmen überhaupt keine Messeerfolgskontrolle durchführen, steht ein immenser finanzieller Aufwand keinem messbaren Ergebnis gegenüber. Angesichts der horrenden Summen, die oftmals eine Messe verschlingt, sagen viele Firmen Messeteilnahmen gnadenlos ab, statt mit gut überlegten Konzepten, bestens trainierten und motivierten Verkäufern und klaren Zielen die einmaligen Messechancen zu nutzen und das investierte Geld möglichst teilweise in Umsätze zu verwandeln.

Anhand der folgenden Fragen können Sie Ihre Messekonzeption formulieren, die sich in erster Linie an Ihren Messezielen orientiert.

Fragen zur Erstellung eines Messekonzeptes
Welche Zielgruppe wollen Sie auf der Messe erreichen (Neukunden, inaktive Kunden, Stammkunden, verlorene Kunden)?
Wie wollen Sie diese Zielgruppe ansprechen (inhaltlich, gestalterisch)?
Mit welchen Maßnahmen (Werbemitteln, PR-Maßnahmen, Werbung) wollen Sie die Zielgruppe erreichen?
Wie wollen Sie die Zielgruppe zum Messebesuch beziehungsweise zum Kommen an Ihren Stand bewegen?
Mit welchem Akquisitionskonzept wollen Sie die quantitativen Messeziele erreichen? • Welche Kunden werden wie eingeladen? • Wie viele Messetermine sollen schon im Vorfeld fixiert werden? • Mit wem sollen wie lange und mit welchem Ziel Gespräche geführt werden? • Welche Verkäufer sollen teilnehmen? • Geplante Nachfassaktionen?
Wie können qualitative Ziele (Informationen sammeln, auswerten; Imageuntersuchungen et cetera) realisiert werden?
Welche Vorteile im Vergleich zu Ihren Wettbewerbern können Sie groß herausstellen? Können Sie dazu ein einprägsames Motto formulieren?
Mit welchem Messeteam können Sie Ihre Ziele erreichen?
Welche Aktivitäten (Events et cetera) sollen stattfinden?
Wie sieht Ihr konkreter Terminplan aus? Wie können Sie sicherstellen, dass er eingehalten wird?
Haben Sie eine genaue Messekalkulation erstellt? Wo gibt es noch Sparmöglichkeiten?

Wie können Sie im Messeumfeld (Fachzeitschriften, Flyer, Katalogeintragungen) um Ihre Zielgruppe werben?
Mit welchen PR-Maßnahmen (Pressekonferenz, Presseverteiler et cetera) wollen Sie Ihre Zielgruppe wie ansprechen?
Welche Trainingsmaßnahmen sind für das Standpersonal (Produktschulung, Verkaufsschulung) erforderlich?
Wie wollen Sie die Corporate Identity Ihres Unternehmens auf dem Stand fortführen?
Wie soll die Nachbereitung der Messe vor sich gehen?
Wann, wie und durch wen soll die Messeerfolgskontrolle erfolgen?

Der AUMA stellt auf seiner Webseite im Download-Bereich die pdf-Datei »Erfolgreiche Messebeteiligung« zum Herunterladen bereit. Sie enthält einen groben Termin- und Ablaufplan, in dem die wichtigsten Tätigkeiten, die vor und nach der Messe anfallen, erfasst sind (www.auma.de/Download).

Messekontaktkosten reduzieren

Viele Messeverantwortliche setzen ihren ganzen Ehrgeiz daran, pfiffige Stände sowie großartige Konzepte zu entwickeln und die Exponate vorteilhaft zu präsentieren. Das Standpersonal wird dabei oft vernachlässigt. So halten 88 Prozent der Aussteller eine professionelle Vorbereitung des Teams für nicht notwendig. Deshalb ist eine kurze Einführung vor der Messe alles, was die Verkäufer an Training erhalten. Ansonsten vertraut man auf die Verkaufserfahrung des Standpersonals nach dem Motto: »Unsere Verkäufer sind tagtäglich beim Kunden, die brauchen keine besondere Schulung für den Messeauftritt. Dort machen sie das Gleiche wie vor Ort beim Kunden.« Das ist so nicht ganz richtig. Die Messe ist komprimiertes Verkaufen. Der ganze Verkaufsprozess ist stark verkürzt und die Konkurrenz lauert nur wenige Meter weiter weg – vielleicht sogar im angrenzenden Stand. Die Herausforderungen an den Verkäufer sind entsprechend höher. Deshalb ist gerade im Bereich der Verhaltens- und Gesprächsführung eine Schulung der Mitarbeiter ganz besonders wichtig.

Doch laut einer Studie der FH Berlin schulen Unternehmen ihre Mitarbeiter durchschnittlich nur sechs Stunden für den Messeauftritt. Dabei liegt der Schulungsschwerpunkt auf der Vermittlung von Produkt- und Angebotskenntnissen. Kommunikative Fähigkeiten werden so gut wie gar nicht trainiert. 54 Prozent der befragten Unternehmen schenken dem Thema Verhaltens- und Gesprächsführung sogar überhaupt keine Beachtung.

Und das kann schlimme Folgen haben. Untersuchungen (Clausen Unternehmensberatung) zeigen, dass beispielsweise 20 Prozent der Fachbesucher mit der Qualität der Messegespräche unzufrieden sind, 70 Prozent von ihnen vom Standpersonal nicht angesprochen werden, 80 Prozent der Verkäufer am Bedarf der Kunden vorbei reden und nur sechs Prozent die Besucher Erfahrungen mit den mitgebrachten Ausstellungsstücken machen lassen.

Reservieren Sie deshalb in Ihrem Messebudget unbedingt einen Teil des Geldes für die Mitarbeiterschulung. Dadurch können Sie die Messekontaktkosten reduzieren, weil Ihre Verkäufer bessere Gespräche führen und so schneller zu lukrativen Aufträgen kommen. Gestresste Messebesucher kehren am Ende eines Messetages letztendlich zu den sympathischsten Verkäufern, die ihnen zugehört haben und ihre Bedürfnisse erkannt haben, zurück, um ihre Unterschrift zu leisten.

Das Training sollte auf die Messeziele abgestimmt sein und eine kompetente Präsentation der Firma und der Produkte vermitteln. Letztendlich sollten die Verkäufer in der Lage sein, ernsthafte Interessenten von Prospektsammlern zu unterscheiden, die richtigen Messebesucher freundlich anzusprechen und die Gespräche mit konkreten Vereinbarungen oder gar Aufträgen zu beenden. Selbst in der Messenachbearbeitung gibt es meist große Defizite, die durch Trainingsmaßnahmen und mit großer Disziplin behoben werden können.

Tipps für erfolgreiche Messegespräche

Wählen Sie Ihr Messeteam sorgfältig aus. Nur die besten Verkäufer, die sich mit dem Unternehmen identifizieren, hoch motiviert sind, den Nutzen der Produkte oder Dienstleistungen für den Kunden bestens kennen und Abschlussstärke beweisen, gehören ins Team. Gehen Sie selbst mit gutem Beispiel voran. Zeigen Sie sich positiv und motiviert. Geben Sie Ihren Verkäufern einen attraktiven Anreiz. Ein spezielles Messe-Incentive kann die Motivation deutlich heben.

Fordern Sie Ihre Verkäufer auf, sich selbst realistische und messbare Verkaufsziele für die Messetage zu setzen:

- Wen wollen sie ansprechen?
- Welcher Zielgruppe wollen sie welche Produkte verkaufen?
- Wie viel wollen sie verkaufen?
- Wie viele Neukundenkontakte wollen sie knüpfen?
- Wie viele Verkaufsgespräche wollen sie führen?
- Wie viele Termine wollen sie vereinbaren?

Auch wenn viele Abschlüsse erst nach der Messe getätigt werden, sollte das oberste Ziel auf der Messe sein: Aufträge, Aufträge, Aufträge. Erarbeiten Sie zusammen ein klares Akquisitionskonzept mit messbaren Zielen.

Aktivieren Sie die Verkäufer, zwei bis fünf Wochen vor Messebeginn – neben der offiziellen Einladung per Mailing – die wichtigsten Kunden auf ihrer Verkaufstour zur Messe persönlich einzuladen und später noch einmal daran zu erinnern. Verlassen Sie sich nicht darauf, dass die Einladung von den Kunden auch wirklich registriert wurde. Am besten arbeiten Ihre Verkäufer mit einer Checkliste, die sie später bei der Messenachbereitung noch einmal für die Erfolgskontrolle verwenden können.

Checkliste: Messeeinladungen					
Kunde	Eingeladen am			Erinne-rung tel. am	Messebe-such am[1]
	persönlich	telefo-nisch	schriftlich		
Kunde 1	01.03. ...	14.03. ...	25.03. ...		
Kunde 2					
...					

[1] Auf der Messe im Rahmen der täglichen Nachbereitung eintragen.

Ihre Verkäufer sollten den Kunden schon vor der Messe mitteilen, welche Neuheiten zu sehen sind, welche Sonderkonditionen geboten werden und welche leitenden Mitarbeiter Ihres Hauses anwesend sein werden. Auch sollten die Verkäufer versuchen, mit wichtigen Kunden bereits einen Termin am Messestand zu vereinbaren. Dadurch haben Sie eine gewisse Sicherheit, dass der Kunde kommt.

Fordern Sie Ihre Verkäufer dazu auf, sich bei der Messevorbereitung eine Checkliste für alle Dinge zusammen zu stellen, die sie auf der Messe brauchen. Das gilt auch für Schriftstücke, die für wichtige Messegespräche benötigt werden. Es kostet Zeit – und es kann den Auftrag kosten –, fehlende Unterlagen erst nach Messebeginn von der Zentrale anfordern zu müssen.

Besprechen Sie vor jedem Messetag oder am Abend davor die wichtigsten Punkte. Dazu gehören eine kurzes Erfolgsfazit und eine konstruktive Manöverkritik des Vortages, ein positives Einstimmen auf den neuen Messetag und ein Erinnern an die Messeziele. Feiern Sie gemeinsam erreichte Erfolge.

Wählen Sie eine Person aus, die die »Standhoheit« übernimmt. Natürlich können Sie diese Rolle auch selbst wahrnehmen und beständig ein waches Auge auf die Verkäufer und den Stand haben:

- Sprechen die Verkäufer die Besucher an?
- Sitzt ihre Kleidung noch ordentlich?
- Bleiben die Gespräche mit Stammkunden im zeitlichen Rahmen?
- Sind die Pausen zu lange?
- Werden Interessenten übersehen?
- Ist der Stand im einwandfreien Zustand?
- Wird alles eingehalten, was zuvor besprochen wurde?

Geben Sie Ihren Verkäufern die wichtigsten Tipps für Verhalten und Gesprächsführung auf dem Messestand in die Hand. Hier eine kleine Checkliste zur Erinnerung:

Checkliste: Vorbereitung auf die Messegespräche		
Phase	Aktionen	Beispiele
Vorbereitung	Informationen vorab in der Marketing- oder Werbeabteilung über den Aufbau und die Lage des Messestandes einholen	Was wird wo hängen? Welche Produkte, Prospekte, Muster werden wo liegen? Aus welcher Richtung wird der Besucherstrom erwartet? Was auf dem Stand könnte das Interesse der Besucher wecken?
Vorbereitung	Überlegen einiger passender Eröffnungsfragen: nur offene Fragen interessante Produktmerkmale, Kundennutzen integrieren	»Was halten Sie von unserem neuen Gerät?« »Interessieren Sie sich dafür, was Sie mit dem Gerät alles machen können?« »Wofür interessieren Sie sich besonders«?
	Liste mit Qualifikationsfragen erstellen, um herauszufinden, ob der Besucher ein ernst zu nehmender Interessent ist, Bedarf und das nötige Geld hat und ob er Entscheider oder Anwender ist.	Interesse-/Bedarfs-Qualifikation: »Unser neues Modell hat einen ganz speziellen Vorteil ... Wären Sie daran interessiert, sich Informationen über dieses Modell, den ..., anzusehen?« Preis-/Budget-Qualifikation: »Wenn Sie das Kopiergerät überzeugt, würde das in Ihr Budget passen?« Entscheidungs-Qualifikation: »Falls Ihnen unser Angebot zusagt, treffen Sie dann alleine die Entscheidung oder sind noch andere Personen daran beteiligt?«

	Verbale und nonverbale Kaufsignale in Erinnerung rufen	Kunde stimmt Ihren Argumenten zu, fragt nach der Anwendung des Produktes, wiederholt Fragen, fragt nach der Auftragsabwicklung; der Kunde lächelt, betrachtet und betastet mehrfach das Produkt, das Muster, denkt nach, nimmt einen Stift in die Hand und kalkuliert
	Abschlussfragen überlegen	»Sollen wir noch diese Woche liefern, oder reicht es Ihnen Anfang nächster Woche?«, »Sie können auch vierteljährlich zahlen, ist das o.k.?«, »Ich schlage Ihnen vor, die Maschine mit der höheren Kapazität zu nehmen.«
	Auftreten, Kleidung prüfen	Körpersignale und Aussehen vor Spiegel beobachten und Wirkung testen
Durchführung	Messebesucher aufmerksam beobachten und Blickkontakt herstellen	Nehmen die Besucher Exponate oder Prospekte in die Hand? Durchqueren sie nur den Stand oder verweilen sie?
	Identifizierung der Besucher: Wer ist der Interessent? Wofür interessiert er sich besonders? Für welche Firma handelt er und wie ist er dort einzuordnen (Entscheidungs- und Fachkompetenz)? Kennt er Ihre Firma und Ihr Angebotsspektrum bereits? Welches Kundenpotenzial in welchem Zeitrahmen ist vorhanden?	»Welche Stückzahl müssen Sie je Monat verarbeiten?«, »Wie hoch ist Ihr Verbrauch an...?«, »Läuft das Projekt bereits?«, »Welches Budget haben Sie für diese Funktion veranschlagt?«, »Gibt es für die Umstellung einen festen Stichtag?«

| Verabschie-dung | Nach erfolgreichem Gespräch (Auftrag, Terminvereinbarung) | »Freut mich, Sie kennengelernt zu haben und Sie erhalten baldigst … , auf Wiedersehen bis zum …« |
| | Kein erfolgreiches Gespräch, Besucher kommt als Kunde nicht in Frage | »Herr Schmitt, nachdem Sie mir gesagt haben, in welchem Markt Sie aktiv sind, glaube ich nicht, dass ich Ihnen heute mit unseren Produkten behilflich sein kann. Bitte informieren Sie sich dennoch an unseren Exponaten …« |

Der Messe-Kontaktzettel

Bei der Vielzahl von Gesprächen pro Tag wissen Verkäufer am Abend oft nicht mehr, wem sie welches Informationsmaterial zuschicken wollten, wen sie als A-Kunden eingeschätzt haben oder wer ihren Besuch erbeten hat. Mit einem vorbereiteten Messe-Kontaktzettel kann dies verhindert werden. Er hilft, konkrete und eindeutige Angaben zu machen.

Messekontakte	
Name/Titel: _____ Vorname: _____ Firma/Anschrift: _____ Abteilung: _____ Funktion: _____ Telefon: _____ Branche: _____	Visitenkarte(n)
Weitere Entscheidungsträger? _____ _____	Datum: _____ Uhrzeit: _____ Gesprächsdauer: ☐5 ☐10 ☐15 ☐20 ☐25 ☐30 Min.

Kontakte: ☐ A-Kunde ☐ B-Kunde ☐ C-Kunde	☐ Erstkontakt ☐ Folgekontakt ☐ Stammkunde	**Informationsmaterial erwünscht?** ☐ ja ☐ nein ☐ welches? _____ _____
Bedarf vorhanden? ☐ ja, sofort ☐ nein, erst in den nächsten Wochen ☐ noch nicht absehbar ☐ _____		**Interesse an folgenden Produkten:** _____ _____ _____ _____ _____
Besuchstermin wurde vereinbart? ☐ nein ☐ ja, am _____ ☐ wird später vereinbart ☐ _____		**Auftrag erhalten?** ☐ ja, in der Höhe von _____ Euro ☐ nein, weil _____ _____ _____
Sonstige Informationen (Bedenken und Einwände, Fragen, Budget): _____ _____ _____ _____ _____		**Aktionen, die veranlasst werden müssen:** _____ _____ _____ _____ **Verkäufer:** _____

Umsätze sichern durch konsequente Nachbereitung

Neun von zehn Messegesprächen enden nicht mit einem Auftrag, sondern erfordern eine Nachbearbeitung. Sie dürfen davon ausgehen, dass Ihre Besucher auch auf Messeständen von Wettbewerbern waren. Sie sind also aufgerufen, den guten Eindruck, den Ihr Auftritt auf der Messe bei den identifizierten Besuchern hinterlassen hat, durch zuverlässige Nacharbeit zu bestätigen. Das schnelle Einlösen der Messeversprechen sichert Ihren Wettbewerbsvorsprung.

Das heißt: Ihre Verkäufer müssen die erhaltenen Aufträge von Neukunden sofort bearbeiten und diesen ihr besonderes Augenmerk widmen. Überpünktliche Erfüllung sollte bei Neukunden zum Standard gehören.

Mithilfe folgender Checkpunkte können sich Ihre Verkäufer einen Nachbearbeitungsplan entwickeln.

Checkliste: Nachbearbeitungsplan
Messekontakte und -Interessenteninfos in ein Zeitplanbuch oder eine elektronische Terminverwaltung übertragen
Zeitraum für die Nachbearbeitung festlegen
Prioritäten der Nachbearbeitung (A-/B-/C-Kunden) festlegen
Tägliche Bearbeitungsstrategie (Zeit/Anzahl der Messe-Kontakte) planen
Festgemachte Besuchstermine bestätigen
Termin mit weiteren Messeinteressenten vereinbaren
Wunschkunden, die nicht auf der Messe waren, kontaktieren
Zeitraum für den Versand von gewünschten Unterlagen (evtl. an Innendienst delegieren) festlegen
Interessenten zu Hausmesse/Referenzkunden et cetera einladen
Zahl der Einladungen mit der Zahl der Besucher vergleichen
Telefonaktion (Frage, warum nicht gekommen beziehungsweise wer da war, aber nicht auf Ihrem Stand)
Manöverkritik: Was war positiv (Argumente, Handlungen et cetera)? Was kam nicht an? Wie können Fehler und Versäumnisse künftig vermieden werden?
Ideen zur Verbesserung: _____

Eine allgemeine abschließende Messebeurteilung wird am besten mit allen beteiligten Mitarbeitern durchgeführt. Dabei können bereits Kriterien für den nächsten Messeauftritt festgelegt werden: geänderte Ziele, anderer Auftritt, andere Messe, Verzicht auf Messeauftritt in der Zukunft.

Ist die Nachbearbeitungszeit für die Messekontakte endgültig abgeschlossen, dann wird es Zeit für eine Erfolgskontrolle. Anhand der Umsatzstatistiken und Ihrer Kostenkontrolle können Sie eine Kosten-/Nutzen-Analyse durchführen und ermitteln, ob Sie Ihre Ziele erreicht haben. Fragen zur Erfolgskontrolle finden Sie am Anfang dieses Abschnittes.

8.5 Profitable Marktnischen besetzen

Unternehmen, die das Neukundenpotenzial ihres Marktes nahezu ausgeschöpft haben, sollten nach lukrativen Nischenmärkten Ausschau halten. Viele Großunternehmen und KMU verzichten jedoch wegen ihrer bestehenden Vertriebs- und Kostenstruktur auf die Erschließung von Nischenmärkten. Gehen Sie anders vor: Prüfen Sie, ob Sie durch die Konzentration auf kleine Märkte, die von anderen vernachlässigt oder übersehen werden, zu neuen Absatzchancen kommen (siehe hierzu auch Teil 1, Kapitel 1.2).

Ein Nischenmarkt ist eine eng eingegrenzte Zielgruppe, deren Mitglieder die gleichen speziellen Bedürfnisse haben. Die Zielgruppe können Sie optimal bedienen und bieten ihr darum einen überzeugenden Grund, nur bei Ihnen zu kaufen.

Ein Nischenmarkt entsteht immer wieder dort, wo existierende Produkte nicht in der Lage sind, ein Konsumentenbedürfnis zu befriedigen. So hat sich der Schweizer Beat Engel auf die Konstruktion von professionellen Taucherhelmen spezialisiert, die auch in großen Tiefen einsetzbar sind. Er sagt:»Es gibt im Markt für Taucherhelme praktisch eine Monopolsituation. Ein amerikanischer Hersteller dominiert, aber mit den Helmen ist niemand zufrieden.«

Wie finden Sie einen Nischenmarkt? Ein erprobter Weg: Beobachten Sie Ihre Kunden. Lässt sich ein Segment mit ähnlichen Merkmalen/Wünschen erkennen? Hören Sie aufmerksam auf die Probleme, Beschwerden, Irritationen Ihrer Kunden. Hier können sich Nischen verbergen. Welche Bedürfnisse sind voraussehbar?

Der Königsweg für erfolgreiches Nischenmarketing heißt Spezialisierung – zum Beispiel auf einen bestimmten Typ oder eine bestimmte Größe von Kunden, auf eine bestimmte Handelsstufe, ein bestimmtes Produkt oder Preis- beziehungsweise Qualitätssegment, bestimmte Regionen oder Serviceleistungen, die andere nicht bieten. Tendieren zum Beispiel Kunden in einer bestimmten Region öfter als woanders dazu, Produkte mit hoher Qualität und hohem Preis zu kaufen? Oder: Fragen kleine Geschäftskunden Ihre Dienstleistungen mehr nach als andere? Wenn ja, fokussieren Sie sich darauf, ein lokaler Lieferant von Premium-Produkten zu werden oder eine serviceorientierte Firma, die sich insbesondere an kleine Geschäftskunden wendet. Wichtig: Je enger Sie Ihren Nischenmarkt definieren, desto spezieller können Sie Ihr Angebot/Ihre Verkaufsbotschaft auf die Zielgruppe zuschneiden und desto größer wird Ihr Erfolg sein.

Bevor jedoch in die Bearbeitung eines neuen Marktes viel Geld und Zeit investiert wird, müssen wichtige Informationen gesammelt werden. Vor allem geht es darum, herauszufinden, wie leicht Sie die neuen Kunden erreichen können und wie profitabel der neue Markt ist.

Ihre wichtigsten Informanten können die paar wenigen Kunden in dem Nischenmarkt sein, die Sie bereits beliefern. Sprechen Sie mit ihnen über ihre Geschäftsziele, ihre Interessen, die Marktentwicklungen, die Wachstumsraten, die Wettbewerbssituation. Finden Sie heraus, was die Zielgruppe des neuen Marktes gemeinsam hat. In welchen Verbänden, Clubs und Vereinen haben sich Ihre möglichen Kunden organisiert? Welche Sprache sprechen sie? Treffen sich die Kunden regelmäßig beruflich oder privat? Welche Zeitungen, Handelsmagazine et cetera nutzen die Marktteilnehmer? Die Antworten geben Ihnen Hinweise, ob Sie ihre neue Zielgruppe leicht erreichen können.

Haben Sie noch keine Kunden im angepeilten Markt, können Ihnen oft die Mediaabteilungen der wichtigsten Magazine, die ihre Zielgruppe liest, mit Leserprofilen oder weitergehenden Studien über Ihre potenziellen Kunden helfen. Auch vom Vorsitzenden des Verbandes, in dem sich Ihre Zielgruppe organisiert, können Sie viele nützliche Informationen erhalten. Bemühen Sie sich um eine gute Beziehung zu ihm. Lassen Sie sich ein Mitgliederprofil geben.

Weitere wichtige Informationsquellen können Lieferanten sein, die den Nischenmarkt bereits bedienen, aber nicht mit Ihnen im Wettbewerb stehen. Lernen Sie von ihnen, wie sie den Ihnen noch ziemlich unbekannten Markt bearbeiten, hören Sie auf ihre Ideen und guten Tipps. Vielleicht ist sogar eine künftige Zusammenarbeit für beide Partner sinnvoll.

Ob nun der neue Markt profitabel genug ist, können Sie zum Beispiel mit den folgenden Fragen klären: Wächst oder schrumpft der Markt? Steigen die Umsätze oder schwinden sie? Wie hoch ist das zu erwartende Umsatzpotenzial? Besteht ein Bedürfnis/Bedarf nach Ihrem Produkt, ihrer Dienstleistung? Kann Ihr Produkt so verändert werden, dass es den Bedürfnissen, dem Bedarf der potenziellen Kunden gerecht wird? Welcher Ihrer Wettbewerber bedient bereits den Nischenmarkt und wie hat er sich positioniert? Wie können Sie Ihr Unternehmen positionieren beziehungsweise sich vom Wettbewerber abheben?

Wenn Sie einen neuen Markt angreifen, dann prüfen Sie, 1. ob am Markt wirklich Bedarf für das neue Angebot besteht, 2. ob Ihr Haus flexibel genug ist, um die Anforderungen der Zielgruppe zu erfüllen, 3. ob die Nachfrage anhaltend ist. Besetzen Sie den Nischenmarkt schnellstmöglich und achten Sie stets auf Ihre Konkurrenz und die Zielgruppe, um bei Änderungen gegebenenfalls sofort reagieren zu können. Die Studie »Der Nischenfaktor« der Rosenbaum Nagy Unternehmensberatung gibt viele Tipps für die Nischenstrategie (www.nischenfaktor.de).

In Nischenmärkten können sich gerade kleine, schnelle und flexible Unternehmen profilieren, während Großunternehmen oft zu schwerfällig sind, um dort Gewinne zu erzielen. Nachfolgend zwei Beispiele von Firmen, die in einem Nischenmarkt große Erfolge erreicht haben.

Eine lukrative Nische hat die adm Abdruckguß GmbH Magdeburg in der Produktion von Kleinserien erkannt. Der Schwerpunkt des 1995 gegründeten Unternehmens liegt in der Fertigung von Aluminiumdruckguss auf Maschinen zwischen 360 und 720 Tonnen Zughaltekraft sowie der Nachbehandlung der Gießteile. Das Unternehmen mit 35 Mitarbeitern hat sich auf die Herstellung von Kleinserien spezialisiert: Gehäuse, Deckel, Flansche, Träger, Holme, Lagerkerne und Stützen für die Elektro-, Automobilzuliefer- und Möbelindustrie sowie für den Maschinenbau. Außerdem ist die Firma als Werkzeugreparaturwerkstatt tätig für Fräs- und Drehmaschinen, Lehrenbohrwerk für Werkzeuge und Vorrichtungen mit 900 × 900 Millimeter. Die adm Abdruckguß GmbH hat die Kapazitäten, um auch individuellste Kundenwünsche in optimaler Qualität termingerecht umzusetzen. Ein wichtiger Vorteil der Nischenstrategie macht sich besonders bezahlt: »Die Konkurrenz – insbesondere aus Polen, Tschechien, der Türkei und aus Fernost – ist gewaltig groß. Diesem Preisdruck können wir im Nischenmarkt standhalten«, so der Geschäftsführer.

»Das ist ein ganz schön großer Nischenmarkt«, sagt Tim Barry, der die Website Supersizeworld.com startete. Er bietet dort speziell Produkte an, die Menschen mit Übergewicht das Leben erleichtern sollen. Dazu zählen auch Verlängerungen für Flugzeuggurte und Waagen für Personen, die mehr als 160 Kilogramm wiegen. Der Bestseller ist ein tragbarer Stuhl, der bis zu 360 Kilogramm standhält. Viele Unternehmen haben noch gar nicht erkannt, welches Potenzial sich im Markt der Übergrößen verbirgt. So macht zum Beispiel in den USA dem Marktforschungsunternehmen NPD Group zufolge Kleidung mit großen Größen 18 Prozent des gesamten Marktes für Damenbekleidung aus. Auch interessant: Jüngsten Erkenntnissen zufolge scheint dies auch ein Nischenmarkt zu sein, der über das nötige Geld für Lifestyle-Produkte verfügt. So fanden Forscher der University of Iowa heraus, dass Fettleibigkeit am schnellsten bei Menschen mit einem Jahresgehalt von mehr als 60.000 Dollar zunimmt.

8.6 Mit dem Service Geschäfte machen

In engen Märkten mit nahezu identischen Produkten gibt es ein probates Mittel, um sich von der Konkurrenz abzuheben: zusätzlichen Service. Das belegt der jährlich vom Beratungsunternehmen Servicebarometer erhobene Kundenmonitor (www.servicebarometer.com/kundenmonitor). Er gibt an, wie zufrieden Kunden mit dem Dienstleistungsangebot von Firmen sind.

Die Dimensionen der Servicequalität

Jeder Käufer eines Produktes oder einer Dienstleistung hegt gewisse Erwartungen, wie die bezogene Leistung, für die er bezahlt hat, aussehen soll. Obwohl viele Unternehmen behaupten, den Kunden in den Mittelpunkt ihrer Aktivitäten zu stellen, werden seine Wünsche häufig ignoriert. Was der Kunde will, wird von manchen Unternehmen immer noch selbst definiert, was er *wirklich will*, wissen viele Unternehmen nicht.

Nach welchen Faktoren beurteilen Kunden nun die Servicequalität Ihres Unternehmens? Im Wesentlichen sind es folgende Komponenten, deren »Güte« entscheidet, ob Ihre Servicequalität beim Kunden ankommt: »Hardware«, Verlässlichkeit, Reaktion, Kompetenz, Höflichkeit, Glaubwürdigkeit, Sicherheit, Kontakt, Kommunikation und Kundenverständnis. Dabei können Sie nie von einer konstanten Erwartungshaltung ausgehen: Veränderte persönliche Bedürfnisse, wahrgenommene Servicealternativen, explizite Serviceversprechen, Empfehlungen und Erfahrungen sorgen dafür, dass immer wieder neue Maßstäbe an Ihr Serviceangebot gelegt werden. Das Urteil über Ihren Service wiederum hängt davon ab, inwieweit die (kundenindividuellen) Erwartungen erfüllt wurden.

Tipp: Erstellen Sie in Anlehnung an die folgende Checkliste einen Katalog mit Servicefaktoren, die in Ihrer Branche und in Ihrem Unternehmen eine Rolle spielen. Formulieren Sie zu jedem Servicebereich einige Fragen, die Ihre Kunden wiederholt stellen. Besprechen Sie die Checkliste anschließend mit einigen Stammkunden. So erhalten Sie ein für Ihre Serviceanstrengungen nützliches Arbeitspapier.

Checkliste: Die Dimensionen der Servicequalität	
Kriterien	Anmerkungen
1. Hardware: Äußeres Bild der Räumlichkeiten, Anlagen, Fuhr-parks, Auftreten des Personals etc.	
Sind Büros, Räume, Kundenschalter, Empfangsräume einla-dend?	
Sind die Ankündigungen und Informationen der Firma verständ-lich?	
Ist das Personal ansprechend gekleidet?	
2. Verlässlichkeit: Der zugesagte Service erfolgt zuverlässig und vollständig	
Werden die Aufträge des Kunden sorgfältig durchgeführt?	
Sind Angebote, Auftragsbestätigungen, Rechnungen fehlerfrei?	
Wird ein Fehler stets beim ersten Kundendienstbesuch vollstän-dig behoben, so dass sich ein Zweitbesuch erübrigt?	
Wenn der Kundendienst eine Reparatur binnen einer bestimm-ten Frist zusagt: Hält er den Termin ein?	
3. Reaktion: Die Bereitschaft, dem Kunden zu helfen und die Serviceaufgaben prompt zu erfüllen	
Wenn ein Auftrags-, Liefer- oder Beschwerdeproblem auftaucht: Handelt Ihre Firma rasch?	
Wird bereitwillig Auskunft erteilt – ob schriftlich oder telefo-nisch?	
Werden Retouren schnell und korrekt gutgeschrieben?	
Halten Servicemitarbeiter Zusagen korrekt ein?	
4. Kompetenz: Vorhandensein der für die Serviceleistung erfor-derlichen Fähigkeiten und Kenntnisse	
Ist die Firma über Marktentwicklungen gut unterrichtet?	
Stehen alle Mitarbeiter komplett Rede und Antwort, wenn Aus-künfte erwünscht werden?	
Wissen die Kundendiensttechniker stets, was sie tun?	
Machen alle Abteilungen der Firma einen kompetenten Ein-druck?	

5. Höflichkeit: Freundlichkeit und Hilfsbereitschaft des Personals	
Sind die Mitarbeiter zuvorkommend und höflich?	
Bleiben die Mitarbeiter freundlich und auskunftsbereit, wenn kritische oder schwierige Fragen an sie gerichtet werden?	
Sind die Mitarbeiter in der Telefonzentrale höflich und hilfsbereit?	
Sind alle Briefe der Firma (egal ob auf Papier oder elektronisch) freundlich formuliert?	
6. Glaubwürdigkeit: Ehrlichkeit und Vertrauenswürdigkeit der Firma	
Stimmen die angebotenen Rabatte, Boni und Preise stets mit den später berechneten überein?	
Existiert eine Servicegarantie?	
7. Sicherheit: Jegliche Gefahren, Risiko oder Zweifel werden weitestgehend vermieden bzw. ausgeschaltet	
Sind Geräte, Maschinen, Werkzeuge vor Unfällen optimal geschützt?	
Sind Kundendaten, Kreditkarten, Policen, Reiseschecks, Konstruktionspläne oder Patente gegen Diebstahl gesichert?	
Werden Reparaturen stets fehlerfrei durchgeführt?	
Sind bei der Auftragserteilung Währungsrisiken ausgeschaltet?	
8. Kontakt: Inanspruchnahme von Serviceleistungen ist problemlos	
Ist der Chef zu sprechen, falls ein Kunde größere Probleme hat?	
Sind die für die Auftragsabwicklung zuständigen Sachbearbeiter stets telefonisch erreichbar?	
Sind Auskunft und Technischer Kundendienst gegebenenfalls rund um die Uhr besetzt?	
Ist der Reparaturdienst auf Anforderungen binnen kurzer Zeit zur Stelle?	
9. Kommunikation: Information der Kunden in verständlicher Sprache, Bereitschaft zum Zuhören	
Haben die Sachbearbeiter alle Konditionen im Kopf und können sie diese genau erklären?	

Vermeidet es der Technische Kundendienst, Fachchinesisch zu sprechen?	
Informieren die Firmenmitarbeiter den Kunden unaufgefordert und rechtzeitig, wenn ein vereinbarter Termin nicht eingehalten werden kann?	
Beherrschen die Mitarbeiter in der Beschwerdeabteilung das aktive Zuhören?	
10. Kundenverständnis: Bereitschaft, den Kunden und seine Bedürfnisse besser zu verstehen	
Werden Stammkunden besonders gut behandelt?	
Hat die Firma Verständnis für die Finanzsituation des Kunden?	
Reagiert der Service flexibel auf die Bedürfnisse des Kunden?	
Zeigt die Firma Interesse an Problemen und Plänen des Kunden?	

Nicht mehr bieten, als der Kunde verlangt

Kunden fordern heute immer umfassendere Serviceleistungen. Gleichzeitig werden sie jedoch immer preissensibler. Schnell gewöhnen sie sich an Mehrleistungen und setzen diese bald als selbstverständlich voraus. Daraus ergeben sich für Sie als Anbieter immer höhere Kosten, um die geforderte Qualität zu erhalten und die Zufriedenheit der Kunden zu sichern. Doch bevor Sie alle Kunden mit immer höheren Zusatzleistungen verwöhnen, denken Sie daran, dass die Gleichbehandlung verschiedener Kundengruppen nachteilig für die Rentabilität ist – und außerdem ist sie auch gar nicht nötig. Denn nicht alle Kunden haben die gleichen Erwartungen. Damit Sie Ihre Kräfte nicht vergeuden, ist es wichtig, zu analysieren, wie Ihre Kunden mit Ihnen Geschäfte machen wollen.

Nach einer Untersuchung der Forum Corp. bei über 300 erfahrenen Käufern basieren die besonderen Ansprüche der Kunden an die Beziehung zu einem Lieferanten auf zwei Schwerpunkten: dem Bedürfnis nach *Beziehung* und dem Bedürfnis nach *Information*. Daraus lassen sich vier Kundentypen ableiten, die in etwa gleich verteilt sind:

1. Transaktionsorientierte Kunden wollen einfach nur das richtige Produkt zur richtigen Zeit und zu einem möglichst günstigen Preis. Sie interessiert weder eine Beziehung zum Lieferanten noch haben sie ein Bedürfnis nach Information (Beispiel: Kauf eines Automaten). Typische Formulierungen dieser Kunden sind: »Lässt sich beim Preis noch etwas machen?« – »Wir brauchen das Produkt morgen um drei.« – »Wir schreiben das Projekt aus.« Diese Kunden stellen Sie durch die Erfüllung folgender Kriterien zufrieden: Produkt-/Servicequalität; Produkt-/Servicekosten; Budgetrahmen; Erfüllung der technischen Spezifikationen; Effizienz der Prozesse; Zuverlässigkeit und Schnelligkeit der Auslieferung.

2. Beziehungsorientierte Kunden wollen eine Beziehung zum Lieferanten aufbauen. Sie brauchen Verkaufs- und Servicepersonal, um sich über ihre Situation von Grund auf klar zu werden (zum Beispiel beim Kauf von komplizierten Versicherungsprodukten oder Rechtsberatungen). Typische Formulierungen dieser Kunden sind: »Was würden Sie empfehlen?« – »Sie müssen unsere Branche/unsere Firma/unsere Arbeitsweise verstehen.« – »Wir müssen gegenseitiges Vertrauen aufbauen.« Kunden dieses Typs haben vor allem folgende Wertkriterien: kurz- und langfristige Erträge; Produktivität und Arbeitsmoral der Angestellten; Marktanteil; Beratungsqualität; Innovation; Führung.

3. Informationsorientierte Kunden haben ein großes Informations- und ein geringes Beziehungsbedürfnis. Sie wissen, was sie wollen, und möchten informiert und weitergebildet werden (ein Beispiel sind Ärzte, die Medikamente kaufen). Sie sind durchaus bereit, mehr zu zahlen, wenn ein Lieferant sie auf dem Laufenden hält. Typische Formulierungen dieser Kunden sind: »Ich muss auf dem Laufenden bleiben.« – »Informieren Sie mich weiterhin …« – »Was ist das Neueste …?« Diese Kunden können Sie mit folgenden Leistungen zufrieden stellen: Fundiertes Produkt-, Branchen- und Marktwissen sowie technisches Wissen; sofortige Information über Produktinnovationen; hohe Qualität der angebotenen Informationen und Daten.

4. Partnerschaftsorientierte Kunden haben sowohl ein großes Beziehungs- wie auch ein starkes Informationsbedürfnis. Sie wollen Lieferanten, die schon im Voraus für sie aktiv werden, die informieren und weiterbilden. Sie legen Wert auf eine persönliche Beziehung, auf Ziele, von denen beide Seiten profitieren, und auf das Gefühl, das Risiko nicht allein tragen zu müssen. Typische Formulierungen dieser Kunden sind: »Ihre Leute müssen meine Leute kennenlernen.« – »Unsere beiden Unternehmen sollen Vorteile daraus ziehen.« – »Ich weiß, Sie müssen daran etwas verdienen.« – »Wir streben eine langfristige Perspektive an.« Diese Kunden stellen Sie zufrieden durch alle bei den vorangehenden Kundentypen genannten Kriterien. Außerdem legen sie noch Wert auf folgende Faktoren: Qualität der Beziehungen zwischen beiden Unternehmen; Gewinne und Verluste; Auswahl der Zulieferer.

Legen Sie es Ihren Verkäufern nahe, dass diese sich bei ihren Kunden gezielt nach deren Erwartungen erkundigen. Anhand der ersten drei der folgenden Fragen können sie feststellen, inwieweit ein Kunde eine echte Geschäftsbeziehung mit Ihrer Firma aufbauen möchte. Die Fragen 4 bis 6 ermöglichen es ihnen herauszufinden, inwieweit der Kunde von Ihnen mit Informationen beliefert werden will:

1. »Wie wichtig ist es, dass Mitarbeiter meiner Firma Mitarbeiter Ihres Hauses kennenlernen und umgekehrt?«
2. »Wollen Sie, dass ich Sie, ausgehend von meinem Wissen über Ihre Firma und Ihre Bedürfnisse, bei anstehenden Ereignissen berate?«
3. »Wie wichtig ist es, dass ich mich um eine langfristige Beziehung zu unserem gegenseitigen Nutzen bemühe, in der wir auf gemeinsame Ziele hinarbeiten können?«
4. »In welchem Umfang möchten Sie von mir über Details in Bezug auf neue Produkte, Preisänderungen, Serviceangebote et cetera auf dem Laufenden gehalten werden?«
5. »Wie wichtig ist es, dass ich Ihnen beim Sammeln, Zusammenstellen und Auswerten der komplexen Informationen in Ihrem Geschäft helfe, damit Sie sinnvolle Entscheidungen treffen können?«
6. »In welchem Umfang soll ich Sie über Branchentrends, Konkurrenten und neue Technologien informieren, die Ihr Geschäft betreffen können?«

Gewinnbringer Service

Mit einem guten Servicegeschäft lassen sich in kurzer Zeit 20 Prozent mehr Umsatz erzielen und zugleich die Gewinne deutlich verbessern – das zeigt die Praxis. So machen Sie Ihren Service zum Gewinnbringer:

1. Entwickeln Sie eine konkrete Servicestrategie. Inhalt: Markt-/Konkurrenzsituation, Kundenbedürfnisse, eigene Stärken/Schwächen, Risiken und Chancen, nötige Vertriebs-/Marketingaktionen, benötigtes Budget und Aktionsplan mit Terminen/Verantwortlichkeiten. Beantworten Sie im Rahmen Ihrer Strategie folgende Basisfragen: Wann will ich mit Service wie viel verdienen? Wann will ich welchen Kostendeckungsgrad durch Serviceumsätze haben? Welche aktuellen Serviceleistungen sind nicht kostendeckend an den Mann zu bringen (und langsam zu vermindern)? Wofür ist der Kunde bereit zu zahlen? (Solche Leistungen sind auszubauen.)

2. Offerieren Sie Dienstleistungen als Teil der Wertschöpfungskette des Kunden. Dazu zählen insbesondere Zusatzleistungen über klassische Wartung und Reparatur hinaus. Erarbeiten Sie innovative Serviceleistungen. Gefragt sind Schulung, Teleservice, Hotline, Montage, elektronische Dokumentation, Fernwartung/-service, Ersatzteil- und Materialbereitstellung mit hohen Reaktionszeiten und technisches Know-how auf Websites.

Wichtig ist, den Leistungswert für den Kunden herauszustellen und daran die Bezahlung zu knüpfen.

3. Bewirken Sie einen guten Informationsfluss zwischen Vertrieb und Service. Informationen zu allen Kontakten müssen zentral verfügbar sein. Lassen Sie den Kundendienst Servicewünsche erfragen.

Zeichnen Sie mit Ihren Mitarbeitern ein so genanntes »Servicerad«, bestehend aus drei Kreisen. Im innersten Kreis listen Sie die Basis-Serviceleistungen auf, die Ihre Kunden erwarten (zum Beispiel bei Reifenhändlern: Reifenverkauf). In den zweiten Kreis schreiben Sie die gewünschten Schlüsselleistungen (zum Beispiel Montage- und Auswuchtservice). In den dritten Kreis tragen Sie Schrittmacherleistungen ein, von denen Ihre Kunden träumen (zum Beispiel Kfz-Tuning). Binden Sie Ihre Kunden mit solchen Leistungen!

Preiskalkulation für Serviceleistungen

Bei der richtigen Preiskalkulation für Serviceleistungen haben viele Anbieter Probleme. Hier einige Tipps:

Grundsätzlich sind die im Servicebereich erstellten Leistungen dem Kunden in irgendeiner Form zu berechnen. Dabei kann der Wert der Leistung schon im Produktpreis enthalten sein oder der Kunde zahlt extra ein Entgelt dafür. Im Kaufpreis eingeschlossen sollten Serviceleistungen nur dann sein, wenn sie gesetzlich beziehungsweise vertraglich vorgeschrieben sind (Muss-Leistungen, zum Beispiel Gewährleistung bei Sachmängeln, Garantie- und Kulanzleistungen), wenn ihre Erbringung messbar die Betriebssicherheit und das eigene Image beeinflusst (Soll-Leistungen, zum Beispiel Wartung) oder wenn es solche Kann-Leistungen sind, die die (Wieder-)Kaufwahrscheinlichkeit stark erhöhen. Ein Extra-Entgelt sollte dagegen für solche Kann-Leistungen verlangt werden, deren kostenlose Erbringung für den Kunden nicht die (Wieder-)Kaufwahrscheinlichkeit vergrößert.

Bei der Preisbestimmung für Serviceleistungen ist es wichtig, die Preisuntergrenze zu kennen, also den Preis, zu dem der Service gerade noch rentabel ist. Diese Grenze kann auch einmal unterschritten werden, doch man sollte wissen, wann dies geschieht und in welchem Umfang. Langfristig muss der Preis für Serviceleistungen die Selbstkosten übersteigen, er sollte das Verhalten der Konkurrenz berücksichtigen und sich an der Preisbereitschaft der Kunden orientieren.

Eine *kostenorientierte Preiskalkulation* erfolgt vereinfacht nach folgendem Schema:

Fixkostenanteil der Serviceleistung (insbesondere Personalkosten)	
+ variable Kosten der Serviceleistung (Ersatzteile, Anfahrt)	
./. immaterieller Leistungsbeitrag für das Unternehmen (Informationsgewinnung durch Kundendienst, Kundenbindung)	
./. bereits durch Kaufpreis bezahlter Anteil (Garantie, Kulanz)	
+ Deckungsbeitrag	
= Kalkulationspreis	

Nachteil dieser Rechnung: Ein mit dem Service eigentlich erzielbarer Gewinn kann nicht durch eine nachfrageorientierte Preiskalkulation optimiert werden.

Die *kundenorientierte Preiskalkulation* sucht nach dem gewinnoptimalen Angebotspreis. Sie basiert auf dem Gedanken, dass ein Kunde eventuell bereit ist, mehr als den kostendeckenden Preis zu bezahlen, wenn das Serviceangebot für ihn einen besonderen Wert hat. Deshalb wird zum Beispiel mit einer Zielkostenrechnung ermittelt, welcher Preis am Markt akzeptiert wird. Als Anhaltspunkte helfen dabei Beobachtungen der Konkurrenz und ihrer Preise sowie Kundenanalysen, um die Kunden- und Servicewünsche zu bestimmen. Zeigt es sich, dass der »Marktpreis« niedriger ist als die eigenen Kosten, ist nach Chancen für Kosteneinsparungen zu suchen.

Bei der *konkurrenzorientierten Preiskalkulation* sind die Preise der Wettbewerber Eckpunkt für die eigene Preisbestimmung. Als Orientierung dient der marktinterne Leitpreis, der durch den Marktführer oder den Durchschnitt der Wettbewerber bestimmt wird. Diese Form der Preiskalkulation ist nur relevant im Falle homogener Marktleistungen, starker Intensität des Wettbewerbs und hoher Markttransparenz.

Für die richtige Preisbestimmung empfiehlt es sich, mehrere Verfahren zu kombinieren.

Tipp: Näheres zum Thema Preiskalkulation für Serviceleistungen finden Sie unter:

www.economics.phil.uni-erlangen.de/bwl/lehrbuch/hst_kap1/serv_pr/serv_pr.PDF

Geld mit Wartungsverträgen

In vielen Branchen setzen sich zunehmend Wartungsverträge durch – also Serviceverträge, mit denen Wartungs- und Instandsetzungsarbeiten über einen festgelegten Zeitraum durchgeführt werden. Bei vielen Geschäftskunden bieten sich Wartungsverträge geradezu an.

Bei systematischem Vorgehen lässt sich mit Wartungsverträgen gutes Geld verdienen. Entwickeln Sie deshalb einen Geschäftsplan für das Leistungsangebot von Wartungs- beziehungsweise Instandsetzungsverträgen. Er beinhaltet zweckmäßigerweise, 1. welches Geschäftspotenzial Sie über absehbare Perioden, etwa drei bis fünf Jahre, erwarten; 2. in welchen Segmenten Sie mit Geschäft rechnen und wie Sie es entwickeln wollen (wo wollen Sie es beginnen, gegebenenfalls ausprobieren); 3. welches Vertriebsmaterial Sie brauchen (Argumentationshilfen, Berechnungsbeispiele, was sich der Kunde einspart et cetera).

Wartungsverträge können zum Beispiel die nachfolgend dargestellten Leistungskomponenten beinhalten – natürlich stets gegen Bezahlung. Das Prinzip: Der Kunde zahlt einen fixen Betrag für eine vereinbarte Periode (im Voraus oder Nachhinein) und erhält dafür eine feste Leistung. Die Komponenten können sich ergänzen oder auch ausschließen; sie können modifiziert und kombiniert werden. Tipp: Bieten Sie ein auf Ihre speziellen Geschäftsbedingungen angepasstes Portfolio.

Leistung	Erläuterung	Beispiel
Gewährleistungs-erweiterung	Bieten Sie eine Verlängerung der Gewährleistungsbedingungen für einen fixen Zeitraum an	Von einem auf drei Jahre
Durchführung von regelmäßigen Inspektionen oder einfachen Wartungen	Allgemeine Maßnahmen zur Erhöhung der Betriebszuverlässigkeit; übernehmen Sie Kundenarbeiten, die der Kunde ggf. selber durchführen würde	Vierteljährliche Inspektion und jährliche Grundwartung inkl. allem Verbrauchsmaterial
Vorbeugende/ planmäßige Wartung	Erweiterte Wartungsmaßnahmen, die spezielle Verschleißteile in regelmäßigen Abständen ersetzen	Grundwartung nach je 2.500 Betriebsstunden
Ferndiagnose/ Fernsteuerung	Sog. »Remote -Device -Management«; für viele Geräte gibt es sehr kostengünstige Ferndiagnosewerkzeuge; beseitigen Sie die Kundensorgen durch eine Rund-um-die-Uhr-Überwachung	24 × 7 Betriebsüberwachung aus dem Remote Control Center des Anbieters

Telefonische Unterstützung	Kunden können bei technischen Fragen die Hotline anrufen und bekommen Unterstützung (die Kosten werden durch eine Pauschale über eine vereinbarte Periode abgedeckt)	Telefon-Support während der Geschäftszeiten 8 bis 18 Uhr werktags
Serviceabdeckung außerhalb der Geschäftszeiten	Serviceeinsätze werden auch außerhalb der üblichen Zeiten durchgeführt	18 – 8 Uhr an Werktagen; samstags; sonn- und feiertags
Volle Reparaturabdeckung	Sämtliche Reparaturen sind mit einer Pauschale abgedeckt, einschließlich Ersatzteile sowie Arbeits- und Anfahrtszeiten	Fixe Reparaturpauschale für ein Jahr im Voraus, zahlbar halbjährlich
Garantierte Reaktionszeiten	Ein Servicetechniker ist bis spätestens zur vereinbarten Zeit vor Ort	Spätestens am nächsten Arbeitstag; oder: bis zu 6 Stunden
Kontinuierliche Fertigstellung	Serviceeinsätze werden nicht durch Betriebsende (Feierabend) unterbrochen	Bis max. 8 Std. ununterbrochene Arbeitszeit

8.7 Internationale Märkte erschließen

Vor dem Hintergrund des starken Globalisierungsdrucks gewinnt die Internationalisierung im Rahmen einer Diversifikationsstrategie immer mehr an Bedeutung. Internationalisierung ist eine wirkungsvolle Strategie für die Stärkung des Kerngeschäfts und nicht selten rentabler als eine Diversifikation in neue Märkte.

Die wichtigsten Gründe für eine Internationalisierung sind der Eintritt in neue Absatzmärkte, günstigere Beschaffungsquellen, geringere Lohnkosten, massiver Kostenanstieg am ursprünglichen Standort, international tätige Wettbewerber oder zunehmender Kostendruck.

Internationalisierung ist mehr, als nur Güter und Dienstleistungen zu exportieren. Nötig ist eine langfristige Strategie, um im Ausland Netzwerke auf den relevanten Märkten aufzubauen. Ohne eine präzise Analyse der angestrebten ausländischen Märkte und eine geschickte Auswahl der Vertriebspartner und -strukturen kann die Internationalisierung des Vertriebs in ein Fiasko führen. Deshalb ist ein systematisches Vorgehen ein Muss.

Eine grundsätzliche Empfehlung vorab: Bestimmen Sie einen (oder zwei) Mitarbeiter zum Verantwortlichen für die Auslandskontakte Ihres Unternehmens. Er muss die Kommunikation Ihrer Mitarbeiter mit wichtigen Ansprechpartnern von Kunden im Ausland genau kontrollieren und die Bewertung für den Produktbedarf der möglichen Absatzmärkte ermitteln.

Selektion von Märkten

Wählen Sie gezielt die geografischen Märkte aus, in denen Sie erfolgreich tätig werden können und wollen. Dieser unabdingbare Selektionsprozess läuft in der Regel in mehreren Stufen ab: 1. allgemeine Informationen zu Regionen und Ländern; 2. globale und länderspezifische Marktanalysen; 3. Länderportfolios für Prioritäten. Vor allem aber kommt es darauf an, dass Sie Ihren Fokus auf eine präzise Planung Ihrer Vertriebsstrukturen in den ausgewählten Ländern richten. Gehen kleine und mittelständische Betriebe hier nicht planmäßig vor, ist ein Scheitern mit hoher Wahrscheinlichkeit vorprogrammiert.

Allgemeine Informationen zu Regionen und Ländern

Viele Beurteilungssysteme bewerten die Märkte nach folgenden Kriterien (vergleiche die Homepage des F.A.Z.-Instituts www.laenderdienste.de):

1. *Politisches Umfeld:* politische Stabilität, Haltung gegenüber ausländischen Investitionen, Inflation, Zahlungsbilanz, Auslandverflechtung, bürokratische Hindernisse et cetera
2. *Geschäftsumfeld:* zum Beispiel Wirtschaftswachstum, Durchsetzbarkeit vertraglicher Vereinbarungen inklusive Zuverlässigkeit der Vertragspartner, Infrastrukturen für Verkehr und Kommunikation, Arbeitskosten und Produktivität, Qualität des einheimischen Managements und der Mitarbeiter
3. *Finanzielles Umfeld*: Währungskompatibilität, Verfügbarkeit kurz- und langfristiger Kredite, Börsenentwicklung, Inflation, Wechselkurse, Zahlungsbilanz, Steuerbelastungen et cetera

Länderspezifische Marktanalysen

Achten Sie für jeden weiteren Leistungsbereich auf bestimmte Erfolgsvariablen, um festzulegen, wie Sie sich international engagieren wollen (vgl. Backhaus, K./Büschgen, J./Voeth, M./Internationales Marketing, S. 131

ff.). Schwellenländer sind zum Beispiel für die Energiewirtschaft und für die Hersteller von Produkten für die Infrastruktur interessant. Spezifische Marktanalysen dienen in diesem Rahmen dazu, die Absatzchancen für Leistungen zu belegen. Dabei geht es um generelle Marktentwicklungen und Marktstrukturen, Kunden, Konkurrenz und Vertriebspartner. Ein systematisches Screening im globalen Rahmen ist für kleine und mittelständische Unternehmen oft zu kostspielig. Daher sind projektbezogene Reisen in das entsprechende Land und Gespräche des verantwortlichen Vertriebsmanagers mit den potenziellen Vertragspartnern meist die effektivere Vorgehensweise.

Länderportfolios für Prioritäten

Ergebnisse der Bewertung von Ländermärkten lassen sich in Portfolios nach den Dimensionen Marktattraktivität, Wettbewerbsvorteile und bestehender beziehungsweise erreichbarer Umsatz zusammenfassen.

Die Entscheidung, welche Länder Ihr Unternehmen erschließen kann, muss sorgfältig geprüft werden. So manche Anbieter zersplittern sich mit zahlreichen Eintritten, die sie dann nicht genügend betreuen können. Als Konsequenz daraus beschloss zum Beispiel die Model-Gruppe (Kartonverpackungen) in der Schweiz, dass sie jährlich nur noch einen neuen Markt erschließen will. Der Grund: Die limitierten Ressourcen sollen gezielt eingesetzt und das Risiko dadurch begrenzt werden.

Auf dieser Basis fordern viele Strategen, den Fokus des Unternehmens auf wenige Schlüsselmärkte zu konzentrieren. Empirisch fällt allerdings auf, dass sogar kleine und mittelständische Unternehmen 30 bis 40 Länder bearbeiten, in der Absicht, Risiken zu streuen, globale Chancen für Geschäfte zu nutzen, quasi mit einem Minimalmarketing und einem guten Wirkungsbereich von eingesetztem Aufwand zum Ertrag tätig zu werden und damit Umsätze zu realisieren. Doch Vorsicht: Selbst Misserfolge, die bei diesem Prozedere als »wertvolle Erfahrungen« interpretiert werden, erweisen sich oft genug für kleine und mittelständische Unternehmen als unprofessionell und gefährliche Kostenfallen. Im Zweifel gilt die Devise und dieser Tipp für Sie: *Weniger ist mehr!*

Ermittlung von Vertriebsstrukturen in ausgewählten Ländern

Um die leider oft zersplitterten Länderaktivitäten zu vermeiden, investieren erfahrene Unternehmen in wenigen und vorselektierten Märkten bereits, indem sie sich an Messen beteiligen, Kontakte zu potenziellen Vertragspartnern knüpfen, mögliche Kooperationen mit anderen Partnern abklären, vor Ort die Kunden und Betriebspartner besuchen, sich nach Erfahrungen anderer Unternehmen erkundigen und Verhandlungen führen. So schaffen sie eine Entscheidungsgrundlage auch für eine Investitionsrechnung.

Sinnvoll ist es, sich zuerst diejenigen Märkte auszusuchen, auf denen wenige Wettbewerber vorhanden sind und die ein hohes Marktwachstum aufweisen. Es empfiehlt sich außerdem, die Märkte auszuwählen, die dem Heimatmarkt in kultureller, sozio-ökonomischer und sprachlicher Hinsicht ähnlich sind. Überlegen Sie sorgfältig, durch welche Ressourcen und Fähigkeiten Ihres Hauses der Markteintritt leichter wird und wählen Sie auch anhand dieser Gesichtspunkte die Märkte aus.

Die folgende Checkliste, entwickelt von Dr. Ralf Koschut, hilft, die vorangegangenen Überlegungen auf den Punkt zu bringen.

Checkliste für neue Vertriebsstrukturen in ausgewählten Ländern	
Checkpunkte	**Erledigt**
1. Strategie	❑
Schriftliche Formulierung der strategischen Zielsetzung des Vertriebs in fremden Ländern, Regionen und Märkten als Teil der Unternehmensstrategie	❑
Stoßrichtungen: • Erschließung neuer Absatzmärkte • Zugang zu günstigen Ressourcen, z. B. Arbeit zu niedrigen Löhnen • Zugang zu technischem und wissenschaftlichem Know-how • Formen: international, multinational oder transnational	❑
Zielsetzungen: • Einrichtung einer Beschaffungsorganisation, Vertrieb über Agenten, Vertragshändler, eigene Vertriebstöchter • Einrichten von Fertigungsstätten • Zentren für Forschung und Entwicklung einrichten	❑
2. Markt- und Regionenauswahl	❑
Analyse der volkswirtschaftlichen Entwicklung, der politischen Situation und besonderer Risiken	❑
Abschätzung und Untersuchung des Marktpotenzials	❑
Abstimmen des Anwenderportfolios der jeweiligen Region mit dem eigenen Produktportfolio	❑

Vor-Ort-Analysen zur Identifizierung von möglichen Kunden, Partnern, Konkurrenten, Herstellern von Substitutionsprodukten, Meinungsbildnern	❏
Analyse der Rechtslage: z. B. Kapital- und Gewinntransfer ins Ausland, Zoll- und Devisenvorschriften, Steuergesetzgebung, Produkthaftung, Sozialgesetzgebung, Umweltschutz- und Sicherheitsvorschriften	❏
Mentalitäten, Sprachen, lokale Gepflogenheiten (Streiks, Schmier- und Schutzgelder)	❏
3. Auswahl und Festlegung des Leistungsprogramms	❏
Differenzierung nach Absatzbranchen und Produktgruppen	❏
Produktanpassungen nach nationalen Vorschriften und Standards	❏
Übersetzen der Betriebsanweisungen, dabei nationale Sicherheitsvorschriften berücksichtigen	❏
Garantierung des Patentschutzes, aber auch Beachtung bestehender Patente in der jeweiligen Region	❏
Dienstleistungen wie Schulungen und After-Sales-Service	❏
Rechtliche Klärung von Haftungsrisiken	❏
4. Festlegung der Makrostruktur	❏
Standorte (Kundennähe)	❏
Kommunikationsmittel	❏
Infrastruktur: Transport- und Verkehrsmittel	❏
Verfügbarkeit von geschultem Personal	❏
Vertriebsform: Agenten, Kooperationen, Vertragshändler, Tochterunternehmen, Joint Ventures	❏
5. Festlegung der Mikrostruktur	❏
Definition der entscheidenden Geschäftsprozesse: Kundenakquisition, Auftragsabwicklung und Kundendienst	❏
Funktionen und Zahl der Mitarbeiter organisieren	❏
Vertriebsvertrag vereinbaren: Leistungsumfang, Produktgruppen, Zahlungskonditionen, Regelungen über die gewährten Rabatte an die Endkunden, Leistungen bei Garantiefällen, Kosten für Marketing und Werbung, Preispolitik usw.	❏
Demonstrationslabor und Vorführgeräte	❏

Umgang mit Wechselkursrisiken	❏
Leistungs- und Anreizsysteme, Schulung und Weiterbildung	❏
Festlegung der Firmensprache und der Corporate Identity auf Formularen	❏
Reporting und Controlling	❏
Qualitätssicherung nach TQM, ISO 9000 usw.	❏
Informatik und Kommunikation, Internetauftritt, E-Mail	❏
Logistikabwicklung	❏
Lager (Auslieferungslager, Konsignationslager, Servicelager usw.): Konditionen, Umschlagsziffern, Rücknahmen	❏
Planung der Investitionen für Büro-, Transport- und Kommunikationsmittel	❏
Ausstattung mit Finanzmitteln	❏
Know-how und Personaltransfer aus der Zentrale	❏
6. Wirtschaftlichkeitsrechnung	❏
Break-Even-Rechnung, Businessplan mit pessimistischem, realistischem und optimistischem Szenario	❏
Berechnung von Kostenblöcken für Gründung, Einweihung, EDV-Schulung, Reisen, Werbung, Werbematerial, Kommunikationsgebühren, Fuhrpark, Versicherungen, Beraterhonorare usw.	❏
Darstellung der Chancen und Risiken	❏
Masterplan mit Meilensteinen	❏
7. Projektmanagement	❏
Inhalte, zeitlicher Ablauf und Kosten des Projekts	❏
Projektorganisation: Projektleitung, Heranziehen von Fachspezialisten	❏
Reporting und rhythmisch festgelegtes Controlling (z. B. wöchentlich oder monatlich)	❏
8. Projektabwicklung	❏
Verhandlungen mit Partnern, z. B. über Joint Ventures	❏
Rekrutierung von Juristen, Steuerberatern, Baufachleuten	❏
Beschaffen von Fördermitteln	❏
Auswahl der Gebäude und Büros	❏

Firmengründung, Gewerbeberechtigung, Handelsregistereintragung, Versicherungen, Unterschriftenregelung	❏
Einrichtung der Informatik- und Kommunikationsinfrastruktur	❏
Investitionen: Büro, Kundendienst, Lager (Ersatzteile, Verbrauchsmaterial usw.)	❏
Drucken von Formularen, Werbematerial, Visitenkarten	❏
Bereitstellung der Logistik und des Kundendienstes	❏
Bereitstellung des Demonstrationslabors inkl. der Vorführgeräte	❏
Einrichten eines Entsorgungskonzeptes nach Reparaturen oder Produktrücknahmen	❏
Einführungskonzept für das Qualitätssicherungssystem	❏
9. Einführung und Beginn der Betriebsphase	❏

Literaturtipp: Konkrete Schritte zum Aufbau neuer Auslandsmärkte bietet das Buch »Internationale Markterschließung« von Michael Neubert, mi, 2006.

Häufig beginnt der Vertrieb in ausländischen Märkten mit dem Export der Produkte. Dabei finden die Produktion im Inland und der Verkauf im Ausland statt. Bei einem *direkten Export* liefert das Unternehmen direkt an den Endkunden oder Importeur im Ausland. Dagegen spricht man von *indirektem Export*, wenn ein selbstständiger Absatzmittler dazwischengeschaltet ist. Vorteile des Exports liegen unter anderem im geringen Kapitaleinsatz und Risiko, in der besseren Kapazitätsauslastung und Exportsubventionen durch den Staat. Als Nachteile können auftreten: hohe Transportkosten, Importzölle, Wechselkursrisiken oder Imageprobleme.

Eine weitere Möglichkeit des Markteintritts sind Lizenzverträge. Dabei handelt es sich um vertragliche Vereinbarungen der Nutzung von Knowhow und Sachgütern gegen Entgelt. Der Lizenznehmer erwirbt das Recht, die Produkte des Lizenzgebers zu produzieren und/oder zu vertreiben. Damit können die Transportkosten verringert und dennoch die Eigentumsrechte erhalten bleiben. Als weitere Vorteile sind der schnelle Markteintritt sowie die niedrige finanzielle und persönliche Ressourcenbindung zu nennen. Dem stehen jedoch auch Nachteile entgegen: hohe Transaktionskosten, Verzicht auf die volle Abschöpfung des Erfolgspotenzials sowie die Förderung eines Wettbewerbers durch die Know-how-Übertragung.

Ist das eigene Produkt am Markt erfolgreich, kann die Marktpräsenz auch durch lokale Handelsvertreter ausgebaut oder bei steigendem Umsatz eine Tochtergesellschaft im Ausland gegründet werden. Als Regel gilt: Je mehr Vertriebsstellen aufgebaut werden und je näher das Produkt direkt an die Endverbraucher geliefert wird, desto sinnvoller und günstiger ist der Aufbau einer eigenen Vertriebsorganisation.

Übersicht: Vor- und Nachteile verschiedener Vertriebswege	Anmerkungen
Vertragshändler	
Vorteile: engere Bindung, gleich bleibender Marktauftritt, feste Anlaufstation	
Nachteile: zeitaufwendige Suche nach Partnern, zu Beginn meist keine Alleinstellung	
Großhändler	
Vorteile: bestehende Kontakte können genutzt werden, flächendeckendes Vertriebsnetz, kurze Lieferzeiten	
Nachteile: hohe Margen, direktes Konkurrenzumfeld	
Importeur	
Vorteile: keine hohen Anlaufkosten, schnell realisierbar	
Nachteile: Engagement nur begrenzt steuerbar; ggf. auch Vertrieb von Konkurrenzprodukten über diesen Importeur	
Direktvertrieb an Endverbraucher	
Vorteile: relativ geringe Vertriebskosten, direkter Kontakt mit Endabnehmer	
Nachteile: hohe Vorbereitungskosten (Werbung, AD, Telemarketing), schlechte Steuerungsmöglichkeit	
Handelsvertreter	
Vorteile: gut steuerbar, eigene Schwerpunkte können verfolgt werden, intensive Kundenbetreuung	
Nachteil: bei Alleinvertretung hohe Kosten	
Eigene Verkaufsniederlassung	
Vorteile: gute Repräsentanz, schnelle Reaktion auf Marktveränderungen, gute Steuerung	
Nachteile: relativ hohe Kosten, lange Anlaufzeit zum Erfolg	

Wer neue Kunden in lukrativen Auslandsmärkten akquirieren möchte, kann sein Unternehmen und seine Produkte in der gemeinsamen globalen B2B-Plattform von Handelsblatt.com und exportPower.com eintragen lassen. Mehr dazu siehe http://handelsblatt.exportpower.com.

Wollen Sie im internationalen Geschäft mit ausländischen Vertriebspartnern arbeiten, dann gehen Sie bei deren Auswahl systematisch vor.

Adressenbeschaffung: Mögliche Vertriebspartner finden Sie zum Beispiel über internationale Firmendatenbanken, eigene Internetsuche, Besuche/ Kataloge von Messen im In- und Ausland, Anzeigen in ausländischen Fachzeitschriften, Rechercheauftrag an Auslandshandelskammern, ausländische IHK oder die Bundesagentur für Außenwirtschaft, an Handelsvertreter oder Fachverbände.

Adressenqualifizierung: Besorgen Sie sich bei einer ersten schriftlichen Kontaktaufnahme so viel Wissen wie es geht über den möglichen Vertriebspartner, zum Beispiel: Dauer des Bestands seiner Firma; Regionen, in denen Geschäftsbeziehungen zu welchen möglichen Kunden bestehen; in- und ausländische Kundenfirmen, die bereits vertreten werden; Erfahrungen mit ähnlichen Produkten. Wer seriös ist, informiert Sie gerne.

Absicherung/Vertiefung der Informationen: Prüfen Sie vor einem Vor-Ort-Gespräch die wirtschaftliche/finanzielle Situation des ins Auge gefassten Partners. Wie ist seine Ist-Situation (Marktanteile, Neu-/Bestandskunden et cetera)? Wie sind seine Voraussetzungen für künftige Erfolge? (Kundenbeziehungen, Produkte/Service, Marketing-Plan, Organisation, Unternehmenskennzahlen?) Auskünfte können Sie beispielsweise erhalten von internationalen Auskunfteien, Kreditinstituten mit internationalen Kontakten, Auslandshandelskammern, Konkurrenten oder Referenzkunden.

Vor-Ort-Besuch: Wichtig ist eine gute Vorbereitung. Themen werden zum Beispiel sein: Auskunft über Ihre Firma, Eignungscheck des Partners, Vertragsrahmen (Gebiet, Provision, Exklusivität, Hilfen), Markt und Konkurrenz des Partners. Fordern Sie für Behauptungen objektive Nachweise.

Kommunikation verbessern

Konflikte und Reibungsverluste stören häufig die Zusammenarbeit zwischen Anbietern von Industriegütern und ihren Vertriebspartnern im Ausland. Dr. Christian Belz, Institut für Marketing und Handel an der Universität St. Gallen (www.unisg.ch), und Dr. Christian Schmitz, Kompetenzzentrum für Business-to-Business-Marketing am Institut für Marketing und Handel, berichten in einem Beitrag für den »Harvard-Business-manager«, dass viele Vertriebspartner insbesondere die mangelhafte Kommunikation beklagen. So beschweren sich 59 Prozent der befragten Vertriebspartner, dass sie von den Herstellern schlecht über Lieferengpässe informiert werden, und 62 Prozent geben an, dass sie nur unzureichende Informationen über Wettbewerber, Markt und Kunden erhalten. Fast jeder zweite Befragte ist außerdem unzufrieden mit der Produktpolitik der Hersteller. Neue Produkte würden zu schnell eingeführt werden und entsprächen außerdem nicht dem Geschmack der ausländischen Kunden.

Um die Zusammenarbeit zwischen Herstellern und Vertriebspartnern zu verbessern, hat das Institut für Marketing und Handel auf der Basis mehrjähriger Forschungen unter anderem folgende Regeln erstellt:

Maßnahmen zur Verbesserung der internationalen Zusammenarbeit	Anmerkungen
Nehmen Sie Konflikte und Unzufriedenheit in der Zusammenarbeit ernst und beachten Sie diese bei Ihren Entscheidungen.	
Informieren Sie sich selbst und auch die Vertriebspartner so gut wie möglich über die jeweilige lokale Situation. Seien Sie selbstkritisch, aber lassen Sie auch keine Ausreden zu. (Konflikte entstehen häufig durch erhebliche Unterschiede in der Wahrnehmung der lokalen Situation zwischen Hersteller und Vertriebspartner.)	
Seien Sie bereit, sämtliche Leistungskategorien, anhand derer die Vertriebspartner die Hersteller in der Zusammenarbeit beurteilen, auf den Prüfstand zu stellen und ggf. Verbesserungen vorzunehmen: Dazu gehören die Konditionenpolitik, die Produkt- und Leistungspolitik, die Zuverlässigkeit bei der Abwicklung und Lieferung, der Marketing- und Verkaufssupport, die soziale Interaktion, der Umgang mit lokaler Kultur und Werten sowie das Informations- und Kommunikationsverhalten.	
Bewirken Sie durch offene, frühzeitige Kommunikation, dass keine unrealistischen Vorstellungen bei den Vertriebspartnern entstehen.	

Treffen Sie strategische Konfigurationsentscheidungen weitgehend unabhängig von den lokalen Situationen der einzelnen Vertriebspartner – wobei Sie sich jedoch bewusst sind, dass Zentralisierung, Formalisierung und Ergebnisorientierung Auswirkungen auf die Zufriedenheit der Vertriebspartner haben (die Untersuchungen des Instituts zeigen, dass zwar die Wahl der Konfigurationsalternativen einen grundsätzlichen Einfluss auf die Zufriedenheit der Vertriebspartner hat, aber sich meistens nicht von Situation zu Situation unterscheidet, sondern grundsätzlich gegeben ist).	
Sehen Sie sich als interner Dienstleister der Vertriebspartner und professionalisieren Sie die Koordination und Unterstützung der Vertriebspartner.	
Führen Sie zur Verbesserung der Zusammenarbeit ein systematisches Projekt, unter Einsatz von Projektverantwortlichen, durch und verzichten Sie auf Blitzaktionen (wie hastig durchgeführte Krisensitzungen zur Zufriedenstellung einzelner Vertriebspartner). Machen Sie eine gründliche Diagnose der Zusammenarbeit und verbessern Sie diese kontinuierlich im Zeitablauf.	
Entwickeln Sie geeignete Gestaltungsansätze und Lösungen für die Zusammenarbeit mit den Vertriebspartnern, angepasst auf die in Ihrem Unternehmen gegebenen Spielräume und Ressourcen. Stützen Sie sich dabei auf einen intensiven Austausch mit den Vertriebspartnern.	

Quelle: Dr. Christian Schmitz, Dr. Michael Reinhold: »Wer das Gold hält, bestimmt die Regeln«. Der Beitrag ist nachzulesen unter www.absatzwirtschaft.de.

Literaturtipp: Viele nützliche Tipps zum Thema Kommunikation mit ausländischen Geschäftspartnern, bezogen auf verschiedene Länder, finden Sie in dem Buch »Weltweit verhandeln« von Sascha Zeisberg, Redline Wirtschaft 2003.

Ertragssteigerung durch gezieltes Beschwerdemanagement

Kundenfluktuation ist eine der größten Kostenverursacher bei der Marktbearbeitung. Dagegen sichern und steigern zufriedene Stammkunden Umsätze. Ein Zuwachs von nur fünf Prozent bringt bereits 25 bis 100 Prozent mehr Gewinn. Das hat schon vor Jahren die Unternehmensberatung Bain & Company in einer Studie herausgefunden.

Kernstück eines jeden guten Kundenbindungsmanagements ist ein effektives Beschwerdemanagement, mit dem einem drohenden Kundenverlust direkt entgegengewirkt werden kann. Außerdem spart das Werbekosten, weil durch positive Mundpropaganda neue Kunden gewonnen werden, und verhindert Folgekosten durch weitere unzufriedene Kunden, weil Beschwerdursachen rechtzeitig beseitigt werden können.

Trotz der Tatsache, dass Renditen im zwei- bis dreistelligen Prozentbereich auf das eingesetzte Kapital ein professionelles Beschwerdemanagement (vgl. TARP 1986) rechtfertigen, werden in vielen Unternehmen Beschwerden nicht systematisch oder nur ungenügend behandelt. Vielfach werden sie nicht wichtig genug genommen, ständig weiter delegiert, nicht sofort bearbeitet und beantwortet und nicht als Chance zur kontinuierlichen Verbesserung erkannt. Die Folge: Imageschaden, Kundenverlust und damit hohe Kosten.

9.1 Nutzen, Ziele und Aufgaben des Beschwerdemanagements

Jedes Unternehmen hat unzufriedene Kunden. Das ist allein schon dadurch bedingt, dass in einem Unternehmen Menschen arbeiten und Menschen Fehler machen. Häufig beruhen Beschwerden deshalb auch auf Missverständnissen statt auf Service- oder Qualitätsmängeln.

Viele Kunden werden ihre Unzufriedenheit nie in Form einer Beschwerde ausdrücken. Sie scheuen diesen Weg. Manche, weil ihnen die Mühe zu groß ist. Andere, weil sie schon öfter an ständig besetzten Hotlines oder internen Zuständigkeitsproblemen gescheitert sind. Sie wandern lieber irgendwann sang- und klanglos zum Wettbewerber ab. Und ihre Zahl ist groß. Im Allgemeinen beschweren sich abhängig von der Branche weniger als fünf Prozent (Tomczak 1997) der unzufriedenen Kunden und treffen aufgrund der Beschwerdereaktion und Beschwerderegulierung des Unternehmens ihre Hop- oder Top-Entscheidung.

Gerade bei mittelständischen Unternehmen mit nur wenigen, aber großen Kunden muss besonderes Augenmerk auf deren Zufriedenheit gelegt werden. Jede einzelne Beschwerde hat großes Gewicht und kann bei Nichtbeachtung oder falscher Behandlung zu einem ökonomischen Desaster führen. Was der Verlust eines Kunden kostet, kann leicht errechnet werden.

Beispielrechnung

Angenommen, ein Unternehmen verliert jährlich fünf unzufriedene Kunden mit einem Durchschnittsumsatz von 50.000 Euro. Pro Jahr gehen dadurch 250.000 Euro Umsatz verloren. Durch ein gutes Beschwerdemanagement könnten dagegen 20 Prozent der Kunden gehalten und damit ein Umsatz von 50.000 Euro gesichert werden. Wenn jetzt auch noch die Kundenlebensdauer (Customer Life Value) eingerechnet wird und der Vorteil, dass die Beschwerdezufriedenheit eine positive Signalwirkung auf andere Kunden hat und dadurch Neukunden gewonnen werden könnten, steigert sich der Umsatzwert natürlich weiter.

Machen Sie in Ihrem Unternehmen eine ähnliche Rechnung auf und stellen Sie die Kosten eines eventuellen Beschwerdemanagements dagegen. Die Kundenverlustrate können Sie aus Ihren Umsatzstatistiken und Kundenkalkulationen ermitteln. Die Beschwerdemanagement-Kosten (Personalkosten, Regulierungskosten, Kommunikations- und Bürokosten et cetera) aus Ihrer Kostenrechnung. Um den Marktschaden durch

Abwanderung zu berechnen, empfehlen Stauss,B./Seidel,W. (Beschwerde-management, Hanser Verlag), zusätzlich Daten aus Kundenzufrieden-heitsbefragungen, aus Beschwerdezufriedenheitsbefragungen, Zahlen zur Wiederkaufsabsicht, die Abwanderungsrate und den Kommunikations-vorteil beziehungsweise -schaden zu berücksichtigen.

Bei den negativen und positiven Kommunikationseffekten können Sie davon ausgehen, dass

- zufriedene Kunden drei Weiterempfehlungen geben, davon führt jede zehnte zur Gewinnung eines neuen Kunden; unzufriedene Kunden teilen ihre Erfahrungen neun bis 15 weiteren Menschen mit;
- sich 96 Prozent der unzufriedenen Kunden nie beschweren und von den Kunden, die sich beschweren, etwa ein Drittel abwandert;
- Kunden, die sich beschweren, deren Problem aber nicht gelöst werden konnte, zu 50 Prozent abwandern;
- die Wiederkaufrate bei 82 Prozent liegt, wenn Beschwerden schnell gelöst werden.

Nutzen des Beschwerdemanagements

Anhand der folgenden Übersicht können Sie eine erste Grobrechnung aufmachen.

Übersicht: Nutzen des Beschwerdemanagements			
	Ohne Beschwer-demanagement	Mit Beschwerde-management	Nutzen des Be-schwerdema-nagements
Marktschaden durch Abwanderung			
Anzahl Kunden mit Problemen			
Anzahl abgewanderte Kunden			
Entgangener Umsatz/Jahr			
Entgangener Gewinn/Jahr			
Entgangener Lebenszeitgewinn*			

Marktschaden durch negative Mundpropaganda			
Anzahl angesprochene potenzielle Kunden			
Anzahl gewarnte potenzielle Kunden			
Verlorene potenzielle Kunden			
Entgangener Umsatz/Jahr			
Entgangener Gewinn/Jahr			
Entgangener Lebenszeitgewinn			
Markterfolg durch positive Mundpropaganda			
Anzahl potenzielle Kunden mit Kaufempfehlung			
Anzahl gewonnene Kunden			
Jahresumsatz			
Jahresgewinn			
Lebenszeitgewinn			
Gesamter Kommunikationsnutzen			
Umsatz/Jahr			
Gewinn/Jahr			
Lebenszeitgewinn			
Gesamtnutzen des Beschwerdemanagements			
Umsatz/Jahr			
Gewinn/Jahr			
Lebenszeitgewinn			

Nach: Stauss, B./Seidel, W.: »Beschwerdemanagement«, Hanser Verlag
* bezogen auf die durchschnittliche Kundenlebensdauer

Jeden Kunden um jeden Preis zu halten ist allerdings nicht der Weisheit letzter Schluss. Es muss immer wieder geprüft werden, ob es sich beim Beschwerdeführer tatsächlich um einen profitablen Kunden handelt oder ob er im Hinblick auf seine Wertschöpfung zukünftig eher als Verlustbringer einzustufen ist. Hier helfen Kundendeckungsbeitragsrechnungen und Kundenportfolios weiter.

Ziele und Aufgaben des Beschwerdemanagements

Die Einführung eines Beschwerdemanagements wird zur Pflichtübung für jedes Unternehmen, das

- gefährdete und profitable Kundenbeziehungen retten,
- Umsätze sichern,
- Imageschäden durch Kommunikation der negativen Erfahrungen abwenden,
- Fehler, Mängel und Schwachstellen abstellen,
- ein positives Image der Kundenorientierung aufbauen und
- Innovations- und Marktchancen nutzen will.

Bereits diese Ziele zeigen, dass Kundenbeschwerden Managementaufgabe sind. Nur wenn Beschwerden von der obersten Führungsebene ernst genommen werden, wird der Mitarbeiter, der den direkten Kundenkontakt hat, die Beschwerde zur Zufriedenheit lösen und in der Folge den Kunden halten können.

9.2   Komponenten eines guten Beschwerdemanagements

Lediglich einen oder mehrere Mitarbeiter einzusetzen, die sich künftig um die Beschwerden der Kunden kümmern sollen, reicht für ein gutes Beschwerdemanagement nicht aus. Dasselbe gilt für Maßnahmen, wie eine Beschwerdehotline zu implementieren oder hin und wieder eine Zufriedenheitsumfrage zu machen. Ein professionelles Beschwerdemanagement ist ein umfangreicher Prozess, der im Unternehmen installiert werden muss. Dazu gehören die Elemente

- Beschwerdestimulierung,
- Beschwerdeverständnis,
- Beschwerdeannahme,
- Beschwerdereaktion,
- Beschwerdebearbeitung
- Beschwerdeauswertung und
- Beschwerdecontrolling.

Beschwerdestimulierung

In sehr vielen Unternehmen werden Beschwerden behandelt, wenn sie auftreten. Die Praxis zeigt auch, dass mitunter sogar Beschwerdehürden bewusst und unbewusst aufgebaut werden, weil eigentlich keiner mit Beschwerden etwas zu tun haben will und sie als Kostentreiber angesehen werden. Sicher dürfen die Kosten nicht außer Acht gelassen werden. Es fallen Wiedergutmachungs-/Gewährleistungskosten, Personalkosten, Verwaltungs-/Raumkosten und Kommunikationskosten an. Aber der Erfolg rechtfertigt den Einsatz, wie einige Studien zeigen.

Beschwerden aktiv einfordern

Unter dem Gesichtspunkt, dass sich eigentlich viel zu wenige (nicht mehr als 5 Prozent) Kunden beschweren, strebt ein professionelles Beschwerdemanagement eine möglichst hohe Beschwerderate an. Je mehr unzufriedene Kunden ausgemacht werden können, desto höher ist auch die Chance, ihre Abwanderungsgefahr zu reduzieren und Umsätze zu sichern. Das heißt, wenn Sie sich für die Implementierung eines Beschwerdemanagements entscheiden, sollte der Aspekt der Beschwerdestimulierung einen wichtigen Platz einnehmen. Auch wenn Sie Ihr existierendes Beschwerdemanagement unter die Lupe nehmen, sollten Sie kritisch darauf schauen. Denn: Eine geringe Beschwerderate sagt noch lange nichts über die generelle Zufriedenheit der Kunden aus. Auch viele Kundenzufriedenheitsbefragungen erreichen letztendlich nur Kunden, die noch keine Abwanderungsgedanken haben. Kunden, die schon auf dem Sprung sind, werden sich kaum noch die Mühe machen, Ihre Fragen zu beantworten.

Beschwerdekanäle einrichten

Sie erreichen eine Beschwerdestimulierung auf verschiedenen Wegen. So können Sie unzufriedene Kunden auffordern, ihre Beschwerden auf schriftlichem oder telefonischem Weg sowie persönlich, beispielsweise direkt beim betreuenden Außendienst, oder via Internet an Ihr Unternehmen heranzutragen.

Viele Punkte sprechen allerdings für die telefonische Beschwerde. Das geht schneller und ist kostengünstiger im Vergleich zum Briefwechsel. Im direkten Gespräch mit dem Kunden kann auch auf seine Gefühle unmittelbarer eingegangen werden. Wütende Kunden werden leichter besänftigt. Das Gleiche gilt natürlich auch für das Gespräch mit dem Außendienst, der dann die Beschwerde an das Unternehmen weiterleitet.

Tipp: Fordern Sie Ihren Außendienst auf, nach jeder Lieferung beim Kunden anzurufen, ob er mit dem Produkt, der Liefergeschwindigkeit und dem Service zufrieden war. Das zeigt dem Kunden, dass Sie ernsthaftes Interesse an einer langjährigen Geschäftsbeziehung haben, und Ansätze von Unzufriedenheit können im Keim erstickt werden.

Tipps für Beschwerdewege

- Machen Sie Ihren Kunden den Beschwerdeweg so leicht wie möglich und fordern Sie sie aktiv auf, sich bei Unzufriedenheit zu beschweren.
- Legen Sie Ihren Produktlieferungen Beschwerdeformulare bei.
- Geben Sie alle wichtigen schriftlichen Kontaktdaten (Brief, Fax- und E-Mail-Adressen) Ihrer für die Beschwerdebehandlung verantwortlichen Personen bekannt.
- Richten Sie eine Beschwerde-Hotline ein. Sorgen Sie aber dafür, dass sie auch ausreichend von kompetenten Mitarbeitern besetzt ist. Wenn das für Ihr Unternehmen nicht möglich ist, verzichten Sie lieber ganz darauf. Nichts ist schlimmer, als wenn der Kunde ewig in der Warteschleife hängt oder nur mit einem Besetztzeichen konfrontiert wird.
- Installieren Sie, wenn das für Ihr Unternehmen passt, sogenannte Kummerkästen, in denen die Kunden ihre Beschwerden einwerfen können. Sorgen Sie für eine rasche Bearbeitung.
- Nutzen Sie auch das Internet, um einen elektronischen Kummerkasten einzurichten. Stellen Sie aber sicher, dass die Beschwerdeseite auch regelmäßig und in kurzen Abständen gesichtet und bearbeitet wird. Der Elektronikkonzern Siemens zum Beispiel hat auf seiner Internetseite eine eigene Beschwerdeseite eingerichtet.
- Bekunden Sie Ihren Willen zur Kundenorientierung, indem Sie auch schriftliche oder telefonische Befragungen zur Beschwerdezufriedenheit Ihrer Kunden durchführen.

Für welche Maßnahmen Sie sich auch immer entscheiden, berücksichtigen Sie dabei, dass für den Kunden möglichst wenige Kosten und wenig Zeitaufwand entstehen. Bieten Sie Ihnen immer mehrere Alternativen, die vor allen Dingen unkompliziert und leicht zugänglich sind sowie den Kunden wenig bis gar nichts kosten (zum Beispiel eine kostenlose Hotline-Nummer).

Beschwerdewege kommunizieren

Nun reicht es allerdings nicht aus, nur verschiedene Beschwerdewege anzubieten. Um eine effektive Beschwerdestimulierung zu erreichen, müssen Sie dem Kunden mitteilen,

* auf welchem Wege er seine Beschwerde loswerden kann und
* dass diese ausdrücklich erwünscht ist.

Letzteres drücken Sie beispielsweise aus, wenn Sie dem Kunden bestimmte Garantien auf Produkt oder Service geben und ihm für den Beschwerdefall eine Wiedergutmachung anbieten.

Nutzen Sie dazu die Ihnen zur Verfügung stehenden Kommunikationsmittel. Die Beschwerdestimulierung kann zum Beispiel auf Ihren Anzeigen, in der Kundenzeitschrift, in Katalogen oder Broschüren, auf Briefen, in Mailings, auf Meinungskarten oder sogar auf Rechnungen geschehen. Geben Sie am besten immer einen Ansprechpartner an, damit die Beschwerde unverzüglich an der richtigen Adresse landet.

Achten Sie dabei aber auf das richtige Maß und eine geschickte Formulierung. »Wir wollen, dass Sie zufrieden sind. Sind Sie es einmal nicht, dann sagen Sie uns das bitte. Ihre Meinung ist uns wichtig. Vielen Dank. Tel. ...«

Initiieren Sie nicht zu viel auf einmal, damit Sie sich auf Beschwerdeeingänge auch entsprechend vorbereiten können.

Beschwerdeverständnis und -annahme

Wer Beschwerden stimuliert, muss die Menge bewältigen und natürlich auch jede einzelne Beschwerde entsprechend regeln können. Hier liegt nun auch der am meisten kritische Punkt. Der Punkt, an dem der Beschwerdeführer sein Anliegen mehr oder weniger echauffiert vorträgt und der Mitarbeiter Ihres Unternehmens die Beschwerde mehr oder weniger freundlich entgegennimmt und eine Lösung anbietet. Einige klare Regeln und Hilfestellungen können helfen, damit dieser Prozess erfolgreich verläuft.

Wählen Sie für die Beschwerdeannahme Mitarbeiter aus, die wirklich kundenorientiert denken, eine positive Einstellung zu Fehlern und damit Beschwerden haben und persönlich so gefestigt sind, dass sie auch mit schwierigen Kunden leicht umgehen können. Achten Sie bereits bei der Einstellung von neuen Mitarbeitern auf solche Kriterien.

Beschwerden verstehen

Bereits der Erstkontakt entscheidet, ob der Kunde mit seiner Beschwerde ein zweites Mal enttäuscht wird oder sich mit seinem Anliegen gut aufgehoben fühlt und das Vertrauen in Ihr Unternehmen teilweise oder ganz wiederhergestellt wird. In dieser kritischen Situation ist nun mancher Mitarbeiter verständlicherweise überfordert, wenn er von Kunden beschimpft, bedroht und angeschrien wird. Hier ist Hilfe nötig und an diesem wichtigen Punkt sollten Sie auch nicht sparen. Entweder Sie schicken Ihre Mitarbeiter auf Schulungen, in denen der Umgang mit schwierigen Kunden trainiert wird. Oder Sie geben ihnen kurze, knappe Tipps an die Hand, die sie motivieren, stärken und ihnen helfen, den notwendigen persönlichen Abstand zu gewinnen.

Praxistipps für Mitarbeiter

Hier sind zehn nützliche Tipps für Beschwerdegespräche, die Sie Ihren Mitarbeitern an die Hand geben können. Am besten, die Mitarbeiter legen sich diese Tipps an einen gut sichtbaren Platz neben das Telefon. Jeden Morgen, wenn der »Beschwerdetag« beginnt, sollten diese Tipps gelesen werden – bis sie irgendwann verinnerlicht sind.

1. Ich nehme nichts persönlich.

Das ist wohl der wichtigste und schwierigste Grundsatz, der bei der Beschwerdeannahme beachtet werden sollte. Sagen Sie sich immer wieder vor, wenn Sie einen tobenden Kunden am Telefon oder persönlich vor sich haben: Dieser Kunde meint in Wirklichkeit nicht mich.

2. Ich lasse den Kunden ausreden.

Wenn Sie einen Kunden unterbrechen, wird er nur noch zorniger werden. Lassen Sie ihn seinen Ärger loswerden, dann ist er leichter zu besänftigen und eine vernünftige Lösung kann gefunden werden.

3. Ich zeige Verständnis für den Kunden.

Finden Sie einfühlende Sätze: »Ich kann Sie gut verstehen.«, »Darüber würde ich mich auch ärgern.«, »Ich kann mir vorstellen, dass Ihnen das …« Drücken Sie Verständnis für den Kunden aus, aber schimpfen Sie nicht über Ihr Unternehmen oder andere Mitarbeiter im Unternehmen.

4. Ich bleibe ganz ruhig.

Lassen Sie sich nicht von Sätzen wie »Bei Ihnen klappt gar nichts!« aus der Ruhe bringen. Überhören Sie aggressive Worte und Anfeindungen. Gehen Sie nicht darauf ein. Vermeiden Sie jeden Gegenangriff.

5. Ich mag meinen Gesprächspartner.

Das ist manchmal schwierig vorzustellen, vor allen Dingen, wenn Sie ihn gar nicht kennen. Trotzdem, versuchen Sie diese Einstellung zu gewinnen. Heißen Sie innerlich jeden Beschwerdeführer willkommen. Je positiver Sie denken, desto positiver werden Ihre Ausstrahlung und Ihre Stimme. Bleiben Sie freundlich, aber übertreiben Sie nicht.

6. Ich wiederhole die Beschwerde des Kunden.

Damit vergewissern Sie sich, ab Sie alles korrekt notiert und verstanden haben, der Kunde fühlt sich mit seiner Beschwerde ernst genommen und kann gegebenenfalls berichtigen.

7. Ich bedanke mich, aber prüfe auch gründlich.

Bedanken Sie sich bei dem Kunden, dass er sich gleich meldet. Fragen Sie dann genauer nach, zum Beispiel wie der Kunde das Gerät gehandhabt hat. Verwenden Sie dazu offene Fragen: »Wie haben Sie das Gerät aufgestellt?« Wenn Missverständnisse auf beiden Seiten vorliegen, dann fragen Sie den Kunden auch, wie er sich die Lösung vorstellt. Nun muss er sich in Ihre Lage versetzen und reduziert vielleicht seine Erwartungen.

8. Ich halte den Kunden auf dem Laufenden.

Können Sie die Beschwerde nicht sofort lösen, dann teilen Sie dem Kunden die weiteren Schritte mit. Sichern Sie ihm eine rasche Erledigung zu, machen Sie aber keine unrealistischen Versprechen und wecken Sie keine falschen Erwartungen.

9. Ich entschuldige mich.

Stellt sich heraus, dass der Kunde mit seiner Beschwerde im Recht ist, sollten Sie sich uneingeschränkt entschuldigen.

10. Ich frage nach, ob er mit der Lösung zufrieden ist.

Fragen Sie bei dem Kunden nach der Lösung der Beschwerde nach, ob alles zu seiner Zufriedenheit gelaufen ist. Wenn Sie hier ein uneingeschränktes »Ja« hören, dann können Sie sicher sein, diesen Kunden gehalten zu haben.

Tipp: Bieten Sie den Mitarbeitern finanzielle oder persönliche (Beförderung, Auszeichnungen) Anreize. Sie sollten aber so gestaltet sein, dass sie nicht zu einer Vermeidungsstrategie, also zum Beispiel zu einer Verringerung der Beschwerderate führen. Anreizsysteme könnten an die Beschwerdeziele, zum Beispiel an die Wiederkaufsrate der sich beschwerenden Kunden oder die Stammkundensteigerungsrate gekoppelt werden.

Beschwerdeinformationen erfassen

Legen Sie genau fest, was bei der Beschwerdeannahme notiert oder in ein elektronisches System eingegeben werden soll. Wichtig sind folgende Daten:

- Kontaktdaten des Beschwerdeführers
- Verärgerungsgrad
- Beschwerdegrund (Produkt, Service, Preis et cetera)
- Beschwerdeinhalte
- Beschwerdeumstände
- Beschwerdedringlichkeit
- Beschwerdegrad (erste, zweite et cetera Beschwerde)
- Beschwerdeeingangsdatum
- Beschwerdekanal
- Beschwerdeverantwortlicher und die Beschwerdelösung

Damit Beschwerden nicht nur im Sinne des Kunden behandelt werden, sondern auch Ihr Unternehmen einen Nutzen davon hat, sollten Sie besonders die Beschwerdeinhalte beachten. Sind Anregungen für eventuelle Produkt- und/oder Prozessinnovationen dabei? Legen Sie in einem Kriterienkatalog fest, welche Art von Beschwerden in welche Abteilung an welche Person zur Prüfung ebendieser Innovationsanstöße weitergeleitet werden soll, damit eventuelle Marktchancen nicht ungeprüft und ungenutzt an Ihnen vorbeigehen.

Beschwerdereaktion und -bearbeitung

Können Beschwerden nicht sofort beim Erstgespräch erledigt werden, dann muss ein Bearbeitungsprozess in Gang gesetzt werden. Je genauer dieser festgelegt ist, desto professioneller und erfolgreicher wird er im Sinne der Kundenzufriedenheit und des Unternehmensgewinns ablaufen.

Beschwerden bearbeiten und Lösungen anbieten

Prozessablauf: Erst einmal sollte möglichst klar beschrieben und standardisiert werden, in welcher Art und Weise mit welchen Beschwerden verfahren werden soll. Nur bei besonders wichtigen Kunden oder in ganz schwierigen Fällen ist eine individuelle Vorgehensweise empfehlenswert.

Prozessverantwortliche: Als Nächstes muss geklärt werden, welche Abteilung oder welche Zweigstelle für eine schnelle Lösung eingeschaltet werden muss. Eine Person könnte beispielsweise für den Gesamtablauf (Process Owner) und/oder für die einzelnen Schritte (Complaint Owner) verantwortlich festgelegt werden. Diese Informationen müssen einer eventuellen allgemeinen Beschwerdeannahmestelle zur Verfügung stehen.

Prozessprioritäten: Dann sollten Prioritäten festgelegt werden. Welche Art von Beschwerden und von welchen Kunden hat oberste Handlungspriorität? Das sind sicherlich Fälle, in denen zum Beispiel die Gefahr besteht, dass sehr gute und profitable Kunden abwandern könnten, es um hohe Schäden (Vermögen/Image) geht oder gerichtliche Schritte drohen. Wer muss davon unbedingt unterrichtet werden? Wer muss sich um die Behandlung der Beschwerde kümmern?

Prozesszeiträume: Je schneller Beschwerden bearbeitet werden, desto zufriedener sind die Kunden. Daher ist eine klare Terminvorgabe für eine Beschwerderegulierung unerlässlich. Diese ist natürlich von den internen Bearbeitungszeiten, die so kurz wie möglich gehalten werden sollten, von den verfügbaren Ressourcen, der Art der Beschwerden und vom Beschwerdeaufkommen abhängig. Unrealistische Zeitvorgaben machen keinen Sinn, weil diese auch an den Kunden weitergegeben werden. Das verursacht Frustration bei den überforderten Beschwerdebearbeitern und den Kunden. Dagegen gewinnen Sie das Vertrauen des Kunden, wenn Sie realistische Versprechungen machen und diese korrekt einhalten. Sollte eine Regulierung absehbar länger dauern, muss der Kunde auf dem Laufenden gehalten werden.

Auf alle Fälle sollte er eine Eingangsbestätigung seiner Beschwerde bekommen, Zwischenbescheide, falls kein Erledigungstermin festgelegt wurde und einen abschließenden Bescheid, wenn die Beschwerde erledigt ist. So muss der Kunde nicht immer von sich aus aktiv werden und fühlt sich in guten Händen.

Kompetenzen: Legen Sie auch von vorneherein fest, in welchem Rahmen die Mitarbeiter Wiedergutmachungskompetenzen haben:

- Dürfen sie Preisnachlässe in bestimmter Höhe geben, den Kaufpreis rückerstatten oder einen Umtausch anbieten? Bis zu welchem Betrag können sie eigenverantwortlich entscheiden? Wann muss Rücksprache gehalten werden? Welche Fälle wollen Sie als Chef oder der verantwortliche Abteilungsleiter auf alle Fälle einsehen?
- Wann darf von Firmenrichtlinien abgewichen werden, damit flexibler und schneller reagiert werden kann? Definieren Sie die Ausnahmefälle.
- Wollen Sie dem Kunden Wahlmöglichkeiten bei der Beschwerderegelung anbieten?
- Was passiert, wenn zum Beispiel im Falle einer unfreundlichen Behandlung keine materielle Gutmachung, sondern nur eine Entschuldigung möglich ist? Soll der Mitarbeiter zumindest eine Entschädigung für Anruf, Zeit und Aufwand anbieten?
- Sollen die Mitarbeiter, was die Klärung von Beschwerden angeht, Weisungsbefugnis gegenüber anderen Abteilungen und Mitarbeitern haben, die für die Behandlung der Beschwerde zuständig sind?
- Welche Kunden sind kulanter zu behandeln als andere? Hier spielen der langfristige Kundenwert und die Gewichtigkeit der Beschwerde eine entscheidende Rolle.
- In welchen Fällen sollen die Beschwerden nachgeprüft werden, wann sollen sie ungeprüft gelöst werden? Bei dieser Frage ist immer zu berücksichtigen, ob eine Nachprüfung von Fällen letztendlich teurer kommt, als wenn einige Beschwerden, die vielleicht nicht ganz so berechtigt sind, ohne größere Umstände gelöst werden. Prüfen Sie also, ab welcher Höhe eine Einzelfallprüfung kostenrelevant ist.

Mit elektronischen Beschwerdemanagementsystemen sind die Kommunikation zwischen den Bearbeitungsstellen sowie die Erfassung der einzelnen Bearbeitungsschritte und möglicher Änderungen im Beschwerdefall besonders leicht möglich. Ihre Mitarbeiter im Beschwerdemanagement sollten jederzeit und per Knopfdruck Zugriff auf alle relevanten Produkt- und Kundendaten haben. Richten Sie deshalb entsprechende Kunden- und Produktdatenbanken ein.

Beschwerdeabschluss: Geben Sie vor, wann eine Beschwerde definitiv als abgeschlossen gilt – zum Beispiel, wenn der Kunde nach erfolgter Rücksprache sein O.K. gibt. So stellen Sie sicher, dass keine Beschwerde als beendet betrachtet wird, die nicht tatsächlich erledigt ist.

Beschwerdekontrolle: Überlegen Sie sich auch, wie die Einhaltung von Terminen und die gewünschte Erfüllung der Aufgabenbereiche kontrolliert werden können. Mit Software-Programmen, die mit einem Mahnsystem und einem Eskalationssystem (automatische Weiterleitung an die nächsthöhere Ebene) gekoppelt sind, ist dies leichter möglich als nur mit manueller Erfassung.

Beschwerdeauswertung: Während die Bearbeitung der Beschwerden ausschließlich mit dem einzelnen Kunden und seiner wiederherzustellenden Zufriedenheit zu tun hat, bringt eine Beschwerdeanalyse dem Unternehmen großen Nutzen. Denn auch wenn sich beschwerende Kunden immer wieder zufrieden gestellt werden, wird trotzdem nach mehrmaligem Auftreten der gleichen Beschwerde auch der geduldigste Kunde zum Mitbewerber abwandern, in der Hoffnung, dass es dort diese Probleme nicht gibt. Das heißt, nur kulant zu reagieren, reicht nicht aus. Ein Unternehmen muss auch entsprechende Veränderungen veranlassen.

Beschwerden als Chancen nutzen

Eine Beschwerdeanalyse muss die Beschwerdeursachen herausfinden und die gewonnenen Informationen in Form von Beschwerdereports an die entsprechende Abteilung (Entwicklungsabteilung, Marketing, Vertrieb, Service et cetera) weiterleiten. Dort wird der Kundeninput oder die Beschwerdeursache geprüft und entweder generell abgestellt beziehungsweise als Markchance (Neuentwicklung, Produktverbesserung) genutzt.

Legen Sie genau fest, in welchen Abständen Beschwerdereports erstellt werden, welche Informationen oder Auswertungen sie enthalten und an wen sie weitergeleitet werden sollten (mehr zu Auswertungen von Beschwerden siehe Stauss, B./Seidel, W.: »Beschwerdemanagement«, Hanser Wirtschaft, 2007).

Beschwerdeplanung und -controlling

Wenn Sie ein systematisches Beschwerdemanagement in Ihrem Unternehmen einführen wollen, ist es ganz wichtig, dass Sie klare Ziele und ein entsprechendes Budget festlegen. Die Ziele (Beispiele: Steigerung der Wiederkaufrate, Erhöhung der Beschwerderate, Erhöhung der Stammkundenanzahl) sollten messbar sein und deshalb so konkret wie möglich formuliert werden. Aus den definierten Zielen können dann Kennzahlen abgeleitet werden. Die Erreichung der Ziele, die Effektivität der Beschwerdebearbeitung und die Einhaltung des Budgets sind Gegenstand eines regelmäßigen Controllings.

Für die Zielkontrolle können Sie beispielsweise Kundenzufriedenheitsbefragungen durchführen oder anhand von Ist- und Sollvergleichen feststellen, ob die gesetzten Ziele auch erreicht wurden. Führen Sie auch für das geplante Budget Ist- und Sollvergleiche für alle mit dem Beschwerdemanagement verbundenen Kosten wie Personal, Wiedergutmachungskosten, Verwaltungs- und Kommunikationskosten et cetera durch. Stellen Sie diese dem quantifizierten Nutzen Ihres Beschwerdemanagements gegenüber. Mit folgender Formel ermitteln Sie den RoC, den Return on Complaint Management:

$$\text{Return on Complaint Management (RoC)} = \frac{\text{Netto-Nutzen des Beschwerdemanagements}}{\text{Investitionen in das Beschwerdemanagements}}$$

Auch der Bearbeitungsprozess sollte immer wieder auf seine Effektivität geprüft werden: Werden alle schriftlich festgehaltenen Anweisungen befolgt? Wo gibt es die meisten Probleme? Was kann besser gemacht werden? Wie steht es um die Schnelligkeit der Bearbeitung? Um diese Fragen überprüfen zu können, müssen Sie zuvor aussagefähige Standards im Hinblick auf die verschiedenen Aufgaben (Beschwerdestimulierung, -annahme, -bearbeitung, -reaktion und -auswertung) festlegen. Auch qualitative Kriterien wie die Zugänglichkeit, der Kundenkontakt, die Reaktionsschnelligkeit, die Lösungsqualität spielen dabei eine Rolle. Bei der Überprüfung der qualitativen Leistungen hilft eine Umfrage zur Beschwerdezufriedenheit weiter.

Hilfe von der Software

Es bieten sich drei Möglichkeiten an. Entweder Sie geben eine Eigenentwicklung speziell für das Beschwerdemanagement in Auftrag oder Sie nutzen Standardprogramme wie zum Beispiel die Microsoft Access-Beschwerdedatenbank. Sie können sich aber auch für eine globalere Lösung, zum Beispiel ein CRM-Softwareprogramm mit integriertem Beschwerdemanagement, entscheiden. Eine Kosten-/Nutzen-Analyse hilft bei dieser Investitionsentscheidung.

Welche Anforderungen soll eine Beschwerdemanagement-Software erfüllen? Dazu hier eine Checkliste nach Ch. Homburg (»Complaint Management Excellence«) mit den wichtigsten Kriterien.

Checkliste: Software-Anforderungen	
Kriterien	**Trifft zu**
Ein Beschwerdemanagement-Informationssystem soll	❏
die strukturierte, vollständige und schnelle Beschwerdeannahme ermöglichen.	❏
die Steuerung des kompletten Beschwerdebearbeitungsprozess ermöglichen.	❏
ein Mahnsystem enthalten, das den verantwortlichen Mitarbeiter anmahnt, wenn er den festgelegten Zeitpunkt für die Beschwerderegulierung verpasst hat.	❏
ein Eskalationssystem enthalten, dass bei deutlichem zeitlichem Verzug den Fall an die nächsthöhere Verantwortungsebene zur Bearbeitung weiterleitet.	❏
eine effektive und effiziente Kommunikation mit den Beschwerdeführern unterstützen.	❏
bei der Festlegung einer konsistenten und schnellen Wiedergutmachung helfen.	❏
die Speicherung von Beschwerdeinformationen ermöglichen.	❏
die Erstellung von Berichten zur Ableitung von Verbesserungsmaßnahmen ermöglichen.	❏
das Controlling des Beschwerdemanagements unterstützen.	❏
kompatibel zu anderen unternehmensinternen und externen Informationssystemen sein.	❏
mit den wichtigsten anderen unternehmensinternen Informationssystemen (z. B. Kundendatenbanken, Qualitätssicherungsprogrammen, Buchhaltungssystemen, Logistiksystemen) verbunden sein.	❏
unternehmensweit und eventuell mit Absatzmittlern kommunizieren können.	❏
alle Mitarbeiter inklusive der Entscheider auf das System zugreifen lassen – schnell, unkompliziert und zielgruppenorientiert.	❏

9.3   Einführungsstrategie in sechs Schritten

Eine allgemeine Empfehlung für die organisatorische Struktur eines Beschwerdemanagements kann es nicht geben, da Unternehmen viel zu unterschiedlich strukturiert sind. Mittelständische Unternehmen mit nur einem Standort, nur wenigen Kunden und einem überschaubaren Leistungsangebot müssen beispielsweise keine eigene Abteilung einrichten. Hier reicht es meistens aus, nur die Zuständigkeiten für Beschwerden, ein entsprechendes Reporting und eine folgende quantitative und qualitative Auswertung der Beschwerden eindeutig festzulegen. Umso mehr ist jedoch die Kompetenz der Mitarbeiter beim Beschwerdeprozess gefragt.

Anders bei Unternehmen, die an mehreren Standorten angesiedelt sind, eine Vielzahl von Kunden haben und Absatzmittler benötigen. Hier ist eine einheitliche Beschwerdepolitik anzuraten, weil Beschwerden bei den Absatzmittlern immer auch auf das Hauptunternehmen zurückfallen. Je nach Produkt, Anzahl der Kunden und Art der Vertriebsstrukturen sind andere organisatorische Erfordernisse zu realisieren.

Tipps für ein schrittweise Vorgehen

1. Schritt: Analysen Sie zunächst einmal die Ist-Situation. Klären Sie die folgenden Fragen soweit möglich.

Fragen zur Klärung der Ist-Situation
Wie viele Beschwerden gehen auf welchen Wegen derzeit in Ihrem Unternehmen täglich, wöchentlich oder monatlich ein?
An wen (Mitarbeiter, Abteilung) wenden sich die unzufriedenen Kunden hauptsächlich?
Wie viel Zeit benötigen Ihre Mitarbeiter zurzeit für die Behandlung von Beschwerden?
Gibt es Zeiten, in denen sich Beschwerden besonders stark häufen? Zum Beispiel nach monatlichen Auslieferungen, nach regelmäßigen Bestelleingängen?
Wie werden die Beschwerden behandelt? Welche Lösungen werden den Kunden in welchen Fällen angeboten?
Sind die Kunden (nach Meinung der Mitarbeiter, aufgrund von Beschwerdezufriedenheitsumfragen) mit der Beschwerdelösung zufrieden?
Wie hoch ist die Zahl der Kunden, die sich über dasselbe Problem mehrfach beschweren?

> Wie viele Kunden, die sich beschwert haben, kaufen weiterhin in Ihrem Unternehmen (Wiederkaufrate) bzw. kaufen nicht mehr (Verlustquote)?
>
> Wie ist die Beschwerdebearbeitung momentan organisiert? Gibt es klare Zuständigkeiten? Wie lange sind die Reaktionszeiten auf Beschwerden?

Auch eine erste Analyse der Beschwerdegründe ist sinnvoll, um weitere Erkenntnisse für die inhaltlichen Konzepte, für die geplanten Kompetenzen und die weitere Verwertung der wertvollen Informationen zu gewinnen.

2. Schritt: Schätzen Sie ab, wie viele Beschwerden künftig kommen könnten, wenn Sie weitere Zugangswege ermöglichen und mit verschiedensten Aktivitäten weitere Beschwerden stimulieren würden.

Empfehlenswert ist eine Testphase, zum Beispiel in einer bestimmten Region oder mit einem festgelegten Kundenstamm, um herauszufinden, welche Reaktionen Ihre Maßnahmen möglicherweise flächendeckend auslösen würden. Testen Sie die geplanten Stimulierungsmaßnahmen der Reihe nach, um nicht völlig überrannt zu werden. Achten Sie auf Spitzenzeiten und Spitzenwerte des Beschwerdeeinganges.

3. Schritt: Planen Sie nun den Einsatz der personellen und technischen Ressourcen. Klären Sie dazu diese Fragen:

- Zu welchen Tageszeiten oder an welchen Tagen müssen beispielsweise verstärkt Mitarbeiter die Telefone besetzen?
- Ist es nötig, eine Beschwerdehotline einzurichten und kann die auch ausreichend besetzt werden?
- Kommt das Internet als sinnvolles Beschwerdestimulierungsinstrument infrage und können Sie schnelle Reaktionszeiten sicherstellen?
- Haben die Mitarbeiter jederzeit Zugriff auf Kundendatenbanken, um sofort über den Wert des Kunden, seine Historie, die gerade gelieferte Ware, die Vertragsbedingungen und andere wichtige Daten Bescheid zu wissen? Oder muss der Kunde erst bei Adam und Eva anfangen, bevor er seine Beschwerde loswerden kann?
- Gibt es Erfassungsinstrumente (schriftlich, elektronisch), mit denen die Art der Beschwerde, der Inhalt, die Beschwerderegulierung erfasst und später ausgewertet werden können? Wichtige Informationen sollten auf keinen Fall verloren gehen.

4. Schritt: Definieren Sie den Bearbeitungs- und Reaktionsprozess ganz genau. Betrachten Sie auch hier wieder die Ist-Situation. Nehmen Sie sich ein paar Beschwerdefälle, zum Beispiel die Beschwerden des letzten Monats vor und analysieren Sie den Weg, den Sie von der Artikulation bis zur Lösung gegangen sind.

Checkliste: Ist-Analyse der Beschwerdebearbeitung
Wer hat die Beschwerde angenommen?
Welcher Art war die Beschwerde? (Service, Produkt et cetera)
Wer war der Beschwerdeführer? Ein profitabler Kunde oder nicht?
War es eine Erstbeschwerde oder eine Folgebeschwerde?
An wen wurde sie weitergeleitet?
Wer ist in dem Fall aktiv geworden?
Welche Abteilung hat das Problem gelöst?
Wie schnell wurde die Beschwerde erledigt?
Wurde der Kunde zwischenzeitlich über den Beschwerdeweg oder -prozess, den Zeitrahmen, die Lösungsmöglichkeiten informiert?
Welche Lösung wurde in welchem Fall angeboten?
Welche Beschwerden sind bis an die Geschäftsleitung herangetragen worden?

Auf Grund dieser Analyse können Sie nun effektivere Bearbeitungswege festlegen: Bestimmen Sie, wer in welchen Fällen die Beschwerden annimmt und gegebenenfalls weiterleitet. Welche Abteilung soll für welche Art von Beschwerdefall, für die Prüfung des Falls und die Lösung zuständig sein? Je nachdem, ob es sich um Produktfehler, Qualitätsmängel, Lieferprobleme oder Serviceleistungen handelt, wird eine andere Abteilung beauftragt werden müssen.

5. Schritt: Formulieren Sie messbare und konkrete Ziele für Ihr Beschwerdemanagement. Woran können Sie den Erfolg messen? An der Menge der beschwerenden Kunden, die wieder kaufen? An einer Steigerung der Stammkundenquote, an der Wiederkaufrate, an der Verlustquote?

6. Schritt: Informieren Sie sich über Möglichkeiten, ein IT-gestütztes System einzuführen, in dem alle Daten und Informationen über Kunden und Beschwerden in einer Datenquelle für alle zur Verfügung stehen. Lohnt es sich, über ein umfangreicheres, beispielsweise ein CRM-System, nachzudenken, oder hat Ihr Unternehmen wenige große und wichtige Kunden, die sie noch problemlos ohne Software handeln können?

7. Schritt: Führen Sie ein Mahn- und Eskalationssystem ein, damit Beschwerden in einem bestimmten Zeitrahmen erledigt werden. Mit einer entsprechenden Software lässt sich das leicht gewährleisten. Ist die Zeit überschritten, wird der Mitarbeiter angemahnt, nach einer weiteren definierten Zeitspanne wird er wieder angemahnt und die Beschwerde klettert eine Hierarchieebene höher. Um Ärgernisse zu vermeiden, darf dieser Prozess aber nicht zu lange dauern. Das führt dann garantiert zum

Kundenverlust, wenn eine Beschwerde erst nach vielen Wochen schließlich beim Geschäftsführer landet.

8. Schritt: Schicken Sie die Mitarbeiter, die Beschwerden annehmen und bearbeiten, auf entsprechende Schulungen. Wichtig ist eine Schulung ihrer kommunikativen Fähigkeiten (zuhören können, auf den Kunden eingehen), der organisatorischen Fähigkeiten (schnell das Richtige tun) und der analytischen Fähigkeiten (was hat der Kunde für ein Problem, was erwartet er, wie können wir ihm helfen). Geben Sie ihnen übersichtliche Merkblätter an die Hand, auf denen die wichtigsten Verhaltenstipps aufgeführt sind.

9. Schritt: Richten Sie einen regelmäßigen Analyseprozess ein, dessen Ergebnisse auch an die richtigen Stellen weitergeleitet werden. Dort muss sichergestellt sein, dass die Informationen richtig gewertet und entsprechend bearbeitet werden. Die Analyse sollte von Mitarbeitern durchgeführt werden, die Ihre Produkte oder die Dienstleistung genau kennen. So ist gewährleistet, dass qualifizierte Aussagen über mögliche Fehlerquellen getroffen und Schwachstellen im Unternehmen aufgedeckt werden können. Analysiert werden soll sowohl die Art des Fehlers als auch seine Ursache. Die Ergebnisse sollten dann in entsprechende Maßnahmen umgesetzt werden, die zukünftig die Beschwerdegründe vermeiden helfen. Nur so wird das Beschwerdemanagement zu einem kontinuierlichen Verbesserungsprozess, der die Wettbewerbsfähigkeit Ihres Unternehmens sichert.

10. Schritt: Vernachlässigen Sie das Controlling nicht. Das wird einfacher, wenn Sie sich für eine IT-Lösung entscheiden, die zum Beispiel die Möglichkeit anbietet, Aktivitäten den Arbeitszeiten zuzuordnen und mit kalkulatorischen Stundensätzen zu verrechnen, sowie das verursachungsgerechte Zuordnen von Kosten und Aufwendungen zu Aufgaben und Kundenanliegen zulässt. Aber auch ohne Software ist es möglich, eine Übersicht der Beschwerdemanagement-Kosten im Vergleich zu den erreichten Zielen zu führen und ein Kosten-Nutzen-Controlling einzuführen.

Fragebogen zur Beschwerdezufriedenheit der Kunden

1. Sie haben sich in den vergangenen Monaten über unser Unternehmen geärgert und sich beschwert. Was war der Grund für Ihre Beschwerde?

❏ Problem A ❏ Problem B ❏ Problem C ❏ Problem D ❏ _____

2. Auf welchem Weg haben Sie Ihre Beschwerde vorgebracht?

❏ Brief ❏ persönlich ❏ Telefon ❏ E-Mail ❏ per Internet ❏ _____

3. An welche Person/Abteilung haben Sie Ihre Beschwerde gerichtet?

_____

4. War es leicht, sich bei uns zu beschweren?

sehr leicht ❏ ❏ ❏ ❏ ❏ sehr schwierig

Falls Schwierigkeiten auftraten: Worin lagen diese Schwierigkeiten?

_____

5. Welche Lösung des Problems wollten Sie konkret mit Ihrer Beschwerde erreichen?

_____

6. Welche Lösung wurde Ihnen angeboten?

_____

7. Wie zufrieden waren Sie mit der Lösung?

sehr zufrieden ❏ ❏ ❏ ❏ ❏ unzufrieden

8. Wie beurteilen Sie unsere Reaktion auf Ihre Beschwerde (bei der Annahme, bei Rückfragen, bei der Beantwortung) in Bezug auf

	sehr zufrieden ❏	❏	❏	❏	❏ unzufrieden
Freundlichkeit		❏	❏	❏	❏	❏
Verständnis für Ihre Lage		❏	❏	❏	❏	❏
Individuelle Behandlung Ihres Falles		❏	❏	❏	❏	❏
Hilfsbereitschaft		❏	❏	❏	❏	❏
Aktive Kontaktaufnahme mit Ihnen		❏	❏	❏	❏	❏
Verlässlichkeit von Zusagen		❏	❏	❏	❏	❏

9. Wie lange hat es gedauert, bis der Fall abgeschlossen war (Zeit vom Einreichen der Beschwerde bis zur endgültigen Antwort)?

10. Wie zufrieden waren Sie mit der Schnelligkeit der gesamten Beschwerdeabwicklung?
sehr zufrieden ❏ ❏ ❏ ❏ ❏ unzufrieden

11. Bitte gewichten Sie folgende vier Aspekte unserer Beschwerdebehandlung. Ihnen stehen 20 Punkte zur Verfügung. Bitte verteilen Sie die Punkte so, dass der wichtigste Aspekt die meisten Punkte, der zweitwichtigste Aspekt usw. bekommt.
Zugänglichkeit unseres Unternehmens (Erreichbarkeit der zuständigen Stelle, Kenntnis der Beschwerdeadresse) _____

Art der Reaktion (Freundlichkeit, Verständnis, Bemühtheit, Individualität, Aktivität) _____

Angemessenheit der Problemlösung (Vollständigkeit, Fairness, Wiedergutmachung) _____

Schnelligkeit (schnelle Antwort, kurze Bearbeitungsdauer) _____
Summe 20

12. Wie zufrieden sind Sie insgesamt mit der Abwicklung Ihres Beschwerdefalles?
sehr zufrieden ❏ ❏ ❏ ❏ ❏ unzufrieden

13. Was hätten wir bei der Behandlung Ihrer Beschwerde besser machen können?

14. Wie war/ist Ihre Meinung über uns, ...

bevor das Problem aufgetreten ist?
sehr gut ❏ ❏ ❏ ❏ ❏ sehr schlecht
nachdem das Problem aufgetreten war?
sehr gut ❏ ❏ ❏ ❏ ❏ sehr schlecht
heute, nach Abschluss des Falles?
sehr gut ❏ ❏ ❏ ❏ ❏ sehr schlecht

15. Haben Sie über Ihre Beschwerdeerfahrung mit anderen Personen (Freunden, Verwandten, Kollegen) gesprochen?

❑ ja   ❑ nein

Falls ja: Wie viele Personen etwa? Etwa _____ Personen.

16. Haben Sie aufgrund Ihrer Beschwerdeerfahrung anderen Personen (Freunden, Verwandten, Kollegen) empfohlen, Produkte unseres Unternehmens zu kaufen?

❑ ja   ❑ nein

Falls ja: Wie viele Personen etwa? Etwa _____ Personen.

17. Haben Sie aufgrund Ihrer Beschwerdeerfahrung anderen Personen (Freunden, Verwandten, Kollegen) abgeraten, Produkte unseres Unternehmens zu kaufen?

❑ ja   ❑ nein

Falls ja: Wie viele Personen etwa? Etwa _____ Personen.

18. Werden Sie aufgrund Ihrer Beschwerdeerfahrung weiterhin unser Kunde bleiben?

❑ ja   ❑ nein

Vielen Dank für Ihre Mühe. Sie haben uns sehr geholfen.

Nach Stauss, B./Seidel, W.: »Beschwerdemanagement«, Hanser-Verlag

Ertragsorientierte Vertriebssteuerung

Um das Vertriebsmanagement bei allen Entscheidungen, die eine optimale Kundenbetreuung betreffen, zu unterstützen, ist eine umfassende Informationsversorgung sicherzustellen. Diese erfolgt über die Vertriebssteuerung beziehungsweise das Vertriebscontrolling durch das Bereitstellen von Informationen sowie die Steuerung und Kontrolle der durchgeführten Vertriebsmaßnahmen.

In der Praxis wird – vor allem in mittelständischen Unternehmen – die Vertriebsarbeit selten kritisch überprüft. Das zeigt eine Studie der Beratung Rölfs Partner Management (www.roelfspartner.de). Die Berater beobachteten intuitives Handeln und unstrukturierte Vertriebsarbeit mit der Folge, dass substanzielle Gewinnpotenziale ungenutzt blieben. Fehlende Transparenz hinsichtlich der Kundenpotenziale und daraus resultierend die mangelnde Fokussierung in der Betreuung stelle oft ebenso ein Problem dar wie eine undifferenzierte Preisgestaltung. Als die vier zentralen Stellhebel nennen die Berater das systematische Kundenmanagement durch eine Konzentrierung der Vertriebsaktivitäten auf Bestands- sowie Neukunden mit großem Umsatz- beziehungsweise Absatzpotenzial, das konsequente Preismanagement mit einem klaren Handlungsrahmen zur Preisfestlegung auf Produkt- und Kundenebene, ein aussagekräftiges Vertriebscontrolling mit Transparenz über die Absatz- beziehungsweise Umsatzleistung und erwirtschafteten Deckungsbeiträgen von Produkten, Kunden, Regionen und Vertriebsmitarbeitern sowie ein straffes Kostenmanagement, also das Aufdecken der Einsparpotenziale im Vertrieb.

10.1 Methoden der Kundenbewertung

Ein wesentlicher Erfolgsfaktor für mehr Effizienz im Vertrieb besteht in der Kenntnis, welche Kunden Gewinne bringen und welche nicht, und sie dementsprechend angemessen zu betreuen. Die Konzentration auf die wirklich lukrativen Kunden und die Vermeidung von Streuverlusten führen zu drastischen Einsparungen.

Analyse der Rentabilität vorhandener Kunden

Wissen Sie, welche Ihrer Kunden Ihnen wirklich Profit bringen? In Teil 1 dieses Buches haben Sie bereits mit dem TEV-Bewertungsschema eine Methode zur Kundenbewertung vorgestellt bekommen. Viele Unternehmen setzen zur Wertbestimmung ihrer Kunden noch die klassische ABC-Analyse nach Umsatz ein, obgleich sie nur als durchschnittlich geeignet für die Kundenbewertung angesehen wird. Genauso beurteilt wird die Methode »persönliche Einschätzung« der Kunden durch den Anbieter, die häufig zum Einsatz kommt. Als überdurchschnittlich gut geeignet für die Kundenbewertung werden dagegen die ABC-Analyse nach Deckungsbeitrag sowie das Scoring-Modell von Experten eingeschätzt.

Die meisten Unternehmen, die die Profitabilität ihrer Kunden einmal analysiert haben, mussten zu ihrer Überraschung feststellen, dass der Anteil ihrer unprofitablen Kunden erschreckend hoch ist. »Es scheint eher die Regel als die Ausnahme, dass mehr als dreißig Prozent der existierenden Kunden unprofitabel sind. Die Ergebnisse variieren hierbei je nach Untersuchungsgegenstand zwischen zwanzig und achtzig Prozent. Dies führt dazu, dass bestimmte (unprofitable) Kunden subventioniert werden. Der Profit von wirtschaftlich starken Kunden wird somit dazu ver(sch)wendet, unprofitable Kunden ›mitzuschleppen‹. Diese Situation macht Unternehmen stark anfällig. Denn jeder abgewanderte profitable Kunde trägt enorm zur Schwächung der gesamten Kundenbasis bei«, so Reinhold Rapp und Alexander Decker (in einem Beitrag zum Thema »Kundenprofitabilitätssteigerungen: Der entscheidende Faktor bei CRM-Projekten«, in: Insight, Newsletter der CRM Group). Auch eine Untersuchung des US-Instituts MAC kam zu dem Ergebnis, dass nur rund 15 Prozent der Kunden echte Gewinne erwirtschaften, bei weiteren 20 bis 30 Prozent kaum Deckungsbeiträge erzielt werden und bei annähernd 60 Prozent der Kunden Geld mitgebracht wird. Dieser unter dem Kostengesichtspunkt unhaltbare Zustand ist auf verschiedene Ursachen zurückzuführen:

1. Viele Unternehmen definieren ihre A-, B- und C-Kunden, wie bereits erwähnt, über den maximalen Umsatz pro Kunde oder die maximale Häufigkeit von Käufen oder Bestellungen. Der Umsatz ermöglicht auch durchaus wichtige Erkenntnisse über die Marktposition des Kunden. Doch als alleinige Kennzahl ist er ungeeignet, da er wesentliche Elemente des Kundenwertes vernachlässigt.

Bei Anwendung der traditionellen ABC-Analyse werden die Kunden nach ihrer Umsatzhöhe geordnet und anschließend drei Kundenklassen zugeordnet. In Gruppe A finden sich die ersten 10 Prozent, das heißt die umsatzstärksten Kunden. Der Klasse B gehören die nächsten 20 Prozent an, und die restlichen 70 Prozent werden Gruppe C zugeordnet. Als Konsequenz wird in der Regel abgeleitet, dass A-Kunden, also die vermeintlichen Top-Kunden, noch intensiver bearbeitet und die Betreuung der C-Kunden wesentlich reduziert werden müsse.

Die ABC-Analyse ist zwar einfach in ihrer Anwendung. Doch sie birgt wesentliche Risiken im Fall von neuen oder ausbaufähigen Kunden, da deren Potenzial oft nicht erkannt wird. Außerdem sind die großen Umsatzbringer nicht immer auch die großen Ertragsbringer. Eine Elektrofirma, die eine Analyse ihrer Kunden anhand der beiden Werte »Rentabilität« und »Kundengröße« analysierte, fand zum Beispiel heraus, dass ihre kleinen und mittleren Abnehmer am rentabelsten sind und niedrige Deckungsbeiträge von kleinen wie großen Kunden gleichermaßen abgeworfen werden.

R. Rapp und A. Decker zeigen ebenfalls anhand von Profitabilitätsanalysen, dass zwar auf der einen Seite der Gewinn mit wachsendem Umsatz bei den Kunden zunimmt. Doch andererseits können gerade die Kunden mit hohen Umsatzanteilen zugleich auch die wirklich unprofitablen Kunden sein. Denn wenn sie – oft hervorgerufen durch zu hohe Rabatte – negative Deckungsbeiträge aufweisen, schlägt sich ihr hohes Umsatzvolumen drastisch nieder. In den Analysen von Rapp und Decker sind aber die wirklich profitablen Kunden ebenfalls die umsatzstärksten Kunden. Dieses Paradoxon kommt daher, dass sich umsatzstarke Kunden stark in den Konditionen und Serviceleistungen, die ihnen gewährt werden oder die sie beanspruchen, unterscheiden.

Warum können sich die vermeintlich »besten« Kunden sogar als Verlustbringer entpuppen? Zum Beispiel aus folgenden Gründen: Kunden, die bei Verkäufern als besonders attraktiv gelten, wissen das und lassen die Verkäufer in der Akquisitionsphase lange zappeln. Die Akquisitionskosten schnellen dadurch in die Höhe. Auch während des Verlaufs der Beziehung erfordern solche Kunden einen hohen Betreuungsaufwand. Begehrte Kunden fühlen sich überlegen und spielen diesen Trumpf gerne aus. Dies führt dazu, dass sie viele Zugeständnisse fordern und teure Sonderwünsche haben.

Kunden, die sich nach den Kriterien hoher Umsatz oder viele Käufe profilieren, werden in der Regel besonders umgarnt. Die Folge ist oft das bekannte A-Kunden-Syndrom: Die Verkäufer konzentrieren sich vorwiegend auf die vermeintlichen, aber nicht immer profitablen A-Kunden und vernachlässigen die ausbaufähigen B-Kunden. Im Verbund damit wird auch häufig Cross- oder Up-Selling vernachlässigt, das gerade bei Stammkunden ein effizienter Weg zur Rentabilitätserhöhung ist.

Das Problem »Umsatz um jeden Preis« geht einher mit der auch heute noch weit verbreiteten Vergütung der Verkäufer auf Basis der Umsatzprovision. Naturgemäß steht für diese Außendienstmitarbeiter der erzielte Umsatz im Vordergrund und nicht die Rentabilität der Aufträge. So werden jedoch Unternehmensziele, die die Gewinnerhaltung und -erhöhung anstreben, sträflich vernachlässigt. Deshalb wächst heute die Zahl der Unternehmen, die ihre Verkäufer am Gewinn orientiert entlohnen. Die Vergütung wird nach den Profits (gemessen in Deckungsbeiträgen) vorgenommen, die sich als Differenz aus den Umsätzen, Produktkosten und persönlichen Kosten der Verkäufer ergeben. Die Erfahrungen zeigen, dass nach Einführung einer am Gewinn orientierten Vergütung deutliche Ertragsverbesserungen erzielbar sind. Häufig kann die Umsatzrendite im Lauf von vier bis sechs Jahren um zwei Prozent erhöht werden.

Praxis-Tipp: Wenn Sie den Verdacht haben, dass einige Ihrer umsatzstarken Kunden aufgrund satter Vergünstigungen eigentlich unrentabel sind, dann können Sie sich durch die Berechnung des »Erlösschmälerungsfaktors« (ESF) gezielt Gewissheit verschaffen. Der ESF ist ein Maß für die einem Kunden gewährten Vergünstigungen. Die Berechnung geht vom Listenpreis aus. Alle Reduzierungen dieses Preises sind Erlösschmälerungen, die durch die Gewährung von Rabatten, Boni et cetera entstehen. Den ESF berechnen Sie wie folgt:

$$ESF = \frac{\sum U_i}{\sum x_i \cdot p_i}$$

Dabei gilt:

x_i = Menge des vom Kunden gekauften Produkts i

p_i = Listenpreis des Produkts pro Einheit

U_i = akkumulierter Umsatz mit diesem Produkt beim Kunden

Der ESF nimmt einen Wert zwischen 1 und 0 ein. Je weiter er von 1 abweicht, desto größer sind die Erlösschmälerungen. Hat er den Wert 1, so wurden dem Kunden die Listenpreise in Rechnung gestellt. Kontrollieren Sie den ESF in regelmäßigen Abständen. Wenn der ESF in einer Zeitreihe immer mehr absinkt, macht dies Sie auf einen gefährlichen Trend aufmerksam.

Welche Kunden sind die echten Ertragsbringer?

Ein besonders wirkungsvoller Weg zur Profitabilitätserhöhung im Vertrieb ist die Konzentration der Kräfte auf die renditestarken Kunden. Kein Wunder also, dass nach der »Vertriebsumfrage 2007« der Zeitschrift »absatzwirtschaft« und Mercer Human Resource Consulting die Ermittlung der Kundenprofitabilität bei 85 Prozent der befragten Vertriebs- und Verkaufsleiter neben der Qualifizierung des Vertriebsmanagements an erster Stelle der Prioritätenrangfolge steht.

Folgende Fragen sollten sich Ihre Mitarbeiter selbstkritisch stellen:

Bearbeite ich wirklich die besten Kunden? Ist der jeweilige Kunde meinen Aufwand an Arbeitszeit und Geld wert? Lohnt sich ein Besuch? Ist die Ausarbeitung eines umfangreichen, kostspieligen Angebots vertretbar? Sind Service- und Verkaufsförderungskosten zu rechtfertigen?

Anhand einer Deckungsbeitragsrechnung pro Kunde (DB/Kunde), pro Kundengruppe oder -branche lassen sich die Ertragsstrukturen der Kunden ermitteln. Bezogen auf die einzelnen Verkaufsgebiete haben Sie in Teil 3 im Abschnitt »Das Verkaufsgebiet als Profit-Center« das Beispiel einer Kundendeckungsbeitragsrechnung vorgestellt bekommen.

Nachfolgend noch ein Beispiel für ein Basisformular, wie es im Rahmen der Vertriebserfolgsrechnung erstellt wird (hier bezogen auf verschiedene Vertriebswege im Rahmen der Kundenhauptgruppe Einzelhandel). Mit der Vertriebserfolgsrechnung (auch als Absatzsegmentrechnung bezeichnet) wird die Beziehung zwischen Produkt und Markt genau analysiert. Als Informationsquelle wird dazu das betriebliche Rechnungswesen herangezogen. So können sämtliche Ergebnisabweichungen analysiert werden. Außerdem können auf diese Weise der Absatz und die Kosten der Marketinginstrumente effizient gestaltet werden.

Die Deckungsbeitragsrechnung ordnet einem vertrieblichen Bezugsobjekt (wie Kunden beziehungsweise Kundengruppen, Absatzgebieten oder Vertriebswegen) die jeweiligen Umsätze und Einzelkosten (variable Kosten plus zurechenbare Fixkosten) zu. Die einem Bezugsobjekt zurechenbaren Fixkosten sind diejenigen Fixkosten, die beim Verzicht auf das betreffende Objekt künftig abgebaut und eingespart werden können. Man erhält daraus zum Beispiel den Deckungsbeitrag von Kunden und Kundengruppen, von Aufträgen und Auftragsgruppen, von Verkaufsbezirken, Regionen, Ländern oder Kontinenten, betrieblichen Abteilungen, Filialen oder Vertriebswegen.

Die Erstellung einer Kundendeckungsbeitragsrechnung erfolgt nach folgendem Schema (hier dargestellt anhand einer Kundenhauptgruppe Einzelhandel):

Kundengruppe	Warenhäuser			Fachgeschäfte			Total
Kunde	1	2	3	1	2	3	
Erlöse des Kunden zu Nettopreisen							
./. dem Kunden gewährte Boni, Skonti, Rückvergütungen (laut Verkaufsinnendienst)							
= Nettoerlöse							
./. Herstellkosten (laut Verkaufsinnendienst)							
= Kundendeckungsbeitrag I							
./. direkte Kundenkosten: Werbemittelzuschüsse, Eintrittsgelder, Muster, Gratislieferungen, Ladeneinrichtungen, Personalgestellung etc.)							
= Kundendeckungsbeitrag II (Vertriebsspanne)							
./. Besuchs- und Außendienstkosten: Zahl der Besuche inkl. An- und Abfahrtszeiten, ausgearbeitete Angebote und Bedarfsanalysen, Präsentationen, kostenloser Service durch den Außendienst, Kataloge, Muster, Werbegeschenke, Bewirtungen, finanzielle Zuwendungen							
= Kundendeckungsbeitrag III							

./. indirekte Kundenkosten: Zuordnung der Kosten der Auftragsabwicklung per Kostenschlüssel (laut Verkaufsinnendienst)						
= Kundendeckungsbeitrag IV (Kundenergebnis)						

Die Kundendeckungsbeitragsrechnung ermöglicht es Ihnen, wertvolle Analysen der Beziehungen zu den Kunden vorzunehmen. Sie gibt unter anderem Antwort auf folgende Fragen:

Wie hoch war der Aufwand für die Kundenbearbeitung (Besuche, Abwicklung et cetera)?
Stand dieser Aufwand in vernünftiger Relation zum erreichten Umsatz und Deckungsbeitrag beim Kunden?
Welche Nachlässe mussten gewährt werden, um den Umsatz zu erzielen?
Was kostete die Verkaufsförderung für diesen Kunden?
In welchem Maße erfordert der Kunde besondere Aufwendungen (z. B. individuelle Produktaufmachung oder Ähnliches) und macht sich dieser Zusatzaufwand für den Kunden und Ihre Firma bezahlt?
Welche Umsatzanteile haben die einzelnen Produkte oder Produktgruppen beim Kunden?
Ergeben sich aus zu einseitigen Produktanteilen besondere Risiken für Sie bei diesem Kunden?
Wie entwickelt sich der Kunde im Zeitablauf? Wächst der Deckungsbeitrag oder ist eine abfallende Tendenz zu beobachten? Bleibt er auch in Zukunft noch interessant?
In welche Kundenkategorien kann der Kunde eingeteilt werden? Und welche Maßnahmen sind je nach Kategorie bei ihm anzuwenden? (Näheres hierzu lesen Sie weiter unten).

Praxisfall

Eine Gebrauchsgüterfirma gibt ihrem Außendienst jedes halbe Jahr eine »Erfolgsliste« der 15 größten Kunden an die Hand. Damit soll ihnen nahe gebracht werden, dass sie ihre Kunden nicht nur nach ihrem Umsatz, sondern auch nach ihrem Deckungsbeitrag beurteilen. Die Liste informiert nicht nur über den Halbjahresumsatz, sondern auch über Erlösschmälerungen, variable und fixe Kosten sowie über den Deckungsbeitrag. Im folgenden Beispiel steht der Kunde 14 beim Deckungsbeitrag II in Prozent vom Nettoumsatz an der Spitze, und dies mit den geringsten Fixkosten im Verhältnis zum Nettoumsatz. Es zeigt sich auch, dass alle mittleren Kunden im Deckungsbeitragsprozentsatz günstiger sind als die Großkunden. Auf Rang 13 liegt Kunde 1 und auf Rang 15 der Kunde 2!

Übersicht: Kundenerfolgsliste										
Kunde Nr.	Brutto- umsatz	Erlös- schmä- lerung	Netto- umsatz	Waren- einsatz	DB I	Direkte Fix- kosten	DB II	DBU in %	Rang DB II	Rang DBU
1	450	100	350	200	150	60	90	26	2	13
2	425	95	330	200	130	50	80	24	3	15
3	300	50	250	140	110	15	95	38	1	9
4	275	50	225	130	95	30	65	29	4	11
5	225	40	185	110	75	25	50	27	6	12
6	150	20	130	70	60	7,5	52,5	40	5	7
7	125	10	115	80	35	6	29	25	7	14
8	75	15	60	30	30	2,5	27,5	46	8	3
9	50	5	45	25	20	2,5	17,5	39	9	8
10	40	2,5	37,5	20	17,5	1	16,5	44	10	5
11	35	2,5	32,5	17,5	15	1	14	43	11	6
12	25	5	20	12,5	7,5	-	7,5	37	13	10
13	20	-	20	10	10	1	9	45	12	4
14	12,5	-	12,5	5	7,5	0,5	7	56	14	1
15	10	-	10	5	5	-	5	50	15	2
Ges.	2.217,5	395	1.822,5	1.055	767,5	202	565,5			

(Angaben in den Spalten 2 bis 7 in tausend Euro; DBU in Prozent)

Erweiterte Methoden der Kundenbewertung

Mehr und mehr geht man heute dazu über, neben dem rein ökonomischen Wert eines Kunden auch nicht-monetäre (qualitative) Kriterien zu seiner Beurteilung heranzuziehen und außerdem seine zukünftigen Entwicklungen zu berücksichtigen.

Drei Formen zur Berechnung eines Gesamtkundenwertes haben sich etabliert:

1. *Der informatorische Kundenwert.* Die Kunden waren schon immer eine wichtige Informationsquelle für ein Unternehmen. Diese Rolle als Informationslieferant wird im Hinblick auf die Schnelllebigkeit des Marktes, die kurzen Produktlebenszyklen und die rasante Informationsverbreitung über das Internet heute immer wichtiger.
2. *Der kommunikativ-akquisitorische Kundenwert.* Dieser bemisst die Bereitschaft des Kunden zu positiver Mund-zu-Mund-Werbung und Empfehlungen.
3. *Der monetäre Kundenwert.* Hier wird die Rentabilität des Kunden gemessen, wobei zum Deckungsbeitrag aus der aktuell vorhandenen Nachfrage der Deckungsbeitrag aus der prognostizierten kumulierten Nachfrage hinzugerechnet wird und dies mit der Wahrscheinlichkeit multipliziert wird, inwieweit die Nachfrage eintreten wird. (Bei der Methode »Kunden-Scoring« lesen Sie dazu auf den nächsten Seiten eine mögliche Vorgehensweise.)

Entsprechend empfiehlt es sich, auch folgende Kriterien bei der Kundenbewertung mit einzubeziehen:

Referenzpotenzial: Zufriedene Kunden, die bereit sind, ihre Erfahrungen mit anderen zu teilen, besitzen ein hohes Referenzpotenzial. Dieses wird gemessen mit der Anzahl potenzieller (interessanter) Abnehmer, die ein bei Ihnen schon vorhandener Kunde durch Weiterempfehlung positiv beeinflussen kann.

Cross-Selling-Potenzial: Dieses Potenzial zeigt, ob das Kundenpotenzial besser ausgeschöpft werden kann, ob und welche Synergien zwischen den Leistungen bestehen und in welcher zeitlichen Reihenfolge zusätzliche Verkäufe sinnvoll sind. Mit intensiver Ausschöpfung des Kundenpotenzials steigt auch der Kundenwert. So ist der Käufer eines neuen Wagens, der beim Anbieter auch gleich eine Versicherung kauft, natürlich profitabler für den Verkäufer. Klären Sie ebenso, ob und welche Produkte der Kunde bereits von der Konkurrenz bezieht, die er genauso gut über Sie ordern könnte.

Informationspotenzial: Erhält Ihre Firma von einem Kunden innerhalb eines bestimmten Zeitraumes wichtige Informationen, zum Beispiel Vorschläge für Produkt- oder Leistungs- bzw. Serviceverbesserungen, dann sollte auch dieses Potenzial auf die Bewertung des Kunden Einfluss nehmen. Bewertet wird hier die Informationsbereitschaft, wie zum Beispiel die Häufigkeit der Kundenanregungen oder Beschwerden.

Innovationspotenzial: Ist der Kunde in der Lage, regelmäßig innovative Impulse (neue Produktanregungen et cetera) an Ihr Unternehmen zu geben, steigert das seinen Wert.

Synergiepotenzial: Bestehen Möglichkeiten, den Kunden in die Wertschöpfungskette einzubeziehen, um dadurch Wettbewerbsvorteile zu erringen, ist dies ebenfalls ein wichtiger Faktor bei der Wertbestimmung.

Auch die *Zahlungsbereitschaft* eines Kunden ist ein nützliches Bewertungskriterium. Sie wird entscheidend von seiner Bonität und seiner Zahlungsmoral beeinflusst. Wie wichtig dieses Kriterium für die Kundenbewertung ist, hängt ab von Ihren situativen Liquiditätsbedürfnissen und ist insbesondere bei kurzfristigen Liquiditätsengpässen wichtig.

Im Sinne der Sicherung der langfristigen Rentabilität wäre es kurzsichtig, den Wert der Kundenbeziehung nur anhand des gegenwärtigen Rentabilitätswertes zu ermitteln. Denn beispielsweise ist ein Kunde, der einen hohen aktuellen Deckungsbeitrag hat, aber im nächsten Jahr wegen Unzufriedenheit abwandert, naturgemäß weniger profitabel als ein Kunde, der dem Anbieter positiv gesinnt ist. Um künftige Entwicklungen und Wachstumsmöglichkeiten zu erkennen, sollten Ihre Vertriebsmitarbeiter so viele Informationen wie möglich über die Kunden sammeln – sei es während der Besuche bei ihnen, im Internet oder in Fachpublikationen.

Mit Kunden-Scoring mehr verdienen

Die Scoring-Methode ist ein Verfahren, das Praktiker als sehr sinnvoll einstufen. Sie bezieht auch nicht-monetäre Faktoren in die Analyse von Kunden ein und berücksichtigt künftige Entwicklungen. Bei Nutzung dieser Methode empfiehlt sich ein Vorgehen in drei Schritten:

1. Wählen Sie die relevanten Faktoren aus, die den Wert Ihrer Kunden ausmachen. Diese sollten sowohl die derzeitige Bedeutung als auch das zukünftige Potenzial Ihrer Kunden widerspiegeln und monetäre sowie nicht-monetäre Faktoren umfassen.
2. Gewichten Sie die Faktoren. Nicht alle Faktoren wirken sich auf den Wert Ihrer Kunden gleich stark aus. Deshalb ist die Bedeutung der einzelnen Faktoren vor dem Hintergrund Ihrer spezifischen Unternehmenssituation zu gewichten. Dem Kriterium Deckungsbeitrag wird in folgendem Beispiel mit 30 Prozent des Gesamtkundenwertes das stärkste Gewicht beigemessen, da er als wichtigster Beurteilungspunkt eincs Kunden angesehen wird. Dagegen wird der Umsatz nur mit 15 Prozent gewichtet, da ihm weniger Aussagekraft über den Kundenwert beigemessen wird als dem Deckungsbeitrag. Die Potenziale dieser

beiden ökonomischen Größen bekommen ein Gewicht von jeweils einem Drittel des zugehörigen aktuellen Wertes, da sich der betrachtete Markt noch in der Wachstumsphase befindet. Bei den nicht-monetären Größen erhält das Informationspotenzial das stärkste Gewicht, da es sich in diesem Beispiel um einen sehr dynamischen Markt handelt und der Anbieter entsprechend auf Informationen von Seiten des Kunden angewiesen ist.

3. Ermitteln Sie den Kundenwert. Anhand eines 10-Punkte-Systems bestimmen Sie nun für jeden Faktor den Wert Ihres Kunden. Während Ist-Umsatz und -Deckungsbeitrag relativ leicht zu ermitteln sind, ist die Ermittlung der Potenzialgrößen und der nicht-monetären Größen etwas aufwendiger. Zur Unterstützung empfiehlt sich die Beantwortung der folgenden Fragen:

Umsatzpotenzial: Wie und wie schnell wird sich das Kundenunternehmen/der Markt in der Zukunft entwickeln?

Deckungsbeitragspotenzial: Handelt es sich aus Ihrer Sicht eher um einen Wachstumsmarkt oder um einen gesättigten Markt, auf dem ein harter Preiskampf zu erwarten ist? Müssen ernst zu nehmende Wettbewerber berücksichtigt werden und welche Vorteile können Sie gegenüber ihnen vorweisen? Wie viel Prozent am Gesamtauftragsvolumen des Kunden decken Sie?

Liquiditätspotenzial: Wie sieht die Zahlungsbereitschaft des Kunden aus? Beansprucht er Zahlungsziele? Wie solide tritt er auf? Wie sind seine Überlebenschancen im Konkurrenzkampf?

Informationspotenzial: Hat der Kunde Informationen, die für Sie wichtig sind? Ist er bereit, Ihnen diese auch künftig zur Verfügung zu stellen?

Cross-Selling-Potenzial: Ist dem Kunden Ihr gesamtes Leistungsangebot bekannt? Hat er Bedürfnisse, die Sie bis jetzt noch nicht erfüllt haben?

Referenzpotenzial: Hat der Kunde ein positives Image? Wie bereit ist der Kunde, Ihr Haus weiterzuempfehlen? Was würde geschehen, wenn er sich negativ über Ihr Haus äußerte?

Gewichten Sie nun die Punktewerte der einzelnen Faktoren mit ihrer prozentualen Bedeutung und addieren Sie sie zu einem Gesamtkundenwert. Dieser kann von 1 = kein Kundenwert bis 10 = sehr hoher Kundenwert reichen. Anschließend erstellen Sie aus den einzelnen Gesamtkundenwerten eine Rangfolge. Hier drei Kunden im Vergleich.

Übersicht: : Scoring bei drei Kunden		Kunde 1		Kunde 2		Kunde 3	
Beurteilungs-Kriterium	Gewicht.faktor	Punkte	gewichtet	Punkte	gewichtet	Punkte	gewichtet
Ist-Umsatz	0,15	7	1,05	7	1,05	10	1,5
Umsatzpoten-zial	0,05	8	0,4	7	0,35	9	0,45
DB	0,3	8	2,4	10	3,00	5	1,5
DB-Potenzial	0,1	7	0,7	9	0,9	4	0,4
Liquiditäts-Potenzial	0,1	7	0,7	3	0,3	1	0,1
Cross-Selling	0,1	4	0,4	3	0,3	5	0,5
Referenzen	0,08	8	0,64	7	0,56	10	0,8
Informationen	0,12	6	0,72	5	0,6	7	0,84
Summe			7,01		7,06		6,09
Rang			2		1		3

Obwohl Kunde 3 den größten Umsatz hat, kommt er dennoch nur auf Rang 3. Denn er bringt einen vergleichsweise nur geringen Deckungsbeitrag und auch sein Liquiditätswert ist sehr niedrig. Der Grund hierfür: Dieser Kunde kann es sich erlauben, Zahlungsziele des Anbieters im größtmöglichen Rahmen auszunutzen oder sogar noch zu überziehen.

Um zu der richtigen Punktezahl für ein Beurteilungskriterium zu kommen, teilen Sie am besten die monetären Größen in verschiedene Größenklassen auf, denen Sie jeweils eine bestimmte Punktezahl zuordnen. Beispielsweise könnte ein bei einem Kunden erzielter Ist-Umsatz zwischen 10.000 und 20.000 Euro einen Punkt erhalten, ein Umsatz zwischen 20.000 und 30.000 Euro zwei Punkte et cetera. Bei den nicht-monetären Kriterien vergeben Sie eine niedrige Punktezahl, wenn Sie das Kriterium bei einem Kunden für wenig ausgeprägt ansehen, und eine hohe Punktezahl, wenn Sie diesen Kunden bei dem jeweiligen Kriterium als gut beziehungsweise herausragend einschätzen.

Maßnahmen nach der Kundenbewertung: 1. Binden Sie Kunden mit einem hohen Wert systematisch an sich. 2. Bemühen Sie sich darum, aus rund 30 Prozent der mittleren Kundensegmente durch Einsatz geeigneter Instrumente Top-Kunden zu machen. 3. Reduzieren oder verändern Sie die Beziehungen mit den restlichen, das heißt unattraktiven Kunden.

Berechnung des Kundenkapitalwertes (Customer Lifetime Value)

Die folgende Rechnung hilft Ihnen, den Wert der möglichen Aufträge eines potenziellen Kunden einzuschätzen. Dieser Wert wird mit der nachfolgenden Formel als diskontierter Einnahmestrom über eine bestimmte Anzahl von Jahren hinweg dargestellt.

$$Z = \sum_{t=1}^{\bar{t}} \frac{s\, Q_t - X}{(1+r)^t}$$

Dabei bedeuten:

Z = Barwert der zukünftigen Einnahmen von einem neuen Kunden

s = Bruttospanne aus dem Umsatz

Q_t = erwarteter Umsatz des neuen Kunden im Jahr t

X = jährliche Kosten der Kontaktpflege

r = unternehmensindividuelle Rendite

$\bar{t}$ = voraussichtliche Zahl der Jahre, in denen der umworbene Kunde bleibt

t = Jahr

Die Aufgabe besteht nun darin, zu schätzen, wie viel der jeweilige potenzielle Kunde als späterer Neukunde von Ihrer Firma jährlich an Einheiten (Q) kaufen wird, mit einem Gewinn pro Einheit (s) minus bestimmter Kontaktkosten (X), und wie lange (t) dieser Zustand anhalten wird. Die künftigen Einnahmen (Z) werden mit einer Rendite in der Höhe von (r) diskontiert.

Im zweiten Schritt ist zu überlegen, welche Investitionen zur Gewinnung des potenziellen Kunden notwendig sind. Die Investition kann beschrieben werden als I = nk (I = zur Gewinnung des Kunden notwendige Investition, n = Zahl der zur Gewinnung des Kunden notwendigen Besuche, k = Kosten pro Besuch).

Die Zahl der Kundenbesuche wirkt sich auf die Wahrscheinlichkeit (p) der Gewinnung des Kunden aus, d.h. p = p (n). Der Wert der Aufträge des Kunden muss um diese Wahrscheinlichkeit korrigiert werden. Dadurch ergibt sich folgende Investitionsformel zur Berechnung des Wertes (W) eines potenziellen Kunden:

$$W = p(n) \sum_{t=1}^{\bar{t}} \frac{s\, Q_t - X}{(1+r)^t} \;-\; nk$$

Nach dieser Formel hängt der Wert eines potenziellen Kunden von dem Unterschied zwischen den erwarteten Einnahmen und der zur Gewinnung des Kunden notwendigen Investition ab. Die auf den ersten Blick kompliziert wirkende Formel lässt sich leicht in ein Computerprogramm übersetzen. Sie geben eine Anzahl von Schätzungen (erwarteter Kundenumsatz, Gewinnungswahrscheinlichkeit et cetera) ein und erhalten als Ergebnis eine Rangordnung aller potenziellen Kunden nach ihrem Investitionswert.

10.2 Am Kundenwert orientierte Kundenbetreuung

Die Firma Seiko führte eine Analyse durch, um den für einzelne Kunden betriebenen Aufwand transparent zu machen. Anschließend bekamen 1.000 Kunden einen »blauen Brief«, weil sich die Belieferung für Seiko nicht mehr rentierte. Das eigentlich Überraschende war jedoch, dass 150 dieser Kunden sich anschließend so ins Zeug legten, dass sie danach das Vierfache des Umsatzes der ehemals 1.000 Kunden realisierten!

1. Bei hochwertigen Kunden heißt die Strategie: systematische Kundenbindung. Diese Top-Kunden (möglicherweise – wie bereits erwähnt - nur 10 bis 20 Prozent aller Kunden) sind besonders intensiv zu umwerben. Sehen Sie vor, künftig 60 bis 80 Prozent Ihrer Aktivitäten auf sie zu verwenden. Entwickeln Sie für diese Kunden besondere Bindungsstrategien, die ihre Zufriedenheit erhalten und erhöhen. Lernen Sie Ihre Top-Kunden genau kennen. Machen Sie sich mit ihrer Sprache, ihren Werten und ihrer Kultur vertraut. Bei gemeinsamer Wellenlänge werden Sie umso eher als Partner akzeptiert. Bauen Sie auch Wechselbarrieren auf, die das Abwandern der Kunden zur Konkurrenz verhindern.

Zu den geeigneten Bindungsmaßnahmen zählen beispielsweise der Aufbau persönlicher Verbindungen (Chef trifft Chef, Einladung zu Veranstaltungen, häufige Besuche beim Kunden et cetera), der Abschluss langfristiger Lieferverträge, die Unterhaltung von Kundenclubs, die Einführung von Systemkonzepten und die Erschwernis des Lieferantenwechsels durch technische Vorkehrungen. Durch den Verkauf von kompletten Problemlösungen können Sie einerseits Ihr »einzigartiges Angebot«, also die Kombination Ihrer Produkt-, Fach- und Servicekompetenz, am besten einsetzen und weniger leicht kopiert werden. Andererseits können Sie so Ihre Kunden wesentlich stärker binden.

Schaffen Sie noch mehr Kundennähe durch verstärktes Dienstleistungsdenken und höhere Flexibilität bei der Reaktion auf Kundenwünsche. Bieten Sie Ihren Top-Kunden einen ganz speziellen Zusatznutzen. Das kann von persönlichen Dienstleistungen (beispielsweise der Herstellung wichtiger Kontakte) bis zur Lieferung wertvoller Informationen reichen. Streben Sie mit ausgesuchten Top-Kunden eine Zukunftspartnerschaft an. Arbeiten Sie eng mit den interessanten Kunden zusammen. Als zuverlässiger Partner und kompetenter Berater des Kunden können Sie aus seiner Wertschöpfungskette heraus Bedürfnisse und Potenziale definieren und die von Ihnen angebotene Leistung dort einbringen.

Achten Sie besonders auf rentable Kunden, die wegen verminderter Kundenzufriedenheit abwanderungsgefährdet sind. Bei ihnen muss der gebotene Nutzen umgehend deutlich erhöht werden! Bedenken Sie auch, wie abhängig ein Unternehmen von wenigen (oder gar einem einzigen) Auftraggeber ist. Mit der zunehmenden Konzentration auf Großkunden wächst auch das Risiko, wenn ein Großkunde ausscheidet. Deshalb ist es besser, im mittleren Kundenbereich abgesichert zu sein, als sich nur auf wenige Großkunden zu verlassen.

2. Bemühen Sie sich auch gezielt um forcierungswürdige B- und C-Kunden, also Kunden, die sehr viel (rentables) Wachstum erwarten lassen und in ihrem Absatzpotenzial noch nicht ausgeschöpft sind. Wählen Sie die forcierungswürdigen Kunden aus diesem Kreis nach den im TEV-Bewertungsschema (siehe Teil 1) genannten Kriterien aus, also zum Beispiel: Umsatz und -potenzial, künftige Deckungsbeitrags-Intensität (Euro/Prozent), Bonität, bisherige/künftige Sortimentsbreite/-tiefe, Wettbewerberaktivitäten und erreichte Wettbewerber-Bindung, nötige Bearbeitungs- und Serviceintensitäten, Standort, organisatorische Bindungen, Verkaufspolitik, Mitarbeiterqualifikation und künftige Kooperationsbereitschaft des Kunden.

Mithilfe geeigneter Instrumente bietet sich Ihnen die Möglichkeit, aus rund 30 Prozent der mittleren Kundensegmente Top-Kunden zu machen. Einige Beispiele: Gemeinsame Bedarfsanalyse mit dem Kunden, Produktbündelung, Kunden-bringen-Kunden-Programme, eine kulante Beschwerdebehandlung und nicht zuletzt Incentives im Fall der Teilnahme an Kundenfokusgruppen. Gut geeignet sind auch Sonderaktionen wie Seminare in der Firma und Einladungen ins eigene Werk. Erhöhen Sie die Besuchsanzahl in diesen Firmen.

3. Überprüfen Sie die Geschäftsbeziehungen mit den restlichen, derzeit unprofitablen Kunden. Nehmen Sie aber vermeintliche Verlustkunden nicht gleich aus der Kartei. Denn zum einen ist der größte Teil Ihrer Kosten Fixkosten. Nach dem Ausscheiden der unprofitablen Kunden

müssen diese Kosten auf die bestehende Kundenbasis neu verteilt werden. So können auch ehemals profitable Kunden in die Verlustzone geraten. Zum anderen stärkt jeder Kunde, den Sie gehen lassen, Ihren Wettbewerb.

Betrachten Sie die gegenwärtig unprofitablen Kunden nicht per se als etwas Negatives. Sie sind deswegen unprofitabel, weil die derzeitige Art der Kundenbehandlung ein nicht rentables Kundenverhalten ermöglicht. Bei Veränderung Ihrer Kundenstrategien können Sie so manchen unprofitablen Kunden wieder in die Gewinnzone führen. Gehen Sie differenziert vor. Prüfen Sie zuallererst, warum ein Kunde unprofitabel ist. Überlegen Sie dann, mit welchen Maßnahmen Sie ihn doch noch profitabel machen können. Möglichkeiten dazu bieten beispielsweise die Delegation an den Innendienst, standardisierte Service- und Informationsangebote oder die Vereinfachung von Ablaufprozessen. Im Internet-Zeitalter können Sie durch Optimierung von Standard-Prozessen einiges an Aufwand und Kosten einsparen und die Kundenprofitabilität positiv beeinflussen. Gerade der Einsatz von kostengünstigeren Medien und Kanälen, wie Callcenter und Internet, kann sich als sehr wirkungsvoll erweisen, wenn Sie wissen, bei welchen Kunden dies zum Erfolg führen kann.

Analysieren Sie auch, ob ein vermeintlicher Verlustkunde nicht unabhängig vom finanziellen Aspekt für Sie nützlich ist. 1. Welchen informatorischen Wert hat er? Berücksichtigen Sie hierbei alle nützlichen Informationen, die Sie von einem Kunden bekommen. 2. Wie ist sein kommunikativ-akquisitorischer Wert? Unterschätzen Sie nicht die Mund-zu-Mund-Werbung durch einen Kunden. Diese kann bei der Neukundengewinnung entscheidend sein.

Wenn Kunden künftig anders betreut werden müssen, als sie es gewohnt sind, dann ist es wichtig, dass die Veränderung nicht radikal vorgenommen wird. Leicht brechen sonst auch gute Kunden weg. Ein behutsames Vorgehen ist angesagt. Wenn Sie über ein CRM-System verfügen, das die Bestimmung der Kundenwertigkeit ermöglicht, wird Ihnen die Ermittlung der erforderlichen Zahlen für eine Kunden-Profitabilitätsanalyse kein Problem bereiten. Gibt es jedoch Schwierigkeiten beim Zusammentragen von exakten Daten für eine Kundenbewertung, dann sollte dies nicht abschrecken. Nehmen Sie Schätzungen vor. Ein geschätzter Wert ist auf jeden Fall besser als gar kein Wert!

10.3 Kennzahlen zur Kontrolle der Vertriebseffizienz

Für die Steuerung und Erfolgskontrolle Ihres Bereiches brauchen Sie Informationen. Entscheidungshilfen dafür liefern Kennzahlen, die die benötigten Informationen – abgestimmt auf die zu fällende Entscheidung – in konzentrierter und quantifizierbarer Form darstellen. Anhand von Kennzahlen (auch bezeichnet als Kontrollziffern, Schlüsselgrößen, Messzahlen oder Benchmarks) können Sie sich einen Überblick über die derzeitige Gesamtsituation Ihres Vertriebs oder über Teilbereiche verschaffen. Kennzahlen können Ihnen zum Beispiel Auskunft über die Leistung Ihrer Verkäufer geben oder die Zufriedenheit Ihrer Kunden. Anhand von Kennzahlen können Sie erkennen, wo die Stärken und wo die Schwächen im Vertrieb sind. Sie können bestimmte Entwicklungen beobachten – zum Beispiel indem Sie die Umsätze des Vorjahres mit dem aktuellen Umsatz vergleichen – und frühzeitig Signale für Fehlentwicklungen erkennen. Oder Sie können anhand von Kennzahlen bestimmte Bereiche mit denen in anderen Firmen vergleichen.

Es werden drei Arten von Kennzahlen unterschieden: a) Absolute Kennzahlen (Grundzahlen); diese können direkt aus der Bilanz, der GuV oder dem Rechnungswesen entnommen werden; denkbar sind Einzelzahlen, Summen, Differenzen oder Mittelwert; Beispiele für absolute Zahlen sind der Umsatz oder das Betriebsergebnis; b) Verhältniszahlen, bei denen zwei Grundzahlen in Quotientenform in Beziehung gesetzt werden, sowie c) Richtzahlen, bei denen Orientierungszahlen außerhalb des Unternehmens mit Kennzahlen in Relation gebracht werden.

Die absoluten Zahlen bedeuten eigentlich noch keine komprimierten Informationen. Erst der Vergleich mit anderen Zahlen macht die Bedeutung der einzelnen Zahlen erkennbar. Zum Beispiel sind Kostendaten nur dann zu interpretieren, wenn es einen Vergleichsmaßstab gibt (wie beispielsweise die Kosten der Vorperiode oder der Wettbewerber). Darum werden in den Analysen vor allem Verhältniszahlen verwendet. Hierbei wird eine Größe an einer anderen Zahl gemessen. Richtzahlen bekommen Sie, wenn Sie die Zahlen Ihres Unternehmens in Beziehung setzen zu branchenspezifischen Durchschnittszahlen.

Innerhalb der Verhältniszahlen wird zwischen Gliederungs-, Beziehungs- und Indexzahlen unterschieden. Bei Ersteren wird eine Teilgröße in Beziehung zu einer Gesamtgröße gesetzt. Ausgedrückt werden soll ein anteiliges Verhältnis, das in Prozent angegeben wird. So können gut Größenordnungen und strukturelle Beziehungen verdeutlicht werden. Ein

Beispiel ist die Kennzahl *Marktanteil*, bei der Sie Ihren eigenen Umsatz in Beziehung setzen zum Gesamtumsatz des Marktes. Den Einblick in bestimmte Zusammenhänge können Sie durch Beziehungszahlen erleichtern. Dabei werden im Wesen verschiedene absolute Zahlen in Beziehung gesetzt, wobei diese jedoch einen inneren Zusammenhang aufweisen. Ein Beispiel sind Produktivitätskennzahlen, wenn das Verhältnis von Inputgrößen (Beispiel: Arbeitsstunden) zu Outputgrößen (Beispiel: erzielter Umsatz) ausgerechnet wird. Für die Darstellung von Veränderungen über die Zeit sind Indexzahlen gut geeignet. Eine Indexzahl setzt gleichartige, aber zeitlich oder räumlich getrennte Massen zu einer Basismasse in Beziehung. Sie zeigt, um wie viel Prozent sich ein bestimmter Vergleichswert im Berichtsjahr gegenüber dem Wert des Ausgangsjahres verändert hat, wobei der Ausgangswert gleich 100 gesetzt ist. Mit einer Indexzahl können Sie zum Beispiel prüfen, wie sich die Umsatzerlöse verschiedener Jahre im Vergleich zum Umsatzerlös des Basisjahres entwickelt haben. Unterschieden werden Kennzahlen auch bezüglich der zeitlichen Struktur. Es gibt statische Zeitpunktgrößen, bezogen auf einen bestimmten Stichtag, und dynamische Zeitraumgrößen, bezogen auf einen bestimmten Zeitraum. Ein anderes Differenzierungsmerkmal ist die inhaltliche Struktur, zum Beispiel Wert- (Menge × Preis) oder Mengengrößen.

Funktionen von Kennzahlen

Kennzahlen erfüllen vor allem folgende Funktionen:

1. *Operationalisierung:* Kennzahlen werden ermittelt zur Operationalisierung von Zielen und der Zielerreichung, wie beispielsweise die Außendienstprofitabilität oder die Kundenrendite.
2. *Anregungsfunktion*: Kennzahlen werden laufend erfasst, um Auffälligkeiten und Veränderungen zu erkennen. Ein Beispiel ist die Kennzahl Anteil der Außenstände am Netto-Umsatz.
3. *Vorgabefunktion:* Kritische Kennzahlenwerte werden als Zielgrößen für unternehmerische Teilbereiche ermittelt, wie zum Beispiel die Kundenrendite.
4. *Kontrollfunktion:* Es werden laufend Kennzahlen erfasst, um Soll-/Ist-Abweichungen zu erkennen, wie zum Beispiel die Umsatzabweichung (Ist-Umsatz zu Soll-Umsatz).

Die Möglichkeit des Zeitvergleichs ist ein wichtiger Vorteil von Kennzahlen. Falls dabei Über- oder Unterschreitungen von beobachteten Werten auftreten, können Sie sofort eingreifen. Meist empfiehlt sich der Zeitvergleich mit Kennzahlen aus einem erfolgreichen Basisjahr. Eine andere Anwendung von Kennzahlen ist der Leistungsvergleich, zum Beispiel zwischen mehreren Personen, Abteilungen oder ganzen Firmen (Benchmarking). So können Sie zum Beispiel analysieren, ob es zwischen Ihren Verkäufern Unterschiede in der Produktivität gibt. Eine gleichfalls wichtige Nutzungsmöglichkeit ist die Ursachenanalyse. Das Grundprinzip hierbei ist das Zerlegen einer Maßzahl in einzelne Bestandteile. Zum Beispiel hängt der Gewinn ab vom Preis, von der Verkaufsmenge und den Kosten. Ändert sich der Gewinn, kann der Grund dafür in Preiserhöhungen, Mengensteigerungen oder Kostensenkungen liegen. Mit einem Kennzahlensystem finden Sie die Ursache heraus.

Im Rahmen der Planung sind Kennzahlen gut dazu geeignet, spezielle Ziele (zum Beispiel für das kommende Geschäftsjahr oder über einen längeren Zeitraum) konkret zu formulieren und den Mitarbeitern als Vorgabe weiterzugeben. Bestimmte Ziele lassen sich mit Kennzahlen ganz konkret formulieren (zum Beispiel Steigerung des Neukundenanteils um fünf Prozent). Dabei empfiehlt es sich, für alle Kennzahlen, die in die Planung für das nächste Geschäftsjahr aufgenommen werden, vorab Vergleichswerte aus der Vergangenheit zu ermitteln – am besten für die letzten drei Geschäftsjahre.

Arbeiten mit Kennzahlen

Das größte Problem bei der Arbeit mit Kennzahlen besteht darin, aus der Menge der zur Verfügung stehenden Informationen das Optimum herauszuholen. Häufig werden zu viele Kennzahlen gebildet, deren Aussagewert im Verhältnis zum Erstellungsaufwand zu niedrig ist. Außerdem gilt: Je mehr Kennzahlen es gibt, desto mehr Widersprüche gibt es auch. Es ist kaum möglich, sämtliche Kennzahlen gleichzeitig zu optimieren. Konzentrieren Sie sich deshalb auf einige bestimmte, aussagekräftige Schlüsselkennzahlen, mit denen sich die wirklich relevanten Informationen herauskristallisieren lassen. Legen Sie Kennzahlen für die entscheidenden und kritischen Erfolgsfaktoren im Vertrieb fest. Stellt zum Beispiel ein Software-Hersteller fest, dass er mit einer guten Beratung seine Kunden langfristig an sein Haus binden kann, dann ist für ihn die Kundenbetreuung ein wichtiger Erfolgsfaktor. Entsprechend wird er beispielsweise für eine exzellente Servicequalität sorgen und eine passende Kennzahl in seine Schlüsselkennzahlen aufnehmen.

Gehen Sie bei der Ermittlung der Einzelwerte, die in eine Kennzahl einfließen, sehr sorgfältig vor. Es ist wichtig, die zur Bildung der Kennzahlen herangezogenen Basisdaten genau zu spezifizieren und exakt abzugrenzen. Denn falsche Einzelwerte können die Kennzahlen verfälschen und zu fehlerhaften Schlussfolgerungen führen. Grundsätzlich gelten für Kennzahlen die gleichen Anforderungen, die auch Informationen erfüllen müssen, nämlich Zweckeignung, Genauigkeit, Aktualität und Kosten-Nutzen-Relation.

Setzen Sie bei Verwendung eines Kennzahlensystems nur solche Größen zueinander in Beziehung, zwischen denen ein Zusammenhang besteht. Es gilt das sogenannte Entsprechungsprinzip: Die einzelnen Größen müssen zueinander in einer sinnvollen inneren Beziehung stehen. Im Fall mangelnder Konsistenz von Kennzahlen können gravierende Entscheidungsfehler ausgelöst werden.

Bilden Sie nur solche Kennzahlen, deren Werte bei Abweichungen beeinflusst werden können. Hierbei wird zwischen direkt und indirekt kontrollierbaren Kennzahlen unterschieden. Bei Ersteren kann ein Soll-Wert durch die Wahl einer oder mehrerer Aktionsvariablen beeinflusst werden, während dies bei Letzteren nicht zutrifft.

Erstellen und überwachen Sie Ihre Kennzahlen regelmäßig. Zwar wissen Sie bei bestimmten Kennzahlen oft sofort, ob der erzielte Wert positiv oder negativ zu beurteilen ist. Sie haben jedoch nicht viel davon, wenn Sie Kennzahlen nur gelegentlich oder unsystematisch ermitteln und auswerten.

Überprüfen Sie die ausgewählten Kennzahlen mindestens ein Mal pro Jahr und erweitern Sie sie gegebenenfalls. Die Erfahrungen, die Sie und Ihre Mitarbeiter durch die Arbeit mit Kennzahlen gewinnen, können Sie nutzen, um sie hinsichtlich ihrer Brauchbarkeit abzuchecken, nach Bedarf neue Kennzahlen aufzunehmen oder einzelne Zahlen weiter zu komprimieren. Wichtig ist, dass Ihre Kennzahlen Sie wirklich mit brauchbaren und kompakten Informationen versorgen.

Maßgeblich für den Erfolg ist auch, dass Sie nicht bei der Auswahl und Definition einer Kennzahl aufhören. Ihr Einsatz ist erst dann sinnvoll, wenn wirklich Konsequenzen aus dem ermittelten Ergebnis gezogen werden.

Auswahl von Kennzahlen

Recherchieren Sie zunächst, welche Kennzahlen Sie brauchen, und nehmen Sie dann entsprechend eine Auswahl vor. Dabei sollten natürlich Ziel und Nutzen der Zahlen immer im Vordergrund stehen. Bei der Definition der Kennzahlen ist auch darauf zu achten, dass die Resultate wirklich gewünscht sind. Kennzahlendefinitionen basieren nicht selten auf Annahmen über Erfolgsfaktoren, die nicht mehr haltbar sind. Ein Beispiel ist die

Arbeit mit Kennzahlen über Kostenanteile, die zwar zu einer Senkung der Kosten beitragen, aber zugleich auch zu einer verminderten Qualität und damit höheren Nacharbeitungskosten und Ausfallzeiten. Bei der Auswahl der Kennzahlen hilft Ihnen die Beantwortung der folgenden Fragen:

Wie können die bedeutenden Ziele des Unternehmens und speziell des Vertriebs mit Kennzahlen erfasst werden? Was soll mit den Kennzahlen erreicht werden? Was wird mit den Kennzahlen erreicht? Welche Kennzahlen sind nötig zur Kontrolle, welche werden für die Planung und Steuerung gebraucht? Woher bekommen wir die Daten? Können die Kennzahlen über die EDV ermittelt werden? Welche Verantwortungsbereiche haben Bedarf an welchen Kennzahlen und wie oft? Auf welche Weise sind die Kennzahlen im Einzelnen zu berechnen? Wie sind die Kennzahlen zu interpretieren? Welche Konsequenzen ergeben sich aus dem Einsatz einer Kennzahl?

Die Daten, die Sie für Ihre Kennzahlen benötigen, bekommen Sie aus Ihrem Rechnungswesen oder dem Vertrieb. Für einige wichtige Kennzahlen, beispielsweise in Bezug auf die Profitabilität einzelner Kunden oder Produkte, brauchen Sie detaillierte Kosten- und Erlösdaten, wobei Sie auf Informationen aus der Absatzsegmentrechnung oder der Erfolgsrechnung nach Produkten, Kunden, Regionen et cetera zurückgreifen können. So genannte »weiche Daten«, die Sie beispielsweise zur Messung der Kundenzufriedenheit benötigen, bekommen Sie durch Umfragen. Wichtig ist, dass die gewonnenen Informationen auch in irgendeiner Form messbar sind, damit sie intern genau erfasst und ausgewertet werden können.

Kennzahlensysteme

Heute reicht es oft nicht mehr aus, mit isolierten Zahlen zu arbeiten. In vielen Firmen gibt es deshalb ein Kennzahlensystem, das wie eine Pyramide aufgebaut ist und verschiedene Hierarchien mit Schlüssel- und untergeordneten Kennzahlen umfasst. Häufig wird eine sogenannte Spitzenkennzahl durch mehrere andere Kennzahlen erklärt. Bei unternehmensweiten Kennzahlensystemen ist die Spitzenkennzahl meist die Rentabilität oder der Gewinn. Dieses Ziel wird in verschiedene Komponenten zerlegt, die ihrerseits zerlegt werden, bis die Ebene von Detailgrößen (wie Preis oder Materialkosten) erreicht ist. Die Spitzenkennzahl muss nicht unbedingt ein Unternehmensziel sein, es kann sich dabei auch um ein anderes übergeordnetes Ziel handeln, das analysiert werden soll. Durch das Kennzahlensystem wird das Unternehmen in seiner Gesamtheit dargestellt und es können Querverbindungen und Abhängigkeiten im Unternehmen aufgezeigt werden.

Das Kennzahlensystem sollte die wichtigsten und kritischen Erfolgsfaktoren beinhalten. Um die entsprechenden Daten zu erhalten, empfiehlt sich eine Analyse, welche Kennzahlen in der Vergangenheit für Erfolge oder Misserfolge entscheidend waren und für die Zukunft wichtig sind. Wichtig ist auch, dass alle Kennzahlen im System mit den Unternehmenszielen verbunden und sowohl kurz- wie auch langfristige Kennzahlen berücksichtigt sind. Eine moderne Form eines Kennzahlensystems ist die Balanced Scorecard.

Balanced Scorecard

Mit der »gewichteten Punktekarte« sollen Unternehmensziele in Form von Kennzahlen abgebildet werden. Die Erfinder, Robert S. Kaplan und David P. Norton, kamen auf die Idee, den Inhalt dicker Managementbücher auf ein kleines (4 × 5 cm), leichtes (2 Gramm) und mit nur wenigen Worten und Ziffern bedrucktes Kärtchen zu reduzieren. Darauf sind die präzisen Zielwerte, zum Beispiel hinsichtlich Kundenzufriedenheit, Shareholder Value, Marktanteil und Ergebnis vermerkt, die eine Führungskraft in der laufenden Periode erreichen muss.

Der Erfolg der Karte basiert unter anderem auf dem Konzept. Denn für ein optimales Unternehmens-Controlling genügen die früher gebräuchlichen, streng finanzorientierten Kennzahlensysteme nicht mehr. Um das Gleichgewicht zwischen langfristigen Strategien und kurzfristigen Veränderungen zu steuern, müssen sämtliche Einflussfaktoren berücksichtigt werden. Die Balanced Scorecard betrachtet deshalb das Unternehmen aus den vier Perspektiven Finanzen (Wie sehen uns die Aktionäre?), Kunden (Wie sehen uns die Kunden?), Prozesse (In welchen Prozessen müssen wir uns auszeichnen, um Erfolg zu haben?) und Potenziale (Wie stärken wir unsere Fähigkeit, uns zu verändern und zu verbessern?).

Im Kern geht es darum, Strategien und Ziele für diese Bereiche in messbaren Größen, Indikatoren und Kennzahlen zu dokumentieren. Die Strategien werden damit nicht mehr nur thesenartig formuliert, sondern in ihrer Bedeutung gewichtet und mit Zielvereinbarungen sowie der Vergütung von Mitarbeitern verknüpft. Dabei werden nicht nur harte Faktoren wie Finanzziele mittels klassischer Kennzahlen festgelegt. Vielmehr wird auch versucht, weiche Faktoren wie die Kunden- oder Mitarbeiterzufriedenheit zu operationalisieren und damit messbar zu machen. Somit werden unterschiedliche Kennziffern verknüpft (»Balanced«). Leistungen von Abteilungen und Mitarbeitern werden durch »die Karte« bewertet und transparent gemacht. Nachfolgend die Grundstruktur einer Balanced Scorecard:

Balanced Scorecard: Alles auf einer Karte

Perspektiven	Gewichte	Strategien/Ziele	Messkriterien (-größen)	Zielvorgabe (operative Ziele)	Initiative	Verantwortung
1. Finanzen	45 %	Verbesserung der Ergebnissituation	Deckungsbeitrag III in einzelnen Geschäftsbereichen	Steigerung des DB III in 1 Jahr um 9 %, Senkung des Gesamtkostenaufwandes um 7 %	nicht relevante Projekte stoppen	Seeler
2. Kunden	20 %	Kundenbindungsprogramme durch Cross-Selling, Steigerung der Neukundenakquisition, Erhöhung der Kundenzufriedenheit	Akquiriertes Neugeschäft, Cross-Selling-Quote, Zeit zur Bearbeitung von Beschwerden, Kundenbefragungen	Neugeschäfts-Quote + 11 %, Cross-Selling-Quote + 10 %, Bearbeitungszeit von Beschwerden max. 3 Tage	Telemarketingaktionen, Angebotspakete, Callcenter 24 Stunden	Maier
3. Mitarbeiter	25 %	Steigerung von Mitarbeiterengagement, Mitarbeiterzufriedenheit und Serviceorientierung, Steigerung der Führungsqualität	Organisationsklima und Führungsstilanalysen, durchgeführte Mitarbeitergespräche, umgesetzte Qualifizierungsmaßnahmen, Qualität der Karrierepläne	Steigerung der Mitarbeiterzufriedenheit um 10 %, Mitarbeitergespräche in allen Bereichen	Führungs-Workshops, Feedbackrunden, Weiterbildungsangebote	Vogt

4. Intern	10 %	Erhöhung der Lagerverfügbarkeit	Bei Anfrage vorrätige Teile	95 %	Direktanbindung Lieferanten an Disposition	Berger

Bei der Entwicklung eines Scorecard-Kennzahlensystems stehen zunächst nur die Vision und die Ziele des Unternehmens fest. Erst wenn klar ist, wohin die Richtung geht, werden die Eckpunkte des Weges festgelegt (von oben nach unten für jeden Bereich) und die Jahressollwerte auf der Karte vermerkt. Dabei liegt hier der besondere Mehrwert – wie auch bei anderen Managementmethoden – in der Diskussion und Vereinbarung der Zielgrößen.

Auf der oberen Managementebene geht es um die große Linie, zum Beispiel die Wünsche der Anteilseigner oder die Ausschöpfung von Wachstumspotenzialen. Auf der untersten Führungsebene stehen zum Beispiel auf der Karte eines Vertriebsleiters die Zielwerte Kunde (x Prozent Umsatzsteigerung mit Kunde A), Prozesse (Angebotsversand innerhalb von drei Tagen statt bisher fünf), Finanzen (Senkung der Personalkosten um y Prozent) und Potenziale (drei Schulungstage mehr pro Mitarbeiter). Diese Ziele muss er bis zum Jahresende erreichen.

Tipp: Umfassende Infomationen zur Balanced Scorecard erhalten Sie im Internet unter www.balanced-scorecard.de.

Benchmarking – Lernen von den Besten

Im Rahmen von Benchmarking haben Kennzahlen in den letzten Jahren ebenfalls eine steigende Bedeutung erlangt. Benchmarking bedeutet, die eigene Leistung mit der von anderen Unternehmen zu vergleichen. Das Ziel besteht darin, aus der Praxis anderer (Interner oder Externer) zu lernen, die als Führer (Beste) bezüglich dieser Praxis anerkannt sind. Benchmarking ist kein Instrument der Wert- oder Wettbewerbsanalyse, sondern ein Mittel zum Beobachten und Verstehen – den Voraussetzungen zum Lernen. Das Lernen von anderen macht den wesentlichen Unterschied zum klassischen Betriebs- oder Kennziffernvergleich aus.

Wenn Sie zum Beispiel Defizite in Ihrem Unternehmen entdecken, dann analysieren Sie Ihre eigenen Verfahren und sehen sich anschließend diejenigen von anderen Unternehmen an. Was machen diese Firmen anders und was machen sie besser? Was kann Ihr Unternehmen daraus lernen? Wichtig ist, dass das von Ihnen zum Vergleich herangezogene Unternehmen in dem Bereich, in dem es unter die Lupe genommen wird, wirklich hervorragende Leistungen bringt.

Benchmarking ist vor allem bei leicht zu ermittelnden Kennzahlen einfach, die sich sinnvoll zueinander ins Verhältnis setzen lassen, wie zum Beispiel der Umsatz pro Mitarbeiter oder die Zeit zwischen der Bestellung und der Auslieferung eines Produkts. Nach Ermittlung der eigenen Kennzahl wird das beste Unternehmen im jeweiligen Bereich um Vergleichskennzahlen gebeten. Dabei bringt die Kenntnis der reinen Kennziffern natürlich wenig. Interessant wird Benchmarking erst, wenn ein Unternehmen zu hinterfragen beginnt, warum ein anderes Unternehmen bei dieser Kennziffer besser oder schlechter abschneidet, welche Philosophie oder welche Abläufe dahinter stehen. Die Frage, die sich Unternehmen anschließend stellen müssen, lautet nicht: »Wie können wir das besser machen?«, sondern »Wie können wir das durch Lernen von anderen besser machen?«

Natürlich gibt nicht jedes Unternehmen entsprechende Kennzahlen heraus. Doch durch Befragung der Kunden und Lieferanten, Gespräche mit wichtigen Mitarbeitern oder Auswertung der Medien lassen sich nützliche Informationen gewinnen. Bewährt hat sich auch der Informationsaustausch. Der eine bekommt die Kennzahlen des anderen und gibt im Gegenzug selbst einige Daten bekannt. So haben sich inzwischen stabile Zweckgemeinschaften zusammengefunden, die über Jahre hinweg Kennzahlen austauschen.

Problematisch bei dieser Methode ist, dass sich die entscheidenden Faktoren für den nach außen sichtbaren Erfolg manchmal schwer ermitteln lassen. Außerdem kann die vorbildliche Methode nicht immer eins zu eins zwischen verschiedenen Branchen, Aufgabenstellungen und Rahmenbedingungen übertragen werden. Sogar innerhalb einer Branche sind Probleme möglich (unter www.benchmarking.de finden Sie weitere Informationen zum Thema).

Performance Management

Ein wichtiges Thema im Zusammenhang mit Kennzahlensystemen, das in der Zukunft immer wichtiger wird, ist Performance Management (PM). Dabei handelt es sich um einen systematischen Managementprozess, der sich an der Unternehmensstrategie ausrichtet und sicherstellen soll, a) dass die Strategien erfolgreich im Markt umgesetzt und die Ziele erreicht werden, b) dass die Führungskräfte die von ihnen erwarteten Ergebnisse realisieren und zugleich ihrer Personalverantwortung gerecht werden, c) dass die Mitarbeiter ihre Potenziale voll nutzen können.

PM ist nur dann erfolgreich, wenn im Unternehmen die vielen unterschiedlichen Einzelelemente sinnvoll integriert werden. Die drei Hauptstufen von PM bestehen darin, 1. die gesamte Organisation auf die Strategie zu fokussieren, 2. den Umsetzungs-/Leistungsprozess zu steuern, 3. die jeweiligen personalpolitischen beziehungsweise arbeitsorganisatorischen Aktivitäten durchzuführen.

Zunächst muss das Top-Management die strategischen Ziele bestimmen. Wichtig ist, dass die Ziele klar, verständlich und allen Mitarbeitern bekannt sind. Diese Ziele müssen auf die einzelnen Unternehmensbereiche heruntergebrochen werden. Alle Mitarbeiter müssen daraus abgeleitete, entsprechend messbare Arbeitsziele erhalten, die hierarchisch immer ihren Beitrag zum jeweils übergeordneten Ziel liefern. Zur Messung, ob die Strategie erfolgreich umgesetzt wird, dienen Kennzahlen (Key Performance Indicators), die zum Beispiel in der Balanced Scorecard festgehalten sind.

Was bedeutet für Sie als Vertriebsleiter PM? Wichtig ist, dass Sie Ihre Mitarbeiter ziel- und ergebnisorientiert führen. Sie treffen schriftliche Zielabsprachen mit den Mitarbeitern und vereinbaren Leistungsindikatoren zur Prüfung der Zielerreichung. Zwecks Ergebnismessung, für Feedback und ein schnelles Gegensteuern bei Problemen sind regelmäßige Mitarbeitergespräche nötig. Eine individuelle Förderung der Mitarbeiter gehört ebenfalls zu PM. Dessen Vorteile für Sie: Sie kennen den Leistungsstand Ihrer Mitarbeiter genau, verbessern die Arbeitsergebnisse, weil die Mitarbeiter motivierter sind, und können sich selbst aufgrund klarer Ziele und Prioritäten auf das Wesentliche konzentrieren.

Beispiele für Kennzahlen im Vertrieb

Nachfolgend finden Sie verschiedene Beispiele von Kennzahlen im Vertrieb vorgestellt. Dabei wurden schwerpunktmäßig solche Kennzahlen ausgesucht, die auf mögliche Kostensenkungs- oder Ertragssteigerungspotenziale aufmerksam machen können.

Rabattquote = gewährte Rabattsumme ÷ Bruttoumsatz

Diese Kennziffer zeigt Ihnen den Anteil der Preisnachlässe an den Umsatzerlösen und zugleich den Verlust von Einnahmen durch Zugeständnisse an die Kunden auf. Sie sollte für Produkte, Zeiträume, Ihre Außendienstmitarbeiter und Ihre Kunden aufgegliedert und regelmäßig –

am besten monatlich – berechnet werden. Hinsichtlich der Produkte zeigt Ihnen diese Kennzahl, welche sich nur schlecht am Markt durchsetzen lassen, weil zum Beispiel ihr Preis zu hoch ist oder die Konkurrenzprodukte besser sind. Fragen Sie sich, warum einige Produkte/Produktgruppen größtenteils zu Listenpreisen verkauft und bei anderen hohe Rabatte eingeräumt werden müssen. Sind in unterschiedlichen Perioden auch die Rabatte verschieden, dann haben in den schlechteren Zeiträumen die Wettbewerber eventuell Aktionen durchgeführt oder es sind durch die Saison bedingte Probleme aufgetreten. Analysieren Sie auch, in welchen Jahreszeiten besonders viele Abschlüsse zu Listenpreisen getätigt werden.

Geben manche Außendienstverkäufer mehr Rabatte als andere, dann sind sie vermutlich in ihrer Beratung schlechter und brauchen eine gezielte Schulung. Es kann aber auch sein, dass sie nicht mehr marktgerechte Produkte anbieten und so für die schlechtere Rabattquote nichts können. Müssen Sie bei manchen Kunden oder -gruppen höhere Rabatte zugestehen, dann lässt dies auf Problemkunden schließen, die beispielsweise mit Abwanderung drohen oder eine schlechte Bonität haben. Oder es handelt sich um Großkunden, die hohe Rabattforderungen stellen und auf ihre Profitabilität hin überprüft werden müssen. Analysieren Sie, welche Kunden bereit sind, den vollen Listenpreis zu entrichten. Besteht hier ein Zusammenhang mit der Größe der Kundenfirmen, der Kundenbranche, dem Firmensitz und ähnlichen Kriterien?

Distributionskostenanteil = Distributionskosten ÷ Nettoumsatz

Diese Kennzahl informiert über den relativen Aufwand für den Vertrieb in Bezug auf den Umsatz und ist gut für die Vertriebssteuerung und -strukturierung geeignet. Zu den Distributions- bzw. Vertriebskosten zählen die Kosten für den Transport bzw. die Logistik, die Lagerhaltung, die Vertriebsmitarbeiter, die Gewinnung und Unterstützung von Händlern, Verkaufsbüros et cetera. Die Distributionskosten können zum Beispiel für die unterschiedlichen Distributionskanäle (wie direkter Verkauf, Internet, Vertriebskooperationen, indirekter Vertrieb, Callcenter oder Handelsvertreter) ermittelt werden. Sie geben Auskunft, welcher Vertriebsweg günstiger ist und können Ansatzpunkt für eine Umorganisation sein. Um die passenden Distributionswege zu finden, sind genaue Kostenindizes notwendig. Über die Qualität der Vertriebswege kann die Kennzahl allerdings keine Aussage machen.

Andererseits können die Distributionskosten auch auf Produkte beziehungsweise Produktlinien, Verkaufsgebiete oder Zeiträume bezogen werden. Ein Problem kann sich hierbei in Bezug auf ihre Abgrenzung ergeben, weil sie nur beschränkt auf einzelne Produkte aufgeteilt werden können. Sind die Distributionskosten bei einem Produkt wesentlich höher als bei einem anderen, ist zu prüfen, ob es eventuell an einen teuren Vertriebsweg gebunden ist und das andere sich vielleicht »von alleine« verkauft, also ohne große Werbekostenzuschüsse et cetera. Eine Antwort darauf lässt sich mit einer näheren Aufschlüsselung der Distributionskostenanteile für die einzelnen Produkte finden.

Zwecks verursachungsgerechter Zuordnung der Kosten empfiehlt sich der Einsatz einer Grundrechnung mit genauer Zuordnung von Kosten zu Kostenträgern. Auch eine Prozesskostenrechnung ist nützlich.

Neukundenanteil = Umsatz der Neukunden ÷ Gesamtumsatz

Bei dieser Kennzahl wird der Umsatz mit Kunden, die zum ersten Mal oder zum Beispiel im Laufe des ersten Jahres kaufen, in Beziehung zum Gesamtumsatz gesetzt (oder der durch die Neukunden erzielte Deckungsbeitrag ins Verhältnis zum Gesamtdeckungsbeitrag – mit dem Ziel, die Profitabilität der Kunden stärker zu beachten. Verwenden Sie am besten in diesem Fall den Deckungsbeitrag I, damit die Kosten der Neukundengewinnung nicht zu stark ins Gewicht fallen). Der Neukundenanteil ist ein Hinweis auf die Attraktivität eines Unternehmens. Außerdem ist er ein Maß für die Risikostreuung. Denn Neukunden helfen bei der Zukunftssicherung, da sie meist auf chancenreichen Märkten tätig sind.

Die Kennzahl Neukundenanteil erfordert jedoch eine sorgfältige Analyse. Denn es ist doch ein erfreuliches Zeichen, wenn der Anteil der Neukunden steigt, die Kennzahl Neukundenumsatz/Gesamtumsatz also über die Zeitvergleiche größer wird, oder nicht? Es kann bedeuten, dass Ihre Verkäufer besonders erfolgreich bei neuen Kunden gewesen sind. Es kann aber auch darauf hinweisen, dass sie besonders erfolglos bei Ihren alten Kunden waren. Haben diese weniger oder zum Teil gar nicht mehr geordert? Gibt es neue Anbieter oder sonstige Umschichtungen auf dem Markt? Haben Sie Ihre alten Kunden vernachlässigt? Das wäre die unangenehmste Erkenntnis, die Sie aus Ihrer Analyse ziehen können.

Außerdem ist die Neukundengewinnung teuer. In vielen Branchen werden Kunden erst nach einem oder mehreren Jahren wirklich profitabel. Eine Maximierung der Kennzahl ist deshalb kein Ziel. Der Sinn dieser Kennzahl sollte vielmehr darin gesehen werden, einen meist kontinuierlichen Kundenverlust durch eine ausreichende Neukundengewinnung auszugleichen. Je nach Attraktivität der Altkunden kann mit verstärkter Neukundengewinnung auch eine Risikostreuung angestrebt werden.

Anteil Außenstände = Außenstände ÷ Netto-Umsatz

Mit dieser Kennzahl wird der Anteil der ausstehenden Zahlungen am Netto-Umsatz ausgedrückt. Die Außenstände sind ein bedeutender Kostenfaktor. Ist eine Zwischenfinanzierung der ausstehenden Beträge nötig, kann dies die Gewinne deutlich reduzieren. Viele, vor allem mittelständische Unternehmen leiden heute unter der schlechten Zahlungsmoral ihrer Kunden. Zu hohe Außenstände und damit verbundene Liquiditätsengpässe sind meist der Pleitegrund Nr. 1. Solche Liquiditätsengpässe lassen sich durch eine systematische Erstellung und Beobachtung der Ausstandsquote und ein richtiges Forderungsmanagement frühzeitig erkennen und vermeiden.

Häufig wird die Kontrolle der Außenstände als Aufgabe der Buchhaltung im Rahmen des Forderungsmanagements angesehen. Außenstände sind jedoch oft auf Gründe zurückzuführen, die der Vertrieb besser überblickt. Und bei der Eintreibung von Außenständen hilft ein persönliches Gespräch der Verkäufer mit dem Kunden oft mehr als eine förmliche Mahnung.

Bei dieser Kennzahl ist die zeitliche Abgrenzung etwas schwierig, es können zufällige oder zyklische Schwankungen eintreten. Deshalb empfiehlt es sich, unter normalen Umständen die Ausstandsquote für ein halbes oder ganzes Jahr zu errechnen, wobei natürlich für die Liquiditätsplanung auch tageweise Analysen erforderlich sind.

Angebotserfolgsquote = gesamtes akquiriertes Auftragsvolumen ÷ angebotenes Auftragsvolumen

Diese Kennzahl dient sowohl der Leistungsprüfung einzelner Verkäufer wie auch der Attraktivität der Produkte und ist ebenfalls ein Indikator für die Wettbewerbsfähigkeit des Preises. (Sie kann auch über die Zahl der Aufträge definiert werden. Jedoch können zahlreiche, aber unbedeutende Aufträge die Kennzahl verzerren.) Die Angebotserfolgsquote sollte monatlich oder pro Quartal erstellt werden. Wichtig ist, dass sich das akquirierte Auftragsvolumen in der Kennzahl nur auf die Aufträge bezieht, für die wirklich Angebote abgegeben wurden.

Welche Werte bei der Kennziffer Angebotserfolgsquote zufrieden stellen, ist abhängig von der Zielgruppe und der Branche. Hier hilft oft ein Wettbewerbsvergleich. In manchen Branchen führen 80 bis 95 Prozent aller Angebote nicht zu einem Auftrag für das eigene Unternehmen. Ein Teil der verlorenen Angebote kann auf das Konto einer fehlenden oder unsystematischen Angebotsverfolgung gerechnet werden. Wichtig für eine bessere Angebotserfolgsquote sind unter anderem die Prüfung von Auftragswahrscheinlichkeit und Ertrag vor der Erstellung von umfangreichen Angeboten, das Setzen von Prioritäten in der Angebotsverfolgung und das systematische Nachfassen jedes aussichtsreichen Angebots.

Besuchseffizienz = Zahl der akquirierten Aufträge ÷ Zahl der Kundenbesuche

Diese Kennzahl zeigt, wie viele Kundenbesuche pro Auftrag nötig sind oder wie viele Aufträge sich im Schnitt pro Besuch ergeben. (So ergab eine Umfrage unter Investitionsgüterverkäufern, dass die Befragten im Schnitt 3,9 Besuche bei einem Neukunden machen, bis es zum Auftrag kommt.) Mit der Kennzahl Besuchseffizienz können Sie den Akquisitionserfolg der Verkäufer und die Kosten überwachen. Sie sollte quartalsweise ermittelt werden, da Besuche und Auftragserteilung zum Teil zeitlich nicht übereinstimmen.

Die Kennzahl Besuchseffizienz ermöglicht einen Vergleich der Verkäufer untereinander. Liegt ein Verkäufer unter dem Durchschnitt, können gezielte Fragen die Ursachen aufdecken, zum Beispiel: Bereitet er seine Besuche gründlich vor? Besucht er auch wirklich potenzielle Kunden? Passen die Besuchsrhythmen? Stimmt möglicherweise die Qualität der verkauften Produkte nicht? (Muss der Verkäufer unverhältnismäßig viel Zeit und Besuche aufwenden, um Schlechterfüllung vorheriger Aufträge nachzuarbeiten?) Allerdings sollte diese Kennziffer immer in Verbindung mit einer Qualitätskennziffer, zum Beispiel der Stornoquote, gesehen werden. Denn mit Druckverkauf lässt sich zwar zunächst die Besuchseffizienz verbessern, doch damit kann auch eine schlechtere Stornoquote einhergehen.

Ein weiterer Anwendungsbereich dieser Kennzahl ist die Kostenkontrolle. Damit sich Kundenbesuche lohnen, muss ein bestimmter Mindesterfolg gegeben sein. Auf der Basis von Auftrags-Deckungsbeiträgen und Kundenkosten können Mindesterfolgsquoten bestimmt werden, die einen Besuch vor Ort rechtfertigen. Ist der Erfolg niedriger, empfiehlt sich eine kostengünstigere Kontaktform.

Eine ähnliche Kennzahl, die in der Praxis oft erhoben wird, ist der

Umsatz pro Besuch = Umsatz ÷ Zahl der Kundenbesuche

Diese Kennzahl zeigt den durchschnittlichen Umsatz pro Besuch an. Sie kann zum Beispiel mit den gleichen Kennzahlen der Vormonate oder mit denen anderer Verkäufer verglichen werden. Welche Gründe können vorliegen, wenn der Umsatz pro Besuch bei einem Verkäufer niedriger ist? Gibt er sich zu schnell bei einem Kunden zufrieden und holt nicht das Optimum heraus? Verfügt er auch wirklich über Abschlusssicherheit? Sammelt er zu viele Kleinaufträge ein? Dadurch sinkt sein Durchschnittsumsatz. Aber auch wenn die Umsätze pro Besuch überdurchschnittlich hoch sind, kann das auf Verbesserungsmöglichkeiten hindeuten. Lässt der Verkäufer zu viele vermeintlich »kleine Fische« links liegen? Fährt der Verkäufer optimal? Vielleicht kann er täglich einen oder zwei vernachlässigte Kunden mehr besuchen, wenn er seine Tourenplanung verbessert.

Außendienst-Profitabilität = Kosten des Außendienstes ÷ Gesamtumsatz

Zu den Kosten des Außendienstes zählen die Gehälter und Provisionen, Kosten der Verkaufsbüros, Reisekosten und sonstige Besuchskosten, Fahrzeugkosten, Werbeunterlagen, anteilige Verwaltungskosten (Abrechnung et cetera), Weiterbildungskosten. Eine laufende Überwachung der Kosten mit mindestens monatlicher Berechnung gestattet die Kennzahl Außendienst-Profitabilität.

Die Erhöhung der Außendienst-Profitabilität ist in Zeiten harten Verdrängungswettbewerbs und veränderter Kundenwünsche zu einem Thema mit hoher Priorität geworden. In vielen Branchen müssen heute immer weniger Verkäufer immer mehr leisten. Die große Herausforderung lautet: mehr Kundenkontakte – mehr Umsatz – niedrigere Vertriebskosten. Dieses Ziel lässt sich erreichen durch eine Neuverteilung der Aufgaben und den konsequenten Einsatz neuer Kommunikationstechniken.

Anteil der variablen Vergütung des Außendienstes an seinem Gesamteinkommen = Variable ÷ Fix-Vergütung

Die Bandbreite der Entlohnungssysteme ist groß. Sie reicht vom reinen Festgehalt über die Kombination aus Festgehalt und variablem Entgelt (Provision, Prämie, leistungsabhängige Jahreszahlung) bis zur Bezahlung ausschließlich auf Provisionsbasis. In vielen Unternehmen steht das persönliche Sicherheitsbedürfnis der Verkäufer noch immer stark im Vordergrund und es wird nur ein Fixum bezahlt. Die Motivation zur Leistungssteigerung wird jedoch in Theorie und Praxis nur den variablen Einkommensanteilen, das heißt also dem eigentlichen Risikoentgelt, zugesprochen.

Reisekosten ÷ Kunden

Die Reisekosten sind ein wesentlicher Kostenfaktor. Deshalb ist es wichtig, darauf zu achten, dass mit den Reisekilometern wirtschaftlich umgegangen wird. Vergleichen Sie die Kennzahl Reisekosten pro Kunde bei Ihren Verkäufern. Grundsätzlich sind niedrigere Kilometerzahlen pro Kunde günstig, höhere ungünstig. Zu hohe Zahlen bei einem Verkäufer können verschiedene Gründe haben, zum Beispiel dass er zu lange Anfahrtsstrecken hat. Entweder ist sein Verkaufsgebiet zu groß oder er sollte seine Fahrtenplanung optimieren (Navigationssystem). Vielleicht kommt es auch günstiger, wenn er öfter übernachtet. Liegen die Zahlen unter dem vergleichbaren Niveau, so sollte Sie das aber auch erst nach genauem Hinsehen befriedigen: Vielleicht ist der Betroffene nur zu bequem, um auch noch weiter entfernte mögliche Kunden anzufahren. Oder er betreut seine Kunden zu häufig am Telefon und gibt ihnen keine Gelegenheit, bei ausführlicheren Gesprächen noch andere als nur die »üblichen« Geschäfte mit Ihrem Haus abzuschließen. Vielleicht könnte er auch in einem größeren Gebiet noch mehr leisten.

Reklamationskostenanteil = Kosten für die Reklamationsbehandlung ÷ Netto-Umsatz

Diese Kennzahl beinhaltet denjenigen Anteil an Kosten, die nicht vorhersehbar waren. Mit den entsprechenden Beträgen mussten eigene Fehler ausgeglichen und Kunden gehalten werden. Zu den Reklamationskosten zählen zum Beispiel die Kosten für Nachbesserungen an bereits ausgelieferten Produkten und kostenfrei gelieferte Ersatz- oder Zubehörteile. Die Kennzahl wird meist auf Jahresbasis berechnet und kann auf Produkte/Produktlinien, Kunden oder die gesamte Firma bezogen werden. Bei einer Aufteilung können allerdings Abgrenzungsprobleme auftreten, weil häufig eine oder wenige zentrale Abteilungen (Außendienst oder Kundenservice) für die Leistung zuständig sind. Hohe Reklamationskosten machen auf Probleme bei der Leistungserstellung oder auf schlechte Beratung durch den Verkäufer aufmerksam.

Kundenbezogene Kennzahlen

Eine sorgfältige Steuerung der Kundenbeziehungen ist eine wichtige Ertragschance. Die Einnahmen steigen aufgrund geringerer Kundenverluste, Mengensteigerungen im Verkauf pro Kunde sowie realistischer Cross-Selling-Potenziale. Bei dem Ziel, die »Wertigkeit/Güte« der einzelnen Abnehmer zu erkennen und entsprechende Kundenbetreuungsstrategien zu erarbeiten, helfen ebenfalls Kennzahlen.

Die am weitesten verbreitete Kennzahl zur Bewertung von Kunden ist der Umsatz pro Kunde und Jahr. Diese Kennzahl liefert wichtige Erkenntnisse über die Marktposition des Kunden. Allerdings tritt bei einer Bewertung des Kunden nur nach dem Umsatz das Problem auf, dass damit nur ein Faktor der Kundenbeziehung untersucht wird, während andere, wie zum Beispiel die Kosten, die der Kunde verursacht, außen vor bleiben. Aussagekräftiger ist hier die Ermittlung der Kennzahl

Kundendeckungsbeitrag = Netto-Umsatz des Kunden minus dem Kunden zurechenbare Kosten

Der Kundendeckungsbeitrag ist ein Basis-Element bei der Bestimmung des Kundenwertes (siehe hierzu auch das Beispiel einer Kundendeckungsbeitragsrechnung weiter oben im Abschnitt »Welche Kunden sind die echten Ertragsbringer?«) Setzen Sie den Kundendeckungsbeitrag in Beziehung zum Kundenumsatz, erhalten Sie die Kennzahl Kundenrentabilität:

Kundenrentabilität = Kundendeckungsbeitrag ÷ Kundenumsatz

Wenn Sie bei einigen Kunden unzureichende Renditen feststellen, dann untersuchen Sie genau, auf welche Abweichungen von der Norm das schlechte Kundenergebnis zurückzuführen ist. Sind die gewährten Rabatte zu hoch? Die Sonderwünsche zu teuer? Wurde der Kunde als stark entwicklungsfähig eingeschätzt, erfüllt aber diese Erwartungen nicht? Überlegen Sie sich nach Abschluss Ihrer Analyse verschiedene Lösungswege. Können zum Beispiel durch Preisanpassungen, eine Erhöhung des Bestellvolumens oder die Reduzierung des Betreuungsaufwands wieder schwarze Zahlen mit diesem Kunden geschrieben werden? Offerieren Sie dem Kunden für jede Alternative marktgerechte Preise und Konditionen.

Um herauszufinden, bei welchen Kunden auch künftig noch Geschäftschancen bestehen, hilft Ihnen die Ermittlung der Ausschöpfungsquote. Die entsprechende Kennzahl lautet:

Ausschöpfungsquote des Kunden mit unserem Produkt = eigene Umsätze mit dem Kunden ÷ gesamtes Geschäftsvolumen des Kunden im gleichen Marktsegment

Das gesamte Geschäftsvolumen des Kunden im gleichen Marktsegment können Sie beispielsweise auf der Basis statistischer Zahlen (Verbandszahlen, Statistisches Jahrbuch) oder durch Publikationen (Prospekte oder Internetauftritt des Kunden) ermitteln oder Sie können den Umsatz beim Ansprechpartner im Kundenunternehmen erfragen. Oft wird unterschätzt, welche Daten bereits im Unternehmen vorhanden und zu einer Gesamtsicht zusammenzufügen sind. Bei einer Berechnung des Kundenwertes mittels EDV, die monatlich erfolgen sollte, werden die verschiedenen Datenquellen zu einer IT-Lösung verknüpft. Die Mitarbeiter erhalten über einfach zu bedienende Tools alle Informationen, die eine Steuerung der Maßnahmen entsprechend dem Kundenwert ermöglichen. Der Umsetzungsprozess sollte mit professioneller Unterstützung vollzogen werden.

Kundenzufriedenheitsindex = erbrachte Leistungen ÷ geweckte Erwartungen

Kennzahlen zur Kundenzufriedenheit werden häufig in Unternehmen vernachlässigt, obwohl von Seiten des Managements speziell hier ein Informationsdefizit bemängelt wird. Auch gerade im Hinblick auf Basel II ist dieses Thema sehr bedeutend, da die Analyse der Kundenzufriedenheit seitens eines Unternehmens eine wichtige Rolle bei der Kreditvergabe spielt. Deshalb soll hier mit dem Kundenzufriedenheitsindex (KZI) auch eine Kennzahl zur Messung der Kundenzufriedenheit vorgestellt werden.

Der KZI gibt an, welche Erwartungen bei den Kunden geweckt wurden (beispielsweise durch gelungene Marketingaktionen) und wie hoch die erbrachten Leistungen sind. Mit dem KZI lassen sich zum Beispiel folgende Fragen beantworten: Wie sind die Kunden mit der Gesamtleistung Ihrer Firma zufrieden? In welchen Regionen kann die Zufriedenheit auf das Niveau der Besten angehoben werden? Welche Kunden können in ihrer Zufriedenheit spürbar verbessert werden? Welches Produkt kann so verbessert werden, dass es auch die Kundenzufriedenheit der Spitzenprodukte bewirkt? Der KZI wird durch eine Kundenbefragung ermittelt. Die Teilnehmer sollen verschiedenen zu bewertenden Merkmalen zunächst deren Wichtigkeit zuordnen und anschließend ihre Zufriedenheit mit den jeweiligen Bewertungsmerkmalen angeben.

Weitere Indikatoren für die Kundenzufriedenheit sind die Kennzahlen Reklamationskostenanteil sowie der Servicegrad (= Zahl der Aufträge innerhalb einer Periode, die jederzeit sofort aus Vorrat abgewickelt werden können ÷ Zahl aller Aufträge innerhalb einer Periode).

Beispiel für die Arbeit mit Kennzahlen

Eine Textilfirma ermittelt am Ende des Geschäftsjahres für jeden Außendienstmitarbeiter die in der folgenden Übersicht aufgeführten Leistungskennziffern. Ergebnisse, die vom Durchschnitt abweichen, sind fett gedruckt. Die negativen Abweichungen sind zusätzlich mit einem Ausrufezeichen versehen.

Beispiel: Einsatz von Kennzahlen zur Verkäuferbewertung			
Bewertungskriterien	**Verkäufer 1**	**Verkäufer 2**	**Verkäufer 3**
Gesamtumsatz in Mio. Euro	2!	2,5	2,5
regionale Ausschöpfung (möglicher zu tatsächlicher Umsatz)	80 %	**75 %!**	80 %!
Umsatzanteil der Bezirke	28,6 %	35,7 %	35,7 %
Kundenzahl	**100!**	120	130
Zahl der Besuche pro Jahr	1.600	1.640	1.500
Gefahrene Kilometer pro Jahr	40.000	42.000	38.000
Direkte Kosten (Bruttoeinnahmen, Lohnneben- und Reisekosten in Euro)	100.000,–	105.000,–	95.000,–
Zahl der Reisetage pro Jahr	200	205	195
Besuche je Reisetag	8	8	7,7
Umsatz/Besuch in Euro	**1.250,–**	1.524,–	1.666,–
Umsatz/Kunden in Euro	20.000,–	20.833,–	19.230,–
Zahl der neu gewonnenen Kunden	5	**10**	0!
Zahl der ersichtlich abgesprungenen Kunden	3	3	1
Umsatz je 100 Kilometer in Euro	5.000,–	5.952,–	6.579,–
Direkte Kosten/Besuch in Euro	62,50	64,02	63,33
Kosten in Prozent vom Umsatz (direkte AD-Kosten)	**5!**	4,2	**3,8**

Eine kurze Bewertung kann wie folgt aussehen: Verkäufer 1 weist den niedrigsten Gesamtumsatz und den geringsten Umsatz pro Besuch auf. Seine Kosten sind mit 5 Prozent vom Umsatz relativ am höchsten. Der Mitarbeiter muss durch stärkere Neukundenakquise seine Umsatzzahlen verbessern und mehr auf seine Kosten achten. Bei den Verkäufern 2 und 3 gibt es Neukundenreserven. So schöpft Verkäufer 2 nur 75 Prozent seines Bezirkspotenzials aus und Verkäufer 3 hat im letzten Jahr keine neuen Kunden gewonnen.

Übersicht Kennzahlen

In der nachfolgenden Übersicht finden Sie weitere, für den Vertrieb sinnvolle Kennzahlen (wobei es darüber hinaus noch viele weitere Möglichkeiten für Kennzahlen gibt). Sie soll Ihnen eine Auswahl von Kennzahlen ermöglichen, die in Ihrer individuellen Situation geeignet sind und die Sie gegebenenfalls durch weitere Kennzahlen ergänzen können.

Übersicht: Vertriebskennzahlen
Umsatz- und Gewinnkennzahlen
Umsatz ÷ Zahl der Besuche; Umsatz ÷ Zahl der Aufträge; Umsatz ÷ Zahl der Kunden;
Umsatz ÷ Zahl der Angebote; Umsatz ÷ Zahl der Einwohner im Verkaufsbezirk;
Tagesumsatz ÷ Reisekilometer
eigener Umsatz im Vertriebskanal x ÷ Gesamtumsatz des Vertriebskanals x (= Marktanteil im Vertriebskanal)
Umsatz der Geschäfte, die ein Produkt führen ÷ Umsatz der Geschäfte, die es führen könnten (Distributionsgrad)
Umsatz Produkt A ÷ Umsatz Produkt B (C, D ...) (= Sales Mix)
Umsatz des Produkts A (B, C ...) ÷ Gesamtumsatz
Umsatz der finanzierten Verkäufe ÷ Gesamtumsatz
Umsatz mit Produkten bis x Jahre ÷ Gesamtumsatz (Innovationsgrad)
(Umsatz AT – Umsatz AT-1) ÷ Umsatz AT-1 (= Umsatzwachstumsrate)
Umsatz (Zahl) der Kunden eines Verkaufsgebietes ÷ Umsatz (Zahl) der potenziellen Kunden eines Verkaufsgebietes)
Gewinn ÷ Umsatz (Umsatzrentabilität oder Gewinnquote)
GewinnT ÷ GewinnT-1 (Kennzahl zur Gewinnentwicklung)
Auftragskennzahlen
kumulierter Auftragsbestand am Stichtag ÷ geplanter Umsatz der Periode

Volumen der Aufträge mit einem Mindestbestellwert von x Euro ÷ Umsatz (= Auftragsgrößenkonzentration)
Volumen der stornierten Aufträge ÷ Umsatz (=Stornoquote)
Anzahl der verlorenen Aufträge ÷ Anzahl der akquirierten Aufträge (= Lost-Order-Rate)
Besuchskennzahlen
Zahl der akquirierten Aufträge ÷ Zahl der Kundenbesuche
Zahl der Erstaufträge ÷ Zahl der Besuche
Kennzahlen auf Basis Zeitaufwand
Besuchszeit bei den Kunden ÷ Zahl der Besuche
Wartezeit bei den Kunden ÷ Zahl der Besuche
Wartezeit ÷ Arbeitszeit des Verkäufers
aktive Verkaufszeit ÷ Gesamtarbeitszeit des Verkäufers
Kennzahlen auf Basis Reiseaufwand
Reisekilometer ÷ Zahl der Besuche; Reisekilometer ÷ Zahl der Kunden
Reisekilometer ÷ Zahl der Aufträge
Absatz-Marktanteil-Kennziffern
Marktanteil = eigener Umsatz ÷ Gesamtumsatz des Marktes
Marktanteile im Bezirk
Marktanteile nach Vertriebswegen
Marktanteile nach Kunden ÷ Kundengruppen
Marktanteile nach Produkten ÷ Produktgruppen
Verkaufsförderungs-Kennzahlen
Verkaufsförderungsaufwand ÷ Produkt oder Produktgruppe
Vkf-Aufwand ÷ Vertriebsweg
Vkf-Aufwand ÷ Kundengruppe im Vergleich zum Deckungsbeitrag
Vkf-Aufwand in % vom Umsatz ÷ DB I
Kennzahlen auf Basis der Kunden
Neukunden ÷ verlorene Kunden
Anteil der Neukunden ÷ AD-Mitarbeiter
Anzahl der Produktkäufer ÷ Anzahl der potenziellen Käufer = Käuferreichweite

Kennzahlen auf Basis Produkt
Anzahl der mindestens zum 2. Mal vom selben Kunden gekauften Produkte ÷ Gesamtabsatzmenge dieses Produkts (= Wiederholungskaufrate)
Kennzahlen auf Basis Kosten/Erlöse
Produkt-Deckungsbeitrag ÷ Netto-Produkt-Umsatz
Marketingkosten ÷ Umsatz
Außenstände ÷ Umsatz
Kennzahlen auf Basis Entlohnung
Höhe des fixen Entlohnungsanteils pro Außendienstmitarbeiter je Vertriebsorganisation
Entlohnung Innendienst ÷ Außendienst
Innendienst-Kosten in % vom Umsatz
Kosten pro Team ID/AD
Innendienstkosten pro Kundengruppe/Kunde/Gebiet
Vertriebskosten ÷ Besuch/Kunde/Auftrag
Frachtkosten pro Produkt oder Vertriebsweg
Frachtkosten ÷ Kundengruppe
Frachtkosten pro Artikelgruppe im Vergleich zum DB
Frachtkosten pro Kundengruppe im Verhältnis zum Umsatz

Literaturverzeichnis

Behle, Christine/vom Hofe, Renate: »Die 170 besten Checklisten für Verkaufsgespräche«, mi, 2006

Behle, Christine/vom Hofe, Renate: »Handbuch Außendienst«, mi, 2006

Belz, Christian/Bieger, Thomas: »Customer Value«, Redline Wirtschaft, 2004

Beschenar, Alexandra: »Die Bedeutung ausgewählter Persönlichkeitsvariablen für den Verkaufserfolg« (Diplomarbeit), ESB, European School of Business

Brückner, Michael: »Beschwerdemanagement«, Redline Wirtschaft, 2005

Detroy, Erich-Norbert: »Sales Spirit®«, Redline Wirtschaft 2003

Detroy, Erich-Norbert: »Sich durchsetzen in Preisgesprächen und -verhandlungen«, mi, 2004

Detroy, Erich-Norbert: »Powerbuch der Neukundengewinnung«, mi, 2005

Detroy, Erich-Norbert/Scheelen, Frank M.: »Jeder Kunde hat seinen Preis«, Metropolitan, 2005

Dietze, Ulrich: »Reklamationen als Chance nutzen«, mi, 1998

Fink, Klaus-J.: »Empfehlungsmarketing«, Gabler, 2005

Förster, Anja/Kreuz, Peter: »Different Thinking«, Redline Wirtschaft, 2005

Förster, Anja/Kreuz, Peter: »Marketing-Trends«, Gabler, 2. Auflage, 2006

Gams, Michael, »Vertriebstagungen perfekt organisieren«, Gabler, 2004

Gieschen, Gerhard: »Wie Mittelständler versteckte Ressourcen mobilisieren«, Cornelsen, 2005

Herndl, Karl: »Führen im Vertrieb«, Gabler, 2005

Homburg, Ch./Schäfer, H.: »Profitabilität durch Cross Selling: Kundenpotenziale professionell erschließen«, IMU Mannheim, 2001

Homburg, Ch./Fargel, T.: »Customer Acquisition Excellence – Systematisches Management der Neukundengewinnung«, IMU Mannheim, 2007

Homburg, Christian u.a.: »Complaint Management Excellence«, IMU Mannheim, 2003

Jaggi, Roger/Weidmann, Rolf: »Der Kompass zum Erfolg«, Komprimiertes Fachwissen für Verkauf und Marketing, Verlag Strub, 2. Auflage

Kaack, Jürgen: »Der optimale Vertrieb – Erfolgsfaktor im Wettbewerb«, www.mittelstandsblog.de

Kagelmann, Uwe: »Shared Services als alternative Organisationsform. Am Beispiel der Finanzfunktion im multinationalen Konzern«, Deutscher Universitäts-Verlag, 2001

Kapp, Walter: Beitrag »Was bringt der verlängerte Vertriebsarm?«, nachzulesen unter www.absatzwirtschaft.de

Katzenbach, Jon R./Douglas, K. Smith: »Teams. Der Schlüssel zur Hochleistungsorganisation«, Redline Wirtschaft, 2003

Kieser, Heinz-Peter: »Die Steuerung und Vergütung von Verkäufern in Profit-Centern«, Verkaufsleiter-Studienlehrgang, Verlag Norbert Müller

Kieser, Heinz-Peter: »Moderne Vergütung im Verkauf. Leistungsorientiert entlohnen mit Deckungsbeiträgen und Zielprämien«, RKW-Verlag, 2001

Koinecke, Jürgen/Koinecke Sven: »In harten Zeiten den Verkauf leiten«, mi, 2004

Mewes, Wolfgang: »Mit Nischenstrategie zur Marktführerschaft«, Band 1 und 2, Orell Füssli Management, 2000/2001

Müller, Robert/Brenner, Doris: »Mitarbeiterbeurteilungen und Zielvereinbarungen«, mi, 2006

Neges, Gertrud/Neges, Richard: »Management-Training«, Ueberreuter, 1993

Nohr, Holger/Roos, Alexander W.: »Customer Knowledge Management. Erschließung und Anwendung von Kundenwissen«, Logos Berlin, 2004

Portmann, Christoph: »Die Grundlage für nachhaltige Erfolge im Verkauf«, Beitrag in: KMU-Magazin Nr. 5, Juni 2004

Pufahl, Mario A./Laux, David D./Gruhler, Jörg M.: »Vertriebsstrategien für den Mittelstand«, Gabler, 2006

Reichheld, Frederick F.: »Der Loyalitäts-Effekt«, Campus, 1997

Schüller, Anne M.: »Zukunftstrend Kundenloyalität«, Business Village, 2006

Schüller, Anne M.: »Zukunftstrend Mitarbeiterloyalität«, Business Village, 2006

Simon, Hermann u.a.: »Der gewinnorientierte Manager«, Campus, 2006

Stauss, Bernd/Seidel, Wolfgang: »Beschwerdemanagement. Unzufriedene Kunden als profitable Zielgruppe«, Hanser Wirtschaft, 2007

Steinke, Arnold, Beitrag: »Geomarketing: Datenarbeit für Zielgebiete«, nachzulesen unter www.absatzwirtschaft.de

Stolle, Ralf/Herrmann, Michael: »Angebotsmanagement professionell«, Erich Schmidt Verlag, 2006

Schwarz, Torsten: »Leitfaden Permission Marketing«, Absolit Dr. Schwarz Consulting, 2005

Verweyen, Alexander: »Erfolgreich akquirieren«, Gabler, 2005

Welch, Jack: »Winning. Das ist Management«, Campus, 2005

Würth, Reinhold: »Verkaufstechnik und Verkaufsmarketing«, Interfakultatives Institut für Entrepreneurship, Universität Karlsruhe; das Vorlesungsskript ist im Internet nachlesbar unter www.iep.uni-karlsruhe.de/download/ss03_v03_13.05.2003.pdf

Zanetti, Daniel: »1001 Tipps zur Mitarbeitermotivation«, Redline Wirtschaft, 2002

Register

Autoreninformation

Erich-Norbert Detroy (detroy@detroy-consultants.de), Diplom-Betriebswirt (FH), hat eine systematische Karriere über den Verkauf, die Verkäuferführung zum Unternehmensberater sowie Führungs- und Verkaufstrainer gemacht. END (sein Branchenkürzel) ist einer der kreativsten und profiliertesten Management- und Verkaufstrainer Europas. Über fünfhundert Unternehmen profitierten bisher von seinem Vertriebs-Know-how. END war mehrere Jahre Präsident der Gemeinschaft Europäischer Marketing- und Verkaufsexperten (kurz Club 55) in Genf.

Seine Fachbücher sind Quellen erfolgreicher Verkaufspraxis: »Mit Begeisterung verkaufen«, »Sich durchsetzen in Preisgesprächen und -verhandlungen«, »Das Powerbuch der Neukundengewinnung«, »Sales Spirit«, »Das große Handbuch für den Verkaufsleiter«, »Handbuch Vertriebsmanagement«, »Der Schlüssel zum Verkaufserfolg« (Audio-Reihe), »Erfolgsprinzip: Mitarbeiter führen« (CD-ROM).

Christine Behle   Renate vom Hofe

Christine Behle, Kommunikationswissenschaftlerin mit Marketing-Diplom, und **Renate vom Hofe,** Dipl.-Kauffrau, sind seit Jahren ein eingespieltes Redaktionsteam mit Schwerpunkt Vertrieb und Verkauf. Ihrer Feder entstammen gemeinsame vertriebsorientierte Newsletter und Bücher. Außerdem sind sie Autorinnen zahlreicher Beiträge für das Management von mittelständischen Betrieben. Ihre großen Stärken: Recherchieren bis ins Detail – immer die Interessen der Zielgruppe im Blick. Brandaktuelle Themen aufspüren, Expertenwissen für die Leser aufbereiten. Ihre Leitlinien beim Schreiben sind starke Praxisorientierung, kompakte Nutzenvermittlung und sofortige Umsetzbarkeit – damit die Leser direkt profitieren können.

Von den Autorinnen sind folgende Bücher im mi-Fachverlag erschienen: »Handbuch Außendienst«, »Die 170 besten Checklisten für Verkaufsgespräche« sowie »Die 200 besten Checklisten für Verkaufsleiter«.

·

Tools für erfolgreiches Verkaufsmanagement

Mit diesem umfangreichen Checklisten-Arbeitsbuch können Sie Ihre Verkaufsorganisation detailliert überprüfen und optimieren, Problembereiche sicher analysieren und neue Verkaufschancen entdecken. Die Arbeit mit den Checklisten erleichtert die praktische Umsetzung komplexer Verkaufskonzepte und Vertriebsabläufe.

- Situationsanalyse und Festlegung der Ziele
- Strategieentwicklung und Detailplanung
- Mitarbeiterauswahl und Führungsqualitäten
- Steuerungsinstrumente und Erfolgsfaktoren

Die Checklisten stellen sicher, dass Sie keine wichtigen Details außer Acht lassen, und machen dieses Arbeitsbuch zu einem einzigartigen Tool für alle Branchen.

Erich-Norbert Detroy | Christine Behle | Renate vom Hofe
Die 200 besten Checklisten für Verkaufsleiter

Hardcover, 382 Seiten mit CD-ROM
69,90 Euro (D)
ISBN: 978-3-636-03083-2

Alle Arbeitshilfen finden Sie auch auf der beiliegenden CD-ROM.

»Vertrieb und Verkauf sind die ereignisreichsten Brennpunkte im Unternehmen. Jeder Tag ist anders, jeder Tag eine Herausforderung, jeder Tag bringt Überraschungen ...«

Erich-Norbert Detroy

mi mehr information
www.mi-wirtschaftsbuch.de

So setzen Sie höhere Preise durch

Erich-Norbert Detroy

Gute Preise erzielen – das ist doch der Traum eines jeden Verkäufers. Denn vom erzielten Preisniveau hängt schließlich auch der Gewinn ab. Management- und Verkaufstrainer Erich-Norbert Detroy zeigt Ihnen, wie Sie Vertrauen zu hohen Preisen gewinnen, mit Freude hohe Preise nennen, diese durchsetzen und mit geringsten Nachlässen sicher zum krönenden Auftragsabschluss kommen.

- Wie Sie Preisattacken abwehren und gezielt mit Preisen arbeiten
- Wie sich auch hohe Preise für den Kunden attraktiv garnieren lassen
- Wie Sie Preisklippen umschiffen und schwierige Verhandlungssituationen meistern

Werden Sie zum Herrscher des Preisgesprächs – souverän, überzeugend und charismatisch!

Sich durchsetzen in Preisgesprächen und Preisverhandlungen

Erich-Norbert Detroy
Sich durchsetzen in Preisgesprächen und Preisverhandlungen

14., aktualisierte und erweiterte Auflage
Hardcover, 384 Seiten
49,90 Euro (D)
ISBN: 978-3-86880-028-9

»Noch immer ist der Preis im Verkaufsgespräch der Buhmann für viele Verkäufer und ihre Verkaufsleiter. Das ›Viel zu teuer‹ kommt den Kunden noch immer schnell über die Lippen und viele Verkäufer meinen, dass ihnen ein Auftrag verloren ging, nur weil sie einfach zu teuer waren ...
Es ist deshalb ein Glücksfall, dass dieses Buch in einer Neuauflage erschienen ist. Erich-Norbert Detroy, seit 1977 Matador der erfolgreichen Preisverhandlung, erneuert, beleuchtet und erweitert das klassische Thema im modernen Preisrahmen.«

Jan W. Lage, Gründer und Ehrenpräsident
der Gemeinschaft Europäischer Marketing- und Verkaufsexperten »Club 55«

mi mehr information
www.mi-wirtschaftsbuch.de

Basiswissen für erfolgreiche Verkäufer

Berufseinsteiger und Verkaufsprofis finden im *Handbuch Außendienst* hilfreiche Strategien und wirkungsvolle Argumente für ihren Arbeitsalltag. Die Autorinnen veranschaulichen klassisches wie aktuelles Know-how und helfen bei der Umsetzung von Trends. Sie zeigen wie Kundengewinnung und -bindung erfolgreich funktionieren, wie Umsätze gesteigert werden und welche Formen von Präsentation und Performance Eindruck hinterlassen.

- Effizientes Gebietsmanagement
- Verkaufspsychologie, Gesprächsführung und Präsentationen
- Überzeugende Argumente für Preisverhandlungen
- Erfolgreiche Neukundengewinnung und dauerhafte Kundenbindung
- Professionelle Betreuung von Großkunden

Christine Behle | Renate vom Hofe
Handbuch Außendienst

2., aktualisierte und erweiterte Auflage
Hardcover, 544 Seiten
79,90 Euro (D)
ISBN: 978-3-636-03045-0

Verkaufsgespräche mit Bravour meistern und dabei authentisch sein: Ein Buch mit vielen Tipps und Checklisten für alle, die es in der Kunst des Verkaufens zur Meisterschaft bringen wollen.

»Wir haben dieses Buch als Praxishilfe für die tägliche Verkaufsarbeit konzipiert. Uns kommt es dabei nicht nur auf das Was, sondern vor allem auf das Wie einer erfolgreichen Verkaufstätigkeit an. Zugleich soll das Handbuch Außendienst *dem Leser als Nachschlagewerk dienen, der sein Wissen in bestimmten Bereichen vertiefen will.«*

Christine Behle und Renate vom Hofe

 mehr information
www.mi-wirtschaftsbuch.de

Praxis-Tools für erfolgreiche Verkäufer

Vorbereitung, Durchführung, Nachbereitung: 170 übersichtliche Checklisten bieten Ihnen starke Argumentationshilfen und präzise Gesprächsstrategien für alle Verkaufssituationen. So erreichen Sie immer Ihr Verhandlungsziel und erzielen optimale Abschlüsse – mit jeder Kundengruppe:

- Neukunden-Akquise: Wie Sie durch Persönlichkeit überzeugen
- Stammkunden-Pflege: Wie Sie Ihren Umsatz dauerhaft steigern
- Großkunden-Gespräche: Wie Sie langwierige Verhandlungen meistern

Alle Arbeitshilfen finden Sie auch auf der beiliegenden CD-ROM. Ausfüllen, ausdrucken, loslegen!

Christine Behle | Renate vom Hofe
Die 170 besten Checklisten für Verkaufsgespräche

Hardcover mit CD-ROM, 264 Seiten
69,90 Euro (D)
ISBN: 978-3-636-03055-9

»Die Checklisten sind gedacht als tagtäglicher Werkzeugkasten für Ihre Arbeit. Unser Vorschlag: Nehmen Sie sich pro Woche eine Stunde Zeit – wenn Sie zum Beispiel Ihre Kundentermine planen –, um die Checklisten herauszusuchen, die Sie in der kommenden Woche bei Ihrer täglichen Arbeit brauchen.«

Christine Behle und Renate vom Hofe

mi mehr information
www.mi-wirtschaftsbuch.de